특별하게
스페인 포르투갈
Spain & Portugal

특별하게 스페인 포르투갈

지은이 김진주·문신기
초판 1쇄 발행일 2023년 8월 10일

기획 및 발행 유명종
편집 이지혜
디자인 이다혜, 강주희
조판 신우인쇄
용지 에스에이치페이퍼
인쇄 신우인쇄

발행처 디스커버리미디어
출판등록 제 2021-000025(2004. 02. 11)
주소 서울시 마포구 연남로5길 32, 202호
전화 02-587-5558

ISBN 979-11-88829-36-1 13980

특별하게
스페인 포르투갈
Spain & Portugal

지은이 김진주·문신기

디스커버리미디어

다시 스페인,
다시 포르투갈!

나이 드는 걸 특별히 싫어하지 않는다.

다만 한 가지, 여러 면에서 점점 무뎌진다는 점이 조금 서글프다. 경험한 것, 가본 곳, 먹어본 것들이 늘어나면서 처음 자극을 받았을 때와 같은 기쁨과 흥분, 쾌락을 얻기 힘들다. 점점 무덤덤해지는 게 조금씩 늘어난다.

하지만 그래도 여전히 설렘과 흥분을 안겨주는 것이 있다. 여행이다. 여행을 떠나는 상상만으로도 잠잠했던 마음에 도파민이 작은 물결을 만들어낸다. 일상에 활력이 생긴다. 수없이 다녀오고 오랜 시간을 보낸 곳이지만, 서유럽, 특히 스페인과 포르투갈은 마치 처음 유럽 여행을 떠나는 사람처럼 여행 계획부터 나를 설레게 한다. 스페인과 포르투갈은 볼거리, 먹을거리, 즐길거리, 뭐 하나 빠지는 게 없다. 다양한 매력이 늘 새로운 자극처럼 다가온다.

스페인은 피카소, 벨라스케스, 고야 등 세계적인 거장의 작품을 품은 미술관이 여럿이다. 사그라다 파밀리아, 구엘 공원, 카사 밀라, 카사 바트요 등 가우디의 건축물을 비롯한 풍부한 건축 문화도 갖추고 있다. 그뿐만 아니라 지역마다 특색 있는 문화, 다양한 볼거리, 맛있는 음식, 지중해의 화창한 날씨, 저렴한 물가, 정열적인 사람들까지 상상 이상의 다채로운 매력을 뽐낸다.

이베리아반도 여행의 마지막 퍼즐 같은 포르투갈은 몇 해 전부터 많은 이들에게 인생 여행지로 손꼽히는 곳이 되었다. 도시는 화려하진 않다. 하지만 아름답고 고풍스럽다. 사람들은 친절하고 활기차다. 맛있는 음식과 와인, 여기에 에그타르트는 포르투갈을 10번이고 갈 수 있게 만드는 힘이 있다. 포르투의 노을 지는 강변에서 마시는 와인 한 잔은 잊히지 않는 추억이 된다.

코로나 19는 우리 삶에 수많은 변화를 가져왔다. 문을 닫은 맛집, 카페, 가게가 생겨났다. 몇몇 관광명소도 변화를 겪었다. 물가가 오르고, 교통편의 변화도 있었다. <특별하게 스페인 포르투갈>에선 이런 변화를 꼼꼼하게 체크하여 빠짐없이 책에 담았다. 최신 정보를 풍부하게 담았다고 자신한다. 독자들이 이 책을 가이드 삼아 스페인과 포르투갈에서 새로운 자극을 만끽하기를 바란다.
책을 만들어주신 디스커버리미디어 식구들과 여러 방면에서 도움을 주신 모든 분께 감사의 인사를 전한다. 항상 옆에서 힘이 되어주고 버팀목이 되어주는 가족에게도 고맙다는 말을 전하고 싶다. <특별하게 스페인 포르투갈>을 손에 들고 부모님, 가족과 함께 다시 스페인을 찾을 날을 기대해 본다.

2023년 여름
김진주, 문신기

일러두기
『특별하게 스페인 포르투갈』 100% 활용법

독자 여러분의 스페인, 포르투갈 여행이 더 즐겁고, 더 특별하길 바라며
이 책의 특징과 구성, 그리고 요긴하게 활용하는 방법을 알려드립니다.
<특별하게 스페인 포르투갈>이 여러분에게 친절한 가이드이자 동행이 되길 기대합니다.

① 이렇게 구성했습니다

**휴대용 대형 여행지도 + 여행 준비 필수 정보 + 스페인을 특별하게 즐기는 방법 20가지 +
포르투갈을 특별하게 즐기는 방법 9가지 + 14개 도시별 여행 정보 +
실전에 꼭 필요한 여행 영어·스페인어·포르투갈어**

<특별하게 스페인 포르투갈>은 크게 대형지도를 담은
특별부록과 권역별 여행 정보를 담은 본문, 그리고 여행
영어와 여행 스페인어·여행 포르투갈어를 실은 권말부
록으로 구성돼 있습니다. 특별부록은 펼쳐 보기 딱 좋은
바르셀로나와 마드리드, 세비야의 대형지도, 그리고 가
우디 건축 투어 지도를 담고 있습니다. 본문은 여행 준
비정보, 명소·체험·맛집 등 주제별로 스페인과 포르투갈
을 특별하고 다채롭게 즐기는 방법을 제안하는 '하이라
이트', 그리고 두 나라의 14개 도시별 정보가 중심을 이

룹니다. 실전에 꼭 필요한 여행 영어와 스페인어·포르투갈어를 담은 권말부록도 주목해주세요. 여행지에서 자주 일
어나는 40개 상황을 먼저 설계한 뒤 상황별로 꼭 필요한 필수 단어와 회화 예제를 풍부하게 담았습니다.

② 특별부록 : 휴대용 대형 여행지도

바르셀로나 대형 여행지도 + 마드리드 대형 여행지도 + 세비야 대형 여행지도 + 가우디 건축 투어 지도

휴대용 특별부록엔 스페인을 대표하는 세 도시, 바르
셀로나·마드리드·세비야의 대형 여행지도를 담았습니
다. 먼저, 두 팔로 펼쳐 보기 딱 좋은 바르셀로나 여행지
도를 주목해주세요. 관광지·체험 명소·맛집·카페·바·쇼
핑 스폿 등 <특별하게 스페인 포르투갈>에 나오는 모
든 장소를 고유 아이콘과 함께 실었습니다. 명소 앞엔
카메라 아이콘을, 맛집엔 포크와 나이프, 카페와 베이커
리엔 커피잔 아이콘, 칵테일 바엔 술잔 아이콘, 쇼핑 스
폿엔 쇼핑백 아이콘을 함께 표기했습니다. 성가족 성당,

구엘 공원, 카사밀라…. 가우디 건축 투어 지도도 함께 실었습니다. 대형지도 뒷면엔 마드리드·세비야의 대형 여행
지도를 실었습니다. 휴대용 특별부록이 스페인 여행의 친절한 나침반 역할을 해줄 것입니다.

③ 스페인과 포르투갈 여행을 위한 필수 정보
**스페인과 포르투갈 한눈에 보기 + 10분 만에 읽는 스페인과 포르투갈 역사 +
월별 날씨와 기온 + 여행 전에 꼭 알아야 할 두 나라 Q&A + 모르면 손해 보는 에티켓 +
위급 상황 시 대처법 + 현지 교통 정보 + 일정별 추천 코스**

스페인과 포르투갈 여행 준비를 위한 필수 정보 코너에
서는 여행을 설계하는 단계부터 실제 여행을 하는 과정
에서 필요한 정보를 상세하게 안내합니다. 스페인과 포
르투갈 한눈에 보기, 10분 만에 읽는 두 나라 역사, 여행
전에 꼭 알아야 할 Q&A, 꼭 지켜야 할 기본 에티켓, 짐 싸
기 체크리스트, 출국과 입국 정보, 현지 교통 정보, 월별
날씨와 기온, 꼭 필요한 여행 앱과 교통카드, 위급 상황
시 대처법, 일정별·나라별 추천 코스 등 여행 준비와 여
행 실전에 필요한 정보를 빠짐없이 담았습니다.

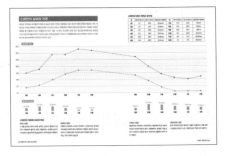

④ 스페인과 포르투갈 하이라이트
스페인을 특별하게 즐기는 방법 20가지 + 포르투갈을 특별하게 즐기는 방법 9가지

하이라이트에선 스페인과 포르투갈을 특별하게 여행하
는 다채로운 방법을 친절하게 안내합니다. 스페인에서
는 가우디 건축, 대표 미술관, 이슬람 건축, 지중해 즐기
기, 전망 명소, 시장 투어, 미식 투어, 플라멩코 공연, 쇼
핑 리스트 등 스페인을 특별하게 즐기는 20가지 테마를
제안합니다. 포르투갈에서는 에그타르트, 전망 명소, 아
줄레주, 파두 공연, 낭만의 트램 체험, 미식 여행, 기념품
리스트 등 9가지 테마 여행을 안내합니다. 다채로운 테
마 중에서 당신에게 딱 맞는 주제를 골라보세요.

⑤ 스페인 10개 도시, 포르투갈 4개 도시
**바르셀로나 + 마드리드 + 세비야 + 그라나다 + 톨레도 + 세고비아 + 말라가 +
론다 + 네르하 + 프리힐리아나 + 리스본 + 신트라 + 포르투 + 호카곶**

스페인은 나라 곳곳에 보석 같은 여행지를 가득 품고 있
습니다. 가우디와 피카소의 도시 바르셀로나는 스페인 여
행 1번지입니다. 세계적인 미술관을 품은 마드리드는 파
리에 뒤지지 않는 예술의 도시입니다. 플라멩코와 대성당
의 도시 세비야, 알람브라 궁전의 도시 그라나다 …. 스페
인의 도시로 여러분을 친절하고 자세하게 안내합니다. 포
르투갈에서는 트램과 에그타르트의 도시 리스본, 아줄레
주와 포트 와인의 고향 포르투, 그리고 유럽의 땅끝 호카
곶 등으로 여러분을 안내합니다.

목차
Contents

지은이의 말 4
일러두기 6

스페인 Spain

PART 1
스페인 여행 준비 : 필수 준비 정보 11가지

스페인 한눈에 보기 18
스페인 기본정보 20
스페인의 날씨와 기온 22
10분 만에 읽는 스페인 역사 24
스페인을 이해하는 5가지 핵심 키워드 28
8문 8답, 여행 전에 꼭 알아야 할 스페인 Q&A 30
스페인에서 꼭 지켜야 할 기본 에티켓 32
위급 상황 시 대처법 32

여행 준비 정보 : 여권 만들기부터 출국까지 35
여행 실전 정보 : 현지 공항부터 귀국할 때까지 42
ONE MORE 세금 환급 시 주의 사항 47
일정별 베스트 추천 코스 48
바르셀로나 + 마드리드 7일 48
바르셀로나+마드리드 9일 51
마드리드+안달루시아 10일 54
바르셀로나 + 마드리드 + 안달루시아 15일 57

PART 2
스페인 하이라이트 : 스페인을 특별하게 즐기는 방법 20가지

Sightseeing
바르셀로나의 보물, 가우디 건축 베스트 4 66
스페인 예술 여행, 대표 미술관 베스트 6 68
스페인에서 로마와 이슬람을 만나다 70
숭고하고 경이로운 아름다운 성당 베스트 4 72
지중해 즐기기 좋은 해변 스폿 베스트 3 74
스페인의 전망 명소 다섯 곳 76
볼 것 먹을 것 가득, 스페인 시장 투어 78

Eat & Drink
꼭 먹어야 할 스페인 미식 리스트 10 80
꼭 가봐야 할 레스토랑 베스트 5 84
여기가 최고! 스페인 타파스 맛집 베스트 5 86
여유와 낭만, 분위기 좋은 카페 베스트 5 88

명사들의 단골집 90
스페인의 핫한 바 베스트 5 92

Culture
스페인의 영혼을 느끼자, 플라멩코 즐기기 좋은 곳 베스트 4 94
스페인 프로 축구 라리가 즐기기 96
신명 나는 페스티벌, 축제 베스트 5 98

Shopping
여행의 또 다른 즐거움, 쇼핑 아이템 베스트 10 100
즐거운 여행, 스페인 쇼핑 명소 104
스페인의 신발과 의류 사이즈 106
스페인 부가세 환급 정보 107

PART 3
바르셀로나 Barcelona

바르셀로나 한눈에 보기 110
바르셀로나 여행 지도 112
바르셀로나 지하철 노선도 114
바르셀로나 일반 정보 116
바르셀로나 관광안내소 116
바르셀로나 가는 방법 117
공항에서 시내로 가는 방법 118
바르셀로나 시내 교통 정보 120
바르셀로나 버킷 리스트 9 122
바르셀로나 쇼핑 정보 125
작가가 추천하는 일정별 최적 코스 127

가우디 건축 여행Antoni Gaudi
기우디 건축 투어 지도 130
사그라다 파밀리아 성당 131
구엘 공원 136
카사 밀라 138
카사 바트요 140

고딕 지구와 라발 지구Barri Gotic & El Raval
고딕 지구와 라발 지구 여행 지도 144
람블라스 거리 146
카탈루냐 광장 147
바르셀로나 대성당 148
왕의 광장 150
로마 성벽과 아우구스투스 신전 기둥 151
보케리아 시장 152
레이알 광장과 조지 오웰 광장 154
구엘 저택 155
고딕 지구 골목길 산책 156
벨 항구와 파우 광장 158
고딕과 라발 지구의 맛집·카페·바·숍 159

보른 지구와 바르셀로네타El Born & Barceloneta

보른 지구와 바르셀로네타 여행 지도 172
카탈루냐 음악당 174
산타 카테리나 시장 176
피카소 미술관 178
산타 마리아 델 마르 성당 180
시우타데야 공원 181
바르셀로네타 182
보른과 바르셀로네타의 맛집·바·숍 184

몬주익과 포블섹Montjuïc & Poble-sec
몬주익과 포블섹 여행 지도 192
몬주익 성 194
국립 카탈루냐 미술관 196
호안 미로 미술관 197
에스파냐 광장과 아레나 198
포블섹 199
캄 노우 200
몬주익과 포블섹의 맛집과 바 202

에이샴플레와 그라시아 거리Eixample & Gracia
에이샴플레와 그라시아 거리 여행 지도 208
가우디의 대표 건축들 209
산트 파우 병원 212
쇼핑 스폿, 그라시아 거리 214
에이샴플레의 맛집·카페·숍 216

바르셀로나 근교Near Barcelona
바르셀로나 근교 여행 지도 224
트로 데라 로비라 225
티비다보 공원 226
몬세라트 228
ONE MORE 몬세라트의 주요 명소 230
라 로카 빌리지 234
히로나 236

PART 4
마드리드 Madrid

마드리드 한눈에 보기 240
마드리드 여행 지도 242
마드리드 지하철 노선도 244
마드리드 일반 정보 246
마드리드 관광안내소 246
마드리드 가는 방법 247
공항에서 시내로 가는 방법 249
마드리드 시내 교통 정보 250
마드리드 쇼핑 팁 4가지 251
마드리드 버킷 리스트 5 252
작가가 추천하는 일정별 최적 코스 254
현지 투어로 마드리드 여행하기 255
마드리드 3대 미술관 통합권 255

솔 광장 & 마요르 광장 지구 Puerta del Sol & Plaza Mayor
솔 광장 & 마요르 광장 지구 여행 지도 258
솔 광장 259
마요르 광장 260
산 미구엘 시장 262
그란 비아 거리 263
엘 라스트로 벼룩시장 264
마요르 광장과 솔 광장의 맛집·카페·숍 265

레티로 & 살라망카 지구 El Retiro & Salamanca
레티로 & 살라망카 지구 여행 지도 272
국립 소피아 왕비 예술센터 273
ONE MORE 이 작품은 꼭 보자! 274
프라도 미술관 276
ONE MORE 1 알고 가면 더 재밌다! 벨라스케스와 고야 278
ONE MORE 2 프라도에서 꼭 봐야 할 작품들 279
티센 보르네미사 미술관 282
레티로 공원 284
마드리드 전망대 285
세라노 거리 286
산티아고 베르나베우 스타디움 287
ONE MORE 지금도 그들은 전쟁 중 289
레티로 & 살라망카의 맛집 290

마드리드 왕궁 지구 Palacio Real de Madrid
마드리드 왕궁 지구 여행 지도 294
알무데나 성모 대성당 295
마드리드 왕궁 296
데보드 신전 전망대 298
산 안토니오 데 라 플로리다 성당 299
ONE MORE 프란시스코 데 고야 299
왕궁 주변의 맛집과 카페 300

PART 5
톨레도 Toledo

톨레도 여행 지도 304
톨레도 일반 정보 306
톨레도 관광안내소 306
마드리드에서 톨레도 가는 방법 306
톨레도 버킷 리스트 3 307
소코도베르 광장 308
산타 크루스 미술관 310
톨레도 대성당 312

ONE MORE 톨레도 대성당 자세히 보기 314
알카사르 316
산토 토메 교회 317
엘 그레코의 집 318
ONE MORE 스페인 종교화의 거장, 엘 그레코 319
델 바예 전망대 320
톨레도의 맛집 322

PART 6
세고비아 Segovia

세고비아 여행 지도 326
세고비아 일반 정보 326
세고비아 관광안내소 326
마드리드에서 세고비아 가는 방법 327
세고비아 버킷 리스트 3 327

세고비아 수도교 328
세고비아 대성당 330
알카사르 332
세고비아의 맛집 334

PART 7
그라나다 Granada

그라나다 여행 지도 338
그라나다 일반 정보 340
관광안내소 340
그라나다 가는 방법 340
그라나다 시내 교통 정보 342
작가가 추천하는 일정별 최적 코스 344
그라나다 현지 투어 안내 344
그라나다 버킷 리스트 3 345
알람브라 궁전 346

ONE MORE 알람브라에 가면 꼭 보세요 349
알바이신 지구 352
ONE MORE 알바이신 지구의 명소들 355
산 니콜라스 전망대 357
그라나다 대성당 358
ONE MORE 왕실 예배당 359
칼데레리아 누에바 거리 360
그라나다의 맛집·카페·바 361

PART 8
네르하 & 프리힐리아나 Nerja & Frigiliana

네르하 일반 정보 368
관광안내소 368
네르하 가는 방법 368
네르하, 이렇게 돌아 보세요 369

네르하 370
네르하 여행 지도 371
프리힐리아나 372
네르하와 프리힐리아나의 맛집 375

PART 9
말라가 Málaga

말라가 여행 지도 380
말라가 일반 정보 382
관광안내소 382
말라가 가는 방법 382
말라가 시내 교통 정보 384
말라가 여행 버킷 리스트 384
작가가 추천하는 일정별 최적 코스 385
말라가 대성당 386

피카소 미술관 388
피카소 생가 & 메르세드 광장 390
아타라사나스 시장 391
알카사바 392
히브랄파로 성 393
말라가 항구와 말라게타 해변 394
말라가 퐁피두 센터 395
말라가의 맛집과 와인 바 396

PART 10
세비야 Sevilla

세비야 여행 지도 402
세비야 일반 정보 404
관광안내소 404
세비야 가는 방법 404
세비야 시내 교통 정보 406
세비야는 어떻게 유명 오페라의 무대가 되었을까? 407
작가가 추천하는 일정별 최적 코스 407
세비야 여행 버킷 리스트 408
세비야 대성당 409
ONE MORE 1 콜럼버스 무덤은 왜 공중에 떠 있을까? 411

ONE MORE 2 모스크 첨탑이 대성당 종탑 되다, 히랄다 탑 411
알카사르 412
황금의 탑 414
메트로폴 파라솔 415
플라멩코 무도 박물관 416
ONE MORE 또 다른 플라멩코 공연장 417
스페인 광장 418
세비야의 맛집·카페·숍 420

PART 11
론다 Ronda

론다 여행 지도 428
론다 일반 정보 429
관광안내소 429
론다 가는 방법 429
누에보 다리 430

론다 투우장 431
헤밍웨이 산책로와 론다 전망대 432
알모카바르 고성 마을 433
론다의 맛집 434

포르투갈 Portugal

PART 12
포르투갈 여행 준비 : 필수 준비 정보 11가지

포르투갈 한눈에 보기 438
포르투갈 기본정보 439
포르투갈의 날씨와 기온 440
10분 만에 읽는 포르투갈 역사 442
포르투갈을 이해하는 핵심 키워드 4가지 444
7문 7답, 여행 전에 꼭 알아야 할 포르투갈 Q&A 446
ONE MORE 포르투갈에서 꼭 지켜야 할 기본 에티켓 447

위급 상황 시 대처법 448
여행 준비 정보 : 여권 만들기부터 출국까지 450
여행 실전 정보 : 현지 공항 도착부터 귀국할 때까지 456
ONE MORE 세금 환급 시 주의 사항 461
일정별 베스트 추천 코스 462
리스본+포르투 5박 6일 462
리스본+포르투 6박 7일 465
리스본+포르투+신트라+호카곶 7박 8일 468

PART 13
포르투갈 하이라이트 : 포르투갈을 특별하게 즐기는 방법 9가지

Sightseeing
포르투갈의 전망명소 베스트 4 474
아줄레주 감상하기 좋은 곳 베스트 4 476

Experience
파두 공연장 베스트 3 478
포르투갈 체험 여행 베스트 5 480

Eat & Drink
꼭 먹어야 할 포르투갈 미식 리스트 4 482
포르투갈 레스토랑 베스트 5 484
안가면 후회하는 나타 맛집 베스트 3 486
여유와 낭만이 있는 포르투갈의 카페 베스트 3 488

Shopping
포르투갈의 베스트 기념품 5가지 490

PART 14
리스본 Lisboa

리스본 한눈에 보기 494
리스본 여행 지도 496
리스본 지하철 노선도 498
리스본 일반 정보 500
리스본 관광안내소 500
리스본 가는 방법 501
리스본 시내 교통 정보 503
리스본 버킷 리스트 505
작가가 추천하는 일정별 최적 코스 507

바이샤 & 바이후 알투 지구 Baixa & Bairro
바이샤 & 바이후 알투 지구 여행 지도 510
코메르시우 광장 512
호시우 광장 514
산타 주스타 엘리베이터 516
상 페드루 드 알칸타라 전망대 517
에두아르두 7세 공원 518
바이샤 & 바이후 알투 지구의 맛집·카페·숍 519

알파마 지구 Alfama
알파마 지구 여행 지도 530
리스본 대성당 532
알파마 지구의 전망대 534
상 조르즈 성 536
파두 박물관 537
국립 타일 박물관 538
판테온 540
알파마 지구의 맛집 541

벨렝 지구 Belém
벨렝 지구 여행 지도 546
국립 고대 미술관 548
LX 팩토리 549
국립 마차 박물관 550
제로니무스 수도원 551
ONE MORE 행운왕 '마누엘 1세' 551
발견기념비 552
ONE MORE 엔히크 왕자와 대항해 시대 553
벨렝 탑 554
벨렝 지구의 맛집 555

PART 15
신트라와 호카곶 Sintra & Cabo da Roca

신트라와 호카곶 여행 지도 558
신트라 가는 방법 560
호카곶 가는 방법 560
신트라 & 호카 곶, 이렇게 둘러보자 560
신트라 명소 통합 티켓 560
신트라와 호카곶 버킷 리스트 561

신트라 궁전 562
헤갈레이라 별장 563
페나 국립 왕궁 564
무어인의 성 565
호카곶 566
신트라의 맛집 567

PART 16
포르투 Porto

포르투 한눈에 보기 570
포르투 여행 지도 572
포르투 일반 정보 574
포르투관광안내소 574
포르투 가는 방법 574
포르투 시내 교통 576
One More 포르투의 교통카드 576
작가가 추천하는 일정별 최적 코스 577
포르투 버킷 리스트 578

히베이라 광장 & 빌라 노바 드 가이아
히베이라 광장 & 빌라 노바 드 가이아 여행 지도 582
히베이라 광장 584
상 프란시스쿠 성당 586
볼사 궁전 587
포르투 대성당 588

동 루이스 1세 다리 589
One More 동 루이스 1세는 누구? 589
빌라 노바 드 가이아 590
One More 1 포트 와인이 뭘까 592
One More 2 알고 마시자! 포트 와인의 종류 593
세할베스 미술관 594
히베이라 광장 & 빌라 노바 드 가이아의 맛집과 숍 595

상 벤투 기차역 주변
상 벤투 기차역 주변 지도 598
상 벤투 기차역 600
클레리구스 성당과 종탑 602
렐루 서점 604
카르무 성당 & 카르멜리타스 성당 606
상 벤투 기차역 주변의 맛집·카페·숍 607

PART 17
스페인과 포르투갈 숙소 정보 614

권말부록
1. 실전에 꼭 필요한 여행 스페인어 627
2. 실전에 꼭 필요한 여행 포르투갈어 648
3. 실전에 꼭 필요한 여행 영어 656

찾아보기 674

PART 1

스페인
여행 준비

여행 전에 꼭 알아야 할 필수 정보 11가지
스페인의 지역과 주요 도시를 안내하는 '스페인 한눈에
보기'부터 월별 날씨와 기온, 10분 만에 읽는 스페인 역
사, 공항과 항공편과 시내 교통편, 현지에서 유용한 앱,
여행자가 꼭 알아야 할 상식과 에티켓, 일정과 추천 코스
까지 스페인 여행에 꼭 필요한 필수 정보를 모두 담았다.

스페인 한눈에 보기

1 바르셀로나 Barcelona
#가우디 #지중해 #피카소 #FC 바르셀로나
건축, 지중해, 예술의 도시이다. 특히 가우디와 피카소,
미로, 조지오웰의 숨결이 곳곳에 흐른다. 중세의 골목
길, FC 바르셀로나, 플라멩코와 타파스도 꼭 기억하자.

2 마드리드 Madrid
#프라도미술관 #하몽 #왕궁 #레알 마드리드
스페인의 수도이자 최대 도시다. 프라도, 티센, 국립 소
피아 왕비 예술센터 등 세계인이 질투하는 미술관을 품
고 있다. 왕궁과 음식, 최신 트렌드가 여행객을 유혹한
다. 레알 마드리드도 잊지 말자.

3 톨레도 Toledo
#중세 도시 #꼬마 열차 # 톨레도 대성당
마드리드 근교 여행지이다. 성채 알카사르에서 세계문
화유산 도시의 고풍스러운 풍경을 한눈에 담을 수 있
다. 종교화의 거장 엘그레코, 꼬마 열차 소코트랜, 톨레
도 대성당도 기억하자.

4 세고비아 Segovia
#로마 수도교 #백설공주의 성 #새끼 돼지 통구이
마드리드 근교 여행지로, 도시 전체가 세계문화유산이
다. 수도교는 로마시대 건축의 백미이다. 대성당과 백설
공주의 성 알카사르에서 도시를 감상할 수 있다. 새끼
돼지 통구이를 꼭 맛보자.

5 그라나다 Granada
#알람브라 궁전 #알바이신 지구 산책 #그라나다 대성당
이슬람 세력의 마지막 도시로 매혹적인 알람브라 궁전이 여
행객을 불러 들인다. 알바이신 지구는 골목길 산책의 묘미를
전해준다. 그라나다 대성당엔 부부 왕 이사벨과 페르난도가
잠들어 있다.

세고비아 Segovia 4
마드리드 Madrid 2
톨레도 Toledo 3
8 세비야 Sevilla
론다 Ronda 9
말라가 Malaga 7
그라나다 Granada 5
6
네르하 & 프리힐리아나 Nerja&Frigilian

6 네르하 & 프리힐리아나 Nerja&Frigiliana
#유럽의 발코니 #스페인의 산토리니

네르하는 지중해의 그림 같은 풍경을 감상하기 좋다. 유럽의 발코니라 불린다. 프리힐리아나는 스페인의 산토리니이다. 언덕 위의 하얀 집들이 여행 엽서처럼 매혹적이다.

7 말라가 Malaga
#피카소의 고향 #지중해 #해변에서의 멋진 식사

피카소의 고향이자 유럽인들이 가장 가고 싶어하는 휴양 도시이다. 피카소 미술관 관람한 후, 히브랄파로 성에서 지중해를 한눈에 담자. 해변의 레스토랑에서 근사한 식사를 하는 것도 추천한다.

8 세비야 Sevilla
#플라멩코 #세비야 대성당 #오페라의 배경 도시

투우와 플라멩코의 본고장이자, 피카소가 흠모한 벨라스케스의 고향이다. 세비야 대성당은 세계 3대 성당으로, 콜럼버스가 잠들어 있다. 〈피가로의 결혼〉 등 25개 유명 오페라의 배경 도시이기도 하다.

9 론다 Ronda
#절벽 도시 #누에보 다리 #헤밍웨이

해발 고도 750m의 절벽 위에 있는 도시다. 론다의 상징 누에보 다리는 당신에게 인생 뷰를 선사할 것이다. 헤밍웨이는 이 도시에서 『누구를 위하여 종은 울리나』를 집필했다.

스페인 기본정보

여행 전에 알아두면 좋을 스페인의 기본정보를 소개한다.
화폐, 시차, 음식, 물가 등 스페인의 일반 정보와 주요 축제, 날씨와 기온을 안내한다.
꼼꼼하게 챙기면 스페인 여행이 더 즐거울 것이다.

1 일반 정보

공식 국가명 스페인 Spain
수도 마드리드 Madrid
국기 위아래는 빨간색으로, 중앙은 노란색을 배치했고, 좌측에 스페인 국가 문
장을 새겼다. 빨강은 국가를 사수하는 혈맹 정신과 스페인의 정열을, 노랑은 스
페인의 영토를 나타낸다.
정치체제 입헌군주제, 의원내각제
면적 505,990㎢ (한반도의 약 2.3배)
인구 4,751만 9,628명, 세계 32위
종교 가톨릭(61%), 기타종교(1.8%)
언어 스페인어(카스티야어) 사용. 지역별 카탈루냐어, 바스크어, 갈리시아어를 공용어로 사용.
1인당 GDP 29,198 USD(2022년 기준)
공휴일
1월 1일(신년)
1월 6일(동방박사의 날)
4월 15일(성 금요일)
5월 1일(노동절)
8월 15일(성모 승천일)
10월 12일(신대륙 발견 기념 국경일)
11월 1일(모든 성인의 날)
12월 6일(제헌절)
12월 8일(성령 수태)
12월 25일(성탄절)
비자 관광, 비즈니스 목적일 때 90일 무비자
화폐 단위 Euro(€) 유로
환율 1€=약 1,400원(2023년 6월 기준)
전압 220v(우리나라와 동일)
시차 우리나라보다 8시간 느리다. 서머타임(3월 마지막 일요일~10월 마지막 일요일) 시기는 7시간 느리다.

©Obascones

©flickr

1월 라 탐보라다 La Tamborrada **산 세바스티안의 축제**
산 세바스티안의 명물 축제로 19세기 나폴레옹 군대의 행렬을 사람들이 따라 한 것에서 시작된 축제. 시민들이 요리사, 군인, 농부 복장을 하고 퍼레이드를 벌인다. 1월 20일 자정에 시작된다.

2월 까르나발 Carnaval **카디스의 축제**
부활절 45일 전을 기준으로 열리며 스페인에서 가장 큰 축제이자 퍼레이드 가운데 하나다. 축제 기간은 지역마다 조금씩 다른데 보통 1주일 정도 이어진다. 2월 16일~22일 사이.

3월 파야스 Las Fallas **발렌시아, 무르시아의 축제**
파야스는 옛것을 태워 나쁜 기운을 없애고 새롭게 시작한다는 뜻이다. 파야스 축제는 3월 15일경, 광장에 3~4층 높이의 종이 모형을 세웠다가, 3월 19일 성 요셉의 날 밤에 불태운다.

4월 페리아 데 아브릴 La Feria de Abril **세비야의 축제**
스페인의 3대 축제 중 하나이다. 넓은 공터에 '카세타'라고 하는 간이천막을 치고 전통 복장을 입고 참여한다. 가축과 농작물을 교환하는 장터에서 비롯된 축제로, 4월 23~29일 사이에 열린다.

4월 세마나 산타 Semana Santa **세비야 및 스페인 전역**
부활절 주간에 열리는 축제이다. 성경에 등장하는 인물의 옷을 입은 사람들을 볼 수 있다. 수사들이 성모 마리아, 예수 조각상 등을 들고 길거리를 걷는다. 4월 2일~9일 사이에 열린다.

6월 바타야 델 비노 Batalla del vino **라 리오하의 축제**
리오하는 스페인 최대의 포도주 생산지다. 밤새 파티를 하고 아침 7시가 되면 사람들은 일제히 포도주를 물총에 담아 쏘거나 마구 뿌리기 시작한다. 그래서 포도주 전쟁이라고도 불린다. 6월 말에 열린다.

7월 산 페르민 San Fermin **팜플로나의 축제**
프랑스에서 참수당한 기독교의 성인 성 페르민을 기리는 축제이다. 청년들이 전통 의상을 입고 소를 유인해 투우장까지 몰고 가는 것으로 유명하다. 7월 6일~14일에 열린다.

8월 라 토마티나 La Tomatina **발렌시아 부뇰의 축제**
약 120t의 토마토를 거리에 쏟아 놓고 마을 주민과 관광객들이 토마토를 서로에게 던지며 즐긴다. 8월 마지막 수요일에 열린다.

9월 라 메르세 La Mercè **바르셀로나의 축제**
바르셀로나에서 약 5일간 열리는 축제로 성모 마리아의 축제로 불린다. 카탈루냐의 전통 놀이와 인간 탑 쌓기, 폭죽놀이 등이 진행된다. 정확한 일정은 축제 몇 주 전에 발표된다.

12월 노체 비에하 Noche vieja **마드리드의 축제**
광장에서 새해맞이 종을 12번 칠 때 포도 12알을 먹는 축제. 포도를 먹으면 새해에 행운과 행복이 찾아온다는 속설이 있다.

스페인의 날씨와 기온

대부분 지역에서 4계절이 뚜렷하고 동남부 해안 지역은 지중해성 기후, 북서부 해안 지역은 해양성 기후, 내륙고원 지역은 대륙성 기후를 보이며, 카나리아 군도는 아열대성 기후로 연중 온난건조하다. 연평균 기온은 대체로 봄·가을엔 8~21℃, 여름엔 25~33℃, 겨울 : 0~12℃, 카나리아 군도 22℃ 정도를 유지하지만, 최근엔 기상 이변으로 봄에 38℃가 넘기도 한다. 연중 강수량은 300mm 이하알메리아주, 무르시아주부터 800mm 이상 바스크주, 갈리시아주까지 지역마다 차이가 있다.

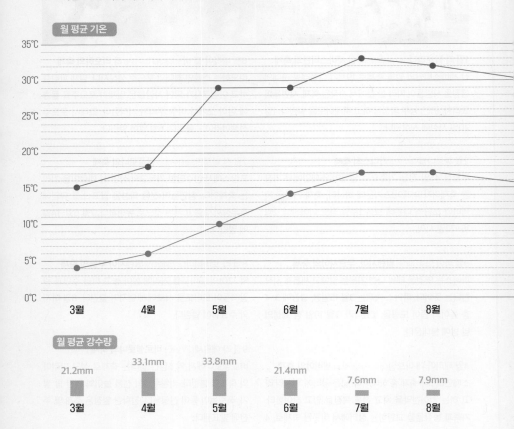

월 평균 기온

월 평균 강수량

| 21.2mm | 33.1mm | 33.8mm | 21.4mm | 7.6mm | 7.9mm |
| 3월 | 4월 | 5월 | 6월 | 7월 | 8월 |

스페인의 계절별 날씨의 특징

봄(3~5월)
3~4월 날씨는 변덕스러운 편이다. 날씨가 좋았다가 갑자기 비바람이 불기도 한다. 5월부터는 온화한 날씨가 이어진다. 3월 마지막 일요일부터 서머타임이 시작된다.

여름(6~9월)
여름이 시작되며 서서히 무더위가 시작되지만, 한국과 비교하면 습하지 않고 쾌적하다. 햇볕은 강하고 습도는 낮아서 그늘에 앉아 있으면 금세 더위를 잊을 수 있다. 비는 거의 내리지 않는다.

스페인의 월별 기온과 강수량

	최저기온(℃)	최고기온(℃)	평균강수량(mm)		최저기온(℃)	최고기온(℃)	평균강수량(mm)
1월	1℃	10℃	25.6mm	7월	17℃	33℃	7.6mm
2월	1℃	12℃	21.9mm	8월	17℃	32℃	7.9mm
3월	4℃	15℃	21.2mm	9월	13℃	27℃	18mm
4월	6℃	18℃	33.1mm	10월	9℃	20℃	45.1mm
5월	10℃	29℃	33.8mm	11월	4℃	14℃	40.9mm
6월	14℃	29℃	21.4mm	12월	1℃	11℃	30.7mm

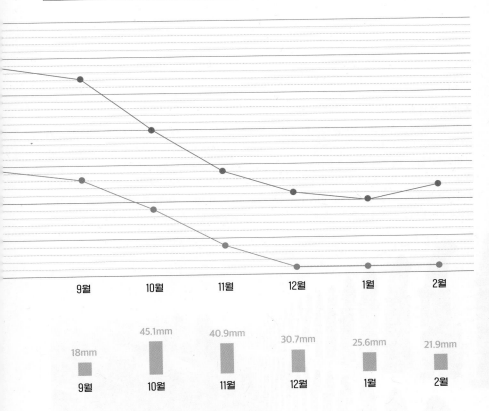

가을(9~11월)
9월까지는 무더위가 이어지지만, 9월 말이 되면 아침저녁으로 선선한 바람이 분다. 10월부터는 청명한 가을 날씨가 시작된다. 하늘은 높고 푸르지만, 11월에는 비가 자주 내린다.

겨울(12월~2월)
한국 추위보다 춥지 않지만, 겨울은 겨울이다. 겨울 외투가 필요한 정도다. 눈은 내리지 않고 가끔 비가 내린다.

10분 만에 읽는 스페인 역사

아는 만큼 볼 수 있고, 보이는 만큼 즐길 수 있다고 했다. 스페인의 역사를 알면 명소와 거리,
건축물에 담긴 의미와 스토리를 더 깊이 이해하고 더 많이 즐길 수 있다.
더 특별한 스페인 여행을 위해 스페인 역사 속으로 한 걸음 더 들어가 보자.

스페인 역사의 시작

이베리아 반도에 사람이 살기 시작한 것은 BC 2만 년 전이다. 스페인 북부 칸타브리아 지방의 알타미라 동굴 벽
화는 BC 1만 4000년 전의 것으로 추정되며, 스페인 선사시대 문명의 증거이다. BC 900년경 켈트족이 프랑스에
서 이주해와 원주민인 이베리아족과 혼혈을 이루면서 켈트이베리아족이 형성되었다. 이들이 지금의 스페인 민족
이다. 기원전 7세기에는 그리스 무역상이 스페인에 정착하면서 올리브, 포도 등을 들여왔고, 이들은 오늘날 스페
인의 대표 농작물이 되었다. BC 218년 지중해 무역권을 다투는 제2차 포에니 전쟁으로 로마군이 스페인을 점령
하였고, 이때부터 로마가 약 600년간 스페인을 지배하였다. 지금도 스페인 곳곳에서 로마의 유적을 만날 수 있다.

이슬람 통치와 레콩키스타

711년 북아프리카에서 아랍 군사 7천여 명이 스페인 남부의 지브롤터에 상륙했다. 불과 몇 년 뒤 일부를 제외한 이베리아 반도 대부분이 이슬람 세력의 손에 넘어갔다. 이슬람의 지배는 8세기 동안 계속되었다. 코르도바, 톨레도, 세비야, 그라나다 등은 이슬람 왕조의 중심지로 번영을 누렸다. 이슬람 왕조는 코르도바의 메스키타, 세비야의 알카사바와 히랄다 탑, 그라나다의 알람브라 궁전 등 수많은 유적을 남겼다. 하지만 가톨릭 세력은 이베리아 반도를 되찾기를 원했다. 그들은 국토회복운동(레콩키스타)를 준비해나갔다. 스페인 북부의 산지를 거점으

로 718년부터 본격적으로 남하하면서 국토회복운동을 펼치기 시작했다. 그 과정에서 많은 가톨릭 왕국이 탄생했다. 1469년에는 카스티야 왕국의 이사벨 여왕과 아라곤 왕국의 왕 페르난도가 결혼하면서 연합 왕국을 탄생시켰다. 유럽의 여러 가톨릭 왕조도 힘을 보탰다. 스페인 연합 왕국은 1492년 당시 이슬람 왕조의 마지막 영토였던 그라나다를 탈환하였다. 이슬람은 이베리아 반도에 잊을 수 없는 추억 알람브라 궁전을 남기고 이슬처럼 사라졌다.

콜럼버스와 대항해 시대

콜럼버스는 1492년 이사벨 여왕의 후원으로 황금의 나라 인도를 향해 대항해를 떠났다. 하지만 그들이 당도한 곳은 인도가 아니라 미지의 땅 아메리카 대륙이었다. 스페인은 멕시코를 비롯한 중앙 아메리카와 남아메리카의 여러 나라를 지배하기 시작했다. 많은 양의 금과 사치품을 스페인으로 들여오고, 또 무역으로 엄청난 부를 축적할 수 있었다. 하지만 콜럼버스는 부를 얻기 위해 아메리카 원주민을 살해하고 노예로 삼는 등 악행을 저지르기는 일도 마

다하지 않았다. 이윽고 아메리카 대륙의 원주민들이 반란을 일으키기 시작했고, 금이나 향료를 얻지도 못할 지경에 이르렀다. 게다가 그는 탐욕과 잔인함으로 스페인 사람들의 미움을 샀다. 콜럼버스는 그후 좌절감과 관절염에 시달리다 사망하였다. 그의 유해는 세비야 대성당에 안치되어 있다. 그는 불행하게 죽었지만, 그의 신대륙 발견으로 스페인은 거대한 제국으로 성장했다.

내전과 프랑코의 독재

스페인의 20세기는 혼돈의 시대였다. 1936년 7월 프랑코가 이끄는 민족주의자들이 공화당 좌익 정부에 대항해 쿠데타를 일으켜 내전이 일어났다. 스페인 국민들은 자진해서 전쟁에 참전했고, 반란군은 시민을 상대로 전쟁을 벌였다. 당시 어니스트 헤밍웨이와 조지 오웰도 스페인 내전에 참전하였으며, 그 경험을 바탕으로 각각 『누구를 위하여 종은 울리나』와 『카탈루냐 찬가』를 집필하기도 했다. 1937년 4월 26일에는 프랑코를 지지하던 히틀러의 독일군이 게르니카를 폭격해 수많은 민간인 사상자가 발생했다. 피카소는 이날의 참상을 <게르니카>라는 작품에 담아 스페인 내전의 비극적 슬픔

을 보여 주었다. 2년 9개월간 이어진 스페인 내전으로 약 35~60만 명이 목숨을 잃었다. 1939년 3월 28일 프랑코가 이끄는 반란군의 승리로 전쟁은 막을 내렸다. 프랑코가 스페인 총통 자리에 오를 무렵, 공화당 정부 지지자 수십만 명은 프랑스로 망명하였다. 프랑코는 40년간 독재를 펼치다 1975년 사망했다. 이후 부르봉 왕가의 왕정을 복고하고 입헌군주제 체제를 수립하였다. 스페인은 1986년 EU에 가입하였다. 1992년에는 바르셀로나 올림픽을 개최하여 매력과 열정을 가진 나라의 면모를 보여주었다.

오늘날의 스페인

스페인은 2008년 심각한 경제 위기를 맞았다. 실업률이 한때 60%까지 치솟고, 자살률이 급증했다. 10년간 심각한 경제난을 겪은 후 2017년부터 점차 회복되어 가고 있다. 정치적으로 스페인은 카스티야 지역과 카탈루냐 지역의 갈등이 항상 내재되어 있다. 이 두 지역을 대표하는 축구팀 레알 마드리드 CF와 FC 바르셀로나는 매번 전쟁 같은 경기를 치른다. 아라곤 왕국의 중심지였던 카탈루냐 지방은 오래 전부터 스페인 정부에 독립을 요구해 왔다. 2017년 10월에는 분리 독립 주민 투표를 실시하고, 공화국 형태의 독립을 선언했다. 이에 스페인 정부는 지방 자치권을 박탈하고 자치 회의를 해산하기도 했다. 2018년 5월 새로운 카탈루냐 자치 정부 수반이 선출되었다. 그들은 여전히 분리 독립을 외치고 있다.

예술과 미식의 나라

스페인은 미식의 천국이다. 파에야와 하몽, 타파스는 우리에게도 익숙하다. 하지만 이것은 스페인 음식 문화의 빙산의 일각에 불과하다. 지역마다 특색 있는 요리를 맛볼 수 있는데, 특히 맥주와 와인의 맛도 훌륭하다. 독일 맥주와 프랑스 와인에 가려져 크게 빛을 보지 못했지만, 맥주와 와인은 스페인 여행의 즐거움을 더해준다.

스페인은 예술의 나라이다. 궁정 미술이 황금기를 누렸던 17세기의 벨라스케스를 시작으로 18세기엔 엘 그레코, 19~20세기엔 살바도르 달리와 피카소, 호안 미로 등 세계적인 거장이 탄생했다. 훌륭한 건축 유산도 빼놓을 수 없다. 화려하고 아름다운 이슬람 건축에서부터 세계에서 유일무이한 가우디의 독특한 건축물, 그리고 자유롭고 혁신적인 현대 건축물까지 공존한다. 스페인의 매력은 끝이 없다.

©페페

스페인을 이해하는 5가지 핵심 키워드

건축, 음식, 미술, 축제, 축구. 스페인을 조금 더 알고 싶다면 이 다섯 가지를 기억하자. 다섯 가지 키워드가 품은 이야기를 이해하면 스페인을 더 깊이 알게 될 것이다. 스페인의 내면 속으로 한 걸음 더 들어가 보자.

©Canaan-Wikimedia Commons

독보적인 건축

천재 건축가 안토니오 가우디를 배출한 스페인의 건축은 세계적으로 아주 유명하다. 오랜 시간 여러 왕국의 흥망성쇠를 거치는 동안 북쪽에서는 프랑스, 동쪽에서는 이탈리아, 남쪽에서는 이슬람 건축 양식을 받아들여, 유럽에서도 매우 독특한 건축 양식을 만들었다. 특히 무어 양식이 유명한데, 이는 711년에서 1492년 사이에 안달루시아 사람들이 살던 북아프리카, 스페인, 포르투갈 지역의 무슬림알 안달 루스에 의해 지어진 이슬람 건축 양식이다. 유럽 건축에 이슬람의 기하학적 문양과 디자인 더해져 형성되었다. 대표 건축물이 그라나다의 알람브라 궁전Alhambra palace in Granada, 1338~1390이다.

스페인의 이슬람 건축 양식이 무척 아름답지만 그래도 '스페인 건축' 하면 가우디를 빼놓을 수 없다. 사그라다 파밀리아 성당, 구엘 공원, 카사 밀라, 카사 바트요 등을 만든 천재 건축가 가우디는 스페인 건축의 아이콘이다. 가우디는 수많은 사람이 스페인을 찾는 이유이기도 하다. 1984년 유네스코는 그의 작품 대부분을 세계문화유산으로 등재 하였다.

미식 천국

스페인은 이탈리아와 함께 유럽의 요리 대국이다. 지중해를 끼고 있는 넓은 영토와 온화한 기후는 스페인만의 독특한 음식문화를 만들었다. 해산물과 사프란붓꽃과 여러해살이풀이다. 10월 즈음에 보라와 빨강 중간의 자주색 꽃이 핀다. 향신료, 염료로 쓰인다.이 들어간 스페인식 볶음밥 파에야, 돼지 뒷다리를 소금에 절여 숙성시킨 하몽, 스페인식 꽈배기 추로스, 스페인 특유의 접시 요리인 타파스는 이미 세계인이 즐기는 음식이다. 이뿐만이 아니다. 지방마다 지역을 닮은 요리들도 많은데, 바스크 북부 지역의 국물 있는 대구 냄비 요리인 바칼라오 살사 베르데, 중앙부인 카스티야 지방의 메추라기 요리인 페르디주 알라 똘레다노, 남부 안달루시아 지방의 오징어 튀김 깔라마레스 로마노도 유명하다. 스페인 여행의 반은 맛이라 해도 과언이 아니다. 스페인 여행을 통해 지역을 대표하는 개성 넘치는 음식을 즐겨보자.

서양 미술사에 큰 획을 긋다

스페인의 미술을 떠올리면 다소 생소할 수 있겠지만, 스페인 출신의 화가 피카소나 살바도르 달리 등의 이름을 들으면 분명히 깜짝 놀라 무릎을 치게 될 것이다. 현대 미술의 거장 파블로 피카소는 스페인을 대표하는 화가이다. 피카소는 바르셀로나에서 그림 공부를 하고 파리로 떠나 큐비즘을 만든 화가이다, 그의 대표작은 <게르니카>다. 스페인 내전 당시 바스크 지방 작은 마을 게르니카에 나치가 폭격하면서 학살된 시민들을 그린 대작으로 가로길이가 7m에 이른다. 마드리드 국립 소피아 왕비 예술센터에서 관람할 수 있다. 바르셀로나와 말라가에 피카소 미술관이 있다.

또 다른 현대 미술의 거장 살바도르 달리는 꿈을 해석해 녹아
내리는 시계, 기괴한 인물 등을 그려내며 초현실주의란 독보적
인 화풍을 만들었다. 마드리드 국립 소피아 왕비 미술센터, 피
게레스의 달리 극장 박물관에서 그의 기발한 작품들을 만나볼
수 있다. 이외에도 천재 궁정화가 벨라스케스, 강렬한 작품을
그려냈던 천재 화가 고야, 20세기 초 추상미술과 초현실주의
를 결합한 창의적 화가 호안 미로 등의 작품들을 스페인에서
만나볼 수 있다.

1년 내내 축제 중

날씨가 좋고, 먹고 마실 게 많았기 때문일까? 아니면 열정과 흥
이 많은 국민성 때문일까? 스페인은 일 년 내내 크고 작은 축제
가 지역 곳곳에서 열린다. 스페인 축제를 떠올릴 때 가장 먼저
머릿속에 그려지는 모습은 아마 사람들이 모여서 탑을 쌓는 모
습일 것이다. 매년 9월 바르셀로나 산 하우메 광장에서 열리는
'라 메르세' 축제의 풍경이다. 산 하우메 광장 앞에 시청이 있는
데 그곳에 지역별 팀들이 모여 인간 탑을 쌓으며 경쟁한다. 영
화의 소재로도 많이 쓰여 세계적으로도 유명하다.

소와 추격전을 벌이는 축제 '산 페르민'도 스페인을 대표하는
축제다. 복음을 전파하러 프랑스를 찾았다가 참수당한 기독교
의 성인 성 페르민을 기리는 축제다. 축제 기간 내내 춤과 불꽃
놀이가 이어지는데 메인 하이라이트는 전통 의상을 입은 청년
들이 투우에 참여할 소를 몰며 투우장까지 뛰어가는 것이다. 축
제 기간 매일 아침 8시에 6마리 소를 거리에 풀어 놓고 다 같이
뛰어간다. 이외에 트럭 가득 실어 온 토마토를 서로에게 던지는
'라 토마티나' 등도 스페인을 대표하는 축제다.

축구는 삶이요, 삶은 축구다

스페인에서 축구 없이는 친구를 사귈 수 없다는 말이 있다. 주말
이면 삼삼오오 모여 맥주를 마시며 축구를 응원하는 건 그들의
중요한 삶의 일부이다. 큰 도시건 아주 작은 마을이건 그곳을 대
표하는 축구팀은 꼭 있다. 스페인 축구 리그 라리가는 UEFA에서
근래 5년 들어 유럽 최고의 리그로 평가받았다. 대륙 최고의 구
단을 가장 자주18회 배출한 세계에서 가장 강력한 리그다.

스페인 프로축구연맹Liga de Fútbol Profesional, LFP 최다 우승팀
은 레알 마드리드로 총 35회이다. FC 바르셀로나는 27회 우승
했다. 레알 마드리드와 바르셀로나의 경기는 '엘 클라시코'라 불리며 전 세계에서 가장 유명한 축구 라이벌전으로
손꼽힌다. 이외에도 레알 마드리드, 아틀란티코 마드리드의 마드리드 더비 또한 아주 유명하다. 라리가 시즌 도중
에 스페인을 여행한다면 축구를 관람하며 스페인 현지인의 삶으로 들어가 보자.

8문 8답, 여행 전에 꼭 알아야 할 스페인 Q&A

스페인 여행의 최적 시기, 스페인에서 꼭 해야 할 것들, 스페인의 치안과 화장실 이용법 등 여행 전에
꼭 알아두어야 할 정보를 8문 8답으로 풀었다. '스페인 여행에서 특히 주의할 점 5가지'도 주목하자.

1. 최적 여행 시기는?

4~6월, 9~11월이 가장 좋다. 스페인은 온화한 봄과 가을 날씨를 자랑하는 지중해성 기후다. 4월부터 여름이 시작하는 6월까지, 여름이 끝나는 9월부터 가을이 끝나가는 11월까지는 쾌적한 온도와 습도를 즐기며 여행할 수 있다. 7~8월은 너무 덥고 휴가를 즐기러 온 전 세계 여행객들 때문에 숙박, 항공료가 너무 비싸므로 추천하지는 않는다. 한적한 분위기를 원한다면 1~2월도 너무 춥지 않기 때문에 큰 불편 없이 여행할 수 있다.

2. 며칠 일정이 좋을까?

한국 면적의 세 배인 스페인을 여행하려면 시간이 넉넉하면 할수록 좋다. 지역에 따라 다르겠지만 직항 노선을 사용한다 해도 왕복 2박은 하늘이나 공항에서 시간을 소요하게 되고, 도착해서도 시차 적응을 해야 하므로 아무리 적어도 일주일은 필요하다. 마드리드, 바르셀로나 같은 대도시만을 여행할 거라면 비행시간을 제외하면 3박 4일이 필요하고 안달루시아, 그라나다도 여행할 계획이라면 8일은 필요하다.

3. 가우디 건축 말고 이것만은 꼭 해라, 세 가지만 꼽는다면?

❶ 나만의 타파스 바 찾기

여행지의 타파스 바는 언제든지 사람들로 꽉 차 있어 자리를 잡는 것조차 힘들 때가 많다. 굳이 유명 타파스 바가 아니더라도 현지인들에게 인기 만점인 타파스 바도 많다. 숙소 주변에 현지인들이 있는 타파스 바가 보이면 주저 말고 들어가 당당하게 주문하자. 며칠 가다 보면 주인장이 먼저 인사를 건네기도 한다. 바에서 서서 먹으면 가격이 좀 더 저렴하다. 메뉴가 너무 많으면 오늘 추천 메뉴를 주문하자.

❷ 라이브 바, 로컬 바 즐기기

로컬 바에는 흥 많고 여유롭고 유머 감각 넘치는 현지인들이 많고 여행객에게도 친절한 편이다. 스페인에는 재즈 라이브, 플라멩코, 일레트로닉과 같은 테마 바가 많다. 큰길에 있는 바라면, 소매치기만 조심한다면 부담 없이 늦은 시간에도 찾아가 즐길 수 있다.

❸ 쇼핑 천국 스페인

유럽에서 가성비가 좋기로 유명한 스페인에서 쇼핑을 안할 수는 없다. 특히 한국에서 보기 힘든 스페인 상품들이 넘쳐난다. 집신 신발로 불리는 에스파듀는 100% 수제로 만들어지는데 가볍고 디자인도 뛰어나 인기가 좋다. 세계 제1의 올리브 생산국인 스페인의 고급 올리브유, 파라벤 성분이 없는 클렌징 워터 바이 파세 화장품, 얼굴에 바르는 앰풀인 마티덤 앰플 등은 절대 놓치지 말자.

4. 스페인의 치안은?

한국보다 치안 상태가 불안한 것은 사실이지만 강력 범죄의 발생률이 그리 높지는 않다. 밤늦게 으슥한 골목을 혼자 다니지 않는 이상 크게 걱정할 정도는 아니다. 대도시 바르셀로나, 마드리드에서는 소매치기는 정말 조심해야 한다. 대부분 2~3조가 한 팀으로 다니면서 순식간에 지갑과 핸드폰을 털어간다. 밤거리에 말을 거는 일행이 있다면 조심하자.

5. 스페인의 물가는?

서유럽보다 저렴한 편이지만 한국보다는 비싼 편이다. 관광객에게 관광세를 받기 시작하면서 숙박 요금도 비싸졌다. 대중교통 일일 사용료는 대략 10유로, 입장료는 30유로로, 식사비는 30~100유로로 정도 된다. 여행 스타일에 따라 다르겠지만 저예산 하루 예상비용은 130유로 정도다.

6. 급하게 화장실을 이용하고 싶으면?

가장 좋은 방법은 숙소나 레스토랑을 나서기 전에 화장실을 미리 이용하는 것이다. 공공 화장실이 있기는 하지만 청결 상태가 좋지 않기 때문에 부득이한 경우라면 근처 쇼핑몰, 카페를 이용하는 것이 좋다.

7. 유심칩 구매는 어디서 할 수 있나?

출발 전 유럽 유심칩을 구매할 수 있지만, 현지에서 선불 심유심 카드를 구매하는 게 가장 저렴하다. 심카드는 공항이나 시내에 있는 각 통신사 대리점에서 구매할 수 있다. 가장 많은 이들이 사용하는 회사 보다폰Vodafone과 오랑헤Orange, 스페인 대표 통신사 모비스타Movista가 대표적이다. 대략 20~25기가 심 카드는 10~15유로 선이다. 통화 시간과 데이터 사용량에 따라 심 카드의 가격은 변동된다. 대리점에서 심 카드를 구매하면 대리점에서 심카드 교체부터 핸드폰 설정까지 도와준다. 여권은 잊지 말고 가져가자.

8. 스페인에도 무료 와이파이가 있나?

숙소와 카페, 레스토랑, 쇼핑몰 등에서 무료 와이파이를 사용할 수 있다.

Travel Tip

스페인 여행에서 특히 주의할 점 5가지

❶ 일요일과 공휴일에는 쇼핑몰, 의류브랜드 상점, 개인 상점, 슈퍼마켓 등 거의 모든 가게가 문을 닫는다. 필요한 물품은 미리 구매해 두고, 일요일은 공원, 뮤지엄 등에서 시간을 보내는 것이 좋다. 바르셀로나의 많은 뮤지엄은 매월 첫째 주 일요일 무료입장이다. 토요일 무료도 있으니 찾기 전에 확인하자.

❷ 스페인의 수돗물은 석회수다. 물은 생수를 사서 마시자.

❸ 몸에 초콜릿이나 요구르트를 뿌리고 새똥이 묻었으니 닦아 주겠다면서 메고 있던 가방을 내려놓게 하거나 겉옷을 벗게 한 후 휴대전화나 지갑을 훔쳐가는 경우가 있다. 바르셀로나에서 특히 많이 발생하니 주의하자.

❹ 여러 개의 짐을 휴대하고 휴대전화로 교통편을 확인하고 있을 때, 출발시각을 기다리며 로비나 커피숍에서 대기하는 중일 때, 환전하고 있을 때 손가방을 주로 노리는 이들이 있다. 말을 걸어 주의를 산만하게 한 후 다른 공범이 물건을 들고 달아나는 수법도 주의해야 한다.

❺ 바르셀로나 및 남부 해변에서 물놀이하는 사이 모래사장에 놓아두었던 휴대품을 도난당하지 않도록 주의하자.

스페인에서 꼭 지켜야 할 기본 에티켓

로마에 가면 로마의 법을 따라야 하듯 스페인에 가면 스페인의 상식과 예의범절을 지켜야 한다.
사진 촬영할 때 등 여행자가 알아야 할 기본 상식과 에티켓을 소개한다.

① 시에스타를 확인하자
스페인에서는 '시에스타'라는 낮잠 풍습이 있어서 오후
1~4시까지는 레스토랑, 상점, 심지어 관광 명소도 문을
닫는 경우가 많다. 방문 전에 꼭 확인하자.

② 느림의 미학
만약 스페인에서 식사초대를 받았다면 약속 시간보다
약간 늦게 가는 게 예의이다.

③ 식사초대에는 디저트를
스페인에서 식사초대를 받았을 경우 초대받은 사람이
디저트를 가져가는 게 예의이다.

④ 성당에서는 예의 바른 옷차림을
성당을 방문할 때는 옷차림에 주의하자. 민소매 티셔
츠, 반바지, 짧은 치마 등을 입으면 입장이 불가하다.

⑤ 흡연은 조심히
건물 내 흡연이 법으로 금지되었다. 레스토랑, 카페는
물론이고 술집에서도 흡연 금지이다.

⑥ 미술관, 박물관 사진 촬영
미술관, 박물관에 따라 사진을 찍을 수 있는 곳과 없는
곳이 있다. 입장하기 전에 확인하자.

위급 상황 시 대처법

위급한 상황이 일어나지 않는 게 가장 좋지만, 혹시 일어나더라도 당황하지 말자. 미리 다양한 정보를 확보
해 두면 방법을 찾을 수 있다. 만약을 위해 질병 발생, 소매치기, 신용카드와 휴대전화 분실, 여권 분실 등의
위급 상황 시 대처법을 소개한다.

1 질병과 여행 사고 대처법
크게 다쳤거나 심각한 질병이 발생하였을 경우 긴급전화(112)로 신고한다. 그러면 무료로 응급 차량을 이용하여
병원까지 갈 수 있다. 응급실 진단도 무료이며 투약, 일반 진료, 입원 등의 경우에는 규정된 비용을 지급하여야 한
다. 지역에 따라 외국인 관광객에는 우선 응급치료 후 1~2개월 뒤 우편, 이메일 등으로 진료비를 청구하는 경우도
있다. 병원까지 갈 정도는 아니라면 약국을 이용하면 된다. 감기약, 피부연고 등 간단한 의약품은 의사의 처방 없
이도 약국에서 구매할 수 있다. 그 외의 경우는 의사의 처방전이 필요하다. 약국은 저녁 9시경 문을 닫으나, 지역
별로 24시간 운영 약국이 지정되어 있으니 참고하자. 24시간 약국을 찾으려면 인터넷, 지도 앱 등에서 'Farmacia

24 horas'를 검색하면 된다.

주요 병원 응급실(Urgencias) 연락처

마드리드 병원 University Hospital October 12(Hospital U. 12 de Octubre) ⌂ Av. de Córdoba, s/n, 28041 Madrid ☎ +34 91 390 8179

바르셀로나 병원 Hospital de la Santa Creu i Sant Pau ⌂ Carrer del Mas Casanovas, 90, 08041 Barcelona ☎ +34 93 553 7600

세비야 병원 Virgen del Rocío University Hospital(Hospital Universitario Virgen del Rocio) ⌂ Av. Manuel Siurot, S/n, 41013 Sevilla 전화 +34 95 501 2066

그라나다 병원 Hospital Universitario Clínico San Cecilio(응급실 Hospital U. San Cecilio(PTS)) ⌂ Parque de la Salud, Av. de la Investigación, 18006 Granada ☎ +34 95 884 0660

말라가 병원 Hospital Regional Universitario de Málaga(Carlos Haya) ⌂ Av. de Carlos Haya, 84, 29010 Málaga ☎ +34 95 129 0000

2 소매치기 대처법

여행지에서는 소매치기를 당하고 나서 뒤늦게 알아차리는 경우가 대부분이다. 하지만, 이러한 사고를 방지하기 위한 최선책은 귀중품을 넣은 가방을 앞으로 메거나 바지 앞주머니에 소지하는 것이다. 옆 혹은 뒤로 맨 가방은 소매치기들의 표적이 되기 매우 쉽다. 대부분 소매치기를 당한 사실조차 알아차리기 힘들다. 스페인의 치안은 심각한 편은 아니지만, 유동인구가 많은 관광 명소에서는 조심 또 조심해야 한다.

3 휴대전화·신용카드 분실 시 대처법

경찰서에 방문하여 도난신고서를 작성해야 한다. 신용카드는 카드사에 전화하여 사용 정지를 요청해놓아야 2차 피해를 방지할 수 있다. 스마트폰은 통신사에 연락하여 사용 정지를 요청하는 게 좋다. 귀국 후 보험사에 도난신고서 및 여행자 보험 가입 증빙서를 제출하면 보상금액을 받을 수 있다. 가입한 여행자 보험의 옵션에 따라 보상액은 다를 수 있다.

경찰서 정보

바르셀로나 람블라스 거리La Rambla에 경찰서가 있다. **경찰서 이름** 모소스 데스콰드라 시우타트 벨라 경찰서Comissaria Mossos d'Esquadra Ciutat Vella ⌂ Carrer Nou de la Rambla, 76-78

마드리드 스페인광장-그란비아 근처에 경찰서가 있다. **경찰서 이름** 내셔널 폴리스 디스트릭트 마드리드 센트로National Police district Madrid-Centro ⌂ Calle Leganitos, 19

4 여권 분실 시 대처법

긴급 상황 시에는 스페인 한국대사관과 총영사관으로 연락한다. 여권 재발급 등의 업무는 마드리드, 바르셀로나, 라스팔마스에 있는 재외공관에서만 수행하고 있다. 혹시 모를 상황을 대비해 여권의 사본을 따로 준비하거나 핸드폰에 찍어 두자.

외교부 해외안전여행 홈페이지 www.0404.go.kr

여권 재발급 시 필요 서류

여권발급신청서 1매, 여권용 컬러 사진 2매, 본인 증명서주민등록증, 운전면허증, 등본 등, 여권분실확인서 1매현지 경찰서 발행

여권 재발급 절차 ① 신청자 본인이 반드시 직접 민원실을 방문하여 발급받아야 한다.
② 긴급여권 발급 수수료 약 50유로2023년 상반기 기준 및 귀국·스페인 출국 항공편 예약 티켓을 준비한다.
③ 여권 발급 소요시간은 약 2시간 이내이며, 대기 신청자 수에 따라 유동적이다.
④ 분실된 우리나라 여권의 불법 이용이 자주 적발되므로 가능한 현지 경찰서에 신고를 권장한다.

대사관과 영사관 정보
주스페인 대한민국 대사관
주소 C/ González Amigó, 15, 28033 Madrid
대표전화 +34 91 353 2000(월~금 9:00~18:00)
긴급 연락 전화 +34 648 924 695(야간·휴일 사건 사고 발생 시)
대표 이메일 embspain.adm@mofa.go.kr
영사과 이메일 sc_madrid@mofa.go.kr(여권, 공증, 가족관계등록, 병역, 사증 등 영사 민원 문의)
홈페이지 https://overseas.mofa.go.kr/es-ko/index.do

바르셀로나 대한민국 총영사관
주소 Paseo de Gracia 103, 3rd floor, 08008 Barcelona
대표전화 +34 93 487 3153
긴급 연락 전화 +34 682 862 431
이메일 barcelona@mofa.go.kr
업무시간 월~금 09:00~14:00, 15:30~17:30
담당 지역 카탈루냐주, 발렌시아주, 발레아레스 제도
홈페이지 https://overseas.mofa.go.kr/es-barcelona-ko/

주라스팔마스 대한민국 분관
주소 Luis Doreste Silva 60. 1ª P, 35004 Las Palmas de Gran Canaria
대표전화 +34 928 25 0404, +34 928 23 0499/0699
대표 이메일 laspalmas@mofa.go.kr
긴급 연락처 +34 629-155-134(영사 직통), +34 616-827-849(영사 민원)
근무시간 외 긴급 상황 발생 시 +34 680-77-0404, +34 672 38 6284
홈페이지 https://overseas.mofa.go.kr/es-las-ko/index.do

5 전화 거는 방법

이 책의 전화번호에서 34는 스페인의 국가번호이다. 한국에서 국제 전화 걸 때는 001 등 국제 전화 접속 번호와
34을 누른 다음 책에 표기된 다음 숫자를 누르면 된다. 현지에서 맛집, 명소 등에 전화할 때는 국가번호를 건너뛰
고 다음 숫자를 차례로 누르면 된다.
한국에서 걸 때 001 34 40 20 06 19 스페인에서 현지 맛집에 걸 때 40 20 06 19

6 긴급 연락처

통합 긴급전화 : 112 (상담원이 발생 사안별로 해당 기관에 연결하여 준다.)
응급의료 092
범죄신고 국립경찰(091), 민경대(062), 자치경찰(092)
전화번호 안내 11811

1　여권 만들기

여권은 해외에서 신분증 역할을 한다. 출국 시 유효기간이 6개월 이상 남아있으면 된다. 유효기간이 6개월 이내면 다시 발급받아야 한다. 6개월 이내 촬영한 여권용 사진 1매, 주민등록증이나 운전면허증을 소지하고 거주지의 구청이나 시청, 도청에 신청하면 된다.

25세~37세 병역 대상자 남자는 병무청에서 국외여행허가서를 발급받아 여권 발급 서류와 함께 제출해야 한다. 지방병무청에 직접 방문하여 발급받아도 되고, 병무청 홈페이지 전자민원창구에서 신청해도 된다. 전자민원은 2~3일 뒤 허가서가 나온다. 출력해서 제출하면 된다. 병역을 마친 남자 여행자는 예전엔 주민등록초본이나 병적증명서를 제출해야 했으나, 마이데이터 도입으로 2022년 3월 3일부터는 제출하지 않아도 된다.

외교부 여권 안내 www.passport.go.kr
여권 발급 시 필요 서류 여권발급신청서, 여권용 사진 1매(6개월 이내 촬영한 사진), 신분증(유효기간이 남아있는 여권은 반드시 지참해야 한다)
병역 관련 서류(해당자) 병역 미필자(남 18~37세)는 출국 시에 국외여행허가서를 제출해야 한다. 전역 6개월 미만의 대체의무 복무 중인 자는 전역예정증명서 및 복무확인서 제출하면 10년 복수 여권을 발급해준다.

우리나라 여권 파워 세계 2위

국제 교류 전문 업체 헨리엔드 파트너스에 따르면 2022년 기준 우리나라 여권 파워는 일본, 싱가포르(공동 1위)에 이어 독일과 함께 공동 2위이다. 덕분에 대한민국 여권은 여행지 내에서 소매치기의 표적이 되기 쉽다. 신분증 역할을 하니 언제나 지니고 다니되, 분실하지 않도록 잘 보관해야 한다. 분실 등 만약의 상황에 대비해 사진 포함 중요 사항이 기재된 페이지를 미리 복사하여 챙겨가면 도움이 될 수 있다.

2 항공권 구매

언제, 어디서 구매하는 게 유리한가?

저렴한 항공권을 구매하려면 적어도 3개월 전에 구매하는 것이 좋다. 원하는 출발 날짜의 항공권은 적어도 1개월 전에 예약해야 한다. 여름휴가, 설날, 추석과 같은 연휴 시즌은 6개월 전에는 알아보고 예약해야 저렴한 항공권을 구할 수 있다. 하지만 할인된 항공권의 경우 출발일 변경이나 취소 시 10만 원 안팎의 수수료를 내야 하므로 신중하게 결정하는 것이 좋다. 주요 항공권 구매 사이트를 활용하면 한 눈에 최저가 항공권을 찾아볼 수 있다.

주요 항공권 비교 사이트
스카이스캐너 https://www.skyscanner.co.kr 카약 https://www.kayak.co.kr
와이페이모어 www.whypaymore.com 인터파크 투어 tour.interpark.com

3 숙소 예약하기

숙소 형태 정하기

여행에서 숙박은 여행의 추억을 결정할 만큼 중요하다. 스페인에는 호텔, 한인 민박, 호스텔, 에어비앤비 등 다양한 선택지의 숙박 시설 있기에 여행 동선, 예산 그리고 자신의 여행 스타일에 잘 맞춰 선택하는 게 중요하다. 숙박 요금 또한 항공권과 마찬가지로 예약하면 저렴하다. 첫 여행이거나 단기 여행자라면 찾아가기 좋은 시내에 있는 호텔을 이용하는 것이 좋고, 장기 여행자라면 에어비앤비와 같은 숙소도 좋다. 여행을 위한 시간 여유가 넉넉하다면 에어비앤비를 통해 며칠 동안 여유롭게 현지인처럼 살아보며 색다른 여행의 묘미를 즐길 수 있다. 다만 초보 여행자에게는 조금 버거울 수도 있다. 집을 찾아가기도 어렵고 예약 전에 집주인과 연락해야 예약을 할 수 있다. 또한, 기물 파손, 위생 문제 등 에어비앤비가 직접 문제를 해결해 주지 않는 단점도 있으니 나에게 맞는지 잘 생각해보고 선택하는 게 중요하다. 한인 민박은 한국인들이 운영 중인 숙박인데 가격은 일반 호텔과 비슷하다. 아침에 한식을 제공하고 한국 여행자들과 정보를 공유할 수 있어 좋다. 예약도 네이버 카페, 카카오톡을

통해 할 수 있어 첫 유럽 여행자들에게는 많은 도움이 된다. 다만 정식 허가를 받지 않은 곳이 종종 있다는 것은 감안해야 한다. 항공권과 다르게 숙박은 유럽 여행자들과도 경쟁해야 하니 더욱 미리미리 예약하자.

어느 지역에서 머물까?

여행 동선을 어떻게 짜느냐에 따라 숙소 위치가 달라진다. 마드리드나, 바르셀로나 같은 경우 지하철로 30분이면 시내까지 나올 수 있으므로, 현지인의 삶을 느끼고 싶은 여행자라면 교외 지역의 저렴한 숙소를 잡는 것도 좋은 방법이다. 시간이 촉박하거나 많은 것을 보기를 원하는 여행자라면 시내 중심가에 숙박을 잡자. 숙박비는 교외보다 비싼 편이지만 교통비도 아낄 수 있고 밤 문화도 걱정 없이 즐길 수 있다.

숙소 예약하기

동선과 예산에 맞는 호텔을 발견했다면 예약 사이트와 호텔 공식 홈페이지에서 가격을 비교해 보자. 특가 할인 혜택이 없는 한 요즘에는 예약 사이트와 공식 홈페이지의 가격 차가 크게 나지 않는 편이다. 오히려 공식 홈페이지에서 회원가입을 한 후 직접 예약하면 기념일 케이크나 식음료 할인 쿠폰 등을 제공하는 등 혜택을 볼 수 있다.

호텔 예약 사이트 호텔스닷컴 www.hotels.com
아고다 www.agoda.com 익스피디아 www.expidia.co.kr
호스텔 www.korean.hostelworld.com 에어비앤비 www.airbnb.co.kr

4 여행자 보험 가입하기

패키지 여행의 경우 상품 안에 여행자 보험이 가입되어 있지만, 자유 여행을 준비한다면 여행자 보험에 직접 가입해야 한다. 보험료는 보상 범위에 따라 크게 다르지만 통상 1~5만 원 정도이다. 최근에는 일부 신용카드로 항공권 구매 시 무료 여행자 보험 혜택을 주는 경우도 많으니 확인해보는 것이 좋다. 여행 중 현지에서 문제 발생 시 병원에서는 진단서 및 영수증을, 도난 및 분실물은 관할 경찰서에서 증명서를 받아와야 보상받을 수 있다. 공항에서 가입하는 여행자 보험료는 상대적으로 비싼 편이니 미리 가입하는 것을 추천한다.

5 예산 짜기

여행의 목적미식, 체험, 쇼핑, 명소 관람, 휴양과 일정에 따라 예산은 조금씩 다를 수 있다. 그래서 항공권, 숙소, 식비, 교통비 등의 최대 비용과 최소 비용을 확인해보았다. 관람과 체험 관련 티켓은 전용 예약 사이트에서 구매하면 조금 저렴하다. 학생의 경우 국제 학생증을 미리 준비하면 박물관 등에서 할인 혜택을 볼 수 있다.

항공권 비용 80만 원~200만 원(한국 출발 기준)
코로나 19로 급격하게 높아졌던 항공료는 이제 거의 안정세를 찾았지만, 직항 노선이 줄고 경유 노선이 많아졌다. 1회 환승하면 100만 원 이하로 구매할 수 있다. 성수기와 비성수기, 직항과 경유, 항공사에 따라 가격 차이가 나는 것은 감안해야 한다.

숙박비 1일 6만 원~50만 원
호스텔의 도미토리는 40유로 선, 3성급 더블룸 일반 평균은 80~100유로 선, 럭셔리 호텔은 200유로 이상 예상해야 한다. 성수기나 연휴 시즌에는 평균 가격에서 2~3배는 치솟을 때도 있다. 미리 하면 좀 저렴한 가격에 예약할 수 있다.

식비 3만 원~20만 원 이상(하루 1인 기준)
스페인은 현지 음식은 물론 세계적인 수준의 레스토랑 음식까지 맛볼 수 있는 미식의 나라다. 로컬 식당에서 저렴하면서 푸짐한 우리나라 백반 격의 메뉴 델 디아와 파스타로 하루 식사를 해결한다면 30~50유로, 레스토랑에서는 50~60유로, 고급 레스토랑에서 코스 요리로 식사한다면 80~120유로 정도 소요된다.

교통비 1만 4천 원~5만 원(하루 기준)

시내 대중교통을 타고 돌아다니면 하루 10유로가 기본이다. 하지만 일행이 3명 이상이거나, 짐이 많거나, 위치가 애매한 곳은, 택시나 우버를 이용해야 하므로 최대 40유로는 잡아야 한다.

입장료 5만 원(하루 기준)

박물관과 미술관 관람료나 주요 체험 비용도 만만치 않다. 방문할 미술관, 박물관, 유적지 등은 미리 인터넷으로 예약하면 조금 저렴하게 구매할 수 있다.

6 환전하기

애플 페이와 같은 결제 수단 방법이 사용되고 있지만, 아이폰 이용자만 사용할 수 있는 한계가 있다. 신용카드체크카드가 가장 편리하다. 현금과 달리 분실이나 도난 사고에도 바로 대처할 수 있고, 현금이 필요하면 ATM기로 뽑으면 된다. Master, Visa 등 글로벌 카드 브랜드가 사용되는지 미리 확인해두자.

스페인은 현금을 많이 쓰지 않는 분위기로 가고 있다. 하지만 혹시 모를 상황을 대비해 비상금 정도는 현금으로 준비하자. 하루에 30~50유로가 적당하다. 환전은 애플리케이션으로 하는 게 좋다. 각 은행의 전용 애플리케이션을 통해 환전을 신청한 뒤 인천 국제공항 각 은행 지점에 찾아가 받으면 된다. 일정 금액 이상 환전하면 면세점 할인 쿠폰, 무료 여행자 보험 같은 서비스를 받을 수 있다.

7 짐 싸기

무게 줄이는 법

짐은 꼭 필요한 물건만 체크 리스트를 만들어 하나하나 점검하면서 싸는 게 좋다. 특히 항공사 수하물 무게 규정을 초과하는 경우 추가 비용을 지급해야 하기에, 아래 소개하는 필수 준비물 중심으로 챙기고 더 필요한 건 현지에서 구매하는 것도 괜찮다. 또한, 기내에 반입 가능한 물품과 수화물로 부쳐야 하는 용품을 꼭 구분해야 한다.

짐 싸기 체크 리스트

품목	비고	품목	비고
여권	유효기간 6개월 이상	속옷, 양말	겨울철 방문 시 내복 및 레깅스 준비
여권 사본	여권 분실 시 필요	선글라스	여름 방문 시 필수
증명사진 2매	여권 분실 시 필요	슬리퍼	호스텔, 한인 민박 등에서 유용

국제운전면허증	렌터카 이용 시 필요	샤워용품, 세면도구, 드라이기, 화장품	100ml 초과 시 기내반입 불가, 수화물로 부칠 것
코로나 음성 확인서	필요시 준비 ('22년 8월 1일 이후로 필요 없음)		
마스크	방역을 위해 준비		
국제학생증	호스텔, 관광지, 교통수단 할인	자외선 차단제	여름에 필수
신용, 체크카드	해외 결제 가능용	휴대폰, 카메라, 보조배터리 등	-
현금	유로(비상용으로 1일 30~50유로 내외)	어댑터	스페인 전압 220V, 50Hz라 필요 없음
유레일패스	유럽 여러 나라 여행 시 필요	심카드	유럽 전체에서 사용할 수 있는 심카드는 현지에서 구매하는 것이 편리
지퍼백	기내에서 사용할 소량 액체류 물품 반입 시 필요	우산·우의	3~5월, 11월에 비가 많이 내림
겉옷	계절에 맞게 준비	멀티탭	장기 여행자 필수품. 핸드폰과 카메라 동시 충전 시 유용
책/노트/필기구	장거리 비행 시	상비약	현지에서도 구매할 수 있으나, 평소 복용 약이 있다면 미리 챙겨두자.

* **제한적 기내반입 가능 품목** 소량의 액체류개별 용기당 100ml 이하, 1개 이하의 라이타 및 성냥
* **기내반입 금지품목** 날카로운 물품과도, 칼, 스포츠 용품(야구 배트, 골프채) 등은 기내에 가지고 탈 수 없으며, 수화물로 부쳐야 한다.
* **위탁 수화물 금지품목** 휴대용 보조배터리는 수화물로 부칠 수 없고 기내에 가지고 타야 한다.

8 출국하기

도심공항터미널이용법
서울역 도심공항터미널에 가면 일부 항공사 탑승객으로 한정되지만, 탑승 수속절차·수하물 부치기·출국 심사까지 사전에 처리할 수 있어 편리하다. 공항터미널에서 인천공항으로 이동하는 버스도 있어 더 좋다. 붐빌 것을 대비해 비행기 탑승 최소 3시간 전에는 수속절차를 마치는 게 좋다.
*삼성동 코엑스 도심공항터미널은 폐쇄되었다. 광명역 도심공항터미널에서는 리무진 버스만 운행한다.

서울역 도심공항터미널에서 탑승 수속 가능한 항공사
대한항공, 아시아나항공, 제주에어, 진에어, 티웨이, 에어서울, 에어부산
이용 가능 시간 05:20~19:00 홈페이지 www.arex.or.kr

출발 2시간 전 도착

항공사 사정이 수시로 변할 수 있으므로 출발 최소 2시간, 성수기나 연휴 기간에는 최소 3시간 전에는 공항에 도착하는 편이 안전하다. 항공사마다 제1여객터미널, 또는 제2여객터미널로 탑승 장소가 다르다. 탑승 장소를 미리 확인하자. 설령 원하는 터미널에 도착하지 못했더라도 걱정하지 말자. 무료 공항 셔틀버스로 어렵지 않게 이동할 수 있다.

인천공항 안내 : 제1, 제2터미널

인천공항은 제1여객터미널, 제2여객터미널이 운영되고 있다. 대한항공, KLM, 에어프랑스, 델타, 가루다인도네시아, 중화항공 등 주로 스카이팀 소속 항공사는 제2여객터미널을, 그 외 항공사는 기존의 제1여객터미널을 사용한다. 혹시 실수로 다른 터미널에 내렸다고 걱정하지 말자. 무료 공항 셔틀버스로 어렵지 않게 제1, 또는 제2터미널로 이동할 수 있다. 이동 시간은 20분 이내이다.

인천공항 터미널 간 셔틀버스 운행 정보

제1여객터미널에서는 3층 중앙 8번 승차장에서, 제2여객터미널에서는 3층 중앙 4~5번 승차장 사이에서 탑승한다. 제1여객터미널의 셔틀버스 첫차는 오전 05시 54분, 막차는 20시 35분에 출발한다. 제2여객터미널의 첫 셔틀버스는 오전 04시 28분, 막차는 00시 08분에 출발한다. 터미널 간 이동 시간은 약 15~18분이다. 배차 간격은 10분이다.

셔틀버스 운영사무실 032-741-3217

탑승 수속과 짐 부치기

E-티켓에 적힌 항공사와 편명을 공항 안내 모니터에서 확인 후 해당 항공사 카운터로 간다. 비행기 출발시각 2~3시간 전부터 카운터를 연다. 카운터에 여권을 제시하고 수하물을 부치면 탑승권과 수하물 보관증을 준다. 항공사 및 좌석 등급에 따라 수하물 개수와 무게가 다르므로 미리 해당 항공사 홈페이지를 통해 체크하자.

스페인 행 항공편 기내반입 및 위탁 수화물 규정

항공사	기내반입 수하물	위탁 수하물
대한항공	이코노미 클래스 : 1개 10kg 이하, 수하물 3면의 합 115cm 이내 프레스티지&일등석 : 총 2개 18kg 이하, 수화물 3면의 합 115cm 이내	일등석 : 3개, 각 32kg 이하 프레스티지석 : 2개, 각 32kg 이하 일반석 : 1개, 23kg dlgk
아시아나 항공	이코노미 클래스 : 1개 10kg 이하 비즈니스 클래스 : 총 2개(각 10kg 이하), 수화물 3면의 합 115cm 이내	이코노미 클래스 : 1개, 23kg 이하 비즈니스 클래스 : 2개, 각 32kg 이하
루프트한자	1개 8kg 이하	프리미엄 이코노미 : 32kg 이하 이코노미 :23kg 이하,
에미레이트	기내 수화물: 55 x 38 x 20cm (22 x 15 x 8 인치)	프리미엄 이코노미 : 32kg 이하 이코노미 :23kg 이하,

빠른 출국을 위한 유용한 팁 : 패스트트랙 이용법

자동 출입국 심사서비스

만 7세부터 대한민국 국민은 여권과 지문 인식만으로 출입국 수속을 마칠 수 있어 시간을 확실히 절약할 수 있다. 만 7세~만 18세 이하는 사전등록이 필요하다. 14세 미만까지는 법정 대리인을 확인할 수 있는 발급 3개월 이내의 신청인 상세 기본증명서 및 가족관계증명, 법정 대리인의 신분증을 가지고 등록한다.

사전등록 장소 인천공항(제1여객터미널, 제2여객터미널), 김포국제공항, 김해국제공항, 대구국제공항, 제주국제공항, 청주국제공항, 부산항·인천항(국제선), 서울역도심공항출장소

패스트트랙

노약자나 유아를 동반했다면 항공사 카운터에 패스트트랙 이용 여부를 확인하자. 긴 대기줄에 서지 않고 빠르게 입국 수속을 마칠 수 있어 편리하다. 만 7세 미만 유·소아, 70세 이상 고령자, 산모수첩을 지닌 임산부는 동반 3인까지 이용할 수 있다.

여행 실전 정보 현지 공항 도착부터 귀국할 때까지

1 공항에 도착해서 할 일

입국 심사받기

©Diego Delso-wikivoyage

입국Immigration, 수하물Baggage Claim 표지판을 따라가면 외국인 여권심사Foreign Passport 카운터가 나온다. 유럽인과 비유럽인으로 나뉜다. 한국인은 비유럽인 라인에서 여권심사를 받으면 된다. 체류 목적, 체류 기간을 물어볼 때도 있다.

수하물 찾기

전광판에서 탑승했던 항공편과 수하물 컨베이어를 확인한다. 짐을 찾아 출구로 나가면 된다.

유심칩 구매하기

휴대전화 자동로밍은 이용료가 비싼 편이므로 데이터의 양도 넉넉하고 전화도 얼마든지 사용할 수 있는 SIM 카드를 바꿔 이용하는 것이 편리하다. 한국에서 사용하던 휴대전화의 SIM 카드를 빼고 그 자리에 현지에서 구매한 SIM 카드를 넣으면 현지 임시 번호로 개통된다. 기존 휴대전화에 깔린 SNS나 앱들을 그대로 사용할 수 있으나, 기존 한국 번호로 오는 문자와 전화는 받을 수 없다.

공항에서 환전하기

공항에 환전소가 몇 군데 있다. 시내 환전소보다 환율이 좋지 않지만 큰 차이는 없다. 5, 10, 20, 50, 100, 200, 500유로 지폐가 있지만 50유로 이상으로는 쓸 일이 많지 않기 때문에 50유로 이하의 작은 단위로 환전하는 게 좋다.

2 스페인 교통 정보

1 철도

스페인에서 가장 대표적인 철도는 우리나라의 KTX 격인, 스페인 국영 철도 회사의 렌페renfe이다. 렌페는 스페인 전역을 연결해 주는 가장 대중적인 철도다. 크게 고속기차와 일반 기차로 나뉜다. 고속기차는 아베ave, 아반트avant, 알비아alvia가 있고, 일반 열차는 중장거리용 일반 열차인 Md,

Talgo, Ld와 근거리용 Regional로 나뉜다. 각 목적에 맞게 예약하면 된다. 티켓 오픈은 62일 전이다. 예약은 렌페 홈페이지 애플리케이션을 통해 가능하고, 현장 구매도 할 수 있다. 인터넷 예약을 하면 이메일로 이 티켓e-ticket을 보내준다. 종이로 출력하거나 스마트폰을 이용해 캡처해서 검표원에게 보여주면 된다. 애플리케이션으로 예매한 경우 애플리케이션에 저장된 이미지를 사용하자. 13세 이하 어린이는 정상 요금의 40%를 할인받을 수 있다. 3세 이하의 유아는 무료다. 참고로 스페인만 여행한다면 유레일 패스는 필요가 없다.

티켓 구매 방법
온라인 구매
렌페 홈페이지에서 티켓 구매를 진행하려면 페이 팔로만 결제가 가능한 경우가 많고, 접속이 원활하지 않을 수도 있다. 한국에 지사를 두고 있는 스페인 철도 예약 사이트https://spainrail.com/ko나 유럽 현지 예약 대행 사이트https://www.trenes.com/en/를 이용하는 것도 방법이다. 한국 지사 스페인 철도 예약 사이트가 현지 예약 사이트보다 약간 비싸긴 하지만, 문제가 발생한 경우 한국어로 대응할 수 있다는 장점이 있다. 온라인 예매의 경우 대개 다음의 과정을 거쳐야 한다.

❶ 홈페이지에 접속한다.
❷ 출발지, 도착지, 날짜, 시간, 인원 수성인 또는 어린이, 왕복 또는 편도, 열차 등급을 선택한다. 렌페는 좌석 등급은 일반석Turista, 우등석Turista plus, 일등석Preferete으로 나뉜다.
❸ 이동 시간, 경유 횟수, 열차 종류, 요금 등을 확인 후 원하는 표를 선택한다.
❹ 예약자 정보인 이름, 여권 번호, 휴대폰 번호, 이메일 주소 등을 입력한다.
❺ 카드 정보 입력 후 결제를 진행한다.
❺ E-Ticket이 메일로 온다.

현장 구매
자동 발권기를 이용한 현장 구매
렌페 기차 티켓은 기차역에서도 현장 구매가 가능하다. 창구를 이용해도 되지만 무인 발권기를 이용하면 더욱 편리하다. 영어가 지원되며 카드 결제도 가능하다. 단, 여행 날짜에 인접해 티켓을 구매하면 가격이 비싸므로 현장 구매는 일반 열차의 단거리 구간 등에만 사용하는 게 좋다.

렌페 애플리케이션 이용방법
❶ 안드로이드 Google play에서 'renfe'를 입력, 설치 후 출발과 목적지, 시간을 입력하면 이용 가능한 열차표를 검색할 수 있다.
❷ iOS-itunes 'renfe'를 입력. 설치 후 내용은 위와 동일
❸ 윈도우 Microsoft 스토어에서 'renfe'를 입력. 설치 후 내용은 위와 동일

2 버스

시간에 쫓기지 않는 여행자라면 창문 밖 풍경을 감상하며 여행할 수 있는 버스도 추천한다. 스페인 대표 버스회사는 알사alsa로 스페인 곳곳이 연결된다. 알사 홈페이지에서 버스 티켓을 구매할 수 있다. 주중 비인기 시간대에는 할인율도 높아 여행객에게 인기가 좋다. 참고로 알사 홈페이지에서 회원가입을 하면 다양한 혜택이 있는데, 각 노선에 따라 할인율이 다양하니 참고하자. 첫 구매로 온라인 예약 시 10유로 이상인 티켓 한 장당

©Alejandro C.T.

2.9유로10유로 이하는 0.1~0.9유로의 예매 수수료가 있으며, 두 번째 구매부터 수수료가 무료다. 홈페이지 www.alsa.com

3 시내 교통

스페인의 대중교통은 지하철, 버스, 택시가 있다. 택시를 제외한 모든 대중교통은 반드시 교통권 구매 후 이용해야 한다. 티켓은 역내 위치한 티켓 판매기 또는 기사에게 직접 구매할 수 있다. 한국과 마찬가지로 발권 후 개찰기에 넣으면 된다. 무임승차 시에는 100유로의 벌금이 부과된다. 불시에 티켓을 검사하며, 검표원들이 평상복을 입고 있어 쉽게 알아차릴 수 없으므로 방심했다가 벌금을 물 수도 있다. 꼭 티켓을 사서 이용하자.

❶ 메트로Metro

역의 승차권 자판기에서 승차권을 구매하고 승차권을 이용해서 개찰구를 통과한다. 승차권 자판기에서 사용할 수 있는 언어는 카탈루냐어, 스페인어, 영어, 프랑스어 등이다. 각 지역마다 대중교통 요금은 다르다. 바르셀로나의 경우 1회권Bitllet senzill이 2.4 유로이다. 티켓은 승차권 자판기에서 현금이나 카드로 결제하여 구매할 수 있다.

❷ 버스Bus

버스가 다가오면 운전사에게 손을 흔들어 탑승 의사를 표시해야 한다. 통합티켓이나 여행 패스가 없으면 운전기사로부터 티켓을 구매할 수 있다. 10유로 이하 지폐까지 사용할 수 있다. 바르셀로나에서는 자정을 넘어서도 버스를 이용할 수 있다. 번호 앞에 N이 붙어 있으면 나이트 버스다.

❸ 택시Taxi

택시는 손을 들어서 쉽게 잡을 수 있다. 요금은 지역마다 조금씩 다르며 미터기를 사용한다. 야간이나 휴일에는 할증 요금이 붙는다. 택시에서 영어로 간단한 소통이 가능하며, 목적지만 정확히 말해도 이용할 수 있다. 단, 다른 교통수단보다 가격이 비싸다. 택시 어플 우버Uber나 마이택시My Taxi를 이용하면 편리하다. 우버 www.uber.com

©Wikimedia Commons

❹ 렌터카

한국에 없는 표지판도 있어 운전을 시작하기 전에 표지판과 주의 사항에 대해서 숙지해야 한다. 스페인에서 렌터카를 이용할 때는 국제운전면허증, 국내운전면허증과 신분증여권이 있어야 한다. 렌터카 이용은 우리나라와 같다. 픽업 장소와 반환장소를 확인하고 사용이 종료되기 전에 연료를 채운 뒤 열쇠를 반납하면 된다.

유명 렌터카 업체로는 허츠Hertz, 아비스Avis, 오이로프카Europcar 그리
고 식스트Sixt가 대표적이며 온라인 또는 현지에서 직접 신청할 수 있다.
대부분 수동운전이다. 자동운전은 선택의 폭도 좁고 가격도 비싸므로 온
라인으로 미리 신청 후 이용하는 게 좋다. 확인할 건 보험료다. 렌터카 포
털에서 보험을 들어도 직접 대리점에서 또 한 번 보험을 요구하는 경우
가 있다. 불법은 아니고 보험을 두 번 가입하게 되는 경우다. 포털에서 가
입하지 말고 대리점에서 직접 설명을 들으며 보험에 가입하는 게 좋다.

렌터카 홈페이지
허츠 www.hertz.com 식스트 www.sixt.co.kr,
아비스 www.avis.de 오이로프카 www.europcar.com

---

3 스페인에서 유용한 스마트폰 어플리케이션

구글맵 Google Maps
해외여행을 위한 최고의 어플리케이션이다. 지도를 따로 구매하지 않아도 스마트폰으로 편리하
게 위치를 찾도록 도와준다. 미리 오프라인 지도를 다운받아 놓으면 별도의 인터넷 접속 없이도
지도를 이용할 수 있다.

구글 번역기
현지 언어를 몰라도 의사소통할 수 있도록 도와주는 번역기다. 언어를 선택한 후 글자 혹은 말
로 입력하면 번역해준다. 완벽하진 않지만, 의사소통되지 않는 경우 요긴하게 사용할 수 있다.

비프리투어 befreetour
스페인 여행에 필요한 입장권, 액티비티, 투어 등 다양한 여행 상품에 대한 프로모션을 진행하는
앱이다. 레알 마드리드, 아틀레티코 마드리드 홈구장 방문, 플라멩코 쇼, 프라도 박물관 투어 등
다양한 관광지에 대한 할인 티켓을 제공한다.

왓츠앱 whatsapp
우리나라 대표 메신저가 카카오톡이라면, 스페인은 이 왓츠앱을 쓴다. 현지 친구를 사귀게 될 경
우, 왓츠앱 있니?(¿Tienes whatsapp?) 라는 질문을 받게 된다. 여행 전 미리 왓츠앱을 설치해 두
면 현지 친구들과 소통하기 좋다..

우버 Uber
택시 이용자를 위한 어플리케이션이다. 한국에서 다운 받으려 하면 우티UT가 뜨는데, 우티는 택
시 이용자를 위한 해외여행 필수 앱 우버가 한국 여행자에 맞춰 개발한 앱이다. 국내는 물론 스
페인에서도 별다른 설정 없이 우버 시스템을 이용할 수 있다. 결제 카드를 등록해야 하며, 첫 이
용 시 50% 할인 쿠폰을 제공한다.

루텔라 routela

<루텔라>는 여행의 루트별 콘셉트에 따라서 하루 일정을 가이드 해주고, 핫 스폿 등의 정보를 제공하는 여행의 필수 어플이다. 가이드의 음성까지 들으며 특별한 방법으로 여행할 수 있다.

마이리얼트립 Myrealtrip

현지에서 급하게 투어를 예약하고 싶을 때 이용하기 좋은 어플리케이션이다. 각종 투어 상품 예약에 유용하다.

4 스페인 떠나기

공항으로 가는 방법

공항에서 시내로 왔던 방법을 역으로 활용하면 된다. 공항은 대부분 여행객으로 붐비므로, 탑승 3시간 전에는 공항에 도착해서 탑승 수속 및 짐 부치기를 진행하길 권한다.

탑승 수속과 짐 부치기

본인이 탑승할 항공사의 부스에서 탑승 수속 진행하면 된다. 다만 여행 후 짐이 많아 수하물 규정을 초과하면 추가 비용이 발생한다. 이럴 땐 사전에 무게를 측정한 후 본인이 부담해야 할 초과 비용을 예상해 보고 미리 준비하자.

부가세 환급받기

비유럽인이 유럽에서 구매한 제품을 사용하지 않고 출국하면 부가가치세의 일정 금액 돌려주는데 스페인은 최저 4%에서 최대 21%까지 환급받을 수 있다. 모든 상품의 부가세를 환급해주는 건 아니다. 택스 리펀 제휴 가맹점VAT REFUND, TAX FREE, TAX REFUND에서 쇼핑한 상품만 환급해준다. 백화점, 아웃렛, 브랜드 숍에 주로 택스 리펀 로고가 붙어 있다. 세금 환급은 유럽 국가를 몇 군데 여행할 경우 마지막에 출국하는 나라에서 받을 수 있는 것도 기억해두자. 스페인은 최소 구매 금액 기준 제한이 없다. 표준부과 세율은 21%이고 안경, 서적, 일부 식료품, 약품은 4~10%다. 단, 온라인 쇼핑은 부가세 환급 대상이 아니다. 쇼핑 후 직원이 택스 리펀 서류를 준다. 이때 공항에서 환급받을 계획이라면 택스 리펀 전용 키오스크인 디바DIVA 양식의 환급 서류를, 시내에서 환급엘 코르테 잉글레스 백화점 부근 카탈루냐 광장 지하 받을 계획이라면 일반 양식의 환급 서류를 요청한다. 일반 양식의 환급 서류에는 직접 이름과 여권 번호, 구매한 제품명, 제품 가격, 환급받을 금액 등을 적는다. 직원이 써주기도 하는데, 서류 내용을 반드시 확인한다.

부가세 환급 신청 시 준비물 여권, 항공권 이티켓, 제품 구매 매장에서 증빙한 세금환급신청서 및 영수증, 구매 물품

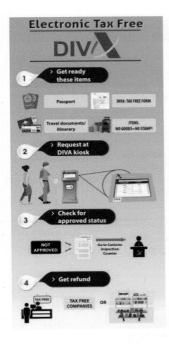

공항에서의 부가세 환급절차

❶ 스페인 공항에서는 택스 리펀 전용 키오스크인 디바DIVA를 통해 디지털 방식으로 부가세 환급절차를 진행하고 있다. 일단, 공항에서 환급받을 계획이라면 물품을 구매할 때 판매자에게 디바 양식의 환급서류를 요청하면 된다. 디바 사용법은 간단하다. 한국어로 설정한 뒤, 법적 의무요약이 나오면 확인 버튼을 누른다. 다음 화면에서 물품을 구매하고 받은 택스 리펀 서류의 바코드를 기계에 스캔한다. 이후 확인 버튼을 누르면 디지털 도장을 받게 되고 모든 절차가 완료된다. 간혹 DIVA의 환급절차 완료가 안 되는 수도 있는 데 이런 경우 환급 창구의 세관원에게 가서 도장을 받아야 한다.

❷ 현장에서 현금으로 바로 수령 할지 카드와 연결된 계좌로 추후 환급받을지 선택한다.

❸ 곧바로 현금으로 환급받으려면 세관 사무실로 가고, 카드 계좌로 환급받으려면 세관 도장이 찍힌 서류들을 봉투에 동봉하여 노란 우체통에 넣는다.

❹ 현금으로 환급받을 때는 환급 장소에 따라 수수료가 다르다. 대략 10% 정도의 수수료를 지급해야 하지만, 바로 현금으로 돌려받는 장점이 있다. 카드 계좌로 환급받으면 별도 수수료가 없다. 단, 원화로만 받을 수 있고. 짧게는 4주 길게는 10주까지 기다려야 한다.

One More 세금 환급 시 주의 사항

❶ 공항에서 현금으로 환급받는 경우 줄을 길게 서서 기다려야 하거나 진행이 더뎌 시간이 좀 걸릴 수 있다. 공항에서의 환급을 계획하고 있다면 만약을 대비해 비행기 탑승 최소 2시간 30분~3시간 전에 공항에 도착하기를 권한다.

❷ 세금 환급을 받은 후, 유럽연합국가에서 90일 이내에 귀국해야 한다.

❸ 도심에서 세금 환급을 받는 경우, 출발 14일 이전에 받아야 한다.

❹ 세관의 도장을 받은 텍스 리펀 서류는 만약을 대비해 사진을 찍어 두자. 문제가 생길 시 증거 자료가 될 수 있다.

보안 검색과 출국 심사

입국과는 달리 출국 시에는 심사 및 보안 검색이 까다롭지 않다. 기내에 들고 갈 수 없는 휴대용 배터리, 날카로운 물건, 액체류 등은 사전에 비우고 보안 검색에 임하는 게 좋으며 출국 심사는 별다른 문제가 없다면 곧 출국 도장을 찍어줄 것이기에 크게 걱정하지 않아도 된다.

1 바르셀로나 + 마드리드 7일

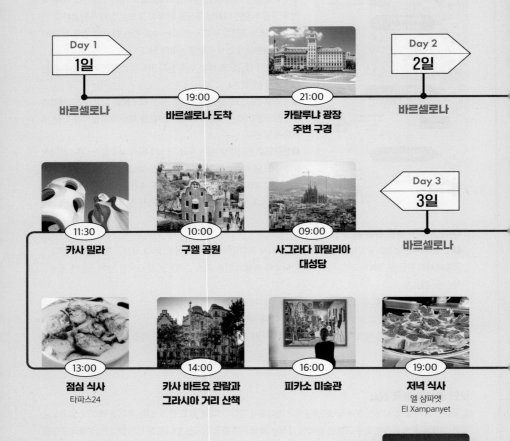

Day 1
1일

바르셀로나

19:00
바르셀로나 도착

21:00
카탈루냐 광장
주변 구경

Day 2
2일

바르셀로나

11:30
카사 밀라

10:00
구엘 공원

09:00
사그라다 파밀리아
대성당

Day 3
3일

바르셀로나

13:00
점심 식사
타파스24

14:00
카사 바트요 관람과
그라시아 거리 산책

16:00
피카소 미술관

19:00
저녁 식사
엘 샴파엣
El Xampanyet

21:00
알데무나 대성당에서
마드리드 야경 감상

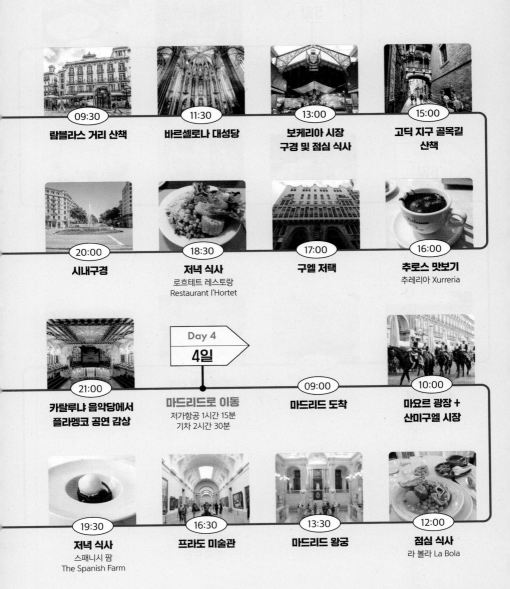

09:30 람블라스 거리 산책

11:30 바르셀로나 대성당

13:00 보케리아 시장 구경 및 점심 식사

15:00 고딕 지구 골목길 산책

20:00 시내구경

18:30 저녁 식사
로흐테트 레스토랑
Restaurant l'Hortet

17:00 구엘 저택

16:00 추로스 맛보기
추레리아 Xurreria

21:00 카탈루냐 음악당에서 플라멩코 공연 감상

Day 4
4일

마드리드로 이동
저가항공 1시간 15분
기차 2시간 30분

09:00 마드리드 도착

10:00 마요르 광장 + 산미구엘 시장

19:30 저녁 식사
스패니시 팜
The Spanish Farm

16:30 프라도 미술관

13:30 마드리드 왕궁

12:00 점심 식사
라 볼라 La Bola

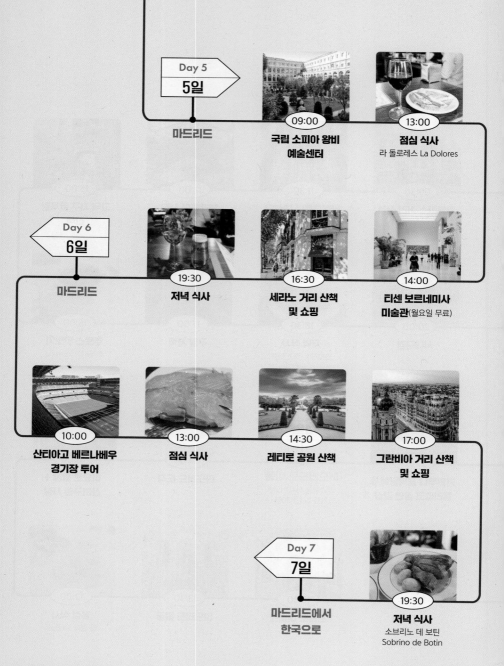

Day 5
5일

마드리드

09:00
**국립 소피아 왕비
예술센터**

13:00
점심 식사
라 돌로레스 La Dolores

Day 6
6일

마드리드

19:30
저녁 식사

16:30
**세라노 거리 산책
및 쇼핑**

14:00
**티센 보르네미사
미술관**(월요일 무료)

10:00
**산티아고 베르나베우
경기장 투어**

13:00
점심 식사

14:30
레티로 공원 산책

17:00
**그란비아 거리 산책
및 쇼핑**

Day 7
7일

마드리드에서
한국으로

19:30
저녁 식사
소브리노 데 보틴
Sobrino de Botin

② 바르셀로나+마드리드 9일

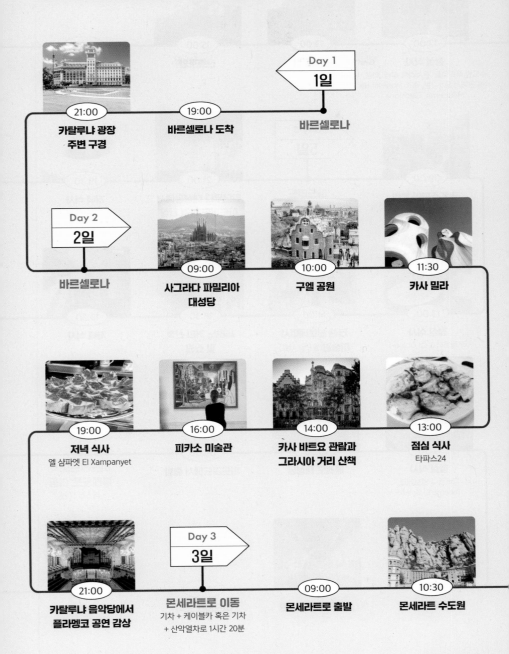

Day 1
1일

바르셀로나

21:00
카탈루냐 광장
주변 구경

19:00
바르셀로나 도착

Day 2
2일

바르셀로나

09:00
사그라다 파밀리아
대성당

10:00
구엘 공원

11:30
카사 밀라

19:00
저녁 식사
엘 샴파엣 El Xampanyet

16:00
피카소 미술관

14:00
카사 바트요 관람과
그라시아 거리 산책

13:00
점심 식사
타파스24

21:00
카탈루냐 음악당에서
플라멩코 공연 감상

Day 3
3일

몬세라트로 이동
기차 + 케이블카 혹은 기차
+ 산악열차로 1시간 20분

09:00
몬세라트로 출발

10:30
몬세라트 수도원

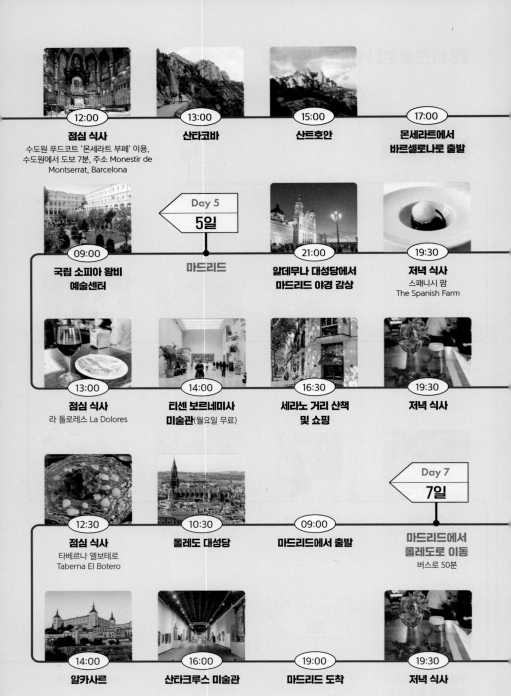

12:00
점심 식사
수도원 푸드코트 '몬세라트 부페' 이용,
수도원에서 도보 7분, 주소 Monestir de
Montserrat, Barcelona

13:00
산타코바

15:00
산트호안

17:00
**몬세라트에서
바르셀로나로 출발**

09:00
**국립 소피아 왕비
예술센터**

Day 5
5일
마드리드

21:00
**알데무나 대성당에서
마드리드 야경 감상**

19:30
저녁 식사
스패니시 팜
The Spanish Farm

13:00
점심 식사
라 돌로레스 La Dolores

14:00
**티센 보르네미사
미술관**(월요일 무료)

16:30
**세라노 거리 산책
및 쇼핑**

19:30
저녁 식사

12:30
점심 식사
타베르나 엘보테로
Taberna El Botero

10:30
톨레도 대성당

09:00
마드리드에서 출발

Day 7
7일
**마드리드에서
톨레도로 이동**
버스로 50분

14:00
알카사르

16:00
산타크루스 미술관

19:00
마드리드 도착

19:30
저녁 식사

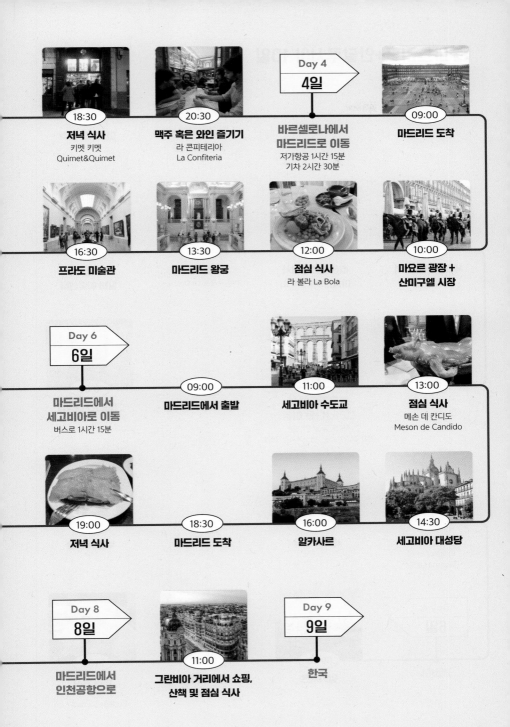

18:30
저녁 식사
키멧 키멧
Quimet&Quimet

20:30
맥주 혹은 와인 즐기기
라 콘피테리아
La Confiteria

Day 4
4일
바르셀로나에서
마드리드로 이동
저가항공 1시간 15분
기차 2시간 30분

09:00
마드리드 도착

16:30
프라도 미술관

13:30
마드리드 왕궁

12:00
점심 식사
라 볼라 La Bola

10:00
마요르 광장 +
산미구엘 시장

Day 6
6일
마드리드에서
세고비아로 이동
버스로 1시간 15분

09:00
마드리드에서 출발

11:00
세고비아 수도교

13:00
점심 식사
메손 데 칸디도
Meson de Candido

19:00
저녁 식사

18:30
마드리드 도착

16:00
알카사르

14:30
세고비아 대성당

Day 8
8일
마드리드에서
인천공항으로

11:00
그란비아 거리에서 쇼핑,
산책 및 점심 식사

Day 9
9일
한국

③ 마드리드+안달루시아 10일

Day 1
1일

23:00
인천공항에서
마드리드로 ──────── **마드리드 도착**

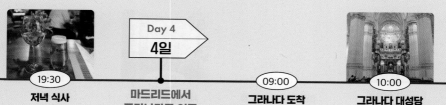

16:30
**세라노 거리 산책
및 쇼핑**

14:00
**티센 보르네미사
미술관(월요일 무료)**

13:00
점심 식사
라 돌로레스 La Dolores

09:00
**국립 소피아
왕비 예술센터**

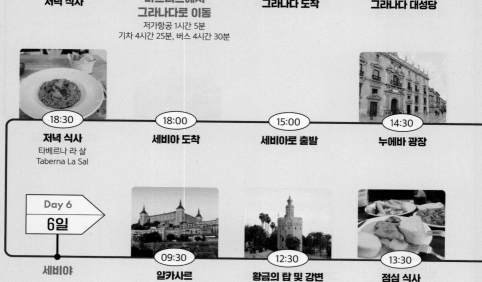

19:30
저녁 식사

Day 4
4일

마드리드에서
그라나다로 이동
저가항공 1시간 5분
기차 4시간 25분, 버스 4시간 30분

09:00
그라나다 도착

10:00
그라나다 대성당

18:30
저녁 식사
타베르나 라 살
Taberna La Sal

18:00
세비아 도착

15:00
세비아로 출발

14:30
누에바 광장

Day 6
6일

세비야

09:30
알카사르

12:30
**황금의 탑 및 강변
산책**

13:30
점심 식사
보데가 산타 크루스
Bodega Santa Cruz

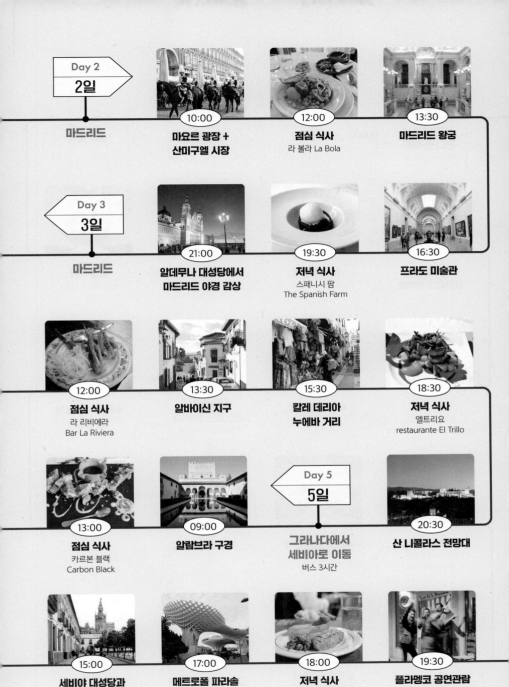

Day 2
2일

마드리드

10:00 마요르 광장 + 산미구엘 시장

12:00 점심 식사 라 볼라 La Bola

13:30 마드리드 왕궁

Day 3
3일

마드리드

21:00 알데무나 대성당에서 마드리드 야경 감상

19:30 저녁 식사 스패니시 팜 The Spanish Farm

16:30 프라도 미술관

12:00 점심 식사 라 리비에라 Bar La Riviera

13:30 알바이신 지구

15:30 칼레 데리아 누에바 거리

18:30 저녁 식사 엘트리요 restaurante El Trillo

13:00 점심 식사 카르본 블랙 Carbon Black

09:00 알람브라 구경

Day 5
5일

그라나다에서 세비아로 이동 버스 3시간

20:30 산 니콜라스 전망대

15:00 세비야 대성당과 히랄다 탑

17:00 메트로폴 파라솔

18:00 저녁 식사 엘 린콘시요 El Rinconcillo

19:30 플라멩코 공연관람 카사 데 라 메모리아

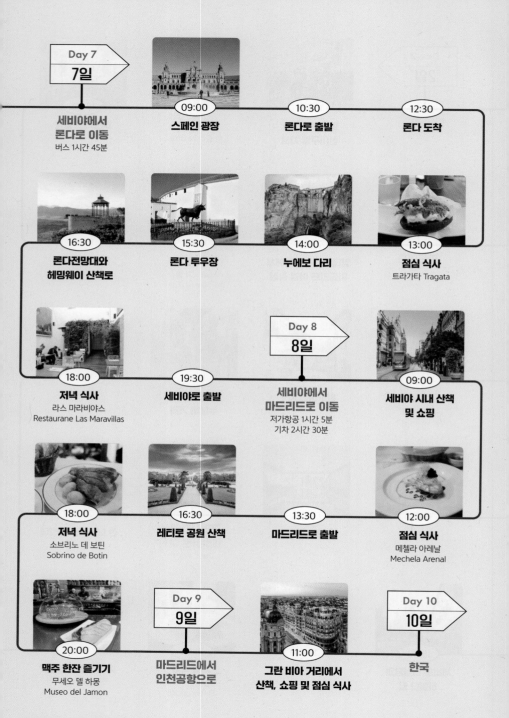

Day 7
7일

세비야에서
론다로 이동
버스 1시간 45분

09:00
스페인 광장

10:30
론다로 출발

12:30
론다 도착

16:30
론다전망대와
헤밍웨이 산책로

15:30
론다 투우장

14:00
누에보 다리

13:00
점심 식사
트라가타 Tragata

18:00
저녁 식사
라스 마라비야스
Restaurane Las Maravillas

19:30
세비야로 출발

Day 8
8일

세비야에서
마드리드로 이동
저가항공 1시간 5분
기차 2시간 30분

09:00
세비야 시내 산책
및 쇼핑

18:00
저녁 식사
소브리노 데 보틴
Sobrino de Botin

16:30
레티로 공원 산책

13:30
마드리드로 출발

12:00
점심 식사
메첼라 아레날
Mechela Arenal

20:00
맥주 한잔 즐기기
무세오 델 하몽
Museo del Jamon

Day 9
9일

마드리드에서
인천공항으로

11:00
그란 비아 거리에서
산책, 쇼핑 및 점심 식사

Day 10
10일

한국

4 바르셀로나 + 마드리드 + 안달루시아 15일

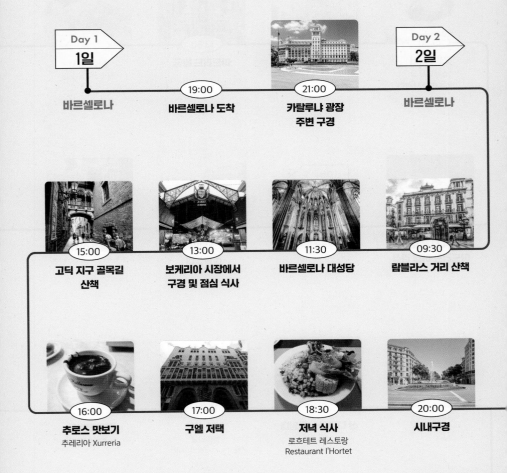

Day 1
1일

바르셀로나

19:00
바르셀로나 도착

21:00
카탈루냐 광장
주변 구경

Day 2
2일

바르셀로나

15:00
고딕 지구 골목길
산책

13:00
보케리아 시장에서
구경 및 점심 식사

11:30
바르셀로나 대성당

09:30
람블라스 거리 산책

16:00
추로스 맛보기
추레리아 Xurreria

17:00
구엘 저택

18:30
저녁 식사
로흐테트 레스토랑
Restaurant l'Hortet

20:00
시내구경

Day 3
3일
바르셀로나

09:00
사그라다 파밀리아
대성당

10:00
구엘 공원

11:30
카사 밀라

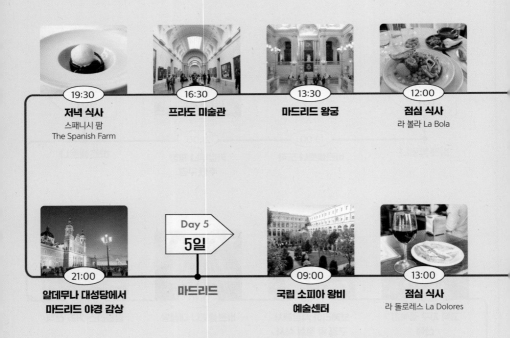

19:30
저녁 식사
스패니시 팜
The Spanish Farm

16:30
프라도 미술관

13:30
마드리드 왕궁

12:00
점심 식사
라 볼라 La Bola

21:00
알데무나 대성당에서
마드리드 야경 감상

Day 5
5일
마드리드

09:00
국립 소피아 왕비
예술센터

13:00
점심 식사
라 돌로레스 La Dolores

20:30
산 니콜라스 전망대

18:30
저녁 식사
엘트리요
restaurante El Trillo

15:30
칼레 데리아
누에바 거리

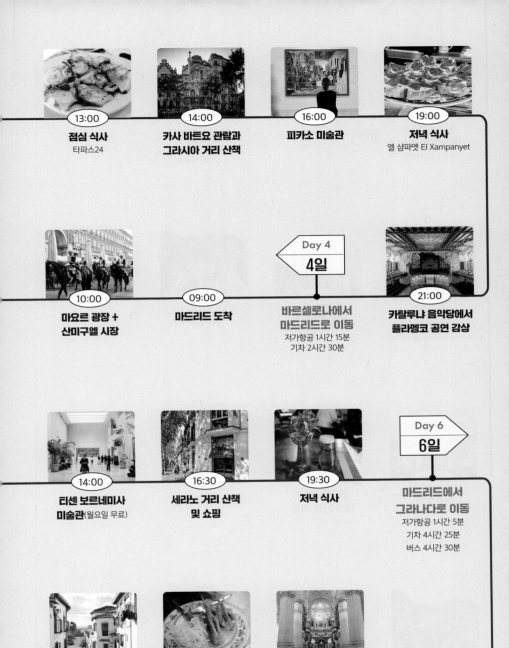

13:00
점심 식사
타파스24

14:00
카사 바트요 관람과
그라시아 거리 산책

16:00
피카소 미술관

19:00
저녁 식사
엘 샴파엣 El Xampanyet

10:00
마요르 광장 +
산미구엘 시장

09:00
마드리드 도착

Day 4
4일

바르셀로나에서
마드리드로 이동
저가항공 1시간 15분
기차 2시간 30분

21:00
카탈루냐 음악당에서
플라멩코 공연 감상

14:00
티센 보르네미사
미술관(월요일 무료)

16:30
세라노 거리 산책
및 쇼핑

19:30
저녁 식사

Day 6
6일

마드리드에서
그라나다로 이동
저가항공 1시간 5분
기차 4시간 25분
버스 4시간 30분

13:30
알바이신 지구

12:00
점심 식사
라 리비에라
Bar La Riviera

10:00
그라나다 대성당

09:00
그라나다 도착

Day 7
7일

그라나다에서
말라가로 이동
버스 1시간 30분

09:00
알람브라 구경

13:00
점심 식사
카르본 블랙
Carbon Black

14:30
누에바 광장

18:30
저녁 식사
엘 메렌데로 티
Merendero de Antonio
Martin

16:30
히브랄파로 성

15:30
알카사바

13:30
말라가 대성당

20:00
시내 구경

Day 9
9일

말라가에서
네르하로 이동
버스로 1시간 30분

09:00
말라가에서 출발

11:00
네르하 도착

14:00
누에보 다리

12:30
점심 식사
트라가타 Tragata

12:00
론다 도착

10:00
론다로 출발

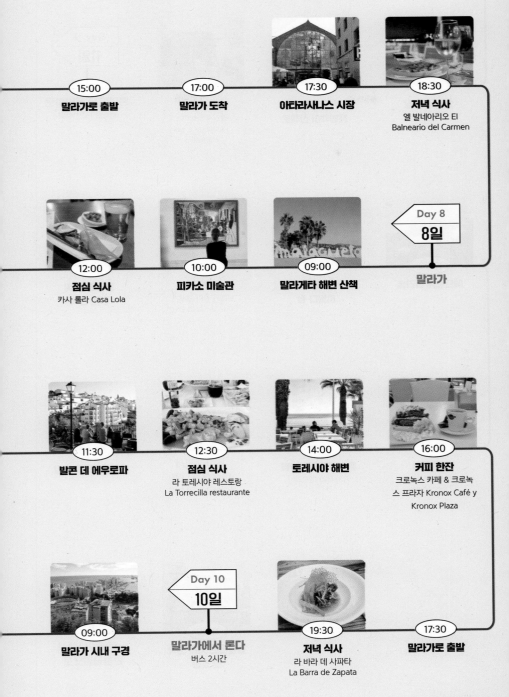

15:00
말라가로 출발

17:00
말라가 도착

17:30
아타라사나스 시장

18:30
저녁 식사
엘 발네아리오 티
Balneario del Carmen

12:00
점심 식사
카사 롤라 Casa Lola

10:00
피카소 미술관

09:00
말라게타 해변 산책

Day 8
8일
말라가

11:30
발콘 데 에우로파

12:30
점심 식사
라 토레시야 레스토랑
La Torrecilla restaurante

14:00
토레시야 해변

16:00
커피 한잔
크로녹스 카페 & 크로녹
스 프라자 Kronox Café y
Kronox Plaza

09:00
말라가 시내 구경

Day 10
10일
말라가에서 론다
버스 2시간

19:30
저녁 식사
라 바라 데 사파타
La Barra de Zapata

17:30
말라가로 출발

15:00
론다 투우장

16:30
론다전망대와 헤밍웨이 산책로

18:00
저녁 식사
라스 마라비야스
Restaurane Las Maravillas

Day 11
11일
론다에서 세비야로
버스로 1시간 45분

17:00
메트로폴 파라솔

15:00
세비야 대성당과 히랄다 탑

13:30
점심 식사
보데가 산타 크루스
Bodega Santa Cruz

12:30
황금의 탑 및 강변 산책

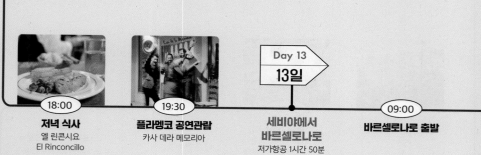

18:00
저녁 식사
엘 린콘시요
El Rinconcillo

19:30
플라멩코 공연관람
카사 데 라 메모리아

Day 13
13일
세비야에서 바르셀로나로
저가항공 1시간 50분

09:00
바르셀로나로 출발

Day 15
15일
한국

11:00
람블라스 거리 산책 및 쇼핑

Day 14
14일
바르셀로나에서 인천공항으로

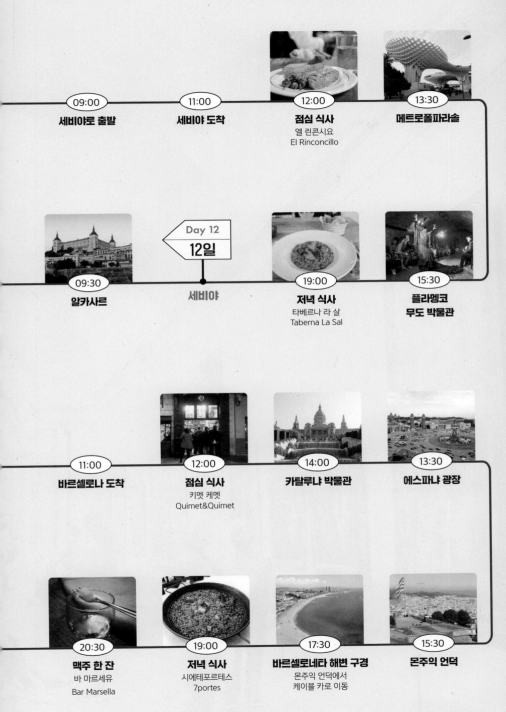

09:00
세비야로 출발

11:00
세비야 도착

12:00
점심 식사
엘 린콘시요
El Rinconcillo

13:30
메트로폴파라솔

09:30
알카사르

Day 12
12일
세비야

19:00
저녁 식사
타베르나 라 살
Taberna La Sal

15:30
플라멩코
무도 박물관

11:00
바르셀로나 도착

12:00
점심 식사
키멧 케멧
Quimet&Quimet

14:00
카탈루냐 박물관

13:30
에스파냐 광장

20:30
맥주 한 잔
바 마르세유
Bar Marsella

19:00
저녁 식사
시에테포르테스
7portes

17:30
바르셀로네타 해변 구경
몬주익 언덕에서
케이블 카로 이동

15:30
몬주익 언덕

PART 2

스페인 하이라이트
Highlight of Spain

스페인을 특별하게 즐기는 방법 20가지
여행자의 취향과 일정을 고려하여 스페인을 즐기는 여러 가지 방법을 정리했다. 꼭 가야 할 핫 스폿, 가우디와 미술관 여행, 미식과 카페 여행, 쇼핑 핫 스폿, 꼭 사야 할 쇼핑 리스트 등 여행자의 일정과 취향에 따라 스페인을 특별하게 즐길 수 있는 맞춤 테마 여행 20가지를 제안한다.

바르셀로나의 보물, 가우디 건축 베스트 4

바르셀로나는 가우디의 도시이다. 사그라다 파밀리아 성당, 구엘 공원, 카사 밀라, 카사 바트요.
이 건축 천재는 바르셀로나에 자신의 거대한 자취를 남겼다. 1984년 유네스코는 그의 작품 대부분을
세계문화유산으로 등재하였다. 이 도시에서는 피카소의 명성도 초라해진다.

① 사그라다 파밀리아 성당 p131

놀랍고 경이로운 성당이다. 가우디는 그의 후반부 인생 43년을 이 성당을 위해 헌신했다. 사그라다 파밀리아란 '성 가족'이란 뜻이다. 여기서 가족은 마리아와 요셉, 그리고 예수를 뜻한다. 공사를 시작한 날은 1882년 3월 19일, 요셉의 축일이었다. 가우디 서거 100주기인 2026년 완공을 목표로 지금도 공사 중이다. 성당 규모는 축구장 크기와 비슷하다.

② 구엘 공원 p136

구엘 공원은 가우디가 건축가를 넘어 예술가의 경지에 도달했음을 보여주는 공간이다. 모자이크 타일로 장식된 건물과 벤치, 도마뱀 조형물, 나선형 층계와 신전에서 가져온 것 같은 기둥, 뾰족하고 독특한 지붕, 고집스럽게 이어지는 곡선들……. 보면 볼수록 신비롭다. 현실이 아니라 잠시 동화의 나라에 와 있는 듯하다.

③ 카사 밀라 p138

가우디의 자연주의 건축 철학이 정점에 이른 시기에 설계한 걸작이다. 가우디는 곡선이야말로 완전한 자연의 선이라는 생각했다. 건물 모양은 물론 기둥, 발코니, 창문, 계단, 옥상, 심지어는 천장과 벽에서도 곡선의 향연이 펼쳐진다. 카사밀라의 백미는 단연 옥상 테라스이다. 가우디는 기하학적인 옥상을 만들었다. 굴뚝의 형상도 독특하고 신비롭다.

④ 카사 바트요 p140

가톨릭 성인 산 조르디가 지중해의 용으로부터 공주를 구출했다는 전설을 건축에 옮겨 놓은 걸작이다. 사업가 바트요 카사노바스의 의뢰를 받고 재건축한 건물이다. 파사드는 파도가 치듯 움직이고 타일로 장식한 둥근 지붕은 마치 용의 비늘 같다. 사람들에게 '용의 집', '해골의 집'이라 불리기도 한다. 현재 이 건물은 츄파춥스 소유이다.

스페인 예술 여행,
대표 미술관 베스트 6

스페인은 피카소와 호안 미로 그리고 벨라스케스와 고야의 나라이다.
그들이 모두 스페인 출신이라는 것은, 투우와 플라멩코의 나라로만 알고 있던 스페인을
다시 보게 만든다. 예술은 우리가 스페인으로 떠나야 하는 또 하나의 이유이다.

① 마드리드의 프라도 미술관 p276

프라도는 세계 최고의 미술관이라는 칭호가 어색하지 않은 곳이다. 파리의 루브르, 상트페테르부르크의 에르미타주와 함께 세계 3대 미술관으로 손꼽히는 곳이다. 벨라스케스, 엘 그레코, 고야와 같은 스페인 거장의 작품 7천여 점을 소장하고 있다. 1930년대 중후반 피카소가 관장을 지내기도 했다.

② 마드리드의 티센 보르네미사 미술관 p282

프라도 미술관, 국립 소피아 왕비 예술센터와 함께 마드리드에서 꼭 방문해야 할 미술관으로 꼽힌다. 13~21세기 유럽 미술사를 대표하는 방대한 규모의 작품을 소장하고 있다. 르누아르, 빈센트 반 고흐, 에드가 드가, 에드워드 호퍼, 살바도르 달리, 로이 리히텐슈타인의 작품을 감상할 수 있다.

③ 마드리드의 국립 소피아 왕비 예술센터 p273

프라도 미술관에서 소장하던 20세기 작품을 기반으로 하여, 입체주의와 초현실주의를 비롯한 스페인 현대 미술의 전반을 보여주는 작품을 대거 소장하고 있다. 파블로 피카소, 살바도르 달리, 호안 미로 등의 작품을 찾아볼 수 있으며, 피카소의 대작 '게르니카'를 만날 수 있는 곳으로도 유명하다.

④ 바르셀로나의 호안 미로 미술관 p197

카탈루냐 출신 호안 미로는 20세기 초의 추상미술과 초현실주의를 결합한 창의적인 화가로, 카탈루냐를 넘어서 스페인을 대표하는 화가이다. 호안 미로 미술관에서는 회화, 조각, 스케치 등 어린아이가 그린 것 같은 순수한 호안 미로의 작품 5천여 점을 관람할 수 있다.

⑤ 바르셀로나의 피카소 미술관 p178

말라가 출신의 피카소는 14세부터 바르셀로나에서 그림 공부를 하며 이 도시에 많은 흔적을 남겼다. 피카소 미술관에는 그의 소년기와 청년기 작품 3,800여 점이 소장되어 있으며, 큐비즘 생성 과정을 한눈에 볼 수 있어 더욱 흥미롭다.

⑥ 말라가의 피카소 미술관 p388

말라가는 파카소의 고향이다. 그는 10대 중반까지 고향에서 살았다. 미술관은 피카소의 며느리와 손자가 기증한, 1901년부터 1972년 사이의 작품 155점을 소장하고 있다. 유화, 드로잉, 도자기, 판화, 조각 등 다양한 피카소의 작품을 감상할 수 있다. 16세기에 지어진 아름다운 대저택을 리모델링하여 미술관으로 개관하였는데, 아랍식 중정이 무척 아름답다.

스페인에서
로마와 이슬람을 만나다

스페인은 오랫동안 고대 로마와 이슬람의 지배를 받았다.
되돌아보면 아픈 역사이지만 다행히 두 세력은 아름다운 문화유산을 스페인에 남겨주었다.
특히 이슬람 세력이 남긴 흔적은 스페인 문화의 한 기둥으로 지금도 우뚝 서 있다.

① 그라나다의 알람브라 궁전 p346

가우디 건축과 더불어 스페인을 대표하는 문화유산이다. 무어인이 스페인 땅에 남긴 이슬람 문화의 절정이다. "그라나다를 잃는 것보다 알람브라를 보지 못하게 되는 것이 더 마음이 아프구나!" 1492년, 이슬람 왕조의 마지막 왕 무함마드 12세는 가톨릭 세력에게 궁전을 넘기면서까지 알람브라의 아름다움을 상찬했다. 건축, 정원, 연못, 성채 모두 너무나 아름답다.

② 세고비아 수도교 p328

아슬아슬하게 돌로 높이 쌓아 올린 경이로운 세고비아의 수도교는 세계에서 가장 잘 보존된 로마 수도교이다. 보고 있는 내내 입이 떡 벌어질 정도로 감탄을 자아내게 만들어, 세고비아 여행을 더욱 의미 있게 만들어준다. 마드리드 근교 여행지로 이만한 곳도 드물다.

③ 그라나다의 알바이신 지구 p352

알람브라 궁전 북쪽 언덕에 있는 이슬람 유적 지구로, 그라나다의 옛 모습을 가장 잘 간직하고 있는 유서 깊은 지역이다. 하얀 집들이 구릉 지대에 오밀조밀 자리를 잡고 있고, 집집마다 알록달록한 타일이나 꽃 화분으로 장식해 놓았다. 풍경이 더없이 아름답고 평화롭다. 1984년 유네스코 세계문화유산에 등재되었다.

④ 세비야의 알카사르 p412

알람브라의 축소판으로 세비야의 대표 이슬람 궁전으로 꼽힌다. 14세기에 그라나다의 알람브라 나스르 궁전을 모티브로 하여 지은 돈 페드로 궁전의 중정 '소녀의 안뜰'이 알카사르의 하이라이트다. 알카사르는 미국 드라마 <왕좌의 게임> 시즌 5가 촬영된 곳이다. 1987년 세비야 대성당과 함께 유네스코 세계문화유산으로 지정되었다.

숭고하고 경이로운
스페인의 아름다운 성당 베스트 4

옛 스페인 사람들에게 종교는 곧 삶이자 존재의 이유였다.

그들은 혼을 담아 성당을 지어 올렸다. 성당은 그들이 받드는 신의 모습 그 자체가 되었다.

스페인에서 만난 성당은 더욱 경이롭고 아름답고 숭고해 보인다.

©Pedro Szekely-flickr

① 사그라다 파밀리아 성당 p131

가우디의 건축 가운데 가장 경이로운 작품으로 손꼽힌다. 바르셀로나뿐 아니라 스페인을 대표하는 건축물로도 인정받고 있다. 돌산을 깎고 쪼아 만든 정교한 성 같은 모습으로 여행자에게 감동을 선사하다. 그곳엔 가우디의 무덤과 성당 건축에 관한 자료를 전시하는 박물관이 있다. 2026년 가우디 서거 100주년을 완공을 목표로 아직도 공사가 진행 중이다.

② 세비야 대성당 p409

세계에서 가장 큰 고딕 성당이자, 유럽에서 세 번째로 큰 성당이다. 약 100년에 걸쳐 건축되었으며, 성당 안에는 콜럼버스의 묘가 있다. 재미있는 것은 그의 묘가 공중에 떠 있다는 점이다. 그가 스페인 땅에 묻히지 않겠노라고 유언을 남긴 까닭이다. 80년 동안 제작된 거대하고 화려한 중앙 제단, 이슬람 사원의 첨탑이었던 히랄다 탑이 대표적인 볼거리이다.

③ 톨레도 대성당 p312

톨레도는 1561년 마드리드로 수도를 옮기기 전까지 카스티야 왕국의 수도였다. 정치와 경제의 중심 역할은 마드리드에게 내주었지만, 아직도 종교의 중심지 위상은 지켜나가고 있다. 화려한 조각과 그림, 스테인드글라스는 감동을 넘어 온몸에 전율을 느끼게 해준다.

④ 마드리드의 산 안토니오 데 라 플로리다 성당 p299

스페인의 대표 화가 프란시스코 데 고야의 프레스코화가 있는 곳이자, 고야의 유해가 묻혀 있어 '고야의 판테온'이라 불리는 성당이다. 규모는 작은 편이지만, 천장에 새겨진 고야의 프레스코화 덕분에 많은 이들이 찾는다.

지중해 즐기기 좋은
해변 스폿 베스트 3

여행자에게 지중해는 꿈의 바다다. 스페인은 이 꿈의 바다를 즐기기에 제격이다.
바르셀로나의 바르셀로네타, 유럽의 발코니 네르하, 유럽의 최고 휴양지 말라가.
지중해의 매력은 끝이 없다.

① 바르셀로나의 바르셀로네타 해변 p182

바르셀로나를 대표하는 해변이다. 지중해와 모래가 고운 해변과 이국적인 거리가 공존하는 아름다운 해변이다. 지중해의 낭만을 즐기는 사람들의 표정이 하나같이 들떠 있다. 자전거를 타고 달리며 지중해를 만끽해도 좋고, 레스토랑에서 여유롭게 바다를 즐겨도 좋다.

② 네르하 p370

지중해를 따라 펼쳐진 코스타 델 솔의 해변 도시들 가운데서도 가장 아름다운 지중해를 볼 수 있는 곳이다. 전망대에서 지중해를 바라보고 있으면 네르하를 왜 '유럽의 발코니'라 했는지 실감이 난다. 전망대에서 도보 10분 거리에 있는 라 토레시야 해변도 꼭 들러보시길.

③ 말라가의 말라게타 해변 p394

말라가의 말라게타 해변은 유럽인이 가장 사랑하는 휴양지다. 야자수가 길게 늘어서 있는 해변에서 눈부시게 푸른 바다를 보고 있으면 지중해에 와 있다는 사실이 가슴 벅차게 실감하게 된다. 항구 옆 카페에서 차 한잔 마시며 지중해를 만끽해도 좋다.

스페인의 전망 명소 다섯 곳

스페인은 명소 한군데 한군데가 모두 아름다워 많은 감동을 준다.

하지만 전망대에서 도시와 문화유산, 바다가 어우러져 만든 풍경을 바라보면 그 아름다움이 배가 된다.

특히 해 질 녘 풍경이나 야경은 잊을 수 없는 장면으로 오래 기억될 것이다.

① 바르셀로나의 트로 데 라 로비라 p225

흔히 카멜 벙커라 불리던 바르셀로나 최고의 전망대이다. 바르셀로나 북쪽, 구엘공원에서 도보 20분 정도 거리에 있다. 스페인 내전 당시 벙커로 쓰이던 곳인데 지금은 바르셀로나의 아름다운 모습을 한눈에 담을 수 있는 전망 명소가 되었다. 특히 해 질 녘 맥주 한잔 마시며 스러져 가는 노을과 바르셀로나의 모습을 보고 있으면 가슴이 벅차오른다.

① 바르셀로나 몬주익 언덕 p194

몬주익 언덕은 서울의 남산 같은 곳이다. 언덕에 서면 바르셀로나 시내와 푸른 지중해를 한눈에 담을 수 있다. 언덕 정상에는 성이 있다. 웅장한 성채와 지중해를 향하고 있는 대포가 인상적이다. 성에 오르면 푸른 하늘과 따뜻한 지중해가 반겨준다. 연인끼리 데이트하기 좋은 곳이다.

① 세비야의 메트로폴 파라솔 p415

세비야의 버섯이라 불리는 세계 최대의 목조 건축물로, 세비야에서 가장 멋진 야경을 볼 수 있는 곳이다. 그리 높지는 않지만 세비야의 건물 대부분이 나지막해서 황홀한 야경을 감상할 수 있다. 해 질 녘에 올라가 노을과 야경까지 감상해 보자.

① 그라나다의 산 니콜라스 전망대 p357

그라나다에서는 알람브라 궁전 야경 감상이 가장 인기 좋은 여행 코스이다. 알바이신 지구에 있는 산 니콜라스 전망대는 알람브라 궁전을 정면에서 바라볼 수 있는 전망대이다. 낮에도 멋진 뷰를 보여주지만, 해가 진 뒤 알람브라에 은은하게 불이 켜지면 그라나다 시내 풍경과 어우러지면서 멋진 야경을 선사한다.

① 마드리드의 데보드 신전 전망대 p298

데보드 신전 전망대에 오르면 마드리드 최고의 뷰를 감상할 수 있다. 마드리드 왕궁부터 알무데나 대성당까지 탁 트인 마드리드의 전경이 시원하게 가슴으로 밀려든다. 낮에 보는 뷰도 멋지지만, 해 질 녘이 되면 최고의 일몰을 감상할 수 있다.

 Sightseeing 07

볼 것, 먹을 것이 가득
스페인의 시장 투어

시장은 현지인의 삶과 일상을 보여주는 곳으로, 여행자에게 여행지의 매력을
마음껏 선사하는 활기 넘치는 곳이다. 타파스는 물론 지중해의 바람을 품은 과일까지,
없는 게 없는 그곳에서 스페인의 매력을 만끽해보자.

©GODeX-flickr

① 바르셀로나의 보케리아 시장 p152

보케리아 시장은 람블라스 거리 서쪽 라발 지구에 있다. 바르셀로나의 대표적인 시장 가운데 하나로, 명소와 가까워 여행객에게 인기가 좋다. 해산물, 채소, 과일, 빵, 하몽과 치즈가 눈을 즐겁게 해준다. 유럽에서 가장 큰 시장답다. 시장 중심부엔 식료품점이, 안쪽과 코너엔 선술집과 간이 식당이 들어서 있다. 한국인이 운영하는 식품점도 있다.

① 바르셀로나의 산타 카테리나 시장 p176

현지인들이 애용하는 재래시장이다. 1차 대전 당시 폐허가 된 그곳에서 사람들에게 음식을 나눠주곤 했는데, 이것이 시장의 시초이다. 2005년 카탈루냐 건축가 엔리크 마리예스의 설계로 리모델링되었다. 건축이 너무 아름다워 '죽기 전에 꼭 봐야 할 세계 건축 1001'에 선정되기도 했다. 벽면은 고풍스럽지만, 내부는 현대적이다. 보케리아보다 저렴하고 맛집도 많다.

① 마드리드의 산 미구엘 시장 p262

마드리드 시내 중심에 있는 시장이다. 재래시장이기보다는 푸드 코트에 가까운 곳이다. 가격이 저렴한 편은 아니나 다양한 타파스를 즐기기 좋다. 리노베이션을 거쳐 2009년 탄생한 멋진 외관 또한 놓치지 말아야 할 볼거리다. 특히 해가 저물어 상점들이 불을 하나둘씩 켜기 시작하면 아름다움은 배가된다.

① 마드리드의 엘 라스트로 벼룩시장 p264

매주 일요일 혹은 휴일 아침 현지인들이 여는 500년 전통의 벼룩시장이다. 3,500개에 가까운 판매대에 다양한 물건들이 펼쳐지며, 벼룩시장 중 마드리드 최대 규모다. 옷, 가방, 장신구, 장식품, 음반, 전자제품, 악기, 책, 그림 등 없는 게 없다. 일요일 아침 시장 구경 후 근처 카페에서 브런치를 즐기는 것도 잊지 말 것. 소매치기와 바가지에도 주의하자.

① 말라가의 아타라사나스 시장 p391

현지인과 관광객 둘 다 즐겨 찾는다. 과일, 채소, 육류, 해산물 등 식재료를 비롯해 하몽, 올리브, 향신료, 스페인식 반건조 소시지인 초리조도 찾아볼 수 있다. 시내 중심에 자리하고 있지만, 가격은 합리적이다. 시식할 수 있는 곳도 있다. 간단한 음료나 타파스를 맛볼 수 있는 가게도 있어 출출함을 달래기도 좋다. 오후 3시까지만 운영하므로 일찍 둘러보기를 추천한다.

 Eat & Drink 01

입이 즐거워진다.
꼭 먹어야 할 스페인 미식 리스트 10

스페인은 프랑스를 뛰어넘는 미식의 나라이다. 해산물과 사프란이 들어간 스페인식 볶음밥 파에야,
돼지 뒷다리를 소금에 절여 숙성시킨 하몽, 스페인식 꽈배기 추로스, 스페인 특유의 접시 음식 타파스와
꼬치 음식 핀초, 와인을 베이스로 만든 음료 틴토 데 베라노까지, 스페인 여행의 반은 맛이다.

©페페

① 하몽 Jamón

돼지 다리를 소금에 절여 6~24개월 숙성시킨 스페인의 대표 음식이다. 하몽을 얇게 썰어 내놓는데, 흰돼지로 만든 하몽 세라노와 흑돼지로 만든 하몽 이베리코가 있다. 하몽 이베리코가 숙성 기간이 더 길며, 품질도 더 좋다. 하몽 이베리코 중에서도 도토리만 먹고 자란 이베리코 데 베요타를 최고로 친다.

② 파에야 Paella

스페인의 대표 음식이자 한국인들의 입맛에 가장 잘 맞는 음식이다. 넓은 프라이팬에 해산물, 고기, 채소를 볶고, 여기에 쌀을 넣어 익힌 스페인 전통 요리로 우리나라의 볶음밥에 가깝다. 한국 음식이 그리울 때 즐기기 좋다. 보통 2인분부터 주문할 수 있다.

③ 추로스 Churros

밀가루, 소금, 물로 만든 반죽을 기름에 튀긴 스페인식 꽈배기이다. 스페인에서는 보통 갓 구워낸 짭조름하면서도 고소한 추로스를 핫 초콜릿에 찍어 먹는다. 유명한 추로스 집은 아침부터 줄을 설 정도다. 믿거나 말거나 스페인 사람들은 해장을 추로스로 한다고 하니 우리도 한번 시도해보자.

④ 판 콘 토마테 Pan con Tomate

판 콘 토마테는 빵과 토마토란 뜻이다. 구운 빵 위에 올리브유와 토마토 간 것을 발라 만든다. 보통 아침 식사로 커피나 주스와 함께 먹는다. 카탈루냐 지방에서는 식전 빵으로도 많이 먹는다.

⑤ 가스파초 Gazpacho
토마토를 베이스로 오이, 피망, 양파 등 여러 가지 채소를 갈아 만든 스페인식 수프다. 안달루시아 지방의 대표적인 요리로 12세기 이슬람의 지배를 받을 때 스페인에 전해졌다. 차갑게 먹는 것이 일반적이다. 비교적 더운 안달루시아 지방에서 냉장고에 넣어두었다가 차갑게 먹으며 더위를 달래는 스페인의 국민 음식이다.

⑥ 또르띠야 데 파타타 Tortilla de Patata
스페인식 오믈렛이라고 생각하면 된다. '파타타'는 스페인어로 감자를 뜻하는데, 감자와 양파를 볶아서 계란을 넣고 익혀 팬케이크처럼 만들어 먹는다. 브런치나 간단한 식사로도 손색이 없고, 술과 함께 타파스로 먹어도 훌륭한 안주가 된다.

⑦ 감바스 알 아히요 Gambas al Ajillo
한국인의 입맛에 잘 맞는 요리로 새우감바스와 마늘아히요을 이용해 만든다. 스페인 요리 중에 잘 알려져 있으며, 안주로도 많은 사랑을 받고 있다. 마늘과 새우를 올리브 오일에 넣고 끓인다. 짭쪼름한 올리브유에 빵을 찍어 먹기도 하고, 파스타를 넣어 먹기도 한다. 스페인 여행하면서 식당에서 주문했을 때 실패 확률이 가장 낮은 요리 중 하나다.

⑧ 와인 Vino
스페인은 프랑스와 이탈리아에 이어 세계 와인 생산량 3위를 자랑하는 와인의 나라이다. 고급 와인 등급인 DO 등급의 와인이 71종이나 되며, 최고 등급인 VDP 와인도 15종이나 된다. 한국보다 훨씬 저렴한 가격으로 고급 와인을 즐길 수 있다.

⑨ 틴토 데 베라노 Tinto de Verano

스페인의 대표 음료로 상그리아를 많이 떠올리지만, 사실 스페인 사람들은 '여름의 레드 와인'이란 뜻의 틴토 데 베라노를 즐겨 마신다. 상그리아와 마찬가지로 와인을 베이스로 하는 음료로, 와인에 레모네이드를 넣어 만든다. 여름날 더위를 시원하게 날려주는 음료이다.

⑩ 맥주 Cerveza

스페인에서는 맥주를 도시에 따라 1~2유로로 마실 수 있다. 맥주를 좋아하지 않는다면 레몬 음료를 섞은 레몬 맥주레몬 비어 혹은 클라라를 추천한다. 맥주에 달콤한 맛이 더해져 술술 넘어간다.

ONE MORE

타파스와 핀초는 어떻게 다른가?

타파스tapas는 한입 음식, 핑거푸드, 스몰 플레이트 등으로 설명할 수 있다. 스페인의 독특한 음식문화로, 타파스의 종류는 아주 다양하다. 육류, 해산물, 채소류, 햄, 빵과 스낵을 이용해 타파스를 만든다. 처음엔 식욕을 돋우어주는 에피타이저의 일종 또는 간단한 술안주로 인식됐으나 지금은 스페인을 넘어 여러 나라에서 정식 메뉴로까지 발전했다.

핀초Pinchos는 스페인 북동부 바스크의 지방에서 타파스를 부르는 이름이다. 핀초는 핀 또는 꼬챙이라는 뜻으로 빵이나 바게트 위에 올려놓은 작은 음식을 이쑤시개처럼 생긴 꼬챙이로 고정해 이런 이름을 얻었다. 핀초도 타파스처럼 고기, 햄, 해산물, 소시지, 채소 등을 활용해 만든다. 바스크어로는 'Pintxos'로 표기한다.

꼭 가봐야 할 레스토랑 베스트 5

스페인은 미식의 나라이다.

미슐랭이 극찬한 맛집부터 오래된 맛집까지 레스토랑 종류도 다양하다.

스테이크부터 갖가지 해산물 요리까지, 원하는 음식을 즐기며 여행의 즐거움을 만끽해보자.

① 센트온세Restaurant CentOnze
바르셀로나의 고딕&라발 지구 p160

센트온세는 람블라스 거리에서 맛, 서비스, 가격 어느 하나 빠지지 않는, 미슐랭이 극찬한 레스토랑이다. 바로 이웃한 보케리아 시장에서 매일 신선한 재료를 공급받는다. 메뉴는 파에야, 대구요리, 스테이크, 샐러드, 양다리 바비큐, 연어요리, 돼지 바비큐 등이 있다. 인기 메뉴는 단연 메뉴델디아이다. 16유로로 고급 요리와 디저트를 코스로 맛볼 수 있다.

② 보스코Bosoco Food & Drinks
바르셀로나의 고딕&라발 지구 p161

분위기, 맛, 서비스, 가격대까지 어느 하나 빠지지 않는 레스토랑 겸 바이다. 2011년에 문을 열었는데, 맛과 분위기 때문에 금세 유명해져 지금은 고딕 지구의 핫플레이스다. 모든 메뉴가 맛있지만, 양다리 스테이크, 계절마다 달라지는 버섯요리가 특히 맛있다. 하몽, 감바스, 훈제연어, 아스파라거스 오믈렛 등도 추천할만하다. 스페인식 집밥도 인기 좋은 메뉴이다.

③ 소브리노 데 보틴Sobrino de Botin
마드리드의 마요르 광장 지구 p265

1725년에 문을 열어 세계에서 가장 오래된 레스토랑으로 기네스북에 이름을 올렸다. 대표 메뉴는 새끼돼지 통구이Roast Sucking pig와 새끼 양구이Roast Baby Lamb인데, 부엌의 화덕에서 구워낸 새끼돼지 요리는 바삭한 껍질과 부드러운 살코기가 핵심이다. 사람에 따라 호불호는 갈릴 수 있다. 소고기, 치킨, 생선, 해산물 요리 등도 있다. 저녁은 예약 권장.

④ 엘 트리요Restaurante El Trillo
그라나다 p363

알람브라 궁전과 알바이신 지구의 뷰를 감상하며 합리적인 가격에 만족스럽게 식사할 수 있는 곳이다. 하얀 집들이 즐비한 알바이신 지구에 있으며, 대문을 들어서면 작은 멋진 정원이 나타난다. 정원 혹은 실내에서도 식사할 수 있다. 알람브라 궁전 뷰를 원한다면 2층 테라스 자리가 좋다. 돼지 안심 요리solomillo 추천! 스페인에서 실패할 가능성이 적은 요리이다.

⑤ 엘 발네아리오티 Balneario-Baños del Carmen
말라가 p397

말라가 시내에서 조금 떨어진 바닷가에 있어, 로맨틱한 분위기에서 지중해를 바라보며 식사할 수 있는 환상을 실현해준다. 현지인의 추천으로 가게 된 곳인데, 지중해 바다를 바라보며 여유롭게 즐기는 해산물과 맥주 혹은 와인 한잔은 시내에서 관광지만 돌아다닌다면 절대 경험할 수 없는 낭만이다. 해 질 녘 노을이 질 때 방문하기를 추천한다.

여기가 최고!
스페인 타파스 맛집 베스트 5

스페인은 타파스의 고향이다. 그러기에 스페인에서 맛보는 타파스는 특별하다.
이국의 음식을 제대로 즐기고 있는 기분이 들게 한다. 그래서 더 맛있고, 잊지 못할 추억으로 남는다.

① 키멧 키멧 Quimet & Quimet
바르셀로나의 몬주익&포블섹 지구 p204

몬주익 언덕 아래 포블섹역 주변에는 현지인 맛집이 많다. 키멧 키멧은 포블섹 지역을 대표하는 타파스 맛집이다. 워낙 인기가 좋아 문을 열자마자 곧 손님으로 꽉 찬다. 손님들은 오랫동안 타파스와 와인을 즐기므로 여간해서 자리가 나지 않는다. 오픈 시간에 맞춰서 가는 게 좋다. 새우, 연어, 대구, 오징어, 앤초비 등으로 만든 해산물 타파스가 인기가 좋다.

② 타파스24 Tapas24
바르셀로나 에이샴플레 지구 p217

카사 바트요에서 남동쪽으로 4분 거리에 있는 타파스 전문점이다. 가우디 건축을 여행하고 들르기 좋다. 카탈루냐 요리의 대가라 불리는 카를로스 아베야가 운영하는 레스토랑 중 타파스만을 전문으로 하는 곳이다. 가격은 조금 비싸지만, 기본적인 타파스부터 퓨전 타파스까지 종류도 다양하고 맛도 좋다. 감자 오믈렛, 푸아그라 버거 등을 맛볼 수 있다.

③ 엘 린콘시요 El Rinconcillo 세비야 p422

세비야에는 타파스 맛집이 정말 많다. 그중 엘 린콘시요는 350년이 된 타파스 맛집으로, 세비야 타파스 맛집의 대부격이다. 전 세계에서 모인 사람들로 늘 붐빈다. 맥주 한잔을 주문한 후, 입맛에 맞는 타파스를 골라보자. 이베리코 돼지 안심Iberian tenderloin과 소고기 등심Beef top sirloin을 추천한다. 함께 나오는 꽈리고추구이는 한국에 돌아와서도 늘 생각난다.

④ 리카르도스 Ricardo's 세비야 p423

하몽과 최고의 전통 타파스를 맛볼 수 있는 맛집이다. 스페인에서는 어딜 가나 하몽을 맛볼 수 있지만 이 집 하몽은 전 세계를 여행하며 먹어본 하몽 중 가장 맛있었다고 자부한다. 북적이는 관광지에서 조금 벗어난 세비야 도심 북쪽의 외진 골목에 자리하고 있다. 현지인들만 아는 숨은 보석 같은 맛집이다. 타파스 메뉴는 따로 없고 원하는 재료고기, 생선 등를 얘기하면 추천해준다.

⑤ 로스 디아만테스 Bar los diamantes
그라나다 p361

그라나다에서 가장 유명한 해산물 타파스 맛집이다. 누에바 광장에 있어 접근성도 좋고 비교적 최근에 문을 열어 깔끔하다. 그라나다에서는 술을 시키면 타파스가 공짜이다. 술을 한 잔 추가할 때마다 새로운 안주가 나온다. 물론 기본 타파스 외에도 해산물 요리를 주문할 수 있다. 맛조개는 이 집에서 무조건 시켜야 하는 메뉴다.

Eat & Drink 04

여유와 낭만, 분위기 좋은 카페 베스트 5

스페인의 거리를 즐기며 혹은 카페 분위기를 즐기며 여유를 만끽하게 좋은 카페들로 골랐다.
커피, 브런치, 추로스, 핫 초콜릿, 디저트 등 메뉴도 다양하다.
나만의 카페에서 그리운 시간을 여행의 추억으로 남겨보자.

88 특별하게 스페인 포르투갈

① 카하벨 Caravelle
바르셀로나의 고딕&라발 지구 p166

바르셀로나 현대미술관 주변의 힙한 카페다. 모던한 소품으로 꾸며 인테리어가 깔끔하다. 영국의 유명 레스토랑 프린세스 오브 쇼디치와 호주 유명 셰프 짐 셔튼이 만나 문을 연 카페이자 레스토랑이다. 커피와 브런치, 점심 식사까지 즐길 수 있다. 브런치는 모로칸 스타일로 구운 계란, 아보카도 샐러드와 과일, 구운 아몬드를 곁들인 요거트를 주로 내놓는다.

② 에스크리바 Escribà
바르셀로나의 고딕&라발 지구 p166

100년이 넘은 디저트 카페 에스크리바는 세계에서 가장 창의적인 제과점이다. 이곳의 파티쉐들은 초콜릿, 사탕, 케이크로 못 만드는 게 없다. 하이힐 모양의 초콜릿, 입술 모양 사탕, 반지 모양 케이크 등 다양한 작품(?)들이 전시되어 있다. 마카롱, 과일 케이크, 브라우니 등 다양한 디저트도 판매한다. 특히 제철 과일을 사용한 치즈 케이크의 맛은 환상적이다.

③ 알수르 카페 루리아 Alsur Cafe Llúria
바르셀로나의 에이샴플레&그라시아 거리 p219

카사 칼베트에서 5분 거리에 있는 모던한 브런치 카페이자 레스토랑이다. 테라스가 있어 에이샴플레 거리 분위기를 맘껏 즐길 수 있다. 메뉴는 주로 수란 요리 에그 베네딕트, 시금치를 곁들인 에그 플로렌테, 치즈버거, 메이플 시럽을 뿌린 팬케이크가 있다. 음료는 천연 과일 주스, 커피 등이 있다. 커피와 함께 여유롭게 바르셀로나의 낭만을 느끼기 좋은 카페다.

④ 카페리토 Cafelito
마드리드 p268

스페인식 이른 아침 식사를 즐길 수 있는 곳이다. 작지만 매력적인 이 카페는 100년도 넘은 입구 목재 출입문이 인상적이다. 맛있는 커피는 물론이고 빵과 스페인식 아침 식사 판콘 토마테, 샐러드, 토스트, 머핀 등 선택권이 다양하다. 일요일 근처에서 열리는 라스트로 벼룩시장에 들렀다가 브런치 하기에 안성맞춤이다.

⑤ 카사 아란다 Casa Aranda
말라가 p397

스페인에는 도시마다 유명한 추로스 집 하나씩 있다. 이곳은 말라가에서 가장 인기 있는 추로스 카페이다. 금방 튀긴 따끈한 추로스에 핫 초콜릿을 찍어 먹으면 짭조름한 추로스와 핫초콜릿의 단짠 조화가 환상적이다. 밀크 초콜릿이라 다른 집과 차별화되는 게 이 집의 특징이다. 인생 추로스로 꼽는 사람들이 많은 곳이니 꼭 들러보자.

명사들의 단골집

피카소, 헤밍웨이, 달리, 조지오웰…. 그들이 즐겨 찾았던 단골집이 아직도 영업 중이다.
여행자들에게는 특별한 추억거리를 만들어 줄 만한 곳들이다.
설레는 마음으로 찾아가 명사들과 일상을 함께하는 듯한 즐거움을 누려보자.

©Wikimedia Commons-Jordiferrer

① 시에테 포르테스 7portes
바르셀로나의 바르셀로네타 지구 p188

피카소가 단골로 다녔던 집이다. 파에야로 유명한 레스
토랑으로 역사가 무려 175년이나 된다. 19세기 느낌이
나는 고풍스러운 분위기가 인상적이다, 메인 메뉴인 파
에야의 재료는 그날 들어오는 식재료에 따라 조금씩 바
뀐다. 가장 인기 좋은 파에야는 단연 해산물 파에야와
먹물 파에야이다. 타파스, 소시지. 스튜도 인기가 좋다.

② 콰트르 개츠 Els 4Gats
바르셀로나의 고딕지구 p159

카탈루냐 광장과 대성당 사이에 있다. 문학과 예술을
토론하고 전시하는 예술가들의 아지트였다. 피카소는
1899년 열일곱 살에 이곳에서 첫 전시회를 연 후에 이
집 메뉴판 커버의 그림을 그려주었다. 그래서 음식보다
메뉴판이 지금도 더 유명하다. 가게 안으로 들어가면 2
인용 자전거를 탄 두 남자를 그린 메뉴판 그림이 한쪽 벽
을 차지하고 있다.

③ 바 마르세유 Bar Marseille
바르셀로나 라발지구 p167

압생트는 19세기 유럽에서 큰 인기를 끌었던 술로 고흐가 무척 많이 마셨다. 압생트 하면 빠질 수 없는 곳이 1820년대에 문을 연 라발 지구의 바 마르세유이다. 헤밍웨이, 피카소, 달리, 조지 오웰, 가우디 등이 이곳에서 압생트를 즐겨 마셨다. 로트렉과 반 고흐가 그린 어느 술집 분위기 그대로이다. 지금도 대학생, 예술가, 여행객이 모여 이야기꽃을 피운다.

④ 소브리노 데 보틴 Sobrino de Botin
마드리드 마요르 광장 지구 p265

1725년 문을 열어, 세계에서 가장 오래된 레스토랑으로 기네스북에 이름을 올렸다. 헤밍웨이의 단골집이었고, 스페인을 대표하는 화가 프란시스코 고야가 젊은 시절 이곳 주방에서 설거지를 맡아 일하기도 했다. 대표 메뉴는 새끼 돼지 통구이와 새끼 양 구이이다. 그 밖에 소고기, 치킨, 생선, 해산물 요리 등도 있다. 저녁에는 예약하는 것이 좋다.

⑤ 메손 델 샴피뇽 Meson del Champinon
마드리드 솔 광장 지구 p267

헤밍웨이는 스페인을 여행하다 밤이 되면 산미구엘 거리에 있는 선술집을 찾아가 술잔을 기울였다. 메손 델 샴피뇽 또한 헤밍웨이의 단골집으로 유명한 곳이다. '꽃보다 할배'에서 백일섭이 찾아간 곳이기도 하며, 석쇠에 구운 버섯요리가 유명하다. 오믈렛 또한 맛있다. 한국어 메뉴판이 있으며, 종종 흥겨운 오르간으로 한국 가요를 연주해주기도 한다.

⑥ 안티구아 카사 데 구아르디아 Antigua Casa de
Guardia 말라가 p399

말라가는 디저트 와인 세리sherry를 생산하는 곳이다. 안티구아 카사 데 구아르디아는 1840년 문을 연 말라가의 와인 바다. 무려 180년의 역사를 자랑한다. 가게에 들어서면 수많은 와인 통과 바 외에는 아무것도 보이지 않아 당황스러울 수 있지만, 그냥 와인을 주문하면 된다. 피카소도 즐겨 찾은 와인 바로 유명하다. 실내에 피카소의 사진도 걸려 있다.

스페인의 핫한 바 베스트 5

스페인 여행의 낭만과 설렘을 영원히 간직하고 싶다면, 맥주나 와인 한잔으로
여행의 피로를 싹 풀어보자. 영원히 기억하고 싶은 순간이 지금 이 순간이 될 수도 있다.
여행을 특별하게 만들어 줄 바 5곳을 소개한다.

① 모리츠 맥주 공장 Fabrica Moritz Barcelona
바르셀로나의 고딕&라발 지구 p169

모리츠 맥주 공장은 공장으로 쓰였던 건물을 개조해서 만든 모던한 다이닝 펍이다. 공장을 활용기 때문에 공간이 아주 넓다. 지하 1층에는 제조실이 있다. 모리츠 맥주는 체코의 사즈saaz 홉을 사용해 만든, 페일 라거와 필스너 계 중간의 맥주이다. 목 넘김이 좋고 풍미가 깊다. 하몽, 양파 튀김과 같은 스낵을 맥주에 곁들여 먹으면 간단히 저녁 식사도 해결된다.

② 라 비야 델 세르뇨 La vinya de senyor
바르셀로나의 보른&바르셀로나타 지구 p186

산타 마리아 델 마르 성당 앞 광장에 있다. 스페인 와인뿐만 아니라 세계의 수많은 와인을 갖추고 있다. 계절마다 빈티지 와인을 선별해 선보인다. 메뉴는 파스타, 하몽, 치즈부터 샐러드까지 다양하다. 잔 와인도 판매해 부담 없이 즐길 수 있다. 분위기가 좋고, 가장 인기 있는 자리는 단연 테라스다. 테라스에 앉아 와인 한 잔 기울이면 힐링 그 자체다.

③ 바 파스티스 Bar Pastis
바르셀로나의 고딕&라발 지구 p168

1947년 문을 연 라이브 바 파스티스는 람블라스 거리 서쪽 구엘 저택과 콜럼버스 기념탑 사이에 있다. 라발 지구의 예술가들이 모여들면서 유명해지기 시작했다. 탱고, 재즈, 언플러그드 공연이 열린다. 공연도 공연이지만 바 파스티스의 장점은 단연 분위기다. 붉은 조명이 켜진 바는 그 오랜 시간을 증명이라도 하듯 술병으로 벽면을 가득 채워 놓아 눈에 띈다.

④ 라 타나 Taberna La Tana
그라나다 p365

스페인 와인을 즐길 수 있는 그라나다의 와인 바다. 그라나다의 여느 바가 그렇듯 이곳에서도 와인을 주문하면 잘 어울릴 만한 타파스가 무료로 제공된다. 이곳의 주인은 유명한 소믈리에로 원하는 스타일의 와인을 얘기하면 벽면을 채우고 있는 수많은 와인 중 원하는 것을 찾아 준다. 독특한 느낌의 바에서 스페인 와인을 즐기고 싶다면 이곳을 추천한다.

⑤ 안티구아 카사 데 구아르디아 Antigua Casa de Guardia
말라가 p399

피카소가 즐겨 찾았던 와인바다. 말라가는 셰리 와인을 생산하는 것으로 유명한데, 이곳은 1840년에 문을 연 말라가의 셰리 와인바다. 가게에 들어서면 수많은 와인 오크통이 가게 내부를 장식하고 있어 다른 곳에서 볼 수 없는 독특한 분위기가 연출된다. 와인을 선택하면 오크통에서 따라준다. 홍합, 조개, 올리브 등으로 타파스도 즐길 수 있다.

스페인의 영혼을 느끼자,
플라멩코 즐기기 좋은 곳 베스트 4

플라멩코는 스페인의 소울을 담은 멋진 춤이다. 15세기경 안달루시아 지방의 인도계 집시와 무슬림,
유대인 문화가 섞여 만들어졌다. 전문 공연장 공연부터 식사하며 즐길 수 있는 공연까지 종류가 다양하다.

① 세비야의 플라멩코 무도 박물관 p416

세비야에서 멋진 플라멩코 공연을 볼 수 있는 곳이다. 플라멩코의 역사를 비롯하여 플라멩코 거장의 그림과 사진, 다양한 드레스와 소품 등이 전시되어 있다. 하이라이트는 플라멩코 공연이다. 매일 오후 5시, 7시, 8시 45분에 세 명의 댄서와 두 명의 가수, 한 명의 기타리스트가 혼을 빼앗는 멋진 플라멩코 공연을 선보인다.

② 세비야의 타블라우 엘 아레날 p417

'타블라우'는 플라멩코 무대라는 뜻으로, 이곳은 쇼를 보며 식사할 수 있는 곳이다. 가격은 다소 비싼 편이다. 음료나 식사를 즐기고, 테이블에 앉아 편하게 관람할 수 있다는 장점이 있다. 공연 시간은 1시간가량 소요된다. 다채로운 플라멩코 공연을 보고 싶은 이에게 추천한다. TV 프로그램 '꽃보다 할배' 출연진이 플라멩코를 관람했던 곳이다.

③ 바르셀로나의 카탈루냐 음악당 p174

레스토랑 공연장을 찾는 이들이 많지만, 바로셀로나에서 최고의 플라멩코 공연을 감상하고 싶다면 카탈루냐 음악당이다. 붉은 드레스를 입은 여인의 춤과 노래, 정장 차림 남자들의 기타 연주가 감동적이다. 공연은 강렬하면서도 부드럽고, 정열적이고, 숨을 멎게 할 만큼 압도적이다. 열정적인 몸짓에 완전히 빠져들게 된다.

④ 바르셀로나의 로스 타란토스 p167

처음 플라멩코를 접하는 여행자라면 로스 타란토스를 추천한다. 람블라스 거리 남쪽 고딕지구 레이알 광장 옆에 있다. 1963년 문을 연 이후 수많은 플라멩코 신인들의 등용문으로 유명해진 곳이다. 접근성이 좋아서 여행객이 많이 찾는다. 15유로에 30분짜리 짧은 공연을 즐길 수 있다. 공연은 하루에 3~4차례 열리므로 여행 일정에 맞추기 수월하다.

스페인 프로 축구 라리가 즐기기

스페인에 왔다면 세계 최고 수준을 자랑하는 스페인 프로축구 리그 라리가를 놓치지 말자.
시즌이 없는 시기라면 스타디움 투어, 공식 숍을 방문하는 일정을 잡아 아쉬운 마음을 달래 보자.

라리가 바로 알기

라리가 리그는 스페인의 최상위 프로축구 리그이다. UEFA의 리그 계수에 따르면, 라 리가는 근래 5년 들어 유럽 최
고의 리그로 평가받고 있다. 대륙 최고의 구단을 가장 자주18회 배출한, 세계에서 가장 유명한 리그 중 하나로 꼽힌
다. 라 리가는 스페인 프로축구연맹Liga de Fútbol Profesional, LFP이 주관한다. 시즌 동안 20개 구단이 치열하게 경
쟁하여 최하위 3개 구단이 세군다 디비시온2부 리그로 강등되고, 이들의 빈 자리에 하위 리그의 상위 2개 구단과
플레이오프전 우승 구단이 올라온다. 얼마 전까지 한국의 대표 축구 선수 이강인이 마요르카팀에서 미드필더로 맹
활약하기도 했다. 최다 우승팀은 레알 마드리드로 총 35회 우승하였으며, FC 바르셀로나는 27회 우승했다. 특히
레알 마드리드와 바르셀로나의 경기는 엘 클라시코라 불리며 전 세계에서 가장 유명한 축구 라이벌전으로 꼽힌다.

라리가 티켓 구하기

라리가 표를 구하는 방법은 세 가지가 있다. ①각 구단 홈페이지에 회원 가입 후 직접 구매 ②구매 대행 홈페이지나
여행사 대행 이용 ③현장 직접 구매 등의 세 가지이다. 가장 좋은 방법은 구단 홈페이지에서의 직접 구매이다. 보통
경기 일주일이나 열흘 전에 티켓팅이 시작되므로 시점을 잘 확인해서 예매하는 게 중요하다. 이는 구매 대행을 이
용하는 것보다 20% 정도 저렴하며 원하는 좌석 구역을 디테일하게 선택할 수 있다. 예매 시 티켓이 이메일로 오기
때문에 프린트해서 가져가거나 스마트폰에 화면을 캡처해서 가져가면 된다. 현장구매도 편리하긴 하지만 인기가
좋은 FC 바르셀로나와 레알 마드리드 CF의 경기 같은 경우 현장구매가 어려울 수도 있다. 구매 대행을 이용할 경
우 믿을만한 업체인지 확인하는 게 중요하다.

라리가 구단들의 축구장 투어

바르셀로나 캄 노우 경기장Camp Nou 바르셀로나의 몬주익과 포블섹 지구 p200

FC 바르셀로나의 홈 경기장으로 1957년 9월 24일에 개장하였다. 관중 수용 인원은 99,876명이다. 유럽에서 가장
큰 축구 경기장이며 세계에서 11번째로 크다. 원래 경기장의 공식 이름은 에스타디 델 FC 바르셀로나Estadi del FC
Barcelona, FC 바르셀로나 경기장'이라는 뜻이었는데, 2000년 클럽 회원들이 경기장 이름을 아예 별명으로 바꿔버리자는
요구를 하여, 이름을 캄 노우로 변경하였다. 영어식으로 발음된 '캄프 누' 또는 '누 캄프'라고도 불린다.

산티아고 베르나베우 스타디움Estadio Santiago Bernabéu 마드리드 살라망카 지구 p287

세계 최강 추국팀 중 하나인 레알 마드리드 FC의 홈구장으로 축구팬이라면 빼놓을 수 없는 필수 여행지이다. 레알
마드리드는 레알이라고도 불리는데, 1950년부터 유럽 축구의 강자로 떠올라 2015~16시즌부터 3회 연속 UEFA
챔피언스 리그에서 기염을 토하며 스페인 최고를 넘어서 유럽 최고의 팀이 되었다. 홈구장인 산티아고 베르나베
우는 세계에서 가장 명성 높은 축구장이다. 1947년 12월 14일 개장하였으며, 현재 81,004명을 수용할 수 있다.

신명 나는 페스티벌, 축제 베스트 5

플라멩코와 투우의 나라. 스페인은 흥과 신명이 넘치는 나라이다.
주로 봄과 가을에 대표적인 축제가 열린다. 축제에 참여하면 스페인을 좀 더 깊이 이해하고
사랑하게 될 것이다. 축제를 즐기며 스페니시와 친구가 되는 즐거움을 만끽해보자.

① 바르셀로나의 라 메르세 축제 La Merce, 9월 21~24일

바르셀로나 수호 성인 성모 마리아를 기념하는 축제다. 바르셀로나 시내 곳곳에서 5백여 개 행사가 한꺼번에 열린다. 하이라이트는 거인 인형 행진과 인간 탑 쌓기이다. 인간 탑 쌓기는 참가 팀들이 한 명 한 명 올라가 더 높은 탑 쌓기를 겨루는 것인데, 지금까지 최고 기록은 10단이다.

② 세비야의 페리아 데 아브릴 Feria de Abril, 4월 말

세비야에서 4월 말경 1주일 동안 열리는 최대 봄맞이 축제다. 남녀노소 할 것 없이 아름다운 전통 복장을 입고 말과 마차를 타고 시내를 누빈다. 마치 중세 시대로 돌아간 듯한 느낌이 들어 신명이 나며 즐겁다.

③ 세비야의 세마나 산타 Semana Santa, 4월 부활절 주간

부활절 주간에는 스페인의 많은 도시에서 행렬이 이어진다. 세비야의 세마나 산타도 그리스도의 수난과 죽음을 기념하고 부활을 축하하는 성스러운 축제인데, 망토 차림에 고깔 같은 두건을 쓴 사람들이 대규모 행렬을 한다. 많은 도시에서 행사가 벌어지지만 세비야의 세마나 산타가 가장 크고 화려하다.

④ 세비야와 말라가의 플라멩코 축제 9월

플라멩코의 거장이 모이는 스페인 최대 축제 중에 하나로 짝수 해에는 세비야에서, 홀수 해에는 말라가에서 열린다. 플라멩코 최고의 댄서, 가수, 기타리스트들이 모여 약 한 달간 축제를 즐긴다. 다양한 장소에서 공연이 열리니 9월에 여행한다면 세비야와 말라가 곳곳에서 플라멩코를 만끽할 수 있다.

⑤ 론다 투우 축제 Feria de Pedro Romero y Corrida Goy-esca, 9월 첫째 주

스페인에서 투우 경기를 볼 수 있는 흔치 않은 기회다. 론다에서 열리는 투우 축제에서는 퍼레이드와 더불어 론다 투우장에서 투우 경기가 열린다. 전통 복장을 한 사람들과 여행객들이 뒤섞여 론다에 활기가 넘친다. 티켓을 구하기가 어려우므로 미리 예매하는 것이 좋다.

Shopping 01

여행의 또 다른 즐거움,
쇼핑 아이템 베스트 10

쇼핑은 해외여행의 빼놓을 수 없는 즐거움이다. 스페인은 서유럽보다 물가가 싸 쇼핑하기 좋은 곳이다.
하지만 미리 너무 일찍 쇼핑을 많이 하면 짐이 늘어 여행에 방해가 될 수 있다.
품목을 미리 정리해 놓았다가 돌아오는 일정에 맞춰 쇼핑하는 것이 좋다.

① 의류

마드리드와 바로셀로나 등 유명 쇼핑 거리에 가면 자라, 망고, 마시모 두티 등 우리에게 익숙한 중저가 브랜드 매장이 많다. 한국보다 최대 50% 정도 저렴하게 살 수 있다. 종류도 더 다양하다. 큰 매장에는 늘 세일하는 품목이 있어 '득템'의 행운도 얻을 수 있다.

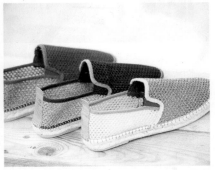

② 신발

스페인의 대표 신발 브랜드인 캠퍼와 에스파드류 브랜드인 토니 폰스는 한국인에게 인기 좋은 쇼핑 품목이다. 바르셀로나나 마드리드의 유명 쇼핑 거리에 매장이 있다. 우리나라보다 저렴하게 구매할 수 있으며, 택스 리펀도 가능하니 잘 활용하자.

③ 마티덤 앰플

스페인에서 가장 저렴하게 판매되는 앰플 화장품이다. 세비야의 파르마시아 델 라 알팔파 약국에서 가장 싸게 살 수 있다. 비타민과 수분 공급으로 피부 개선에 도움을 주는 여성들의 필수 아이템이다.

④ 바이파세 클렌징 워터

바이바세Byphasse의 클렌징 워터는 세계적인 인기를 끌고 있는 스페인 화장품 브랜드이다. 바르셀로나 카탈루냐 광장 부근에 있는 뷰티 매장 프리모르Primor에 가면 구매할 수 있다.
프리모르 주소 Carrer de Pelai, 10, 08001 Barcelona

⑤ 올리브유

스페인은 세계 최대 올리브 생산국이다. 대형 마트 메르카도나Mercadona에 가면 질 좋은 제품을 쉽게 구할 수 있다.

⑥ 와인

스페인 북부의 리오하Rioja 지역 와인이 가장 유명하다. 프랑스의 보르도 와인 생산자들이 리오하로 이주하면서 보르도 와인과 같은 방식으로 생산하고 있다. 대형 마트 메르카도나에서 구매할 수 있다.

©Carloss·Wikimedia Commons

⑦ 꿀국화차

달콤한 맛이 더해진 국화차로 여행객들의 기념품 및 쇼핑 리스트 상위권에 늘 오른다. 마트에서 싹쓸이 하는 여행객들 때문에 구매량 제한을 걸었을 정도다. 메르카도나에서 'Manzanilla con Miel'이라고 써 있는 것을 구매하면 된다.

⑧ 뚜론

스페인식 누가Nougat라고 할 수 있는 스페인 발렌시아 지방의 전통 디저트류다. 땅콩, 아몬드, 해바라기 씨 등의 견과류를 꿀을 넣어 굳힌 캐러멜 과자이다. 마드리드 시내의 까사 미라Casa mira란 제과점에서 1855년부터 최초로 판매했다. 간단한 스페인 여행 선물로 좋다.

©picryl.com

⑨ 축구 유니폼

세계 최고의 축구 리그와 선수들이 모여 있는 스페인에서 축구 팬이라면 빼놓을 수 없는 쇼핑 아이템이 있다. 바로 축구 유니폼이다. 레알 마드리드의 홈구장 산티아고 베르나베우 스타디움과 바르셀로나의 캄프 누 투어를 즐기다 기념품 가게에서 구매할 수 있다.

⑩ 발사믹 식초

스페인 발사믹 식초는 품질 좋고 저렴한 것으로 유명하다. 발사믹 식초는 우리나라에서도 샐러드나 식전 빵을 찍어 먹을 때 유용하게 사용되기 된다. 스페인에서 훨씬 저렴하게 구매할 수 있어 올리브 오일과 더불어 필수 쇼핑 아이템으로 꼽힌다.

스페인 대표 브랜드 알아보기

ZARA

자라ZARA
스페인의 대표적인 스파 브랜드이다. 전 세계적으로 사랑받는 패션 브랜드로 스페인어로는 '사라'라고 읽는다. 우리나라에도 매장이 있지만, 우리나라에 없는 아이템들도 많고 특히 세일할 땐 화끈한 할인율로 득템할 수 있다.

Massimo Dutti

마시모 두띠Massimo Dutti
자라와 같은 회사에서 출시된 자라 상위 브랜드로 클래식한 스타일이 많다. 가죽 제품, 니트, 셔츠 등이 인기 있다. 자라보다는 가격대가 약간 높다.

MANGO

망고MANGO
자라와 더불어 스페인의 대표적인 스파 브랜드로 자리 잡았다. 스페인 곳곳에 매장이 많으며 가격대는 자라와 비슷한 편이다. 국내보다 저렴한 가격에 살 수 있으니 스페인 여행할 때 꼭 들러보자.

캠퍼CAMPER
스페인 마요르카섬에서 탄생한 컨템포러리 신발 브랜드다. 편안하면서도 캠퍼만의 스타일을 갖추고 있어 마니아층이 있다. 가격은 꽤 비싼 편이다. 세일을 노리면 좋은 가격에 득템할 수 있다.

OYSHO

오이쇼OYSHO
자라와 같은 회사의 브랜드다. 란제리, 라운지 웨어, 수영복 등을 전문으로 한다. 매장에 들어서면 특유의 향이 있다. 저렴하면서도 품질이 좋아서 많은 이들이 스페인 여행에서 즐겨 찾는 브랜드가 되었다.

LOEWE

로에베LOEWE
스페인 명품 브랜드이다. 현재는 프랑스에 본사를 둔 세계 최대의 명품 기업 LVMHMoët Hennessy Louis Vuitton에 소속되어 있다. 핫한 명품 브랜드는 아니지만, 마니아층이 있고 최근에는 다양한 디자인으로 많은 이들에게 사랑받고 있다.

BIMBA Y LOLA

빔바 이 롤라BIMBA Y LOLA
트렌디한 스타일이 많은 컨템포러리 브랜드다. 모던한 디자인부터 개성 넘치는 디자인까지 여성들의 마음을 사로잡는 아이템들이 많다. 가격대는 스파 브랜드처럼 저렴한 편은 아니다.

데시구알Desigual
'다른'이라는 뜻을 가진 스페인어 이름에 맞게 화려하고 알록달록한 디자인이 돋보이는 개성 있는 스페인 브랜드다. 화려한 색감과 독특한 패턴 때문에 호불호가 갈린다. 하지만 마니아층이 있는 편이다.

즐거운 여행, 스페인 쇼핑 명소

스페인의 바르셀로나와 마드리드에는 쇼핑도 하고 구경도 하며 여행의 즐거움을 만끽하기
좋은 곳들이 많다. 백화점, 아웃렛, 슈퍼마켓, 쇼핑 거리 등에서 쇼핑 품목에 따라 취향에 맞는
쇼핑을 즐길 수 있다. 여행을 특별하게 만들어 줄 순간을 만끽해보자.

©Manuel m03-Wikimedia Commons

① 엘 코르테 잉글레스 백화점과 아웃렛 라 로카 빌리지 p234, 269

엘 코르테 잉글레스El Corte Inglés 백화점은 스페인의 대표 백화점으로 바르셀로나와 마드리드에 여러 개가 있다. 바르셀로나의 카탈루냐 광장 옆에 있는 엘 코르테 잉글레스가 교통이 편해 이용하기 좋고, 마드리드는 솔광장 지점이 교통이 좋아 이용하기 편리하다. 마드리드 살라망카 지구의 세라노 거리에도 엘 코르테 잉글레스가 있다. 바르셀로나에서 자동차로 40분 거리에 있는 쇼핑 아웃렛 라 로카 빌리지는 백화점 상품이나 명품을 저렴하게 살 수 있는 곳이다. 130여 개 매장이 입점해 있으며, 구찌, 발리, 버버리, 록시탕, 켈빈 클라인 등의 상품을 만나볼 수 있다.

② 쇼핑의 거리 - 람블라스, 그라시아, 그란비아, 세라노 p146, 214, 263, 286

바르셀로나의 람블라스 거리는 숍과 즐길 거리 먹을거리가 가득한 곳이다. 람블라스 거리를 중심으로 이어진 골목골목에서 신발, 가방, 액세서리, 기념품 등 다양한 쇼핑 아이템을 만날 수 있다. 카탈루냐 광장에서 북서쪽으로 쭉 뻗은 그라시아 거리도 프랑스의 샹젤리제와 비교되는 쇼핑의 거리이다. 다양한 명품 브랜드와 스페인 대표 브랜드 매장을 찾아볼 수 있다. 마드리드의 유명한 쇼핑의 거리는 그란비아 거리와 세라노 거리이다. 그란비아 거리는 고층 건물과 백화점, 호텔, 상점, 극장 등이 즐비한, 마드리드에서 가장 번화한 거리이다. 예전엔 극장이 많았었는데, 지금은 자라, 망고, H&M 등의 매장이 들어선 쇼핑의 명소로 자리 잡았다. 중저가 브랜드가 입점해 있는 프리마크 백화점도 이곳에 있다. 세라노 거리도 마드리드를 대표하는 명품 거리이자 쇼핑의 거리이다. 명품, 스파 브랜드 매장이 함께 있어 쇼핑하기 편하다.

③ 슈퍼마켓 메르카도나Mercadona p153

메르카도나는 스페인에서 가장 유명한 슈퍼마켓이다. 슈퍼마켓이지만 대형 마트와 비슷하며, 다양한 실용적인 상품을 고를 수 있어 여행객들에게 인기가 좋은 편이다. 한국인들이 많이 찾는 상품은 벌의 다리에 붙어 있는 꽃가루로 만든 폴렌, 천연 꿀 국화차, 보습력 좋은 올리브 보디로션, 사해 바다 소금 스크럽, 상그리아 등이다. 스페인 곳곳에 있지만, 바르셀로나의 카탈루냐 광장점메트로 1·4호선 우르키나오나역Urquinaona에서 도보 5분과 에스파냐 광장점메트로 1·3·8호선 에스파냐 광장역Pl. Espanya에서 도보 3분이 여행 일정 잡기 좋고 교통도 편해 이용하기 좋다.

스페인의 신발과 의류 사이즈

스페인의 의류와 신발 사이즈 기준은 한국과 차이가 있다.
쇼핑 전 사이즈 기준을 미리 알고 가는 것이 좋다. 스페인과 한국의 사이즈 기준을 비교하여
맞춰 골랐더라도 꼭 착용해보고 자신에게 맞는 것을 선택하자.

여성 의류

	XS	S	M	M-L	L
대한민국	44	55	66	77	88
스페인	32	34	36	38	42/40

남성 의류

	XS	S	M	L	XL
대한민국	90	95	100	105	110
스페인	44	46	48	50	52

여성 신발

대한민국	220	225	230	235	240	245	250	255	260
스페인	35	35.5	36	36.5	37	37.5	38	38.5	39

남성 신발

대한민국	240	245	250	255	260	265	270	275	280
스페인	37	37.5	38	38.5	39	39.5	40	40.5	41

스페인 부가세 환급 정보

비유럽인이 유럽에서 구매한 제품을 사용하지 않고 출국하면 부가가치세의 일정 금액 돌려주는데 스페인은 최저 4%에서 최대 21%까지 환급받을 수 있다. 모든 상품의 부가세를 환급해주는 건 아니다. 택스 리펀 제휴 가맹점 VAT REFUND, TAX FREE, TAX REFUND에서 쇼핑한 상품만 환급해 준다. 백화점, 아웃렛, 브랜드 숍에 주로 택스 리펀 로고가 붙어 있다. 세금 환급은 유럽 국가를 몇 군데 여행할 경우 마지막에 출국하는 나라에서 받을 수 있는 것도 기억해두자. 스페인은 최소 구매 금액 기준 제한이 없다. 표준부과 세율은 21%이고 안경, 서적, 일부 식료품, 약품은 4~10%다. 단, 온라인 쇼핑은 부가세 환급 대상이 아니다. 쇼핑 후 직원이 택스 리펀 서류를 준다. 이때 공항에서 환급받을 계획이라면 택스 리펀 전용 키오스크인 디바DIVA 양식의 환급 서류를, 시내에서 환급엘 코르테 잉글레스 백화점 옆 카탈루냐 광장 지하에 환급 대행사 Global Blue의 창구가 있다. 받을 계획이라면 일반 환급 서류를 요청한다. 일반 환급 서류에는 직접 이름과 여권 번호, 구매한 제품명, 제품 가격, 환급받을 금액 등을 적는다. 직원이 써주기도 하는데, 서류 내용을 반드시 확인한다.

부가세 환급 신청 시 준비물 여권, 항공권 이티켓, 제품 구매 매장에서 증빙한 세금환급신청서 및 영수증, 구매 물품

공항에서의 부가세 환급절차

❶ 스페인의 공항에서는 택스 리펀 전용 키오스크인 디바DIVA를 통해 디지털 방식으로 부가세 환급절차를 진행하고 있다. 일단, 공항에서 환급받을 계획이라면 물품을 구매할 때 판매자에게 디바 양식의 환급 서류를 요청하면 된다. 디바 사용법은 간단하다. 한국어로 설정한 뒤, 법적 의무요약이 나오면 확인 버튼을 누른다. 다음 화면에서 물품을 구매하고 받은 택스 리펀 서류의 바코드를 기계에 스캔한다. 이후 확인 버튼을 누르면 디지털 도장을 받게되고 모든 절차가 완료된다. 간혹 DIVA의 환급절차 완료가 안 되는 수도 있는 데 이런 경우 환급 창구의 세관원에게 가서 도장을 받아야 한다.

❷ 현장에서 현금으로 바로 수령 할지 카드와 연결된 계좌로 추후 환급받을지 선택한다.

❸ 곧바로 현금으로 환급받으려면 세관 사무실로 가고, 카드 계좌로 환급받으려면 세관 도장이 찍힌 서류들을 봉투에 동봉하여 노란 우체통에 넣는다.

❹ 현금으로 환급받을 때는 환급 장소에 따라 수수료가 다르다. 대략 10% 정도의 수수료를 지급해야 하지만, 바로 현금으로 돌려받는 장점이 있다. 카드 계좌로 환급받으면 별도 수수료가 없다. 단, 원화로만 받을 수 있고. 짧게는 4주 길게는 10주까지 기다려야 한다.

ONE MORE

세금 환급 시 주의 사항

❶ 공항에서 현금으로 환급받는 경우 줄을 길게 서서 기다려야 하거나 진행이 더뎌 시간이 좀 걸릴 수 있다. 공항에서의 현금 환급을 계획하고 있다면 만약을 대비해 비행기 탑승 최소 2시간 30분~3시간 전에 공항에 도착하기를 권한다.

❷ 세금 환급을 받은 후, 유럽연합국가에서 90일 이내에 귀국해야 한다.

❸ 도심에서 세금 환급을 받는 경우, 출발 14일 이전에 받아야 한다.

❹ 세관의 도장을 받은 택스 리펀 서류는 만약을 대비해 사진을 찍어두자. 문제가 생길 시 증거 자료가 될 수 있다.

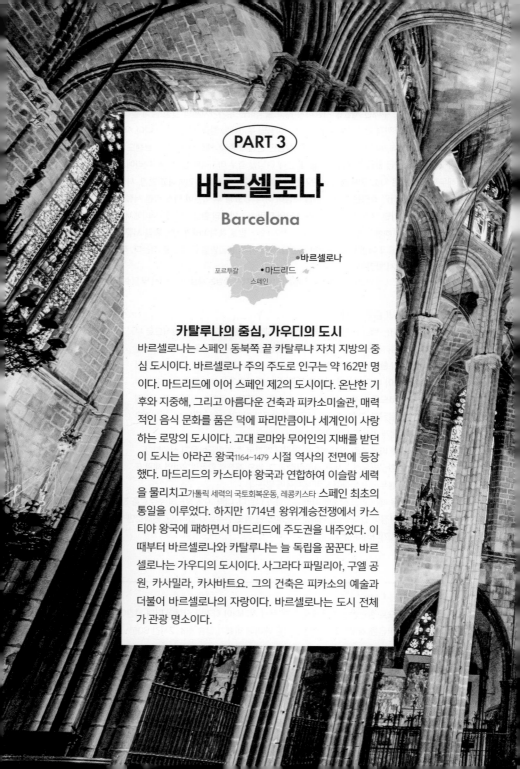

PART 3

바르셀로나

Barcelona

포르투갈　●바르셀로나
　●마드리드
스페인

카탈루냐의 중심, 가우디의 도시

바르셀로나는 스페인 동북쪽 끝 카탈루냐 자치 지방의 중심 도시이다. 바르셀로나 주의 주도로 인구는 약 162만 명이다. 마드리드에 이어 스페인 제2의 도시이다. 온난한 기후와 지중해, 그리고 아름다운 건축과 피카소미술관, 매력적인 음식 문화를 품은 덕에 파리만큼이나 세계인이 사랑하는 로망의 도시이다. 고대 로마와 무어인의 지배를 받던 이 도시는 아라곤 왕국1164~1479 시절 역사의 전면에 등장했다. 마드리드의 카스티야 왕국과 연합하여 이슬람 세력을 물리치고가톨릭 세력의 국토회복운동, 레콩키스타 스페인 최초의 통일을 이루었다. 하지만 1714년 왕위계승전쟁에서 카스티야 왕국에 패하면서 마드리드에 주도권을 내주었다. 이때부터 바르셀로나와 카탈루냐는 늘 독립을 꿈꾼다. 바르셀로나는 가우디의 도시이다. 사그라다 파밀리아, 구엘 공원, 카사밀라, 카사바트요. 그의 건축은 피카소의 예술과 더불어 바르셀로나의 자랑이다. 바르셀로나는 도시 전체가 관광 명소이다.

바르셀로나 한눈에 보기

1 고딕 지구 & 라발 지구 Barri Gotic & El Raval
#람블라스 거리 #카탈루냐 광장 #바르셀로나 대성당 #보케리아 시장

여행자의 거리로 유명한 람블라스 거리를 사이에 두고 동쪽엔 고딕 지구가 서쪽엔 라발 지구가 있다. 고딕 지구는 고대 로마 시대부터 2천 년 동안 바르셀로나의 중심이었다. 고풍스러운 분위기라 중세의 느낌이 물씬 풍긴다. 라발 지구는 브라질이나 모로코 같은 이국적인 분위기라 여행자를 들뜨게 한다.

2 보른 지구 & 바르셀로네타 El Born & Barceloneta
#카탈루냐 음악당 #피카소 미술관 #산타카테리나 시장 #지중해

보른 지구는 고딕 지구 동쪽 구역이다. 서울의 북촌 같은 곳이다. 파트리크 쥐스킨트의 소설 「향수」가 원작인 영화 <향수-어느 살인자의 이야기>가 이곳에서 촬영되었다. 바르셀로네타는 보른 지구 남쪽 해안 구역이다. 아름다운 에메랄드빛 지중해를 눈에 담을 수 있다.

3 몬주익과 포블섹 Montjuïc & Poble-sec
#몬주익 성 #호안 미로 미술관 #카탈루냐 미술관

몬주익은 바르셀로나 시내와 지중해를 감상하기 좋은 언덕 위의 명소이다. 전망이 좋을 뿐 아니라, 우리에게는 황영조 선수가 1992년 바르셀로나 올림픽 마라톤에서 금메달을 딴 곳으로도 유명하다. 포블섹은 몬주익 아래에 있는 동네이다. 스페인의 꼬치 요리 핀초가 유명하다.

4 에이샴플레 지구 Eixample
#그라시아 거리 #사그라다 파밀리아 성당 #카사 밀라 #카사 바트요

에이샴플레 지구는 고딕 지구 북쪽에 있는 신시가지 지역이다. 구획 정리가 잘 되어있고, 가우디 주요 건축이 이곳에 있다. 건물 높이를 6층으로 제한한 덕에 멀리서도 사그라다 파밀리아 성당이 보인다. 그라시아는 에이샴플레의 중심 거리로, 바르셀로나에서 손꼽히는 쇼핑 명소이다.

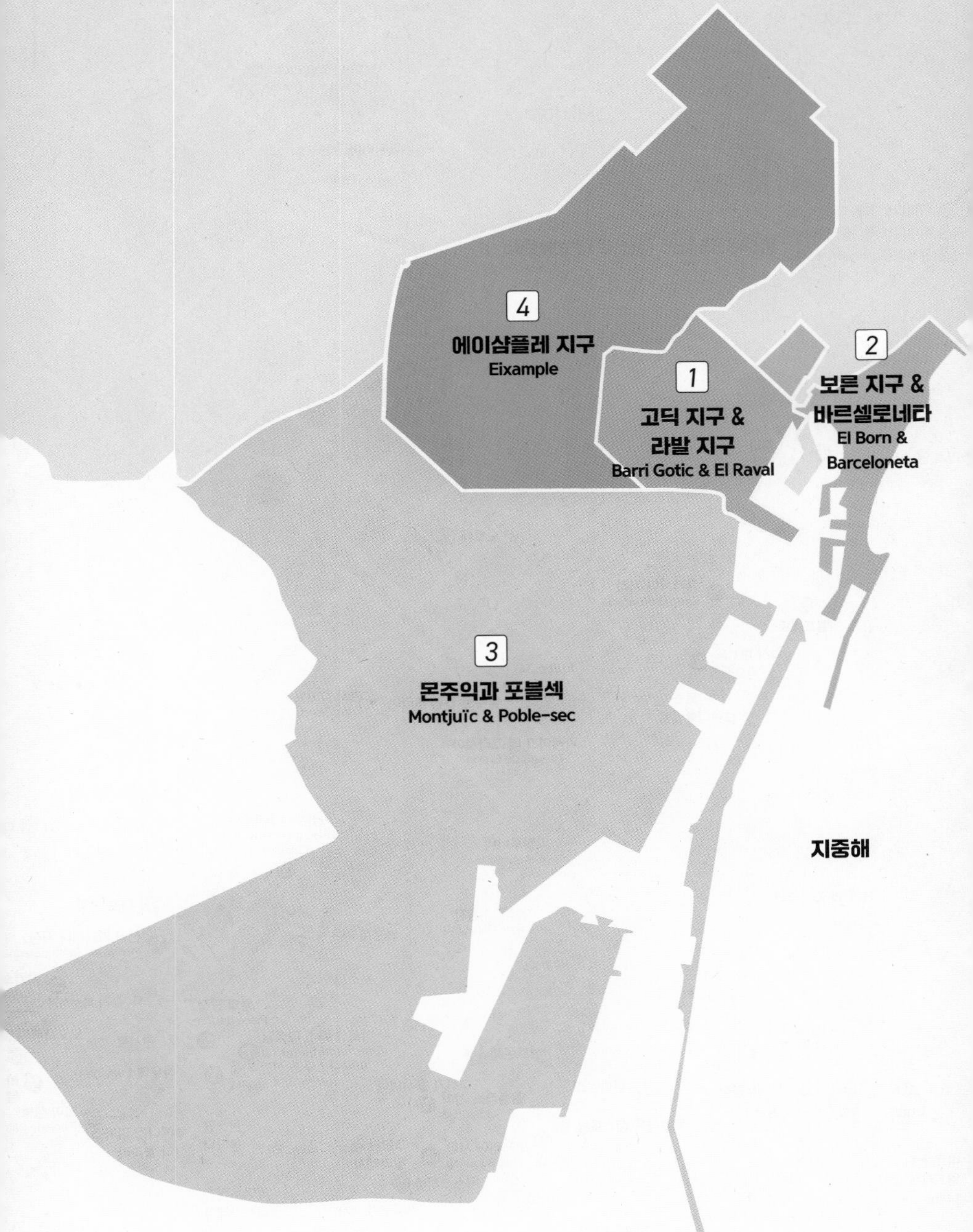

4

에이샴플레 지구
Eixample

1

고딕 지구 &
라발 지구
Barri Gotic & El Raval

2

보른 지구 &
바르셀로네타
El Born &
Barceloneta

3

몬주익과 포블섹
Montjuïc & Poble-sec

지중해

MUHBA Turó de la Rovira 트로 데 라 로비라 벙커 2.4km
Parc Güell 구엘 공원 1.8km

산트 파우 병원 900m
케이에프시

사그라다파 밀리아
Sagrada Familia

사그라다 파밀리아 성당
La Sagrada Família
스타벅스

사그라다
파밀리아 공원
Plaça de
la Sagrada Família

그라시아

티비다보 공원 Parc d'Atraccions del Tibidabo 8km
티비다보 푸니쿨라 Funicular del Tibidabo del 6.5km
몬세라트 Montserrat 50km

Verdaguer

Av. Diagonal

Av. Diagonal

Passeig de Sant Joan

디아고날역
Diagonal

248

도스 이 우나

카치 앤 소다

카사 밀라
Casa Milà

에이샴플레

Carrer d'Aragó

Carrer del Consell de Cent

히로나
Girona

노르테

Carrer de la Diputació

Rambla de Catalunya

r de Balmes

Passeig de Gràcia

그라시아 거리
Passeig de Gràcia

엘포네트

카사 바트요
Casa Batlló

코스

브랜디♥멜빌

타파스24

파세이그 데 그라시아
Passeig de Gràcia

알수르 카페 루리아

카사 칼베트
Casa Calvet

Gran Via de les Corts Catalanes

Carrer de Girona

개선문

카탈루냐 음악당
Palau de la Música
Catalana

C. de Comerç

피

카탈루냐역
Catalunya

센폭스

C. de Balmes

Ronda de la Univ

라 플라우타

카탈루냐 광장
Plaça de Catalunya

콰트르 개츠

보스코

Via Laietana

Carrer de Sant Pere Més Baix

Av. de Francesc Cambo

나프 안틱

산타 카테리나 시장
Mercat de Santa Caterina

보른 지구

피카소
Museu

라 파브히카

Universitat

C. de pelai

La Rambla

왕의 광장
Plaça del Rei

바르셀로나 대성당
Catedral de Barcelona

아우구스투스 신전 기둥
Temple of Augustus

고딕 지구

핀사트

하우메 I Jaume I

모노그래피 연

라
델

Urgell

모리츠 맥주공장

C. de Montalegre

마이앙스

센트온세

로흐테트 레스토랑

카하벨

보케리아 시장
La Boqueria

에스크리바

람블라스 거리
La Rambla

그란자 듈시네아

그란자 라
팔라레자

리세우역
Liceu

라마누알
알파르가테라

C. de Ferran

판스앤
콤파니

추레리아

부에나스 미가스
산타 클라라

로마 성벽
Plaça de Ram

Via Laietana

Passeig del Born

바르셀로나
엘프라트 공항
14km

라발 지구

23 Robadors

레이알 광장
Plaça Reial

로스 타란토스

C. d'Avinyo

조지 오웰 광장
Plaça George Orwell

C. de Marques de Barbera

바 마르세유

구엘 저택
Palau Güell

벨 항구
Port Vell

주익과 포블섹

우 2.5km
p Nou

바르셀로나 아레나
Arenas de Barcelona

아레나 푸드코트

메르카도나

Carrer de Manso

Rda. de Sant Pau

라 콘피테리아

에스파냐 광장
Plaça de Espanya

관광 안내소

Av. del Paral·lel

에스파냐
Pl. Espanya

Carrer de Lleida

카사 데 타파스 카뇨타

포블섹
Poble-sec

Av. del Paral·lel

파랄렐 호텔
Hotel Paral·lel

파랄렐
Paral·lel
Carrer de Vila i Vila

키킷 키멧

미모스 피자,
프라자 델 소르티도르

엘 소르티도르

라 타베르나
블라이 투나잇

그란 보데가 살토

C. de Belsa

Carrer de la Mare de Déu del Remei

Carrer de la França Xica

Carrer de Magalhães

Carrer de Tàpioles

카이샤 포룸
CaixaForum

몬주익 분수
Font de Montjuïc

바르셀로나 파빌리온
El Pabellón de Barcelona

몬주익과 포블섹

스페인 마을
(플라멩코 공연장)

국립 카탈루냐 미술관
Museu Nacional de
Art de Catalunya(MNAC)

호안 미로 미술관
Joan Miró Foundació

몬주익 푸니쿨라
Funicular de
Montjuïc

Ctra. de Montjuic

몬주익 케이블카

Av de l'Estadi – Estadi

몬주익
올림픽 공원

몬주익 성
Castillo de Montjuïc

데야 공원
a Ciutadella

바르셀로나 동물원
arc Zoològic de Barcelona

Paaseig de Circumva Haico

C. del Dr. Aiguader

프란시아 기차역
Estación de Francia

셀로네타
celoneta

바르셀로네타

C. del Dr. Aiguader

Pg. de Joan de Barbo

칸솔레

바르셀로네타
Barceloneta

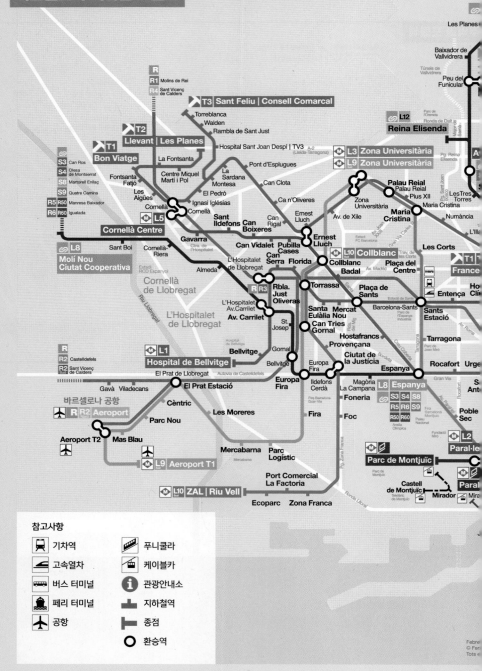

바르셀로나 지하철 노선도

참고사항

🚂 기차역
🚄 고속열차
🚌 버스 터미널
⛴ 페리 터미널
✈ 공항

🚠 푸니쿨라
🚡 케이블카
ⓘ 관광안내소
🚇 지하철역
┠ 종점
⭕ 환승역

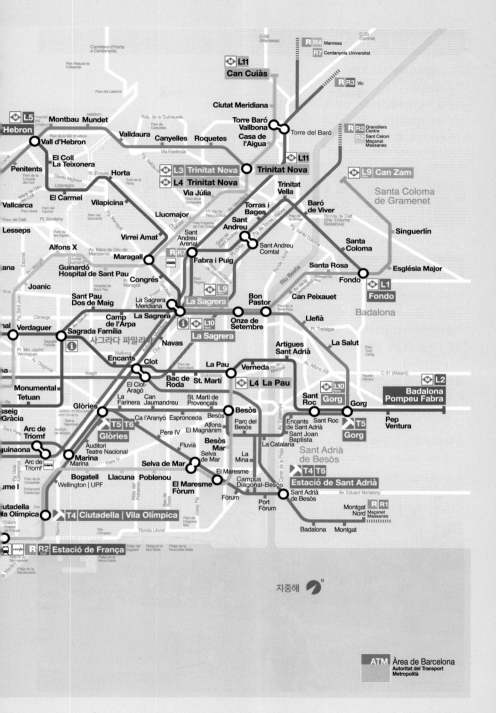

바르셀로나 일반 정보

위치 스페인 동북부 지중해 연안

인구 162만 명

기온 봄 9~23℃ 여름 18~30℃ 가을 11~27℃ 겨울 5~7℃

여행 정보 홈페이지

시청 www.bcn.cat

관광청 **www.barcelonaturisme.com**

바르셀로나 날씨 정보

℃/월	1월	2월	3월	4월	5월	6월	7월	8월	9월	10월	11월	12월
최고	14.8	15.6	17.4	19.1	22.5	26.1	28.6	29.0	26.0	22.5	17.9	15.1
최저	8.8	9.3	10.9	12.5	16.1	19.8	22.7	23.1	20.0	16.5	11.9	9.5

바르셀로나 관광안내소

시내 곳곳에 있는 관광안내소에서는 바르셀로나 관련 각종 지도와 교통 정보를 얻을 수 있다. 그밖에 기념품 등을 구매할 수 있고, 바르셀로나의 다양한 미술관 입장권과 결합한 교통카드인 바르셀로나카드도 구매할 수 있다. 바르셀로나카드가 있으면 메트로, 시내버스, 공항 철도를 무제한 이용할 수 있다. 대표적인 관광안내소로는 엘프라트 공항 터미널 1에 있는 관광안내소, 카탈루냐 광장 관광안내소 등이 있다.

엘프라트 공항 관광안내소 Oficina de Turisme de Catalunya a l'Aeroport de Barcelona
🏠 Terminal T1, Aeropuerto de Barcelona, 08820 El Prat de Llobregat, Barcelona
📞 +34 933 78 81 75 🕐 08:00~20:30

카탈루냐 광장 관광안내소 Punto de Información Plaza Catalunya Barcelona Turismo
🏠 Pl. de Catalunya, 17, 08002 Barcelona 📞 +34 932 85 38 32 🕐 08:30~20:30

바르셀로나 가는 방법

1 비행기로 가기

인천에서 출발하는 항공편은 다양하다. 직항 항공사는 대한항공과 아시아나항공이 있다. 대한항공은 주 3회(월, 수, 금), 아시아나항공은 주 2회(화, 토) 운항하며 12시간 정도 소요된다. 1회 경유하는 항공사는 에어프랑스, KLM, 싱가포르항공, FINNAIR 등이 있다. 스페인과 유럽에서 갈 수도 있다. 마드리드에서 1시간 15분, 파리와 로마에서는 2시간 남짓 소요된다. 스페인 또는 유럽에서 갈 때는 저비용 항공으로 이동하는 것이 편리하다. 이지젯 www.easyjet.com, 부엘링 www.vueling.com, 트란사비아 www.transavia.com 등이 있다. 스카이스캐너 www.skyscanner.co.kr를 이용하면 항공권 가격을 비교하며 구매할 수 있다.

(Travel Tip)

바르셀로나 공항 안내 공식 이름은 엘프라트 공항(BCN, Aeropuerto Internacional de Barcelona–El Prat de Llobregat)이다. 도심에서 남서쪽으로 약 13km 떨어져 있다. 터미널은 T1과 T2로 나뉘어 있다. T1은 대한항공, 아시아나 등 국제선 대부분과 이베리아항공, 부엘링항공이 사용한다. T2(2A, 2B, 2C)는 주로 이지젯 등 저비용항공사가 사용한다. T1과 T2는 셔틀로 10~14분 거리이다. 5~10분 간격으로 무료 셔틀버스가 운행된다. 셔틀 표지판을 따라가 셔틀 정류장에서 승차하면 된다. 국제공항답게 ATM, 환전소, 약국, 관광안내소, 렌터카 서비스, 수하물 보관소 등 다양한 서비스 시설을 갖추고 있다. 환전소에서는 달러로만 유로로 환전할 수 있다. 심카드를 미리 구매하지 못했다면 T1의 통신사 대리점에서 구매할 수도 있다. 하지만 가격이 비싼 편이다. 택스 리펀은 택스 프리 영수증을 챙겨 두면 금액 제한 없이 부가세를 T1의 택스 프리 자동화 기계 DIVA를 통해 환급받을 수 있다. 한국어로 진행할 수 있어 사용이 편리하다. ≡www.aena.es

2 기차로 가기

마드리드, 발렌시아, 그라나다 같은 도시는 물론 프랑스에서도 기차로 바르셀로나까지 갈 수 있다. 바르셀로나의 대표적인 기차역으로는 산츠역Estacio de Sants, 프란사역Estacio de Francia이 있다.

❶ 산츠역 Estacio de Sants
바르셀로나에서 가장 큰 기차역으로 마드리드, 그라나다, 발렌시아, 히로나 등 스페인의 주요 도시를 연결한다. 고속, 급행, 지방 근교선, 메트로 3·5호선과 연결되어 있다. 매표소는 장거리 매표소와 근거리 매표소로 나뉘어 있다. 현장에서 티켓 구매가 가능하나, 매표 기계나 스페인 KTX인 렌페의 웹사이트에서 구매하면 더 편리하다. 특히 이용하기 몇 달 전 사전 예약을 하면 좀 더 저렴하게 구매할 수 있다. 역 안에 코인 로커, 편의점, 렌터카 사무실 등이 있다. ≡www.renfe.com

❷ 프란사역 Estacio de Francia

1929년 바르셀로나 만국박람회 때 건설된 아름다운 기차역이다. 카탈루냐 근교선과 프랑스를 오가는 열차를 운행한다.

③ 버스로 가기

스페인에서 도시를 이동할 때는 버스도 많이 이용한다. 대표적인 고속버스 알사ALSA 버스의 전국 노선이 잘 갖추어져 있다. 가격이 기차보다 저렴하며, 가까운 거리는 이동시간이 크게 차이 나지 않는다. 마드리드에서 바르셀로나로 이동하는 노선이 많아 편리하다. 버스터미널로는 바르셀로나 북부터미널과 산츠 버스터미널이 있다. 티켓은 버스터미널 티켓 창구에서 직접 구매하거나, 알사 버스 홈페이지에서 예약할 수 있다.
≡ www.alsa.es

❶ 바르셀로나 북부터미널 Estacio d'Autobusos Barcelona Nord

바르셀로나에서 가장 큰 버스터미널로 마드리드 등 스페인 주요 도시와 프랑스, 포르투갈 등 주변 국가를 연결한다. 메트로 1호선 아크 디 트리옴프역Arc de Triomf Barcelona의 바르셀로나 개선문Sortida Nàpols 출구에서 도보 5분 거리다. 소매치기가 많으니 특별히 조심하자.
⌂ C. de Nàpols, 68, 08013 Barcelona ≡ barcelonanord.barcelona

❷ 산츠 버스터미널 Estacio d'Autobusos Sants

산츠역과 같이 있는 작은 터미널이다. 유럽을 연결하는 국제선 버스인 유로 라인이 출발하고 도착한다. 근교 라인인 몬세라트행 버스Julia 버스도 이곳에서 승차할 수 있다. 메트로 3·5호선 산츠 에스타시오역Sants Estació에서 도보 3분 거리이다.

공항에서 시내로 가는 방법

❶ 공항버스 Aerobus

공항버스는 T1 또는 T2터미널에서, 에스파냐 광장Pl. Es-panya, 우니베르시타트 광장Pl. Uneversitat, 카탈루냐 광장을 왕복한다. T1에서는 A1 공항버스를, T2에서는 A2 공항버스를 이용하면 된다. 시내까지 소요시간은 30~40분이다. 공항버스로 시내에 진입하는 방법이 가장 편리하다.

T1에서 시내로 들어가기 A1 공항버스 이용. 05:35~01:05(5~10분 간격 운행), 01:05~05:35(20분 간격 운행) T2에서 시내로 들어가기 A2 공항버스 이용. 운행시간 05:35~23:00(10분 간격 운행), 23:00~05:35(20분 간격 운행) 시내에서 T1으로 가기 A1 공항버스 이용. 운행시간 05:00~00:35(5~10분 간격 운행), 00:35~05:00(20분 간격 운행) 카탈루냐 광장에서 출발 시내에서 T2로 가기 A2 공항버스 이용. 운행시간 05:00~22:30(10분 간격 운행), 22:30~05:00(20분 간격 운행) 카탈루냐 광장에서 출발
🕐 약 30~40분 ⊙ 편도 5.90유로 왕복 10.20유로(탑승할 때 기사에게 구매, 왕복 티켓은 영수증이 있으면 15일 이내 유효)
≡ www.aerobusbarcelona.es

❷ 지하철

지하철 9호선L9(Sud)이 터미널 1·2에서 모두 출발한다. 월~목요일은 05:00~00:00, 금요일과 공휴일 전날은 05:00~02:00, 토요일은 05:00~05:00, 일요일은 05:00~00:00까지 운행한다. 카탈루냐 광장이나 에스파냐 광장까지 가려면 토라사역Torrassa에서 1호선L1으로 환승해야 한다. 카탈루냐 광장까지는 55분이 소요된다. 공항 전용 티켓을 끊어야 하며, 요금은 5.15유로이다. 1회권과 10회권T-Casual 사용 불가.

❸ 국철Renfe Rodalies, 렌페 로달리에스

렌페 로달리에스는 바르셀로나와 근교를 연결하는 국영 철도이다. 여러 개의 노선이 있는데 그중에 R2 Nord 노선을 이용하면 바르셀로나 시내에 진입할 수 있다. T2 옆에 렌페 로달리에스를 탈 수 있는 아에로포트역Aeroport이 있다. 공항에서 산츠역Barcelona-Sants까지 갈 수 있다. 산츠역행은 05:42에서 23:38까지 30분 간격으로 운행한다. 20~30분 정도 걸린다. 공항행은 05:13부터 23:11까지 30분 간격으로 운행한다. 편도 요금은 1회권4Zona 4.6유로이다. 10회권T-Casual이나 T-familiar8회권로도 승차할 수 있다. 엘프라트 공항 T-2의 아에로포트역에서는 스페인의 KTX인 렌페Renfe를 타고 다른 도시로 이동할 수도 있다. ☰ rodalies.gencat.cat

❹ 46번 시내버스Autobus

가장 저렴한 교통수단이다. T1과 T2에서 에스파냐 광장 사이를 왕복 운행하며, 40~50분 정도 소요된다. 에스파냐 광장에는 지하철 에스파냐1·3·8호선이 있다. 3호선이 람블라스 거리와 카탈루냐 광장과 연결된다. 요금은 2.2유로이며, 운전 기사에게 직접 티켓을 구매할 수 있다. 10회권T-Casual(4Zona)도 사용할 수 있다. 운행시간은 공항-에스파냐 광장은 05:30~23:50, 에스파냐 광장-공항은 04:50~23:50까지이다.

❺ N17, N18 심야버스Nitbus

심야버스는 늦은 밤과 새벽에 이용하기 좋다. N17 버스는 T1에서, N18 버스는 T1과 T2에서 탈 수 있다. 두 버스는 공항과 카탈루냐 광장을 연결한다. 공항에서 시내로 진입할 때는 카탈루냐 광장을 이용하는 게 편하다. 티켓은 버스에 타면서 기사에게 바로 구매할 수 있다. 소요시간 40~50분 내외이며 요금은 2.2유로이다. 10회권T-Casual도 사용할 수 있다. T1의 시내 행 심야버스 N17 운행시간은 21:55~04:4010~15분 간격이고, 공항행은 22:50~05:0010~15분 간격이다. N18의 운행시간은 카탈루냐 광장 행은 00:18~04:3315분 간격이고, 카탈루냐 광장에서 공항 행은 00:05~14:5015분 간격이다.

❻ 택시

택시는 사람과 짐이 많을 때 이용하는 게 좋다. 시내까지 20~30분 정도 소요되며, 기본요금은 2.3유로이다. 평일 낮08:00~20:00엔 킬로미터당 1.21유로, 평일 밤20:00~08:00과 공휴일, 일요일엔 킬로미터당 1.45유로씩 올라간다. 공항 출입비 4.3유로가 있으며, 모든 추가 비용을 포함한 공항 출발 최소 금액은 20유로에서 시작한다. 시내까지 요금은 30~40유로 내외이다. 5~8인승 택시 이용 시 4.3유로가 추가된다. T1 터미널과 터미널 T2의 A·B·C 도착 구역 앞에 택시 승차장이 있다.

©위키미디어

바르셀로나 시내 교통 정보

시내 교통수단은 메트로, 국철, 버스, 택시, 자전거 등 다양하지만 메트로와 버스를 주로 이용한다. 메트로와 버스는 같은 티켓으로 이용할 수 있다. 티켓은 메트로 역 자동발매기언어 선택 가능에서 구매할 수 있다. 대중교통을 5회 이상 사용할 계획이라면 1회권2.4유로보다 10회 사용권 T-Casual11.35유로을 구매하는 것이 편리하다. 동행이 있으면 여러 명이 8회까지 사용할 수 있는 T-familiar10유로가 편리하다. 이들 티켓으로 지하철, 버스, 푸니쿨라, 트램, 렌페 로달리에스 등을 모두 이용할 수 있다.

1 지하철 Metro 1호선부터 11호선까지 바르셀로나 구석구석을 연결해준다. 웬만한 관광지는 메트로로 돌아볼 수 있다. 명소는 대부분 지하철역에서 도보 10분 이내 거리에 있다. 메트로에서 내리면 출구Sortida를 따라 원하는 출구로 나오면 된다. € 1회권 2.4유로로 1일권 10.5유로로, T-Casual(1구간 10회) 11.35유로 ○ 월~목·일·공휴일 05:00~00:00 금·공휴일 전날 05:00~02:00 토요일 24시간 운행 9월 라메르세 축제 시작하는 날 05:00~마지막 날 24:00까지 연속 운행, 12월 24일 05:00~23:00, 12월 31일 05:00~다음 날 01:00 ☰ www.metrobarcelona.es

2 버스 Bus 지하철 못지않게 버스 노선도 잘 갖추어져 있다. 다만 너무 복잡해 초행길에는 노선이 헷갈릴 수 있으므로 가능하면 메트로 이용을 추천한다. 티켓은 메트로 역이나 버스 기사에게 구매할 수 있다. 월요일부터 일요일까지 종일 버스 서비스를 제공한다. 일부 노선은 서비스 빈도에 따라 운행되고, 또 다른 노선은 고정된 시간표에 따라 운행되기도 한다. 요금은 2.4유로로1구간 1회권이다. 버스 시간 확인 www.tmb.cat/en/barcelona/buses/lines

©위키미디어

3 택시 Taxi 생각보다 비싸지는 않지만 러시아워에는 답이 없다. 지하철을 이용하길 권한다. 기본요금은 2.3유로이다. 평일 낮08:00~20:00엔 킬로미터당 1.21유로로, 평일 밤20:00~08:00과 공휴일, 일요일엔 킬로미터당 1.45유로씩 올라간다.

4 투어 버스 Barcelona Bus Turistic Hop On Hop Off 바르셀로나를 대표하는 명소들을 둘러볼 수 있는 버스로, 3개 코스블루 코스, 레드 코스, 그린 코스로 나뉘어져 있다. 티켓 하나로 3개의 코스를 모두 이용할 수 있으나, 그린 코스는 4월에서 11월까지만 운영한다. 블루와 레드 코스는 2시간 정도 소요되고, 그린 코스는 40분 정도 소요된다. 티켓 1일권은 성인 27유로로, 4~12세는 14유로이다. 2일권은 성인 36유로로, 4~12세는 18.90유로이다. 티켓은 관광안내소와 홈페이지에서 구매할 수 있다. 관광안내소는 카탈루냐 광장과 사그라다 파밀리아 성당 등 주요 관광지에 있다. ☰ www.barcelonabusturistic.cat

©위키미디어

5 자전거 Bikes 바르셀로나 구도심은 도보로 모두 여행할 수 있지만, 여행으로 피로감을 느낀다면 자전거 여행을 추천한다. 특히 바르셀로네타 자전거 하이킹을 추천한다. 시에서 운영하는 렌탈 서비스 비씽도 있고, 사설 자전거 렌탈 숍도 많다. 비씽은 연간 이용료를 내야 하므로 여행자는 사설 자전거 렌탈 숍을 이용하는 게 유리하다. 카탈루냐 광장 부근에 자전거 렌탈 숍이 있다. 비용은 2시간에 4~6유로로, 4시간에 7~10유로로, 1일12시간에 10~12유로로 정도이다.

대여점 정보

Barcelona CicloTour Rent a Bike 🏠 Carrer dels Tallers, 45, 08001 📞 +34 933 17 19 70 ≡ www.barcelonarentabike.com/
Bike Rental & Shop | By-Cycle Barcelona 🏠 Carrer del Notariat, 6, 08001 📞 +34 933 15 30 63 ≡ www.bycycle.es/

5 등산열차 푸니쿨라 메트로 2·3호선 파랄렐역Paral·lel에서 몬주익 언덕으로 가거나, 몬주익에서 파랄렐역
으로 돌아올 때 이용할 수 있다. 메트로 티켓으로 승차할 수 있다.

Special Tip 1

바르셀로나 교통카드 정보 T-Casual을 구매하면 지하철, 버스, 푸니쿨라등산 열차,
트램, 기차 등 여러 교통수단 모두를 1년 동안 1인이 10회에 한해 이용할 수 있다. 1
회권을 그때그때 사는 것보다 편리하고 2~3일만 여행해도 1회권보다 경제적이다.
T-Casual은 1존Zone, Zona에서만 사용할 수 있는데, 바르셀로나 시내는 모두 1존에 해
당한다. 1회권 가격은 2.4유로, 10회권T-Casual은 11.35유로이다.
그 밖에 여러 명이 30일 안에 8회까지 사용할 수 있는 T-familiar10유로와 1인이 24시간 동안 이용할 수 있는 1일
권 T-dia10.5유로 등이 있다. T-familiar는 탑승할 때 인원수대로 개찰기에 승차권을 넣었다 빼면 된다.
2일권, 3일권, 4일권, 5일권 교통카드도 있는데, 이는 1인만 사용할 수 있는 올라 바르셀로나 트래블 카드이다.
트램, 버스, 지하철, FGC 공영 열차교외 열차, 렌페 교외 열차1구역 등 대중교통에 무제한 탑승할 수 있다. 가격은
각각 16.4유로, 23.8유로, 31유로, 38.2유로이다.
T-Casual과 T-familiar로는 공항과 시내를 오가는 메트로를 이용할 수 없고, T-dia와 올라 바르셀로나 카드로는
공항과 시내를 오가는 메트로를 이용할 수 있다. T-dia는 공항과 시내 간 왕복 1회 가능하다.

Special Tip 2

바르셀로나 카드! 교통, 미술관, 가우디 투어를 한 번에 명소 입장권과 교통권
을 결합한, 단기 여행자에게 가장 실속 있는 카드다. 익스프레스 카드2일권, 3일권, 4
일권, 5일권이 있다. 익스프레스 카드는 1구역 내에서 무료 대중교통 이용과 관광 명
소 할인 혜택만 되는 카드이다. 3·4·5일권은 1구역 내에서 무료 대중교통 이용과 주
요 관광 명소 무료입장 및 할인이 되는 카드이다. 메트로, 시내버스, 공항 철도를 무제한 무료로 이용하면서 국
립 카탈루냐 미술관, 호안 미로 미술관, 바르셀로나 현대미술관, 현대문화센터, 카이사 포룸 같은 미술관을 무
료로 관람할 수 있다. 그 밖의 미술관과 가우디 대표 건축물 카사 바트요, 카사 아마트예르, 카사 밀라, 구엘 저
택 등은 입장료를 할인해준다. 또한 일부 플라멩코 공연장과 음식점, 상점, 자동차 렌트, 자전거 렌트 할인까지
받을 수 있다. 더 구체적인 무료 및 할인 리스트는 홈페이지에서 확인할 수 있다. 카드는 관광안내소나 홈페이지
에서 구매할 수 있으며 가격은 2일권인 익스프레스 카드 22유로, 3일권 48유로어린이 26유로, 4일권 58유로어린
이 35유로, 5일권 63유로어린이 40유로이다. 온라인에서 구매하면 5% 정도 저렴하다. ≡ www.barcelonacard.com

미술관을 사랑한다면 아트 티켓 Articket BCN 미술관 6곳을 무료 입장할 수 있는 뮤지엄 패스이다. 피카
소 미술관, 호안 미로 미술관, 바르셀로나 현대미술관, 국립 카탈루냐 박물관, 바르셀로나 현대문화센터, 안토
니 타피에스 미술관Fundació Antoni Tàpies에 무료로 입장할 수 있다. 가격은 35유로이고, 동반하는 16세 이하
어린이는 무료이다.

바르셀로나 버킷 리스트 9

1 가우디 건축 투어

#성가족성당 #구엘공원 #카사밀라

천재 건축가 안토니 가우디! 그의 건축은 차라리 동화이자 멋진 판타지 영화이다. 가우디를 빼놓고 바르셀로나를 이야기 하는 것은 불가능하다. 가우디 건축을 보지 못한 사람은 바르셀로나에 가지 않은 것과 같다. 1984년 유네스코는 그의 작품 대부분을 세계문화유산으로 등록하였다. 성가족 성당, 카사 밀라, 구엘 공원…… 떨리는 마음으로 가우디 투어를 떠나자!

2 바르셀로나 미식 여행

#파에야 #하몽 #추로스 #타파스

음식을 빼놓고 바르셀로나를 이야기할 수 있을까? 단언컨대, 바르셀로나는 세계 최고의 미식의 도시이다. 해산물과 샤프란이 들어간 스페인식 볶음밥 파에야, 돼지 뒷다리를 소금에 절여 숙성시킨 하몽, 스페인식 꽈배기 추로스, 스페인 특유의 접시 음식 타파스와 꼬치 음식 핀초, 와인과 와인에 레모네이드를 넣어 만드는 틴토 데 베라노까지. 바르셀로나 여행의 반은 맛이다.

3 정열의 춤 플라멩코 관람

#카탈루냐 음악당 #로스 타란토스 #팔라우 달마세스

집시의 후예들이 추는 열정의 춤. 세상에서 가장 강렬하고 가장 슬픈 춤이다. 물방울이 튕기는 것 같은 고운 기타 소리, 정한 깊은 노래, 무용수의 열정적인 춤, 그리고 숨막히는 박수 소리와 무대가 꺼질 듯 내리치는 탭 댄스…… 플라멩코는 춤이 아니라 몸으로 쓰는 정한 짙은 한편의 시다. 카탈루냐 음악당, 로스 타란토스, 팔라우 달마세스에서 감상할 수 있다.

4 바르셀로나 미술관 산책

#피카소 미술관 #호안 미로 미술관 #카탈루냐 미술관

바르셀로나는 파리에 버금가는 예술의 도시다. 이 도시는 20세기 세계 미술사를 지배한 파블로 피카소와 추상미술과 초현실주의를 결합한 카탈루냐의 화가 호안 미로, 그리고 피카소와 미로의 먼 선배들의 회화부터 후예들의 창의적인 작품까지 모두 품고 있다. 피카소 미술관, 호안 미로 미술관, 카탈루냐 미술관, 현대미술관……. 예술을 그대 품안에!

5 바르셀로네타에서 지중해 즐기기

#피크닉 #자전거 산책 #케이블카

바르셀로나 남쪽은 지중해와 맞닿아 있다. 한없이 푸른 바다와 고운 모래 해변과 이국적인 거리가 있는 이곳을 바르셀로네타라 부른다. 수영과 일광욕, 지중해의 낭만을 즐기려는 여행객의 발길이 끊이지 않는다. 수많은 요트가 정박해 있는 벨 항구와 몬주익 언덕으로 향하는 케이블카가 바르셀로네타의 풍경을 완성해준다. 한없이 투명에 가까운 블루, 아름다운 지중해를 가슴에 담자.

6 바르셀로나 전망 즐기기

#MUHBA #몬주익 성 #티비다보

구엘 공원에서 가까운 트로 데라 로비라MUHBA는 바르셀로나에서 가장 아름다운 전망과 야경을 볼 수 있는 곳이다. 360도 조망은 탄성이 절로 나온다. 티비다보는 110년이 넘은 놀이공원이자 바르셀로나 시가지와 지중해까지 한눈에 담을 수 있는 전망 명소이다. 몬주익 언덕은 서울의 남산 같은 곳이다. 언덕에 서면 바르셀로나 시내와 푸른 지중해를 한눈에 담을 수 있다.

7 중세를 품은 골목길 산책

#고딕 지구 #보른 지구

바르셀로나의 고딕과 보른 지구는 서울로 치면 북촌 같은 곳이다. 구시가지인 이곳은 2천 년 동안 바르셀로나의 중심이었다. 이곳에 발을 들여놓는 순간 타임머신을 타고 중세로 이동한 것 같은 착각에 빠지게 된다. 보석 같은 골목길이 바르셀로나의 중세와 근대로 당신을 안내해준다. 최고의 여행은 걷는 것이다. 고딕과 보른 지구로 골목길 산책을 나가자.

8 몬세라트 와이너리 투어

#근교여행 #와인시음

스페인은 세계에서 손꼽히는 와인 생산국이다. 기원전 10세기 경 페니키아인들이 처음 전해주었는데, 지금은 세계 생산량의 15%를 차지하는 와인 대국이 되었다. 몬세라트는 신비로운 풍광과 수도원뿐만 아니라 와이너리 투어로도 명성이 자자한 곳이다. 와인 제조 과정을 견학하고, 시음과 구매도 할 수 있다. 와이너리 투어와 달콤 쌉싸름한 와인 시음. 당신의 여행은 느낌표로 가득할 것이다.

9 축구의 성지 FC바르셀로나

#캄노우 #협동조합

신계와 인간계 최고의 축구 선수가 모였다는 FC바르셀로나! FC바르셀로나는 다른 축구 클럽과 조금 다른 정신을 가지고 있다. FC바르셀로나는 협동조합이다. 바르셀로나 시민 20만 명이 조합원이다. 캄노우에서 열리는 것은 축구 경기가 아니라 축제이다. 축구의 성지, 엘클라시코의 뜨거운 현장. 당신의 가슴도 덩달아 뜨거워 질 것이다.

현지 투어로 바르셀로나 여행하기

에어비앤비에서 다양한 트립을 제공한다. 가우디 투어, 미술관 트립, 거리를 배경으로 남기는 스냅 사진 트립, 타파스를 즐기는 미식 트립, 시장을 둘러보며 로컬 음식을 즐기는 트립까지 종류가 다양하다. 우리나라의 현지 여행사에서도 가우디 투어, 몬세라트+와이너리 투어 등 다양한 투어 프로그램을 운영한다. 유로자전거나라, 헬로우트래블 등을 이용하면 된다.

에어비앤비 ☰ www.airbnb.co.kr
유로자전거나라 ☰ www.eurobike.kr ☏ 한국 대표번호 02-723-3403 한국에서 걸 때 001-34-662-534-366 유럽에서 걸 때 0034-662-534-366 스페인에서 걸 때 662-534-366
헬로우트래블 ☰ www.hellotravel.kr ☏ 02-2039-5190

바르셀로나 쇼핑 정보

스페인은 여름과 겨울에 두 차례 큰 세일을 한다. 여름은 7월1일부터 8월 30일까지, 겨울은 1월7일부터 3월 초까지이다. 이 세일을 레바하스Rebajas라 부른다. 뒤로 갈수록 상품이 동이 나니 세일 초반에 집중해서 구매하는게 좋다. 11월 넷째 주 금요일은 블랙프라이데이다. 여행 시점과 맞는다면 잘 활용해보자. 빈티지한 상품을 고르고 싶다면 에이샴플레 벼룩시장, 카테드랄 골동품 시장, 레이알 벼룩시장을 추천한다.

① 엘 코르테 잉글레스El Corte Ingles
스페인 전역에서 만날 수 있는 대형 체인 백화점이다. 바르셀로나에서는 카탈루냐 광장점이 여행하다 들르기 좋다. 바로 옆에 공항버스 정류장이 있어 마지막 쇼핑을 마치고 공항 가기도 편리하다. 명품부터 일반 브랜드 상품까지 다양하게 갖추고 있으며, 푸드코트도 있고, 지하 1층엔 대형 슈퍼마켓도 있다. 특히 푸드코트는 9층이라 멋진 바르셀로나 전망을 즐기며 식사하기 좋다. 🚶 메트로 1·3·6·7호선 카탈루냐 광장역Pl. Catalunya 🏠 Pl. de Catalunya, 14, 08002 Barcelona ⏰ 월~토 09:00~21:00, 일·공휴일 12:00~18:00

② 메르카도나Mercadona
한국 여행객의 쇼핑 1번지로, 바르셀로나에서 가장 유명한 슈퍼마켓이다. 실용적인 선물을 구매하기에 최적화된 장소다. 올리브, 치즈, 파에야, 와인, 건강식품 폴렌 화분, 천연 꿀 국화차, 보습력이 좋은 올리브 바디로션, 사해 바다 소금으로 만든 스크럽, 상그리아가 대표 상품이다. 여러 군데에 있는데 카탈루냐 광장점과 에스파냐 광장점이 여행하다 들르기 좋은 위치에 있다.

③ 그라시아 거리Passeig de Gracia
신시가지 에이샴플레의 대표 거리다. 카탈루냐 광장에서 북서쪽으로 쭉 뻗은 거리로, 프랑스의 샹젤리제, 우리나라 청담동 같은 곳이다. 샤넬, 구찌, 에르메스 같은 명품 브랜드와 스페인 대표 브랜드 자라와 망고, 코스, 스카치 앤 소다 등이 그라시아 거리 주변에 자리하고 있다.

④ 라 로카 빌리지La Roca Village
바르셀로나에서 북동쪽으로 자동차로 약 40분 거리에 있는 쇼핑 아웃렛이다. 패션, 가방, 액세서리, 신발 등의 다양한 브랜드를 최대 60%까지 저렴하게 구매할 수 있다. 130개 매장이 입점해 있는데 대표 브랜드로는 구찌, 코치, 불가리, 아르마니, 발리, 버버리, 록시탕, 케빈클라인, 디젤 등이 있다. 카페와 레스토랑도 있다. 바르셀로나 시내에서 셔틀버스를 운행하기 때문에 부담 없이 다녀올 수 있다. 북부버스터미널Estacio d'Autobusos Barcelona Nord에서 라 로카 델 발레스 쇼핑 버스La Roca del Vallès Shopping Bus를 타고 40분 정도면 아웃렛에 도착한다.

⑤ 고딕과 보른 지구

람블라스 거리 옆 보케리아 시장은 식료품과 기념품을 사기에 좋다. 고딕지구 카탈루냐 광장에서 바로 이어진 거리Av. Portal de l'Angel에는 액세서리와 빈티지 브랜드가 많다. 보른과 라발 지구에는 아티스트와 디자이너 숍이 많다. 독특한 아이템은 주로 보른지구에 있다.

⑥ 바르셀로나의 3대 벼룩시장

에이샴플레 벼룩시장 바르셀로나에서 가장 큰 벼룩시장이다. 책, 가방, 가구 등 빈티지한 상품들이 많다. 좋은 상품이 곳곳에 숨어 있다. 장소 클로리에스 카티라네스 광장 ⌂ Placa de les Glories Catalanes 08003 🕒 월·수·금·토 08:30~16:00
카테드랄 골동품 시장 고딕지구 바르셀로나 대성당 앞에서 열리는 골동품 시장이다. 책, 반지, 액세서리 등 다양한 골동품이 판매된다. ⌂ Pla de la Seu, s/n 08002 🕒 목요일 09:00~20:00
레이알 벼룩시장 대성당 앞에서 열리는 골동품 시장과 비슷한 시장으로 레이알 광장 앞에서 열린다. 동전, 화폐, 열쇠고리, 기념 배지 등을 판매한다. ⌂ Placa Reial 08002 🕒 일요일 08:00~14:00

©Chris Palmer

(Travel Tip)

택스 리펀 받아 여행비에 보태세요.

세금환급 대행사인 글로벌 블루Global Blue나 플래닛Planet은 바르셀로나 시내에 부가세 환급 오피스를 운영하고 있다. 엘 코르테 잉글레스 백화점 부근 카탈루냐 광장 지하에도 환급 오피스가 있어 쇼핑을 마치고 현금으로 부가세를 환급받아   여행비에 보태는 잔재미를 맛볼 수 있다. 대행사에서는 스페인에서 쇼핑한 물품의 세금환급서류로만 환급받을 수 있으며, 이때 신용카드와 여권이 필요하다. 3주 이내에 공항의 DIVA부가세환급 키오스크나 세관의 확인을 받은 세금환급서류가 환급대행사에 도착하지 않으면 환급받은 현금이 카드에 청구될 수 있으므로 출국 날짜를 고려하는 것이 중요하다. 출국 날짜가 환급받은 날짜로부터 2주 이내면 안심할 수 있다. 현금 환급은 달러나 원화보다 유로화로 받는 게 가장 유리하다. 스페인은 일정 기준 금액이 없이 모두 부가세를 환급해주고 있지만, 바르셀로나 시내에서 현금으로 환급받을 때는 대행사에 따라 일정 금액 이상만 환급해주기도 하니 미리 알아두자.

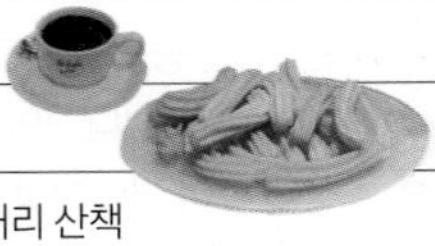

1일	09:00	카탈루냐 광장
	10:00	람블라스 거리 산책
	11:30	그란자 라 팔라레자에서 초콜릿과 추로스 맛보기
	13:00	바르셀로나 대성당
	14:30	보케리아 시장에서 점심 식사
	16:00	고딕지구 골목길 산책
	17:00	에스크리바escriba에서 디저트를!
	20:00	로흐테트 레스토랑에서 저녁 식사
2일	09:00	사그라다 파밀리아 대성당
	11:00	구엘공원
	13:00	카사밀라 관람
	14:00	타파스24에서 늦은 점심
	16:00	카사 바트요 관람과 그라시아 거리 산책
	18:00	피카소 미술관
	21:00	엘 샴파엣El Xampanyet에서 저녁 식사
	21:30	카탈루냐 음악당에서 플라멩코 공연 감상
3일	09:00	람블라스 거리와 벨 항구 산책
	11:00	바로셀로네타에서 지중해 피크닉과 자전거 하이킹
	13:00	시에테 포르테스7portes에서 파에야 즐기기
	14:00	케이블카 타고 지중해 감상하며 몬주익 언덕으로 이동
	17:00	몬주익 성, 호안 미로 미술관, 카탈루냐 미술관 관람
	20:00	포블섹의 엘 소르티도르El sortidor에서 저녁식사
	21:00	바르셀로나 나이트 투어 버스
4일	09:00	몬세라트와 몬세라트 와이너리 투어
	18:00	바르셀로나로 귀환
	20:00	고딕 지구의 피카소 단골 맛집 콰트르 개츠Els 4Gats에서 우아한 저녁식사
	21:00	트로 데라 로비라MUHBA에서 바르셀로나 야경 즐기기

가우디 건축 여행
Antoni Gaudi

바르셀로나는 가우디다

안토니 가우디1852~1926. 이 천재 건축가가 없었다면 바르셀로나는 지중해 연안의 여러 평범한 도시 가운데 하나에 지나지 않았을 것이다. 가우디 건축을 보지 못한 사람은 바르셀로나를 보지 않은 것과 같다. 성가족 성당, 카사 바트요, 카사 밀라, 구엘 공원. 구엘 공원을 제외하면 그의 대표작은 대부분 시내에 몰려 있다. 1984년 유네스코는 가우디의 천재성을 높이 평가하여 그의 작품 대부분을 세계문화유산으로 등재하였다. 자, 떨리는 마음으로 가우디 투어를 떠나자!

가우디 건축 투어 지도

구엘 공원
Parc Güell

산트파우 병원
Hospital de
Sant Pau

레셉스역
Lesseps

사그라다 파밀리아역
Sagrada Família

카사 비센스
Casa Vicens Gaudí

출발
사그라다 파밀리아 성당
La Sagrada Família

폰타나역
Fontana

그라시아

Av. Diagonal

디아고날역
Diagonal

카사 밀라
Casa Milà

Av. Diagonal

Gran Via de les Corts Catalanes

에이샴플레

도착

Passeig de Gràcia

카사 바트요
Casa Batlló

카사 칼베트
Casa Calvet

파세이그 데 그
라시아
Passeig de Gràcia

카탈루냐역
Catalunya

카탈루냐 광장

보른 지구

람블라스 거리

고딕 지구

가우디 건축 투어 추천코스 지도의 빨간 실선 참고

사그라다 파밀리아 성당 → 도보 32분, 자동차 8분 →
구엘공원 → 도보 32분, 자동차 10분 → 카사 밀라 →
도보 6분 → 카사 바트요

보케리아 시장

리세우역
Liceu

라발 지구

구엘 저택
Palau Güell

벨 항구

사그라다 파밀리아 성당 La Sagrada Famllia 라 사그라다 파밀리아

🚶 메트로 2·5호선 사그라다 파밀리아역Sagrada Famila에서 하차 🏠 Carrer de Mallorca, 401, 08013 📞 +34 932 08 04 14
🕐 3월과 10월 09:00~19:00(일요일 10:30~19:00) 4~9월 09:00~20:00(일요일 10:30~20:00)
11월~2월 09:00~18:00(일요일 10:30~18:00) 12월 25일·26일, 1월 1일·6일 09:00~14:00
€ 성당 성인 26유로 학생 24유로 성당+가이드 투어 성인 30유로 학생 28유로 성당+탑 성인 36유로 학생 34유로
성당+탑+가이드 투어 성인 40유로 학생 38유로 성당+가우디 하우스 뮤지엄 통합권 성인 30유로 학생 28유로
*모든 입장료에 오디오 가이드 앱 포함 ☰ www.sagradafamilia.org

©Jorge Franganillo

바르셀로나의 상징, 가우디 이곳에 묻히다

사그라다 파밀리아! 놀랍고, 경이로운 성당이다. 가우디와 성가족 성당을 소유한 바르셀로나 시민이 부러울 따름이다. 성당 건축은 1882년 건축가 비야르로부터 시작되었다. 그는 가우디의 스승이었다. 하지만 그가 기술 고문과 불화하다 하차하자 갓 서른을 넘긴 가우디가 설계를 이어받았다. 그는 후반부 인생 43년을 이 성당을 위해 헌신했다. 사그라다 파밀리아란 '성가족'이란 뜻이다. 여기서 가족은 마리아와 요셉, 그리고 예수를 뜻한다. 공사를 시작한 날은 공교롭게도 1882년 3월 19일이다. 요셉의 축일이었다. 처음부터 요셉과 그의 가족을 위해 짓기 시작했음을 알 수 있다. 첫 삽을 뜬 지 130년이 넘었지만 성당은 아직도 미완성. 가우디 서거 100주기인 2026년 완공을 목표로 한창 공사 중이다.

성당의 크기는 축구장과 비슷하다. 성당 북쪽에 제단이 있고, 동쪽, 서쪽, 남쪽에 파사드정면가 하나씩 있다. 동쪽 파사드는 예수 탄생, 서쪽은 예수 수난, 남쪽은 예수의 영광을 상징한다. 성당 위로는 예수를 상징하는 170m 첨탑이 올라가 있고, 열두 제자를 의미하는 탑 12개를 따로 올렸다. 현재는 탄생과 수난의 파사드만 관람할 수 있다. 탄생의 파사드는 가우디가, 수난의 파사드는 조각가 호셉 마리아 수비라체가 1990년에 완성했다. 탄생의 파사드는 성모 마리아의 예수 잉태부터 예수 성장기의 모습을 사실적이면서 아름답게 표현하고 있다. 인물의 표정, 옷매무새,

---

Travel Tip 1

티켓 구입 방법

입장 티켓은 온라인에서만 구매할 수 있다. 홈페이지, Klook, 마이리얼트립 등을 이용하면 된다. 가우디 하우스 뮤지엄은 구엘공원에 있으므로, 구엘공원을 방문하는 여행객만 관람할 수 있다. 사그라다 파밀리아 성당과 가우디 하우스 뮤지엄 통합권에는 구엘공원 입장권이 포함되어 있지 않다. 구엘공원 입장권은 가우디 하우스 뮤지엄에서 따로 구매할 수 있다.

손동작, 배경 등이 정교하고 생생하다. 수난의 파사드는 예수가 제자에게 배신당해 십자가에 못 박히기까지를 간결하면서 추상적으로 표현하고 있다. 탄생의 파사드와는 분위기가 전혀 다르다. 20세기 후반 작업답게 표현이 간결하고 분위기도 모던하다.

성당 실내는 하얀 벽과 빛, 스테인드글라스 덕에 엄숙하면서도 밝고 따뜻한 기운이 넘친다. 성당의 높은 기둥은 마치 야자수가 건축물을 받치고 있는 것처럼 보인다. 성당이 아니라 햇빛이 잘 드는 숲에 들어와 있는 느낌이다. 혹시 천국이 있다면 이런 곳이 아닐까 하는 생각이 든다.

가우디는 평생 미혼이었다. 혹시 그는 가족에 관한 이루지 못한 염원을 저 성당에 담으려 한 게 아닐까? 평생 갖지 못한 '가족'을 건축으로라도 얻고 싶었던 것은 아닐까? 가우디의 삶을 생각하며 성당 지하로 가면, 그곳엔 그의 무덤과 성당 건축에 관한 자료를 전시하는 박물관이 있다.

©SBA73-flickr

⎛ Travel Tip2 ⎞

가우디 투어 프로그램 이용하기

가우디 투어를 운영하는 한인 여행사가 꽤 많다. 시간이 부족한 여행자라면 도움이 될 것이다. 친절한 설명을
들으며 가우디를 더 깊이 느낄 수 있다.
유로자전거나라 ≡ www.eurobike.kr ✆ 한국 대표번호 02-723-3403 한국에서 걸 때 001-34-662-534-366
유럽에서 걸 때 0034-662-534-366 스페인에서 걸 때 662-534-366
헬로우트래블 ≡ www.hellotravel.kr ✆ 02-2039-5190

⎡ Travel Story1 ⎤

미션, 사그라다에서 김대건 신부를 찾아라!

사그라다 파밀리아의 스테인드글라스에는 세계 여러 나라 성인들의 이름이 새겨져 있다. 그 가운데에는 우리
나라 순교자 이름도 있다. 바로 김대건 신부1821~1846이다. 김대건 신부는 한국 최초의 천주교 신부이다. 그는 충
남 당진의 천주교 집안에서 태어나 마카오 신학교에서 사제 수업을 받은 후 상해의 성당에서 사제 서품을 받았

다. 귀국 후 전교 활동과 외국 선교사들의 입국을 돕다
가 1846년 서울 용산의 새남터에서 순교했다.
김대건 신부의 세례명은 '안드레아'이다. 스테인드글
라스에는 세례명과 성을 합쳐 'A. KIM'이라는 글자가
새겨져 있다. 청동문을 바라보고 오른쪽으로 고개를
들면 긴 세 줄 아치형 붉은색 스테인드글라스가 보인
다. 세 줄이 한 쌍인 아치는 3단 형태이다. 제일 아래
1단 아치 바로 위 동그라미 스테인드글라스 안에 'A.

©Wikimedia Commons

KIM'이라고 새긴 글자가 또렷이 보인다. 하늘색과 보라색이 중심인 원형 스테인드글라스를 찾으면 된다. 청
동문에는 한글 주기도문도 있으니, 같이 찾아보자. 주기도문 중 "오늘 우리에게 일용할 양식을 주시옵소서."
라는 글귀를 세계 각국의 언어로 새겨놓았는데, 반갑게 한글도 보인다. 청동문 좌측 중간 부분 큰 알파벳 밑
을 잘 살펴보자.

Travel Story2

안토니 가우디 그는 누구인가?

바르셀로나는 가우디의 도시다. 이 도시에선 피카소의 명성도 초라해진다. 그는 1852년 바르셀로나 남서부 도
시 레우스Reus에서 태어났다. 그의 부모는 딸과 아들을 잃고 가우디를 낳았다. 하지만 그도 건강한 아이는 아니
었다. 어릴 때 폐병과 류머티즘을 앓아 늘 지팡이를 들고 다녀야 했다. 그는 육체적, 정신적으로 콤플렉스가 많
은 소년이었다. 친구들과 뛰어놀 수 없어 늘 혼자였고, 그 덕에 자연을 친구로 여기며 살았다. 그의 콤플렉스는
역설적으로 그의 건축 세계에 큰 영향을 주었다. 가우디는 바르셀로나 건축전문학교를 졸업한 후 건축가의 길
로 들어섰다. 그가 사업가이자 후원자인 에우세비오 구엘1846~1918을 만난 건 가우디뿐만 아니라 건축사의 행
운이었다. 가우디는 그의 후원으로 구엘 별장, 구엘 저택, 구엘 공원을 설계했다. 또 카사 바트요, 카사 밀라, 사
그라다 파밀리아 성당 등 세계 건축사에 남을 독창적인 프로젝트를 탄생시켰다. 그의 대표작은 대부분 1890년
대 이후 작업이다. 자연적인 상상력에 이슬람 건축, 아르누보 양식, 타일 소재, 색채 미학을 융합한 명작이 대부
분 후반기에 나왔다. 그의 건축은 그 자체로 지상에 세운 빛나는 건축론이다. 가우디는 사그라다 파밀리아 성
당 건축을 지휘하다 1926년 초여름 전차에 치여 갑자기 세상을 떠났다. 그의 업적을 높이 평가한 교황청의 배
려로 성직자가 아님에도 사그라다 파밀리아 성당 지하에 묻혔다.

©위키메디어

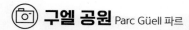 **구엘 공원** Parc Güell 파르

🚶 **❶** 메트로 3호선 레셉스역Lesseps 또는 발카르카역Vallcarca에서 도보 15~20분. 지하철에서 구엘 공원까지 이정표가 있으므로 그대로 따라가면 된다. **❷** 버스 24번, V19번 승차 카레테라 델 카르멜Ctra del Carmel – Can Xirot 정류장 하차(구엘 공원 동문 쪽), 도보 3분 🏠 Carrer d'Olot, 5, 08024 📞 +34 934 09 18 31

🕐 09:30~19:30(11월~2월 09:30~17:30, 30분마다 최대 방문자 수 700명으로 제한)

€ 성인 10유로 7~12세·65세 이상 7유로(가이드 투어 22유로. 구엘공원 입장료에는 가우디 하우스 뮤지엄 입장료는 포함되어 있지 않다. 가우디 하우스 뮤지엄 입장료는 일반 5.5유로, 30세 미만·학생 4.5유로.)

≡ www.parkguell.barcelona

©Nikolaus Bader-pixabay

동화의 나라에 온 듯하다

구엘 공원은 가우디가 건축가를 넘어 예술가의 경지에 도달했음을 보여주는 공간이다. 모자이크 타일로 장식된 건물과 벤치, 도마뱀 조형물, 나선형 층계와 신전에서 가져온 것 같은 기둥, 뾰족하고 독특한 지붕, 고집스럽게 이어지는 곡선들……. 보면 볼수록 신비롭다. 현실이 아니라 잠시 동화의 나라에 와 있는 듯하다. 유토피아가 있다면 이런 곳이 아닐까 싶다.

구엘 공원은 가우디만 꿈꾼 유토피아는 아니었다. 그의 친구이자 후원자인 구엘의 건축 공화국이기도 했다. 벽돌 제조업과 무역으로 큰돈을 번 그는 카탈루냐의 정체성이 담긴 건축에 자연에서 영감을 얻은 예술성을 더하고 싶었다. 마침 구엘은 지중해가 내려다보이는 언덕에 고급 주거단지를 건설하겠다는 구상을 하고 있었다. 5만평 남짓한 땅에 고급 주택은 물론 공원, 운동장, 교회 같은 공공시설을 들인 주택단지를 건설하는 프로젝트였다. 둘은 의기투합했다. 그러나 1918년 구엘이 사망하자 재정 사정도 어려워졌다. 1910년부터 14년 동안 이어오던 프로젝트는 결국 실패로 돌아갔다. 공사는 중단되었고 구엘의 아들은 이 공간을 바르셀로나 시에 기증하였다. 바르셀로나는 다시 공원으로 꾸며 시민들에게 돌려주었다.

구엘 공원 뒤로는 산자락이, 언덕 아래로는 바르셀로나 시내가 부챗살처럼 펼쳐져 있고, 그 너머로 푸른 지중해가 손에 잡힐 듯 다가온다. 가우디는 구엘이 떠나고 난 뒤 20년 동안 구엘 공원에서 살았다. 그가 살던 집은 박물관이 되어 여행자를 맞이하고 있다. 그가 디자인한 침대, 책상, 데드 마스크 등이 전시되어 있다.

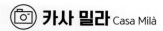

카사 밀라 Casa Milà

🚶 메트로 2·5호선 디아고날역Diagonal에서 하차하여 Passeig de Gracia 출구 또는 Calle Arago-Rambla Catalunya 출구로 나가면 된다. 거리의 표지판에는 Casa Mila가 아니라 La Pedrera라고 표기되어 있으니 당황하지 마시길. 🏠 Passeig de Gràcia, 92, 08008

📞 +34 932 14 25 76 🕐 3월~11월 초 09:00~20:30 11월 초~2월 09:00~18:30 12월 26일~1월 3일 09:00~20:30(1월 1일 11:00~20:30) *홈페이지 확인 필수 € 성인 25유로 학생 19유로 7~12세 12유로 장애인 16.50유로 6세 이하 무료 일반+야경 투어 45유로(원하는 날짜와 시간에 이용 가능한 오픈 데이트 티켓은 35유로) ☰ www.lapedrera.com

©Basile Cotovanu

가우디 건축 미학의 정점

카사 밀라Casa Mila, La Pedrera는 가우디의 자연주의 건축 철학이 정점에 이른 걸작이다. 가우디는 직선은 불완전한 인간의 선이고, 곡선이 완전한 자연의 선이라는 철학을 가지고 있었다. 카사 밀라에서는 건물 모양은 물론 기둥, 발코니, 창문, 계단, 옥상, 심지어는 천장과 벽에서도 곡선의 향연이 펼쳐진다. 마치 거대한 바위산에 파도치는 모습을 조각해 놓은 것 같다.

카사 밀라는 '밀라의 집'이란 뜻이다. 카사 바트요에서 북쪽으로 걸어서 10분 거리에 있다. 1905년 무역업으로 성공한 사업가 밀라가 카사 바트요에 매료되어 가우디에게 건축을 의뢰했다. 7층 건물로 35개의 방과 응접실로 구성되어 있다. 7층에는 밀라의 가족이 살았고 나머지는 부자들에게 임대했다.

Special Tip

카사 밀라 환상 야경 투어 안내

카사 밀라를 더욱 특별하게 즐기고 싶다면 카사 밀라에서 주최하는 야경 투어 La Pedrera night experience를 예약하자. 야경 투어에 참여하면 스파클링 와인 카바Cava를 마시며 낭만적인 투어를 할 수 있다. 카사 밀라의 정수는 단연 옥상 테라스다. 밤 9시부터 옥상에서 형형색색의 조명 쇼가 펼쳐진다. 바르셀로나의 야경 또한 아름답다. 예약과 스케줄은 홈페이지에서 확인할 수 있다. ⓒ 3월~11월 초 20:30~23:00 11월 초~2월 19:00~22:00 *홈페이지 확인 필수 € 성인 35유로 7~12세 17.5유로 6세 이하 무료 ≡ www.lapedrera.com

카사 밀라의 백미는 단연 옥상 테라스이다. 가우디는 기하학적인 옥상을 만들었다. 굴뚝의 형상도 독특해서 중세 시대 기사의 투구 같다. 실제로 영화 〈스타워즈〉 투구를 쓴 병사 모습을 이 굴뚝에서 따왔다는 설이 있다. 굴뚝 수십 개가 하늘을 바라보고 있는 모습은 마치 외계 생명체가 지구에 불시착해 교신을 기다리는 모습 같다. 굴뚝 사이에 성모 마리아 상을 세울 계획이었으나 건축주의 반대로 십자가를 설치했다. 옥상 바로 아래에는 다락방이 있다. 아치형 천장 아래 서 있으면 고래의 몸속에 서 있는 느낌이 든다. 원래 추위와 더위를 막기 위해 비워둔 공간이었으나 지금은 박물관처럼 쓰이고 있다. 가우디가 디자인한 가구와 건축물 설계도 등에서 자연과 곡선을 향한 그의 건축 세계를 다시 한 번 되새길 수 있다.

카사 바트요 Casa Batlló

🏃 메트로 2·3·4호선 파세이그 데 그라시아역Passeig de Gracia에서 하차하여 Calle Arago-Rambla Catalunya 출구로 나가면 된다.
🏠 Passeig de Gracia, 43, 08007
📞 +34 932 16 03 06 🕐 매일 09:00~20:00(마지막 입장19:00)
€ 성인 35유로(매표소 39유로) 13~17세·학생 29유로 65세 이상 32유로 12세 이하 무료
≡ www.casabatllo.es

©ChristianSchd-Wikimedia Commons

©Luca Florio

카탈루냐 전설을 건축에 담다

지중해에 사악한 용 한 마리가 살았다. 그 용은 매일 양 두 마리를 주지 않으면 전염병을 퍼뜨렸다. 양이 다 떨어지자 용은 어린 아이를 요구했다. 사람들은 추첨으로 아이를 뽑아 용에게 바쳤다. 그러던 어느 날 왕의 딸이 당첨되었다. 그러자 가톨릭 성인 산 조르디Sant Jordi가 홀연히 나타나 용을 물리치고 공주를 구해냈다. 가톨릭 전파를 위해 꾸며낸 것 같지만 카탈루냐에서는 꽤 유명한 이야기이다. 용을 물리쳤다는 4월 23일을 산 조르디의 날로 지정하여 기념할 정도이다.

그라시아 거리의 카사 바트요는 이 전설을 재현한 건축물이다. 가우디는 사업가 바트요 카사노바스Batllo Casanovas의 의뢰를 받고 낡은 건물을 재건축하였다. 1904년 공사를 시작해 1906년에 완성했다. 건물은 용의 전설을 떠오르게 한다. 파사드는 파도가 치듯 움직이고 타일로 장식한 둥근 지붕은 마치 용의 비늘 같다. 발코니는 해골이나 용의 머리처럼 생겼다. 사람들은 카사 바트요를 '용의 집'이라 부른다. 건물이 동물의 뼈를 닮아 '해골의 집'이라 불리기도 한다. 건물 내부는 바다를 테마로 구성하였다. 계단은 용이나 고래 같은 동물의 거대한 뼈가 연상된다. 2층 살롱은 이 건물에서 가장 아름다운 곳이다. 스테인드글라스를 통과한 햇빛이 실내를 비추는데 그 모습이 오묘하다. 건물 중앙 통로는 청색 타일로 꾸며져 있어서 계단을 올라가는 게 아니라 용을 타고 바닷속을 여행하는 것 같다. 지붕 옆 십자가는 조르디 성인을 상징하는 것이리라. 현재 이 건물은 사탕회사 츄파춥스 소유이다. 츄파춥스는 원래 스페인 기업이었으나 2006년 이태리 기업이 인수했다. 하지만 살바도르 달리가 디자인한 로고는 그대로 사용하고 있다.

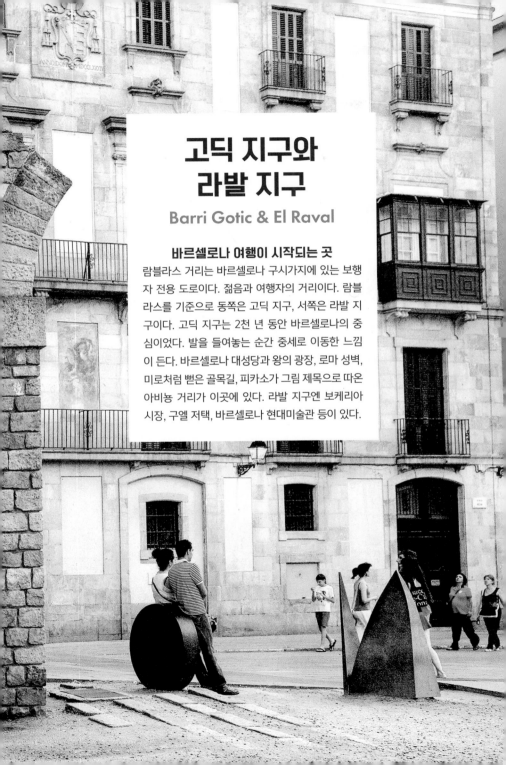

고딕 지구와
라발 지구

Barri Gotic & El Raval

바르셀로나 여행이 시작되는 곳

람블라스 거리는 바르셀로나 구시가지에 있는 보행
자 전용 도로이다. 젊음과 여행자의 거리이다. 람블
라스를 기준으로 동쪽은 고딕 지구, 서쪽은 라발 지
구이다. 고딕 지구는 2천 년 동안 바르셀로나의 중
심이었다. 발을 들여놓는 순간 중세로 이동한 느낌
이 든다. 바르셀로나 대성당과 왕의 광장, 로마 성벽,
미로처럼 뻗은 골목길, 피카소가 그림 제목으로 따온
아비뇽 거리가 이곳에 있다. 라발 지구엔 보케리아
시장, 구엘 저택, 바르셀로나 현대미술관 등이 있다.

고딕 지구와 라발 지구

센폭스 🍴

Ronda de la Univ.

C. de BAlmes

C. de pelai

C. dels Tallers

C. de Montalegre

🛆 모리츠 맥주공장 170m

바르셀로나 현대 미술관 •

마이앙스 🍴

C. de Tallers

로호테트 레스토랑 🍴

카하벨 ☕

Carre del Carme

Carre del Pintor Fortuny

Carrer del Bonsuccés

센트온세 🍴

M 카탈루냐 Catalunya

📷 출발

카탈루냐 광장 Plaça de Catalunya

ⓘ 관광 안내소

Pl. de Catalunya

포르탈델앙헬 Portal de l'Ar

C. de Santa Anna

Carrer de la Canud

람블라스 거리 La Rambla

Carrer de la Pc

람블라스 거리 La Rambla 📷

그란자 라 팔라레자

페트리

보케리아 시장 La Boqueria 📷

에스크리바 ☕

카탈루냐 도서관 •

Carre de l'hopital

23 Robadors 🍸

C. de Robador

C. de Sant Pau

C. de Marques de

바 마르세유 🍸

고딕과 라발 지구 하루 추천코스 지도의 빨간 실선 참고

카탈루냐 광장 → 도보 7분 → **바르셀로나 대성당** → 도보 2분 → 왕의 광장 →
도보 1분 → **아우구스투스 신전 기둥** → 도보 8분 → **보케리아 시장** → 도보 11분
→ **콜럼버스 동상과 벨 항구**

리
i Bas

스코

Carrer del Dr. Joaquim Pou

Via Laietana

Carrer dels Sagristans

Av. de la Catedral

바르셀로나
대성당
Catedral de
Barcelona

왕의 광장
Plaça del Rei

하우메 I
Jaume I

비스베 거리 C. del Bisbe

부에나스
미가스 산타 클라라

아우구스투스 신전 기둥
Temple of
Augustus

Carrer del Sots - Tinent Navarro

Via Laietana

판스앤콤파니

C. de Jaume I

로마 성벽
Plaça de
Ramon Berenguer

Banys Nous

추레리아

Carrer de la Ciutat

페란길 C. de Ferran

라마누알
알파르가테라

Carrer de la Fusteria

아비뇽길 C. d'Avinyó

C. d'en Gignàs

Carrer Ample

Carrer de la Mercè

레이알 광장
Plaça Reial

조지 오웰 광장
Plaça George Orwell

로스 타란토스

Carrer de Simó Oller

La Rambla

Carrer Ample

Carrer Nou de Sant Francesc

Ronda Litoral

도착

벨 항구
Port Vell

II

스 140m
Bar Pastis

📷 람블라스 거리 La Rambla 라 람블라

🏃 메트로 1·3호선L1·L3 카탈루냐역Catalunya에서 남쪽으로 진입하면 람블라스가 시작된다.

바르셀로나 여행을 시작하자

람블라스 거리는 구시가지의 중심, 고딕 지구와 라발 지구 사이에 있다. 여행자의 발길이 끊이지 않는 보행자 전용도로이다. 길은 카탈루냐 광장에서 시작하여 바르셀로나 항구 앞에 있는 콜럼버스 동상까지, 1.3km 가까이 이어진다. 남쪽 끝에는 지중해가 펼쳐져 있다. 람블라스 양 옆으로는 카페와 가게, 음식점 등이 주욱 늘어서 있다. 사잇길로 접어들면 조지 오웰 광장과 보케리아 시장, 바르셀로나 대성당, 그리고 중세의 골목길과 오래된 맛집이 나타난다. '람블라'는 아랍어로 '물이 흐르는 거리'라는 뜻이다. 실제로 옛날엔 북쪽 콜세롤라 산에서 흘러온 물이 이곳을 지나 지중해로 흘러갔다. 스페인의 시인 로르카는 람블라스를 '영원히 끝나지 않기를 바라는 길'이라 했고, 영국 작가 서머싯 몸은 '세계에서 가장 매력적인 거리'라 칭송했다.

©Irene Grassi

Travel Tip

람블라스에서 쇼핑하기

람블라스엔 숍, 먹을거리, 즐길거리가 가득하다. 람블라스 거리를 중심으로 이어진 골목골목에서 앤티크 소품, 의류, 신발, 액세서리, 가방, 기념품 등 다양한 쇼핑 아이템을 만날 수 있다. 보케리아 시장은 식료품, 간단한 식사, 기념품을 사기에 좋다. 람블라스와 이웃해 있는 포르탈 데 란젤Avinguda del Portal de l'Àngel 거리에는 엘 코르테 잉글레스 백화점, H&M, 자라 같은 패션 숍, 신발 가게, 액세서리 숍이 많다. 포르타페리싸 거리 Carrer de la Portaferrissa 주변에도 신발, 액세서리, 모자, 속옷 가게 등이 많다.

카탈루냐 광장 Plaça de Catalunya 프라사 데 카탈루냐

🏃 메트로 1·3호선L1·L3 카탈루냐역Catalunya에서 남쪽으로 진입하면 람블라스가 시작된다. 그곳이 카탈루냐 광장이다.

©Dave Morton

바르셀로나의 영혼이 이곳에 있다!

카탈루냐 광장은 바르셀로나 교통의 중심지이자 람블라스 거리의 시작
점이다. 호텔, 쇼핑몰, 공공기관이 몰려 있다. FC바르셀로나 축구 팬의
모임 장소로 유명하며, 바르셀로나를 정신적 정치적으로 이해하기 좋
은 장소이다. 바르셀로나를 중심으로 한 지중해 연안 지역 사람들은 자
신이 스페인이 아니라 카탈루냐 소속이라는 의식이 강하다. 바르셀로
나에서 스페인 국기보다 카탈루냐 깃발을 더 많이 볼 수 있는 이유이다.
카탈루냐는 스페인 왕위 계승 전쟁에서 마드리드 중심의 카스티야 세
력에게 병합된 뒤 주권을 상실1714년했다. 카탈루냐 광장 중심에는 1931
년 카탈루냐 자치 정부를 수립한 프란세스크 마시아의 기념비가 있다.
그의 청동 조각상에는 '카탈루냐의 자치 정부 헤네랄리타트의 수반'이

©Andy Michell

라고 명시되어 있다. '헤네랄리타트'는 카탈루냐가 독립국이라는 뜻이
다. 2017년 10월 27일 카탈루냐 정부는 시민 투표를 통해 독립을 선포하였으나, 스페인 정부는 이를 인정하지 않
고 있다. 레알 마드리드와 FC바르셀로나의 축구 경기가 그토록 치열할 수밖에 없는 건, 이 같은 역사와 감정적 갈
등이 내재해 있기 때문이다.

바르셀로나 대성당 Catedral de Barcelona 카테드 랄 데 바르셀로나

🚶 메트로 4호선 하우메 I 역Jaume I에서 도보 3분, 3호선 리세우역Liceu에서 도보 6분
🏠 Pla de la Seu, s/n, 08002 ⏱ 월~금 09:30~18:30(입장 마감 17:45) 토·공휴일 전날 09:30~17:15(입장 마감 16:30)
일·공휴일 14:00~17:00(입장 마감 16:30) € 9유로(기도하려는 신자는 무료) ☰ www.catedralbcn.org

고딕지구의 랜드마크, 아메리카 원주민 첫 세례를 받다

바르셀로나 대성당은 고딕지구의 랜드마크이다. 대성당은 어떤 건축물보다 웅장하고 화려하다. 길이가 93m, 너비 40m, 첨탑 높이는 70m에 이른다. 콜럼버스가 데리고 온 아메리카 원주민이 이곳에서 첫 세례를 받았다고 알려져 있다. 대성당은 559년 바르셀로나의 수호성인 에우랄리아 성녀를 추모하기 위해 세웠다. 에우랄리아는 로마의 기독교 박해가 심하던 290년 바르셀로나에서 태어났다. 그녀는 예수를 부정하지 않은 죄로 끔찍한 고문을 당하다 순교하였다. 그녀 나이 불과 13살이었다. 중앙 제단 아래층에 그녀의 묘가 있다. 대성당에서 꼭 찾아봐야 할 곳이다. 제대 위 흰 대리석에 로마인에게 고문을 당하는 장면이 실감 나게 묘사되어 있다. 창살이 있어서 밖에서 참관해야 한다. 창살 아래에 동전을 넣으면 불이 켜지는 전등 촛불이 있다. 대성당 수도원 연못에선 예전부터 거위 13마리를 키운다고 한다. 13살, 꽃다운 나이에 순교한 에우랄리아 성녀를 추모하기 위해서다.

대성당은 11세기 초 무어족의 침략으로 파괴되었다. 1298년부터 건축가 4명이 다시 짓기 시작하여 150년이 지난 1460년에 정면 현관을 제외하고 대부분 완성했다. 그러나 경제적, 정치적 이유로 400년 넘게 미완 상태로 남아 있

었다. 다행히 1408년에 만든 설계도를 발견하여 한 은행가의 후원을 받아 1913년 현관 공사를 마무리했다. 재건축을 시작한 지 무려 600년 만에 최종적으로 성당이 완성되었다. 대성당 앞에는 넓은 노바광장Placa Nova이 있다. 여행객은 물론 현지인, 거리 음악가, 행위 예술가 등이 뒤섞여 다채로운 분위기를 만든다. 목요일마다 앤틱 소품 중심의 벼룩시장이 열리며, 일요일 오전엔 시민들이 모여 카탈루냐 전통춤 사르다나Sardana 공연을 한다. 공연 시간은 관광안내소에서 확인하면 된다. 광장 건너편 바르셀로나 건축협회 건물에는 어린아이를 그린 것 같은 거대한 그림이 있다. 스페인의 자랑인 파카소가 '사르다나'를 표현한 작품이다.

왕의 광장 Plaça del Rei 프라사 델 레이

🚶 메트로 4호선 하우메 I 역Jaume I에서 도보 5분
🏠 Placa del Rei 82002

콜럼버스, 신대륙 발견을 보고하다

부채 모양 계단이 있고 계단 위에는 금빛 옷과 보석으로 치장을 한 중년의 여자와 남자가 근엄한 표정으로 앉아 있다. 남자가 계단을 올라와 금덩이와 노예를 바치며, 새로운 항로를 발견했노라 큰소리친다. 하지만 광장은 비웃음으로 가득 찬다. 그는 콜럼버스였고, 앞에 앉아 있던 남녀는 콜럼버스를 후원했던 부부 왕 페르난도 2세와 이사벨 1세 여왕이었다.

왕의 광장은 콜럼버스가 신대륙 발견을 보고한 역사적 공간이자, 스페인과 카탈루냐가 분리되어 있던 시절 카탈루냐 지역을 통치하던 아라곤 왕국의 왕들이 머물던 곳이다. 왕의 광장은 인류사에 손꼽히는 장소지만 이 사실을 아는 여행객은 많지 않다. 화려할법 하지만 광장은 놀랍도록 소박하다. ㄷ자 모양 건물과 평범한 광장, 부채꼴 모양의 계단이 전부이다. 신대륙의 발견은 엄청난 사건이었지만 그 이유로 인류는 수많은 아메리카 원주민과 그들의 문화를 잃었다. 역사는 이렇듯 보는 이에 따라 달라지는 법이다.

로마 성벽과 아우구스투스 신전 기둥
Placa de Ramon Berenguer & Temple of Augustus

로마 성벽 🚶 메트로 4호선 하우메 I 역Jaume I에서 도보 5분
🏛 Placa de Ramon Berenguer el Gran 08002, Carrer del Sots-Tinent Navarro, 6, 08002
아우구스트 신전 기둥 🚶 메트로 4호선 하우메 I 역Jaume I에서 도보 3분 🏛 C. Paradis, 10, 08002
📞 +34 93 256 21 22 🕐 월요일 10:00~14:00 화~토요일 10:00~19:00 일요일 10:00~20:00 휴일 1월 1일, 3월 1일,
6월 24일, 12월 25일 🖥 www.barcelona.cat

로마제국의 흔적들

바르셀로나는 기후가 좋은 탓에 탐하는 사람들이 많았다. 로마제국도 그중 하나였다. 대성당 근처에서 로마의 영화로웠던 흔적을 접할 수 있다. '로마 성벽'과 '아우구스투스 신전 기둥'이다. 로마 성벽은 고딕 지구를 보호하는 역할을 했다. 지하철 4호선 하우메 I 역Jaume I 부근과 왕의 광장 아래쪽에서 볼 수 있다. 4~5층 높이로 성벽은 더없이 육중하다. 명장 한니발의 고향인 북아프리카 해상 왕국 카르타고를 방어하기 위해 쌓았다.

아우구스투스 신전 기둥은 기원전 1세기 아우구스투스 황제를 기리기 위해 세웠다. 바르셀로나 대성당 뒤편 작은 골목 파라디스Carrer del Paradis 코너에 있는 아치형 문으로 들어가면 로마의 기둥이라 새긴 작은 표지판이 안내해 준다. 표지판을 따라 걷다 보면 갑자기 믿지 못할 광경이 펼쳐진다. 기둥 세 개가 마치 하늘을 밀어 올릴 듯 높이 뻗어 있다. 원래 다른 곳에 있었으나 20세기 초 지금의 위치, 바르셀로나 역사박물관 옆으로 옮겼다. 역사박물관은 왕의 광장에 있다. 로마시대의 토기와 배수시설 등을 관람할 수 있다.

보케리아 시장 La Boqueria 라 보케리아

🚶 **①** 메트로 3호선 리세우역Liceu에서 도보 3분 **②** 카탈루냐 광장에서 도보 5분
🏠 La Rambla 91, 08001
📞 +34 934 13 23 03 🕐 08:00~20:30 휴무 일요일·공휴일
☰ www.boqueria.barcelona

람블라스 옆 전통 시장

보케리아 시장은 람블라스 거리 서쪽 라발 지구에 있다. 바르셀로나의 대표적인 시장 가운데 하나로, 명소와 가까워 여행객에게 인기가 좋다. 카탈루냐 광장에서 람블라스 거리를 따라 6~7분 걸어가면 우측으로 스테인드글라스 장식을 단 시장 입구가 나온다. 보케리아는 카탈루냐어로 '고기를 파는 곳'이란 뜻이다. 11세기부터 사람들이 이곳에 고기를 내다 팔면서 시장이 형성되었다. 시장은 여행객이 몰려들어 활기가 넘친다. 해산물, 채소, 과일, 빵, 하몽과 치즈가 눈을 즐겁게 해준다. 유럽에서 가장 큰 시장답다. 시장 중심부엔 식료품점이, 안쪽과 코너엔 선술집과 간이 식당이 들어서 있다. 한국인이 운영하는 식품점도 있다. 시장 모퉁이 노천카페에서 여유를 즐겨보는 것도 좋겠다. 단점도 있다. 여행객이 몰리면서 다른 시장보다 가격이 조금 더 비싸다는 점이다. 현지인들은 메트로 4호선 하우메Ⅰ역Jaume Ⅰ 근처에 있는 '산타 카테리나 시장'을 더 많이 찾는다.

메르카도나 Mercadona

한국 여행객의 쇼핑 1번지

메르카도나Mercadona는 바르셀로나에서 가장 유명한 슈퍼마켓이다. 스페인과 포르투갈 마트 부문에서 최고로 뽑히는 곳이다. 슈퍼마켓이라 하지만 대형 마트와 비슷하다. 여행객에게 특히 인가 좋은 것은 식품이다. 올리브, 치즈, 하몽, 파에야, 와인 등 스페인을 대표하는 다양한 제품을 구입할 수 있다. 한국 여행객에게 인기가 좋은 제품도 많다. 벌의 다리에 붙어있는 꽃가루와 타액을 가공해 만든 건강식품 폴렌화분, 천연 꿀 국화차, 보습력이 좋은 올리브 바디 로션, 사해 바다 소금으로 만든 스크럽, 상그리아가 대표적이다. 실용적인 선물을 구매하고 싶은 여행객들에게는 최고의 장소다. 카탈루냐 광장점과 에스파냐 광장 아레나 점이 있다. 메르카도나는 중독성 있는 로고 송으로도 유명하다.

꿀 국화차
달콤한 맛이 나는 천연 차로, 인기 좋은 기념품으로 꼽힌다. 'Manzanilla con Miel'이라고 써있는 것을 구매하면 된다.

카탈루냐 광장 점
🚶 메트로 1·4호선 우르키나오나역Urquinaona에서 도보 8분
🏠 Ronda de Sant Pere, 31 🕐 09:00~21:00(일요일 휴무)
에스파냐 광장 점
🚶 메트로 1·3·8호선 에스파냐 광장역Pl. Espanya에서 도보 3분
🏠 Gran Via de les Corts Catalanes, 373 🕐 09:00~21:00(일요일 휴무)

하몽
돼지고기를 소금에 절여 숙성시킨 햄이다. 육가공품은 검역 없이 비행기에 가지고 탈 수 없으므로 마음껏 맛보고 가자.

파에야 키트
생쌀과 올리브 오일, 파에야 분말이 들어 있는 키트로 선물하기 좋다. 토마토나 오징어 등을 넣어 조리하면 더욱 맛이 좋다.

©Keith Williamson

레이알 광장과 조지 오웰 광장 Plaça Reial & Plaça George Orwell

레이알 광장 🚶 메트로 3호선 리세우역Liceu에서 도보 5분

조지 오웰 광장 🚶 메트로 3호선 리세우역Liceu역과 드라사네스역Drassanes에서 도보 7~10분

플라멩코, 가우디, 그리고 조지 오웰

레이알 광장은 람블라스 중간 지점 고딕지구에 있다. 페란 3세페르난도 3세, 1199~1252, 13세기 레온 왕국과 카스티야 왕국을 통일시켰다. 역대 스페인 군주 중에서 손꼽히는 왕이다.가 왕가를 드높이기 위해 만들었다. 광장은 신고전주의 양식 건물로 둘러싸여 있다. 가우디가 초기에 디자인한 주철과 청동으로 만든 화려한 가스 가로등으로 유명하다.

레이알 광장은 노천 바, 레스토랑, 카페를 거느리고 있다. 밤이 되면 바와 클럽이 문을 열어 낮보다 더욱 성황을 이룬다. 한국 여행객에게는 가우디 투어의 시작점 혹은 마지막 장소로 알려져 있다. 플라멩코 클럽 타란토스Tarantos가 레이알에 있다. 공연료는 비교적 저렴하면서도 수준 높은 플라멩코 공연으로 소문이 나 있다. 그러나 밤에는 소매치기를 조심해야 한다.

조지 오웰 광장은 고딕 지구 남쪽 에스쿠델레스 거리Carrer dels Escudellers와 아비뇽 거리가 만나는 지점에 있다. 인도계 영국작가 조지 오웰은 20세기를 대표하는 소설 「동물농장」과 「1984」를 남겼다. 그는 스페인 내전1936~1939 당시 민주주의 수호라는 숭고한 정신을 가슴에 품고 의용군으로 참전했다. 그는 내전 체험담을 담아 「카탈루냐 찬가」를 발표했다.

구엘 저택 Palau Güell 팔라우 구엘

🚶 메트로 3호선 리세우역Liceu에서 도보 7분
🏠 Carrer Nou de la Rambla, 3–5, 08001 📞 +34 934 72 57 75
🕐 4~9월 10:00~20:00(마지막 입장 19:00) 10~3월 10:00~17:30(마지막 입장 16:30) 휴무 월요일, 12월 25·26일, 1월 1·6
일, 1월 마지막 주 보수공사로 휴무 € 성인 12유로 학생(18세 이상) 9유로 10~17세 5유로 9세 이하 무료
≡ http://palauguell.cat

가우디의 초기 건축을 엿보자

람블라스 거리 중간에 메트로 3호선 리세우역이 있다. 구엘 저택은 이곳에서 람블라스 거리를 따라 벨 항구 쪽으
로 조금 더 내려가야 한다. 5분쯤 산책하듯 걷다가 방향을 오른쪽으로 틀어 라발 지구로 조금 들어가면 나온다. 구
엘 저택은 가우디 초기 건축의 특징을 명료하게 보여준다. 1885년 공사를 시작하여 1989년에 완공하였다. 그의
다른 초기 건축처럼 곡선보다는 직선이 강조되고 있으며, 대문을 장식하고 있는 정교한 철제 세공 또한 초기 작품
에서 흔히 나타나는 특징 가운데 하나이다. 굴뚝을 타일로 장식한 점도 가우디적인 건축 요소이다. 구엘은 15년 넘
게 이곳에서 살다가 구엘 공원으로 이사했다. 구엘 공원과 함께 기증하여 지금은 바르셀로나 시에서 관리하고 있
다. 내부 입장이 가능하다.

📷 고딕 지구 골목길 산책

중세의 시간을 느끼자

고딕지구는 운치 있는 골목이 실타래처럼 이어져 있다. 독특한 가게로 가득 차 있거나 고딕 건축과 역사 깊은 광장도 품고 있다. 고딕 지구를 제대로 즐기기 위해선 주요 거리를 알아두는 게 좋다. 람블라스 동쪽 거리 포르탈 데 란젤Portal de l'angel은 람블라스 형제쯤 되는 거리다. 카탈루냐 광장에서 시작하기 때문에 여행자들이 간혹 람블라스로 착각하기도 한다. 포르탈데 란젤엔 자라, 갭, 리바이스 등 유명 브랜드숍과 쇼핑센터가 몰려 있다. 페란Ferran 거리는 과거 왕과 귀족 그리고 말을 탄 기사들이 다녔던 길이다. 지금은 기념품 가게, 카페, 타투 가게가 거리를 채우고 있다. 페트리촐Petritxol은 초콜릿 골목 혹은 달콤한 골목이라 불린다. 산타 마리아 델 피 성당과 이어져 있는 100m 정도 되는 좁은 골목으로, 피카소와 초현실주의 화가 살바도르 달리가 즐겨 찾은 곳이다.

대성당 주변에서 가장 매력적인 골목은 콤테스Comtes와 비스베Bisbe 거리이다. 대성당 정면을 바라보고 왼쪽으로 난 길이 콤데스고 오른쪽이 비스베이다. 콤데스에는 늘 거리 음악가가 연주를 하고 있는데, 좁은 골목은 연주가 멋진 울림으로 퍼져 나가도록 도와주는 자연 음향 시설이다. 비스베는 대성당과 시청사가 있는 하우메 광장을 이어주는 거리다. 종교와 정치의 상징 장소를 이어준다. 거리 중간에 골목 양쪽 건물을 이어주는 작은 구름다리가 있다. 1928년 카탈루냐 주정부가 시청사와 주청사를 왕래하기 위해 만든 다리인데, 조각의 묘사가 정교해 마치 중세의 작품처럼 보인다.

Travel Tip

피카소의 그림 <아비뇽의 처녀들>의 고향, 아비뇽 거리

파블로 피카소1881~1973가 1907년에 그린 <아비뇽의 처녀들>은
큐비즘의 시초라 불리는 작품이다. 입체주의 출구를 연 이 작품
은 현재 뉴욕 현대미술관이 소장하고 있다. 이 작품 이름은 고딕
지구의 아비뇽 거리Carrer d'Avinyó에서 따왔다. 이 거리의 사창가
여인들이 모델이었다는 설이 있다. 고딕 지구 남쪽에 있는 거리로
지금은 상점가로 변했다. 아비뇽 거리엔 한국 여행객에게 인기가
많은 신발 가게 라 마누알 알파르가테라La manual alfargatera가 있
다. 1940년부터 천연 재료로 신발을 만드는 유서 깊은 가게이다.

🚶 람블라스 거리 중간에 있는 3호선 리세우역Liceu에서 동쪽으로 도보 5분

🏠 Carrer d'Avinyó, 7, 08002

벨 항구와 파우 광장
Port Vell & Plaça Portal de la Pau 포르트 벨 & 프라사 포르탈 데 라 파우

🚶 메트로 3호선 드라사네스역Drassanes에서 도보 5분
🏠 Placa del portal de la pau, 08002

길이 끝나고 지중해가 펼쳐진다

바르셀로나는 스페인 제2의 도시이자 제1의 항구 도시이다. 도시가 바다와 접해있다는 것은 큰 행운이자 숨길 수 없는 매력이다. 마치 욕망이 가득 찬 도시가 넓고 푸른 바다와 만나 스스로를 정화하는 느낌을 받는다.
벨 항구는 람블라스가 끝나가는 곳에 있다. 지중해의 수평선은 더없이 매혹적이다. 정박해 있는 수많은 요트가 왠지 모를 설렘을 안겨준다. 1992년 바르셀로나 올림픽을 준비하면서 대대적인 공사를 하여 요트 경기장과 함께 편히 쉴 수 있는 공원으로 꾸몄다. 길바닥을 파도가 치는 모양으로 디자인하여 '람블라 데 마르'Rambla de mar라 이름 붙였다. '바다의 람블라'라는 뜻이다. 주말에는 공연이나 벼룩시장이 열린다.
벨 항구 옆에는 파우 광장과 1888년 바르셀로나 박람회 때 세운 콜럼버스 기념탑이 있다. 바르셀로나가 끝나는 지점이자 망망한 바다가 시작되는 곳에 콜럼버스를 기리기 위해 탑을 세웠다.

🍽 콰트르 개츠 Els 4Gats

🚶 메트로 1·3호선 카탈루냐역Catalunya에서 도보 5분 🏠 Carrer de Montsio, 3, 08002 📞 +34 933 02 41 40
🕐 화~금 11:00~00:30 토 12:00~00:00 일 12:00~17:00 휴무 월요일 € 20~50유로 ⌨ www.4gats.com

©Wikimedia Commons

피카소의 단골 맛집

고딕 지구에 있는 피카소의 단골 레스토랑이다. 1897년 문을 열었다가 1903년 문을 닫았다. 1971년 다시 문을 열었다. 타파스부터 육류, 생선, 채소 요리까지 전통에 기반한 다양한 퓨전 음식을 즐길 수 있다. 콰트로 개츠는 카탈루냐어로 고양이 네 마리라는 뜻이다. 원래는 레스토랑보다 건물이 더 유명했다. 가우디와 함께 바르셀로나를 대표하는 건축가로 꼽히는 조셉 푸이그가 설계했다. 피카소의 단골집이 되면서 건물보다 레스토랑이 더 유명해졌다. 콰트로 개츠는 예술가들의 아지트였다. 피카소는 1899년 이곳에서 첫 전시회를 연 후에 메뉴판 커버 그림을 그려주었다. 지금은 음식보다 메뉴판이 더 유명하다. 2인용 자전거를 타는 두 남자를 그린 작품이 한쪽 벽을 차지하고 있다. 이 또한 피카소 작품이다. 원본은 카탈루냐 미술관에 있다.

©Jose Gonzalvo Vivas-flickr

센트온세 Restaurant CentOnze

🚶 메트로 1·3·6·7호선 카탈루냐역Catalunya에서 도보 5분 🏠 La Rambla, 111, 08002 Barcelona
📞 +34 933 16 46 60 🕐 월~일 12:30~23:00
€ 이베리코 하몽 33유로 대구 튀김 12유로 메뉴델디아 32유로
☰ www.centonzerestaurant.com

신선한 재료, 맛있는 요리

센트온세는 람블라스 거리에서 맛, 서비스, 가격 어느 것 하나 빠지지 않는 곳으로 손에 꼽히는,
미슐랭이 극찬한 레스토랑이다. 바르셀로나의 부엌이라 불리는 보케리아 시장과 이웃
해 있어, 매일 신선한 재료를 공급받는 것으로도 유명하다. '센트온세'라는 이름 또한
보케리아 시장에서 111걸음 떨어졌다는 뜻이다. 주소도 111번지다. 파에야, 대구요리,
스테이크, 샐러드, 양다리 바비큐, 데리야끼 소스와 구운 마늘을 곁들인 연어요리, 양
배추 샐러드와 돼지 바비큐 등 메뉴가 다양하다. 가장 인기 좋은 메뉴는 단연 메뉴델
디아다. 32유로로 그날의 고급 요리와 디저트를 코스로 맛볼 수 있다.

보스코 BOSCO Food & Drinks

🏃 메트로 1호선 카탈루냐역Catalunya에서 도보 8분 🏠 Carrer dels Capellans, 9, 08002 Barcelona
📞 +34 934 12 13 70 🕐 화~토 12:30~18:00(식사), 18:00~23:00(저녁) 휴무 일·월
€ 하몽 19유로 감바스 11유로 스페인식 집밥 14.5유로 치즈 케이크 6유로
≡ www.restaurantbosco.com

분위기 좋고 가격도 합리적

분위기, 맛, 서비스, 가격대까지 어느 하나 빠지지 않는
레스토랑 겸 바이다. 2011년에 문을 열었는데, 맛과 분
위기 때문에 금세 유명해져 지금은 고딕 지구의 핫플레
이스다. 모든 메뉴가 맛있지만, 양다리 스테이크, 계절
마다 달라지는 버섯요리가 특히 맛있다. 하몽, 감바스,
훈제연어, 아스파라거스 오믈렛 등도 추천할만하다. 스
페인식 집밥도 인기 좋은 메뉴이다. 디저트는 당근
케이크와 치즈케이크를 추천한다. 가격이
합리적이고 양도 넉넉해 여행객뿐만 아
니라 현지인들에게도 인기가 좋다. 다양
한 와인도 준비되어 있다.

🍴 추레리아 Xurreria

한국말로 인사하는 추로스 가게

"안녕하세요? 1유로에요. 설탕?" 타지에서 우리말을 들으면 정말 반갑다. 메뉴를 고심하고 있으면 카탈루냐 아저씨가 불쑥 우리말로 인사를 건넨다. 이곳은 한국 여행객에게 제일 인기가 좋은 추로스 집이다. 고딕 지구의 아름다운 골목길 바인스 노우스Banys Nous 거리에 있다. 여행객 뿐 아니라 현지인에게도 인기가 좋다. 가게 한쪽에 추로스가 잔뜩 쌓여 있고 아저씨가 열심히 반죽을 하고 있는 풍경이 정겹다. 게다가 추로스를 저울에 무게를 달아 팔아 더 재미있다.

🚶 메트로 3호선 리세우역Liceu에서 도보 7분
🏠 Baixos, Carrer dels Banys Nous, 8, 08002
📞 +34 933 18 76 91 🕐 월~일 08:00~21:00
€ 추로스 6개 2유로

🍴 로흐테트 레스토랑 Restaurant l'Hortet

정말 맛있는 채식 레스토랑

라발 지구에 있는 바르셀로나 최고의 채식 레스토랑이다. 영양학자이자 심리학자인 니콜라스 후드Nicholas Hood의 딸이 운영한다. 니콜라스 후드는 '음식이 약이다. 음식으로 고치지 못하는 병은 의사도 고치지 못한다.'는 히포크라테스의 철학을 요리에 담고자 했고, 이런 생각은 딸에게 고스란히 전해졌다. 채식이라 맛이 없을 것이라는 생각은 절대 금물! 샐러드, 구운 가지 마리네, 블루베리 크럼블 타르트 등 메뉴도 다양하다. 계절에 따라 메인 메뉴가 바뀐다. 일반 요리 외에 뷔페로도 무제한으로 건강하고 맛있는 식사를 즐길 수 있다.

🚶🚶 ❶ 메트로 3호선 리세우역Liceu ❷ 메트로 1·2호선 우니베르시타트역Universitat에서 도보 7~10분
🏠 Carrer del Pintor Fortuny, 32, 08001 📞 +34 933 17 61 89 🕐 점심 월~금 12:00~16:00
€ 10~25유로 🌐 www.restaurantvegetariahortet.com

센폭스 Centfocs

🚶 메트로 1호선 우니베르시타트역Universitat에서 도보 5분
🏠 Carrer de Balmes, 16, 08007
📞 +34 934 12 00 95 🕐 화~토 13:00~16:00, 20:30~23:30 일·월 13:00~16:00
€ 20~40유로(오늘의 메뉴 15.45유로) ☰ www.centfocs.com

줄 서서 기다리는 지중해 음식 전문점

카탈루냐 가정식과 지중해 음식 전문점이다. 차분하고 고급스러운 분위기에서 '카탈란-지중해' 음식을 맛볼 수 있다. 현지인들의 가족 모임이나 데이트 장소로 인기가 높다. 소고기 카르파초, 해물 스튜, 스패니시 오믈렛, 카탈란 소시지, 카탈란 해물찜 등 다양한 카탈루냐 음식을 판매한다. 이 레스토랑이 특별한 이유는 저렴하고 맛있는 '오늘의 메뉴'가 있기 때문이다. 샐러드, 애피타이저, 메인 요리, 음료, 디저트까지 비교적 적은 비용으로 즐길 수 있다. 세트 메뉴는 애피타이저-메인요리-디저트로 구성되어 있다. 평일과 주말을 가리지 않고 많은 사람이 찾는다. 특히 주말에는 줄을 서서 기다려야 한다. 줄을 서지 않으려면 오픈 시간에 맞춰 가는 것이 좋다.

판스 앤 콤파니 Pans & Company

바르셀로나 스타일 샌드위치 전문점

간단하게 바르셀로나의 음식을 먹고 싶다면, 판스 앤 콤파니를 추천한다. 바르셀로나 스타일의 샌드위치 보카디요 전문점이다. 보카디요는 카탈루야 음식 중 하나로 토마토 빵이라 불리는 판 콘 토마테Pancon tomate이다. 미국의 요리 전문잡지 '사부어'가 세계 100대 음식으로 선정하기도 했다. 판 콘 토마토는 바게트나 치아바타 빵을 세로로 잘라 올리브유나 토마토, 또는 토마토 소스를 발라 후추와 소금으로 간을 한 빵이다. 이 빵에 하몽이나 유럽식 햄 살라미를 넣으면 보카디요가 된다. 판 콘 토마테를 이용해 만든 브리티쉬 베이컨 샌드위치와 포테이토 오믈렛 샌드위치도 있다. 체인점인데다 시에스타도 없어 언제든 이용할 수 있다. 2층으로 올라가면 산트 하우메 광장이 한눈에 들어온다. 🚶 메트로 4호선 하우메 I 역Jaume i에서 도보 5분 🏠 Plaça de Sant Jaume, 6, 08002 📞 +34 933 15 16 06 🕐 09:00~23:00(연중무휴) € 8유로 안팎 ☰ www.pansandcompany.com

그란자 라 팔라레자 Granja la Pallaresa

그야말로 유명한 초콜릿 카페

스페인은 유럽에서 처음으로 초콜릿을 들여온 나라이다. 콜럼버스가 아메리카로의 네 번째 항해를 마치고 돌아오면서 가지고 왔다. 초콜릿 원조 거리는 페트로촐Petritxol이다. 이 거리엔 지금도 몇 군데 초콜릿 가게가 터줏대감 노릇을 하고 있다. 가장 유명한 초콜릿 카페는 1947년 문을 연 그란자 라 팔라레자이다. 'Granja'는 스페인어로 농장 혹은 가족이 운영하는 레스토랑을 지칭한다. 초콜릿을 직접 만들어 장인의 손길이 느껴진다. 메인 메뉴는 초콜릿 차와 추로스다. 초콜릿 차에 추로스를 찍어 먹으면 달콤한 맛의 정수를 느끼게 될 것이다. 초

콜릿 차 가운데 휘핑크림을 얹은 핫초코 수이소스Suissos의 인기가 가장 좋다. 약간의 기다림은 감수해야 하며, 특히 주말에는 서서 먹을 수도 있다.
🚶 메트로 3호선 리세우역Liceu에서 도보 7분 🏠 C/ de Petritxol, 11, 08002 📞 +34 933 02 20 36
🕐 월~토 09:00~13:00, 16:00~21:00 일요일 09:00~13:00, 17:00~21:00 € 10~20유로

☕ 그란자 둘시네아 Granja Dulcinea

고풍스런 초콜릿 카페

페트로출은 100m 정도 되는 소박한 골목길이다. 피카
소와 초현실주의 작가 살바도르 달리가 초콜릿을 먹기
위해 즐겨 찾았던 초콜릿 거리이기도 하다. 그란자 둘
시네아는 1930년 문을 연 이래 현지인의 사랑을 듬뿍
받고 있는 초콜릿 가게다. 이 거리에서 두 번째로 오래
된 가게이다. 메뉴는 그란자 라 팔라레자보다 조금 더
다양하다. 초콜릿 와플, 호박 잼 샌드위치, 초콜릿 크로
와상, 비스킷 멜린드로스, 우리의 꽈배기 같은 페이스
트리 엔사이마다 등이 있다. 핫초코 수이소스도 팔라레
자만큼 유명하다. 바르셀로나의 달콤한 맛의 최고봉을
느끼고 싶다면 그란자 둘시네아를 추천한다. 메트로 3
호선 리세우역Liceu에서 도보 6분 이내 🏠 Carrer de Pe-
tritxol, 2, 08002 📞 +34 933 02 68 24 🕐 09:00~13:00,
16:30~20:30 휴무 12월 25일, 8월 € 10~20유로

☕ 부에나스 미가스 Buenas Migas

운치 좋은 길모퉁이 카페

고딕 지구를 여행하다 북적이는 사람들을 피해 조용히 커피를 마시고 싶다는 생각이 들 때가 있다. 부에나스 미가스
는 이럴 때 가기 좋은 카페이다. 이탈리아식 브런치도 판매한다. 왕의 광장과 대성당을 이어주는 길 모퉁이에 있다.
아침 일찍부터 문을 열기 때문에 출근하는 현지인들이 요기를 하기도 한다. 초콜릿을 얹은 포카치아 빵과 스낵, 다양
한 샐러드가 인기 메뉴이다. 왕의 광장에서 산책을 하고 브런치 먹기 좋은 곳이다. 🚶메트로 4호선 하우메 I 역Jaume I에
서 도보 5분 🏠 Baixada de Santa Clara, 2, 08002 📞 +34 933 19 13 80 🕐 월~일 08:00~22:00 € 5~10유로

☕ 에스크리바 Pastisseria Escribà

세상에서 가장 창의적인 케이크

문을 연 지 100년이 넘은 에스크리바는 바르셀로나 아니 전 세계에서 가장 창의적인
제과점이자 카페이다. 이곳의 파티셰들은 초콜릿, 사탕, 케이크로 만들지 못하는 게 없
다. 에스크리바는 조니뎁 주연영화 '찰리의 초콜릿 공장'을 연상케 한다. 람블라스 거리에 있

는 에스크리바 가게의 외관을 타일로 장식해 마치 가우디의 작품 같기도 하다. 안으로 들어가면 깜짝 놀란다. 하이
힐 모양의 초콜릿, 입술 모양 사탕, 반지 모양 케이크 등 초콜릿과 사탕으로 만든 다양한 작품(?)이 전시되어 있다.
마카롱, 과일 케이크, 브라우니 등 다양한 디저트를 판매한다. 맛은 정말 맛있다. 특히 제철 과일을 사용한 치즈 케
이크의 맛이 환상적이다. 🚶 메트로 3호선 리세우역Liceu에서 도보 5분 🏠 La Rambla, 83, 08002 Barcelona
📞 +34 933 01 60 270 🕐 월~일 09:00~21:30 € 립 초콜릿 6.3유로 쿠키 4.25유로 🖥 escriba.es

☕ 카하벨 Caravelle

힙하고 인기 좋은 브런치 카페

바르셀로나 현대미술관 주변에는 힙한 가게가 많은데, 카
하벨은 그곳의 터줏대감 같은 브런치 카페이다. 젊은이들
은 이곳에 모여 브런치를 먹고, 커피를 마시며, 토론도 한
다. 모던한 소품으로 꾸며 인테리어가 깔끔하다. 빈자리가
드물 만큼 인기가 좋다. 카하벨은 영국의 유명 레스토랑 프
린세스 오브 쇼디치와 호주의 유명셰프 짐 셔튼이 만나 문
을 연 브런치 카페이다. 커피와 브런치, 다양한 음료와 칵
테일을 즐길 수 있다. 그날의 식자재에 따라 메뉴가 조금

씩 바뀐다. 브런치에는 모로칸 스타일로 구운 달걀, 아보
카도 샐러드와 과일, 구운 아몬드를 곁들인 요거트를 주
로 내놓는다.

🚶 메트로 3호선 리세우역Liceu에서 도보 7분, 1·2호선 유니베
르시타트역Universitat에서 도보 8분 🏠 C/ del Pintor Fortuny,
31, 08001 Barcelona 📞 +34 933 17 98 92 🕐 월~금요일
09:30~17:00 토·일요일 10:00~17:00 € 브런치 8.75유로부터
카푸치노 3유로 칵테일 5유로부터 🖥 www.caravellebcn.com

로스 타란토스 Los Tarantos

멋진 플라멩코 공연장

플라멩코는 15세기경 스페인 남부 안달루시아 지방에
살던 인도계 집시와 무슬림과 유대계 스페인 사람들의
문화가 섞여 만들어졌다. 지금은 스페인 기타와 접목
되면서 스페인의 대표적인 문화로 자리 잡았다. 처음
플라멩코를 접하는 여행자라면 로스 타란토스를 추천
한다. 람블라스 거리 남쪽 고딕지구 레이알 광장 옆에
있다. 1963년 문을 연 이래 수많은 플라멩코 신인들의
등용문으로 유명해진 곳이다. 접근성이 좋아서 여행객
이 많이 찾는다. 20유로에 공연을 즐길 수 있다. 공연
은 하루에 3~4차례 열리므로 여행 일정에 맞추기 수
월하다. 공연장이 크지 않기 때문에 미리 예매하고 기
다리는 것이 좋다.

🚶 메트로 3호선 리세우역Liceu에서 도보 5분
🏠 Placa Reial, 17, 08002
📞 +34 933 04 12 10
🕐 매일 18:30, 19:30, 20:30 € 20유로
≡ www.masimas.com

바 마르세유 Bar Marsella

압생트, 고흐처럼 초록 요정을 마셔라!

압생트는 19세기 유럽에서 큰 인기를 끌었던 술이다. 향쑥으로 만들어 빛깔이 초록인데, 예술가들은 '초록 요정'이
라 부르며 이 술을 즐겼다. 특히 고흐는 압생트를 끼고 살았다. 알코올 도수 무려 50도, 엄청나게 강한 술이다. 압생
트 하면 빠질 수 없는 곳이 1820년대에 문을 연 마르세유이다. 구엘 저택에서 멀지 않은 곳에 있다. 헤밍웨이, 피카
소, 달리, 조지 오웰, 가우디 등이 이곳에서 압생트를 즐겨 마셨다. 이제 압생트는 초록빛이 아니고 럼주와 비슷하다.
압생트가 나오면 술잔에 포크를 올려놓고 그 위에 설탕을 놓는다. 설탕에 불을 붙인다. 설탕이 다 녹아 술잔에 떨어
지면 압생트를 쭈욱 목구멍으로 밀어 넣는다. 아! 한 잔이 두 잔이 되고 두 잔이 세 잔이 된다.

🚶 ❶ 메트로 3호선 리세우역Liceu과 드라사네스역Drassanes에서 도보 6분 ❷ 메트로 2·3호선 파랄렐역Paral·lel에서 도보 6분
🏠 Carrer Sant Pau, 65, 08001 🕐 일·화~목 16:00~00:00 금·토 16:00~01:00 € 10~20유로

23 로바도스 23 Robadors

라이브 공연에 술과 타파스까지

동굴처럼 꾸며진 멋진 라이브 바. 수요일과 목요일에는 재즈, 금요일에는 재즈와 신나는 라틴 음악 공연을 한다. 나머지 요일엔 플라멩코 공연이 있다. 공연은 수·목·금엔 각각 20:30과 22:00에 시작하고, 나머지 요일의 플라멩코 공연은 20:30에 시작한다. 공연 시간 전에도 사람들로 붐빈다. 사정에 따라 일정이 바뀔 때도 있다. 공연 일정표는 홈페이지에서 확인할 수 있다. 이곳의 또 다른 장점은 저렴하고 맛있 는 타파스를 먹을 수 있다는 것이다. 타파스에 술을 마시며 라이브 공연까지 즐길 수 있 다. 23 로바도스는 바르셀로나의 숨겨진 보물이다. 🚶 메트로 3호선 리세우역Liceu에서 도보 10분 🏠 Carrer d'En Robador, 23, 08001 Barcelona € 7유로(공연 티켓) ≡ 23robadors.com

 바 파스티스 Bar Pastis

오래되고 분위기 좋은 바

라이브 바 파스티스는 람블라스 거리 서쪽 구엘 저택 과 콜럼버스 기념탑 사이에 있다. 1947년 문을 열었는 데, 라발지구의 예술가들이 모여들면서 유명해지기 시 작했다. 탱고, 재즈, 언플러그드 공연이 열린다. 보통 밤 10시 30분 전후로 공연이 시작된다. 공연도 공연이지 만 바 파스티스의 장점은 단연 분위기다. 붉은 조명이 켜진 가게 안으로 들어가면 오랜 시간을 증명이나 하듯 벽을 가득 메운 술병과 바 앞에 무심코 서 있는 중년의 아저씨가 반기는데 마치 영화의 한 장면 같다.
🚶 메트로 3호선 드라사네스역 Drassanes에서 도보 1분
🏠 Carrer de Santa Monica, 4, 08001
📞 +34 619 75 37 40
🕐 수·목·일요일 19:30~02:30 금·토 19:30~03:00

모리츠 맥주 공장 Fabrica Moritz Barcelona

모던한 다이닝 펍

모리츠 맥주는 1856년 알자스 지방에서 이민 온 '모리츠 트라우만'이 설립한 양조장에서 생산되는 맥주다. 모리츠 맥주 공장은 공장으로 쓰였던 건물을 개조해서 만든 모던한 다이닝 펍으로, 모리츠 맥주를 마음껏 즐기기 좋다. 공장을 활용했기 때문에 공간이 아주 넓다. 지하 1층에서는 맥주를 만드는 제조실을 구경할 수 있다. 모리츠 맥주는 체코의 사즈Saaz 홉을 사용해 만든, 페일 라거와 필스너 계 중간의 맥주로, 목 넘김이 아주 좋고 깊은 풍미가 느껴진다. 하몽, 양파 튀김과 같은 스낵들을 판매하기 때문에 간단한 저녁과 맥주를 즐기기 좋다.

🚶 메트로 1·2호선 유니베르시타트역Universitat 하차 도보 5분 🏠 Ronda de Sant Antoni, 41, 08011 Barcelona 📞 +34 934 26 00 50 🕐 매일 12:00~01:00 🖥 fabricamoritzbarcelona.com

라마누알 알파르가테라 La Manual Alpargatera

천연 소재로 만든 캔버스화

바르셀로나 여성이라면 누구나 에스파드류로 만든 신발 한 켤레쯤 가지고 있다. 라마누알 알파르가테라는 에스파드류라는 천연 소재로 신발을 만드는 곳이다. 1940년부터 그 자리를 지키고 있는 가게 겸 공방이다. 전통 신발을 만드는 곳이지만 클래식한 것부터 현대적인 디자인까지 종류가 다양하다. 천연 소재라 가볍고 부드러워 구두를 많이 신는 여성들에게 특히 인기가 많다. 굽이 높은 신발도 많다. 가격도 30유로 안팎으로 비교적 저렴하다. 한쪽 벽에 신발 재료가 가득 쌓여 있다. 시에스타 시간, 신발 치수 등을 우리말로 친절하게 안내해 놓아 편리하기도 하고 반갑기도 하다. 고딕 지구 아비뇽 거리에 있다.

🚶 메트로 3호선 리세우역Liceu에서 도보 5분 🏠 Carrer Avinyo, 7, 08002 📞 +34 933 01 01 72 🕐 **월~토** 10:00~14:00, 16:00~20:00 휴무 일요일 € 20~30유로 🖥 https://lamanual.com

보른 지구와
바르셀로네타

El Born & Barceloneta

바로셀로나의 삼청동

보른 지구는 서울로 치면 삼청동 같은 곳이다. 고딕지구
처럼 크고 작은 골목길이 실핏줄처럼 이어져 있다. 피카
소 미술관과 카탈루냐 음악당, 산타 마리아 델 마르 성당,
산타 카테리나 시장 등이 보른 지구의 보석이다. 멋진 카
페와 디자인 숍, 맛집, 핸드메이드 숍이 골목을 빛내준다.
바르셀로네타는 보른 지구 남쪽 해안 구역과 해변을 말한
다. 지중해와 바르셀로네타 해변이 이 지역의 상징이다.
벨 항구, 씨푸드 레스토랑도 유명하다. 몬주익 언덕으로
가는 케이블카 승강장도 이곳에 있다.

Carrer d'Amadeu Vives

C. de Sant Pere Més Alt

C. de Sant Pere Mitjà

Carrer de Sant Pere Més Baix

카탈루냐 음악당
Palau de la Música
Catalana

출발

피크닉

보른 지구

C. del Comerç

Passeig de Picasso

나프 안틱

Carrer del Pou de la Figuera

C. dels Carders

산타 카테리나 시장
Mercat de Santa Caterina

Av. de Francesc Cambó

Carrer dels Assaonadors

C. de la Fusina

Carrer Comercle

C. del Rec

C. del Comerç

Carrer de la Princesa

피카소 미술관
Museu Picasso

Via Laietana

엠파나다
아르젠티나
라 파브히카

C. de Montcada

엘 삼파엣

팔라우 달마세스

하우메 I
Jaume I

판사트

산타 마리아 델 마르 성당
Basilica of Santa Maria
del Mar

Carrer de l'Argenteria

모노그래피 엠버시

Av. del Marqu

고딕 지구

Via Laietana

라 비야 델
세뇨르

사가스

Pla de

Pg. de Jo

시에테 포르테스

Pg. d'Isabel II

벨항구
Port Vell

보른 지구와 바르셀로네타 하루 추천코스 지도의 빨간 실선 참고
카탈루냐 음악당 → 도보 4분 → **산타 카테리나 시장** → 도보 2분 → **피카소 미술관** →
도보 5분 → **시우타데야 공원** → 도보 7분 → **산타 마리아 델 마르 성당** → 도보 9분 →
바르셀로네타

우타데야 공원
: de la Ciutadella

바르셀로나 동물원
Parc Zoològic de Barcelona

Passeig de Circumval·lació

프란시아 기차역
Estación de Francia

d'Ocata

C.del Dr. Aiguader

Londa Litoral

셀로네타
celoneta

Pg. Maritim de la Barceloneta

바르셀로네타

Pg. de Joan de Borbó

칸솔레

바르셀로네타
Barceloneta

도착

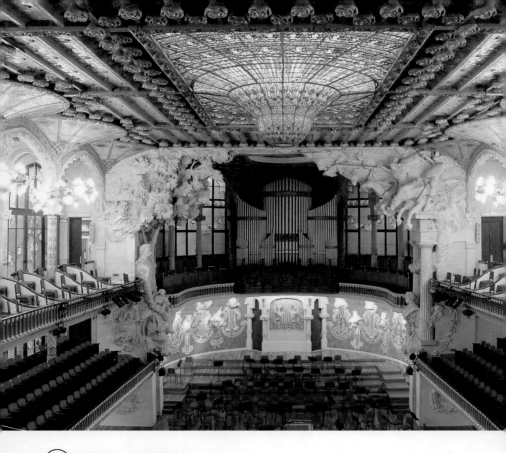

📷 카탈루냐 음악당 Palau de la Música Catalana 팔라우 데 라 무시카 카탈라나

🏃 메트로 1·4호선 우르키나오나역Urquinaona에서 도보 5분 🏠 C/ Palau de la Musica, 4-6, 08003 📞 +34 93 295 72 00
가이드 투어 🕐 09:00~15:00(유동적, 홈페이지 확인 필수)
€ 20유로(최대 15명, 50분 소요, 스페인어·카탈루냐어·불어·영어·이탈리아어 제공)
오디오 가이드 투어 🕐 09:00~15:30 € 16유로(50분 소요, 한국어 제공, 개인 이어폰이나 헤드폰 지참 필수)
≡ www.palaumusica.cat

꽃을 닮은 최상급 건축

카탈루냐 음악당은 거대한 꽃 같다. 사실은 꽃보다 더 우아하고 아름답다. 건축이 아니라 엄청 큰 조각품 같다.
1997년 세계문화유산에 등재되었을 만큼 건축적 가치가 높다. 건축가 루이스 도메네크 이 몬타네르Lluis Domenech
I Montaner, 1850~1923의 걸작이다. 그는 가우디에게 건축적 영감을 준 정신적 스승이다. 카탈루냐 음악당, 산트 파우
병원, 카사 예오모레라……. 가우디보다 조금 덜 빛나지만 바르셀로나엔 그의 멋진 건축이 많이 남아 있다. 음악당
은 고딕 지구와 보른 지구의 경계인 비아 라이에테나Via laietena 거리를 걷다 산트 페레 메스 거리Carrer de Sant Pere
Mes Alt로 접어들면 곧 나타난다. 오페라하우스 치고는 매우 평범한 골목길에 있다.
음악당은 카탈루냐 모더니즘의 절정을 보여준다. 몬타네르도 가우디와 마찬가지로 이슬람식 타일 문화를 적극 도
입해 화려한 건축물을 만들었다. 붉은 벽돌과 외벽 모퉁이의 정교한 조각상이 눈길을 끈다. 이 조각은 〈카탈루냐의

노래〉에서 제목을 따온 작품으로, 카탈루냐의 수호신 산 조르디와 카탈루냐 사람들의 모습을 담은 것이다. 건물 내부는 더욱 화려하다. 특히 1층 로비는 둥근 아치형 기둥과 타일로 만든 꽃 장식, 멋진 조명이 화려함의 극치를 보여준다. 2층의 콘서트홀도 로비 못지않다. 이곳이 공연장인지 미술관이지 헷갈리게 만든다. 마치 베르사유 궁전을 보는 듯하다. 곡선의 아름다움을 최상급으로 보여준다. 플라멩코, 오페라, 클래식 공연이 매일 열린다. 공연이 없는 시간에 실내 유료 가이드 투어를 할 수 있다.

카탈루냐 음악당에서 플라멩코를

바르셀로나에서 플라멩코를 관람할 수 있는 곳은 제법 많다. '꽃보다 할배' 바르셀로나 편 방영 후 레스토랑 공연장을 많이 찾고 있지만, 최고의 공연을 감상하고 싶다면 카탈루냐 음악당을 추천한다. 공연은 강렬하고, 부드럽고, 정열적이고, 숨을 멎게 할 만큼 압도적이다. 공연 요금은 공연 팀, 좌석 등급에 따라 다르지만 대체로 20~50유로이다. 예약은 홈페이지에서 가능하다.
≡ www.palaumusica.cat

산타 카테리나 시장 Mercat de Santa Caterina 메르캇 데 산타 카타리나

🚶 메트로 4호선 하우메 I 역Jaume I에서 도보 5분
🏠 Av. de Francesc Cambo, 16, 08003
📞 +34 933 19 57 40
🕐 월·수·토 07:30~15:30 화·목·금 07:30~20:30(일요일 휴무)

©Paco Calvino-flickr

시장보다 건축이 더 유명하다

현지인들이 애용하는 재래시장이다. 원래 이곳에는 13세기에 세운 산타 카테리나 수도원이 있었는데, 세계1차대전 당시 폭격으로 무너지고 말았다. 폐허가 된 그곳에서 가난한 사람들에게 음식을 나눠주곤 했는데, 이것이 시장의 시초이다. 2005년 리모델링을 했다. 바르셀로나 시의 의뢰를 받은 카탈루냐의 건축가 엔리크 마리예스는 시장이 라 하기에 너무 아름다운 건축을 설계했다. 덕분에 '죽기 전에 꼭 봐야 할 세계 건축 1001'에 선정되기도 했다. 지금 도 여행객들은 시장보다 건축을 구경하기 위해 이곳을 찾는다. 벽면은 고풍스럽고, 지붕은 67가지 색깔의 타일 32 만 개를 사용하여 물결 모양으로 만들었다. 내부는 현대적이고 다니기가 편리하다. 가격은 보케리아보다 저렴하다. 맛집도 많다. 바 조안Bar Joan은 일반 가정식으로 현지인들의 사랑을 받고 있다. 쿠이네스 산타 카테리나 식당Cuines Santa Caterina은 타파스로 유명한 식당이다. 시장 건축 당시 지하에서 로마시대의 유물이 발견되어, 시장 한쪽에 뮤 지엄을 만들어 놓았다. 쇼핑 후 박물관에 들러 로마의 숨결을 느껴보길 추천한다.

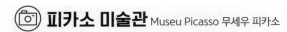
피카소 미술관 Museu Picasso 무세우 피카소

🚶 메트로 1·4호선 우르키나오나역Urquinaona에서 도보 5분
🏠 Carrer de Montcada, 15~23, 08003 📞 +34 932 56 30 00
🕐 화~일 10:00~19:00(1월 5일 10:00~17:00, 12월 24·31일 10:00~14:00) 휴관 월요일, 1월 1일, 5월 1일, 6월 24일, 12월 25
일 € **일반 12유로 18~25세·65세 이상** 7유로(❶ 목요일 16:00~19:00, 매달 첫 일요일, 2월 12일과 13일, 5월 18일, 9월 24일
은 무료 ❷ 바르셀로나 카드와 아트 티켓 소지자 무료입장)
기타 수용 인원 제한, 매진 시 조기 종료, 티켓 사전 구매 권장 ☰ www.museupicasso.bcn.cat

©jaime.silva-flickr

그는 어떻게 큐비즘을 창조했을까?

20세기 미술사를 지배한 피카소. 그는 스페인 남부 말라가 출신이지만 흔적은 바르셀로나에 더 많이 남아 있다. 그는 14살부터 바르셀로나에서 그림 공부를 했다. 미술관은 보른 지구의 좁은 골목길 몬카다Montcada에 있다. 피카소의 소년기와 청년기의 작품 3800점을 소장하고 있다. 큐비즘의 생성과정을 볼 수 있어서 흥미롭다. 미술관은 1963년 피카소와 그의 전 부인들, 피카소의 오랜 친구 하이메 샤바르테스가 작품과 조각, 사진을 기증하면서 개관했다. 12세기에 지어진 멋진 중세 귀족의 저택을 미술관으로 사용하고 있다. 작품 가운데 백미는 스페인 출신의 천재 궁정화가 벨라스케스의 〈시녀들〉을 패러디 한 연작 시리즈다. 이 작품을 보면 큐비즘이 어떻게 진행되었고 그가 모방을 통해 어떻게 독자적인 화풍을 이끌어 냈는지 알 수 있다. 1층 기념품점엔 매혹적인 디자인 상품이 당신을 기다리고 있다.

(Travel Tip)

줄 서기 싫으면 바르셀로나 아트 티켓 사세요!

피카소 미술관은 늘 긴 줄이 늘어서 있다. 미술관 테마 여행을 할 계획이라면 바르셀로나 아트티켓35유로을 구매하는 것이 좋다. 이 티켓이 있으면 미술관 6곳피카소 미술관, 호안 미로 미술관, 카탈루냐 미술관, 현대문화센터, 바르셀로나 현대미술관, 안토니타피에스 미술관을 줄 서지 않고 관람할 수 있다. 홈페이지에서 예약 후 메일로 전송된 바우처를 인쇄해 가거나, 모바일에서 다운로드 한 바우처를 가지고 가면 된다. 바우처에 안내되어있는 교환 장소에서 실물 아트티켓으로 교환 후 이용할 수 있다. 티켓은 12개월 동안 유효하다. 교환처 방문 시 여권 지참 필수.
≡ http://articketbcn.org/en

📷 산타 마리아 델 마르 성당 Basilica of Santa Maria del Mar

🚶 메트로 4호선 하우메 I 역Jaume I에서 도보 3분 🏠 Plaça de Santa Maria, 1, 08003 📞 +34 933 10 23 90
🕐 월~일 10:00~20:30 € 기부금 월~토 10:00~18:00, 일 13:30~17:00에는 1인당 5유로 성당+박물관+지하실
1인당 5유로 성당+박물관+지하실+지붕+첨탑 1인당 10유로 🌐 www.santamariadelmarbarcelona.org/home/

어머니 품처럼 따뜻하다

산타 마리아 델 마르 성당은 바르셀로나 시민들의 소박한 소망이 가득 묻어 있는 성당이다. 이 성당은 다른 성당과
조금 다른 역사를 가지고 있다. 돈 많은 귀족의 후원이 아니라 바르셀로나 시민이 손수 돌을 날라 지어 올린 유일한
성전이다. 시민들의 뜻을 모아 다른 양식을 섞지 않고 순수 카탈루냐 양식으로 지었다.

산타 마리아 델 마르 성당엔 상인, 선장 그리고 뱃사람들의 작은 염원과 소망이 숨 쉬고 있다. 보른 지구는 바다와
가까워 선주와 선장, 뱃사람들이 많이 살았다. 그들은 항해를 떠나기 전 건강과 무사 귀환을 위해 기도를 올릴 공
간이 필요했다. 그래서 십시일반 돈을 모아 멋진 성당을 짓고 마르Mar, 즉 '바다'라고 이름 붙였다. 시민들의 소원은
지금도 이 성당에 차곡차곡 쌓이고 있다. 특히 젊은이들에게는 결혼식 장소로 인기가 좋다. 중앙 홀 분위기가 우아
하고 신성해 최고의 결혼식 장소로 꼽힌다. 시민들에게 이 성당은 어머니의 품 같은 곳이다. 여행하다 문득 가족이,
엄마의 사랑이 그립다면 주저 말고 보른 지구로 가시길!

시우타데야 공원 Parc de la Ciutadella 파르크 데 라 시우타데야

🚶 메트로 1호선 아크 데 트리옴프역Arc de Triomf에서 도보 5분
🏠 Passeig de Picasso, 21, 08003 🕐 매일 10:00~22:30
€ 입장료 무료 보트 요금 6유로 안팎(1~2인, 30분)

시에스타를 즐기자!

스페인 사람들이 시에스타오후 2~4시 낮잠을 즐기는 풍습를 즐기느라 카페와 음식점 등이 문을 닫을 때 가기 좋은 공원이다. 나무들이 빼곡하고, 넓은 잔디밭과 연못, 벤치가 있는 도심의 오아시스다. 보른 지구와 바르셀로네타 해변에서 도보로 10분 정도 걸린다. 18세기 무렵 이곳엔 유럽에서 가장 큰 군사 기지가 있었다. 1714년 스페인 왕위 계승 전쟁에서 승리한 펠리페 5세는 바르셀로나를 지배하기 위해 주거민을 몰아내고 군사 기지를 만들었다. 이 땅은 150년이 지나서야 바르셀로나 시민의 품으로 돌아왔다. 1888년엔 만국박람회가 열리기도 했다. 공원 안으로 들어가면 호수에서 사람들이 여유롭게 보트를 타고 있다. 작은 폭포가 있는 분수대도 보인다. 이 공원은 가우디의 학생 시절1873 흔적이 남아 있는 곳이다. 공원 급수조, 정문, 공원을 둘러싼 철책의 디자인과 제작에 참여했다. 분수대 물의 양도 가우디가 직접 계산했다. 공원 안에 동물원, 현대미술관, 박제 전시관 등이 들어서 있다. 공원 북쪽에는 만국박람회 때 지은 개선문이 늠름한 모습으로 남아 있다.

📷 바르셀로네타 Barceloneta

🚶 지하철 4호선 바르셀로네타역Barceloneta에서 도보 5분
🏠 Rambla de Mar, s/n, 08039(벨 항구)

지중해를 느끼자

바르셀로나 남쪽의 해안 지역이다. 지중해와 모래가 고운 해변과 이국적인 거리가 있어 작은 바르셀로나라고 불린다. 현대 건축물의 상징인 W호텔과 카지노 등이 해변을 따라 들어서 있다. 부산의 해운대쯤으로 생각하면 된다. 여름엔 수영과 일광욕, 지중해의 낭만을 즐기려는 사람들로 북적인다. 보른 지구에서 남쪽으로 내려가면 나온다. 람블라스 거리 남쪽 끝 벨 항구에서 동쪽으로 10분쯤 걸어가도 된다. 또 지하철 4호선 바르셀로네타 역에 내리면 이윽고 바르셀로네타이다. 바르셀로네타는 이 도시에서 가장 이국적인 곳이다. 해변에서 몇 걸음만 옮기면 마치 다른 세상에 와있는 느낌이 든다. 좁은 골목길 사이로 낡은 건물이 늘어서 있다. 동네에 앉아 쉬고 있는 노인들을 보고 있으면 마치 쿠바에 와 있는 것 같다.

바르셀로네타는 아픈 역사를 품고 있다. 18세기 카탈루냐는 스페인 왕위 계승 전쟁 와중에 줄을 잘못 섰다가 마드리드 중앙 정부에게 눈엣가시가 되었다. 펠리페 5세프랑스 혈통의 스페인 왕, 루이14세의 손자는 바르셀로나를 통치하기 위해 지금의 시우타데야 공원에 살던 주민들을 해안가로 강제 이주시키고, 그곳에 유럽에서 가장 큰 군사기지를 건설했다. 주민들은 하수도 시설도 없는 해변가에 천막을 치고 마을을 형성했다.

300년 전의 아픔을 딛고 선 바르셀로네타는 시민과 여행객들의 안식처로 다시 태어났다. 이곳은 해산물 요리로 유명하다. 벨 항구를 끼고 있는 거리엔 많은 해산물 레스토랑이 있다. 특히 이곳의 파에야는 매우 유명하다. 파에야는 스페인을 대표하는 음식으로 알려져 있는데, 원래는 발렌시아Valencia 지방의 요리로, 라틴어로 프라이팬을 뜻하는 'Patella'에서 유래했다. 둥글고 양쪽에 손잡이가 달린 넓은 프라이팬에 쌀과 향신료 사프란, 토마토, 마늘, 고추, 고기 등을 넣고 올리브유에 볶은 음식으로, 우리의 볶음밥과 비슷하다. 이름난 파에야 음식점으로는 피카소가 즐겨 찾았던 시에테 포르테스 7portes를 꼽을 수 있다.

🍴 나프 안틱 Nap Antic

정통 나폴리 화덕 피자

카탈루냐 음악당과 피카소 미술관 사이에 있는 정통 나폴리 피자 레스토랑이다. 가게 분위기가 아늑하다. 나프의 모든 것은 나폴리에서 시작해서 나폴리로 끝난다. 화덕은 나폴리안 전통 방식으로 만들었고, 피자 재료와 도구, 만드는 방법도 100% 나폴리에서 왔다. 게다가 셰프도 나폴리 출신이다. 피자는 우리나라에서 먹던 것과 모양이 조금 다르다. 형태가 둥글기보다 계란처럼 타원형에 가깝다. 하지만 맛은 비교를 거부할 정도로 뛰어나다. 화덕에 직접 구워 고소하면서도 기분 좋은 불 냄새가 살짝 느껴진다. 각 재료의 맛이 다 살아 있으면서도 치즈와 환상의 조합을 이룬다. 가격은 합리적이고 게다가 양까지 많다.

🚶 메트로 4호선 하우메 I 역Jaume i에서 도보 5분 🏠 Av. de Francesc Cambó, 30, 08003 📞 +34 686 19 26 90 🕐 월~일 13:00~00:00 € 15유로 안팎

🍴 엘 샴파엣 El Xampanyet

3대에 걸쳐 전해지는 타파스 맛집

피카소 미술관 근처에 있다. 보른 지구에서 현지인에게 가장 인기 좋은 레스토랑으로, 줄 서서 기다려야 하지만 그걸 감수하고도 찾을 정도로 소문이 자자한 곳이다. 1929년부터 지금까지 3대에 걸쳐 운영하고 있으며, 여전히 맛 좋은 타파스와 카바스파클링 와인 전문점으로 인정받고 있다. 특히 타파스가 정말 맛있는데, 안심 스테이크와 스페인 구운 고추grilled beef&pimientos de padron는 환상적이다. 육즙이 느껴지는 안심과 짭짤한 고추의 맛이 일품이다. 거기에 샴페인 한잔 곁들이면 세상을 다 얻는 기분이 든다.

🚶 메트로 4호선 하우메 I Jaume I역에서 도보 6분 🏠 Carrer de Montcada, 22, 08003 Barcelona 📞 +34 933 19 70 03 🕐 월요일 19:00~23:00 화~금 12:00~15:30 19:00~23:00 토 12:00~15:30 휴무 일요일 ☰ elxampanyet.com

엠파나다 아르젠티나 라 파브히카 Empanadas argentinas La fábrica

스페인식 만두 어때요?

스페인에도 만두가 있다. 엠파나다Empanada라고 하는데, 갈리시아 지방스페인 북서쪽, 포르투갈 위에 있다.에서 유래되었다. 빵 반죽 안에 곱게 다진 고기와 야채, 생선살 등을 넣어 만든다. 우리처럼 찌는 것이 아니라 불에 굽거나 튀겨 먹는다. 메디아 루나Media luna라고도 불리는데 스페인어로 반달을 의미한다. 엠파나다는 콜롬비아, 페루, 멕시코, 아르헨티나로 전해져 오히려 이 지역에서 더 인기를 끌었다. 지금은 역으로 아르헨티나 스타일 엠파나다가 건너와 인기를 누리고 있다. 보른의 쇼핑 거리 엘라나Llana에 있는 라 파브히카에 가면 맛 좋은 스페인 만두를 먹을 수 있다. 테이크아웃도 가능하다.

🚶 메트로 4호선 하우메 I 역Jaume I에서 도보 2분 🏠 Placa de la Llana, 15, 08003
📞 +34 931 240 410 🕐 화~일요일 11:00~23:00 € 엠파나다 1개 3.25유로 ☰ www.lafabrica-bcn.com

 ## 사가스 SAGÀS Pagesos i Cuiners

스페인 최고의 샌드위치

샌드위치가 얼마나 맛있으면 스페인 최고라는 수식어를 얻었을까? 우선 모든 재료를 피레네 산맥에 있는 직영 농장에서 생산한다. 가게 이름도 농장이 있는 마을 이름에서 따왔다. 제철 재료로 만들기 때문에 계절에 따라 샌드위치가 달라진다. 시그니처 샌드위치가 1년에 4번 바뀐다. 샌드위치 재료가 다 맛있지만 그중에서도 햄이 더 특별하다. 에스 칼리바다Escalibada라 불리는 흰 소시지도 정말 맛이 좋다. 빵 또한 매장에서 직접 굽기 때문에 최고의 샌드위치를 맛볼 수 있다. 인테리어도 매력적이다. 흑백 농부 사진과 세련된 테이블이 독특한 분위기를 자아낸다. 🚶 메트로 4호선 하우메 I 역Jaume I에서 도보 5분 🏠 pla de palau, 13, 08003 📞 +34 933 10 24 34 🕐 월~목 13:00~00:00 금 13:00~00:30 토 12:00~00:30 일 12:00~00:00 € 20유로 ☰ www.sagasfarmersand-cooks.com

피크닉 Picnic

공원 옆 매력적인 브런치 카페

사우타데야 공원 서쪽에 있다. 보른 지구에서 가장 매력적인 바 겸 브런치 레스토랑이다. 스칸디나비아, 칠레, 스페인, 멕시코 음식을 퓨전 스타일로 만든다. 토요일과 일요일의 브런치가 유명한데, 일찍 가지 않으면 줄을 서서 기다려야 한다. 연어 그라바드락스 베이글 플래터, 칠라킬레, 뉴욕식 클럽 샌드위치 그리고 팬케이크의 인기가 좋다. 연어 그라바드락스 베이글은 스칸디나비아 스타일 요리이다. 소금과 설탕에 절여 가공한 스칸디나비아식 연어를 생크림, 베이글과 같이 먹는다. 연어의 짭짤한 맛이 크림과 어울려 아주 맛이 좋다. 신선한 주스 또는 칵테일과 함께 즐길 수도 있다. 🚶 메트로 1호선 아크 데 트리옴프역Arc de Triomf에서 도보 7분 🏠 Carrer del Comerç, 1, 08003 📞 +34 935 11 66 61 🕐 월~일 10:00~16:00 🖥 www.picnic-restaurant.com

라 비야 델 세뇨르 La Vinya del Senyor

분위기 좋은 와인 바

산타 마리아 델 마르 성당 앞 광장에 있다. 스페인 와인뿐만 아니라 세계의 수많은 와인을 구비하고 있다. 계절마다 빈티지 와인을 선별해 선보인다. 메뉴는 파스타, 하몽, 치즈부터 샐러드까지 다양하다. 잔 와인도 판매해 부담 없이 즐길 수 있다. 이곳의 가장 큰 장점이라면 분위기다. 가장 인기 있는 자리는 단연 테라스이다. 테라스에 앉아 와인 한 잔을 기울이면 힐링 그 자체다. 운이 좋으면 일요일엔 광장에서 열리는 결혼식도 볼 수 있다. 바르셀로나에서 가장 분위기 있는 와인 바다. 테라스 자리는 인기가 워낙 많기에 일찍 서둘러야 한다. 🚶 메트로 4호선 하우메 I Jaume I에서 도보 5분 🏠 Plaça de Santa Maria, 5, 08003 📞 +34 933 10 33 79 🕐 일~목요일 12:00~00:00 금·토요일 12:00~13:00

칸솔레 Can Sole

🚶 메트로 4호선 바르셀로네타역Barceloneta에서 도보 6분
🏠 Carrer de Sant Carles, 4, 08003 📞 +34 932 21 50 12
🕐 화~목요일 13:00~16:00, 20:00~23:00 금·토요일 13:00~16:00, 20:30~23:00 **일요일** 13:00~16:00 휴무 월요일
€ 파에야 20유로, 랍스타 국수 34유로 🍴 http://restaurantcansole.com

지중해 옆 백년 맛집

바르셀로네타 항구에 있는 레스토랑이다. 1903년에 문을 열었으니까 무려 120년이 넘은 맛집이다. 레스토랑 상호에 1903년에 오픈한 사실을 자랑스럽게 적어놓았다. 처음은 어부들의 식당으로 시작했지만 지금은 세계 여행객의 맛집으로 거듭났다. 이른 아침 항구에 도착한 신선한 해산물을 직접 구매해, 제철 채소와 함께 요리한다. 이집 음식 중에서 가장 맛있는 것은 파에야이다. 100년이 넘는 이곳만의 요리법으로 만들어낸다. 가격은 조금 비싼편이지만 파에야가 입에 들어가는 순간 가격은 잊어버리게 된다. 바르셀로네타에 간다면 칸솔레를 기억해두자.

🍴 시에테 포르테스 7portes

피카소의 단골 파에야 맛집

피카소가 단골로 다녔던 집이다. 역사가 무려 180여 년이나 된다. 19세기 느낌이 나는 고풍스런 분위기가 인상적이다. 인테리어만 봐도 오랜 시간 바르셀로네타에서 터줏대감 노릇을 한 느낌이 확 다가온다. 메인 메뉴인 파에야의 재료는 그날 들어오는 식재료에 따라 조금씩 바뀐다. 가장 인기가 좋은 파에야는 단연 각종 해산물로 만든 파에야Parellada와 먹물 파에야Paellador arroz negro이다. 타파스, 소시지, 스튜도 인기가 좋다. 파에야는 우리 입맛에는 조금 짠 편이다. 싱겁게 먹고 싶으면 주문할 때 소금을 좀 빼달라고 말하는 것이 좋다.

🚶 메트로 4호선 바르셀로네타역Barceloneta에서 람블라스 거리 방향으로 도보 3분 🏠 Pg. d'Isabel II, 14, 08003
📞 +34 933 19 30 33 🕐 13:00~01:00(휴무 없음) € 랍스터 파에야 2인분 47.7유로 ☰ www.7portes.com

🍸 팔라우 달마세스 PALAU DALMASES

고풍스런 플라멩코 공연장

17세기에 지어진 고풍스런 건물에서 플라멩코를 즐길 수 있다. 무역으로 부를 쌓은 상인 달마세스가 지었는데, 아치형 기둥과 계단에서 깊은 고전미를 느낄 수 있다. 공연은 계단 앞 마당에서 열린다. 공간이 크지 않아 공연을 아주 가까이서 볼 수 있다. 아무런 음향시설 없어도 광장에서 울려 퍼지는 음악과 노랫소리 그리고 춤사위는 보는 이들의 가슴을 울린다. 공간이 작기 때문에 일찍 찾는 것이 좋다. 피카소 미술관 근처에 있어 미술관 관람 후에 가기 좋다. 홈페이지에서 예약이 가능하다.

🚶 메트로 4호선 하우메Ⅰ역Jaume I에서 도보 5분
🏠 Carrer de Montcada, 20, 08003 📞 +34 660 76 98 65
🕐 매일 17:30, 18:45, 20:00, 21:15(모닝쇼 일 13:00)
€ 25유로부터(음료수 1잔 포함)
☰ www.flamencopalaudalmases.com

로모그래피 엠버시 Lomography Embassy

아날로그 감성을 살려주는 로모카메라

로모카메라 전문점이다. 디지털 카메라가 할 수 없는 빛 바랜 분위기의 사진을 구현해
주는 특별함이 있다. 영화의 한 장면처럼 아날로그 감성을 살려줘 젊은이들에게 인기
가 좋다. 이 세상의 모든 로모카메라를 볼 수 있고, 로모카메라로 촬영한 사진을 마음껏
구경할 수 있다. 카메라 종류도 다양해서 폴라로이드식, 디지털식, 중형 카메라식이 있
다. 렌즈 종류도 다채롭다. 인테리어 디자인이 귀여워 카메라 숍이라기보다는 장난감 가게
를 구경하는 것 같다. 🚶 메트로 4호선 하우메 I 역Jaume I에서 도보 4분 🏠 Carrer d'en Rosic, 3, 08003 📞 +34 935 16 05 45
🕐 월~금 11:00~14:00, 16:00~20:00 토 12:00~20:00 휴무 일요일 🖩 www.lomography.es

핀사트 Pinzat

세상에 하나뿐인 가방

세상에 하나뿐인 가방을 가질 수 있다면 기분이 남다를
것이다. 패스트 패션Fast fasion이 차고 넘치는 세상에서 이
런 물건은 분명 매력적이다. 핀사트는 세상에 하나뿐인
가방을 만든다. 재활용 소재에 아티스트의 그림을 프린
팅하거나, 아티스트들이 재활용 소재에 직접 그림을 그
리기도 한다. 아티스트들은 바르셀로나뿐 아니라 전 세
계에 퍼져 있다. 미국, 브라질, 일본 등 국적도 다양하고
그림 스타일 또한 팝아트, 드로잉, 캐릭터 그림에 이르기
까지 무척 다채롭다. 가방 외에 지갑, 노트북 케이스 등
도 제작한다. 특이하게 디자이너들이 동물 가면을 쓰고
작업을 한다. 제작 과정을 직접 볼 수 있어서 더욱 좋다.

🚶 메트로 4호선 하우메 I 역Jaume I에서 도보 2분
🏠 Carrer de Grunyi, 7, 08003 📞 +34 620 68 27 51
🕐 월~금 10:30~18:30 토 11:00~17:00 휴무 일요일
€ 30유로부터 🖩 www.pinzat.com

몬주익과 포블섹
Montjuïc & Poble-sec

지중해와 바르셀로나 전경을 그대 품 안에

몬주익은 1992년 바르셀로나 올림픽 마라톤 경기 덕에 우리에게 친숙한 곳이다. 2등으로 달리던 황영조 선수가 몬주익 언덕에서 일본 선수를 추월하여 극적으로 금메달을 땄기 때문이다. 전망이 좋을 뿐 아니라 몬주익 성, 올림픽 스타디움, 카탈루냐 미술관, 호안 미로 미술관 등 관광지도 많다. 포블섹 Poble-sec은 몬주익 언덕 아래에 있는 동네이다. 스페인식 꼬치 요리 핀초로 유명하다.

몬주익과 포블섹

아레나 푸드코트
메르카도나
바르셀로나 아레나
Arenas de Barcelona
도착

에스파냐 광장
Plaça de Espanya

관광
안내소

캄 노우 2.5km
Camp Nou

Av. del Paral·lel

에스파냐
Pl. Espanya

카사 데 타파스
카뇨타

Carrer de Lleida

Carrer de la Mare d

바르셀로나
엘프라트 공항
12.5km

Avinguda de la Reina Maria Cristina

Carrer de la França Xi

카이사 포룸
CaixaForum

몬주익 분수
Font de Montjuïc

바르셀로나 파빌리온
El Pabellón de Barcelona

정망 스폿

스페인 마을
(플라멩코 공연장)

국립 카탈루냐 미술관
Museu Nacional de
Art de Catalunya(MNAC)

Av de l'Estadi – Estadi

몬주익
올림픽 공원

몬주익과 포블섹 하루 추천코스 지도의 빨간 실선 참고

몬주익 성 → 케이블카 5분+도보 5분 → 호안 미로 미술관 → 도보 10분 →
국립 카탈루냐 미술관 → 도보 11분 → 에스파냐 광장 → 도보 1분 →
바르셀로나 아레나

라 콘피테리아

파랄렐
Paral·lel

Rda. de Sant Pau

C.de Sant Pau

Av. del Paral·lel

파랄렐 호텔
Hotel Paral·lel

Carrer de Vila i Vila

C. de Manso

C. de la Creudels Molers

C. de Blasco de Garay

Carrer de Tàpioles

Poeta Cabanyes

키멧 키멧

라 타베르나
블라이 투나잇

미모스 피자,
프라자 델 소르티도르

엘 소르티도르

그란 보데가 살토

C. de Bali

C. de Belsa

Carrer de Magalhães

Passeig de Montjuïc

Ctra. de Montjuïc

미로 미술관
Miró
dació

몬주익
케이블카 승강장

몬주익 푸니쿨라
Funicular
de Montjuïc

출발

몬주익 성
Castillo de Montjuïc

몬주익 성 Castillo de Montjuïc 카스티요 데 몬주익

🚶 ❶ 메트로 2·3호선 파랄렐역Paral·lel에서 하차 → 지하로 내려가 푸니쿨라등산열차로 환승(1구역 1회권과 T-casual 사용 가능) → (2분 소요) → 몬주익공원역Parc de Montjuic 하차 → 몬주익공원역 입구로 나와 바로 오른쪽의 케이블카 타는 곳으로 이동 → 케이블카에 탑승(편도 9.4유로, 왕복 14.2유로, 왕복권 www.telefericdemontjuic.cat에서 10% 할인) → (7분 소요) → 몬주익성 도착 ❷ 메트로 1·3호선 에스파냐 광장역Pl. Espanya에서 시내버스 150번으로 환승 후 미라마르 전망대나 미라도르 전망대 하차. 🏠 Ctra. de Montjuïc, 66, 08038 📞 +34 932 56 44 45
🕐 11월 1일~2월 28일 10:00~18:00 3월 1일~10월 31일 10:00~20:00 휴무 1월 1일, 12월 25일
€ 일반 9유로 8~12세 6유로 8세 미만 무료 가이드 투어 일반 13유로 8~12세 10유로 8세 미만 4유로(투어 비용에 입장료 포함)
기타 푸니쿨라 운영시간 07:30~22:00(토·일·공휴일은 언제나 09:00에 시작, 가을·겨울 20:00까지, 1·2월 중 정기 점검으로 한 달 정도 휴무) 케이블카 운영시간 3~5월·10월 10:00~19:00 6~9월 10:00~21:00 11~2월 10:00~18:00(1·2월 중 정기 점검으로 한 달 정도 휴무) 🌐 www.castillomontjuic.com

©massine Wikimedia Commons

©Tim Adams

지중해와 바르셀로나를 한눈에 담다

몬주익 언덕은 서울의 남산 같은 곳이다. 언덕에 서면
바르셀로나 시내와 푸른 지중해를 한눈에 담을 수 있
다. 몬주익은 '유대인의 산'이라는 뜻으로, 박해받던 유
대인이 모여 살던 척박한 곳이었다. 언덕 정상에는 성이
있다. 웅장한 성채와 지중해를 향하고 있는 대포가 인상
적이다. 이곳은 군사박물관Museu Miltar이기도 하다. 이
성은 13세기부터 바르셀로나를 방어하는 전략적 요충
지였다. 18세 초 스페인 왕위 계승 전쟁 때는 바르셀로
나를 방어하는 역할을 하였고, 1800년대 초반엔 나폴
레옹의 군사기지로 사용되었다. 1900년대 초반 스페인
왕권은 고문실을 만들어 노동자와 무정부주의자를 탄
압했고, 1939년 스페인 내전에서 승리한 프랑코 정권
은 카탈루냐 민족주의자들을 고문했다. 슬픔이 엷어진
지금의 몬주익 성은 산 위에 서 있는 등대 같다. 성에 오
르면 푸른 하늘과 따뜻한 지중해가 반겨준다. 연인끼리
데이트하기 좋은 곳이다.

📷 국립 카탈루냐 미술관 Museu Nacional de Art de Catalunya(MNAC)

🚶 메트로 1·3호선 에스파냐 광장역Pl. Espanya에서 도보 5분 🏠 Palau Nacional, Parc de Montjuic, s/n, 08038
📞 +34 936 22 03 60 🕐 10~4월 **화~토요일** 10:00~18:00 5월~9월 **화~토요일** 10:00~20:00 **일·공휴일** 10:00~15:00
휴무 월요일, 새해 첫날, 노동절(5월 1일), 크리스마스 € **일반** 12유로 **학생** 30% 할인 **16세 이하와 65세 이상 무료 옥상 테라스**
2유로(토요일 15:00부터·매월 첫 일요일 무료이며 온라인 사전 예약 시 우선 입장) 🔗 www.museunacional.cat

카탈루냐 미술의 모든 것

바르셀로나를 대표하는 미술관이다. 에스파냐 광장에서 몬주익으로 이어지는 길 끄트머리 언덕에서 바르셀로나를
바라보고 있다. 돔과 첨탑이 인상적인, 유럽풍 고궁 형식의 웅장한 건물이다. 1929년 만국박람회 전시관으로 사용
하기 위해 지었다가 1934년 미술관으로 재개장하였다. 미술관으로 유명하지만, 전망이 아름답기로 소문이 난 곳이
다. 많은 사람이 미술관 아래로 펼쳐진 바르셀로나 시내를 배경으로 기념 촬영을 한다. 연인들은 미술관 앞 계단에
앉아 사랑을 속삭이고, 거리 음악가들은 그들을 축복하며 사랑을 노래한다. 미술관에서는 중세부터 현대에 이르는
카탈루냐 미술을 접할 수 있으며, 특히 로마네스크 미술품을 세계에서 가장 많이 소장하고 있다. 벽화도 많다. 중세
때 글을 읽지 못했던 사람들을 위해 성서를 벽에 새긴 것들이다. 거대한 그림책을 감상하는 느낌이 든다. 피카소는
카탈루냐 미술관을 서양 미술의 근원을 이해할 수 있는 위대한 곳이라고 극찬했다.

호안 미로 미술관 Joan Miró Fundació 조안 미로 폰다시오

🚶 ❶ 메트로 1·3호선 에스파냐 광장역Pl. Espanya 하차 후 시내버스 150번으로 환승하여 호안 미로 미술관 정류장에서 하차
❷ 메트로 2·3호선 파랄렐역Paral·lel에서 하차하여 푸니쿨라등산열차로 갈아타고 종점에서 하차 후 도보 5분
🏠 Parc de Montjuic, s/n, 08038 📞 +34 934 43 94 70
🕐 11~3월 **화~토** 10:00~18:00 4월~10월 **화~토** 10:00~20:00 **일요일** 10:00~15:00 휴관 월요일, 1월 1일, 12월 25·26일
€ **일반** 13유로 **학생·65세 이상** 7유로 **14세 이하** 무료(바르셀로나 카드, 아트티켓 사용 가능) ☰ www.fmirobcn.org

카탈루냐를 사랑한 화가

호안 미로Joan Miro, 1893~1983는 20세기 초 추상미술과 초현실주의를 결합한 창의적인 화가이다. 피카소, 살바도르 달리와 함께 스페인을 대표하는 화가이지만, 스페인 사람들에게는 카탈루냐 대표 작가로 더 유명하다. 그는 단순함을 추상적으로 표현하고, 무의식의 세계를 조형적인 초현실주의로 전환해 20세기 현대미술사에 큰 획을 그었다. 몬주익 언덕 중턱에 그의 작품을 모아놓은 호안 미로 미술관이 있다. 언덕 초입 카탈루냐 미술관을 지나 나무 우거진 공원과 숲길을 따라 걷다 보면 블록을 쌓아 올린 것 같은 미술관이 나온다. 미로의 친구이자 세계적인 건축가 호셉 유이스 세르트Josep Luis Sert가 설계했다. 외관처럼 실내도 독특하다. 거의 모든 벽은 흰색과 통유리이다. 통유리로 들어오는 햇살이 머무는 로비에 앉아 있으면 카페에 앉아 있는 것 같다. 파랑, 빨강, 노랑 등 원색으로 출입문, 캐비닛, 화장실, 벽 등을 장식해 분위기가 유쾌하다. 회화 225점, 조각과 태피스트리 150점, 스케치 5천 점을 관람할 수 있다.

에스파냐 광장과 아레나 Plaça de Espanya & Arenas de Barcelona

에스파냐 광장 ☀ 메트로 1·3호선 에스파냐 광장역Pl. Espanya 하차 🏠 Gran Via de les Corts Catalanes, 69, 08010
아레나몰 ☀ 메트로 1·3호선 에스파냐역Espanya에서 도보 2분 🏠 Gran Via de les Corts Catalanes, 373, 385, 08015
⏱ 6~9월 10:00~22:00 10~5월 09:00~21:00 휴무 일요일 ☰ www.arenasdebarcelona.com

바르셀로나인 듯 바르셀로나 아닌

에스파냐 광장은 카탈루냐 미술관, 몬주익 언덕과 연결되는 지점이고, 바르셀로나에서 가장 큰 산츠역과도 가깝다. 이곳은 곧잘 카탈루냐 광장과 비교된다. 에스파냐 광장이 더 크고 화려하지만, 시민들은 카탈루냐 광장을 더 사랑한다. 그들은 스스로를 카탈란이라 부르며 에스파냐와 구별한다. 에스파냐 광장 한쪽에 돔을 인 아레나가 있다. 문화유산 분위기가 물씬 풍기는 오리엔탈풍 건축물이다. 한때 투우 경기장으로 사용되었으나 지금은 아레나몰이라는 대형 쇼핑센터가 들어섰다. 마드리드나 안달루시아 지방은 투우를 여전히 계승하고 있지만, 바르셀로나는 금지하고 있다. 스페인의 전통을 따르지 않겠다는 카탈루냐 지방 정부의 정책이 반영된 까닭이다. 에스파냐 광장과 아레나몰은 바르셀로나인 듯 바르셀로나가 아닌 곳이다. 아레나몰 5층 옥상에는 에스파냐 광장을 한눈에 담을 수 있는 전망대와 루프톱 레스토랑이 있고, 지하 1층에는 가볍게 식사하기 좋은 식당가가 있다. 꿀국화차 같은 기념품 사기 좋은 대형마트 메르카도나도 같은 층에 있다.

📷 포블섹 Poble-sec

🚶 ❶ 메트로 3호선 포블섹역Poble-sec과 2·3호선 파랄렐역Paral·lel하차
❷ 몬주익 언덕에서 갈 경우엔 푸니쿨라등산열차 승차 후 메트로 2·3호선 파랄렐역 하차

몬주익의 이웃, 타파스와 핀초를 즐기자

포블섹은 라발 지구와 몬주익 사이에 있는 주거 지역이다. 람블라스 거리와도 가까워 걸어서 15~20분이면 도달할 수 있고, 몬주익 언덕과는 바로 이웃해 있다. 젊은 사람이 많이 살아 동네는 언제나 활기가 넘친다. 포블섹엔 유명 관광지가 없다. 그 대신 소소하게 미식을 즐길 수 있는 맛집이 많다. 몬주익 언덕을 여행하고 여유를 부리며 식사를 하거나 술을 마시기에 딱 좋은 곳이다. 바르셀로나에서 타파스만큼 유명한 음식이 핀초이다. 우리로 치면 꼬치 요리이다. 실제로 핀초는 스페인어로 꼬챙이라는 뜻이다. 포블섹엔 핀초Pincho 거리라 불리는 블라이 거리Carrer de Blai가 있다. 몇 해 전까지만 해도 현지인이 많았으나 지금은 여행객에도 제법 알려졌다. 몬주익 언덕에서 포블섹으로 가려면, 푸니쿨라등산열차를 타고 메트로 2·3호선 파랄렐역에 도착하면 된다. 그곳이 포블섹이다. 시간이 넉넉하면 산책 삼아 걸어가도 좋다. 포블섹에서 여유롭게 술 한잔하며 여행의 느낌표를 만들어 보자.

📷 캄 노우 Camp Nou, FC Barcelona

🚶 메트로 5호선 바달역Badal과 콜블랑역Collblanc, 3호선 팔라우 레이알역Palau Reial에서 도보 10분
🏠 C. d'Arístides Maillol, 12, 08028 📞 +34 902 18 99 00 🕐 캄 노우 공개 운영시간 1월 10일~5월 1일·11월~12월 중순
10:00~18:00 5월 2일~10월 09:30~19:00 12월 중순~1월 초 10:00~19:00 일요일 15:00까지(경기 당일, 경기 전일 일부, 특
별 행사일, 1월 1일, 12월 25일 휴무) € 기본 투어 28유로(매표소 구매 31.5유로 4~10세·70세 이상 21유로로 3세 이하 무료)
☰ www.fcbarcelona.com/camp-nou(경기 티켓·투어 티켓 구매)

축구, 바르셀로나 여행의 완성

"레반도프스키~~~!"
10만 관중이 벌떡 일어나 함성을 지른다. 캄 노우Camp Nou, 새로운 들판 또는 운동장이라는 뜻은 한껏 달아오른다. 세계
모든 축구 선수의 꿈, FC바르셀로나! 1899년 창단된 FC바르셀로나는 단순한 축구팀이 아니다. 카탈루냐의 자부
심이다. 카탈루냐는 마드리드를 중심으로 형성된 스페인 왕조와 오랜 기간 대립 관계에 있었다. 언어와 문화도 조
금 다르다. 카탈루냐는 그들만의 정체성을 지키고자 했다. 17세기와 18세기에 독립운동을 벌였지만, 실패로 돌아
갔다. 1930년 합법적인 절차에 따라 카탈루냐 지방 정부가 수립되었지만, 얼마 지나지 않아 프랑코 군부의 폭압에
시달렸다. 이때 좌파였던 FC바르셀로나의 호셉 수뇰 회장이 프랑코에 의해 살해되고, 구단 사무실은 폭탄 세례를
받았다. 놀랍게도, 축구팀 FC바르셀로나는 협동조합이다. 사기업이 아니라 바르셀로나 시민 20만 명이 주인이다.
카탈루냐 사람들은 FC바르셀로나를 응원하고, 조합원이 되는 것으로 스페인 왕조의 억압에 항의했다. 예전에도 그
랬고, 지금도 마찬가지다. 축구 경기가 없는 날에는 패키지 투어로 캄 노우를 구경할 수 있다. 경기 티켓은 http://
football-tickets.barcelona.com이나 FC바르셀로나 홈페이지에서 구매할 수 있고, 한인 민박에서 구매 대행을 해주
기도 한다. 티켓 가격은 자리마다 천차만별이다.

왕립 축구단과 협동조합, 엘 클라시코가 전쟁인 이유

과거 스페인엔 바르셀로나와 사라고사를 중심으로 하는 아
라곤 왕국1137~1714과 마드리드를 중심으로 하는 카스티야
왕국이 공존하고 있었다. 둘 다 기독교 세력이었다. 한때 그
들은 기독교 연합 왕국을 꾸려 이슬람 세력에 대항했다. 하
지만 15세기 이슬람이 완전히 물러나자 두 세력은 주도권
을 차지하기 위해 갈등했다. 형세는 마드리드 세력에게 유
리했다. 급기야 바르셀로나 세력, 즉 카탈루냐 세력은 스페
인 왕국에서 독립하려는 분리 운동을 시작했다. 하지만 이
마저도 쉽지 않았다. 1714년 왕위 계승 전쟁에서 패한 뒤 카
탈루냐는 강제로 스페인 왕국에 편입되었다.

이후 두 세력은 앙숙이 되었다. 두 세력이 가장 첨예하게
만나는 곳은 축구 경기장이다. 레알 마드리드는 '레알' 즉
왕립 축구단이다. 앰블럼 위에 왕관도 달려있다. 반면 FC
바르셀로나는 시민 20만 명이 주인인 협동조합 축구단이다. 두 지역의 간 갈등에 뿌리부터 다른 정체성이 보
태어 지면서 두 팀이 경기하는, 엘 클라시코El Clasico는 그야말로 총성 없는 전쟁이다. 카탈루냐가 스페인 왕국
에 강제 병합된 해가 1714년이다. 경기장에서도 바르셀로나 시민들에게 '1714'는 각별한 숫자이다. 전반 17분
14초! 10만 응원단은 일제히 독립을 외친다. 카탈루냐 만세를 외친다. 깃발을 흔들고, 함성을 지르고, 나팔을 불
며 거대한 '독립' 퍼포먼스를 벌인다. 그들은 그렇게 독립 운동을 하고 있다.

🍴 아레나 푸드코트 Arenas de Barcelona

일식·하몽·파에야……골라 먹는 재미

에스파냐 광장 옆 아레나 몰에 있다. 투우 경기장을 개
조해 만든 쇼핑센터 안에 푸드코트, 레스토랑, 카페가
입점해 있다. 푸드코트는 지하에, 카페와 고급 레스토
랑은 옥상에 있다. 푸드코트라고 해서 무시해서는 안
된다. 유명한 일식집 우돈Udon을 비롯해, 고급 하몽 숍,
파에야 레스토랑, 샌드위치 전문점 등 다양한 맛집이 몰
려 있다. 예산이 여유가 있고, 시간이 밤이라면 야경이
멋진 옥상 레스토랑을 추천한다. 에스파냐 광장과 카탈
루냐 미술관의 밤 풍경이 무척 아름답다. 푸드코트와 옥
상 레스토랑들은 일요일에도 영업한다.

🚶 메트로 1·3호선 에스파냐역Espanya에서 도보 2분
🏠 Gran Via de les Corts Catalanes, 373, 385, 08015
🕐 푸드코트 10:00~22:00
옥상 레스토랑 10:00~01:00(식당마다 상이)

🍴 미모스 피자, 프라자 델 소르티도로 Mimmos Pizza, Plaza del Sortidor

이탈리아의 맛이 그대로

미모스 피자는 이태리 피자 전문점이다. 가게는 크지 않다. 작은 바와 테이블 몇 개가 전부이지만 몬주익에서 꽤 유
명한 피자 가게이다. 피자를 주문하면 접시나 팬이 아니라 둥근 나무판 위에 나온다. 하지만 접시와 칼 포크 따위는
나오지 않는다. 그냥 손으로 뜯어 먹으면 된다. 이 가게의 또 다른 매력은 가격이다. 거의 모든 피자가 15~20유로
정도이고, 가장 비싼 베지테리아나vegetariana 피자가 21유로이다. 편히 앉아 음악을 들으며 맥주 한 잔 곁들여 먹
기도 좋다. 🚶 메트로 3호선 포블섹역Poble-sec에서 도보 7분 🏠 Carrer de Blasco de Garay, 46, 08004
📞 +34 931 26 25 86 🕐 화~일 19:00~00:00 휴무 월요일 💶 15~20유로 정도

🍽️ 카사 데 타파스 카뇨타 Casa de Tapas Cañota

캐주얼한 타파스 레스토랑

바르셀로나의 유명 셰프 아드리아 형제가 오픈한 타파스 레스토랑이다. 고급 레스토랑 분위기라기 보다는 캐주얼 느낌이 강하다. 이 집은 주로 갈리시아 지방포르투갈 북쪽의 스페인 땅 요리와 해물 요리가 중심을 이룬다. 그중에서 해물 튀김 맛이 일품이다. 바삭한 튀김과 부드러운 해산물의 조합이 환상적이다. 1kg 비프커틀릿도 유명하다. 에스파냐 광장에서 걸어서 약 5분 거리에 있다. 에스파냐 광장이나 몬주익 언덕을 찾았다면 카사 데 타파스 카뇨타를 찾아보자. 🚶 메트로 1·3호선 에스파냐광장역Pl. Espanya과 3호선 포블섹역Poble Sec에서 도보 5분 🏠 Carrer de Lleida, 7, 08004 📞 +34 933 25 91 71 🕐 화~토 13:00~16:00, 19:30~23:00 **일요일** 13:00~16:00 휴일 월요일, 8월 중순~9월 중순, 12월 25일, 1월 1일 € 30~40유로 ☰ http://casadetapas.com

🍽️ 엘 소르티도르 el sortidor

포블섹의 이름난 지중해식 레스토랑

엘 소르티도르는 포블섹의 유명한 지중해 스타일 레스토랑이다. 이 가게의 역사는 1908년으로 거슬러 올라간다. 시작은 얼음 가게였다. 냉장고가 대중화가 되지 않았던 시절, 포블섹 사람들의 얼음을 책임졌다. 그때 사용하던 냉장고가 지금도 남아 있다. 그 후에는 이른바 '유럽 멸치'라고 불리는 염장 멸치 앤초비 가게였다가, 2015년 지금의 레스토랑이 되었다. 당시 사용하던 출입문, 대리석 테이블, 나무의자 등을 지금도 사용하고 있다. 이곳의 셰프 다비드 산 마르틴은 지중해 스타일에 스페인 맛이 가미된 독특한 음식을 만들어 낸다. 🚶 메트로 3호선 포블섹역poble sec에서 도보 5분 🏠 Plaça del Sortidor, 5. At Magalhaes 📞 +34 690 76 57 21 🕐 화~목·일요일 13:00~17:00 금·토 13:00~17:00, 20:00~22:30 휴무 월요일 € 30유로 안팎

🍽 키멧 키멧 Quimet & Quimet

몬주익 아래 이름난 타파스 맛집

타파스로 유명한 레스토랑이다. 몬주익 언덕 아래 포블섹에 있다. 가게 앞에는 언제나 사람들이 삼삼오오 모여서 문이 열리길 기다린다. 워낙 인기가 좋아 문을 열자마자 곧 손님으로 꽉 찬다. 게다가 손님들은 한 번 자리를 잡으면 오랫동안 타파스와 와인을 즐기므로 여간해서 자리가 나지 않는다. 그러므로 오픈 시간에 맞춰 가는 게 좋다. 가게가 협소해 테이블이 없으면 서서 먹어야 하는데, 그마저도 쉽지 않으므로 꼭 오픈 시간에 맞춰가는 것을 추천한다. 이 가게는 와인도 유명하다.
🚶 메트로 3호선 포블섹역Poble-sec, 2·3호선 파랄렐역 Paral·lel에서 도보 3~4분 🏠 Carrer del Poeta Cabanyes, 25, 08004 📞 +34 934 42 31 42 🕐 월~금 12:00~16:00, 18:00~22:30 휴무 토·일요일 €1인당 20~40유로
〓www.quimetquimet.com

©Rowan Z

🍽 라 타베르나 블라이 투나잇 La Taberna Blai Tonight

이름난 핀초 전문점

핀초는 바스크 지방 전통 요리로 바게트 빵을 작게 잘라 그 위에 한 두 점의 음식을 놓고 이쑤시개로 고정시켜 한입에 먹는 꼬치 요리이다. 몬타디토라고도 한다. 블라이 거리Carrer de Blai에는 핀초 가게가 정말 많다. 수백 미터 거리에 핀초 가게와 카페, 레스토랑이 즐비하다. 라 타베르나 블라이 투나잇은 현지인에게 꽤 인기가 좋은 곳이다. 언제나 사람들로 붐비기 때문에 서두르는 것이 좋다. 바게트 빵에 연어와 아스파라거스, 하몽, 햄, 살라미 등을 꼬치에 끼운 핀초가 2유로가 안 된다. 참고로 핀초를 주문할 때 꼭 전자레인지나 오븐에 데워 달라고 하자. 🚶 메트로 2·3호선 파랄렐역Paral·lel에서 도보 5분
🏠 Carrer de Blai, 23, 08004 📞 +34 639 38 42 06 🕐 월~목 18:00~00:00 금 18:00~01:00 토13:00~01:00 일13:00~23:30 € 핀초 1개 2유로 안팎

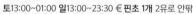

라 콘피테리아 La Confiteria

몽환적인 100년 술집

100년 동안 한 자리를 지키고 있는 술집이다. 겉모습도, 내부 인테리어도 변화를 최소화했다. 소품도 거의 그대로 다. 안으로 들어가면 이 집의 매력이 배가 된다. 마치 타임머신을 타고 과거로 돌아간 기분이 든다. 붉은 조명이 몽환적 분위기를 연출해 준다. 영화 <미드나잇 인 파리>에서 주인공이 술에 취해 20세기 초 술집으로 돌아가는 장면이 나온다. 딱 그런 분위기다. 분명 백 년 전 바르셀로나의 술집은 이런 분위기였을 것이다. 수십 종의 칵테일 및 위스키, 와인, 맥주가 당신을 기다리고 있다.

🚶 2·3호선 파랄렐역Parel·lel에서 도보 5분 🏠 Carrer de Sant Pau, 128, 08001 📞 +34 931 40 54 35
🕐 월~수 18:00~01:30 목 18:00~02:00 금 17:00~03:00 일 17:00~01:15 휴무 토요일

그란 보데가 살토 Gran Bodega Saltò

영화 세트장 같은 라이브 바

젊은이들에게 인기가 많다. 가게 안으로 들어서면 와인 오크통이 한 쪽 벽을 차지하고 있다. 벽면엔 무도회 가면과 인형이 달려 있고, 여기저기에 추상적인 무늬가 그려져 있다. 천장에는 호랑이 인형이 달려 있다. 영화 세트장 같다. 이 집의 하이라이트는 목요일과 일요일에 열리는 라이브 공연이다. 재즈, 어쿠스틱 등 다양한 공연이 열린다. 바에서는 술과 함께 간단한 타파스를 맛볼 수 있다. 오크통에 담긴 와인도 판매하니 웨이터에게 추천을 부탁해 주문하면 된다. 자세한 공연 정보는 홈페이지에서 확인할 수 있다.

🚶 메트로 2·3호선 파랄렐역Parel·lel에서 도보 5분 🏠 Carrer de Blesa, 36, 08004 📞 +34 934 41 37 09
🕐 월~목 18:00~01:00 금 18:00~03:00 토 12:00~03:00 일 12:00~00:00 ≡ www.bodegasalto.net

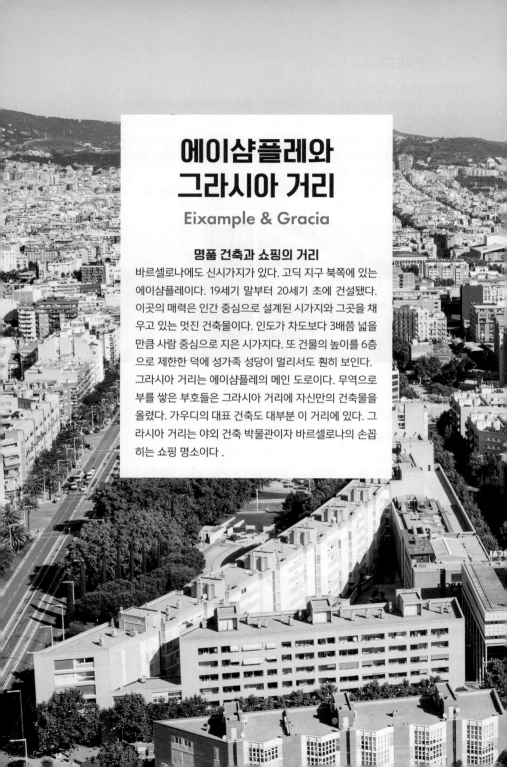

에이샴플레와 그라시아 거리

Eixample & Gracia

명품 건축과 쇼핑의 거리

바르셀로나에도 신시가지가 있다. 고딕 지구 북쪽에 있는
에이샴플레이다. 19세기 말부터 20세기 초에 건설됐다.
이곳의 매력은 인간 중심으로 설계된 시가지와 그곳을 채
우고 있는 멋진 건축물이다. 인도가 차도보다 3배쯤 넓을
만큼 사람 중심으로 지은 시가지다. 또 건물의 높이를 6층
으로 제한한 덕에 성가족 성당이 멀리서도 훤히 보인다.
그라시아 거리는 에이샴플레의 메인 도로이다. 무역으로
부를 쌓은 부호들은 그라시아 거리에 자신만의 건축물을
올렸다. 가우디의 대표 건축도 대부분 이 거리에 있다. 그
라시아 거리는 야외 건축 박물관이자 바르셀로나의 손꼽
히는 쇼핑 명소이다 .

에이샴플레와 그라시아 거리 하루 추천코스 지도의 빨간 실선 참고

산트 파우 병원 → 도보 10분 → 사그라다 파밀리아 성당 → 대중교통 10분 →
카사 밀라 → 도보 6분 → 카사 바트요 → 그라시아 거리 쇼핑

📷 산트 파우 병원
Hospital de Sant Pau
출발 ●

Ⓜ 산트 파우 이
도스 데 마이그
Sant Pau I
Dos de Maig

Carrer de Sant Antoni Maria Claret

🍴 케이에프시

사그라다파 밀리아 Ⓜ
Sagrada Família

📷 사그라다 파밀리아 성당
La Sagrada Família

사그라다 ● ● 스타벅스
파밀리아 공원
Plaça de
la Sagrada Família

Verdaguer Ⓜ

Av. Diagonal

Av. Diagonal

Passeig de Sant Joan

디아고날 도스 이 우나
Diagonal 🛍 248
Ⓜ 🛍

히로나
Girona
Ⓜ

스카치 앤 소다
🛍

카사밀라
📷 Casa Milà

Carrer d'Aragó

Carrer de Consell Cent

Rambla de Catalunya

Passeig de Gràcia

🍴 노르테

Carrer de la Diputació

Carrer de Balmes

엘포네트
🛍

그라시아 거리
📷 Passeig de Gràcia

카사 바트요
Casa Batlló

도착

🍴 타파스24

Gran Via de les Corts Catalanes

Carrer de Girona

코스
🛍

☕ 알수르 카페 루리아

브랜디♥멜빌

파세이그 데
그라시아
Ⓜ
Passeig de Gràcia

Carrer d'Aragó

라 플라우타
🍴

가우디의 대표 건축들 Casa Batlló, Casa Milà, La Sagrada Famllia

🚶 자세한 여행 정보는 128쪽 가우디 건축 여행 참고

©messier-Wikimedia Commons

카사 바트요, 카사 밀라, 성가족 성당

에이샴플레엔 가우디의 4대 건축 중 구엘공원을 제외한 나머지 세 개가 모여 있다. 1906년 낡은 건물을 재건축한 카사 바트요는, 가톨릭 성인 산 조르디Sant Jordi가 용에게 바쳐질 위기에 처한 공주를 구했다는 카탈루냐 지방의 전설을 건축으로 재현한 것이다. 건물 정면은 파도가 치듯 역동적이고, 타일로 장식한 둥근 지붕은 마치 용의 비늘 같다. 발코니도 용의 머리처럼 생겼다. 카사 바트요를 흔히 '용의 집'이라 부른다. 이 건물은 현재 사탕회사 츄파춥스 소유이다.

가우디는 중·후반기에 특히 곡선을 많이 사용한다. 카사 밀라는 그 정점에 있는 작품이다. 건물 모양은 물론 기둥, 발코니, 창문, 계단, 옥상, 심지어는 천장과 벽에서도 곡선의 향연이 펼쳐진다. 야경 투어를 추천한다.

사그라다파밀리아는 놀랍고, 경이롭고, 감동적이다. 어떤 범주로도 분류할 수 없는 독특한 성당이다. 크기도 상상을 초월한다. 가로가 150m, 세로가 60m, 축구장 크기와 비슷하다. 첫 삽을 뜬 지 130년이 넘었지만 아직도 공사

중이다. 가우디는 1926년 사망할 때까지 43년 동안 그의 인생을 이 성당에 바쳤다. 성당 지하엔 그의 무덤과 성당 건축에 관한 자료를 전시하는 박물관이 있다. 카사 바트요, 카사 밀라와 더불어 유네스코 세계문화유산으로 등재되었다. 가우디의 초기작 카사 비센스와 카사 칼베트도 에이샴플레에 있다.

(Travel Tip)

카사 밀라 환상 야경 투어 안내

카사 밀라를 더욱 특별하게 즐기고 싶다면 카사 밀라에서 주최하는 야경 투어La Pedrera night experience를 예약하자. 야경 투어에 참여하면 스파클링 와인 카바 Cava를 마시며 낭만적인 투어를 할 수 있다. 카사 밀라의 정수는 단연 옥상 테라스다. 밤 9시부터 옥상에서 형형색색의 조명 쇼가 펼쳐진다. 바르셀로나의 야경 또한 아름답다. 예약과 스케줄은 홈페이지에서 확인할 수 있다. ⏱ 3월~11월 초 20:30~23:00 11월 초~2월 19:00~22:00 *홈페이지 확인 필수 € 성인 35유로, 7~12세 17.5 유로, 6세 이하 무료 ☰ www.lapedrera.com

📷 산트 파우 병원 Hospital de Sant Pau 호스피탈 데 산트 파우

🚶 ❶ 메트로 5호선 산트 파우 이 도스 데 메이그역Sant Pau I Dos de Maig에서 도보 5분
❷ 성가족 성당에서 가우디 거리Av. de Gaudi 따라 도보 10분
🏠 Carrer de Sant Antoni Maria Claret, 167, 08025
📞 +34 935 53 71 45 🕐 11~3월 10:00~16:30 4~10월 10:00~18:30 휴무 12월 25일
€ 일반 16유로 12~20세·65세 이상 11.2유로 11세 이하 무료(4월 23일·9월 24일 무료 바르셀로나 카드 소지자 20% 할인 오디오 가이드 4유로) 가이드 투어 11:00, 12:30(요금 14유로, 스페인어 진행, 다른 언어는 요청 시 제공, 무료 입장일엔 가이드 투어 없음) ☰ www.santpaubarcelona.org

와우! 병원이 세계문화유산이라니!

바르셀로나에는 세상에서 가장 아름다운 병원이 있다. 가우디의 대표작 성가족 성당에서 북쪽으로 10분 거리에 있는 산트 파우 병원이다. 환자의 쾌유를 기원하는 마음을 담아 성가족 성당 가까이에 지었다고 한다. 병원이라지만 너무 아름다워 유명한 성당 같다. 산트 파우 병원은 카탈루냐 음악당을 설계한 루이스 도메네크 이 몬타네르Lluis Domenech I Montaner, 1850~1923의 작품이다. 가로 세로 300m 부지에 병동 28개가 들어선 대형 병원이다. 거의 모든 건물은 부드러운 곡선미를 뽐낸다. 붉은 벽돌은 편안하고 고즈넉한 느낌을 준다. 건물 내부와 외부는 정교한 꽃 문양과 인물 조각상 등으로 장식되어 있다. 이슬람 양식 타일도 곳곳에 사용되었다. 특히 메인 병동의 아치형 천장과 꽃 모양 타일이 무척 아름답다. 화려한 느낌이 카탈루냐 음악당 못지않다. 1997년 유네스코는 이 병원의 건축적 가치를 인정해 세계문화유산으로 지정했다. 몬타네르는 건축 미학뿐만 아니라 '환경이 환자를 치유한다'는 평소 지론을 적용하려 애썼다. 각 병동 사이에 정원을 두고 건물 안으로 온종일 햇볕이 들게 설계하였다. 건물과 건물 사이에는 지하 통로를 만들어 날씨와 상관없이 환자들이 안전하게 이동할 수 있도록 했다. 지상으로 올라오면 여러 채의 병동이 넓은 마당을 사이에 두고 사이좋게 마주 보고 있다. 관람객들은 마치 미술관을 관람하는 것처럼 진지하게 건축물을 감상한다. 병을 치료하는 것은 최첨단 시설만이 아닐 것이다. 산트 파우 병원은 진정한 치유에 대해 새롭게 질문을 던지고 있다.

쇼핑 스폿, 그라시아 거리

Passeig de Gràcia 파세이그 데 그라시아

🚶 메트로 2·3·4호선 파세이그 데 그라시아역Passeig de Gràcia에서 도보 3분.
메트로 3호선 디아고날역Diagonal에서 도보 3분

쇼핑, 건축, 노천 카페

그라시아 거리는 에이샴플레를 대표하는 거리다. 카탈루냐 광장에서 북서쪽으로 쭈욱 뻗은 거리로, 이 거리 양쪽으로 1800년대 말에 조성된 신시가지 에이샴플레가 바둑판처럼 펼쳐진다. 그라시아는 바르셀로나 최고의 쇼핑 거리이다. 프랑스의 샹젤리제, 우리나라 청담동과 자주 비교되는 거리다. 백화점, 명품 숍, 브랜드 숍이 거리를 메우고 있다. 샤넬, 구찌, 에르메스 같은 명품 브랜드와 스페인 대표 브랜드 자라와 망고 그리고 코스, 스카치 앤 소다 등도 그라시아 거리에서 동서로 뻗어나가는 작은 거리에 자리 잡고 있다. 이뿐만이 아니다. 유명 패션 브랜드뿐 아니라 편집 숍, 카페, 레스토랑도 많다.

그라시아를 걷다 보면 가우디 건축 외에도 중간 중간 쇼핑 거리를 빛내주는 멋진 건축물을 만나게 된다. 카사 바트요의 옆 건물은 카사 아마트예르Casa Amatller이다. 카탈루냐 아보르노 건축의 백미로 꼽는다. 이 건물이 너무 독특해 옆 건물 주인인 바트요가 자신의 건물을 더욱 돋보이게 하려고 가우디에게 리모델링을 의뢰했다. 카사 바트요가 탄생한 비하인드 스토리이다. 카탈루냐 광장에서 가까운 카사 예오모레라Casa Lleo Merera는 카탈루냐 음악당과 산트 파우 병원을 건축한 도메네크 이 몬타네르가 설계했다. 그라시아 거리엔 노천 레스토랑이 많다. 쇼핑도 좋지만 따뜻한 햇빛 아래에서 건축과 거리를 감상하는 즐거움도 놓치지 말자.

🍴 케이에프시 KFC

🏃 메트로 2·5호선 사그라다 파밀리아역Sagrada Familia에서 도보 2분
🏠 Av. de Gaudi, 2, 08025 📞 +34 934 33 07 17
🕐 월~수 11:00~00:30 목·일 11:00~01:00 금·토 11:00~02:00

사그라다 파밀리아를 감상하며 치킨과 햄버거를

성가족 성당 주변엔 마땅한 맛집이 없다. 성당을 찾았던 여행자는 대부분 KFC를 찾는다. 처음엔 좀 당혹스럽지만, 막상 성당 앞에 가면 사람들이 왜 이곳을 찾는지 알게 된다. 성당을 감상하며 식사를 할 수 있는 음식점으로 이만한 곳이 없다. 실내에서 훤히 보이는 성당 풍경은 KFC에서 주는 덤이다. 주문한 메뉴를 받아 들고 2층으로 올라가면 넓은 통유리 너머로 사그라다 파밀리아가 두 눈 가득 들어온다. 벽에 걸린 그림을 감상하듯 가우디의 역작을 눈에 넣으면, 흔한 메뉴이지만 이 세상에서 가장 맛있는 치킨처럼 느껴진다.

🍴 타파스24 Tapas24

카사 바트요 근처 타파스 전문점

카사 바트요에서 남동쪽으로 4분 거리에 있는 타파스 전문점이다. 가우디 건축을 여행하고 들르기 좋다. 카탈루냐 요리의 대가라 불리는 카를로스 아베야가 운영하는 레스토랑 중 타파스만을 전문으로 하는 곳이다. 다른 타파스 가게와는 메뉴부터가 다르다. 가격은 조금 비싸지만 기본적인 타파스부터 퓨전 타파스까지 종류도 다양하고 맛도 좋다. 감자 오믈렛, 미니 타코 세트와 푸아그라 버거, 비키니 샌드위치 등 다양한 타파스로 입맛을 즐겁게 만든다. 오픈 키친이라 요리 과정을 쇼 구경하듯 볼 수 있어 더욱 즐겁고 새롭다.

🚶 메트로 2·3·4호선 그라시아 거리역Passeig de Gracia에서 도보 3분 🏠 Carrer de la Diputacio, 269, 08007 📞 +34 934 88 09 77 🕐 월~일 12:00~01:00 € 일반 타파스 2.5~21유로, 셰프 추천 타파스 14~26유로 ≡ www.carlesabellan.com/ca/tapas24-diputacio/

☕ 엘포네트 el Fornet

빵 맛으로 소문난 카페

엘포네트는 럭셔리하면서도 분위기가 고풍스런 카페이다. 스페인 전역에 많은 체인점을 두고 있다. 그라시아 거리에도 지점이 여럿이다. 빵이 맛있기로 유명해 저녁이 되면 사람들이 빵을 사기 위해 줄을 서서 기다린다. 바게뜨, 크로와상, 에그타르트, 머핀, 스콘 등 다양한 빵을 판매한다. 하몽과 살라미로 만든 샌드위치와 디저트 케이크도 있다. 분위기는 마치 유럽 중상류층 가정의 거실 같다. 고풍스러운 가구와 장식을 즐기며 편안하게 머물 수 있는 카페이다. 에이삼플레에서 휴식이 필요하다면, 빵과 커피가 있는 엘포네트를 추천한다. 카사 바트요에서 5분 거리에 있다.

🚶 메트로 2·3·4호선 파세이그 데 그라시아역Passeig de Gracia에서 도보 4분 🏠 Carrer del Consell de Cent, 355, 08007 📞 +34 695 23 73 59 🕐 월~토 07:00~21:00 일 08:00~15:00 € 10유로 안팎

라 플라우타 La Flauta Restaurant

인기 좋은 타파스 맛집

바르셀로나대학교 부근에 있다. 인기가 좋아 자리를 잡으려면 늦은 점심시간 혹
은 이른 저녁에 찾는 것이 좋다. 주말 저녁이라면 조금 기다릴 수도 있다. 바르셀
로나의 신선한 해산물이 총집합되어 맛있는 타파스로 만들어진다. 수십 종에 이르

는 타파스는 꽤 인기가 좋은 편이다. 알리올리 소스 듬뿍 올려진 꿀대구, 오징어 튀김, 푸
아그라를 올린 소고기 꼬치, 신선한 빵으로 만든 샌드위치와 오믈렛 등이 입맛을 북돋아 준다. 🏃 메트로 1·2호선 우
니베르시타트역Universitat에서 도보 5분 🏠 Carrer d' Aribau, 23, 08011 📞 +34 933 23 70 38 🕐 월~금 08:00~01:00 토
09:00~01:00 휴무 일요일 € 20유로 안팎

노르테 Norte

바스크 스타일 브런치 카페

노르테는 미술사, 철학, 언론을 전공한 청춘 3명이 모여 만든 브런치 카페이다. 북부 바스크와 갈라시아 지역포르투
갈 북쪽의 스페인 땅 요리를 현대적으로 재해석하여 판매한다. 브런치 메뉴는 오믈렛, 스크램블 에그, 수제 잼 토스트
등이 있다. 메인 디시엔 레몬 마요네즈나 이집트 콩으로 만든 그린 소스를 곁들인 대구 요리가 있다. 모든 요리에
친환경 야채만 사용한다. 독특한 요리를 맛보기를 원하는 여행자들에게 강력 추천한다. 인테리어가 깔끔하면서도
모던하다. 하얀 벽과 빨간 등이 인상적이다.

🏃 메트로 4호선 히로나역Girona에서 도보 5분 🏠 Carrer de la Diputació, 321, 08009 📞 +34 935 28 76 76
🕐 월~금 08:00~15:30 휴무 토·일요일

알수르 카페 루리아 Alsur Café Llúria

테라스가 있는 브런치 카페

카사 칼베트에서 5분 거리에 있는 모던한 브런치 카페이자 레스토랑이다. 카페 입구는 천장이 높고 안쪽은 천장이 낮아 시각적으로 넓어 보이면서도 아늑한 분위기를 연출한다. 테라스가 있어 에이샴플레 거리 분위기를 맘껏 즐길 수 있다. 브런치 메뉴로는 수란 요리 에그 베네딕트, 시금치를 곁들인 에그 플로런틴, 에그 스태리, 메이플 시럽을 뿌린 팬케이크, 치즈버거, 샐러드, 샌드위치, 핫도그, 연어구이, 치킨 와플 등이 있다. 음료는 천연 과일 주스, 커피 등이 있으며 맛이 일품이다.

🚶 메트로 2·3·4호선 파세이그 데 그라시아역Passeig de Gracia, 1·4호선 우르키나오나역Urquinaona에서 도보 4분
🏠 Carrer de Roger de Llúria, 23, 08010 📞 +34 936 24 15 77 🕐 월~일 08:30~23:00
€ 팬케이크 10.5유로 에그 베네틱트+베이글 11.5유로 에스프레소 1.6유로 ☰ www.alsurcafe.com

도스 이 우나 Dos I Una

동화 같은 선물 가게

동화 분위기 물씬 풍기는 선물 가게이다. 옷, 가방, 구두, 장난감, 라디오 등을 전시한 쇼윈도를 보고 나면 가게 안으로 들어가지 않을 수 없다. 아날로그 라디오, 지포라이터, 베스파 오토바이 모형, 지갑 등등 신기하고 재밌는 물건이 가득하다. 빈티지풍 옷과 스카프, 바르셀로나 엽서도 판매한다. 기념품을 원하는 여행객에게 안성맞춤이다. 카사밀라에서 북쪽으로 도보 4분 거리에 있다.

🚶 메트로 3·5호선 디아고날역Diagonal에서 도보 5분
🏠 Carrer del Rossello, 275, 08008 📞 +34 932 17 70 32
🕐 월~토요일 11:00~15:00, 16:00~20:00 휴일 일요일
☰ www.dosiunabarcelona.com

🛍️ 코스 Cos

스타일이 돋보이는 패션 브랜드

스웨덴 패션 그룹 H&M에서 새롭게 만든 고급형 유니
섹스 브랜드이다. Collection of Style의 첫 자를 따서
Cos라 이름 지었다. 가격은 중저가 브랜드보다 더 비싸
지만, 품질이 좋고 디자인이 깔끔하고 유니크하다. 유행
을 타지 않는 모던하고 베이직한 디자인을 추구한다. 스
타일이 좋은 코트와 자켓, 정장부터 액세서리까지 다양
한 제품군이 있다. 여성복뿐만 아니라, 남성복, 아동복
도 있다. 1층은 남성복, 2층은 여성복 매장이다. 카사바
트요에서 남쪽으로 2분 거리에 있다.

🚶 메트로 2·4호선 그라시아 거리역Passeig de Gracia에
서 도보 3분 🏠 Passeig de Gracia, 27,
08007 📞 +34 936 24 66 55 🕐 월~토
요일 10:00~21:00 휴무 일요일
≡ www.cosstores.com

🛍️ 브랜디♥멜빌 BRANDY♥MELVILLE

보헤미안 스타일 패션 브랜드

펑키 스타일 패션을 선호하는 사람이라면 브랜디♥멜빌을 추천한다. 보헤미안 감성과 자유분방
함, 이탈리안 여성의 라이프 스타일이 이 브랜드의 모토이다. 실험적이고 유니섹스 스타일을 제
시하여 젊은이들에게 큰 인기를 끌고 있다. 루즈 핏Loose fit 티셔츠, 빈티지한 야상 자켓, 앙고라
니트, 빈티지 소재 드레스 등을 판매하고 있다. 린제이 로한, 마일리 사이러스 등 헐리웃 스타들
이 즐겨 입는다. 보헤미안 스타일에 빈티지하면서도 도시적인 패션을 원한다면 브랜디♥멜빌
을 추천한다. 가격도 비교적 저렴한 편이다.

🚶 메트로 3·5호선 디아고날역Diagonal에서 도보 4분 🏠 Carrer del Rosselló, 245, 08008
📞 +34 932 92 01 91 🕐 월~토 10:30~21:00 일 12:00~20:00 ≡ www.brandymelvilleusa.com

 스카치 앤 소다 Scotch & Soda

빈티지 패션 브랜드

독창적인 워싱 처리와 자유분방한 디자인으로 유명한
네덜란드 브랜드이다. 스카치 앤 소다는 질이 좋고 튼튼
한 빈티지 스타일 패션을 표방하며, 다른 브랜드에서 볼
수 없는 독특한 방법으로 워싱 처리한 청바
지의 인기가 좋다. 디스플레이가 자유
분방하여 구경하는 재미가 쏠쏠하
다. 가격이 좀 비싸지만 희소성 있
는 디자인과 다채로운 상품력을 바
탕으로 전 세계 마니아들의 사랑을
받고 있다. 브랜디♥멜빌 옆에 있다.

🚶 메트로 3·5호선 디아고날역Diagonal에서 도보 4분
🏠 Carrer del Rossello, 247, 08008
📞 +34 931 76 38 25
🕐 월~금 10:30~20:00 토 10:00~18:00 휴무 일요일
≡ stores.scotch-soda.com

🛍 **이사팔** 248

다양한 패션이 가득한 편집 숍

그라시아 거리 근처에 있는 멀티 편집 숍이다. 248은 스타일리시 한 브랜드를 엄선하여 팜매한
다. 아동복, 액세서리, 정장에 이르기까지 다양하다. 리바이스, 스카치 앤 소다, 헬로우 키티 티
셔츠와 성인이 좋아할 만한 록 버전 티셔츠도 많다. 포나리나Fornarina, 롤리타 오어 래어Lolita
or Rare 같은 매력 만점의 여성 브랜드도 있으며, 유아와 아동 브랜드 타미Tammy도 있다. 반스
Vans, 뉴발란스, 나이키, 버켄스탁 등 신발 섹션도 다양하다. 성인 숍과 아동 숍은 분리되어 있다.

🚶 메트로 3·5호선 디아고날역Diagonal에서 도보 2분 🏠 Carrer del Rossello 248, local A, 08008
📞 +34 934 87 12 48 🕐 월~토 10:00~20:30 휴무 일요일 ≡ 248store.com

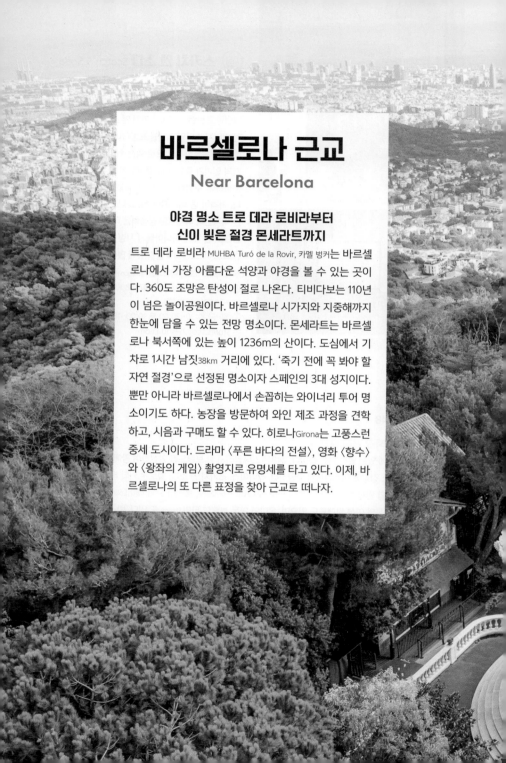

바르셀로나 근교
Near Barcelona

야경 명소 트로 데라 로비라부터
신이 빚은 절경 몬세라트까지

트로 데라 로비라 MUHBA Turó de la Rovir, 카멜 벙커는 바르셀로나에서 가장 아름다운 석양과 야경을 볼 수 있는 곳이다. 360도 조망은 탄성이 절로 나온다. 티비다보는 110년이 넘은 놀이공원이다. 바르셀로나 시가지와 지중해까지 한눈에 담을 수 있는 전망 명소이다. 몬세라트는 바르셀로나 북서쪽에 있는 높이 1236m의 산이다. 도심에서 기차로 1시간 남짓38km 거리에 있다. '죽기 전에 꼭 봐야 할 자연 절경'으로 선정된 명소이자 스페인의 3대 성지이다. 뿐만 아니라 바르셀로나에서 손꼽히는 와이너리 투어 명소이기도 하다. 농장을 방문하여 와인 제조 과정을 견학하고, 시음과 구매도 할 수 있다. 히로나Girona는 고풍스런 중세 도시이다. 드라마 〈푸른 바다의 전설〉, 영화 〈향수〉와 〈왕좌의 게임〉 촬영지로 유명세를 타고 있다. 이제, 바르셀로나의 또 다른 표정을 찾아 근교로 떠나자.

바르셀로나 근교

티비다보 공원
Parc d'Atraccions del Tibidabo

트로 데 라 로비라 벙커
MUHBA Turó de la Rovira

티비다보 푸니쿨라
Funicular del Tibidabo del

구엘 공원
Parc Güell

산트 파우 병원
Hospital de Sant Pau

Ⓜ Vallcarca

Ⓜ Av. Tibidabo

Ⓜ 레셉스역
Lesseps

몬세라트 45km
Montserrat

사그라다 파밀리아
Sagrada Família

히로나 100km
Girona

라 로카 빌리지 40km
Roca Village

Av. Diagonal

카탈루냐 광장

캄 노우
Camp Nou

람블라스 거리
La Rambla

트로 데 라 로비라 MUHBA Turó de la Rovira

🏃 지하철 5호선 엘 카멜역티Carmel에서 하차 후 메르캇 델 카르멜 정류장Mercat del Carmel에서 버스 119번 탑승. 약 10분 승차 후 마리아 라베르니아 정류장Marià Lavèrnia에서 하차. 도보 5분 🏠 C/Marià Lavèrnia, s/n, 08032

바르셀로나에서 가장 아름다운 야경

투로 데 라 로비라는 바르셀로나 야경 명소이다. 동서남북, 360도를 모두 조망할 수 있는 곳으로 바르셀로나에서 가장 아름다운 석양과 야경을 볼 수 있다. 하지만 이곳은 슬픔을 품은 곳이다. 투로 드라 로비라Turo de la Rovira는 도심 북쪽 카멜 지역 언덕 262m 높이에 있는 벙커였다. 스페인 내전 당시 대공포 시설 있던 곳이다. 2차 세계대전까지 바르셀로나를 지키기 위해 수많은 전투가 이곳에서 벌어졌다. 지금은 벙커 시설은 없고 대공포 시설만 아픈 역사를 증언하고 있다. 내전이 종식된 후에는 도시 노동자와 부랑자 등이 하나둘 모여 판자촌을 이루어 살았다. 1992년 바르셀로나 올림픽 때 정비가 이루어졌으나 몇 년 전까지만 해도 지역 사람만 아는 산책과 야경 비밀 명소였다. 몇 년 전 SNS로 알려지면서 지금은 바르셀로나 최고의 명소가 되었다. 가는 길은 조금 불편하다. 지하철을 타고 가다 버스로 환승한 뒤 정류장에서 다시 5분 남짓 언덕을 걸어서 올라야 한다. 하지만 석양을 바라보면 언덕을 오른 수고는 금세 잊게 된다. 구엘 공원에서 산책하듯 걸어가면 24~25분 걸린다.

티비다보 공원 Parc d'Atraccions del Tibidabo 파르크 다트락시온스 델 티비다보

🚶 ❶ 카탈루냐 광장에서 T2A 버스 탑승하면 한 번에 간다. 공원 개장하는 날만 오전 10시 15분부터 20분 간격으로 운행, 30~40분 소요. 정류장은 카탈루냐 광장과 람블라 데 카탈루냐 거리가 만나는 모퉁이에 있음, 편도 3유로, T- Casual 사용 불가.
❷ 카탈루냐 역에서 카탈루냐 철도 FGC의 S1이나 S2 열차 탑승→페 델 푸니쿨라역Peu del Funicular 하차→표지판 따라 푸니쿨라 타는 곳발비드레라 인테리어역 Vallvidrera Interior으로 이동→푸니쿨라로 환승하여 발비드레라 수페리어역Vallvidrera Superior, 종점 하차→역에서 나와 오른쪽에 있는 정류장에서 111번 버스 탑승배차 간격 30분→티비다보 놀이공원 하차종점
🏠 Placa del Tibidabo, 3-4, 08035 🕐 11:00~18:00(매달 개장일이 바뀌니 홈페이지 확인 필수)
€ 35유로 ☰ www.tibidabo.cat

120년 된 놀이공원, 그리고 환상 전망

바르셀로나 북쪽 티비다보 언덕엔 영화에 나올 법한 회전목마와 놀이공원이 있다. 티비다보는 스페인에서 가장 오래된 놀이공원이다. 1901년 문을 열었으니까 120년 가까이 되었다. 스페인 최초, 그리고 유럽에서도 두 번째로 오래된 놀이공원이다. 1901년에 만들어진 놀이시설이 지금도 그대로 운행되고 있으며, 놀이기구 곳곳에서 아날로그 감성이 묻어난다. 놀이기구들이 마치 오래된 장난감 같다. 이곳에 있으면 바르셀로나의 과거를 만나는 기분이 든다. 놀이기구에 몸을 실으면 바르셀로나 전경이 눈에 가득 들어온다. 과거의 어느 시간으로 돌아가 바르셀로나를 내려다보는 기분이 든다. 회전목마, 스카이워크 등 25종류에 이르는 놀이기구를 탈 수 있다. 티비다보 언덕에는 몽마르트의 사크레 쾨르 성당을 모델로 건축한 사그라트 코르 수도원Temple del Sagrat Cor과 바르셀로나를 한눈에 내다 볼 수 있는 콜세로라 컨벤션 타워Torre de Collserola도 있다.

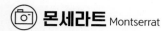
몬세라트 Montserrat

🚶 **❶** 에스파냐 광장역Barcelona-Pl.Espanya, 메트로 1·3호선 에스파냐 광장역과 연결의 FGC 자동판매기나 유인 매표소에서 몬세라트역까지 가는 통합 승차권Trans montserrat ticket을 구매한다. 통합 승차권의 종류가 여러 개인데, 근교 열차인 FGC의 R5 열차 티켓과 산 정상까지 가는 케이블카 티켓(또는 R5 티켓과 산 정상까지 가는 산악열차 왕복혹은 편도 티켓) 통합권을 추천한다. 이때 티켓을 구매하기 전에 케이블카를 탈지 산악열차를 탈지 미리 선택해야 한다.

❷ 승차권을 구매했으면 'Monserrat' 이정표 따라 몬세라트행 기차 타는 곳으로 이동한다.

❸ 산악열차를 선택한 경우 모니스트롤 데 몬세라트역Monistrol de Montserrat에서 하차하여 산악열차로 환승하면 되고, 케이블카를 선택한 경우 몬세라트 아에리역Montserrat Areri에서 하차하여 케이블카로 환승하면 된다. 정상까지 산악열차는 20분, 케이블카는 5분 정도 걸린다.

❹ 통합 승차권은 https://vol.cremalleraademontserrat.cat/combined-tickets에서 온라인으로 구매할 수도 있다.

€ **❶** Trans Montserrat Rack Railway 티켓 : 열차 왕복(FGC)+메트로 왕복+산악열차 왕복+산트 호안 푸니쿨라산 정상으로 가는 열차 왕복+산타 코바 푸니쿨라산 중턱 전망대로 가는 열차 왕복(운행 시)+사전 예약 없이 성모상 관람+시청각실=43.80유로

❷ Tot Montserrat Rack Railway 티켓 : Trans Montserrat Rack Railway 티켓의 조건+박물관 입장+점심 식사=64.30유로

❸ Tot Montserrat Aeri 티켓 : 열차 왕복(FGC)+메트로 왕복+케이블카 왕복+산트 호안 푸니쿨라산 정상으로 가는 열차 왕복+산타 코바 푸니쿨라산 중턱 전망대로 가는 열차 왕복(운행 시)+사전 예약 없이 성모상 관람+시청각실=64.30유로

≡ www.montserratvisita.com

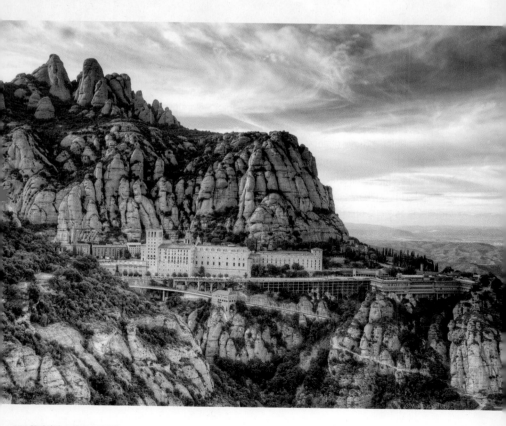

죽기 전에 꼭 가봐야 할 자연 절경

몬세라트는 바르셀로나 도심에서 38km 떨어진 기묘한 산1236m이다. 에스파냐역에서 기차로 1시간 걸린다. '죽기 전에 꼭 봐야 할 자연 절경'으로 선정된 명소이자 스페인의 3대 성지 순례 코스이다. 몬세라트는 톱니 모양의 산이라는 뜻이다. 침식작용으로 붉은 봉우리들이 들쭉날쭉 솟아 있는 모습을 보고 이 땅을 지배한 로마인들이 처음 그렇게 부르기 시작했다.

실제로 산은 인위적으로 조각한 것 같은 기암괴석으로 이루어져 있다. 가우디가 성가족 성당을 설계하면서 이 산에서 영감을 얻었다고 한다.

카탈루냐 사람들은 몬세라트를 신성한 산으로 여긴다. 산에 안긴 산타 마리아 데 몬세라트 수도원725m은 오래된 검은 성모자 목조각상으로 유명하다. 목조각상은 사도 베드로가 스페인으로 가져온 것으로 전해진다. 순례자들은 성지를 찾아 이 산을 오르고, 여행자들은 자연과 시간이 만든 절경을 감상하기 위해 이 산을 찾는다.

1 **몬세라트 수도원** Monasterio de Montserrat 모나스테리오 데 몬

🚶 산악열차에서 하차하여 도보 1분, 케이블카에서 하차하여 도보 5분 🏠 08199 Montserrat ⏱ 07:30~20:00
성가대 합창 **월~금** 13:00 **일·공휴일** 12:00, 18:45 (무료, 여름방학과 연말연시엔 공연 없음, 합창단 출장이나 휴가로 공연 없을 수도 있음) 기타 성모상, 합창단 공연, 미사는 수도원 홈페이지에서 예약 필수홈페이지 상단 Booking에서 예약, 예약하지 않았으면 줄 서서 기다리다 선착순으로 입장. ☰ https://abadiamontserrat.cat

검은 성모자상과 스페인 3대 성지

기암괴석의 산 몬세라트. 이 산 725m 지점에 천 년 전에 지은 몬세라트 수도원이 있다. 우리나라 명산에 이름난 사찰이 있는 것과 참으로 비슷하다. 이 수도원 성당에는 유명한 검은 성모자상La moreneta이 있다. 전설에 의하면 이 작은 목각상은 성 누가가 만든 것으로 서기 50년에 성 베드로가 이곳에 가져왔다고 한다. 모자상 앞에는 언제나 긴 행렬이 늘어서 있다. 이 작은 조각상은 우리의 반가사유상과 분위기가 비슷하다. 이 성당의 소년 성가대 에스콜라니아Escolania Montserrat는 세계 3대 소년 성가대 중 하나이다. 시간이 맞으면 성가대의 아름다운 노래를 들을 수 있다. 또 수도원 곳곳에서 성가족 성당 수난의 파사드를 조각한 수바라치의 작품을 만날 수 있다. 여유가 있다면 가슴 뭉클한 감상의 시간을 즐겨보자.

2 산타 코바 Santa Cova

🚶 몬세라트 수도원 광장에서 푸니쿨라를 타고 산 아래로 내려가면 산타 코바가 나온다. 공사나 기타 등등의 사유로 푸니쿨라를 운행하지 않는 수도 있다. 몬세라트 수도원에서 산타코바까지 산책하며 걸어서도 쉽게 갈 수 있다.

동굴 예배당과 몬세라트 중턱 전망대

몬세라트 수도원을 보고 나면 다음 코스로 꼭 가야 하는 곳이 산타 코바Santa Cova와 산트 호안Sant Joan이다. 산타 코바는 수도원 아래쪽 중턱 전망대가 있는 곳이다. 몬세라트 중턱에서 조용히 산책을 즐기고 싶다면 산타 코바로 가는 것이 좋다. 산타 코바는 수도원에서 푸니쿨라를 타고 아래로 내려가면 된다. 푸니쿨라 역은 수도원 앞 광장에 있다. 다만, 산트 호안으로 가는 푸니쿨라와 승강장이 다르므로 탈 때 꼭 확인하는 것이 좋다. 산타 코바에는 검은 성모자상이 발굴된 '성스러운 동굴'이 있다. 푸니쿨라에서 내려 동굴까지 이어지는 산책길엔 예수의 일생을 새겨 넣은 조각 작품이 있다. 종교적인 내용이지만 조각상이 아름다워 감상하는 내내 즐겁다. 산책로엔 돌담으로 낭떠러지와 경계를 만들어 놓았다. 길이 끝나는 곳에 검은 성모자상이 발견된 동굴 '산타 코바'가 있다.

③ 산트 호안 Sant Joan

🚶 몬세라트 수도원 광장에서 산트 호안 행 푸니쿨라를 타고 정상으로 오른다. 정상에 올라 트레킹을 즐기면 된다.

몬세라트 정상, 가우디에게 영감을 준

몬세라트 정상에서 자연을 느끼며 트래킹을 즐기고 싶다면 산트 호안으로 가는 것이 좋다. 산트 호안은 몬세라트의 정상을 말한다. 정상으로 가는 푸니쿨라는 덜컹거리며 하늘을 향해 올라간다. 산트 호안에는 세 군데 등산로가 있다. 가장 인기 좋은 등산로는 수도사들의 은둔처 '산트 호안 예배당'으로 가는 길이다. 그 길을 따라 오르면 거대한 돌 봉우리가 여기저기서 나타난다. 20분쯤 오르면 드디어 정상이다. 정상에 오르면 카탈루냐 풍광이 파노라마처럼 펼쳐진다. 몬세라트는 가우디가 어릴 적부터 즐겨 찾았던 곳이다. 가우디의 건축은 자연주의, 카탈루냐, 천주교에 뿌리를 두고 있다. 가우디는 몬세라트를 보고 이런 말을 했다. "하늘 아래 독창적인 것은 아무것도 없다. 단지 새로운 발견에 지나지 않는다." 몬세라트의 신비롭고 장엄한 봉우리는 그에게 건축적 영감을 주었다. 성가족 성당도, 카사밀라 지붕도, 카사 바트요의 건축도 몬세라트를 닮았다. 몬세라트는 가우디 건축의 고향인 셈이다.

4 몬세라트 와이너리 투어 Winery Tour

포도원 견학부터 와인 시음까지, 최고의 낭만 여행

스페인은 세계 3대 와인 생산국이기도 하다. 기원전 10세기경 페니키아인들이 처음 와인을 전해주었는데, 지금
은 세계 생산량의 15%를 차지하는 와인 대국이다. 스페인 전통 와인은 향이 강하고 산도가 높지 않은 템프라니오
Tempranillo와 스파이시하면서 알코올 도수가 높은 가르나차Garnacha 등 20여 종류가 있다. 와인에서 더 나아가 새
로운 술이 개발되기도 했는데, 레드 와인에 과일과 레모네이드를 넣은 상그리아와 카탈루냐 지방의
전통 스파클링 와인 카바Cava이다. 코도르니우Codorniu나 프리엑시네트Friexinet는 세계적으로
유명한 카바 브랜드이다.
몬세라트는 신비로운 풍광과 수도원뿐만 아니라 와이너리 투어도 즐길 수 있는 곳이다.
농장을 방문하여 와인 제조 과정을 견학하고, 시음과 구매도 할 수 있다. 와이너리 투어
는 한인 여행사나 현지 여행사 웹사이트 예약을 통해 참여할 수 있다.

(Travel Tip)

스페인 와인 고르기

스페인 와인은 등급에 따라 비
노 데 메사Vino de Mesa, 비노 데
라 티에로Vino de la Tierro, DO,
DOCa, DO Pago가 있다. DO
Pago가 가장 고급 와인이다. 이
와 함께 오크통과 병에서 숙성

되는 기간을 법으로 정하고 있는데, 리제르바Reserva,
크리안자Crianza, 그린 리제르바Gran Reserva 표기가
있으면 좋은 와인이다. 고르기가 힘들다면 스페인
의 대표적인 메이커인 토레스Torres 와인을 추천한다.

와이너리 투어 여행사 안내

몬세라트+와이너리 투어가 일반적이다. 현지 여행
사인 카탈루냐 버스 투리스틱과 캐슬 익스피리언
스 와인투어에서는 다양한 와이너리 투어 프로그
램을 진행한다.

줌줌투어
≡ www.zoomzoomtour.com
☎ 02)2088-4148
카탈루냐 버스 투리스틱
≡ www.catalunyabusturistic.com
캐슬 익스피리언스 와인 투어
≡ www.castlexperience.com/es

라 로카 빌리지 La Roca Village

북부버스터미널 주소 C/ de Nàpols, 68, 08013(메트로 1호선 아크 디 트리옴프역Arc de Triomf에서 도보 2분)
라 로카 델 발레스 쇼핑 버스 월요일부터 일요일까지 운행, 온라인www.sagales.com이나 버스 안에서 티켓 구매 (일반 **왕복**
18유로 편도 12유로 4~12세 **왕복** 10유로 **편도** 7.5유로로, 버스에서 다국어 가이드 제공)
라 로카 빌리지 🏠 La Roca Village, s/n, 08430, Santa Agnès de Malanyanes
📞 +34 938 42 39 39 🕐 **월~일** 10:00~22:00 휴일 1월 1일·6일, 5월 1일, 9월 11일, 12월 25일·26일
☰ www.larocavillage.com(라 로카 델 발레스 쇼핑 버스 예약 가능)

©Manuel pino-Wikimedia commons

©flickr-Jorge Franganillo

셔틀버스 타고 쇼핑하러 가자

스페인은 유럽의 쇼핑 천국이다. 서유럽이나 북유럽에 비해 물가가 싼 까닭이다. 스페인엔 명품 아웃렛 시장이 발달해 있다. 우리나라처럼 대부분 대도시 근교에 있다. 라 로카 빌리지는 바르셀로나에서 북동쪽으로 자동차로 약 40분 거리에 있는 쇼핑 아웃렛이다. 패션, 가방, 액세서리, 신발 등의 다양한 명품 브랜드를 최대 60%까지 저렴하게 구매할 수 있다. 130개 매장이 입점해 있는데 대표 브랜드로는 구찌, 코치, 불가리, 아르마니, 발리, 버버리, 록시탕, 케빈클라인, 디젤 등이 있다. 카페와 레스토랑도 있다. 지중해 음식은 물론 타파스부터 햄버거까지 다양한 음식을 즐길 수 있다. 건물이 아기자기한 마을처럼 구성되어 있어 유럽의 작은 마을에서 쇼핑을 하는 기분이 든다. 구매 상품은 택스 프리Tax free이다. 북부버스터미널 Estacio d'Autobusos Barcelona Nord에서 라 로카 델 발레스 쇼핑 버스 La Roca del Vallès Shopping Bus를 타고 40분 정도면 아웃렛에 도착한다. 이 쇼핑 버스는 라 로카 빌리지는 물론 아웃렛 망고, 나이키 팩토리 스토어 등에도 정차한다.

©플리커-Jorge Franganillo

©Jorge Franganillo-Wikimedia Commons

©Synn Wang-flickr

📷 히로나 Girona

히로나 🚶 ❶ 바르셀로나 산츠역메트로 3·5호선이 지난다에서 고속기차AVE, AVANT나 렌페 로
달리에스 R11노선 승차하여 히로나 역 하차 ❷ 페세이그 데 그라시아역메트로 3·4호선과
연결에서 렌페 로달리에스 R11노선 승차하여 히로나역 하차 ❸ 바르셀로나 북부버스터
미널Estacio d'Autobusos Barcelona Nord에서 사갈레스sagales 버스 탑승(15유로)

히로나 대성당 정보
🚶 히로나 기차역에서 북동쪽으로 도보 18분, 산트 펠리우 대성당에서 도보 2분
🏠 Pl. de la Catedral, s/n, 17004 Girona 📞 +34 972 42 71 89
🕐 11월 1일~3월 14일 **월~토** 10:00~17:00 **일** 12:00~17:00
3월 15일~6월 14일 & 9월 16일~10월 31일 **월~금** 10:00~18:00 **토** 10:00~19:00 **일**12:00~18:00
6월 15일~ 9월 15일 **월~금** 10:00~19:00 **토** 10:00~20:00 **일** 12:00~19:00
€ 히로나 대성당+산트 펠리우 대성당 **성인** 7.5유로 **학생** 5유로 히로나 대성당+산트 펠리우 대성당+미술관 **성인** 12유로 **학생** 8유로
휴무 12월 25일, 1월 1일, 성금요일 ☰ www.catedraldegirona.cat

중세를 품은 고풍스런 도시

히로나는 바르셀로나에서 북동쪽으로 기차로 1시간 거리에 있다. 기원전 5세기에 형성되었으며, 중세 분위기 물씬 풍기는 아름답고 조용한 소도시다. 카탈루냐 지방에서 가장 살기 좋은 도시로 알려져 있으며 부유한 사람들이 많이 거주하고 있다. 구시가지엔 15세기 석조 건물과 도심을 둘러싼 성벽이 남아 있다. 로마시대와 이슬람의 흔적도 여전하다. 기차역에 내리면 현대적인 건물이 먼저 눈에 들어온다. 하지만 10여분 걸어가면 그야말로 새로운 세상이 열린다. 멀리서 보아도 구도심은 무척 아름답다. 신시가지와 구시가지 경계에는 오냐르 강이 흐른다. 강을 건너면 과거로의 시간 여행이 시작된다. 중세풍 건물 사이로 좁은 골목길이 사방으로 퍼져 있다. 오래된 도시 특유의 아늑한 분위기가 여행객의 마음을 편안하게 해준다. 드라마 <푸른 바다의 전설>, 영화 <향수>와 <왕좌의 게임>이 이 도시에서 촬영되었다. 고풍스런 풍경을 감상하며 걷다 보면 어느새 히로나 대성당이 눈앞으로 다가온다. 14세기에 짓기 시작해 300년에 걸쳐 완성한 대작이다. 긴 시간 동안 지어져 카탈루냐 고딕 양식과 바로크 양식이 혼재되어 있다. 성당 앞 계단과 그 아래 광장은 중세 모습 그대로이다. 성당 뒤쪽은 성벽과 이어져 있다. 성벽을 걸으면 히로나 구시가지가 한눈에 들어온다. 건물 지붕은 주황빛이고 벽은 옅은 황토색이다. 히로나는 아름다운 여성을 보는 것 같다. 내면이 따뜻하고 부드러운, 여기에 아름다운 외모까지 겸비한 매력적인 여성을 닮았다. 히로나 대성당 북서쪽엔 산트 펠리우 대성당도 있다.

PART 4

마드리드
Madrid

바르셀로나
포르투갈
마드리드
스페인

다채로운 즐거움! 궁전과 미술관, 하몽과 피카소의 단골집까지

마드리드는 스페인의 수도이다. 이베리아 반도의 정중앙, 해발 635m에 있는 고원도시이다. 인구는 약 325만 명이고, 면적은 서울의 60%이다. 9세기 후반 이슬람 영토였던 톨레도 북쪽을 방어하기 위해 무어인이 세운 성채가 도시의 시초였다. 1561년 펠리페 2세1527 ~ 1598. 포르투갈 왕을 겸했으며 에스파냐의 전성기를 이룩했다. 신성로마제국 황제를 지낸 카를로스 5세의 아들이다.가 새로운 궁을 지어 톨레도에서 마드리드로 천도하였다. 공식적으로 수도가 된 때는 펠리페 3세 때인 1607년이다. 마드리드는 솔 광장에서 사방으로 퍼져 있다. 아홉 개의 도로가 이곳에서 시작된다. 광장을 중심으로 서쪽엔 왕궁과 알무데나 대성당이, 동쪽엔 마드리드 3대 미술관인 프라도·티센 보르네미사·국립 소피아 왕비 예술센터가 있다. 광장 북쪽은 그란비아 거리로 서울의 청담동이나 명동과 비슷한 곳이다. 솔 광장에서 서쪽 마요르 광장까지는 여행자에게 다채로운 즐거움을 선사한다. 골목골목에 들어서 있는 카페나 레스토랑에서 타파스와 와인, 하몽을 즐기는 것도 잊지 말자. 피카소와 헤밍웨이의 단골집에서 술잔을 기울인다면 당신의 마드리드 여행은 완벽할 것이다.

마드리드 한눈에 보기

1 솔 광장 & 마요르 광장 지구

Puerta del Sol & Plaza Mayor

#그란 비아 거리 #솔 광장 #마요르 광장

마드리드의 중심부이다. 솔 광장 주변은 상점과 식당이 즐비하여 활기가 넘친다. 마요르 광장에서는 햇살 받으며 여유를 즐기기 좋다. 마요르 광장 북쪽엔 쇼핑의 거리 그란비아가 있다.

2 레티로 & 살라망카 지구 El Retiro & Salamanca

#프라도 #티센 보르네미사
#소피아 왕비예술센터 #세라노 거리

마드리드를 빛내주는 세계적인 미술관 프라도, 티센 보르네미사, 국립소피아 왕비예술센터가 있다. 프라도에서는 벨라스케스의 〈시녀들〉을, 국립소피아 왕비예술센터에서는 피카소의 〈게르니카〉 등 세계적인 명작을 만나볼 수 있다. 세라노 거리는 마드리드의 쇼핑 명소이다.

3 마드리드 왕궁 지구 Palacio Real de Madrid

#마드리드 궁전 #알무데나 대성당 #데보드 신전

스페인의 역사와 정통성을 확인할 수 있는 곳이다. 마드리드 궁전, 알무데나 대성당, 데보드 신전 등을 관람할 수 있다. 이곳에서는 스페인의 역사와 전통을 느끼며 조금 더 여유롭게 여행을 즐겨도 좋다.

3
마드리드 왕궁 지구
Palacio Real de Madrid

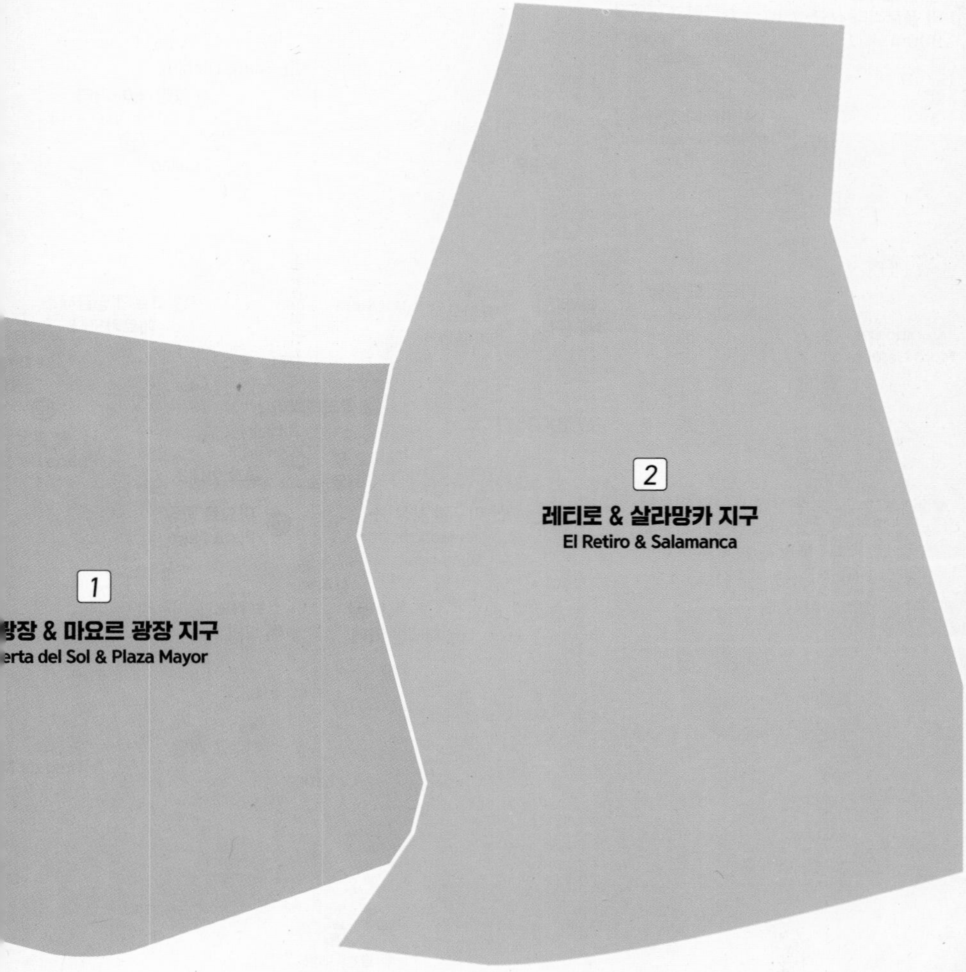

2

레티로 & 살라망카 지구
El Retiro & Salamanca

1

광장 & 마요르 광장 지구
erta del Sol & Plaza Mayor

마드리드 여행지도

데보드 신전 전망대
Mirador del Templo
de Debod

산 안토니오 데
라 플로리다 성당
900m

Calle de la Princesa

Calle de los Reyes

Noviciado Ⓜ

한소 카페 🍴

Calle del Pez

플라멩코 공연장
Tablao Flamenco
Las Tablas

스페인 광장
Plaza de España

Plaza de España Ⓜ

Gran Vía

사바티니 정원
Jardines de Sabatini

Calle de Bailén

Calle Torija

라 볼라
Calle de la Bola

수도원

Santo Domingo Ⓜ

그란 비아 거리
Gran Vía

Callao Ⓜ 📷

마드리드 왕궁 📷
Palacio Real de
Madrid

페리페
4세 동상

왕립극장
Teatro Real

Ⓜ Opera

엘 코르테 잉글레스,
메르카도나

푸에르트
Puerta

Campo del
Moro Gardens

Calle de Bailén

왕궁 지구

토니 폰스 🏨

초콜라테리아 산
히네스 🍴

Calle del Arenal

솔 광장 📷
Puerta del S

무세오 델
하몽 🍴
ℹ 관광 안내소

Calle Mayor

Ⓜ

알무데나 성모 대성당 📷
Catedral de Santa María
la Real de la Almudena

Calle Mayor

산 미구엘 시장 📷
Mercado de
San Miguel 🍴

메손 델
샴피뇽 🍴

마요르 광장 📷
Plaza Mayor

Calle de Atocha

솔 광장 &
마요르 광장 지

페데랄 카페 🍴

소브리노
데 보틴 🍴

Calle de Segovia

Calle de la Colegiata

천주교 성당

Tirso de M Ⓜ

La Latina
Ⓜ

Calle de Toledo

C de la Ruda

루다 카페 🍴

엘 라스트로 벼룩시장 📷
El rastro

C/ de la Ribera de Curtidores

카

Colón Ⓜ

Calle de Goya

세라노
Serrano Ⓜ

🄲 산티아고 베르나베우
스타디움 3.5km

살라망카 지구

국립고고학박물관 •

Calle de Serrano

세라노 거리
Calle de Serrano
🄲

Pº de Recoletos

레티로
Retiro Ⓜ

푸에르타 데 알칼라
Puerta de Alcalá
•

마드리드
바라하스 공항
15km

시벨레스 광장(분수)
Plaza Cibeles
🄲

Gran Via Banco de España Ⓜ

Calle de Alcalá

시벨레스 궁 전망대(마드리드 전망대)
🄲 CentroCentro

Calle de Alcalá

Ⓜ 세비아
Sevilla

해양 박물관
•

레티로 지구

티센 보르네미사 미술관
Museo Nacional
Thyssen–Bornemisza

레티로 공원
Parque de
El Retiro
🄲

바
시
아

Plaza de las Cortes

포세이돈
분수대
🄲

• 고야동상

라 돌로레스
Calle Lope de Vega

Paseo del Prado

프라도 미술관
🄲 Museo Nacional
del Prado

Atocha
안톤 마르틴 Ⓜ
Antón Martín

Paseo del Prado

더 스패니시 팜

마드리드
왕립식물원
Real Jardín
Botánico
•

Calle de Atocha

Ⓜ 아토차
Atocha

국립 소피아 왕비 예술센터
Museo Nacional Centro de
Arte Reina Sofía 🄲

아토차 기차역
🚉 Madrid–Puerta de Atocha

Rda. de Atocha

마드리드 지하철 노선도

🚋 **3** Puerta de Boadilla — Infante Don Luis — Siglo XXI — Nuevo Mundo — Boadilla Centro — Ferial Boadilla — Cantabria — Veni

ZONA Zone B2

1 Pinar de Chamartín / Valdecarros

2 Las Rosas / Cuatro Caminos

3 Villaverde Alto / Moncloa

4 Argüelles / Pinar de Chamartín

5 Alameda de Osuna / Casa de Campo

6 Circular

7 Hospital del Henares / Pitis

8 Nuevos Ministerios / Aeropuerto T4

9 Paco de Lucía / Arganda del Rey

10 Hospital Infanta Sofía / Puerta del Sur

11 Plaza Elíptica / La Fortuna

12 MetroSur

R Ópera / Príncipe Pío

🚋

1 Pinar de Chamartín / Las Tablas

2 Colonia Jardín / Estación de Aravaca

3 Colonia Jardín / Puerta de Boadilla

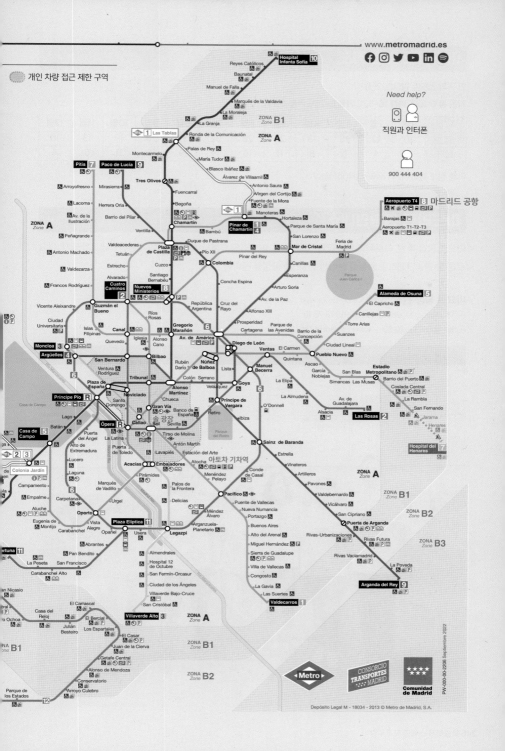

마드리드 일반 정보

인구 약 325만 명(2022년)

기온 봄 6~22℃ 여름 16~32℃ 가을 6~26℃ 겨울 4~19℃

℃/월	1월	2월	3월	4월	5월	6월	7월	8월	9월	10월	11월	12월
최고	10	12	16	18	22	28	32	31	26	19	13	10
최저	3	4	6	8	11	16	19	19	15	11	6	4

여행 정보 홈페이지 www.spain.info/en/

마드리드 관광안내소

마요르 광장 주변, 아토차역 앞, 프라도 미술관 앞, 마드리드 시청사시벨레스 궁전 등에 관광안내소가 있다. 마요르 광장 관광안내소는 광장을 둘러싼 건물 1층 상점들 사이에 있다.

마요르 광장 관광안내소 Centro de Turismo Plaza Mayor

⌂ Pl. Mayor, 27, 28012 📞 +34 915 78 78 10

🕐 월~일 09:30~20:30 ☰ www.esmadrid.com

©Diario de Madrid-Wikimedia Commons

마드리드 가는 방법

1 비행기로 가기

인천공항에서 대한항공이 매일 직항 노선을 운행하고 있으며, 12시간 정도 소요된다. 공항은 도심에서 북동쪽으로 약 13km 떨어져 있다. 정식 이름은 아돌포 수아레스 마드리드-바라하스 공항Aeropuerto de Madrid-Barajas Adolfo Suárez이다. 그라나다에서 1시간 5분, 세비야에서 1시간 10분, 바르셀로나에서 1시간 15분이 소요된다. 파리에서는 2시간 15분, 로마에서는 2시간 30분이 소요된다. 저가 항공으로 이동하는 것이 편리하다. 이지젯 www.easyjet.com, 부엘링 www.vueling.com, 트란사비아 www.transavia.com 등이 있다. 스카이스캐너 www.skyscanner.co.kr 를 이용하면 항공권 가격을 비교하며 구매할 수 있다.

(Travel Tip)

마드리드 공항 안내

공항에는 4개의 터미널 T1, T2, T3, T4이 있으며, 대한항공은 터미널 T1을 주로 이용한다. 그밖에 이지젯, 터키항공 등이 T1을 사용한다. 에어프랑스와 루프트한자, 포르투갈 항공 등은 T2를 사용하고, 아메리칸 항공, 영국항공, 케세이퍼시픽, 이베리아항공, 부엘링 등은 T4를 사용한다. 터미널 T1, T2, T3는 같은 건물에 있고, 터미널 T4는 떨어져 있다. T1과 T2에서 T4로 이동하려면 무료 셔틀10분 소요을 이용하면 된다. 셔틀은 06:00~22:00에는 5분 간격으로, 22:00~06:00까지는 20분 간격으로 운행한다. T1은 1층우리나라 2층, T2와 T4에서는 2층우리나라 3층에서 무료 셔틀을 탑승할 수 있다. 각종 편의시설은 T1에 주로 있다. ATM, 환전소, 약국, 카페, 관광안내소, 푸드 코트, 렌터카 서비스, 수하물 보관소 등 다양한 서비스 시설이 있다. 환전소에서는 달러로만 유로로 환전할 수 있다. 심카드를 미리 구매하지 못했다면 공항에서 구매할 수도 있다. T1 0층우리나라 1층의 Betelphone 이라는 숍에서 구매할 수 있다. 가격이 비싼 편이므로 공항에서 급히 필요한 것이 아니라면 시내에서 구매하는 것을 추천한다. 택스 리펀부가세 환급은 금액 제한 없이 환급받을 수 있다. 터미널 T1의 1층우리나라 2층, 터미널 T4의 1층과 2층우리나라 2층과 3층에 있는 VAT Refund 기계 디바Diva를 통해 환급받을 수 있다.

©Diego Delso Wikivoyage

2 버스로 가기

도시간 이동 시 기차보다 버스를 많이 이용한다. 대표적인 고속버스 ALSA 버스가 전국적으로 노선이 잘 되어 있기 때문이다. 또한 기차보다 저렴하며, 가까운 거리는 이동시간이 크게 차이 나지도 않는다. 마드리드에서 주로 이용되는 버스 터미널은 네 곳이다. 버스 티켓은 버스 터미널 티켓 창구에서 구입하거나, 알사 버스 앱, 알사 버스 홈페이지www.alsa.es에서 예약할 수 있다.

©flicks

마드리드의 터미널

터미널	위치	주요 이용 도시
플라사 엘립티카 버스 터미널 Plaza Elíptica	지하철 6·11호선 플라사 엘립티카역 Plaza Elíptica	톨레도 ↔ 마드리드
몽클로아 버스 터미널 Moncloa	지하철 3·6호선 몽클로아역 Moncloa	세고비아 ↔ 마드리드
남부 터미널 Estación Sur de Autobuses	지하철 6호선 멘데즈 알바로역 Méndez Álvaro	바르셀로나와 안달루시아 지방 세비야·그라나다·말라가 ↔ 마드리드
아베니다 데 아메리카 버스 터미널 Avenida de América	지하철 4·6·7·9호선 아베니다 데 아메리카역 Avenida de América	바르셀로나 ↔ 마드리드

3 기차로 가기

마드리드 시내의 주요 기차역은 세 군데다. 마드리드 남동쪽에 가장 규모가 큰 아토차 기차역이 있고, 도시 북쪽에는 차마르틴 기차역이, 도심 서쪽에는 프린시페 피오역이 있다.

스페인 철도 홈페이지 http://www.renfe.com

인터넷 예매 ❶ http://www.raileurope.co.kr ❷ https://renfe.spainrail.com

❶ 아토차 기차역Madrid-Puerta de Atocha

마드리드에서 가장 큰 기차역이다. 바르셀로나와 스페인 전역에서 마드리드를 오가는 초고속열차 AVE와 근교 열차세르카니아스 Cercanias가 운행된다. 톨레도에서 30분, 세비야에서는 2시간 20분, 바르셀로나에서는 2시간 45분, 그라나다에서는 4시간 30분이 소요된다. 아토차 기차역에서 마드리드 시내로 나가려면 기차

역과 바로 연결된 메트로 1호선 아토차 렌페역Atocha Renfe을 이용하면 된다. 아토차 기차역에서 바라하스 공항으로 가려면 공항버스5유로, 40분 소요나 렌페 세르카니아스2.6유로, 30분 소요를 이용하면 된다.

❷ 차마르틴역Estación de Chamartín

스페인 북부 지역과 연결된 기차와 프랑스나 포르투갈과 연결된 국제선 기차가 오가는 역으로 시내 북쪽에 있다. 세고비아에서는 25분, 포르투갈 리스본에서는 10시간 40분이 소요된다. 기차역에서 시내로 나가려면 메트로 1·10호선 차마르틴역Chamartín이나 렌페 세르카니아스를 이용하면 된다. 메트로 1호선은 솔광장과 아토차역으로 한 번에 연결된다.

❸ 프린시페 피오 역Estación de Príncipe Pío

주로 스페인 북서부의 갈라시아 지역과 연결된 기차들이 오가는 역으로 북역Estación del Norte이라고도 불린다. 이 역에서 마드리드 시내로 나가려면 메트로 R·6·10호선 프린시페 피오역Príncipe Pío을 이용하면 된다.

공항에서 시내로 가는 방법

공항버스, 지하철, 렌페, 택시를 이용할 수 있으나 보통 렌페 세르카니아스와 공항버스를 많이 이용한다.

❶ **공항 버스**Exprés Aeropuerto 바라하스 공항의 T4에서 출발해 T2와 T1 에 정차했다가 마드리드 시내의 시벨레스 광장Plaza Cibeles을 거쳐 시내 남 쪽에 있는 아토차 렌페역Atocha Renfe까지 24시간 왕복 운행한다. 오전 6시 부터 23:30까지 15~30분 간격으로 운행된다. 23:30부터 05:40까지는 시  벨레스 광장까지만 운행된다. 요금은 편도 5유로이며, 공항에서 시내까지는 약 40분 소요된다. 여행자들이 몰리는 솔Sol 광장에 가려면 시벨레스 광장에서 하차하여 메트로 2호선을 이용하면 된다. 공항 버스 홈페이지 http://www.emtmadrid.es/ Aeropuerto

❷ **렌페 세르카니아스**Renfe Cercanias 흔히 렌페Renfe라고 불리는 교외 철도로, 공항터미널 T4 지하 1층에서 출발한다. T1이나 T2로 도착했는데 렌 페로 이동할 계획이라면 무료 셔틀로 T4로 이동하면 된다. T4에서 렌페 표  시를 따라가 C1 노선을 탑승한 뒤, 누에보스 미니스테리오스역Nuevos Min- isterios에서 C3, C4 노선으로 환승하면 시내 중심인 솔 광장에 도착한다. 공 항에서 솔광장역까지 22분 정도 소요되며, 요금은 2.6유로4구역다. 차마르틴역이나 아토차역까지는 C1 노선을 타 고 한 번에 이동할 수 있다.2.6유로, 30분 소요 렌페는 공항에서 오전 6시부터 00:00까지 15~30분 간격으로 운행 된다. 렌페 안내 창구 부근의 자동판매기에서 1회권을 구매하여 승차할 수 있으며, 여행자 카드Tourist Card 구매자 도 사용할 수 있다.

❸ **메트로**Metro 메트로 8호선이 운행된다. 두 개의 역이 공항과 연결되 어 있는데, Aeropuerto T1·T2·T3역과 Aeropuerto T4역이다. 터미널 T1, T2, T3는 Aeropuerto T1·T2·T3역과 연결되고, 터미널 T4는 Aeropuerto  T4역과 연결된다. Aeropuerto T1·T2·T3은 T2의 1층우리나라 2층에 있고, Aeropuerto T4역은 T4의 지하 1층에 있다. 공항에서 8호선을 타고 종착역 인 누에보스 미니스테리오스역Nuevos Ministerios에서 하차하여 6·10호선으로 환승하면 시내로 진입할 수 있다. 대 략 15~25분 정도 소요된다. 공항에서 첫 출발을 06:05에 시작하며, 마지막 지하철은 01:33에 출발한다. 티켓은 지하철역 자동발매기에서 구매하면 되는데, 반드시 교통카드멀티카드를 구매해야 한다. 공항에서 시내까지 요금은 5유로이며, 멀티카드 값 2.5유로가 별도로 추가된다. 요금은 렌페보다는 조금 비싸고 공항버스하고는 비슷하다.

❹ **택시** 가장 편하지만 가장 비싼 방법이다. 시내까지 정액 요금 30유로가 적용된다. 짐과 공항 출입비 등은 따로 부과되지 않아 좋다. 우버Uber나 스 페인에서 많이 이용하는 택시 앱 마이 택시My Taxi를 이용하면 편리하다. 시  내까지 30~40분 정도 소요되며, 되도록 러시아워에는 이용하지 않는 게 좋 다. 마이 택시는 목적지 도착 후 기사가 요금을 입력하면 탑승자 앱에 그대 로 전송되어, 화면에서 결제창 버튼을 슬라이드로 넘겨주면 결제가 되는 시스템이다. 우버는 목적지 도착 후 자동 으로 결제된다.

마드리드 시내 교통 정보

마드리드 시내 여행지는 대부분 도보 30분 이내로 이동할 수 있다. 교통수단이 필요한 경우에는 주로 버스 EMT 와 지하철Metro을 이용한다. 마드리드에서 지하철을 이용하려면 충전식 플라스틱 교통카드 타르헤타 물티Tarjeta Multi, 멀티카드를 반드시 구매해야 한다. 충전 요금 외에 카드값 2.5유로가 추가되며, 카드값은 환불되지 않는다. 멀 티카드에는 1회권과 10회권만 충전할 수 있다. 10회권을 충전하면 여러 명이 사용할 수 있으며, 버스에서도 이용 할 수 있다. 하지만 10회권으로 지하철과 버스 간의 무료 환승은 불가하다. 지하철역이나 시내 곳곳에 있는 신문 가판대 키오스크나 담배 가게 타바코스Tabacos의 자동판매기 등에서 구매할 수 있다. 렌페 세르카니아스를 탑승 할 때는 사용할 수 없다.

1 지하철Metro

13개의 노선이 있지만, 시내에서 많이 이용되는 노선은 1·2·3·5·10호선 정도이다. 공항 에서 시내로 들어올 때 이용하는 노선은 8호선이다. 요금은 1회에 다섯 정거장 기준 1.5 유로이며, 6~9개의 정거장까지는 정거장당 0.1유로씩 추가된다. 열 정거장 이상은 무 조건 2유로가 추가된다. 1회권은 구매한 날 사용해야 한다. 지하철로 공항과 시내를 오 갈 때 사용하는 1회권은 5유로이다. 10회 이용권은 12.2유로로 버스도 사용 가능하며, 지하철로 공항을 오갈 때는 공항 추가 요금 3유로를 충전해 사용할 수 있다. 마드리드를 3~4일 여행할 계획이라면 10회권이 편리하다. 10회권 카드 하나로 여러 명이 함께 사용할 수도 있어, 동행자가 있다면 유용하다. 요금 및 노 선 조회는 메트로 홈페이지에서 가능하다. 홈페이지 http://www.metromadrid.es

2 버스EMT

충전식 교통카드 타르헤타 물티Tarjeta Mul에 10회권을 충전하면 시내버스 탑승 시 사용 할 수 있다. 1회권은 1.5유로로 운전 기사에게 구매하면 된다. 홈페이지에서 요금 및 노 선을 조회할 수 있다. 홈페이지 http://www.emtmadrid.es

3 여행자 카드Tourist Card 이용하기

지정된 기간과 구역 내에서 무제한으로 지하철, 시내버스, 렌페 세르카니아스를 이용 할 수 있는 티켓이다. 1·2·3·4·5·7일권 여행자 티켓이 있으며, 각 티켓은 A존시내 구역과 T존T존구역 제한 없음에서 사용할 수 있는 두 가지 종류로 나뉜다. 공항을 포함한 마드리드 시내 대부분은 A존에 해당한다. 공항과 시내를 지하철로 오갈 때 추가 요금이 없어 편리하다. 공항에서 시내로 들 어가는 렌페와 톨레도행 시외버스에서도 사용할 수 있다. 하지만 여행자 카드로 공항버스 탑승은 할 수 없다. 처음 사용한 시간부터 유효하며 마지막 날 자정을 넘어 새벽 5시까지 이용할 수 있다. 카드를 다 사용한 후에는, 멀티 카 드의 1회권과 10회권을 충전할 수도 있다. 카드는 공항 관광안내소, 마드리드 시내 지하철역에서 구매할 수 있다.

요금표

Zone	1일	2일	3일	4일	5일	7일
A	8.4유로	14.2유로	18.4유로	22.6유로	26.8유로	35.4유로
T	17유로	28.4유로	35.4유로	43유로	50.8유로	70.8유로

마드리드 쇼핑 팁 4가지

❶ 최신 유행 패션과 잡화 쇼핑을 원한다면

솔 광장 북쪽에 있는 그란 비아Gran Via로 가자. 스파 브랜드 자라Zara,
망고Mango, H&M 등도 찾아볼 수 있으며, 백화점 프리마크Primark도
있어 쇼핑하기 좋다. 최신 유행을 즐기고픈 사람에게 제격이다.

❷ 명품 쇼핑을 원한다면

고급스러운 동네 살라망카Salamanca의 세라노 거리Calle de Serrano로
가자. 마드리드를 대표하는 명품 거리이다. 루이비통, 구찌 등 명품 브
랜드는 물론 망고, 자라 등 스페인 스파 브랜드도 만날 수 있다.

❸ 레알 마드리드 편집 숍, 수제 신발과 가방, 그리고 패션까지 원한다면

솔 광장으로 가자. 수제 가죽으로 만든 신발과 가방 상점은 물론 스파 브랜드, 축구팀 레알 마드리드 소품을 판매
하는 편집숍 🏠 Calle del Arenal 6도 있다. 광장 중앙에는 백화점 엘 코르테 잉글레스도 있어 다양하게 쇼핑하기 편
리하다.

❹ 스페인 분위기 물씬 담긴 기념품을 원한다면

마요르 광장으로 가자. 광장 주변에 기념품 숍이 많다. 스페인의 영혼이 담겨 있다는 플라멩코와 투우 등을 모티브
로 제작한 예쁜 인형이나 사진, 그림 등을 비롯하여 주화까지 찾아볼 수 있다. 한국의 엿과 비슷한 스페인의 디저트,
투론Turrones을 전문으로 판매하는 상점 비센스Vicens,🏠 Calle Mayor, 41, 28013 Madrid도 있다. 광장 바로 옆에 먹을거
리 많은 산미구엘 시장이 있어, 쇼핑 후 식사하기 좋다.

마드리드 버킷 리스트 5

1 명작을 만나는 즐거움, 미술관 여행

#프라도 미술관 #국립 소피아 왕비 예술센터 #티센 보르네미사 미술관

프라도 미술관은 파리의 루브르, 상트페테르부르크의 에르미타주와 함께 세계 3대
미술관으로 꼽힌다. 스페인의 대표 화가 고야와 벨라스케스, 엘 그레코의 명작을 만
날 수 있다. 국립 소피아 왕비 예술센터는 피카소의 <게르니카>로 유명한 곳이다.
호안 미로와 살바도르 달리의 작품도 만나볼 수 있다. 티센 보르네미사 미술관은 13
세기부터 20세기 유럽 미술을 아우르는 방대한 규모의 작품을 소장하고 있다.

2 광장과 거리 즐기기

#솔 광장 #마요르 광장 #그란 비아 #세라노

솔 광장은 마드리드 중심에 있는 광장이다. 다양한 상점과 레스토랑, 카페 등이 늘어서서 언제나 반가운 모습으로
여행객을 맞이한다. 광장 북쪽은 마드리드의 맨해튼이라 불리는 가장 번화한 거리 그란 비아Gran Via이다. 고풍스
러운 붉은 건물로 둘러싸인 마요르 광장은 마드리드 중앙 광장이자 시민들의 휴식처이다.

3 마드리드의 뷰를 찾아서

#시벨레스 궁 전망대 #데보드 신전 #알무데나 대성당

마드리드에서 멋진 뷰를 볼 수 있는 곳으로는 시벨레스 궁 전망대, 데보드 신전, 알무데나 대성당이 있다. 시벨레스 궁 전망대는 마드리드의 아름다운 해 질 녘 풍경을 볼 수 있는 곳이지만 아쉽게도 지금은 보수 공사중이다. 데보드 신전 전망대는 마드리드 왕궁과 알무데나 대성당까지 탁 트인 마드리드의 전경을 시원하게 즐길 수 있는 곳이다. 알무데나 대성당의 꼭대기 돔에서도 멋진 마드리드 전경을 두 눈 가득 담을 수 있다.

4 타파스와 하몽 즐기기

#라 돌로레스 #무세오 델 하몽 #산 미구엘 시장

라 돌로레스는 스페인 특유의 분위기가 나서 더욱 좋은 타파스 전문점이다. 티센 보르네미사 미술관과 프라도 미술관에서 가까워 미술관을 관람한 후에 들르기 좋다. 무세오 델 하몽은 돼지 뒷다리를 소금에 절여 숙성시켜 만든 하몽 전문점이다. 마요르 광장과 산 미구엘 시장에서 가깝다. 산 미구엘 시장은 타파스를 맛볼 수 있는 푸드 코트이다. 하몽, 치즈, 빵, 파에야, 해산물 등으로 만든 타파스를 판매한다. 저렴한 편은 아니지만, 다양한 타파스를 한 곳에서 즐길 수 있어 좋다.

5 예술가처럼 술 한잔

#소브리노 데 보틴 #메손 델 샴피뇽

세계에서 가장 오래된 식당 보틴은 피카소와 헤밍웨이의 단골 술집으로 유명한 곳이다. 고야는 이곳에서 접시닦이를 하며 예술의 열정을 불태웠다. 보틴에 앉아 새끼 통돼지 구이를 안주 삼아 술 한잔 하고 있으면, 마드리드 여행의 묘미는 더욱 깊어진다. 헤밍웨이는 산 미구엘 거리의 메손선술집, 음식점도 즐겨 찾았다. 마요르 광장 부근의 메손 델 샴피뇽이 아직도 자리를 지키고 있다. 술 한잔 즐기노라면 헤밍웨이가 옛 친구라도 된 듯 그리워진다.

작가가 추천하는 일정별 최적 코스

1일	09:00	솔 광장
	11:00	마요르 광장+산 미구엘 시장
	13:30	점심 식사 라 볼라La Bola 혹은 메손 델 샴피뇽Mesón del Champiñón
	15:00	마드리드 왕궁
	19:00	프라도 미술관
	19:30	저녁 식사 스패니시 팜Spanish Farm 혹은 라 돌로레스La Dolores
	21:00	알데무나 대성당에서 마드리드 야경 즐기기

2일	09:00	국립 소피아 왕비 예술센터
	14:00	점심 식사
	18:00	티센 보르네미사 미술관월요일 무료
	19:30	저녁 식사

3일	10:00	산티아고 베르나베우 경기장 투어
	13:00	점심 식사
	14:30	레티로 공원 산책
	17:00	그란비아 거리 또는 세라노 거리 산책 및 쇼핑
	19:30	저녁 식사 세계에서 가장 오래된 식당 소브리노 데 보틴Sobrino de Botín에서 새끼 돼지 통구이 즐기기, 가능하면 미리 예약하기

현지 투어로 마드리드 여행하기

에어비앤비에서 다양한 트립을 제공한다. 마드리드 미술관 트립, 마드리드 거리를 배경으로 남기는 스냅 사진 트립, 스페인 타파스를 즐기는 미식 트립, 시장을 둘러보며 로컬 음식을 즐기는 트립까지 종류가 다양하다. 스페인어 혹은 영어로 전 세계에서 온 여행자들과 새로운 추억의 한 페이지를 장식하게 될 것이다.

에어 비앤비 홈페이지 www.airbnb.com

그밖에 마드리드 여행자들에게는 톨레도와 세고비아를 함께 둘러보는 투어가 인기가 많다. 마드리드의 대표적인 명소 프라도 미술관과 톨레도를 함께 둘러보는 투어나, 톨레도와 세고비아를 하루만에 둘러보는 투어도 있다. 빠듯한 일정 속에서 톨레도와 세고비아 어느 하나도 놓치고 싶지 않다면 이 같은 투어를 이용하는 게 해결책이 될 수 있다. 유로 자전거 나라, 줌줌투어, 헬로우 트래블 등을 이용하면 된다.

유로 자전거 나라 홈페이지 www.eurobike.kr 전화 한국 대표 번호 02-723-3403~5 한국에서 걸 경우 001-34-600-022-578 유럽에서 걸 경우 0034-600-022-578 스페인에서 걸 경우 600-022-578

줌줌투어 홈페이지 www.zoomzoomtour.com 대표번호 02-2088-4148

헬로우 트래블 홈페이지 www.hellotravel.kr 대표번호 02-2039-5190

마드리드 3대 미술관 통합권 Paseo del Arte Card

프라도 미술관, 티센 보르네미사 미술관, 국립 소피아 왕비 예술센터를 모두 관람할 수 있는 뮤지엄 패스이다. 세 미술관을 예매하지 않고 각각 방문해서 티켓을 구매하면 모두 37유로의 비용이 드는데, 파세오 델 아르테 카드를 구입하면 29.60유로에 세 미술관을 관람할 수 있다. 단지 티센 보르네 미사 미술관의 특별전을 관람하고 싶다면 별도로 티켓을 구매해야 한다. 카드는 방문 예정일로부터 1년간 유효하다. 티켓은 현장에서 직접 구매해도 되고, 미술관 홈페이지에서 온라인으로 구매할 수도 있다. 온라인으로 구매한 경우 메일로 전송 받은 통합권을 인쇄하여 가지고 가서, 미술관 매표소에서 줄을 서서 기다린 후에 입장권으로 교환하여 입장할 수 있다.

줄 서서 기다리는 게 부담스럽다면 'Paseo del Arte Card:Skip The Line'을 이용하면 된다. 온라인으로 날짜를 지정하여 티켓을 구매하는 방식으로, 티켓을 실물이 아닌 모바일로 전송받아 사용할 수 있다. 줄서지 않고 바로 모바일에 전송 받은 티켓을 보여주고 입장하면 된다. 가격은 32유로이다.

파세오 델 아르테 카드 인터넷 예매

❶ https://www.museodelprado.es ❷ https://www.museothyssen.org ❸ http://www.museoreinasofia.es/en

파세오 델 아르테 카드 Skip The Line 인터넷 예매 http://www.tiqets.com

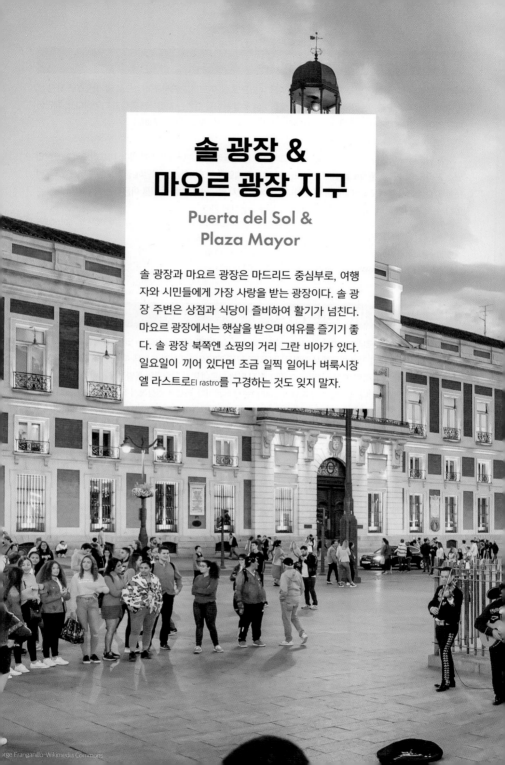

솔 광장 &
마요르 광장 지구

Puerta del Sol &
Plaza Mayor

솔 광장과 마요르 광장은 마드리드 중심부로, 여행자와 시민들에게 가장 사랑을 받는 광장이다. 솔 광장 주변은 상점과 식당이 즐비하여 활기가 넘친다. 마요르 광장에서는 햇살을 받으며 여유를 즐기기 좋다. 솔 광장 북쪽엔 쇼핑의 거리 그란 비아가 있다. 일요일이 끼어 있다면 조금 일찍 일어나 벼룩시장 엘 라스트로El rastro를 구경하는 것도 잊지 말자.

솔 광장 & 마요르 광장 지구

솔 광장 & 마요르 광장 지구 하루 추

천코스 지도의 빨간 실선 참고

그란 비아 거리 → 도보 4~5분 → 솔 광장
→ 도보 5분 → 마요르 광장 → 도보 3분 →
산 미구엘 시장 → 도보 14분 - 엘 라스트로
벼룩시장(일요일이나 휴일에만)

Gran Vía

그란 비아 거리
Gran Vía

Gran Vía

Ⓜ Callao

Ⓜ 그란비아
Gran Vía

출발

엘 코르테 잉글레스,
메르카도나

토니 폰스

Calle del Arenal

Calle de Alcala

푸에르타 델 솔
Puerta del Sol

초콜라테리아 산
히네스

Ⓜ

cra des.jeronimo

솔 광장
Puerta del Sol

곰 동상

Calle Mayor

무세오 델
하몽

ⓘ 관광 안내소

누에바
갈리시아

산 미구엘 시장
Mercado de
San Miguel

마요르 광장
Plaza Mayor

Calle de Carretas

메손 델
샴피뇽

Calle de Atocha

페데랄 카페

소브리노
데 보틴

C. de los Estudios

Calle de la Segovia

Calle de la Colegiata

천주교 성당

Tirso de Molina Ⓜ

La Latina
Ⓜ

Calle de Toledo

루다 카페

C. de Embajadores

도착

엘 라스트로 벼룩시장
El rastro

카페리토

솔 광장 Puerta del Sol 푸에르타 델 솔

🚶 ❶ 메트로 1·2·3호선 솔 역Sol 하차 ❷ 마요르 광장에서 마요르 거리Calle Mayor 경유하여 도보 4분350m ❸ 그란 비아 거리Gran Via에서 카르멘 거리Calle del Carmen 경유하여 도보 4분400m
🏠 Plaza de la Puerta del Sol, s/n, 28013 Madrid

마드리드의 중심

'태양의 문'이라는 뜻을 가진 마드리드 중심부의 광장이다. 15세기에 성문이 있었던 곳으로 문이 해가 뜨는 동쪽을 향해 있어 이런 이름을 갖게 되었다. 서울의 광화문이나 파리의 뽀양 제로가 있는 노트르담 성당처럼 제로 포인트가 있는 곳이며, 이곳에서 카레라 거리Calle Carrera, 아레날 거리Calle Arenal 등 아홉 개의 주요 도로가 시작된다. 광장 중앙에는 분수대가 있고, 마드리드를 상징하는 곰과 딸기나무 동상도 찾아볼 수 있다. 카를로스 3세 동상도 이 광장에 있다. 광장 주변에는 레스토랑, 카페, 백화점, 각종 쇼핑 센터가 자리하고 있고 사람들이 넘쳐나 언제나 활기가 넘친다. 다양한 만화 캐릭터 가면을 쓰고 사진을 찍어주는 사람들, 기이한 자세로 꼼짝 않고 서 있어 감탄을 자아내게 만드는 사람들, 버스킹을 하는 사람들이 볼거리를 자아낸다. 2011년 솔 광장에서는 마드리드 시민들이 모여 긴축 정책, 실업 문제, 빈부격차 등의 문제로 대대적인 시위를 벌였다. 그 후 지금까지도 솔 광장은 서울의 광화문처럼 마드리드 시민들에게 각종 시위 현장의 무대가 되어주고 있다.

📷 마요르 광장 Plaza Mayor 프라사 마요르

🚶 ❶ 솔 광장Puerta del Sol 에서 도보 4분350m
❷ 메트로 1·2·3호선 승차하여 솔역Puerta del Sol에서 하차, 도보 5분300m
🏠 Plaza Mayor, 28012 Madrid

마드리드 시민들의 휴식처

17세기에 만들어진 마드리드의 중앙 광장이자 시민들의 휴식처이다. 세 번의 대형 화재로 옛 모습은 사라지고 1854년 지금의 모습으로 다시 태어났다. 9개의 아치를 통해 광장으로 들어서면 마치 타임머신을 타고 먼 옛날로 순간 이동을 한 기분이 든다. 3층짜리 빨간 벽면의 멋진 건물로 사면이 둘러 싸여 있고 바닥에는 돌이 깔려 있어, 주변 아스팔트 대로의 현대적인 도시 모습과 대조를 이뤄 더욱 멋지다. 건물의 237개 창문과 테라스는 모두 광장을 향해 있다. 직사각형 모양의 이 광장은 마드리드 여행의 시작 지점이자 필수 여행 코스이다. 365일 내내 각종 행사가 열리고, 거리 예술가와 여행객들로 붐벼 늘 활기가 넘친다. 커피 한잔을 앞에 놓고 노천 카페에 앉아 있으면 천 년 고도 마드리드의 공기가 가슴으로 밀려들어와 여행의 즐거움을 더해준다. 광장 내에 관광 안내소가 있으며, 12월에는 크리스마스 마켓이 열리기도 한다. 광장 주변에 산 미구엘 시장, 세계에서 가장 오래된 식당 '보틴'을 비롯한 유명한 맛집들이 있어 여행하기 편리하다.

📷 산 미구엘 시장 Mercado de San Miguel 메르카도 데 산 미구엘

🚶 ❶ 마요르 광장에서 도보 2분 ❷ 메트로 2·5호선 오페라역Ópera에서 도보 5분350m
🏠 Plaza de San Miguel, s/n, 28005 Madrid 📞 +34 915 42 49 36
🕐 일~목 10:00~24:00 금·토 10:00~01:00
🌐 www.mercadodesanmiguel.es

타파스 푸드 코트

마드리드 시내 중심에 있다. 우리가 생각하는 재래시장이 아닌 푸드 코트 같은 곳으로 다양한 타파스를 판매한다.
1916년에 만들어진 시장은 약 6년간의 리노베이션을 거쳐 2009년 멋진 외관으로 다시 오픈했다. 철골 구조에 통
유리로 건축되어 깔끔하고 클래식한 멋을 풍긴다. 특히 해가 저물어 상점들이 불을 켜기 시작하면 그 아름다움은
배가 된다. 약 30개의 상점이 들어서 있으며 하몽, 치즈, 빵, 파에야, 해산물 등으로 만든 타파스를 판매한다. 가격이
저렴한 편은 아니지만, 다양한 타파스를 한 곳에서 즐길 수 있다는 장점이 있다. 아침 일찍부터 저녁 늦게까지 영업
하는 곳이니 언제든 들러 식사하기 좋다. 모차렐라 치즈 카나페도 꼭 맛보길 추천한다.

📷 그란 비아 거리 Calle Gran Vía 까예 그란비아

🚶 메트로 ❶ 1·5호선 그란 비아역Gran Vía ❷ 3·5호선 카야오역Callao
❸ 2호선 산토 도밍고역Santo Domingo ❹ 3·10호선 플라사 데 에스파냐역Plaza de España
버스 1·2·3·46·74·146번 승차하여 ❶ 그란 비아-추에카 정류장Gran Vía - Chueca 하차
❷ 메트로 그란 비아 정류장Metro Gran Vía 하차 ❸ 그란 비아-카야오 정류장Gran Vía-Callao 하차
❹ 산토 도밍고 정류장Santo Domingo 하차 ❺ 그란 비아-프라사 데 에스파냐 정류장Gran Vía - Plaza De España 하차

스페인의 브로드웨이이자 쇼핑 명소

고층 건물과 백화점, 호텔, 상점, 극장, 레스토랑이 즐비한, 마드리드에서 가장 번화한 거리이다. 그란 비아는 스페인어로 '큰 길'이라는 뜻으로, 에스파냐 광장부터 알칼라 거리Calle de Alcalá까지 약 1.3km 정도의 대로를 말한다. 최근에는 뉴욕의 맨해튼 못지 않은 화려한 거리로 떠올라 '스페인의 브로드웨이'라 불리고 있다. 예전에는 극장과 호텔이 대부분이었으나 몇 년 전부터 브랜드 숍이 많이 들어와 쇼핑 명소로 자리 잡았다. 유명 스파 브랜드 자라Zara, 망고Mango, H&M 등을 모두 이 거리에서 찾아볼 수 있으며, 백화점 프리마크Primark도 있어 쇼핑하기 좋다. 현대적인 분위기 속에 20세기 초에 지어진 화려하고 아름다운 건축물도 볼 수 있어 옛 것과 새것의 조화를 확인하는 즐거움도 맛볼 수 있다.

엘 라스트로 벼룩시장 El rastro

🚶 지하철 ❶ 5호선 라 라티나역La Latina에서 카스코로 광장Plaza de Cascorro 경유하여 남쪽으로 도보 3~4분300m
버스 ❶ 17, 18, 23, 35번 승차하여 라 라티나 정류장La Latina 하차, 도보 5분400m
❷ 60번 승차하여 플라사 세바다 정류장Plaza Cebada 하차, 도보 4분300m
❸ 버스 24번, V19번 승차 카레테라 델 카르멜Ctra del Carmel – Can Xirot 정류장 하차구엘 공원 동문 쪽, 도보 3분
🏠 Calle de la Ribera de Curtidores, 28005 Madrid 🕐 일 08:00~15:00

©Zarateman-Wikimedia Commons

500년 전통의 벼룩시장

16세기부터 열리기 시작하여 500년이 된 전통 있는 벼룩시장이다. 매주 일요일 혹은 휴일 아침에 카스코로 광장 주변으로 현지인들이 물건을 가지고 나와 3,500개에 가까운 판매대가 늘어서며 장이 형성된다. 규모가 크고 물건도 다양하다. 옷, 가방, 장신구, 장식품, 음반, 전자제품, 악기, 책, 그림, 가구 등 말 그대로 없는 게 없는 시장이다. 이 벼룩시장은 스페인 영화의 거장 페드로 알모도바르의 영화 '정열의 미로'Laberinto de Pasiones에 배경 무대로 등장하기도 했다. 물건을 굳이 사지 않더라도 현지인과 여행객들이 활기찬 분위기 속에서 흥정하며 물건을 사고파는 모습을 구경하는 것만으로도 충분히 즐겁다. 주변에 엔틱 소품을 판매하는 상점들도 있어 함께 둘러보기 좋다. 일요일 아침 일찍 시장을 구경한 후 브런치를 즐기며 여유를 즐겨 보시길. 소매치기와 바가지에 주의하자.

🍴 무세오 델 하몽 Museo del Jamón

하몽부터 샌드위치까지

스페인 음식 하면 빼놓을 수 없는 하몽 전문점이다. 식당
이름 그대로 하몽 박물관처럼 수많은 돼지 뒷다리를 주
렁주렁 매달아 놓은 모습이 인상적이다. 하몽이란 돼지
뒷다리를 소금에 절여 건조, 숙성시킨 스페인식 생 햄이
다. 하몽 외에 스페인 소시지 초리소Chorizo, 치즈, 샌드
위치 등의 다양한 요리도 맛볼 수 있다. 선택의 폭이 넓
고 가격이 저렴해 많은 사람이 즐겨 찾는다. 마요르 광
장 동쪽에 있으며, 산 미구엘 시장에서도 가깝다. 마드
리드 시내에 6군데 지점이 있다. 🚶 ❶ 마요르 광장에서 도
보 1분110m ❷ 메트로 2·5호선 오페라역Opera에서 도보 5분
350m ❸ 메트로 1·2·3호선 솔역Sol에서 도보 5분400m 🏠 Pla-
za Mayor, 18, 28012 Madrid 📞 +34 915 42 26 32 🕐
일~목 09:00~24:00 금·토 09:00~01:00지점에 따
라 영업시간 다를 수 있음 € 하몽 6~25유로 🌐 www.
museodeljamon.com

🍴 소브리노 데 보틴 Sobrino de Botín

세계에서 가장 오래된 식당

1725년에 문을 연 이곳은 세계에서 가장 오래된 레스토
랑으로 기네스북에 이름을 올렸다. 가게에 들어서면 고풍
스러운 분위기가 그 역사를 짐작하게 만든다. 보틴 부부
가 처음 오픈 했을 당시에 식당 이름은 보틴의 집이라는
뜻의 '카사 보틴'이었다. '소브리노'란 스페인어로 조카라
는 뜻인데, 보틴 부부의 조카가 식당을 이어받으면서 식
당 이름은 '보틴의 조카'라는 뜻의 '소브리노 데 보틴'으
로 바뀌었다. 스페인을 대표하는 화가 프란시스코 고야
Francisco Goya, 1746~1828는 어릴 적 이곳 주방에서 설거지를 맡아 일하기도 했다. 대표 메뉴는 새끼 돼지 통구이Roast
Suckling Pig와 새끼 양구이Roast Baby Lamb이다. 부엌의 화덕에서 구워낸 새끼 돼지 구이는 바삭한 껍질과 부드러운
살코기가 핵심인데, 호불호가 갈리는 요리이다. 돼지고기 요리 외에 소고기, 치킨, 생선, 해산물 요

리 등도 있다. 인기가 많은 곳이라 저녁에는 예약하는 것이 좋다.
🚶 ❶ 마요르 광장에서 도보 2~3분250m ❷ 메트로 1호선 티르소 데 몰리나역Tirso de Molina에서 도보
4분350m 🏠 Calle Cuchilleros, 17, 28005 Madrid 📞 +34 913 66 42 17 🕐 월~일 13:00~16:00,
20:00~23:30 € 훈제 연어 21유로 구운 돼지 27.15유로 소고기 스테이크 21유로 🌐 botin.es

🍽 초콜라테리아 산 히네스 Chocolatería San Ginés

야외 테이블에서 즐기는 스페인식 아침 식사

마드리드에서 가장 유명한 추로스 전문점으로, 1894
년부터 추로스를 팔기 시작하여 역사가 120년이 넘는
다. 수요일부터 일요일까지는 24시간 내내 영업을 하
며 낮에는 주로 여행객이, 밤에는 나이트 라이프를 마
친 현지인들이 귀갓길에 즐겨 찾는다. 그래서 언제나
많은 이들이 줄을 서 있다. 스페인 젊은이들은 술을 마
신 후 해장으로 추로스를 즐겨 먹으며, 또 아침 식사로
도 많이 먹는다. 실내 혹은 야외 테이블에 앉아서 스페
인식 아침 식사를 즐겨 보자. 추로스보다 좀 더 굵은 뽀
라Porra도 판매한다.

🏃 ❶ 메트로 2·5호선 오페라역Ópera에서 도보 4분 350m
❷메트로 1·2·3호선 솔역Sol에서 마요르 거리Calle Mayor 경
유하여 도보 3분 🏠 Pasadizo de San Ginés, 5, 28013
Madrid 📞 +34 913 65 65 46 🕐 월·화 08:00~23:30 수~
일 24시간 영업 € 초콜릿+추로스 6개+뽀라 2개=5.5유로
≡ chocolateriasangines.com

🍽 알람브라 Alhambra

타일 장식이 멋진 스페인 음식점

먹자골목 크루즈 거리Calle de la Cruz와 빅토리아 거리
Calle de la Victoria의 상점들은 외관을 가우디의 작품처
럼 타일로 장식한 곳이 많다. 이슬람 문화를 받아들였
기 때문이다. 그래서 레스토랑이라기보다는 갤러리처
럼 보이기도 한다. 알람브라도 그런 레스토랑이다. 마
치 바로크 시대의 회화처럼 화려하고 디테일해 가게를
구경하는 재미가 있다. 메뉴도 다양하다. 소꼬리찜, 감
바스, 하몽, 타파스, 스테이크, 빠에야, 감자튀김, 샹그리
아 등의 메뉴가 있다. 직원에게 물으면 메뉴에 대해 친
절하게 설명해준다.

🏃 메트로 1·2·3호선 솔역Puerta del Sol에서 도보 2분 130m
🏠 Calle de la Victoria, 9, 28012 Madrid
📞 +34 915 21 07 08
🕐 일~목 11:00~01:30 금·토 11:00~02:30
€ 20~30유로

메손 델 샴피뇽 Mesón del Champiñón

꽃할배가 찾은 선술집

헤밍웨이는 스페인을 여행하다 밤이 되면 꼭 산미구엘 거리에 있는 메손선술집, 음식점을 찾아가 술잔을 기울였다. 지금도 그가 찾은 메손이 그대로 자리를 지키고 있다. 그 중 가볼 만한 곳이 메손 델 샴피뇽Meson del Champiñón이다. 이곳은 '꽃보다 할배'에서 백일섭이 찾아간 곳이기도 하다. 석쇠에 구운 버섯 요리가 유명하고 오믈렛 또한 맛있다. 한국어 메뉴판이 있으며, 종종 흥겨운 오르간으로 한국 가요를 연주해주기도 한다.

🚶 메트로 1·2·3호선 솔역Puerta del Sol에서 도보 6분500m, 마요르 광장에서 도보 3분230m 🏠 C/ Cava de San Miguel, 17, 28005 Madrid 📞 +34 915 59 67 90 🕐 월~목 11:00~01:00 금·토 11:00~02:00 일 12:00~01:00 € 11~20유로
☰ www.mesondelchampinon.com

 페데랄 카페 Federal Café

한적한 여유 한잔과 브런치

마드리드 시내 중심의 마요르 광장과 주변의 복잡한 거리를 조금만 벗어나면 만날 수 있는 한적한 골목의 멋진 카페이다. 여행객은 물론이고, 마드리드 로컬들이 일을 하거나 신문을 읽으며 일상을 보내는 모습을 구경할 수 있다. 마드리드에서 맛있는 커피로도 손 꼽히는 곳이며, 샌드위치, 에그 베네딕트, 햄버거 등 브런치를 즐기기도 그만이다. 복잡한 마드리드 시내 구경에 지쳐갈 즈음 도심 속에서 한적한 분위기를 즐기고픈 이에게 추천한다. 멀리 가지 않고도 조용히 여유를 만끽하기 좋다.

🚶❶ 마요르 광장에서 도보 3분230m ❷ 메트로 1호선 티르소 데 몰리나역Tirso de Molina에서 도보 5분500m
🏠 Plaza del Conde de Barajas, 3, 28005 Madrid 📞 +34 918 52 68 48 🕐 월~토 09:00~23:00 일 09:00~20:00
€ 에스프레소 1.7유로 카푸치노 2.3유로 샌드위치 8.5유로부터 햄버거 10.9유로부터
☰ federalcafe.es/madrid-condedebarajas/

루다 카페 Ruda Café

로컬들의 일상을 구경하기 좋은

마드리드 중심에서 조금만 남쪽으로 내려가면 분위기
가 확 바뀌며, 규모는 작지만 멋스러운 가게들이 하나
둘 눈에 띈다. 그 중 루다 카페는 단연 많은 이들에게 사
랑받는 곳이다. 길 가다가 놓치기 쉬울 정도로 눈에 잘
띄지 않고 아주 작지만, 마드리드 최고의 카페 중 하나
로 꼽힌다. 특히 아침 식사를 예쁜 트레이에 가지런히
담아 내와 보기만 해도 기분이 좋아진다. 가격 또한 착
하다. 동네 카페 분위기라 로컬들의 일상을 구경하며 여
유롭게 시간 보내기 좋다.

🚶 ❶ 마요르 광장에서 도보 9분750m ❷ 메트로
5호선 라라티나역La Latina에서 도보 2분120m
🏠 Calle de la Ruda, 11, 28005 Madrid
📞 +34 918 32 19 30
🕐 월~금 08:00~20:00 토·일 09:00~20:00
☰ rudacafe.com

카페리토 Cafelito

여유로운 분위기에서 맛있는 빵과 커피를

작지만 매력적인 카페로 아침부터 저녁까지 붐빈다. 맛있는 빵과 커피는 물론 예쁜 인테리어와 여유로운 분위기까
지 무엇 하나 빠질 게 없다. 개인적으로 마드리드 최고의 커피로 꼽을 정도로 맛있었다. 가격도 착하다. 입구의 고
풍스러운 목재 출입문은 100년도 넘은 것이며, 내부의 모든 가구도 손때 묻은 중고품이거나 주인장이 아는 지인
에게 받은 것이다. 편안한 분위기라 여유를 즐기기엔 이만한 곳이 없다. 일요일엔 근처에서 열리는 라스트로 벼룩
시장에 갔다가 들르기 좋다.

🚶 ❶ 국립 소피아 왕비 예술센터에서 도보 10분 ❷ 메트로 3호선 라바피에스역Lavapies에서 도보 2분
🏠 Calle del Sombrerete, 20, 28012 Madrid 📞 +34 910 84 30 96 🕐 월~금 08:00~21:00 토·일 09:00~21:00
€ 아침 식사(토스트+커피)=3.3유로 ☰ www.cafelito.es

엘 코르테 잉글레스 El Corte Inglés

스페인의 대표 백화점

마드리드 최고의 쇼핑 플레이스다. 명품부터 스페인 브랜드의 패션과 잡화, 서적, 화장품, 다양한 식료품 등을 구입하기 좋다. 더운 여름날 시원한 곳에서 쇼핑하길 원한다면 엘 코르테 잉글레스를 추천한다. 마드리드에만 네 군데 지점이 있으며, 마드리드의 허브 솔광장에 있는 지점이 교통이 좋아 가장 이용하기 편리하다. 살라망카 지구의 세라노 거리에서 쇼핑할 계획이라면, 그곳에 엘 코르테 잉글레스 고야거리점이 있으니 이용해보자.

솔광장점 🚶 메트로 1·2·3호선 솔역Puerta del Sol에서 바로 🏠 Calle de Preciados, 4, 10, 28013 Madrid 📞 +34 913 79 80 00 🕐 월~토 10:00~22:00 일 11:00~21:00 ═ www.elcorteingles.es

고야거리점 🚶 메트로 4호선 세라노역에서 고야 거리Calle de Goya 경유하여 동쪽으로 도보 10분800m 🏠 Calle de Goya, 87, 28001 Madrid 📞 +34 914 32 93 00

©Luis García

토니 폰스 Toni Pons

캔버스화 에스파드류를 저렴하게

노끈으로 밑창을 만든 신발 에스파드류 판매점이다. 에스파드류는 오래 전 스페인, 프랑스 등에서 신던 신발에서 유래하여 만들어진 캔버스화이다. 스페인에서 많이 생산되는데, 그 가운데 마드리드의 토니 폰스는 꽤 인기 있는 에스파드류 브랜드 매장으로, 국내 구매 가격보다 30% 이상 저렴하게 구매할 수 있다. 그래서 현지에서 구매해야 할 쇼핑 리스트의 필수 항목이다. 솔 광장에서 가깝고, 쇼핑의 거리 그란 비아에서도 도보로 4분이면 갈 수 있다. 샌달, 슬립온, 웨지힐 등 다양한 종류와 디자인이 있으니, 에스파드류의 본고장에서 합리적인 가격에 득템하시길!

🚶 ❶ 메트로 1·5호선 그란 비아역Gran Via에서 남서쪽으로 도보 4분350m ❷ 1·2·3호선 솔역Puerta del Sol에서 북쪽으로 도보 3분200m 🏠 Calle del Carmen, 25, 28013 Madrid 📞 +34 914 21 31 45 🕐 일~금 10:00~21:00 토 10:00~22:00 ═ www.tonipons.com

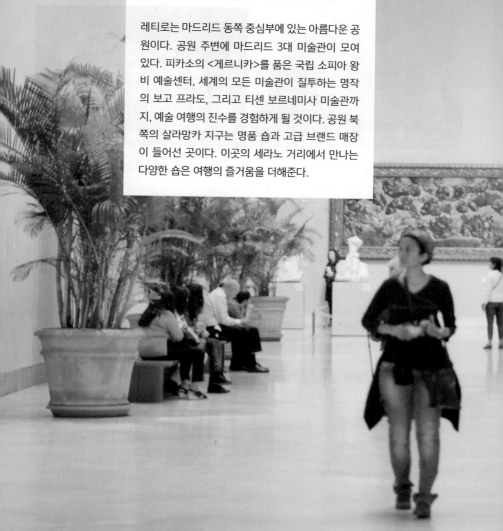

레티로 &
살라망카 지구

El Retiro & Salamanca

레티로는 마드리드 동쪽 중심부에 있는 아름다운 공원이다. 공원 주변에 마드리드 3대 미술관이 모여 있다. 피카소의 <게르니카>를 품은 국립 소피아 왕비 예술센터, 세계의 모든 미술관이 질투하는 명작의 보고 프라도, 그리고 티센 보르네미사 미술관까지, 예술 여행의 진수를 경험하게 될 것이다. 공원 북쪽의 살라망카 지구는 명품 숍과 고급 브랜드 매장이 들어선 곳이다. 이곳의 세라노 거리에서 만나는 다양한 숍은 여행의 즐거움을 더해준다.

레티로 & 살라망카 지구

레티로 & 살라망카 지구 하루 추천코스
지도의 빨간 실선 참고

국립 소피아 왕비 예술센터 → 도보 9분 →
프라도 미술관 → 도보 6분 → 티센 보르네미사 미술관 →
도보 13분 → 세라노 거리 → 도보 6분 → 레티로 공원

산티아고 베르나베우
스타디움 2.7km

Colón

살라망카 지구

세라노
Serrano

국립고고학
박물관

세라노 거리
Calle de
Serrano

레티로
Retiro

그란비아
Gran Vía

시벨레스 광장(분수)
Plaza Cibeles

Calle de Alcalá

푸에르타 데 알칼라
Puerta de Alcalá

마드
바라하스
15

Banco de España

시벨레스 궁 전망대
CentroCentro

푸에르타 델 솔
Puerta del Sol

세비아
Sevilla

해양 박물관

국립장식
미술관

솔 광장
Puerta del Sol

티센 보르네미사 미술관
Museo Nacional
Thyssen-Bornemisza

Plaza de las Cortes

Calle de Felipe IV

포세이돈
분수대

고야동상

레티로 공원
Parque de
El Retiro

라 돌로레스

프라도 미술관
Museo Nacional
del Prado

도착

Calle Lope de Vega

Calle de Atocha

안톤 마르틴
Antón Martín

더 스패니시 팜

레티로 지구

Calle de Atocha

마드리드
왕립식물원
Real Jardín
Botánico

아토차
Atocha

출발

국립 소피아 왕비 예술센터
Museo Nacional Centro de
Arte Reina Sofía

아토차 기차역
Madrid-Puerta de Atocha

국립 소피아 왕비 예술센터

Museo Nacional Centro de Arte Reina Sofía 무세오 나시오날 센트로 데 아르테 레이나 소피아

🏃 메트로 1호선 에스타치온 델 아르떼역Estación Del Arte에서 도보 3분

🏠 Calle de Santa Isabel, 52, 28012 Madrid 📞 +34 917 74 10 00

🕐 월·수~토 10:00~21:00 일 10:00~14:30
  휴관 화요일, 1/1, 1/6, 5/1, 5/15, 11/9, 12/24, 12/25, 12/31

€ 12유로(2회 방문 티켓 18유로)
  무료입장 평일 19:00~21:00 일요일 12:30~14:30(그밖에 4/18, 5/18, 10/12, 12/6 무료입장)

피카소의 게르니카를 품은 미술관

프라도 미술관, 티센 보르네미사 미술관과 함께 마드리드의
3대 미술관으로 꼽힌다. 18세기에 건립된 카를로스 병원 건
물을 개축해서 1986년 미술관으로 단장하였다. 1992년 재
설립하면서 당시의 왕비 이름을 붙여 국립 소피아 왕비 예
술센터라 불리게 되었다. 20세기 근현대 미술 작품 1만 6천
여 점을 소장하고 있으며, 스페인 출신 20세기의 거장 파블
로 피카소와 살바도르 달리의 그림도 있다. 건물은 두 개로
나뉘어 있는데, 전시실은 외부에 통유리 엘리베이터가 설치
되어 있는 4층짜리 건물 사바티니 전시관Edificio Sabatini에 있

다. 사바니티 전시관은 병원을 개조해 만들었다. 또 다른 건물인 누벨빌딩Edificio Nouvel은 신관으로 카페와 숍 등이 있다. 20세기의 입체주의, 초현실주의 작품과 스페인 현대 미술의 전반을 보여주는 작품을 많이 소장하고 있다. 호안 미로, 후안 그리스, 로이 릭턴스타인, 프랜시스 베이컨, 클리포드 스틸, 요셉 보이스 등 다양한 예술가의 작품을 만나볼 수 있다. 국립 소피아 왕비 예술 센터의 하이라이트는 피카소의 <게르니카>이다. 게르니카 전시관은 사바니티 전시관 2층에 있다. 휴관일을 제외하고 평일 저녁 7시부터 무료입장이다. 시간을 잘 활용한다면 알뜰한 여행을 즐길 수 있다.

ONE MORE 이 작품은 꼭 보자!

❶ 게르니카Guernica_파블로 피카소 작품

국립 소피아 왕비 예술센터의 하이라이트이자 피카소의 대표작이다. 게르니카는 스페인 북동부 바스크지방에 위치한 작은 마을이다. 왕당파와 공화파의 전쟁이 벌어진 스페인 내전 당시인 1937년 4월 26일, 주말시장이 열리고 있던 게르니카에 비행기 소리가 들리기 시작했다. 아이들은 비행기를 향해 손을 흔들었다. 그러나 불행하게도 그 비행기는 군사 반란을 일으킨 프랑코 장군의 공화파를 지지한, 하켄 클로이츠가 박혀 있는 나치의 비행기였다. 그리고 평화롭던 마을에 폭탄이 비처럼 쏟아져 내리기 시작했다. 순식간에 생지옥으로 변한 게르니카는 이틀 내내 불길에 휩싸였고, 민간인 1500명이 사망하고 수천 명이 부상당했다. 피카소는 이 소식에 분노했다. 이후 피카소는 스페인 공화정부로부터 파리만국박람회 스페인관에 전시할 벽화를 의뢰 받았다. 피카소는 게르나카 마을의 분노와 슬픔을 담아 가로 776cm, 세로 349cm의 대작을 탄생시켰는데, 이 작품이 <게르니카>이다. 죽은 아이를 안고 울부짖는 여인, 상처 입은 말, 분해된 시신의 절규를 흑백 물감을 사용해 입체주의 화법으로 그렸다. 그는 작품 제작 과정을 사진으로 남겼는데, 이 사진들도 그림과 함께 전시되어 있다. 피카소는 <게르니카>를 그리고 다음과 같은 말을 남겼다.

"여러분은 눈만 있으면 화가가 되고, 귀만 있으면 음악가가 되고, 가슴 속에 하프만 있으면 시인이 된다고 생각하십니까? 천만에요. 정반대입니다. 예술가는 하나의 정치적인 인물입니다. 어떻게 예술가가 다른 사람의 일에 무관심할 수 있습니까? 회화는 치장을 하기 위해 존재하는 게 아닙니다."

©Flickr

❷ 창가의 인물Figure at window_살바도르 달리 작품
초현실주의 화가 달리의 작품이다. 그가 21살 때 여동생의 뒷모습을 보고 그린 그림이다. 처음 이 그림을 보면 달리의 작품 같지 않아 당황하게 된다. 달리에게도 이런 그림을 그리는 시절이 있었다니 놀라울 따름이다. 그는 기묘하고 독특한 이미지를 그리는 화가로 알려져 있는데, 이 그림은 서정적이고 정교한 붓 터치가 돋보여 정감이 간다. 소녀와 여인의 중간쯤에 있는 주인공이 창 밖 풍경을 내다보며 무슨 생각을 하고 있는지 자못 궁금해진다.

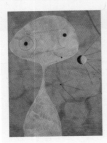

❸ 파이프를 문 남자Man with a pipe_호안 미로 작품
바르셀로나 출신으로 파리에서 활동한 화가 호안 미로의 작품이다. 그는 환상의 세계를 별, 여자, 새 등 독특한 상형문자적인 형상으로 표현하기를 좋아했다. 이 작품도 그 중 하나이다. 얼핏 보기에 외계인처럼 생긴 인물이 파이프를 물고 있는데, 그림 속 파이프는 어린 아이가 흘려 그린 것처럼 실오라기로 묘사되어 있어 눈길을 끈다. 그는 파리에서 피카소와 친분을 쌓기도 했고, 초현실주의에 참여하기도 했다. 하지만 점차 자신만의 세계를 구축하여, 단순한 색과 배경, 선 등으로 순진무구한 세계에 환타지를 부여하는 그림을 주로 그렸다.

📷 프라도 미술관 Museo Nacional del Prado 무세오 나시오날 델 프라도

🏃 ❶ 메트로 1호선 아토차역Atocha에서 프라도 거리Paseo del Prado 경유하여 도보 7분550m
　❷ 메트로 2호선 방코 데 에스파냐역Banco de España에서 프라도 거리Paseo del Prado 경유하여 도보 7분550m
　❸ 버스 10·14·27·34·37·45번 승차하여 무세오 델 프라도 정류장Museo Del Prado 하차
　❹ 버스 19번 승차하여 알폰소 XII-에스팔테르 정류장Alfonso XII-espalter 하차
🏠 C. de Ruiz de Alarcón, 23, 28014 Madrid 📞 +34 913 30 28 00
🕐 월~토 10:00~20:00 일·공휴일 10:00~19:00 1월 6일·12월 24일·12월 31일 10:00~14:00 휴관 1/1, 5/1, 12/25
€ 일반 15유로, 학생(18~25세)·17세 이하 무료 무료입장 월~토 18:00~20:00 일·공휴일 17:00~19:00
≡ www.museodelprado.es

⌐Travel Tip 1¬

❶안내데스크에 가면 한국어 안내도를 구해 주요 작품 관람 동선을 짤 수 있다. 한국어 오디오 가이드 대여5유
로도 가능하다. ❷ 프라도의 입구는 모두 세 군데이다. 미술관 북쪽 고야 동상이 있는 메인 입구로 들어가야 빠
른 시간에 주요 작품을 볼 수 있다.메트로 2호선 방코 데 에스파냐역Banco de España 이용
❸ 무료입장은 돈은 절약할 수 있으나 무료 티켓을 받기 위해 줄 서서 기다리는 시간이 많이 든다. 실제로 명작
을 관람할 수 있는 시간은 1시간 안팎 정도라, 충분한 시간을 갖고 관람하기 어렵다.

피카소가 관장을 지낸, 세계 모든 미술관이 질투하는

초원'이라는 뜻인 프라도 미술관은 파리의 루브르, 상트페테르부르크의 에르미타주와 함께 세계 3대 미술관으로 꼽힌다. 15세기부터 스페인 왕실에서 수집한 최고 거장의 작품과 왕실 화가들의 작품을 중심으로 1819년에 개관하였으며, 현재 3만여 점의 작품을 소장하고 있다. 이 가운데 12세기부터 19세기 초까지의 작품 3천여 점을 상설 전시 중이다. 프라도 미술관은 원래 자연사 박물관으로 시작하였으나 19세기 페르난도 7세가 회화와 조각을 중심으로 하는 왕립 미술관으로 재탄생시켰다.

프라도 미술관에는 세계 유수의 미술관들이 질투할 정도로 중요한 작품이 셀 수 없이 많다. '유럽 미술사의 보고', '세계 최고의 미술관'이라는 칭호가 전혀 어색하지 않다. 고야, 벨라스케스, 엘 그레코와 같은 스페인 작가들을 비롯해 유럽 전역 거장들의 작품을 만날 수 있다. 미술관 앞에는 스페인 미술사에서 빼놓을 수 없는 거장 고야와 벨라스케스의 동상이 세워져 있다.

입체파 화가로 세계 미술사에 한 획을 그은 피카소Pablo Picasso, 1881~1973는 1936년부터 1939년까지 프라도에서 관장을 지냈다. 그는 이곳에서 세계에서 가장 위대한 작품으로 꼽히는 벨라스케스의 <시녀들>을 만났으며, 이후 마흔네 번이나 이 작품을 모티브로 재해석한 그림을 그렸다. 피카소의 <시녀들>은 바르셀로나의 피카소 박물관에 소장되어 있다. 피카소도 인정한 화가 벨라스케스는 고야가 스승으로 꼽을 정도로 존경한 인물이기도 하다.

미술관 건물은 지하와 0층, 1층, 2층으로 구성되어 있으며, 0층에는 14세기부터 16세기에 이르는 유럽 회화가, 1층에는 15세기부터 18세기에 이르는 유럽 회화가, 2층에는 스페인 회화가 전시 중이다. 0층에서 고야의 <1808년 5월 3일의 처형>과 <자식을 먹는 사투르누스>를 만날 수 있으며, 벨라스케스의 명작 <시녀들>은 1층에서 찾아볼 수 있다. 작품의 전시 위치는 경우에 따라 바뀔 수도 있으니 참고하자.

ONE MORE 1 알고 가면 더 재밌다, 벨라스케스와 고야

디에고 벨라스케스Diego Rodríguez de Silva Velázquez, 1599~1660

벨라스케스는 17세기 스페인 미술을 대표하는 화가이자 유럽 회화를 대표하는 인물이다. 스페인 문화의 황금기라고 부르는 17세기, 당시 스페인의 왕이었던 펠리페 4세는 정치보다 예술가의 후원에 더 관심이 많았다고 전해진다. 벨라스케스는 펠리페 4세의 초상화를 그린 후 궁정화가가 되었고, 이후 평생을 궁정 화가로 활동하며 왕이 총애를 받았다. 그는 당대의 작가들과 달리 왕이건 광대건 정말 표정이 살아있는 것처럼 그려 주목받았다. 프라도 미술관에는 벨라스케스의 작품이 많이 전시되어 있는데, 그 중 프라도의 하이라이트로 꼽히는 <시녀들>은 1층 12번 전시관에서 찾아볼 수 있다. 그밖에 <펠리페 4세>, <이사벨 데 보르본 기마 초상화>, <술 취한 사람들>, <불카누스의 대장간> 등 다양한 작품을 만나볼 수 있다.

프란시스코 호세 데 고야Francisco José de Goya, 1746~1828

고야는 18세기 후반에서 19세기 초경에 스페인 미술을 대표하던 화가로, 어떤 범주로도 분류되지 않는 독보적인 자유주의 작가이다. 그의 명성은 지금도 그대로 지켜지고 있어, 프라도 미술관의 작품 가운데 가장 많은 비중을 차지하는 작가로도 꼽힌다. 시대의 반항아였던 그는 '나의 스승은 자연, 벨라스케스, 렘브란트다.'라고 할 정도로 벨라스케스를 존경했다. 그리고 벨라스케스와 마찬가지로 궁정 화가가 되었다. 처음엔 태피스트리 밑그림을 그리는 화가로 고용되었다가 점차 입지를 굳혀 스페인 화가 최고의 영예인 수석 궁정화가 자리에 오른다. 수석 궁정 화가가 된 직후에 그린 <카를로스 4세의 가족 초상화>를 프라도 1층 32번 전시실에서 만나볼 수 있다. 하지만 한창 활동하던 46세에 심한 열병을 앓아 청력을 잃고 만다. 그러다 1808년 스페인이 프랑스의 나폴레옹 군대의 침략을 받자, 고야는 전쟁의 참상 속에서 발견한 인간의 야만성을 담아 <1808년 5월 2일>과 <1808년 5월 3일의 처형>이라는 작품을 그렸다. 이 작품들은 프라도 0층의 64번과 65번 전시실에서 찾아볼 수 있다. 프랑스 군대가 물러나고 페르난도 7세가 왕위에 즉위했지만, 프랑스와 사이가 좋았던 그는 왕과 갈등하게 되었고, 이에 1819년 마드리드 외곽에 집을 사서 떠나버렸다. 그리고 '귀머거리의 집'이라 불리던 그곳에 틀어박혀, 인간의 어두운 면을 다룬 검은 그림 연작을 벽화로 남겼다. <자식을 잡아 먹는 사투르누스>는 검은 그림 연작 중 하나이다. 벽면을 떼어 내서 캔버스에 붙이는 식으로 벽화를 보존하여 옮겨 놓아, 프라도 0층의 67번 전시실에서 찾아볼 수 있다.

❶ 수태고지 The Annunciation_프라 안젤리코 작품, 0층 56 전시관

성모 마리아가 성령으로 인해 예수를 수태했다는 사실을 가브리엘 천사가 찾아와 알려주는 내용을 그린 것으로, 1425년경 작품이다. 그 뜻을 받아들이겠다는 듯이 마리아는 두 손을 가슴에 모으고 있고, 그림 왼쪽 상단에서 햇빛이 강렬하게 비추는데 이는 예수 잉태를 상징한다. 마리아와 가브리엘의 후광에 쓰인 금색은 물감이 아닌 진짜 금이다. 마리아의 치마에 쓰인 파란색은 청금석이라는 파란색 보석을 갈아서 칠한 것이다. 그림 왼쪽의 남녀는 에덴 동산에서 쫓겨나는 아담과 이브를 의미한다.

❷ 아담과 이브 Adam and Eve_알브레히트 뒤러 작품, 0층 55B 전시관

뒤러는 15~16세기 독일 지역에서 활동한 화가로 독일 미술의 아버지로 추앙받고 있다. 그는 <아담과 이브>를 통해 해부학적으로 흠잡을데 없는 이상적인 인체의 아름다움을 표현했다. 아담은 사과를 들고 있고, 이브는 왼손으로 뱀이 건네는 사과를 전해 받고 있다. 이브의 오른손은 나무 가지를 잡고 있는 데, 이 나무가지에는 조그만 팻말이 달려 있다. 이 팻말을 자세히 보면 '알브레히트 뒤러가 1507년에 완성했다.'라고 새겨져 있다.

❸ 쾌락의 정원 The Garden of Earthly Delights
_히로니뮈스 보스 작품, 0층 56 전시관

프라도 미술관의 대표 작품 중 하나로 나무판 세 개를 이어 붙여 만든 세 폭짜리 작품이다. 베일에 싸인 네덜란드 출신의 화가 히로니뮈스 보스의 작품인데, 그는 20세기 살바도르 달리를 비롯한 초현실주의 화가들에게 큰 영향을 미쳤다. 맨 왼쪽은 에덴동산을, 가운데는 유토피아를, 맨 오른쪽은 지옥을 연대기적으로 구성해 놓았다. 이 작품에 대한 해석은 논란이 많다. 유혹의 위험성을 경고하는 교훈적인 그림으로 해석되어 오다가, 20세기 중반에 이르러서는 잃어버린 낙원의 전경을 담아낸 것으로 해석되기도 했다.

❹ 다윗과 골리앗 David Victorius over Goliath
_카라바조 작품, 1층 5 전시관

구약성서 중 한 부분을 그린 그림으로, 목동 다윗이 돌멩이와 가죽끈만으로 적장 골리앗의 머리를 자른 이야기를 그렸다. 그림 속에서 다윗이 잘린 골리앗의 머리를 끈으로 묶고 있다. 카라바조는 명암법을 제대로 실현할 줄 아는 화가였다. 골리앗의 얼굴은 카라바조 자신의 자화상이라고도 전해진다.

❺ 삼위일체The Holy Trinity_엘 그레코 작품, 1층 8B 전시관

톨레도의 산토 도밍고 안티구오 수도원 제단을 장식하던 제단화다. 엘 그레코가 톨레도에 정착한 지 얼마 되지 않아 주문받아 그린 작품이다. 당시 사람들에겐 플랑드르식 세밀한 기법의 그림이 익숙했다. 그래서 엘 그레코의 화법은 새로운 것이었다. 보통 십자가의 예수는 앙상하고 핏자국이 선명한 처절한 모습으로 그려지는데, 그는 예수를 아름답게 묘사하고 있다.

❻ 가슴에 손을 얹은 기사Knight with his hand on his Chest
_엘 그레코 작품, 1층 8B 전시관

엘 그레코가 톨레도에 머물 때 그린 가장 뛰어난 초상화이다. 초상화의 주인은 돈키호테의 저자 세르반테스일 것이라는 추측도 있고, 일부 학자들은 산티에고의 기사단인 돈 후안 드 실바라고 주장하기도 한다. 그림 속 주인공은 오른손을 가슴에 얹고 검을 쥐고 있다. 기사에게 권한을 부여하는 의식이라고 추측할 수 있다. 남자의 시선은 보는 이를 따라 다닌다. 정면 혹은 오른쪽이나 왼쪽으로 위치를 바꿔가며 그림을 바라보면 남자의 시선이 따라 오는 게 그대로 느껴진다.

❼ 술 취한 사람들The Drinkes_디에고 벨라스케스 작품, 1층 11 전시관

벨라스케스 작품 중 신화를 주제로 한 것은 많지 않다. 이 작품은 그리스, 로마 신화에서 술의 신으로 등장하는 바쿠스와 술에 취해 기분 좋은 사람들을 그린 그림이다. 이탈리아 르네상스 화가들은 주로 아름답고 이상적으로 그림을 그렸는데, 반면 사실주의자인 벨라스케스는 그의 관찰력을 이용해 얼굴의 주름과 햇볕에 그을린 피부를 생생하게 묘사했다.

❽ 시녀들Las Meninas_디에고 벨라스케스 작품, 1층 12 전시관

프라도 미술관의 하이라이트 작품이자 벨라스케스의 대표작이다. 이 작품에는 당시 궁정화가였던 벨라스케스 자신과 금발 머리의 소녀 마르가리타 공주, 그리고 공주의 시녀들이 등장한다. 그밖에 개와 함께 있는 난쟁이 여자와 개를 밟고 있는 궁정의 어릿광대도 등장한다. 서로 다른 신분의 사람들 특성이 조화를 잘 이루도록 그렸다. 공주에 대한 존경 어린 태도와 친밀감이 생동감 있게 표현되어 있고, 인물 간의 관계를 보여주는 감정도 잘 포착되어 있다. 벨라스케스의 가슴에 그려진 십자가는 그림이 완성된 지 2년 후에 덧그려진 것이다. 산티아고 기사단의 표시로, 귀족으로 인정을 받았음을 의미한다. 벨라스케스에게는 개인적으로 매우 자랑스러운 일이었던 모양이다. 이 작품은 왕궁에서 소장하다가 19세기 초 프라도 미술관으로 옮겨졌다. 왕실 그림이 일반 대중에게 공개되면서 큰 주목을 받았다.

❾ 카를로스 4세의 가족 초상화 The Family of Charles Ⅳ_프란시스코 데 고야 작품, 1층 32 전시관

고야가 남긴 5백여 점의 초상화 중 가장 대표적인 작품으로 1년이 넘게 작업한 걸작이다. 사람 수도 많고 여러 명이 한꺼번에 서 있는 게 어려워 한 사람씩 따로 초상화를 그린 다음 하나로 합쳤다고 전해진다. 그림 속에서는 왕이 아닌 왕비가 중심이다. 부와 권력에 취해 백성을 무시하고 국정에 무능했던 왕과 허영심 가득한 왕비의 모습을 비아냥거리고 있다. 왕비의 최대 약점인 틀니를 살짝 보이게, 팔뚝은 우람하게 그려놓았다. 또 모사꾼인 왕의 동생은 뒤에 얼굴만 살짝 보이도록 그렸다. 그리고 가장 왼쪽에는 고야 자신을 그려놓았는데, 이는 벨라스케스의 <시녀들>에서 영향을 받은 것으로 보인다.

❿ 옷 벗은 마하 The Naked Maja_프란시스코 데 고야 작품, 1층 36 전시관

당시엔 신화에 등장하는 여신 외에 누구인지 알 수 없는 일반 여성을 누드로 그린다는 것은 굉장히 파격적인 일이었다. 하지만 스페인의 당시 귀족들은 누드화를 불경스럽게 다루면서도 남몰래 수집하곤 했다. 당시 재상이었던 고도이Godoy도 고야의 <옷 벗은 마하>를 수집했고, 후에 재산이 몰수당하면서 이 작품이 외설적이라는 이유로 종교재판에 회부되기도 했다. 하지만 후에 고야의 천재적인 예술성이 마음껏 표현된 작품임을 인정 받아 프라도 미술관으로 옮겨졌다. 나중에 그려진 <옷 입은 마하>와 나란히 걸려 있다.

프라도 미술관 안내도

0층
- 이탈리아 회화
- 스페인 회화
- 플랑드르 회화
- 조각
- 독일 회화

1층
- 이탈리아 회화
- 스페인 회화
- 플랑드르 회화
- 프랑스 회화
- 영국 회화
- 독일 회화
- 영상실

2층
- 스페인 회화

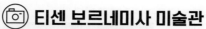 **티센 보르네미사 미술관**

Museo Nacional Thyssen-Bornemisza 무세오 나시오날 티센 보르네미사

🚶 메트로 2호선 방코 데 에스파냐역스페인 은행, Banco de España에서 프라도 거리Paseo del Prado 경유하여 남쪽으로 도보 5분400m

버스 ❶ 1, 2, 5, 9, 15, 20, 51, 52, 53, 74, 146번 승차하여 시벨레스 정류장Cibeles 하차, 프라도 거리Paseo del Prado 경유하여 남쪽으로 도보 5분400m ❷ 10, 14, 27, 34, 37, 45번 승차하여 넵투노 정류장Neptuno 하차, 도보 2분120m

🏠 Paseo del Prado, 8, 28014 Madrid 📞 +34 917 91 13 70

🕐 월 12:00~16:00 화~일 10:00~19:00(12월 24·31일 10:00~15:00)

€ 일반 13유로 학생·65세 이상 9유로 17세 이하 무료 월요일 무료

≡ www.museothyssen.org

중세부터 현대까지, 서양미술사를 품었다

프라도 미술관, 국립 소피아 왕비 예술 센터와 함께 마드리드에서 꼭 방문해야 할 3대 미술관이다. 13세기부터 20세기 유럽 미술을 아우르는 방대한 규모의 작품을 소장하고 있다. 소장품 자체가 그대로 서양미술사나 다름없다. 이 작품들은 독일·헝가리계 기업가이자 예술품 수집가인 한스 하인리히 티센 보르네미사Hans Heinrich Thyssen-Bornemisza 남작이 부친과 조부의 뒤를 이어 수집한 것들이다. 남작은 가치가 한화로 1조원이 넘는 작품들을 400억 원도 안 되는 가격에 정부에게 넘기면서 미술관 이름에 '티센 보르네미사'라는 가문의 이름을 붙일 것을 원했다. 미술품들을 정부에 대여한 뒤 국가 소유가 되도록 계약을 체결한 것이다. 1992년 프라도 거리Paseo del Prado에 티센 보르네미사 미술관이 문을 열게 되었으며, 현재는 모두 스페인 정부 소유이다. 스페인의 다른 미술관에서는 보기 어려운 독일, 네덜란드, 인상주의, 미국의 현대 미술 작품까지 많이 찾아볼 수 있다. 0층부터 2층까지 모두 3층으로 이루어진 건물에, 약 800여 점의 작품이 연대순으로 전시되어 있다.

(Travel Tip)

효과적인 티센 미술관 관람법

2층한국식 3층에서 시작해 0층한국식 1층으로 내려오며 관람하기를 추천한다. 2층에는 13~14세기 이탈리아 회화 작품이 많다. 대표 작품으로는 두초 디 부오닌세냐의 <그리스도와 사마리아 여인>, 얀 반 에이크의 <수태고지>, 도메니코 기를란다이오의 <조반나 토르나부오니의 초상화>, 한스 홀바인의 <잉글랜드의 헨리 8세> 등이 있다. 1층에는 17~19세기의 유럽 낭만주의 작품들이 주를 이루고 있으며, 우리에게 친숙한 인상파 화가 작품도 다수 찾아볼 수 있다. 르누아르의 <파라솔을 든 여인>, 빈센트 반 고흐의 <오베르의 베스노 마을>, 에드가 드가의 <몸을 기울인 발레리나>, 앙드레 드랭의 <워털루 다리>, 에드워드 호퍼의 <호텔 룸> 등을 잊지 말고 찾아보자. 0층에는 큐비즘에서부터 팝아트까지 근현대 작품들이 주로 전시되어 있다. 대표적인 작품으로는 살바도르 달리의 <석류 주변의 벌의 비행으로 인한 꿈>, 로이 리히텐슈타인의 <목욕하는 여인> 등이 있다.

📷 레티로 공원 Parque de El Retiro 파르케 데 엘 레티로

🚶 ❶ 프라도 미술관에서 도보 9분650m ❷ 메트로 2호선 레티로역Retiro에서 바로
🏠 Plaza de la Independencia, 7, 28001 Madrid
🕐 4~9월 06:00~00:00 10~3월 06:00~22:00

©Jose Luis Cernadas Iglesias

©Jvhertum

마드리드의 거대한 허파

마드리드 시내 동쪽에 있는 드넓은 공원으로 1만5천 그루의 나무가 거대한 숲을 이루고 있다. 넓이 1.4km², 둘레
4km에 달한다. 원래 이곳은 16세기에 펠리페 2세재위 1556~1598가 두 번째 부인을 위해 지은 별궁 부엔 레티로Buen
Retiro의 정원이었다. 19세기 중반까지는 귀족들만 출입할 수 있었으나 1869년부터 일반인에게 공개되어, 현재 마
드리드 시민과 여행객들의 휴식처 역할을 하고 있다. 공원 안의 건물들은 나폴레옹 전쟁 때 대부분 파괴되었고, 일
부가 남아 군사박물관과 프라도 미술관의 별관으로 사용되고 있다. 또 다른 공원 안의 건축물 벨라스케스 궁전과
크리스털 궁전은 19세기 후반에 지어진 것이다. 공원 중심에는 드넓은 햇살 받으며 빛나는 인공 호수도 자리하고
있다. 호수 옆으로는 반원형 야외음악당이 둥글게 펼쳐져 있으며, 멋진 포즈를 취하고 있는 알폰소 12세의 기마상
과 알카초파 분수도 찾아볼 수 있다. 사람들은 호수에서 작은 보트를 타며 즐거워하거나 잔디밭에 누워 여유를 즐
긴다. 주말이 되면 나들이 나온 가족들로 활기찬 분위기가 되고, 또 거리 예술가, 화가, 노점상들도 모여들어 볼거리
가 풍성해진다. 프라도 미술관 옆에 있어 미술관 관람하기 전이나 후에 들러보기 좋다.

마드리드 전망대
Mirador del Palacio de Cibeles 미라도르 델 팔라시오 데 시벨레스

🚶 지하철 2호선 Banco de España역에서 동쪽으로 도보 3분 🏠 Plaza Cibeles, 1, 28014 Madrid 📞 +34 914 80 00 08
🕐 **화요일~일요일** 10:30~14:00, 16:00~19:30(월요일, 1월 1일, 1월 5~6일, 5월 1일, 12월 24~25일, 12월 31일 휴무)
€ 3유로(첫째 주 수요일 무료 입장) ≡ centrocentro.org

마드리드 최고 전망 명소

마드리드의 아름다운 전경을 볼 수 있는 마드리드 최고의 전망대다. 시벨레스 광장Plaza Cibeles에서 가장 멋진 건물을 찾았다면 바로 그곳이다. 마드리드 시청과 문화 센터 등이 들어서 있는 이 건물은 시벨레스 궁전이라 불린다. 1919년 우체국 본사가 있었으나 현재는 다른 곳으로 이전됐다. 꼭대기 층 테라스로 나가면 마드리드 최고의 전경을 볼 수 있는 전망대가 있다. 전망대는 30분 단위로 정해진 인원수만 안내에 따라 들어갈 수 있으며, 티켓은 2층 매표소와 인터넷에서 구매할 수 있다. 전망대에 올라가면 교통의 중심지이자 마드리드의 가장 상징적인 광장인 시벨레스 광장과 그 중앙에 위치한 19세기에 생긴 분수가 눈길을 이끈다. 시벨레스는 하늘과 땅의 여신의 이름을 딴 것으로, 분수대에는 시벨레스 여신의 조각상이 있다. 이곳은 스페인의 축구팀 레알 마드리드가 우승 후 버스 퍼레이드를 할 때마다 지나가는 장소이기도 하다. 해 질 녘에 가장 멋진 모습을 감상할 수 있다.

📷 세라노 거리 Calle de Serrano 까예 데 세라노

🚶 ① 메트로 4호선 세라노역Serrano 하차
② 티센 보르네미사와 프라도 미술관에서 북쪽으로 도보 11~13분

©wikimedia

명품부터 스파 브랜드 쇼핑까지

스페인은 서유럽에 비해 관세가 낮고 물가도 저렴한 편이다. 이런 까
닭에 마드리드는 의외로 쇼핑의 천국이다. 스페인을 대표하는 명품
브랜드 로에베Loewe를 비롯하여 다양한 명품 브랜드를 비교적 저렴
하게 구입할 수 있다. 세라노 거리는 마드리드를 대표하는 명품 거리
이자 쇼핑의 거리이다. 레티로 공원Parque de El Retiro 북서쪽의 알칼
라 광장Puerta de Alcala 인근에서 시작하여 북쪽으로 약 1.8km 이어
진다. 루이비통, 구찌, 미우미우 등 명품 브랜드는 물론 망고, 자라 등
스페인 스파 브랜드도 만날 수 있다. 게다가 스페인 백화점 엘 코르테
잉글레스El Corte Inglés의 고야거리점이 지하철 4호선 세라노역에서
도보 10분 거리에 있다. 의류, 신발, 식품을 한꺼번에 쇼핑하기 좋다.
세라노 거리가 있는 살라망카Salamanca 지역은 조용하고 고급스러운
동네로, 다른 관광지보다 덜 붐비고 깔끔하며 치안도 좋은 편이다. 세
라노 거리 남쪽 끝에서 서쪽으로 시벨레스 광장Cibeles Fountain과 스
페인 은행을 지나 계속 걸어가면 또 다른 쇼핑 명소 그란 비아 거리
Gran Via와 만난다. 그란 비아 거리에는 다양한 중저가 브랜드가 입점
해 있는 프리마크 백화점Primark과 자라, H&M 등 스파 브랜드 매장이
즐비하게 들어서 있어 함께 들러 쇼핑하기 좋다.

©wikimedia

산티아고 베르나베우 스타디움 Santiago Bernabéu Stadium

🚶 메트로 10호선 산티아고 베르나베우역Santiago Bernabéu에서 북동쪽으로 도보 2분
버스 27, 40, 126, 147, 150번 승차하여 산티아고 베르나베우 정류장Santiago Bernabéu하차
🏠 Av. de Concha Espina, 1, 28036 Madrid
📞 +34 913 98 43 00
€ 투어 매표소 18유로 온라인 15유로
🌐 www.realmadrid.com/estadio-santiago-bernabeu

호날두와 지단의 영혼이 숨 쉬는 곳

세계 최강 축구팀 중 하나인 레알 마드리드의 홈구장으로 축구 팬이라면 빼놓을 수 없는 필수여행지이다. 이축구팀은 레알 마드리드 CF 혹은 레알이라고도 불리는데, 1950년대부터 유럽 축구의 강자로 떠올라 UEFA 챔피언스 리그에서 기염을 토하며, 스페인뿐 아니라 유럽 최고의 팀이 되었다. 레알 마드리드는 UEFA 챔피언스 리그 최다 우승팀이기도 하다. 주요 경기의 티켓 구하기는 하늘의 별 따기이다. 주요 경기 외에는 어렵지 않게 티켓을 구할 수 있다. 시즌은 9월부터 5월까지이다. 경기가 없을 때는 구장을 둘러보는 투어에 참여하여 돌아볼 수 있다. 하지만 리모델링 공사로 인해 2023년 10월까지는 투어 영역은 축소될 예정이다. 박물관, 챔피언스 리그 컵, 경기장 전경, 공식 매장 등은 방문할 수 있다. 산티아고 베르나베우 스타디움에서 열리는 다양한 행사와 리모델링 공사로 인해 투어는 경로와 일정이 변경될 수 있으니 방문 전 홈페이지에서 확인하고 방문하자.

ONE MORE 지금도 그들은 전쟁 중

레알 마드리드 CF와 FC 바르셀로나

레알 마드리드의 축구를 이야기 할 때 또 다른 스페인의
축구팀 FC 바르셀로나와의 경기를 빼놓고는 얘기할 수
없다. 레알 마드리드는 스페인 왕조에 의해 만들어진 왕
립 축구단이고, FC 바르셀로나는 바르셀로나 시민 20만
명이 조합원으로 가입되어있는 일종의 축구 협동조합이
다. FC 바르셀로나는 카탈루냐 지역의 축구단인데, 카탈
루냐는 마드리드를 중심으로 형성된 스페인 왕조와 오

랜 시간 정치적으로 갈등을 계속해왔다. 그래서 카탈루냐의 독립을 외치는 바르셀로나 시민들의 대규모 시위
가 벌어지기도 했다. 이처럼 정체성이 다른 두 팀의 축구 경기를 엘 클라시코El Clasico라고 한다. 두 팀의 경기
는 그야말로 총성 없는 전쟁이자 온 도시가 들썩이는 극적인 축제이다. 카탈루냐가 스페인 왕조에 통합된 때가
1714년이다. FC 바르셀로나의 홈구장인 캄 노우에서 두 팀의 경기가 벌어지면 전반 17분 14초가 되는 시점에
FC 바르셀로나 응원단은 일제히 각종 깃발과 피켓을 흔들며 카탈루냐 독립을 외치는 거대한 퍼포먼스를 벌인
다. 아직도 끝나지 않은 전쟁을 위한 전의를 다지는 것이다.

🍴 라 돌로레스 La Dolores

🚶 ❶ 프라도 미술관에서 도보 5분400m ❷ 메트로 1호선 안톤 마르틴역Antón Martín에서 도보 6분450m
🏠 Plaza Jesús, 4, 28012 Madrid 📞 +34 914 29 22 43
🕐 일·월 11:00~00:00 화~목 11:00~00:30 금·토 11:00~01:30 € 카나페 3~4유로

맥주와 와인, 다양한 카나페까지

티센 보르네미사 미술관과 프라도 미술관에서 멀지 않은 곳에 있는 집이다. 스페인 특유의 분위기를 풍기는 타일로 예쁘게 장식된 멋진 외관이 인상적이다. 안으로 들어가면 바에서 많은 사람이 맥주와 타파스를 즐기고 있다. 안쪽 테이블에서도 먹을 수 있으며, 테이블을 이용할 경우 가격이 조금 더 비싸다. 이 집은 카나페가 전문인데, 빵 위에 여러 가지 재료를 올려 맥주나 와인과 간단히 즐길 수 있어 좋다. 연어, 대구, 앤초비, 홍합 등 해산물을 올려 내오는 카나페, 이베리코 햄이나 오리 햄을 올려 내오는 카나페 등 종류가 다양하다. 돌아다니다 지쳐 맥주 한잔하고 싶거나 식사 시간을 놓쳤을 때 간단하게 요기하기 좋다.

🍽️ 더 스패니시 팜 The Spanish Farm

🏃 프라도 미술관에서 도보 2~3분130m
🏠 Calle Espalter, 5, 28014 Madrid 📞 +34 914 34 63 06
🕐 화~토 13:15~16:30, 19:45~23:00 일 13:15~16:30 휴무 월요일
€ 20~30유로대 ☰ thespanishfarm.com

이베리코 돼지고기 요리부터 상그리아까지

프라도 미술관 뒤편에 있는 작은 보석 같은 레스토랑이다. 깔끔하고 현대적인 분위기에서 친절한 서비스를 받으며 훌륭한 음식을 맛볼 수 있다. 이베리코 돼지고기 요리가 전문인데, 스페인 스타일에 현대적인 요소를 가미하여 내놓아 맛이 좋다. 다른 음식들도 훌륭하다. 특히 이 집의 상그리아는 개인적으로 지금껏 먹어 본 것 중 가장 맛있었다. 육회 요리의 일종인 스테이크 타르타르와 피스타치오 아이스크림이 올라간 초콜릿 케이크 디저트도 추천한다.

마드리드 왕궁 지구

Palacio Real de Madrid

왕궁 지구는 솔 광장과 마요르 광장 서쪽에 있다. 스페인의 역사와 정통성을 느낄 수 있는 곳이다. 베르사유 버금가는 화려하고 아름다운 마드리드 궁전이 이 모든 것을 보여준다. 왕궁 옆에는 알무데나 대성당이 있다. 성당 돔에 올라가면 마드리드의 멋진 전경을 조망할 수 있다. 왕궁 지구 북쪽에는 이집트에서 선물 받은, 기원전 2세기에 지어진 데보드 신전이 있다. 이 신전의 전망대도 멋진 풍경을 담기 좋다.

마드리드 왕궁 지구

Noviciado Ⓜ

한소 카페

Calle de la Princesa

Calle de los Reyes

Ⓜ Plaza de España

도착

데보드 신전 전망대
Mirador del Templo
de Debod

스페인 광장
Plaza de España

Calle de Bailén

Calle Gran Via

플라멩코 공연장
Tablao Flamenco
Las Tablas

Ⓜ Santo Domingo

산 안토니오 데 라
플로리다 성당 900m

사바티니 정원
Jardines de Sabatini

Calle Torija

라 볼라

Calle de la Bola

까야오 광장
Plaza del Callao

그란

Calle

수도원

엘 코
잉글

El Cort

마드리드 왕궁
Palacio Real de
Madrid

페리페
4세 동상

왕립극장
Teatro Real

Ⓜ Opera
Calle de Arenal

엘 코르테 잉글레스,
메르카도나

Campo del
Moro Gardens

토니 폰스

Puerta

초콜라테리아
산 히네스
Calle Mayor

출발

Calle de Bailén

알무데나 성모 대성당
Catedral de Santa María
la Real de la Almudena

관광안내소

마요르 광장
Plaza Mayor

무세오 델 하몽

Calle Mayor

메손 델 샴피뇽

소브리노
데 보틴

Calle de Segovia

마드리드 왕궁 지구 하루 추천코스 지도의 빨간 실선 참고
알무데나 성모 대성당 → 도보 3분 →
마드리드 왕궁 → 도보 15분 → 데보드 신전 전망대

알무데나 성모 대성당 Catedral de Santa María la Real de la Almudena
카데랄 데 산타마리아 라 레알 데 라 알무데나

🏃 ❶ 마드리드 왕궁에서 도보 2분 ❷ 버스 3, 148번 승차하여 팔라시오 레알 정류장Palacio Real 하차
❸ 메트로 2·5호선 오페라역Ópera 하차, 베르가라 거리Calle de Vergara 경유하여 도보 7분550m 🏛 Calle de Bailén, 10, 28013
Madrid 📞 +34 915 42 22 00 🕐 성당 7~8월 매일 10:00~21:00 9~6월 매일 10:00~20:00 박물관+돔 10:00~14:30
€ 성당 기부금 1유로 박물관+돔 일반 7유로 25세 이하 학생·10~16세 5유로로 catedraldelaalmudena.es

왕궁 옆 대성당

마드리드 왕궁 옆에 있다. 흔히 '알무데나 대성당'이라고 불리는데, 알무데나는 아랍어로 '성벽'이라는 뜻의 알무다이나에서 유래된 말이다. 11세기 알폰소 6세가 이슬람교도들이 점령하고 있던 마드리드를 탈환한 후, 성벽에서 성상을 찾아냈다. 8세기 이슬람교도들이 이베리아 반도를 점령했을 때, 시민들이 도시의 안전을 기원하며 성모상을 벽 안에 감춰둔 것이다. 성벽에서 발견되었기에 이 성모상은 '알무데나'라고 불리게 되었다. 이후 16세기부터 알무데나 성모상을 위한 대성당을 짓자는 논의가 계속되다가, 1883년에 이르러 착공되었다. 처음엔 신고딕양식으로 건축되었으나 스페인 내전1936~1939이 발발하면서 공사는 중단되었다. 1950년 공사는 재개되었고, 바로 옆에 있는 마드리드 왕궁과의 조화를 고려하여 바로크 양식으로 설계를 변경해 1993년 완공되었다. 성당이 들어선 자리는 옛날 이슬람교도들 점령 당시 모스크가 있었던 자리로 추정된다. 성당 꼭대기 돔에 올라가면 마드리드의 멋진 시내 전경을 조망할 수 있다. 성당은 저녁까지 개방되지만, 돔에 올라갈 수 있는 시간은 오후 2시 30분까지이다.

📷 마드리드 왕궁 Palacio Real de Madrid 팔라시오 레알 데 마드리드

🚶 **❶** 마요르 광장Plaza mayor에서 도보 8분600m **❷** 솔 광장Puerta del Sol에서 도보 11분900m
❸ 메트로 2·5호선 승차하여 오페라역Ópera 하차, 서쪽으로 도보 5분350m
🏠 Calle de Bailén, s/n, 28071 Madrid 📞 +34 914 54 87 00
🕐 **4~9월** 10:00~19:00, **10~3월** 10:00~18:00 **일요일** 10:00~16:00
€ **일반** 12유로 **25세 이하 학생·어린이(5~16세)** 6유로
무료입장 4세 이하, 4~9월(월~목) 17:00~19:00, 10~3월(월~목) 16:00~18:00
≡ patrimonionacional.es

Travel Tip 1

입장 티켓을 구매하려면 줄 서서 기다리는 건 기본이고, 종종 구하지 못할 수도 다. 행사로 인한 휴무가 없는
지 홈페이지에서 확인하고 예약하는 게 편리하다. 매주 수요일에는 오전 11시, 12시, 13시, 14시에 왕궁 앞에서
약식으로 10여 분간 진행되는 근위병 교대식을 구경할 수 있다. 정식 근위병 교대식은 1·8·9월을 제외하고 매
월 첫째 주 수요일 12시에 50분 동안 진행된다.

스페인의 베르사유를 꿈꾸다

스페인의 베르사유를 꿈꿨던 왕궁으로, 그 화려함이 베르사유 못지 않다. 펠리페 6세를 비롯한 지금의 왕실 가족은 마드리드 왕궁에서 북서쪽으로 약 13km 거리에 있는 사르수엘라 궁전Palacio de la Zarzuela에서 지낸다.

펠리페 5세프랑스의 루이 14세의 손자이자 스페인 부르봉 왕가의 초대 왕는 16세기에 지어진 알카사르Alcázar 궁전이 1734년 크리스마스 때 화재로 전소하자 새로운 왕궁을 짓도록 명했다. 이 새로운 왕궁이 마드리드 왕궁이다. 그는 베르사유버금가는 유럽에서 가장 화려한 왕궁을 갖고 싶었지만, 완공되기 전 사망했다. 이런 이유로 왕궁은 1764년 완공되었다. 왕궁에는 약 2800개의 방이 있으며, 그 중 50개의 방을 관람할 수 있다. 가이드 투어에 참여하면 이 아름다운 방들을 직접 관람할 수 있다. 가장 화려한 방이 옥좌의 방Salón del Tronodlek이다. 베르사유 궁전 거울의 방을 모티브로 설계한 방으로 화려한 천장과 조각품으로 장식되어 호화롭기 그지없다. 가장 아름다운 방은 카를로스 3세가 사용하던 가스파리니의 방Salón de Gasparini이다. 천정과 벽면은 물론 바닥까지 정교하고 아름답다.

왕궁 동쪽에는 오리엔테 광장Plaza de Oriente이 있다. 광장 중앙에 펠리페 4세의 청동 기마상이 있다. 이 광장은 느긋하게 앉아서 왕궁을 감상하기 좋은 곳이다. 해 질 녘에는 낭만적 분위기를 즐길 수 있는 뷰 포인트가 된다.

데보드 신전 전망대
Mirador del Templo de Debod 미라도르 델 템플로 데 데보드

🚶 메트로 3·10호선 플라사 데 에스파냐역Plaza de España에서 도보 9분750m
🏠 Calle Prof. Martín Almagro Basch, 72, 28008 Madrid

©Diario de Madrid-Wikimedia Commons

마드리드 최고의 뷰

마드리드 왕궁 북쪽, 만자나레스 강Manzanares River 동쪽에 있는 몬타냐 공원Parque de la Montaña은 마드리드 시민들의 다정한 휴식처이다. 이 공원 중앙에는 데보드 신전이 자리하고 있는데, 이 신전은 기원전 2세기에 지어진 고대 이집트의 신전이다. 원래 나일 강변에 자리하고 있었는데, 이집트 홍수로 파괴될 위험에 처하자 스페인이 나서서 적극적으로 도와 주었다. 이에 이집트 정부는 신전을 스페인에 기증하기로 결정하였고, 1968년 마드리드로 옮겨졌다. 이후 2년여의 보수 공사를 마치고 1971년부터 일반에 공개되었다. 데보드 신전에서 서쪽으로 150m 떨어진 곳에는 데보드 신전 전망대Mirador del Templo de Debod가 있다. 이 전망대에 오르면 마드리드 최고의 뷰를 감상할 수 있다. 마드리드 왕궁부터 알무데나 대성당까지 탁 트인 마드리드의 전경이 시원하게 가슴으로 밀려든다. 낮에 보는 뷰도 멋지지만, 해질녘이 되면 최고의 일몰을 감상할 수 있다. 시내 중심가에서는 조금 떨어져 있지만, 여유롭고 한적하게 이집트 신전도 만나고 멋진 뷰도 감상하기 좋으니 꼭 방문해 보길 추천한다.

산 안토니오 데 라 플로리다 성당
Ermita de San Antonio de la Florida

🚶 ❶ 데보드 신전 전망대에서 도보 19분1.3km ❷ 버스 41, 46, 75, N20번 승차하여 산 안토니오 데 라 플로리다 정류장
San Antonio de la Florida 하차, 도보 2분210m ❸ 메트로 6·10호선 프린시페 피오역Principe Pio 하차, 도보 10분
🏠 Glorieta San Antonio de la Florida, 5, 28008 Madrid 📞 +34 915 42 07 22 🕐 화~일 09:30~20:00 휴무 월요일 € 무료

고야, 이곳에 잠들다

18세기 말에 신고전주의 양식으로 지은 성당으로, 작고 소박하다. 스페인의 대표 화가 프란시스코 데 고야Francisco José de Goya의 프레스코화가 있는 곳으로 유명하며, 고야가 묻혀 있어 고야의 판테온이라 불리기도 한다. 고야의 걸작은 천장에서 찾아볼 수 있는데, <성 삼위일체에 대한 경배>와 <성 안토니오의 기적>이라는 작품이다. 성 안토니오는 리스본에서 태어난 포르투갈의 유명한 성인이다. 고야의 <성 안토니오의 기적>에는 그가 살해된 사람을 되살리는 기적을 보여주는 장면이 묘사되어 있다. 매년 성 안토니오의 축일인 6월 13일이 되면 이 성당에, 평생의 반려자를 만나기를 원하는 미혼 여성들의 순례가 이어진다. 고야는 성당 오른쪽 바닥에 잠들어 있다. 이 성당은 1905년 스페인 국가 기념물National Monument로 지정되었다.

ONE MORE

프란시스코 데 고야 Francisco José de Goya, 1746~1828

고야는 18~19세기 스페인 왕실 궁정 화가로 활동한, 스페인 미술사에서 빠질 수 없는 인물이다. 그는 20대 후반에 궁정 화가의 길을 걷기 시작했다. 불행하게도 그는 마흔여섯에 병으로 청력을 잃고 반 평생을 청각 장애인으로 살았다. 불행 속에서도 그는 오히려 더 많은 걸작을 남겼고, 결국 수석 궁정화가 자리까지 오르게 된다. 네 명의 왕을 모시며 궁정화가로 지내다, 말년에 프랑스 보르도 지방으로 요양갔다가 1828년 생을 마감했다. 프랑스에 있던 유해는 1919년 마드리드로 옮겨져 산 안토니오 데 라 플로리다 성당에 안치됐다. 프라도 미술관에 가면 고야의 많은 작품을 만날 수 있다.

🍴 라 볼라 La Bola

🏃 ❶ 마드리드 왕궁에서 도보 6분500m
❷ 메트로 2·5호선 오페라역Ópera에서 도보 4분300m, 2호선 산토 도밍고역Santo Domingo에서 도보 2~3분210m
🏠 Calle de la Bola, 5, 28013 Madrid   📞 +34 915 47 69 30
🕐 일~수 13:30~16:00 목 12:00~21:00 금·토 12:00~20:30 € 10~20유로대 ☰ labola.es

마드리드 전통 스튜

전통 마드리드식 스튜를 즐길 수 있는 맛집이다. 1870년에 문을 연 이후 4대째 가족이 대를 이어 운영해오고 있다. 역사가 오래되어 분위기 또한 고풍스럽다. 전 세계 수많은 여행객이 찾는 곳이라 각국의 언어로 된 메뉴판이 구비되어 있다. 식당에 들어서면 웨이터가 어떤 언어로 된 메뉴판을 필요로 하는지 묻는다. 물론 한국어 메뉴판도 있다. 가장 유명한 메뉴는 단연 마드리드식 스튜다. 전통 방식을 고수하여 장작불로 조리된 수프를 주전자처럼 생긴 토기에 담아 내와 그릇에 부어준다. 따뜻한 국물 요리가 필요할 때 잊지 말고 찾아보자.

한소 카페 HanSo Café

🏃 ❶ 메트로 2호선 노비시아도역Noviciado에서 도보 2분180m
❷ 에스파냐 광장에서 로스 레이예스 거리Calle de los Reyes 경유하여 도보 8분550m
🏠 Calle del Pez, 20, 28004 Madrid 📞 +34 911 37 54 29
🕐 월~금 09:00~20:00 토·일 10:00~20:00 € 아메리카노 2.8유로부터 샌드위치 9.5유로부터

힙한 분위기에서 커피 한잔

마드리드의 핫한 카페 중 하나로 힙한 분위기와 맛있는 커피로 마드리드 젊은이들에게 사랑 받는 곳이다. 학생들이 많은 지역에 있어 노트북으로 일이나 과제를 하는 사람들이 많이 눈에 띈다. 마드리드에서 맛있는 커피를 맛볼수 있는 곳으로 손꼽히며, 그밖에 토스트, 와플, 요거트, 케이크, 쿠키 등 간단한 요깃거리도 있다. 카페 이름과 분위기에서 동양적인 느낌이 드는데, 주인이 중국 출신이다. 덕분에 아보카도와 고수를 올린 토스트, 녹차라테, 팥이 들어간 녹차 케이크 등 아시아 스타일 메뉴도 찾아볼 수 있다.

톨레도

Toledo

바르셀로나
포르투갈 ·마드리드
톨레도 · 스페인

세계문화유산 도시에 깃든 그레코의 숨결

톨레도는 마드리드에서 남서쪽으로 70km 거리에 있다. 카스티야라만차 자치 지역의 중심 도시 가운데 하나이며, 톨레도 주의 주도이다. 인구는 약 8만명이다. 마드리드 근교 여행지로 첫손에 꼽히는 도시로, 중세의 모습이 잘 보존되어 있다. 1986년 도시 전체가 세계문화유산으로 지정되었다. 기독교와 이슬람, 유대교 문화가 공존하는 이 도시는 1561년 마드리드로 옮기기 전까지 카스티야 중세 시대 스페인 중부를 지배한 가톨릭 왕국. 1479년 아라곤-카탈루냐 왕국과 연합하였으며, 1516년 스페인 통일 왕국의 주역이 되었다. 왕국의 수도였다. 이후 경제적 정치적 중심지의 역할은 마드리드에게 내주었지만, 대성당이 있어 아직 종교적 중심지의 위상은 지켜나가고 있다.

톨레도는 스페인 종교화의 거장 엘 그레코1541~1614. 그리스 크레타에서 태어난 중세시대 스페인 최고의 화가의 도시이기도 하다. 톨레도 대성당, 산토 토메 교회, 산타 크루스 미술관, 엘 그레코의 집 등 곳곳에 그의 흔적이 남아 있어 예술적 분위기를 더해준다.

톨레도 여행지도

C.Tendillas

라 클란데스티나

C. Hombre de palo

C.C

C.Arco Palacio

톨레도 대성
Santa Iglesia Ca
Primada de To

Calle Trinidad

관광 안내소
ℹ️

산토 토메 교회
Iglesia de Santo Tomé

Calle Santo Tomé

톨레도
시청

Calle Cardenal Cisnero

Calle Ciudad

C. San Juan de Dios

Pr. del Conde

타베르나
엘 보테로

C. de San Marco

C. Sta. Isabel

도착

엘 그레코의 집
Museo del Greco
P. del Transito

델 바예 전망대 3.2km
Mirador del Valle
↓

톨레도 하루 추천코스 지도의 빨간 실선 참고

소코도베르 광장 → 도보 2분 → 산타 크루스 미술관 → 도보 5분 → 알카사르 →
도보 6분 → **톨레도 대성당** → 도보 7분 → 산토 토메 교회 → 도보 3분 → 엘 그레코의 집

Alcantara Bridge

산타 크루스 미술관
Museo
De Santa Cruz

꼬마 열차
소코트랜 매표소

관광 안내소

소코도베르
광장
Plaza de Zocodover

출발

C. Miguel de Cervants

C. de la paz

• 육군 박물관

Cta. de la CarlosV

알카사르
Alcázar de Toledo

C. de la Union

소코트랜
승강장

Cta. de los Capuchinos

P. de Cabestreros

Rda. de juanelo

Ronda de Toledo

타구스 강

레스타우란테
라 에르미타냐 800m

↓

톨레도 일반 정보

인구 약 8만 3천 명

기온 봄 5~22℃ 여름 15~32℃ 가을 5~27℃ 겨울 3~13℃

℃/월	1월	2월	3월	4월	5월	6월	7월	8월	9월	10월	11월	12월
최고	11	13	17	19	24	30	33	33	28	21	15	11
최저	1	2	5	7	11	16	18	18	15	10	5	2

여행 정보 홈페이지 https://turismo.toledo.es/

톨레도 관광안내소

톨레도 시청 관광안내소
톨레도 대성당 근처 톨레도 시청 아치에 있다.
🏠 Plaza del Ayuntamiento s/n(Historical Quarter) 📞 +34 925 25 40 30
🕐 일~금 10:00~15:30 토 10:00~18:00 휴무 12월 24·25·31일, 1월 1·6일

푸에르타 비사그라 관광안내소
푸에르타 비사그라는 구시가로 연결되는 웅장한 성문이다. 그곳에 관광안내소가 있다.
🏠 Paseo de Merchán s/n(Historic Quarter) Puerta Bisagra 📞 +34 925 21 10 05
🕐 월~토 10:00~18:00 일·공휴일 10:00~14:00 휴무 12월 25일, 1월 1일

마드리드에서 톨레도 가는 방법

기차와 버스를 이용할 수 있으나, 버스터미널에서 시내 진입이 더 쉬워 버스를 추천한다.

1 버스로 가기

❶ 버스터미널 가는 방법
마드리드 메트로 6·11호선 플라사 엘립티카역Plaza Eliptica에서
버스터미널Terminal Autobuses 표지판 따라 지하 3층으로 이동→
플라사 엘립티카 버스 터미널 도착 후 알사 버스 티켓 판매소나
티켓 발매기에서 톨레도 행 티켓 구입→지하 1층 7번 승차장으
로 이동→버스 탑승지정 좌석 없고 선착순 탑승
예매 및 시간표 확인 http://www.alsa.es

❷ 소요시간 보통 30분 간격으로 운행한다. 자세한 시간표는
알사 홈페이지 http://www.alsa.es에서 확인하자. 직행Directo은
50분, 완행Por pueblos은 1시간 30분 소요된다.

❸ 요금 왕복 9.84유로, 편도 5.73유로, 투어리스트 카드 소지자 무료

❹ 톨레도 시내 진입하기 톨레도 버스 터미널Estación de Autobuses에서 도시 중앙에 있는 소코도베르 광장까지
도보나 버스로 이동할 수 있다. 도보로 이동할 경우 언덕까지 연결되는 에스컬레이터를 이용하면 편리하다.에스컬레

이터 타는 곳 C. Gerardo Lobo, 45003 Toledo 소코도베르 광장까지 15~20분 정도걷기+에스컬레이터 걸린다. 버스는 터미널 바로 옆의 익스택시온 데 오토부시스 정류장Est. de Autobuses(Direccion Sta.bárbara-polígono)에서 L5·L12번 버스 승차하여 소코도베르 광장 정류장Zocodover(Plaza)에서 하차하면 된다. 소요시간은 15분 정도이다. 버스 운행 간격은 15~30분이며, 요금은 1.4유로로 버스 기사에게 직접 내면 된다.

2 기차로 가기

❶ 기차역 찾아가기 마드리드 아토차 역에서 아반트Avant, 특급 열차

탑승하면 톨레도역까지 30분 정도 소요된다.
인터넷 예매 **❶** http://www.raileurope.co.kr
❷ https://renfe.spainrail.com
❸ http://www.renfe.es
❷ 운행 간격과 요금 운행 간격은 2시간 30분이다. 요금은 편도 13.9유로, 왕복 22.2유로이다.
❸ 톨레도 시내 진입하기 톨레도역에서 시내까지는 도보나 버스로 이동할 수 있다. 도보로는 알칸타 다리 경유하여 23분1.4km 정도 걸린다. 버스는 역에서 나와 서쪽에 있는 큰 길 라 로사 거리Paseo de la Rosa에 있는 정류장에서 타면된다. 정류장 이름은 파세오 데 라 로사 정류장Paseo de la Rosa(renfe)으로, 톨레도 역에서 도보 2분120m 정도 걸린다. 이곳에서 L5·L5D·L11·L61·L62·L94·LB2번 버스를 승차하여 시내 중심부인 소코도베르 광장 정류장Zocodover (Plaza)에서 하차하면 된다. 버스는 8분 간격으로 운행되며, 소요 시간은 11분이다.

톨레도 버킷 리스트 3

❶ 알카사르에서 시내 풍경 한눈에 담기
소코도베르는 톨레도 중심에 있는 광장이다. 광장 남쪽 고지대의 성채 알카사르Alcázar de Toledo에 가면 세계문화유산의 도시 톨레도의 고풍스러운 풍경을 한눈에 감상하기 좋다.

❷ 꼬마 열차 소코트랜 타고 톨레도 여행하기
소코도베르 광장의 명물 꼬마 열차 소코트랜을 타고 톨레도 시내 곳곳을 여유있게 둘러보자.

❸ 종교화의 거장 엘 그레코의 명작 감상하기

산타 크루스 미술관, 톨레도 대성당, 산토 토메 교회, 엘 그레코의 집에 가면 스페인 종교화의 거장 엘 그레코의 작품을 마음껏 감상할 수 있다.

📷 소코도베르 광장 Plaza de Zocodover 프라사 데 소코도베르

🚶 톨레도 버스터미널Estación de Autobuses de Toledo에서 도보 20분(❶ 버스터미널에서 Av. Castilla la Mancha 거리 따라 남쪽으로 도보 10분 이동하면 에스컬레이터 타는 곳주소 C. Gerardo Lobo, 45003 Toledo에 도착 ❷ 이후 톨레도의 아름다운 풍경을 감상하며 에스컬레이터를 다섯 차례 타면 언덕 위 구시가지 중심의 소코도베르 광장으로 이어진다.)
🏠 Plaza Zocodover, s/n, 45001 Toledo

톨레도 여행의 시작점

구도심에 있는 톨레도의 상징적인 광장이다. 톨레도 여행의 시작점이자 여행의 마침표를 찍는 곳이다. 소코도베르는 이슬람어로 '가축 시장'이라는 뜻인데, 이슬람교도가 이베리아반도를 지배했을 당시8~12세기. 이베리아 반도는 원래 로마제국을 무너뜨린 서고트족이 차지하고 있었으나 700년대부터 약 400년 동안은 이슬람의 지배를 받았다. 이곳은 말, 당나귀 등 짐을 싣는 동물을 매매하던 곳이었다고 전해진다. 톨레도에 도착하면 일단 소코도베르 광장을 찾아가자. 광장 주변엔 많은 상점이 있다. 의류, 공예 및 기념품, 음식점들이 늘어서 있다. 어느 때나 아름답지만 크리스마스 때 가장 매력적이다. 가이드 투어가 시작되는 곳으로, 투어 티켓 판매소도 이곳에 있다. 소코도베르 광장에는 톨레도의 명물인 소코트랜Zoco Tren이라는 꼬마 열차 매표소가 있다. 소코트랜은 약 40분 남짓 톨레도 시내 곳곳을 구경할 수 있는 관광용 꼬마열차이다. 승강장은 알카사르 서쪽의 카를로스 5세 언덕길Cta. de Carlos V에 있다.

©Lourdes Cardenal

(Travel Tip)

꼬마 기차 소코트랜 타고 톨레도 한 바퀴!

소코트랜Zoco Tren은 톨레도를 한 바퀴 돌아볼 수 있는 꼬마 기차이다. 대기자가 많을 수도 있으므로 효율적인 일정 관리를 위해, 소코도베르 광장에 도착하면 일단 소코트랜 예약부터 해두는 게 좋다. 매표소는 소코도베르 광장에 있고, 승강장은 알카사르 서쪽의 카를로스 5세 언덕길 Cta. de Carlos V에 있다. 승강장을 출발한 소코트랜은 톨레도 북동쪽의 아자르키엘 다리Puente de Azarquiel를 건넌 뒤, 남쪽으로 방향을 틀어 타호강을 오른쪽에 두고 달리며 톨레도의 아름다운 풍경을 선사한다. 이 풍경을 두 눈 가득 담고 싶으면 되도록 오른쪽 좌석을 확보하자. 이후 톨레도 서쪽의 라 카바 다리Puente de la Cava 건너 다시 구시가지로 들어와 톨레도 북쪽을 돌아보고 출발했던 승강장으로 되돌아온다.

🕐 이용시간 매일 10:00~22:00(30분 간격으로 운행) 소요시간 약 45분
€ 7유로(한국어 오디오 가이드 제공)

산타 크루스 미술관 Museo De Santa Cruz 무세오 데 산타 크루스

🏃 소코도베르 광장에서 동쪽으로 도보 2분130m
🏠 Miguel de Cervantes, 3, 45001 Toledo 📞 +34 925 22 14 02
🕐 월~토 10:00~18:00 일 09:00~15:00 휴관 1/1, 1/6, 1/23, 5/1, 12/24, 12/25, 12/31
€ 4유로(매주 수요일 오후 4시부터, 매주 일요일, 5월 18일·31일 무료입장)

스페인의 자랑, 엘 그레코와 고야를 만나다

16세기에 지어진 건물에 들어서 있는 2층으로 된 미술관이다. 이슬람 형식이 가미된 건물이 인상적이다. 원래는 이사벨 여왕이 가난한 사람들과 고아를 위해 지은 자선 병원 건물이었는데, 19세기에 이르러 미술관이 되었다. 산타 크루스란 스페인어로 '성 십자가'라는 뜻인데, 미술관 건물이 십자가 모양이라 이런 이름이 붙여졌다. 16~17세기에 걸쳐 제작된 고고학, 순수 미술, 장식 미술 작품으로 나누어 전시하고 있다. 주목할 만한 것은 톨레도에서 활동한 거장 엘 그레코El Greco, 1541~1614의 작품을 22점이나 소장하고 있다는 사실이다. 엘 그레코는 그리스 크레타 섬 출신 화가인데, 스페인에서 활동하며 명성을 얻었다. 가장 대표적인 엘 그레코의 작품은 <성 베로니카>, <성 가족>, <성모 마리아의 승천> 등이다. 톨레도를 대표하는 화가인 엘 그레코를 비롯해 고야Francisco de Goya, 1746~1828의 작품도 만날 수 있다. 미술관 중앙의 작지만 아름다운 파티오Patio, 건물로 둘러 싸인 작은 안뜰가 편안함을 선사한다.

톨레도 대성당
Santa Iglesia Catedral Primada de Toledo 산타 이글레시아 카테드랄 프리마다 데 톨레도

🚶 소코도베르 광장에서 코메르시오 거리Calle Comercio 경유하여 서남쪽으로 도보 6분
🏠 Calle Cardenal Cisneros, 1, 45002 Toledo 📞 +34 925 22 22 41
🕐 월~토 10:00~18:00 일 14:00~18:00 휴관 1/1, 12/25
€ 10유로(종탑 포함 시 12.5유로) ≡ www.catedralprimada.es/

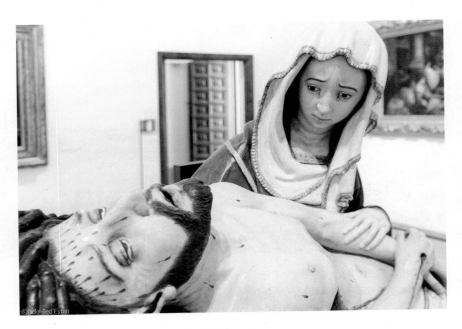
©flickr-Ted Eytan

톨레도의 자존심, 스페인 가톨릭의 수석 대교구

1226년 이슬람 세력이 지배하던 이베리아반도의 탈환을 기념하기 위해 카스티야의 왕 페르난도 3세의 명으로 가톨릭교도들이 성당을 짓기 시작했는데, 이것이 톨레도 대성당의 시작이다. 원래 있던 이슬람 사원을 허물고 착공한 지 266년이 지난 1493년에야 완공되었다. 그 후에도 여러 차례 증축과 개축이 반복되면서 새로운 요소들이 더해져 다양한 문화와 건축 양식이 혼합된 지금의 모습을 갖추게 되었다. 규모는 엄청나다. 성당 실내 길이만 약 120m, 너비 약 60m, 높이 약 40m, 종탑 높이 92m에 이르며, 예배당이 22개나 된다. 게다가 성당 주변에 작은 건물들이 오밀조밀 모여 있다. 그래서 카메라 렌즈와의 성당 간의 거리를 조절할만한 여유 공간이 없어 이 거대한 규모의 성당을 카메라 한 컷에 담기가 버거울 정도이다. 성당에는 조각으로 정밀하게 장식한 문 5개가 아름다운 자태로 서 있다. 톨레도 대성당은 스페인 가톨릭의 수석 대교구의 면모를 두루 갖춘 경이로운 곳으로, 톨레도 거리에서 길을 잃더라도 어디에서든 다시 길을 위치를 확인해주는 등대 같은 건축물이다.

톨레도는 1561년 마드리드로 수도를 옮기기 전까지 카스티야의 수도였다. 경제적 정치적 중심지의 역할은 마드리드에게 내주었지만, 대성당 덕에 종교적 중심지로서의 위상은 지켜나가고 있다. 성당 내부를 장식하고 있는 화려한

조각과 그림, 스테인드그라스는 감동을 넘어 온몸에 전율이 일 정도로 대단한 스케일을 보여준다. 특히 트란스파란테Transparente는 톨레도 대성당에서만 찾아볼 수 있는 보물로, 성당의 제단과 제단 뒤편 벽 위쪽에 있는 채광창을 일컫는다. 이 채광창을 통해 자연광이 들어와 제단을 비추면 성스러운 분위기가 성당을 가득 채운다.

ONE MORE 톨레도 대성당 자세히 보기

1 톨레도 대성당의 문

본당 내부와 연결된 문은 모두 다섯 개다. 성당 서쪽 벽면에 세 개의 문이 나란히 있는데, 왼쪽부터 순서대로 지옥의 문, 용서의 문, 심판의 문이다. 가운데에 있는 용서의 문이 가장 크다. 이 세 개의 문은 톨레도 대성당의 위상을 보여주는 문이며, 실제 성당 출입구로는 남쪽 벽면에 있는 평지의 문을 사용하고 있다. 평지의 문 옆에는 사자상으로 장식한 사자의 문도 있다.

2 성가대실Coro

대성당 중앙부에 화려하게 자리하고 있다. 성가대 의자는 예술 작품이기도 하다. 호두나무로 만든 수십여 개의 의자가 상단과 하단으로 나뉘어 놓여 있는데, 하단 좌석 의자 등받이에는 가톨릭이 그라나다를 정복하던 순간을 정교한 부조로 새겨 넣었다. 15~16세기경 로드리고 알레만이라는 작가가 6년에 걸쳐 완성한 작업이라고 전해진다. 성가대석 양 옆에는 오래된 파이프오르간이 있는데, 지금도 사용하고 있다.

3 중앙 제단Capilla Mayor

성가대 맞은 편에 있다. 중앙 제단 위 벽면에는 예수의 탄생, 죽음, 부활을 담은 일대기를 생생하게 묘사한 조각 작품이 있다. 규모도 크고, 화려하고, 정교하고, 색감도 풍부하여 감탄이 절로 나온다.

4 트란스파란테Transparente

트란스파란테1732는 톨레도 대성당에서만 찾아볼 수 있는 보물로, 스페인의 건축가이자 조각가인 나르시소 토메Narciso Tomé의 작품이다. 대리석과 설화 석고로 제작한 화려하고 정교한 제단 장식과 제단 뒤편 벽 상단의 둥근 채광창을 아울러 트란스파란테라고 한다. 이 채광창을 통해 자연광이 들어와 조명처럼 제단을 비추면 천국의 문이 열리는 것처럼 성스러운 분위기가 성당을 감싼다.

5 성물실Sacristia

천장엔 이탈리아 화가 루카 조르다노Luca Giordano, 1634~1705의 작품 천상의 모습을 묘사한 프레스코화가 그려져 있고, 벽면에는 그림이 가득 걸려 있다. 엘 그레코를 비롯하여 고야, 벨라스케스, 반 다이크, 루벤스 등 거장의 작품들이 전시되어 있다. 엘 그레코 작품 중 <그리스도의 옷을 벗김>1579, El Expolio이라는 작품이 톨레도 대성당이 품은 엘 그레코의 초기 걸작으로 꼽힌다.

6 성체현시대Custodia

엔리케 아르파라는 독일 조각가가 제작한 성체를 상징적으로 묘사한 작품으로, '성체를 오감으로 느낀다.'는 의미를 가지고 있다. 18kg의 순금과 루비, 사파이어 등 갖가지 보물로 장식하여 만들었으며, 전체 무게가 200kg이 넘는다.

알카사르 Alcázar de Toledo 알카사르 데 톨레도

🚶 소코도베르 광장에서 남쪽으로 카를로스 5세 언덕길Cuesta Carlos V 경유하여 도보 5분350m
🏠 Calle de la Union, s/n, 45001 Toledo 📞 +34 925 23 88 00 🕐 목~화 11:00~17:00 휴관 매주 수요일, 1월 1·6일, 5월
1일, 12월 24·25·31일 € 일반 5유로 17세 이하 무료(일요일 무료)

황홀한 전경을 가슴에 담자

알카사르는 '궁전'을 뜻하는 아랍어에서 유래한 말로, 궁전이나 성채를 뜻한다. 스페인의 도시 곳곳에서 알카사르
를 찾아볼 수 있는데, 대개 이슬람과 기독교 양식이 더해져 있어 세상 어디에도 없는, 스페인 특유의 매력적인 건축
물로 사랑 받고 있다. 톨레도의 알카사르도 스페인의 대표적인 성채로 꼽힌다. 3세기 무렵 로마 시대에 왕궁으로
사용되었던 곳인데, 이후 여러 번 재건축되었다. 스페인 내전1936~1939 당시엔 폭탄으로 심각하게 훼손되어 폐허가
되었다가 전쟁 이후 재건되었다. 현재는 군사 박물관, 도서관 등으로 사용되고 있다. 군사 박물관에서는 무기 변천
사 전시실, 군복 전시실, 카를로스 5세의 튀니지 정복 기념 동상 등을 찾아볼 수 있다.
알카사르는 소코도베르 광장 남쪽의 고지대에 위치하고 있어 전망이 좋기로도 유명하다. 특히 알카사르 도서관 위
에 있는 카페테리아에 가면 커피 한잔 마시며 황홀한 톨레도 전경을 감상할 수 있다.

📷 산토 토메 교회 Iglesia de Santo Tomé 이글레시아 데 산토 토메

🚶 톨레도 대성당에서 시우다드 거리Calle Ciudad 경유하여 서쪽으로 도보 7분550m 🏠 Plaza del Conde, 4, 45002 Toledo
📞 +34 925 25 60 98 🕐 3월 1일~10월 15일 10:00~18:45 10월 16일~2월 28일 10:00~17:45 휴관 1월 1일, 12월 25일
€ 3유로 ☰ toledomonumental.com/santo-tome

엘 그레코의 대표작을 만나다

도시 자체가 세계문화유산인 톨레도는 스페인 종교화의 거장 엘 그레코의 도시이기도 하다. 도시 곳곳에 엘 그레코
의 흔적과 작품들이 남아 있다. 산토 토메 교회도 그 중 하나이다. 무데하르 양식이슬람 건축 양식으로 지어진 종탑이
있는 작은 교회인데, 이곳에 전시된 엘 그레코의 대표작 <오르가스 백작의 매장> 덕에 유명해졌다. <오르가스 백
작의 매장>1586은 14세기에 살았던 오르가스 백작의 죽음에 관련된 전설을 그린 작품이다. 오르가스 백작은 신앙
심이 매우 깊어 사후에 재산의 대부분을 교회에 헌납하겠다는 유언장을 남긴 인물이다. 그가 죽자 장례식 날 스테
판 성인과 어거스틴 성인이 하늘에서 내려와 직접 매장을 했다는 전설이 전해진다. 엘 그레코는 <오르가스 백작의
매장>에서 천상 세계와 지상 세계를 확연하게 구분하여 그렸다. 지상 세계의 수많은 사람들 중 단 두 명만이 정면
을 바라보고 있는데, 한 사람은 엘 그레코 자신이고 다른 한 사람은 그의 여덟 살짜리 아들이다. 그림 왼쪽 하단의
어린 소년이 그의 아들이다. 엘 그레코는 소년의 옷 주머니에 꽂혀 있는 손수건에 출생 연도인 1578년을 새겨 넣었
다. 소년이 자신의 아들임을 표시한 것이다.

엘 그레코의 집 Museo del Greco 무세오 델 그레코

🚶 산토 토메 교회에서 트랜지토 거리Paseo Tránsito 경유하여 도보 2분150m
🏠 Paseo Tránsito, s/n, 45002 Toledo 📞 +34 925 99 09 82
🕐 3~10월 **화~토** 09:30~19:30 11~2월 **화~토** 09:30~18:00 **일** 10:00~15:00
휴관 월요일, 1월 1·6·23일, 5월 1일, 12월 24·25·31일
€ 3유로(일요일 무료, 토요일 14:00부터 무료, 18~25세의 학생·18세 미만·65세 이상 무료)
≡ www.culturaydeporte.gob.es/mgreco/inicio.html

엘 그레코를 기념하다

19세기에 엘 그레코를 기념하기 위해 베가 잉클란 후작이 만든 박물관이다. 원래 귀족의 저택이었던 건물인데, 엘 그레코가 생전에 살던 집처럼 꾸며 놓았다. 정원은 물론 아틀리에와 부엌까지 그대로 재현되어 있다. 엘 그레코는 스페인 미술사에서 빼놓을 수 없는 인물이다. 그는 고향 그리스에서 화가 수업을 받고 20대에 이콘화예배용 화상를 그리는 화가로 활동하다 35세 무렵 스페인으로 와 여생을 보냈다. 엘 그레코의 집에는 <톨레도의 풍경과 지도>Vista y plano de Toledo를 비롯하여 엘 그레코의 많은 작품이 전시되어 있다.

ONE MORE

스페인 종교화의 거장, 엘 그레코 El Greco, 1541~1614

그리스 크레타 섬 출신의 후기 르네상스 화가이다. 본명은 도메니코스 테오토 코풀로스이다. 그는 마드리드 교외에 있는 거대한 궁전 엘 에스코리알El Escorial 의 궁정 화가로 활동하기 위해 35세 무렵1577 스페인으로 왔다. 엘 그레코는 '그 리스인'이라는 뜻이다. 모두가 그를 엘 그레코라 불렀지만, 그는 자신의 그림에 항상 본명으로 서명하곤 했다.

그의 작품은 어둡고 색채가 극적이면서 인물들의 얼굴을 길쭉하게 표현해, 그로 테스크 한 매력을 보여준다. 그는 궁전 회화 제작에 참여해 2년에 걸쳐 <성 마 우리시오의 순교>라는 작품을 그렸다. 하지만 당시 왕이었던 필리페 2세는 이 작품이 마음에 들지 않자 창고에 처박아 버렸다. 그는 궁정 화가로 빛을 보지 못 하고 톨레도로 떠나야 했다. 그는 40년에 걸쳐 톨레도에서 수많은 명작을 남겼다. 그는 당대엔 제대로 평가 받 지 못했다. 20세기에 들어 그의 스타일이 재발견되었다. 이제 도시 곳곳에 남은 그의 흔적과 작품은 톨레도의 보물들이다. 톨레도 대성당, 산토 토메 교회, 산타 크루스 미술관, 엘 그레코의 집에 가면 그의 작품을 감상할 수 있다. 물론 엘 에스코리알 궁전에 남겨진 <성 마우리시오의 순교>도 지금은 궁궐의 자랑거리로 대접받고 있다.

📷 델 바예 전망대 Mirador del Valle 미라도르 델 바예

🚶 ❶ 소코트랜 승차 ❷ 알카사르 북쪽의 버스 정류장Calle de la Paz에서 71번 버스 탑승하여 Ctra. CircunvalaciónMirador Ermita 정류장 하차 ❸ 시티투어버스 1일권 –15유로, 전망대 포함 9개 정류장 정차, 장점은 원하는 정류장 어디서든 내렸다가 다음 버스에 다시 탈 수 있음, 단점은 배차 간격이 1시간이라 시간 맞추기 불편할 수도 있음.
🏠 Ctra. Circunvalación, s/n, 45004 Toledo

톨레도 구시가지 풍경을 한눈에 담다

중세 스페인의 수도였던 톨레도의 위풍당당한 모습을 한눈에 담을 수 있는 전망대이다. 톨레도에서 가장 높은 곳에 있는 알카사르의 늠름한 모습과 톨레도 대성당의 멋진 모습을 중심으로 오밀조밀 들어선 구시가지의 풍경이 아름답기 그지없다. 옛 성곽과 타호강이 시가지를 감싸고 있어 더욱 그림 같다. 톨레도의 타호강은 포르투갈 리스본에 흐르는 태주강의 상류이기도 하다. 알카사르 옆서쪽에서 소코트랜을 타면 톨레도 동북쪽에서 타호강을 건넌 뒤 남쪽으로 방향을 바꿔 강을 오른쪽에 두고 달린다. 강 건너 구시가지와 어우러진 톨레도의 진풍경을 감상하다 보면 소코 트랜이 10분 정도 정차하는 곳이 있는데, 이곳이 바로 전망대이다. 이 전망대는 지성과 이보영이 웨딩 촬영을 했던 곳으로도 유명하다. 여행객들은 다양한 포즈를 취하며 전망대가 풀어 놓은 아름다운 풍경과 어우러져 인증샷 만드느라 바쁘다. 잠깐 들러 사진만 찍을 계획이라면 소코트랜이나 시티투어버스를, 여유롭게 머물며 여행을 즐기고 싶다면 71번 버스를 추천한다.

🍴 타베르나 엘 보테로 Taberna El Botero

🚶 톨레도 대성당에서 카르데날 시즈네로스 거리Calle Cardenal Cisneros 경유하여 도보 2분140m
🏠 Calle Ciudad, 5, 45002 Toledo 📞 +34 925 28 09 67 🕐 수·목·일 12:00~01:30
금·토 12:00~02:30 휴무 월, 화 € 칵테일 9.5유로 소갈비 25유로 참치 타르타르 24유로
☰ www.tabernabotero.com

 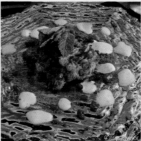 

칵테일과 타파스, 맛있는 식사까지

톨레도 대성당에서 가까운 곳에 있는 훌륭한 칵테일 바이자 레스토랑이다. 1층은 칵테일 바, 2층은 레스토랑으로, 각각의 콘셉트에 맞게 꾸며져 있다. 칵테일 바에서는 실력 있는 바텐더가 만드는 세계적으로 유명한 칵테일부터 톨레도에서만 맛볼 수 있는 지역 칵테일까지 다양하게 즐길 수 있다. 칵테일과 타파스를 함께 즐기면 간단한 한끼 식사로도 손색이 없다. 2층 레스토랑에는 고기 요리부터 참치, 문어 등 해산물 요리까지 다양하게 준비되어 있다. 톨레도 로컬들이 사랑하는 식당이므로 실패 없는 한끼 식사를 즐기기에 충분하다.

🍴 라 클란데스티나 La Clandestina

깔끔하고 로맨틱한 분위기에서 맛있는 식사를

실내는 깔끔하고 현대적이지만, 예쁜 정원이 있어 로맨
틱한 분위기도 나는 톨레도의 맛집이다. 소코도베르 광
장에서 도보 7분 정도 거리의 작은 골목에 있다. 음식 맛
은 물론 친절한 서비스도 받을 수 있어 만족스러운 식
사를 할 수 있다. 메뉴는 스테이크, 해산물, 샐러드까지
다양하다. 디저트도 훌륭하다. 기분 좋아지는 멋진 분
위기에서 합리적인 가격에 맛있는 식사를 즐기고 싶다
면 이 집을 추천한다.

🚶 소코도베르 광장에서 프라타 거리Calle Plata 경유하여 서쪽
으로 도보 6분450m
🏠 calle de las tendillas 3, 45002 Toledo
📞 +34 925 22 59 25
🕐 일·화 13:00~15:45 수·목 13:00~15:45, 20:00~23:00
금·토 13:00~15:45, 20:00~24:00 휴무 월요일
€ 새우 샐러드 14.5유로 와규 스테이크 24유로
≡ www.clandestina.la

🍴 레스타우란테 라 에르미타냐 Restaurante La Ermitaña

톨레도의 멋진 풍경 감상하며 식사를

톨레도의 멋진 풍경을 볼 수 있는 훌륭한 전망의 레스토랑이다. 전망대 근처에 있어, 큰
창으로 둘러싸인 식당 실내에서 식사하면서 그 유명한 톨레도의 전망을 훤히 감상할
수 있다. 물론 음식도 전반적으로 훌륭하다. 가격대는 좀 있는 편이지만 음식, 서비
스, 전망, 분위기 등 어느 하나 부족한 것이 없다. 덕분에 자리가 없을 수 있으니 예
약하기를 권장한다. 🏠 Ctra. Circunvalación, 19, 45004 Toledo 📞 +34 925 25 31 93
🕐 화·수·일 13:30~17:30 목~토 13:30~01:00 € 1인당 40~50유로 ≡ www.laermitana.es

PART 6

세고비아

Segovia

세고비아
포르투갈 •마드리드 •바르셀로나
스페인

시간 여행, 고대 로마 시대로!

마드리드에서 북서쪽으로 60km 떨어져 있는 도시다. 톨레도와 더불어 마드리드 근교 여행지로 인기 좋은 곳이다. 현재 인구는 5만 명이 조금 넘는다. 해발 1000m에 자리잡은 고원 도시로 로마시대기원전 80년경에 건설한 지상 30m 높이의 물길 다리, 세고비아 수도교로 유명하다. 수도교는 기둥 128개가 떠받치고 있는 2층 아치 다리로, 길이가 813m에 이른다. 지금은 폐쇄되었으나 로마시대 이후 1884년까지 프리아 강의 물을 세고비아에 공급해주었다.

세고비아는 톨레도보다 역사가 앞선 고도이다. 1200년대부터 1500년대 중반까지 카스티야 왕국카스티야는 중세 시대 스페인 중부를 지배한 가톨릭 왕국의 수도로 영화를 누리기도 했다. 유서 깊은 도시답게 유네스코 세계문화유산으로 등재되어 있다. 백설공주의 성 알카사르를 비롯하여 로마 수도교, 대성당 등이 잘 보존되어 있다.

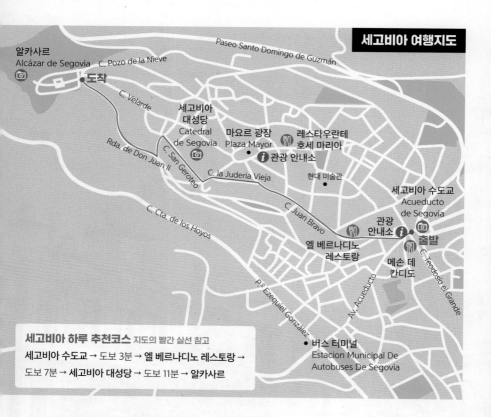

알카사르
Alcázar de Segovia

C. Pozo de la Nieve

Paseo Santo Domingo de Guzmán

도착

C. Velarde

세고비아 대성당
Catedral de Segovia

마요르 광장
Plaza Mayor

레스타우란테 호세 마리아

관광 안내소

Rda. de Don Juan II

C. San Geroteo

C. la Juderia Vieja

현대 미술관

세고비아 수도교
Acueducto de Segovia

C. Cta. de los Hoyos

C. Juan Bravo

관광 안내소

출발

C. Teodosio el Grande

엘 베르나디노 레스토랑

메손 데 칸디도

Pª. Ezequiel González

Av. Acueducto

버스 터미널
Estacion Municipal De Autobuses De Segovia

세고비아 하루 추천코스 지도의 빨간 실선 참고

세고비아 수도교 → 도보 3분 → 엘 베르나디노 레스토랑 →
도보 7분 → 세고비아 대성당 → 도보 11분 → 알카사르

세고비아 일반 정보

인구 약 5만 명

기온 봄 1~17℃ 여름 11~27℃ 가을 3~23℃ 겨울 0~8℃

℃/월	1월	2월	3월	4월	5월	6월	7월	8월	9월	10월	11월	12월
최고	7	9	12	14	19	24	28	28	23	17	11	8
최저	-1	0	2	4	7	11	13	13	10	7	3	0

여행 정보 홈페이지 www.turismodesegovia.com

세고비아 관광안내소

수도교 부근에 있다. 지도, 교통편 시간표 등을 구할 수 있다.

세고비아 관광안내소

⌂ Plaza Azoguejo, 1, 40001 Segovia 📞 +34 921 46 67 20

🕐 월~토 10:00~18:00, 일 10:00~17:00 💻 www. turismodesegovia.com

마드리드에서 세고비아 가는 방법

1 버스로 가기

❶ **버스 터미널 찾아가기** 마드리드 메트로 3·6호선 몽클로아역Moncloa 하차
→Terminal Autobuses 1 방향 출구로 나가 몽클로아 버스 터미널 도착→지하 2
층 아반사 버스Avanzabus 회사 티켓 판매소에서 세고비아행 티켓 구매→지하 1
층에서 버스 탑승

❷ **버스 시간** 세고비아행 주중 06:30~23:15, 주말 08:00~23:00
마드리드행 주중 05:35~21:30, 주말 07:30~21:30(15~45분 간격으로 운행)

❸ **버스 요금** 편도 4유로, 왕복 8유로아반사 버스 홈페이지에서 확인 필수 www.avansabus.com

❹ **세고비아 시내 진입하기** 세고비아 버스 터미널Estación De Autobuses Segovia에서 아쿠에둑토 거리Av. Acueducto
경유하여 로마 수도교가 있는 아소게호 광장Plaza del Azoguejo까지 도보 6분500m

2 기차로 가기

마드리드 북쪽 차마르틴역Estacion de Chamartin에서 세고비아까지 하루 20여 회
열차가 운행된다. 초고속 열차로는 30분, 일반 열차로는 1시간 정도 소요된다. 세
고비아역Segovia Av은 시 외곽에 있다. 역에서 시내까지는 버스 또는 택시를 타고
10~12분 이동해야 한다. 시내 접근성, 요금 등 여러 면에서 기차보다 버스가 더
편리하다. 인터넷 예매 ❶ http://www.raileurope.co.kr ❷ https://renfe.spainrail.
com ❸ http://www.renfe.es

세고비아 버킷 리스트 3

❶ 수도교는 세고비아의 상징이다. 기원전 80년부터 1800년대 말까지 세고
비아에 물을 공급해준 고대 로마의 대표적인 수로 유적을 만나보자.

❷ 대성당 종탑과 알카사르 성 탑에서 세계문화유산의 도시 세고비아의 고풍
스러운 전경을 마음껏 감상해 보자.

❸ 새끼 돼지 통구이 '코치니오 아사도'Cochinillo Asado를 맛보자. 수도교 앞에
코치니오 아사도 원조 맛집 메손 데 칸디도Meson de Candido가 있다. 수도교에
서 서쪽으로 3분 거리에 있는 엘 베르나디노 레스토랑Restaurante El Bernardino
도 유명 맛집이다.

Special Tip

새끼돼지 통구이 '코치니오 아사도'Cochinillo Asado 즐기기

코치니오 아사도는 카스티야 지방의 향토 음식이다. 생후 3주 된 새끼돼지에 버
터를 바르고 소금으로 간하여 장작 화덕에 구워내는 요리이다. 겉은 과자처럼 바
삭하고 속은 부드럽고 육즙이 넘친다. 고기는 접시로 잘게 자를 수 있을 만큼 부
드럽다. 냄새가 있는 편이고 기름기가 많아 사람에 따라 호불호가 갈리기도 한다.

📷 세고비아 수도교 Acueducto de Segovia 아쿠에둑토 데 세고비아

🏃 세고비아 버스터미널Empresa de Automoviles Galo Alvarez SA에서 아쿠에둑토 거리Av. Acueducto 경유하여 도보 6분
🏠 Plaza del Azoguejo, 1, 40001 Segovia
📞 +34 921 46 67 20
≡ www.turismodesegovia.com/es

©flickr-Gustavo Naharro

2천 년을 품은 고대 로마의 수로

수도교는 세계의 여행객을 불러들이는 세고비아의 상
징이다. 로마 토목 기술의 우수성을 보여주는 건축물로,
세고비아에서 16km 거리에 있는 푸엔프리아Fuenfria 산
맥에서 발원한 프리아 강물을 끌어다가 세고비아 주택
가에 공급하던 급수 시설이다. 로마 지배 시기인 기원전
80년경에 건설된 것으로 추정되며, 전체 길이 약 794m,
높이는 30m에 이른다. 긴 다리처럼 보이는 이 구조물은
어떤 지지대나 접착제 없이 20,400개의 화강암으로 만
들어졌다. 아치 166개와 120개 기둥으로 구성되어 있다.
고대 로마의 건축술과 미학성의 절정을 보여준다. 아슬
아슬하게 돌을 쌓아 올려 만든 수도교의 모습은 보는 이
의 감탄을 자아낸다. 세계에서 가장 잘 보존된 로마의 수
도교 중 하나로도 꼽힌다. 11세기 무어인이슬람교도들의 침
략을 받았을 때 심각한 피해를 입어 아치 36개가 파괴되
었으나 15세기에 모두 복구되었다. 19세기까지 세고비
아 주민들을 위해 수로로 사용되었으며, 1997년부터는
수도교 보존을 위해 주변을 보행자 전용 구역으로 설정
했다. 이 구역에서는 차량 운행이 통제된다.

📷 세고비아 대성당 Catedral de Segovia 카테드랄 데 세고비아

🚶 ❶ 수도교Acueducto de Segovia에서 후안 브라보 거리Calle Juan Bravo 경유하여 도보 8분700m
　❷ 알카사르Alcazar에서 마르케스 델 아르코 거리Calle Marqués del Arco 경유하여 도보 11분650m

🏠 Plaza Mayor, s/n, 40001 Segovia 📞 +34 921 46 22 05

🕐 € 대성당 일반 방문 **월~금** 09:30~18:30(일반 4유로, 65세 이상·25세 미만 학생 3유로)

대성당 가이드 방문 **월~금** 11:00, 12:30, 17:00 **토** 11:00, 12:30(일반 6유로, 65세 이상·25세 미만 학생 3유로)

타워 가이드 방문 **월~일** 10:30, 12:00, 13:30, 15:00, 16:30(일반 7유로, 65세 이상·25세 미만 학생 6유로)

무료입장 **4월~10월** 일요일 09:00~10:00 **11월~3월** 일요일 09:30~10:30 ☰ www.museodeljamon.com

화려하고, 우아하고, 아름다운

세고비아 중심부 마요르 광장Plaza Major에 있다. 16세기 초 코무네로스 반란1520. 독일 출신 스페인의 왕-카를로스 1세이자 신성로마제국 황제-카를로스 5세의 세금 부담 정책에 반대하며 일어난 시민 봉기 사건. 당시 시민들을 코무네로스라 불렀다.으로 원래 있던 성당이 파괴되자 1525년 카를로스 1세의 명으로 재건하기 시작하여 1577년 지금의 모습으로 완성되었다. 스페인의 후기 고딕 양식 건축물로 뾰족하고 화려한 장식이 많은 것이 특징이다. 건축물의 우아하고 드레스를 활짝 펼친 듯한 모습 덕분에 '귀부인 대성당' 또는 '대성당 중의 귀부인'이라는 별칭으로도 불린다. 종탑에 올라가면 세고비아의 고풍스러운 시내 풍경이 한눈에 들어온다. 1985년 유네스코 세계문화유산으로 지정되었으며, 성당의 부속 박물관에는 순금으로 만들어진 보물과 회화 작품이 보관되어 있다. 또 유모의 실수로 창문에서 떨어져 죽은 엔리케 2세1333~1379 아들의 묘도 찾아볼 수 있다. 이 묘는 촬영을 금지하고 있다. 전하는 말에 따르면 왕자의 유모도 슬픔과 죄책감을 이기지 못하고 스스로 목숨을 끊었다고 한다.

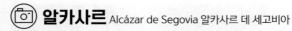

📷 알카사르 Alcázar de Segovia 알카사르 데 세고비아

🚶 ❶ 수도교에서 후안 브라보 거리Calle Juan Bravo 경유하여 도보 18분1.4km
❷ 대성당에서 마르케스 델 아르코 거리Calle Marqués del Arco 경유하여 도보 8분650m
🏠 Plaza Reina Victoria Eugenia, s/n, 40003 Segovia 📞 +34 921 46 07 59
🕐 11~3월 10:00~18:00 4~10월 10:00~20:00(12월 24·31일, 1월 5일 10:00~14:30)
휴무 12월 25일, 1월 1·6일, 5월 2일, 6월 9일
€ 궁전의 방+포병박물관+후안 2세의 탑 **일반** 10유로 **65세 이상·6~16세·학생** 8유로
궁전의 방+포병박물관 **일반** 7유로 **65세 이상·6~16세·학생** 5유로(한국어 오디오 가이드 대여 3.5유로)
☰ www.alcazardesegovia.com

©Creazilla

디즈니 백설 공주의 성

디즈니 만화 영화 속에 등장하는 백설 공주가 살던 성
의 모티브가 되어준 성이다. 그래서 이 성을 보면 어린
시절의 추억이 떠올라 미소 짓게 된다. 알카사르의 기
원은 고대 로마 시대로 거슬러 올라간다. 당시 이곳은
요새였다. 이후 11세기 무어인(이슬람)들이 이베리아 반
도를 점령한 뒤, 알모라비드 왕조1060 ~ 1147. 아프리카 북
부 모로코 지역과 스페인 중남부를 지배했다. 시기에 다시 이 자
리에 요새를 만들었다. 12세기 말 가톨릭 세력이 탈환
하면서 여러 차례 증축과 개축이 반복되었다. 1474년엔
이슬람을 몰아내고 국토 회복에 성공한 이사벨 여왕의
대관식이 이곳에서 열렸다. 당시엔 주로 왕의 거주지로
사용되다가 16~18세기에는 일부가 감옥으로 사용되기
도 했다. 1862년 화재로 지붕이 심하게 손상되어 지금
의 모습으로 복원되었다. 성 내부를 직접 관람할 수 있
는데, 왕들이 사용했던 방을 비롯하여 가구, 갑옷, 무기
등 왕실의 화려한 갖가지 물건들이 전시되어 있다. 후
안 2세의 탑Torre de Juan II에 오르면 세고비아 시내를 한
눈에 조망할 수 있다.

🍴 메손 데 칸디도 Meson de Candido

130년이 넘은 세고비아 맛집

로마 수도교 바로 앞에 있는 원조 코치니오 아사도 맛집이다. 개업한 지 200년이 넘은 식당으로 3대째 이어오고 있는 곳으로 유명하다. 1786년 펍으로 설립되었으나, 1890년 새끼돼지 통구이 식당으로 바꾸었다. 식당 안은 언제나 손님으로 북적인다. 주인이 잘 익은 새끼 통돼지 구이를 잘게 자른 뒤, 고기를 자른 접시를 던져 깨버리는 퍼포먼스도 볼 수 있다. 가게 앞에 창업주의 동상이 있는데, 여행객들은 이곳에서 사진 찍기를 즐긴다. 새끼돼지 통구이는 호불호가 갈리는 편이다. 코치니오 아사도가 주저된다면 스테이크를 추천한다. 이곳에서 식사하고 싶다면 예약하기를 추천한다.

🏠 Plaza Azoguejo, 5, 40001 Segovia   📞 +34 921 42 59 11   🕐 매일 13:00~16:30, 20:00~23:00
€ 새끼돼지 통구이 28유로 ☰ www.mesondecandido.es

©katiebordner

🍴 레스타우란테 호세 마리아 Restaurante José María

진심을 담아 만든 새끼 돼지 통구이

세고비아는 새끼 돼지 통구이 '코치니요 아사도'의 원조격인 도시다. 그러니 세고비아를 찾는 여행자들이 이 꼬치니요를 꼭 먹어보고 싶어 하는 건 너무나도 당연한 일이다. 코치니요를 하는 식당은 세고비아에 많지만, 그중에 호세 마리아 식당은 코치니요에 있어서는 최고라고 자부하는 곳이다. 식당 주인 할아버지는 유명한 소믈리에로, 이 요리를 어떻게 하면 더 맛있게 만들지 늘 고민하고 개선하기 위해 연구한다고 한다. 코치니요에 진심인 이곳에서 맛있는 식사를 즐겨보자.

©pixabay

🏠 C. Cronista Lecea, 11, 40001 Segovia
📞 +34 921 46 60 17 🕐 매일 10:00~24:00
€ 새끼돼지 통구이 29.5유로
☰ www.restaurantejosemaria.com

🍴 엘 베르나디노 레스토랑 Restaurante El Bernardino

🏃 수도교에서 서쪽으로 도보 3분
🏠 C. Cervantes, 3, 40001 Segovia 📞 +34 921 46 24 77
🕐 매일 09:30~23:30 € 새끼돼지 통구이 23유로

친절한 서비스, 합리적인 가격

수도교에서 서쪽으로 160m 거리에 있는 레스토랑이다. 세고비아 지역 전용 농장에서 모유만 먹고 자란 3주 미만의 아기 돼지 통구이가 메인 메뉴이다. 세고비아에서 메손 데 칸디도와 쌍벽을 이루는 새끼돼지 통구이 맛집이다. 맛에 대한 평점은 메손 데 칸디도보다 오히려 높은 편이다. 직원들의 서비스는 친절하고 가격도 합리적인 편이다. 전망 좋은 테라스도 있어 세고비아 여행을 마무리하며 즐거운 식사를 즐기기 좋다. 1939년 문을 열어 세고비아에서 오래된 레스토랑 가운데 하나로 꼽힌다. 버섯 고로케와 아티초크도 맛있다. 고로케는 겉은 바삭하고 속은 촉촉하다. 아티초크는 부드럽고 소스가 맛있다.

PART 7

그라나다

Granada

스페인
바르셀로나
포르투갈 · 마드리드
그라나다 ·

이슬처럼 영롱한 알람브라 궁전의 추억

그라나다는 스페인 남부 안달루시아 지방에 있는 중소 도시다. 그라나
다 주의 주도로, 인구는 약 24만 명이다. 그라나다는 유럽에서 이슬람
세력의 최후 거점이었던 곳이다. 이슬람의 나스르 왕조1231~1492가 이곳
에서 이슬처럼 사라졌다. 이 도시가 매력적인 이유는 8세기부터 약 800
년 동안 그라나다를 다스렸던 무어인이베리아 반도와 북아프리카에 살았던 이슬람
사람들의 흔적이 진하게 남아 있는 까닭이다. 가장 강렬한 흔적은 알람브
라 궁전이다. 이슬람을 몰아내고 스페인을 통일한1492 부부 왕 페르난도
2세1452~1516와 이사벨 여왕1451~1504는 여러 모스크를 허물고 그 자리에
성당을 지었다. 하지만 너무 아름다워 이 궁전까지 허물진 못했다. 이슬
람은 함락시켰지만, 그들도 아름다움 앞에선 어쩔 수 없었다.
"그라나다를 잃는 것보다 알람브라를 보지 못하게 되는 것이 더 마음
이 아프구나!" 나스르 왕조의 마지막 왕 보압딜무함마드 12세은 카톨릭 세
력에게 궁을 넘기면서도 알람브라의 아름다움을 상찬했다. 파리 루브
르 박물관에 가면 그가 슬픈 표정으로 알람브라와 이별하는 장면을 담
은 그림보압딜 왕의 고별을 볼 수 있다. 이런 까닭에 여행자들은 애틋한 시
선으로 알람브라를 바라보게 된다. 여행하는 내내 프란치스코 타레가
1852~1909의 명곡 '알람브라 궁전의 추억'이 귓가에 맴돌아 이 도시를 더
욱 특별하게 만들어준다.

그라나다 여행 지도

산 크리스토발 전망대
Mirador de
San Cristobal

Calle de Alhacaba

다르 알 오라 궁전
Palacio de Dar al-Horra

Calle Gran Via de Colón

알바이신 지구
Albaicin

Calle Elvira

Calle Gran Via de Colón

칼데레리아 누에바 거리
Calle Calderería Nueva

Calle San Juan de Ic

라 리비에라

Calle Elvira

누에바 광장
Plaza Nueva

관광
안내소

파파스
엘비라

도착

라 핀카 커피

그라나다 대성당
Catedral de Granada

로스
디아만테스

Cues

Plaza Nueva

Plaza de
Bib Rambla

Calle Pavaneras

그란 카페
빕 람블라

Calle Reyes Católicos

관광 안내소

Plaza de ICarmen

엔트레브라사스

Calle Varela

우체국

Calle Angel Ganivet

라 보티예리아

라 타나

ºros

라르가 광장
Plaza Larga

니콜라스 전망대
rador San Nicolás

그라나다 하루 추천코스 지도의 빨간 실선 참고

알람브라 궁전 → 도보 12분 → **로스트리테스 산책길** → 도보 2분 →
아랍 하우스 → 도보 9분 → **산 니콜라스 전망대** → 도보 6분 →
산 크리스토발 전망대 → 도보 9분 → **다르 알 오라 궁전** → 도보 8분 →
칼데레리아 누에바 거리 → 도보 4분 → **그라나다 대성당**

엘 트리요

Calle San Juan de los Reyes

아랍 하우스
Casa árabe de
Horno del Oro

사프라의 집
Casa de Zafra

로스 트리스테스 산책길
Paseo de los tristes

아랍 목욕탕
El Bañuelo

나스르 궁전
Palacios
Nazaries

알카사바
Alcazaba

**카를로스
5세 궁전**

출발

알람브라 궁전
Alhambra

천국의 정원

그라나다 일반 정보

인구 약 24만 명

기온 **봄** 16~24도 **여름** 21~27도 **가을** 18~26도 **겨울** 15~22도

℃/월	1월	2월	3월	4월	5월	6월	7월	8월	9월	10월	11월	12월
최고	12	14	17	20	24	30	34	33	28	22	16	13
최저	0	1	4	6	10	14	16	16	13	9	4	1

여행 정보 홈페이지 https://www.andalucia.org/en/provincia-granada

관광안내소

그라나다 시청 관광안내소

관광안내소에서는 여행 정보와 무료 지도를 구할 수 있고, 교통편 안내도 받을 수 있다. 그라나다 카드도 구매할 수 있다. 카르멘 광장의 시청사 1층에 있다.

🚶 그라나다 대성당에서 남쪽으로 도보 4분 🏠 Plaza del Carmen, 18009 Granada

📞 +34 958 24 82 80 🕐 월~토 09:30~17:30, 일 09:30~13:30 🌐 https://www.andalucia.org/en/provincia-granada

그라나다 가는 방법

1 비행기로 가는 방법

그라나다 공항은 도심에서 약 16km 떨어진 곳에 자리하고 있다. 정식 이름은 페데리코 가르시아 로르카 그라나다-하엔 공항Aeropuerto Federico Garcia Lorca Granada-Jaén이다. 보통 그라나다 하엔 공항Aeropuerto Granada-Jaén이라 부른다. 바르셀로나에서는 1시간 20분, 마드리드에서는 1시간 정도 소요된다. 요즘은 저가 항공이 발달해 열차나 버스보다 저렴한 비용으로 비행기로 이동할 수도 있다. 가장 인기 있는 스페인 저가 항공사는 부엘링 항공www.vueling.com이다.

(Travel Tip)

공항에서 시내 들어가기

그라나다 공항은 워낙 작아 밖으로 나가면 바로 알사Alsa 공항버스 정류장이 있다. 공항버스는 비행기 도착 시각에 맞춰 수시로 운영되며, 시내 그란비아 데 콜론 대로Calle Gran Via de Colón의 그라나다 대성당까지 약 40분 정도 소요된다. 요금은 3유로로, 승차하여 기사에게 직접 내면 된다. 공항버스를 타지 않을 계획이라면 택시를 이용해야 하며, 비용은 약 30유로 정도 생각하면 된다. 시내에서 공항으로 출발하는 버스는 그라나다 대성당 앞에서 탈 수 있다. 버스 시간표는 변동이 많으므로 알사 홈페이지에서 꼭 확인하자.

알사 홈페이지 www.alsa.com

2 버스로 가는 방법

안달루시아 지방인 말라가, 세비야, 마드리드 등지에서 그라나다를 오갈 때는 버스알사 버스Alsa Bus를 많이 이용한다. 마드리드에서는 남부터미널Estación Sur de Autobuses에서 탑승하면 되는데 소요시간이 5시간으로 긴게 단점이다. 이들 알사버스는 그라나다 버스 터미널 Estación de Autobuses de Granada에 도착한다. 그라나다 버스 터미널은 시내에서 북쪽으로 조금 떨어진 곳에 있다. 스페인의 대표 버스인 알사 버스 예약은 모바일이나 컴퓨터로 모두 가능하다. 모바일의 경우 앱 스토어나 플레

©flickr, Vasconium

이 스토어에서 'Alsa'라고 검색하여 알사 버스 어플을 다운 받으면 된다. 컴퓨터로 할 경우 www.alsa.com으로 들어가 예약하면 된다. 그라나다 버스터미널에서 시내로 들어가려면 터미널 바로 앞에서 버스 33번을 탑승하면 된다. Gran Via 5- Catedral 정류장에서 내리면20분 소요 시내 중심부인 그라나다 대성당이다. 시내에서 버스터미널로 나올 경우에도 그라나다 대성당 건너편의 버스 정류장 Gran Via 14 - Catedral에서 버스 33번을 탑승하면 된다. 알사 운임 요금과 운행 시간표는 변동이 있을 수 있으므로 알사 홈페이지에서 꼭 확인하자.

출·도착지	소요 시간	편도 요금
세비야↔그라나다	3시간	24.2유로
말라가↔그라나다	1시간 30분	12.21유로
마드리드↔그라나다	5시간	19.89~33.95유로

3 기차로 가는 방법

세비야, 바르셀로나 산츠역Estación de Sants, 마드리드 아토차역Madrid-Puerta de Atocha 등지에서도 그라나다까지 초고속 열차로 이동할 수 있다. 바르셀로나에서 6시간 25분, 마드리드에서 3시간 30분, 세비야에서 2시간 40분 정도 걸린다.

©wikimedia_Falk2

그라나다 기차역Estación de ferrocarriles은 알람브라 궁전 북서쪽의 알바이신 지구Albaicin 외곽에 있는 조그만 간이역이다. 역에서 시내로 나가려면 기차역 북쪽의 대로, 라 콘스티튜션 거리Av. De la Constitución의 버스 정류장 Avda. Constitución 27 - Estación Ferrocarril기차역에서 도보 3분에서 4번 버스에 승차하여 대성당 부근의 정류장 Gran Vía 7 - Catedral에서 하차하면 된다. 버스 티켓은 정류장 자동판매기에서 구매1.4유로하여 개시한 뒤 승차하면 된다. 버스로 약 10분 정도 소요된다.

스페인 철도 홈페이지 http://www.renfe.com
인터넷 예매 ❶ http://www.raileurope.co.kr ❷ https://renfe.spainrail.com

그라나다 시내 교통 정보

1 버스

버스의 종류로는 일반 시내버스와 알람브라 버스가 있다. 도시가 작아서 도보로 충분히 여행할 수 있지만, 알람브라 궁전이나 알바이신 지구를 여행할 때에는 알람브라 미니버스를 이용하는 것도 좋다. 그밖의 시내버스 4번, 33번는 주로 버스터미널이나 기차역을 오갈 때 사용한다. 버스 요금은 1.4유로야간 1.5유로이다. 버스 티켓은 종이 티켓 1회권과 충전식 교통카드 크레디부스CrediBus가 있다. 버스 기사, 버스 정류장의 자동판매기에서 구매할 수 있다. 일부 버스의 경우 교통카드가 일찍 매진되어 구매하지 못할 수도 있으니, 미리 버스 정류장의 자동판매기에서 구매해 두는 게 좋다.

☰ 그라나다 교통 정보 www.transportesrober.com

그라나다 교통카드 크레디부스CrediBus

교통카드 크레디부스를 구매할 경우 2유로의 보증금이 추가되며, 카드를 반납하면 환불받을 수 있다. 하지만 교통카드에 남은 잔액은 환불받을 수 없다. 보증금 환불은 버스 기사를 비롯하여 판매하는 곳 어디서든 가능하다. 충전은 5유로, 10유로, 20유로 단위로 할 수 있다. 1회 사용 금액이 1회권 티켓보다 저렴하여, 5유로로 충전했을 때는 0.87유로, 10유로로 충전했을 때는 0.85유로, 20유로로 충전했을 때는 0.83유로로 차감된다. 5

회 이상 버스를 이용할 계획이라면 크레디부스를 구매하는 게 편리하고 저렴하다. 게다가 여러 명이 카드 하나로 함께 버스에 탑승할 수도 있다. 동행자 수와 버스 이용 횟수를 고려하여 알맞은 금액을 충전하면 된다. 세 명이 탑승할 계획이라면 버스를 탈 때 교통카드 단말기에 3번 태그하고 탑승하면 된다. 1회권이나 교통카드를 가지고 버스를 탈 경우 1시간 이내에 다른 버스로 무료로 환승할 수 있다는 점도 기억해두자. 단 한 가지 주의할 점은 1회권이나 교통카드를 구매한 뒤에는, 버스에 승차하기 전 티켓 자판기 부근에 있는 개찰기에서 반드시 교통카드나 1회권을 개찰해야 한다는 점이다. 교통카드는 개찰기의 카드 인식기에 터치하면 되고, 종이 1회권 또한 개찰기의 바코드 리더에 가져다 대면 된다. 개찰기에 개찰하지 않고 탑승했다 적발되면 벌금을 물 수 있다. 환승할 때도 개찰의 과정은 꼭 진행해야 한다.

알람브라 미니버스 이용하기

빨간색 버스라 눈에 띈다. 언덕의 좁은 골목길을 달리며 여행자들을 알람브라 궁전으로, 알바이신 지구로 안내해준다. 여행자들은 주로 네 개의 노선 C30·C31·C32·C34를 이용한다. C31과 C34는 누에바 광장에서, C30는 이사벨 라 카톨리카 광장에서, C32는 누에바 광장과 이사벨라 카톨리카 광장에서 이용할 수 있다. 알람브라 궁전으로 가려면 C30과 C32 버스를 타면 되고, 알바이신 지구로 가려면 C31, C32, C34 버스를 타면 된다. C34는 알바이신 지구 지나 집시들이 모여 살던 사크로몬테에도 가는 버스이다.

미니버스 노선 정보

C30 이사벨 라 카톨리카 광장에서 출발하여 알람브라의 카를로스 5세 궁전과 헤네랄리페까지 간다.
🕐 운행 시간 07:12~23:00

C31 누에바 광장에서 출발하여 대성당 지나 알바이신 지구를 돌아 다시 누에바 광장으로 돌아오는 노선이다.
🕐 운행 시간 월~목 06:55~23:00, 금~일·공휴일 06:55~01:00

C32 이사벨 라 카톨리카 광장에서 출발하여 대성당, 알바이신 지구로 갔다가, 다시 누에바 광장으로 나와 알람브라의 카를로스 5세 궁전과 헤네랄리페까지 갔다가, 이사벨 라 카톨리카 광장으로 돌아오는 노선이다.
🕐 운행 시간 매일 07:00~23:00

C34 누에바 광장에서 출발하여 알바이신 지구 지나 집시들의 은신처 사크로몬테까지 가는 노선이다.
🕐 운행 시간 매일 07:30~23:00

2 택시

그라나다의 택시 요금제는 할증이 없는 요금과 할증이 있는 요금으로 나뉜다. 할증이 없는 요금의 경우는 월요일부터 목요일까지는 07:00~22:00, 금요일은 07:00~21:00에 적용된다. 할증 없이 그라나다 터미널에서 택시를 탈 경우 알람브라까지는 약 10유로, 시내까지는 약 7유로, 그라나다 공항까지는 약 21유로 정도 나온다. 할증이 있는 요금의 경우는 월요일부터 목요일까지는 22:00~07:00, 금요일은 21:00~07:00 그리고 주말과 공휴일에 적용된다. 할증 있는 요금으로 그라나다 터미널에서 택시를 타면 알람브라까지는 약 12유로, 시내까지는 약 8유로, 그라나다 공항까지는 약 24유로 정도 나온다. 주말과 공휴일 심야에는 할증이 된 가격에 심야 특별 요금이 추가된다.

(**Travel Tip 1**)

그라나다 시티투어, 관광 열차 타고 돌아보기

코끼리 열차를 연상시키는 관광 열차로 시티투어 버스와 같은 역할을 한다. 다른 열차에 비해 가스 사용을 40% 절감할 수 있는 하이브리드 전기 모터를 장착하고 있다. 티켓 유효 기간 동안 마음껏 타고 내리며 그라나다를 만끽하기 좋다. 알람브라 궁전의 카를로스 5세 궁전과 헤네랄리페, 산 크리스토발 전망대, 그라나다 대성당 등 최고의 전망을 제공하는 파노라마 경로를 시속 25km의 속도로 돌며 그라나다의 멋진 모습을 보여준다. 정원은 54명이고, 12개의 언어(한국어 포함)로 개별 오디오 가이드를 제공한다.

운영시간 09:30~19:30(34~40분 간격 운행, 누에바 광장 첫차 09:30/막차 17:45, 알람브라 첫차 10:00) 소요시간 1시간 30분
요금 1회권 6.8유로, 1일권 9.1유로, 2일권 13.65유로(성인 기준 요금임, 8세 이하 무료) 홈페이지 granada.city-tour.com

그라나다 카드 : 보노 투리스티코 Granada Card Bono Turistico

명소 입장, 시내버스 탑승, 시티 투어 관광 열차를 함께 이용할 수 있는 통합 카드이다. 알람브라와 그라나다 대성당, 왕실 예배당 등 주요 관광지에 입장할 수 있다. 알람브라를 방문할 수 있어서, 입장 권을 구하지 못한 여행자들에게 차선책으로 유용하게 활용되고 있 다. 홈페이지에서 구매하여 PDF 파일로 된 바우처를 이메일로 받

아 휴대전화에 저장해두었다가 알람브라 등 명소 입장할 때 사용하면 된다. 구매하면서 알람브라와 나스르 궁 전의 입장 날짜와 시간, 카드 개시일 등을 지정해야 한다. 한 번 지정한 날짜와 시간은 바꿀 수 없다. 또 그라나 다 카드를 구매하면 시내버스를 무료로 9번 탑승할 수 있다. 60분 내 다른 버스로 무료 환승도 가능하다. 버스 탈 때 그라나다 카드를 사용하려면 교통카드를 따로 현물 카드로 수령해야 한다. PDF 파일로 된 바우처를 받 아볼 때 교통카드를 발급해주는 기계가 있는 버스 정류장 6곳의 정보도 함께 알려준다. 주로 그란비아 거리 부 근의 버스 정류장들이다. 그라나다 대성당 건너편 스타벅스 바로 앞에 있는 버스 정류장C. Gran Via de Colón, 4, 18010을 추천한다. 찾기 쉽고 대성당에서 가까워 이동 동선을 짜기도 좋다. 기계에서 그라나다 카드를 선택하 여 PDF 파일 바우처에 있는 LOC. BUS 번호를 입력하면 교통카드를 발급받을 수 있다. 그라나다 카드의 요금 은 유효 기간에 따라 다르다. 72시간짜리 56.57유로, 48시간짜리 49.06유로, 24시간짜리 46.92유로이다. 24 시간짜리 그라나다 카드는 알람브라 방문 시 나스르 궁전 야간 입장만 가능하다. 그 밖에 그라나다 카드 가든 Granada Card Gardens, 46.92유로도 있다. 알람브라 방문 시 나스르 궁전을 제외한 정원과 헤네랄리페, 알카사바에 갈 수 있는 입장권이다. ☰ https://granadatur.clorian.com/en

작가가 추천하는 일정별 최적 코스

1일	09:00	알람브라 궁전
	12:00	점심 식사
	13:00	그라나다 대성당
	15:00	커피 휴식
	16:00	알바이신 지구
	19:00	저녁 식사
	21:00	산니콜라스 전망대

2일	09:00	네르하 및 프리힐리아나 당일치기
	20:00	그라나다로 복귀
	20:30	저녁 식사

그라나다 현지 투어 안내

그라나다는 뭐니뭐니해도 알람브라 투어가 대표적이다. 알람브라 궁전만 하는 투어, 궁전과 시내까지 포함된 투 어가 있다. 알람브라 티켓을 구하지 못했다면 투어를 이용하는 것도 좋은 방법이다.

유로 자전거 나라 홈페이지 www.eurobike.kr 대표번호 02-723-3403~5 한국에서 001-34-600-022-578 유럽에서 0034-600-022-578 스페인에서 600-022-578 줌줌투어 홈페이지 www.zoomzoomtour.com 대표번호 02-2088-4148

그라나다 버킷 리스트 3

1 알람브라 궁전의 추억 속으로

#알람브라 궁전

알람브라 궁전은 이슬람 건축의 절정을 보여주는 궁전이다.
오랜 시간이 지난 지금까지도 그라나다의 자랑이자 스페인
의 보석이다. 마지막 이슬람 왕조인 나스르 왕조는 이 궁전에
서 이슬처럼 사라졌지만, 궁전은 아직도 남아 그들의 애틋한
역사와 아름다운 문화를 보여주고 있다.

2 그라나다 걷기 여행

#알바이신 지구 #칼데레리아 누에바 거리

그라나다는 도보로 여행하기 좋다. 도시 곳곳이 산책로이다.
알바이신 지구는 세계문화유산으로 지정된 언덕 위의 동네로
이슬람 스타일 건물이 오밀조밀 들어서 있다. 산책하며 골목
곳곳을 구경하는 재미가 있다. 특히 알바이신 지구의 로맨틱
한 산책로인 로스 트리스테스 산책길에서 아름다운 알람브라
의 모습을 바라보는 것을 잊지 말자. 칼데레리아 누에바 거리
는 북아프리카 정취가 느껴지는 이국적인 거리다. 북아프리
카 스타일 상점, 모로칸 음식을 파는 레스토랑과 카페가 여행
의 묘미를 더해준다.

3 그라나다의 멋진 뷰 즐기기

#산 니콜라스 전망대 #산 크리스토발 전망대 #알카사바 #레스토랑 엘 트리요

산 니콜라스 전망대는 알바이신 지구 언덕 꼭대기에 있는 전망대이다. 알람브라 궁전과 그라나다의 아름다운 풍경
을 한눈에 담을 수 있다. 해질녘엔 특히 더 아름답다. 산 니콜라스 전망대 북쪽에 있는 산 크리스토발 전망대에서도
그라나다의 아름다운 풍경을 즐길 수 있다. 알카사바는 알람브라에서 가장 오래된 동네이자 요새로 알람브라의 전
망대 역할을 하는 곳이다. 고풍스럽고 아름다운 그라나다 시가지 풍경을 눈멀미가 나도록 바라볼 수 있다. 알바이
신 지구의 레스토랑 엘 트리요Restaurante El Trillo에서의 식사도 잊지 말고 챙기자. 알람브라 궁전과 알바이신 지구
의 멋진 뷰를 감상하며 식사를 할 수 있다.

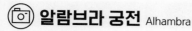 # 알람브라 궁전 Alhambra

알람브라 궁전 찾아가기

버스 이사벨 라 카톨리카 광장 부근의 버스 정류장Plaza Isabel la Católica 4에서 버스 C30·C32 탑승하여 Alhambra – Generalife 2 정류장, Palacio Emperador Carlos V 정류장, Puerta de la Justicia 정류장 중 편한 곳에 하차. Alhambra – Generalife 2 정류장은 매표소 부근이고, Puerta de la Justicia 정류장은 카를로스 5세 궁전 진입이 쉬운 출입구에서 가까운 정류장이다. 도보 ❶ 누에바 광장Plaza Nueva에서 고메레즈 언덕길Cuesta de Gomérez 따라 알람브라 매표소까지 20분 소요 ❷ 알람브라 궁전 남서쪽에 있는 레알레호 광장Plaza del Realejo에서 레알레호 언덕길Cuesta del Realejo 따라 매표소까지 13분 소요 ❸ 알람브라 궁 전 북쪽에 있는 로스 트리스테스 거리Paseo de los Tristes에서 로스 치노스 언덕길Cuesta de los Chinos 따라 매표소까지 12분 소요

운영시간 ❶ 4월 1일~10월 14일 08:30~20:00(주간), 22:00~23:30(야간) ❷ 10월 15일~3월 31일 08:30~18:00(주간), 20:00~21:30(야간) ❸ 휴관 1/1, 12/25 ❹ 나스르 궁전은 예약 시간에 입장해야 하며, 나머지는 언제든지 입장 할 수 있다.

알람브라 티켓 구매하기

나스르 궁전은 30분마다 300명씩 입장하도록 제한하고 있으며, 반드시 정해진 예약 시간에만 입장할 수 있다. 따라서 나스르 궁전 입장 시간을 기준으로 이동 동선을 설계하는 것이 편리하다. 알카사바, 카를로스 5세 궁전, 나스르 궁전, 헤 네랄리페 순서로 둘러볼 것을 추천한다. 모두 둘러보려면 알람브라 일반 티켓을 구매하면 된다. 되도록 인터넷으로 사전 예약하는 게 좋다.

❶ 매표소 입장 티켓의 일부는 매표소에서 판매하지만 성수기엔 이마저도 일찍 매진되므로 이른 아침부터 줄을 서야 한다. 오전 8시가 지나면 표를 구하지 못할 가능성이 크므로 되도록 무조건 서두르자. 매표소 오피스엔 티켓 자동판매기도 있다.

❷ 인터넷 사전 예약 3~4개월 전부터 예약할 수 있다. 방문 당일 입장 2시간 전까지 예약이 가능하다. 인터넷으로 예매했다면 휴대전화에 파일을 저장하여 입장할 때 QR코드가 인식될 수 있도록 하면 된다. 인터넷 예약 tickets.alhambra-patronato.es

❸ 그라나다 카드 명소 입장에 대중교통 이용까지 할 수 있는 통합 카드이다. 알람브라와 그라나다 대성당, 왕실 예배당 등 주요 관광지에 입장할 수 있다.

❹ 도블라 데 오로 티켓 알람브라를 비롯하여 다양한 아랍 유적을 돌아볼 수 있는 통합 티켓이다. 알람브라 일반 티켓보다 6유로 정도 비싸지만, 티켓을 구하지 못했을 경우 알람브라 궁전을 방문할 수 있는 마지막 방법이기도 하다. 알람브라 티켓보다 남아 있을 가능성이 크지만, 성수기에는 이마저도 구하기가 쉽지 않다. 도블라 데 오로 티켓은 일반 티켓과 야간 티켓이 있다. 일반 티켓은 알람브라의 나스르 궁전, 헤네랄리페, 알카사바 등을 돌아볼 수 있으며 요금은 27.3유로이다. 야간 티켓은 나스르 궁전 야간 방문만 가능하고 요금은 20.93유로이다. 도블라 데 오로 티켓을 구매하면 알람브라 외에 아랍식 목욕탕Bañuelo, 아랍 하우스Casa Morisca Horno de Oro, 다르 알 오라 궁전Dar al-Horra's Palace, 차피스의 집Casa del Chapiz, 사프라의 집Casa de Zafra, 코랄 델 카르본Corral del Carbón 등에 입장할 수 있다. 구매 사이트 tickets.alhambra-patronato.es

티켓 종류와 가격
❶ 알람브라 일반 티켓Alhambra General(나스르 궁전+알카사바+헤네랄리페) 19.09유로
❷ 나스르 궁전 야간 티켓Night Visit to Nasrid Palaces 10.61유로
❸ 정원과 헤네랄리페 야간 티켓Night visit to Gardens and Generalife 7.42유로
❹ 정원＋헤네랄리페＋알카사바Gardens, Generalife and Alcazaba 10.61유로
❺ 알람브라 익스페리언스(나스르 궁전 야간+헤넬랄리페 주간+알카사바 주간) 19.09유로

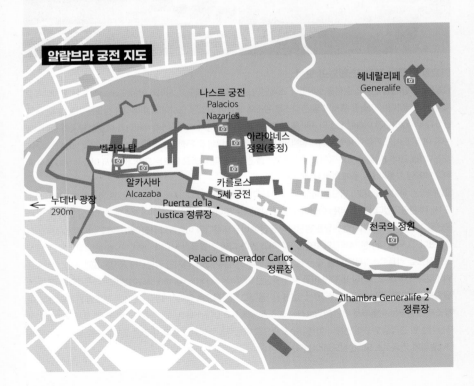

알람브라 궁전 지도

헤네랄리페
Generalife

나스르 궁전
Palacios Nazaries

아라야네스 정원(중정)

벨라의 탑

알카사바
Alcazaba

카를로스 5세 궁전

누데바 광장
290m

Puerta de la Justica 정류장

천국의 정원

Palacio Emperador Carlos 정류장

Alhambra Generalife 2 정류장

이슬람 건축의 절정, 스페인의 보석

알람브라는 이슬람 건축의 절정을 보여준다. 스페인의 보석 같은 유적으로, 사비카 언덕La sabika에 있는 궁전이자 요새이다. 그라나다는 이슬람 통치기 말년 나스르 왕조의 중심이 되었던 도시이다. 이베리아 반도는 711년부터 1492년까지 무려 781년간 이슬람 왕조의 지배를 받았다. 13세기 중반까지 코르도바와 세비야가 이슬람 왕국의 중심지였는데, 이 두 도시가 가톨릭 세력에 의해 함락되자 1238년 이슬람의 왕 무함마드 1세무함마드 이븐 유수프 이븐 나스르, 재위 1237~1273는 그라나다를 수도로 정하고 나스르 왕조를 건립하였다. 나스르 왕조는 그라나다에서 이슬람 문화를 꽃 피우다 1492년 가톨릭 교도들에 의해 무너졌다.

알람브라는 무함마드 1세의 명으로 축성되기 시작하여 증개축을 해오다 14세기 후반 나스르 왕조의 7대 왕인 유수프 1세 때 완공되었다. 알람브라는 아랍어로 '붉은 빛'이라는 뜻이다. 이슬람을 몰아내고 스페인을 통일 한 부부 왕 페르난도 2세1452~1516와 이사벨 여왕은 알람브라 궁전이 너무 아름다워 이슬람의 궁전이었음에도 그대로 보전하기로 결정했다. 그 덕에 대부분 14세기의 모습을 유지하고 있다. 다만, 카를로스 5세1500~1558, 이사벨 여왕의 외손자가 르네상스 양식으로 '카를로스 5세 궁전'을 짓는 등 일부 증개축이 이루어졌다. 하지만 알람브라 궁전은 오랜 시간 세상으로부터 잊혀져 버렸다. 그러다 1832년 미국 작가 워싱턴 어빙Washington Irving, 1783~1859이 알람브라 궁전에 머물며 쓴 『알람브라 이야기』라는 책이 발간되면서, 얼마나 아름답고 역사적으로 의미가 있는 궁전인지 재조명 받게 되었다. 이에 스페인 정부는 허물어져 가던 알람브라의 복원 작업에 들어갔다. 1984년에는 세계문화유산에 등재되었으며, 현재는 세심한 관리를 받으며 언제나 아름다운 모습으로 여행객을 맞이하고 있다. 궁전은 크게 나스르 궁전, 알카사바, 헤네랄리페, 카를로스 5세 궁전으로 나뉜다.

알람브라에 가면 꼭 보세요

① 나스르 궁전
Palacios Nazaríes 팔라시오스 나사리에스

알람브라의 꽃

알람브라의 하이라이트이다. 유럽과 동양 분위기가 동시에 느껴지는 두 개의 아름다운 정원이 있다. 코마레스 궁Palacio de Comares의 아라야네스 중정Patio de Arrayanes과 사자 궁Palacio de los Leones의 사자의 중정Patio de los Leones이다. 알람브라의 상징이기도 한 아라야네스 중정은 커다란 직사각형 연못이 중앙에 있고, 연못 양 옆으로 아라야네스가 심어져 있는 정원으로, 언제나 여행객이 붐비는 포토존이다. 중정을 둘러 싸고 있는 코마레스 궁엔 화려한 조각과 장식으로 꾸며진 방들이 있다. 그 중 하나가 알람브라에서 가장 넓은 '대사들의 방'이다.

대사들의 방은 술탄이슬람의 왕이 외국 사절을 만나던 곳이다. 돔 천장이 몹시 아름답다. 8017개에 달하는 나뭇조각을 짜맞춰 만든 천장이라 더욱 놀랍다. 특히 이슬람교의 일곱 계단 천국을 표현한 별 문양이 인상 깊다. 사절들은 이 방에서 술탄을 만나도 술탄의 얼굴조차 기억하지 못했다고 전해진다. 아라야네스 꽃 향기에 취한 데다가 한 변의 길이가 10m가 넘는 압도적인 방 크기에 눌려 정신을 차릴 수 없었기 때문이다.

대사들의 방에서 나가면 '사자의 중정'이 나온다. 사자 열두 마리가 받치고 있는 분수대가 한가운데에 놓여 있고, 사자의 입에서는 물이 뿜어져 나온다. 이는 이슬람에서 생명의 근원이라 여기는 황도 12궁을 의미한다. 황도는 태양이 지나는 길을 의미하는데, 이를 12등분하여 만들어진 12개의 별자리를 황도 12궁이라 한다. 사자의 입에서 나온 물은 동서남북으로 흘러간다.

사자의 중정도 왕의 사저였던 사자 궁의 아름다운 방들로 둘러 싸여 있다. 중정 북쪽에 있는 방이 '두 자매의 방'Sala de dos Hermanas이다. 후궁들이 살았던 곳으로 돔 천장이 5천 개의 작은 종유석으로 장식되어 있어 환상적이다. 중정 남쪽에 있는 '아벤세라헤스 방'Sala de Abencerrajes은 천장이 8각별 모양으로 장식되어 있어 탄성을 자아내게 만든다. 이 방은 화려한 이슬람 양식의 절정을 보여주지만, 비극적인 이야기도 전해진다. 그라나다의 마지막 왕 보압딜무함마드 12세의 왕비가 북아프리카 왕족 아벤세라헤스와 사랑에 빠졌는데, 왕은 그 가문의 남자 36명을 이 방에서 참수하였다. 중정 동쪽에는 왕의 방이 있다. 나스르 궁전은 하루 방문객을 8천 명 내외로 제한하고 있다.

2 알카사바 Alcazaba

알람브라의 전망대

알카사바는 로마의 요새였으나 13세기 무함마드 1세가 재정비하여 현재의 규모를 갖추었다. 알람브라에서 가장 오래된 곳이다. 축성 당시엔 가톨릭 교도들의 침략을 막기 위한 단단한 성채이자 군사 기지였다. 요새 안에는 병사들의 숙소, 지하 감옥, 저수조 등이 있었는데, 지금은 성벽과 탑의 일부만 남아 있다. 성의 서쪽 끝에는 벨라탑Torre de Vella이 있다. 벨라탑은 가톨릭 교도들이 그라나다를 탈환한 후 십자가와 승기를 세운 곳이다. 현재 이곳에서는 하얀 집들이 빼곡히 들어선 그라나다 시가지의 멋진 전망을 볼 수 있다.

3 헤네랄리페 Generalife

정원이 아름다운 여름 궁전

헤네랄리페는 아랍어로 '건축가의 정원'이라는 뜻이다. 알람브라 궁전 동쪽 언덕에 있다. 무함마드 3세 때인 14세기 초에 왕의 피서를 위해 조성되었다. 사이프러스 나무가 숲 터널을 이루고 있는 산책로를 지나 걸어가면 왕궁이 나온다. 산책로는 전통적인 그라나다 스타일의 모자이크로 덮여 있어 걷는 내내 기분이 상쾌하다. 지금은 왕궁보다는 아름다운 정원, 특히 아세키아 중정Patio de la Acequia을 보기 위해 사람들이 즐겨 찾는다. 아세키아는 기다란 세로형 수로가 있고, 수로 양 옆으로는 분수와 형형색색 꽃이 장식되어 있는 정원이다. 이 분수의 물은 시에라 네바다 산맥그라나다에서 동남쪽에 있는 산맥. 최고 높이는 3487m이다. 시에라 네바다는 눈으로 뒤덮인 산이라는 뜻이다.의 눈을 녹여 사용하고 있다고 전해진다. 헤네랄리페의 아름다운 정원은 1931년부터 가꾸기 시작하여 1951년에 완성되었다.

4 카를로스 5세 궁전

이슬람 속 가톨릭 문화

카를로스 5세1500~1558, 이사벨 여왕의 외손자가 스페인 탄생을 기념하기 위해 알람브라 내에 지은 궁전이다. 그는 그라나다로 신혼 여행을 왔다가 기념비적인 궁전을 짓기로 마음먹었다. 궁전은 르네상스 양식으로 지어졌다. 이슬람 양식 건축물 사이에 있어 이채롭다. 재미있는 것은 카를로스 5세는 스페인어를 하지 못했다는 사실이다. 그는 신성 로마제국지금의 독일, 네덜란드, 스페인, 이탈리아 일부 등을 다스리는 합스부르크 왕조의 후계자였다. 그는 플랑드르네덜란드에서 태어나 그곳에서 자랐다. 그는 친가와 외가로부터 플랑드르와 프랑크 공국, 카스티야-아라곤 연합 왕국, 나폴리, 시칠리아, 신대륙과 아프리카의 해외 영토를 물려받았다. 그에게 스페인은 그가 다스리는 여러 영토 가운데 하나였던 셈이다. 현재 카를로스 5세 궁전 1층과 2층은 미술관으로 쓰이고 있다.

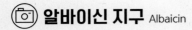

알바이신 지구 Albaicin

🚶 ❶ 누에바 광장에서 칼데레리아 누에바 거리Calle Calderería Nueva까지 도보 3분200m 거리이다. 이 거리를 따라 북동쪽으로 도보 12분 거리650m에 산 니콜라스 전망대가 있다. ❷ 누에바 광장 부근의 버스 정류장 Plaza Nueva에서 C31, C32번 버스 탑승, 산 니콜라스 광장 정류장Plaza San Nicolas 하차.

너무나 매혹적인 이슬람 유적 지구

알람브라 궁전 북쪽에 있는 이슬람 유적 지구로, 1984년 유네스코 세계문화유산으로 지정되었다. 언덕 위의 동네로 무어인 특유의 양식이 돋보이는 건물이 모여 있으며, 그라나다의 옛 모습을 가장 잘 간직하고 있는 유서 깊은 지역이다. 하얀 집들이 구릉 지대에 오밀조밀 자리잡고 있고, 집집마다 알록달록한 타일이나 꽃 화분으로 장식해 놓았다. 계단을 타고 좁은 골목으로 올라가면 미소 짓게 만드는 하얀 벽과 세월의 더께를 이고 있는 기와 지붕이 조화를 이룬 멋진 광경을 마주하게 된다. 이토록 평화로운 풍경을 선사하지만, 이곳은 1492년 그라나다 함락 당시 이슬람 교도가 가톨릭 교도들에게 거세게 저항했던 격전지이기도 하다. 산 니콜라스 전망대Mirador San Nicolás나 산 크리스토발 전망대Mirador de San Cristobal에 오르면 알바이신의 멋진 전경과 알람브라의 아름다운 모습을 한눈에 담을 수 있다. 알바이신 지역을 천천히 산책하며 이슬람 문화 유적지를 돌아보자. 일요일에는 대부분의 유적지가 무료 개방이니 잘 활용하면 비용을 절약할 수 있다.

누에바 광장 Plaza Nueva

알람브라나 알바이신 지구를 여행할 때 거점이 되는
곳이다. 누에바 광장에서 도보 15분 정도면 알바이
신 지구 여행의 출발점 산 니콜라스 전망대에 도착한
다. 걸으면 더 많이 볼 수 있다. 산책도 할 겸 산 니콜
라스 전망대로 향하자. 칼데레리아누에바 거리Calle
Caldereria Nueva를 통해 오르는 걸 잊지 말자. 이 거리
엔 북아프리카 분위기가 가득하다. 좁은 골목을 걸
으며 알바이신 지구의 매력을 만끽할 수 있다. 칼데
레리아 누에바 거리는 누에바 광장에서 북쪽으로 3
분 거리에 있다.

Travel Tip 2

알바이신 지구 추천 코스

산 니콜라스 전망대 → 도보 5분, 400m → **다르 알 오라 궁전** → 도보 9분, 650m → **산 크리스토발 전망대** →
도보 4분, 300m → **라르가 광장** → 도보 13분, 차피즈 언덕길Cuesta del Chapiz 따라 800m → **아랍 하우스** →
도보 5분, 로스 트리스테스 산책길Paseo de los triste 따라 400m → **사프라의 집** → 도보 2분, 120m → **아랍 목욕탕**

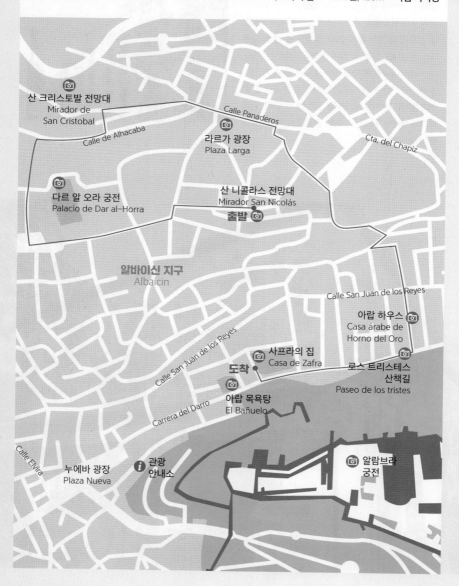

산 크리스토발 전망대
Mirador de
San Cristobal

Calle Panaderos

Calle de Alhacaba

라르가 광장
Plaza Larga

Cta. del Chapiz

다르 알 오라 궁전
Palacio de Dar al-Horra

산 니콜라스 전망대
Mirador San Nicolás

출발

알바이신 지구
Albaicín

Calle San Juan de los Reyes

아랍 하우스
Casa árabe de
Horno del Oro

Calle San Juan de los Reyes

사프라의 집
Casa de Zafra

도착

**로스 트리스테스
산책길**
Paseo de los tristes

아랍 목욕탕
El Bañuelo

Carrera del Darro

Calle Elvira

누에바 광장
Plaza Nueva

**관광
안내소**

**알람브라
궁전**

알바이신 지구의 명소들

1 산 니콜라스 전망대 Mirador San Nicolás

알바이신 지구 꼭대기에 있는 전망대이다. 남쪽에 있는 알람브라 궁전을 정면으로 바라보기 좋으며, 궁 뒤로 펼쳐진 시에라 네바다 산맥도 훤히 보인다. 해가 지면 알람브라의 멋진 야경도 즐길 수 있다. 어느 시간대든 현지인, 여행객이 많이 찾는다. 해 질 녘이 가장 아름답다.

🏠 Plaza Mirador de San Nicolás, 2-5, 18010 Granada

2 산 크리스토발 전망대 Mirador de San Cristobal

산 니콜라스 전망대보다 조금 더 북쪽에 있다. 산 니콜라스 전망대보다 덜 붐벼 여유롭게 그라나다 풍경을 감상할 수 있는 곳이다. 알람브라 궁전과 알바이신 지구를 한눈에 조망할 수 있다.

🏠 Ctra. de Murcia, 47, 18010 Granada

3 라르가 광장 Plaza Larga

알바이신 지구 중심에 있는 작은 광장이다. 주변이 레스토랑과 상점으로 둘러 싸여 있어 늘 활기가 넘친다. 주말이 되면 현지인과 여행객들이 광장 중앙에 있는 야외 테이블에 모여 여유롭게 식사를 즐긴다. 꽃과 색색 타일로 장식된 예쁜 건물을 배경으로 펼쳐지는 현지인들의 일상을 구경하기 좋다.

🏠 Plaza Larga, 18010 Granada

4 다르 알 오라 궁전 Palacio de Dar al-Horra

그라나다 이슬람 왕조의 마지막 왕이었던 보압딜무함마드 12세의 어머니 아익사Aixa가 살았던 궁전이다 알람브라 궁전의 축소판 같은 곳으로 나스르 왕조 당시에 지어졌는데, 아직도 잘 보존되어 있다.
🏠 Callejón de las Monjas, s/n, 18008 Granada
🕐 9/15~4/30 10:00~17:00
5/1~9/14 09:00~14:30, 17:00~20:30

5 아랍 하우스 Casa árabe de Horno del Oro

15세기 말에 지어진 이슬람 전통 가옥이다. 직사각형의 중정에 풀Pool이 있는 전통적인 이슬람 가옥 양식을 찾아볼 수 있다.
🏠 Calle Horno del Oro, 14, 18010 Albaicín, Granada
🕐 9/15~4/30 10:00~17:00
5/1~9/14 09:00~14:30, 17:00~20:30

6 사프라의 집 Casa de Zafra

1994년 유네스코 문화유산으로 지정된 나스르의 왕궁으로, 14세기 말에 지어졌다. 안달루시아 지방 전통 건축 양식을 살펴볼 수 있다.
🏠 Calle Portería Concepción, 8, 18010 Granada
🕐 10/15~3/14 화~토 10:00~14:00, 16:00~19:00 일 10:00~14:00
3/15~10/14 화~토 09:30~13:30, 15:00~20:00 일 09:30~13:30

7 아랍 목욕탕 El Bañuelo

11세기의 아랍 목욕탕 모습을 확인할 수 있는 곳이다. 냉탕, 온탕, 고온탕으로 쓰이던 3개의 방이 있다.
🏠 Carrera del Darro, 31, 18010 Granada
🕐 9/15~4/30 10:00~17:00
5/1~9/14 09:30~14:30, 17:00~20:30

8 로스 트리스테스 산책길 Paseo de los tristes

알람브라 궁전이 있는 사비카 언덕La sabika 아래에 위치한 로맨틱한 산책로다. 알람브라를 가까이서 한눈에 조망할 수 있다. 레스토랑과 카페, 상점들이 모여 있고 예술가들이 공연을 펼치기도 한다. 작은 다로 강Río Darro과 울창한 나무들이 아름답게 조화를 이루고 있어 더욱 멋지다.
🏠 Paseo del Padre Manjón, 3, 18010 Granada

📷 산 니콜라스 전망대 Mirador San Nicolas 미라도르 산 니콜라스

🚶 ❶ 누에바 광장에서 도보 15분850m
❷ 누에바 광장 부근의 버스 정류장 Plaza Nueva에서 C31, C32번 버스 탑승, 산 니콜라스 광장 정류장Plaza San Nicolas 하차
🏠 Plaza Mirador de San Nicolás, 2-5, 18010 Granada

알람브라 궁전의 아름다움을 한눈에 담자

알바이신 지구 남쪽의 언덕 꼭대기에 있다. 이슬람 특유의 집들과 아기자기한 꽃으로 장식된 알바이신 지구를 구경하며 전망대에 다다르면 알람브라 궁전과 그라나다의 아름다운 전경이 한눈에 들어온다. 특히 알람브라 궁전을 정면에서 감상할 수 있어 밤이고 낮이고 많은 이들이 찾는다. 사람들이 가장 많이 찾는 시간대는 해질녘이다. 전망대 바로 앞 광장에서 울려 퍼지는 거리 악사의 낭만적인 연주를 배경 음악 삼아 너 나 할 것 없이 달빛 아래에서 빛나는 알람브라 궁전을 감상한다. 근처에 레스토랑과 카페가 많아 멋진 뷰를 감상하며 식사할 수도 있다. 높은 언덕 꼭대기까지 걸어 올라가는 게 힘들면 누에바 광장 부근의 버스 정류장에서 버스 C31이나 C32번을 탑승하면 전망대 바로 아래에 내려준다.

📷 그라나다 대성당 Catedral de Granada 카테드랄 데 그라나다

🚶 ❶ 누에바 광장에서 알미레세로스 거리Calle Almireceros 경유하여 도보 3분230m ❷ 이사벨 라 카톨리카 광장에서 그란 비아 데 콜론 거리Calle Gran Vía de Colón 경유하여 도보 3분240m 🏠 Calle Gran Vía de Colón, 5, 18001 Granada
📞 +34 958 22 29 59 🕐 월~토 10:00~18:15 일 15:00~18:15 € 일반 5유로 25세 이하 학생 3.5유로(오디오 가이드 포함, 일요일 15:00~17:45 무료입장, 왕실 예배당 입장권 별도 구매) 🖥 catedraldegranada.com

화려함의 극치

가톨릭 교도들이 781년간 이슬람의 통치에서 벗어난 뒤 이슬람 사원 모스크가 있던 자리에 세운 성당이다. 카를로스 5세 국왕1500~1558, 신성로마제국의 황제이자 스페인 국왕, 이사벨 1세 여왕과 페르난도 2세의 외손자의 지시로 건축이 시작된 것은 1523년이다. 고딕 양식으로 짓기 시작했는데, 유럽을 화마처럼 휩쓸고 간 흑사병 때문에 180여 년이 흐른 1703년에야 르네상스 양식으로 완성되었다. 성당 내부에서는 무데하르 양식이슬람의 양식도 찾아볼 수 있다. 스페인은 물론 유럽에서도 규모가 큰 성당으로 손꼽힌다. 성당 내부에는 르네상스 예술의 걸작이라 할 수 있는 화려한 오르간과 황금 제단이 있으며, 신약성서 내용을 주제로 담고 있는 스테인드글라스도 찾아볼 수 있다. 예배당이 여러 개인데, 그 가운데 왕실 예배당Capilla Real에는 이슬람으로부터 그라나다를 탈환하고 스페인을 통일한 이사벨 1세 여왕1451~1504과 그녀의 남편 페르난도 2세의 유해가 안치되어 있다.

©Jose Mario Pires-Wikimedia Commons

부부 왕 이사벨과 페르난도 이곳에 잠들다

그라나다 대성당의 여러 예배당 중 하나이지만 국토 회복을 실현한 부부 왕 이사벨과 페르난도의 무덤이 있어 역
사적 의미가 있는 곳이다. 이사벨과 페르난도는 이슬람을 몰아내고 스페인 통일을 이루고 난 뒤, 자신들을 비롯한
모든 스페인의 왕들의 무덤이 들어설 곳을 만들었는데, 그곳이 지금의 왕실 예배당이다. 그 후 부부 왕의 증손자
필리페 2세가 마드리드 부근에 왕궁 에스코리알을 지었고, 아쉽게도 스페인 왕들의 묘지 역할은 에스코리알이 하
게 되었다. 더불어 왕실 예배당은 그라나다 대성당의 예배당 중 하나가 되었다. 왕실 예배당은 화려하면서도 단아
한 르네상스풍 건축물이며, 이사벨과 페르난도의 무덤은 화려하게 대리석 조각으로 장식되어 있다.

🚶 그라나다 대성당에서 동남쪽으로 도보 2~3분
🏠 Calle Oficios, s/n, 18001 Granada 📞 +34 958 22 78 48
🕐 월~토 10:15~18:30, 일 11:00~18:00(부활절 직전 금요일·12월 25일·1월 1일 휴무, 1월 2일과 10월 12일 15:00부터 개장)
€ 일반 5유로(오디오 가이드 포함), 25세 이하 학생 3.5유로, 수요일 14:30~18:30 무료 입장
≡ www.capillarealgranada.com

칼데레리아 누에바 거리 Calle Calderería Nueva 카예 칼데레리아 누에바

🏃 그라나다 대성당에서 도보 4분270m, 누에바 광장에서 도보 3분200m
🏠 Calle Calderería Nueva, 18010 Granada

그라나다에서 만나는 북아프리카 향기

누에바 광장에서 엘비라 거리Calle Elvira 를 경유하여 북서쪽으로 걷다도보 3분, 200m 우회전하면 북아프리카의 정취가 느껴지는 이국적인 거리가 나오는데, 이곳이 칼데레리아 누에바 거리이다. 시내 중심에서 유네스코 세계문화유산으로 지정된 알바이신 지구를 갈 때에도 이 길을 거쳐간다. 그라나다에서 북아프리카의 향기를 가장 잘 느낄 수 있는 거리로 좁은 길 양 옆으로 북아프리카 스타일의 옷, 장신구, 장식품, 신발, 물담배, 공예품 등을 파는 각종 상점들이 들어서 있다. 모로칸 음식을 맛볼 수 있는 카페와 레스토랑도 찾아볼 수 있다. 알바이신 지구 언덕의 멋진 집들과 계단에 북아프리카의 정취가 더해져 있어 독특한 이국적인 분위기를 만끽할 수 있다.

🍴🥤☕ 그라나다의 맛집·카페·바

🍴 로스 디아만테스 Bar los diamantes

해산물 타파스 즐기기

그라나다에서 가장 유명한 맛집으로, 해산물 타파스 성
지와도 같은 곳이다. 각종 해산물 튀김, 파에야, 조개, 새
우 등 다양한 해산물을 타파스로 즐길 수 있다. 그라나
다에서 가장 중심이 되는 누에바 광장에 있어 접근성이
좋고, 현대적이고 분위기가 깔끔하다. 로컬, 관광객, 남
녀노소를 불문하고 많은 이들이 맥주와 타파스를 즐긴
다. 서비스도 빠른 편이며 유명한 곳임에도 친절한 편
이다. 손님이 많으므로 여유롭게 앉아서 먹기보다 옆
사람과 어깨를 부딪쳐가며 먹어야 한다. 맥주를 시키
면 나오는 타파스 외에도 해산물 요리를 주문할 수 있
다. 테이블에 앉으려면 요리를 주문해야 한다. 가격은
합리적인 편이다.

🚶 누에바 광장에서 도보 1분 🏠 Plaza Nueva, 13, 18009
Granada 📞 +34 958 07 53 13 🕐 매일 12:00~18:00,
20:00~02:00 🍴 www.barlosdiamantes.com

🍴 파파스 엘비라 PAPAS ELVIRA

모로칸 '집밥'을 경험하고 싶다면

그라나다는 이슬람 문화를 경험할 수 있는 도시 중 하
나이다. 모로칸 식당과 상점이 즐비한 거리도 있어, 모
로코 음식을 어렵지 않게 접할 수 있다. 그 가운데 파파
스 엘비라는 맛있는 모로코 음식을 즐길 수 있는 곳이
다. 그라나다에 사는 스페인 친구에게 소개받은 곳인
데, 메뉴 중에 모로칸 전통 음식 파스텔라Pastela를 추
천한다. 얇은 파이 안에 고기와 야채 등 다양한 재료를
넣고 시나몬을 더해 만든 요리인데, 어디에서도 맛보지
못한 흥미로운 맛을 선사해 준다. 맛있는 야채 스튜, 키
쉬, 디저트 등도 있다. 모로칸 '집밥'의 정수를 맛보고 싶
다면 이곳을 추천한다.

🚶 ❶ 그라나다 대성당에서 알미레세로스 거리Calle Almire-
ceros 경유하여 도보 2분190m ❷ 누에바 광장에서 엘비라 거
리Calle Elvira 경유하여 도보 1분72m
🏠 Calle Elvira, 9, 18010 Granada
📞 +34 667 68 07 09 🕐 10:00~01:00

🍴 라 리비에라 Bar La Riviera

술을 주문하면 타파스가 무료!

그라나다는 술을 주문하면 타파스가 무료로 나오는 경우가 많다. 라 리비에라도 그런 곳이다. 술을 한 잔 더 주문하면 다른 타파스가 또 제공된다. 애주가들에게는 여간 좋은 일이 아닐 수 없다. 게다가 다양한 타파스 메뉴 중 원하는 것을 고를 수도 있다. 고기부터 해산물, 신선한 채소로 만든 타파스가 약 30여 개나 된다. 여러 명과 함께 가면 다양한 타파스를 맛볼 수 있어 좋다. 문어 다리 튀김과 작은 샌드위치, 꼬치 등이 인기가 많다.

🚶 그라나다 대성당과 누에바 광장에서 도보 2분200m
🏠 Calle Cetti Meriem, 7, 18010 Granada
📞 +34 58 22 79 69
🕐 12:30~24:00
€ 맥주 3유로부터

🍴 카르본 블랙 Carbon Black

강변의 멋진 레스토랑

그라나다 시내에는 작은 도랑, 다로 강Rio Darro이 흐른다. 카르본 블랙은 다로 강변에 있는 훌륭한 레스토랑이다. 그라나다 음식 물가에 비해 좀 비싼 편이지만, 타파스가 아닌 제대로 된 맛있는 식사를 할 수 있는 곳이기에 추천한다. 특히 이베리코 돼지고기와 립아이스테이크가 훌륭하다. 연어 타타키와 양갈비도 추천할 만하다. 사이드 메뉴인 구운 감자도 놓치지 말자. 촉촉하게 구워진 감자가 일품이다. 친절한 직원들의 서비스는 덤이다. 금요일이나 주말 저녁에는 예약하는 게 좋으며, 식사 후엔 로맨틱한 다로 강변을 산책하는 것도 잊지 말자.

🚶 누에바 광장Plaza Nueva에서 도보 4분290m 🏠 Calle, C. de Puente Cabrera, 9, 18009 Granada
📞 +34 958 04 91 19 🕐 월~금 13:30~17:00, 20:00~24:00 토·일 13:00~17:00, 20:00~24:00
€ 커플 코스 55유로(1인당)부터

🍽 엘 트리요 Restaurante El Trillo

멋진 뷰, 맛있는 식사

알람브라 궁전과 알바이신 지구의 멋진 뷰를 감상하며
식사할 수 있는 곳이다. 고급 요리를 합리적인 가격에
맛볼 수 있으며, 서비스도 친절하다. 알바이신 지구의
하얀 집들 사이에 있으며, 대문에 들어서 계단을 오르
면 멋진 안뜰이 나타난다. 실내는 물론 마당과 2층 테
라스에도 테이블이 있는데, 멋진 뷰를 원한다면 2층 테
라스 자리 예약을 추천한다. 요리도 나무랄 데 없이 훌
륭하다. 특히 돼지 안심솔로미요, Solomillo이 맛있다. 어
떤 요리를 주문하더라도 후회 없는 선택이 될 것이다.

🚶 산 니콜라스 전망대에서 라스 토마사 언덕길Cuesta de las
Tomasa 경유하여 도보 6분350m
🏠 Cjón. del Aljibe de Trillo, 3, 18010 Granada
📞 +34 958 22 51 82
🕐 월~일 13:30~16:00, 20:00~23:00
≡ www.restaurante-eltrillo.com

🍽 엔트레브라사스 EntreBrasas Granada

한국인도 즐겨 찾는 고기 요리 맛집

늘 사람들로 북적대는 인기 좋은 곳이다. 돼지고기, 소고기, 캥거루고기, 타조고기 등 다양한 고기 요리를 판매한
다. 국적불문하고 모든 이들에게 사랑을 받고 있으며, 한국인 여행객에게도 인기가 좋다. 맥주를 주문하면 우리 입
맛에 잘 맞는 무료 타파스가 나온다. 식당마다 타파스의 퀄리티는 천차만별인데, 이곳 타파스는 무료여도 훌륭하
다. 스테이크도 맛있어, 실패할 확률이 거의 없다. 저녁 9시 이후에는 현지인들로 가득 찬다. 좀 더 여유롭게 식사
하고 싶다면 그 이전 시간을 추천한다.

🚶 이사벨 라 카톨리카 광장Plaza Isabel La Catolica에서 도보 4분350m 🏠 Calle Navas, 27, 18009 Granada
📞 +34 697 40 73 00 🕐 월 19:30~24:00 화~토 12:30~16:30, 19:30~24:00 휴무 일요일
€ 메인 디쉬 16유로부터, 음료 2.6유로부터

🍽 라 보티예리아 La Botillería

합리적 가격, 퀄리티 있는 식사

그라나다 시내에서 조금 남쪽에 있는 맛집이다. 레스토
랑에 가까운 곳이라 바에서 서서 먹는 것에 조금 지쳤
을 때 가기 좋다. 테이블에 편하게 앉아 제대로 된 요리
를 즐길 수 있으며, 바에서 음료와 타파스만 즐길 수도
있다. 요리뿐 아니라 무료로 나오는 타파스도 훌륭하
다. 경우에 따라서는 무료 디저트가 제공되기도 하며,
합리적인 가격에 친절한 서비스, 맛있는 음식까지 나무
랄 데가 없다. 돼지 안심 구이인 솔로미요Solomillo가 이
집의 인기 메뉴이다.

🚶 이사벨 라 카톨리카 광장Plaza Isabel La Catolica에서 도보 4
분400m 🏠 Calle Varela, 10, 18009 Granada
📞 +34 958 22 49 28 🕐 12:30~24:00
€ 그릴드포크커틀릿 20유로, 솔로미요 26.5유로,
음료 1.5~3유로 ☰ www.labotilleriagranada.es

🍽 그란 카페 빕 람블라 Gran Cafe Bib Rambla

'단짠'의 조화, 100년 된 추로스 맛집

100년 역사를 자랑하는 그라나다의 추로스 맛집이다. 우리가 보통 아는 추로스보다 조금 두껍지만 속이 비어 있어 식
감이 부드럽다. 짭조름한 추로스를 핫초콜릿에 찍어 먹으면 소위 '단짠'의 조화가 그만이다. 여행객이 많이 찾는 곳이
라 로컬보다 관광지 분위기에 가깝지만, 전통 있는 맛집에서 추로스를 즐길 수 있어 좋다. 바에서 먹는 경우, 테이블에
서 먹는 경우, 야외에서 먹는 경우에 따라 가격이 달라지니 잘 확인하고 선택하자.

🚶 그라나다 대성당에서 도보 4분400m
🏠 Plaza de Bib-Rambla, 3, 18001 Granada 📞 +34 958 25 68 20
🕐 하절기 08:00~24:00 동절기 08:00~22:00 ☰ cafebibrambla.com

☕ 라 핀카 커피 La Finca Coffee

현지인들이 즐겨 찾는 로컬 카페

그라나다에서 가장 맛있는 커피를 맛볼 수 있는 곳으로
손꼽히는 카페다. 대성당 근처 작은 골목에 있어 찾기
가 쉽지 않지만, 규모가 크지 않음에도 많은 이들이 즐
겨 찾는다. '핀카'란 '농장'이라는 뜻이다. 이름에 걸맞게
자연친화적인데다 편안하고 아늑한 분위기가 흘러 기
분이 한층 좋아진다. 커피와 함께 간단한 케이크나 빵,
쿠키 등도 맛볼 수 있다. 그라나다 대성당과 가까워 여
행객이 많은 편이지만, 현지인들도 즐겨 찾아 로컬 분
위기를 느낄 수 있다. 작지만 멋진 카페에서 커피와 함
께 휴식을 취하고 싶을 때 찾아가기 좋다.

🚶 그라나다 대성당에서 도보 3분240m
🏠 Calle Colegio Catalino, 3, 18001 Granada
📞 +34 658 85 25 73
🕐 월~금 08:30~20:00 토·일 09:30~20:00

🍸 라 타나 Taberna La Tana

아기자기한 분위기에서 즐기는 스페인 와인

그라나다에서 스페인 와인을 제대로 맛보고 싶을 때 가기 좋은 와인 바이다. 원하는 와인의 느낌을 얘기하면 그라나
다의 유명한 소믈리에인 젊은 주인이 벽면을 가득 채우고 있는 수많은 와인 중에서 원하는 것을 찾아 서빙해 준다.
와인 리스트는 늘 변하는 편이며, 이 달에 추천하는 와인이 벽면에 적혀 있다. 그라나다의 여느 바가 그렇듯 이곳에
서도 와인을 주문하면 잘 어울릴 만한 타파스가 무료로 제공된다. 따로 음식을 주문할 수도 있다. 공간이 협소해 테
이블이 많지 않아 보통 바에서 마신다. 아기자기한 분위기에서 맛있는 와인을 즐기고 싶다면 라 타나를 추천한다.

🚶 이사벨 라 카톨리카 광장Plaza Isabel La Catolica에서 도보 5분400m
🏠 Placeta del Agua, 3, 18009 Granada 📞 +34 958 22 52 48
🕐 월~금 12:30~16:00, 20:30~24:00 토·일 13:00~16:00, 20:30~24:00 ≡ tabernalatana.com

PART 8

네르하 & 프리힐리아나

Nerja & Frigiliana

풍경이 그림처럼 아름답다

'유럽의 발코니'라 불리는 네르하는 스페인 남부 말라가 주의 아름다운 해안가 마을이다. 지중해의 그림 같은 풍경을 마음껏 감상하기 좋다. 두 눈 가득 지중해를 담고 있으면, 이 마을에 왜 발코니라는 별명이 붙었는지 이해하게 된다. 인구는 2만이 조금 넘는다. 그라나다에서 남쪽으로 94km, 말라가에서 동쪽으로 57km 떨어져 있다.

프리힐리아나는 네르하에 갔다면 꼭 들러봐야 할 아름다운 마을이다. 하얀 집들이 옹기종기 모여 있어 '스페인의 산토리니'라고 불리며, 무심코 찍어도 화보가 되는 포토 스폿으로 손꼽힌다. 네르하에서 서쪽으로 약 15km 거리에 있으며, 버스로 25분 안팎이면 프리힐리아나에 닿을 수 있다.

네르하 일반 정보

인구 약 2만 1천 명
기온 **봄** 12~24도 **여름** 19~31도 **가을** 12~28도 **겨울** 9~18도

℃/월	1월	2월	3월	4월	5월	6월	7월	8월	9월	10월	11월	12월
최고	16	17	19	20	24	27	30	30	27	23	19	16
최저	8	9	10	12	15	19	21	22	19	15	12	9

여행 정보 홈페이지 네르하 https://turismo.nerja.es
프리힐리아나 http://www.turismofrigiliana.es/en

관광안내소

네르하 관광안내소 Oficina de Turismo de Nerja
네르하 시청사 1층에 있다. 여행지도, 교통, 숙박, 음식점 등에 대한 정보를 얻을 수 있다. 네르하 해안의 발콘 데 에우로파에서 북서쪽으로 도보로 약 3~4분 거리이다.

©Nerja Costa del Sol

🏠 C. Carmen, 1, 29780 Nerja, Málaga
🕐 **월~금** 10:00~14:00, 17:00~20:30 **토·일** 10:00~13:30
≡ www.nerja.es/turismo/index.php

프리힐리아나 관광안내소 Oficina de Turismo de Frigiliana
17세기 건물인 엘 아페로El Apero는 복원되어 고고학 박물관, 도서관, 전시장으로 사용되고 있다. 프리힐리아나 관광안내소는 박물관 건물 1층에 있다. 프리힐리아나의 여행에 필요한 다양한 정보를 얻을 수 있다. 관광안내소는 영업 중이지만, 박물관Museo Arqueológico – Casa del Apero 은 휴업 중이다.

🏠 C. Cta. del Apero, 12, 29788 Frigiliana, Málaga
🕐 **월~금** 10:00~18:00 **토** 10:00~14:00, 16:00~20:00 **일** 10:00~14:00
(7월~9월 15일 월~토 10:00~14:30, 17:30~21:00)

네르하 가는 방법

그라나다와 말라가의 버스터미널에서 출발한 네르하 행 알사 버스는 따로 버스터미널이 있는 게 아니어서, 모두 마을 입구에 있는 버스 정류장 네르하Estación de Autobuses Nerja에 선다. 승차권은 터미널과 정류장의 매표소, 알사 버스 홈페이지www.alsa.es 등에서 구매할 수 있다.
🏠 네르하 정류장 주소 C. Antonio Jiménez, 4, 29780 Nerja, Málaga

그라나다에서 가는 방법

❶ 그라나다 버스터미널Estación de Autobuses de Granada에서 네르하 행 알사 버스 승차하여 네르하 정류장에서 하차하면 된다.

❷ 요금 9.95~11.48유로(운영시간 07:00~17:00)

❸ 소요시간 약 2시간

말라가에서 가는 방법

❶ 말라가 마리아 삼브라노 기차역Estación de Málaga María Zambrano 북쪽에 바로 있는 말라가 버스터미널Estación de Autobuses de Málaga에서 네르하 행 알사 버스 승차하여 네르하 정류장에서 하차하면 된다.

❷ 요금 4.84유로(운영시간 06:30~23:05)

❸ 소요시간 약 45분~1시간 30분

네르하, 이렇게 돌아 보세요

❶ 전망대 '발콘 데 에우로파'Balcón de Europa 찾아가기

버스 정류장 네르하에서 남쪽으로 도보 13분 거리 850m에 있다. 네르하의 중심이 되는 곳으로 전망대 주변에 레스토랑과 카페, 호텔이 모여 있어 여행하기에 편리하다.

❷ 라 토레시야 해변에서 낭만을 즐기자

전망대 '발콘 데 에우로파'Balcón de Europa에서 도보로 10분 정도 거리에 있는 라 토레시야 해변Playa De La Torrecilla도 꼭 들러보길 추천한다. 아담한 해변이라 프라이빗 한 느낌이 들어 좋다. 호젓하게 해변에 앉아 지중해 바다를 바라보며 작열하는 태양 아래에서 맥주라도 한잔 들이키면 천국이 따로 없다.

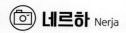

네르하 Nerja

'유럽의 발코니'라 불리는 휴양 도시

네르하는 스페인 남부의 코스타 델 솔Costa del Sol, 태양의 해안 해안가에 있다. 코스타 델 솔은 지중해를 따라 그림처럼 펼쳐져 있는 300km에 이르는 아름다운 해안선이다. 이 해안선을 따라 코스타 델 솔의 관문인 말라가를 비롯하여 많은 해안 도시가 자리하고 있는데, 그 가운데서도 네르하는 아름답기로 손꼽히는 곳이다. 말라가에서 해안을 따라 동쪽으로 약 57km 떨어져 있으며, 지중해의 아름다운 풍경을 볼 수 있어 '유럽의 발코니'라 불린다. 무어인 이슬람 교도들이 이베리아 반도를 지배했던 시절 이곳은 '풍부한 자원'이라는 뜻의 아랍어 나릭사Narixa라고 불렸는데, 시간이 흐르면서 지금은 '네르하'라 불리고 있다. 1885년 지진으로 폐허가 되었을 때 당시 스페인의 왕이었던 알폰소 12세가 위로차 이곳을 방문했다. 현재 네르하의 발코니이자 전망대로 알려져 있는 발콘 데 에우로파Balcón de Europa에 서서 탁 트인 지중해의 아름다운 전망을 보고 '이곳이 유럽의 발코니'라며 감탄했다고 전해진다. 그 후로 네르하는 '유럽의 발코니'라는 별칭을 갖게 되었다. 현재 전망대에는 알폰소 12세의 동상이 세워져 있다. 야자수가 길게 늘어서 있는 길을 따라 가파른 절벽 위의 전망대에 다다르면 끝없는 지중해의 풍경이 두 눈 가득 들어온다. 뜨거운 태양과 시원한 바람, 탁 트인 시야 덕분에 이곳이 진정 유럽의 발코니임을 온몸으로 이해하게 된다. 발콘 데 에우로파에서 서쪽으로 10분 정도 걸어가면 아름답고 프라이빗한 토레시아 해변이 나온다.

네르하 여행 지도

네르하
버스 정류장

메르카도나
Mercadona

Calle Sanmiguel
Calle Pintada
Calle Alinte. Ferrandiz

Calle Castilla Pérez

네르하
마을 박물관

Plaza de España

관광 안내소

크로녹스 카페 칼라혼다 해변

발콘 데 에우로파
Balcón de Europa

Calle Málaga

Av. Mediterraneo

페를라
마리나 호텔

무지개 계단
Rainbow Steps

라 토레시야
레스토랑

토레시야 해변
La Torrecilla

프리힐리아나 Frigiliana

스페인의 산토리니

네르하에서 버스로 약 25분 내외 거리에 있는 아름다운 고원 마을이다. 파란 하늘 아래에 새하얀 돌로 지은 집들이 옹기종기 모여있어 '스페인의 산토리니'라 불린다. 특별한 명소는 없지만 마을 자체가 워낙 아름다워 여행객들이 즐겨 찾는다. 지중해 분위기 물씬 풍기는 하얀 집과 알록달록한 대문은 무심코 찍어도 화보가 되는 여행객의 포토 스폿이다. 집집마다 꽃이 담긴 작은 화분이 걸려 있고, 상점의 간판은 하나같이 귀여운 타일 모자이크로 만들어져 있어, 보는 눈이 즐겁다.

이 예쁜 마을은 한때 무어인들의 피신처였다. 그리스도 교도들이 이베리아 반도에서 국토 회복 운동 전쟁 레콩키스타을 벌일 때 이슬람 교도들이 이곳으로 숨어들어 몸을 피했다. 훗날엔 유대인이 정착해 살았다. 이런 역사적인 배경 덕에 지금은 마을 곳곳에 다양한 문화와 종교의 흔적이 남아 있다. 매년 8월 말이 되면 세 종교, 즉 기독교·이슬람교·유대교의 융합을 기념하는 문화 축제가 4일 동안 열린다.

(Travel Tip 1)

프리힐리아나 여행법

프리힐리아나는 보통 그라나다 또는 말라가에서 네르하와 더불어 당일치기로 여행하는 경우가 많다. 이 경우, 일정이 빠듯하므로 시간 조절을 잘 해야 한다. 하루에 둘러보기에는 두 곳 모두 너무 아름답다. 시간 여유가 있다면 숙박 시설이 잘 갖추어진 네르하에서 하루 묵기를 추천한다. 네르하와 프리힐리아나에선 느낌표를 찍듯, 조금 천천히 여행하자.

Travel Tip 2

네르하에서 프리힐리아나 가는 방법

❶ **버스 타는 곳** 네르하 버스 정류장C. Antonio Jiménez, 4, 29780 Nerja, Málaga에서 버스가 간 방향으로 조금만 걸으면 프리힐리아나행 버스 정류장이 따로 있다. 이곳에서 프리힐리아나 행 버스 탑승. 프리힐리아나 중심부의 트레스 쿨투라스 광장Plaza de las Tres Culturas에서 하차.

❷ **버스 시간**

네르하 → 프리힐리아나행 버스

월~토 07:20~20:30에 1~1.5시간 간격으로 하루 약 9회 운행, 7~8월 월~토 21:30까지 운행, 일요일과 공휴일 09:30~20:50에 0.5~2.5시간 간격으로 약 7회 운행

프리힐리아나 → 네르하행 버스

월~토 07:00~21:00에 1~1.5시간 간격으로 운행, 7~8월 월~토 22:00까지 운행, 일요일과 공휴일 09:50~21:10에 0.5~2.5시간 간격으로 운행

❸ **요금** 1.2유로(기사에게 직접 내기)

❹ **소요시간** 약 25분

프리힐리아나 여행지도

라자르 섬 · Castillo de Lizar · El Torreón 엘 트레온 · 엘 하르딘 · 팔라시오 저택 · Palacio de los Condes de Frigiliana o El Ingenio · 아사도르 라 버냐 누에바 · Av. Carlos Cano · Calle Real · 빌라 프리힐리아나 호텔 · 관광 안내소

374 특별하게 스페인 포르투갈

🍽 라 토레시야 레스토랑 La Torrecilla restaurante

🚶 발콘 데 에우로파전망대에서 도보 11~12분
🏠 Playa de la Torrecilla nº 1, C. Torrecilla, 3, 29780 Nerja, Málaga
📞 +34 951 13 86 26 🕐 매일 09:00~23:00

지중해의 열정을 담다

라 토레시아 해변 바로 앞에 있는 레스토랑이다. 이탈리아에서 요리 훈련을 받은 셰프가 신선한 재료로 막깔스러운 지중해 요리를 선보인다. 새하얀 건물과 탁 트인 테라스, 조명등이 스페인 남부 느낌을 물씬 풍기며, 지중해의 로망을 완벽하게 실현해준다. 테라스 자리에 앉으면 지중해가 눈앞에 그림처럼 펼쳐진다. 지중해를 바라보며 가만히 앉아 있으면 너무 행복해 입꼬리가 저절로 올라간다. 음식도 푸짐하고 맛이 좋으며, 직원들도 친절하다. 각종 해산물로 만든 파에야, 샐러드, 파스타, 생선요리, 고기 요리 등 메뉴가 다양하다. 네르하를 방문한다면 꼭 가보시길.

크로녹스 카페 & 크로녹스 프라자 Kronox Café & Kronox Plaza

잠시 쉬어가기 좋은 카페

네르하의 전망대이자 발코니인 발콘 데 에우로파Balcón de Europa로 가는 긴 길 끝에 있는 카페다. 샐러드, 샌드위치, 타파스, 감자튀김, 닭튀김 등 간단하게 식사를 즐길 수 있다. 지나가는 사람들, 네르하의 풍경과 지중해를 감상하기에 참 좋은 곳이다. 맥주나 칵테일, 커피를 마시며 잠깐 휴식을 취하기에도 안성맞춤이다. 아침 8시부터 새벽 2시까지 논스톱으로 영업을 하기에 언제든 들러 배를 채우고 휴식을 취할 수 있다. 아무래도 관광지 중심에 있다 보니 가격이 조금 비싼 편이다. 음식 맛은 보통 수준이다. 🚶 발콘 데 에우로파에서 도보 3분 🏠 Plaza Balcón de Europa, 5, 29780 Nerja, Málaga 📞 +34 696 69 11 05 🕐 매일 08:00~02:00

 ## 아사도르 라 비냐 누에바 Asador la viña nueva

다양한 메뉴, 정성스러운 식사

프리힐리아나에 가면 하얀 집들이 내려다보이는 멋진 전망의 레스토랑에서 식사하는 것도 즐겁지만, 로컬들을 위한 식당처럼 소박한 곳에서의 식사 경험도 종종 즐거움을 안겨준다. 아사도르 라 비냐 누에바는 화려하진 않지만 정성스럽게 준비한 요리를 선보이며, 한국인들의 입맛에는 딱이다. 스페인에서 즐겨 먹을 수 있는 이베리코 스테이크, 대구 요리, 감바스 등 메뉴도 다양하다. 물론 맛도 좋고, 가격도 합리적이다.

🏠 Av. Carlos Cano, 4, 29788 Frigiliana, Málaga
📞 +34 644 45 50 39
🕐 화·일 12:00~17:00,
수~토 12:00~23:00(월요일 휴무)
€ 10~20유로

©Asador la vina nueva

©Asador la vina nueva

엘 하르딘 Restaurante El Jardín 레스타우란테 엘 하르딘

🏃 버스 정류장에서 도보 15분
🏠 Calle Santo Cristo, s/n, 29788 Frigiliana, Málaga
📞 952 53 31 85 🕐 **화~일** 12:30~15:30, 19:00~22:30
€ 메인 메뉴 13~28유로
≡ thegardenfrigiliana.com

매혹적인, 너무나 매혹적인

'정원'The Garden Restaurant이라는 이름을 가진 레스토
랑으로 프리힐리아나에 있지만, 지중해 분위기가 물씬
풍긴다. 나무 파라솔과 야자수가 어우러진 테라스가 특
히 아름답다. 프리힐리아나의 멋진 전경을 조망할 수
있는 최적의 위치에 자리를 잡고 있다. 비밀의 정원에
들어가듯 골목을 따라 구석구석 돌아 올라가다 보면
예쁜 식당 입구가 나오고, 로맨틱한 테라스가 펼쳐진
다. 식사는 햄버거부터 소고기, 돼지고기, 치킨, 생선 등
취향에 맞게 고를 수 있도록 다양하게 준비되어 있으
며, 특히 이베리안 돼지고기 요리가 인기가 많다. 식사
를 하지 않더라도 커피 혹은 맥주 한 잔을 마시며 잠시
쉬어갈 수 있다. 멋진 풍경이 오래 기억에 남을 것이다.

PART 9

말라가
Málaga

스페인 •바르셀로나
포르투갈 •마드리드
•말라가

피카소의 고향, 유럽인들이 로망하는 휴양지

말라가는 스페인 남부의 항구 도시로 지중해와 맞닿아 있다. 인
구는 약 57만 명이다. 유럽인들이 가고 싶어하는 휴양지로 도시,
바다, 날씨가 모두 아름답다. 사계절 온화한 지중해성 기후와 아
름다운 해안선 등 여러 면에서 나폴리에 비유된다.

말라가는 유서 깊은 도시이기도 하다. BC 12세기 페니키아인
들에 의해 처음 도시가 만들어졌으며, 이후 로마의 지배를 받
기도 했다. 711년부터는 무어인들이슬람의 지배를 받으면서 발전
하기 시작하여 안달루시아 지방의 중요한 도시가 되었다. 1487
년 가톨릭 세력이 말라가를 차지했다. 말라가의 피카소 미술관
에 가면 페니키아와 로마 시대의 유적을 찾아볼 수 있다. 부에나
비스타 궁전을 미술관으로 개조하는 공사를 할 때 발견되었다.

말라가는 피카소의 고향이다. 10대 중반, 바르셀로나로 미술 유
학을 떠나기 전까지, 화가이자 미술 교사였던 아버지의 영향을
받으며 그는 말라가에서 화가의 꿈을 키웠다. 말라가 피카소 미
술관은 프랑스, 스페인, 미국, 일본 등에 있는 피카소 미술관 8개
가운데 하나이다. 피카소의 고향에 들어선 미술관이라 그 의미
가 크다. 아름다운 해변에서 지중해를 만끽하고 천재 화가의 예
술 세계도 체험해보자

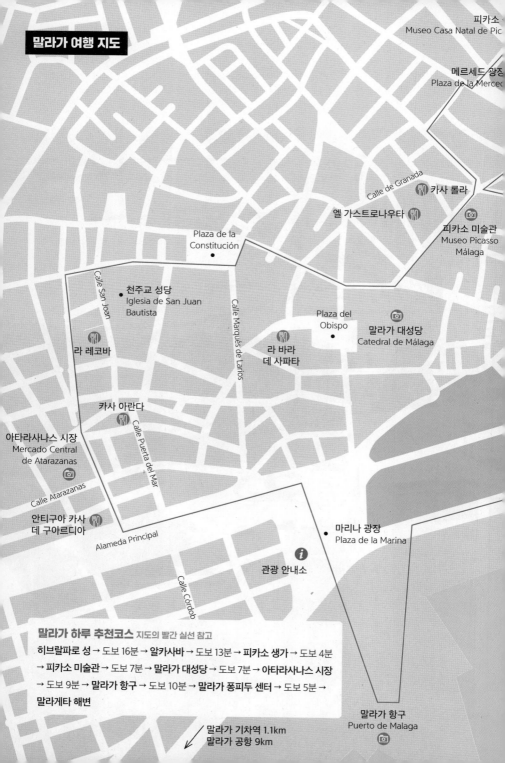

말라가 여행 지도

피카소
Museo Casa Natal de Pic

메르세드 광장
Plaza de la Merced

카사 롤라
Calle de Granada

엘 가스트로나우타

피카소 미술관
Museo Picasso
Málaga

Plaza de la
Constitución

천주교 성당
Iglesia de San Juan
Bautista

Calle San Joan

Plaza del
Obispo

말라가 대성당
Catedral de Málaga

라 바라
데 사파타

Calle Marqués de Larios

라 레코바

카사 아란다

Calle Puerta del Mar

아타라사나스 시장
Mercado Central
de Atarazanas

Calle Atarazanas

안티구아 카사
데 구아르디아

Alameda Principal

마리나 광장
Plaza de la Marina

관광 안내소

Calle Córdob

말라가 하루 추천코스 지도의 빨간 실선 참고

히브랄파로 성 → 도보 16분 → 알카사바 → 도보 13분 → 피카소 생가 → 도보 4분
→ 피카소 미술관 → 도보 7분 → 말라가 대성당 → 도보 7분 → 아타라사나스 시장
→ 도보 9분 → 말라가 항구 → 도보 10분 → 말라가 퐁피두 센터 → 도보 5분 →
말라게타 해변

말라가 기차역 1.1km
말라가 공항 9km

말라가 항구
Puerto de Malaga

출발

히브랄파로 성
Castillo de Gibralfaro

알카사바
Alcazaba

Paseo del Parque

말라가 공원
Parque de Málaga

말라가 퐁피두 센터
Centre Pompidou Málaga

엘 메렌데로

말라게타 해변
Playa de la Malagueta

도착

말라가 일반 정보

인구 약 57만 명

기온 봄 11~24℃ 여름 18~31℃ 가을 11~28℃ 겨울 8~17℃

℃/월	1월	2월	3월	4월	5월	6월	7월	8월	9월	10월	11월	12월
최고	16	17	19	21	24	28	30	30	28	24	19	17
최저	8	8	10	11	14	18	21	21	19	15	11	9

대표 축제 플라멩코 축제(9월, 홀수 해)

여행 정보 홈페이지 www.malagaturismo.com

관광안내소

마리나 광장 관광안내소

말라가 대성당에서 남쪽으로 도보 5분 거리의 마리나 광장에 있는 관광안내소이다. 기념품도 판매하고 여행 정보도 제공한다. 알카사바 앞에는 관광안내소 간이 부스월~토 10:00~14:00, 16:00~18:00(일 10:00~14:00)가 있으니 참고하자.

🏠 Pl. de la Marina, 11, 29001 Málaga 📞 +34 951 92 60 20

🕐 매일 09:00~18:00 ≡ www.malagaturismo.com/

말라가 가는 방법

1 비행기로 가기

휴양 도시라서 스페인과 유럽 도시들과 연결되는 항공편이 다양하다. 마드리드에서 1시간 10분, 바르셀로나에서 1시간 30분이 소요되며, 파리에서 2시간 30분, 런던에서 2시간 50분이 소요된다. 저비용 항공사인 부엘링 항공www.vueling.com에서는 바르셀로나에서 말라가 간 직항 항공편을 하루 5회, 마드리드에서 말라가 간 직항 항공편을 하루 2회 운항하고 있다. 그 밖의 저비용 항공사로 이지젯Easyjet www.easyjet.com, 트란사비아Transavia www.transavia.com/en-EU/home/ 등이 있다. 스카이스캐너 www.skyscanner.co.kr를 통해 항공권 가격을 비교하여 구매할 수 있다. 말라가 공항은 시내에서 약 10km 거리에 있다. 공항의 공식 이름은 말라가-코스타델솔 공항Aeropuerto de Málaga - Costa del Sol이다. 터미널 0층한국식 1층에 관광안내소가 있고, 1층한국식 2층에 택스 리펀 키오스크 디바DIVA가 있다. 스페인은 쇼핑 최소 구매 금액 제한 없이 부가세를 21%까지 환급받을 수 있다.

말라가 코스타 델 솔 공항 https://www.aena.es/es/malaga-costa-del-sol.html

2 기차로 가기

마드리드에서 말라가까지 초고속 열차AVE로 2시간 40분, 바르셀로나에서는 초고속 열차AVE로 5시간 50분, 세비야에서는 일반 열차로 2시간 정도 소요된다. 말라가 기차역의 이름은 마리아 삼브라노Estación de Malaga-Maria Zambrano

로, 시내 중심에서 남서쪽으로 약 1.7km 떨어져 있다. 기차역 동쪽의 버스 정류장 Av. Explanada de la Estación – Estación FFCC에서 C2번이나 20번 버스에 승차하면 아라메다 프린시팔 거리Alameda Principal까지 11~12분 정도 걸린다.

스페인 철도 홈페이지 http://www.renfe.com

인터넷 예매 ❶ http://www.raileurope.co.kr ❷ https://renfe.spainrail.com

3 버스로 가기

안달루시아 지방의 여러 도시와 연결되는 버스 노선이 있다. 네르하와 그라나다에서는 1시간 30분, 론다에서는 2시간, 세비야에서는 2시간 45분이 소요된다. 말라가 버스터미널Estación de autobuses de Malaga은 마리아 삼브라노 기차역 바로 옆북쪽에 있다. 터미널 바로 북쪽의 버스 정류장 Paseo de los Tilos – Plaza de la Solidaridad에서 4번과 19번 버스에 탑승하면 아라메다 프린시팔 거리까지 10분 정도 걸린다.

인터넷 예매 ❶ http://www.alsa.es ❷ https://www.autobusing.com

Travel Tip 1

공항에서 시내 들어가기

말라가 공항에서 시내로 들어갈 때는 공항버스, 공항 철도, 택시를 이용하면 된다.

❶ **공항버스 A** Express Airport A 터미널에서 공항 밖으로 나가면 가까운 곳에 공항버스 정류장이 있다. 공항 버스 A에 승차하여 말라가 항구 부근의 파르케 거리Paseo del Parque 또는 아라메다 프린시팔 거리Alameda Principal에서 하차하면 된다. 약 20분 소요되며, 요금은 4유로다. 버스에서 기사에게 티켓 요금을 지불하면 된다. 시내행 운행 시간은 07:00~24:00이다. 30~40분 간격으로 운행된다.

❷ **공항 철도 세르카니아스** Cercanias

흔히 렌페Renfe라고 알려진 열차이다. 터미널에서 이정표를 따라가면 타는 곳이 나온다. 기차역이나 버스터미널에 가려면 마리아 삼브라노역Maria Zambrano에서 하차하면 되고, 시내 중심에 가려면 센트로 아라메다역Centro Alameda에서 내리면 된다. 센트로 아라메다까지 약 12분 소요된다. 시내 행 운행 시간은 06:44~00:54이다. 20~30분 간격으로 운행된다. 요금은 1.8유로1회권이다.

❸ **택시**

가장 편하지만, 비용이 많이 든다. 공항에서 택시에 타면 최소 요금, 공항 출입비 등이 추가되며, 시내까지 20~30유로 정도 나온다. 공항에서 택시 이정표가 있는 곳으로 가면 택시를 탈 수 있다.

Travel Tip 2

말라가에서 택시 잡기 말라가에서 택시를 잡으려면 정해진 택시 정류소에 가야 한다. 시내에는 아라메다 프린시팔 거리Alameda Principal의 버거킹 앞에 택시 정류소가 있다.

말라가 시내 교통 정보

말라가 중심에서는 도보로 이동하는 게 편리하다. 지하철이 있긴 하지만 여행지와는 연결되지 않는다. 버스터미널과 기차역에서 시내 중심으로 이동할 때에는 버스를 이용하는 게 좋다. 말라가 버스터미널에서는 4번과 19번을, 말라가 마리아 삼브라노 기차역에서는 C2번과 20번을 탑승하면 시내 중심부인 알라메다 프린시팔 거리에 갈 수 있다. 히브랄파로 성이나 알카사바에 갈 때는 35번 버스를 이용하는 게 편리하다. 시내버스는 대부분 알라메다 프린시팔Alameda Principal 거리에서 승하차할 수 있다. 버스 요금 1회권은 1.4유로이다. 1회권은 기사에게 직접 구매할 수 있는데, 이때 10유로보다 큰 금액의 지폐는 사용하지 않는 것이 좋다. 충전식 교통카드 타르헤타 트란스보르도 Tarjeta Transbordo도 있는데, 4.2유로에 카드를 구매하여 8.4유로를 충전해 10회 이용할 수 있다. 충전한 날로부터 1년간 유효하다. 1회 이용 시 1시간 이내에 다른 노선으로 무료 버스 환승이 가능하며, 여러 명이 함께 사용할 수도 있다. 충전식 교통카드는 시내 곳곳에 있는 신문 가판대 키오스크나 담배 가게Tobacco에서 구매와 충전을 할 수 있다.
말라가 시내버스 www.emtmalaga.es

말라가 여행 버킷 리스트

1 말라가의 멋진 뷰 즐기기

#말라가 대성당 #알카사바 #히브랄파로 성

아름다운 도시 풍경을 한눈에 조망할 만한 곳이 꽤 많다. 말라가 대성당 돔에 오르면 시내 전경은 물론 하브랄파로 성과 지중해까지 한눈에 담을 수 있다. 알카사바도 말라가 시내 모습을 조망하기 좋은 곳이다. 히브랄파로 성은 말라가에서 가장 멋진 뷰를 선사하는 곳이다. 지중해와 어우러진 말라가 시내 전경을 바라보며 근사한 말라가 여행의 추억을 남길 수 있다.

2 피카소 만나기

#피카소 미술관 #피카소 생가

피카소는 10대 중반까지 말라가에서 살았다. 피카소 미술관에서는 유화·드로잉·판화·조각 등 다양한 피카소의 작품을 만나볼 수 있다. 미술관에서 200m만 가면 그의 생가가 나온다. 그의 작품과 가족들이 사용했던 물건이 전시되어 있다. 피카소 미술관에서 남서쪽으로 도보 10분 거리800m에는 피카소가 즐겨 찾았던 와인 바 안티구아 카사 데 구아르디아가 있다. 무려 180년의 역사를 자랑하는 곳이다.

3 지중해 즐기기

#말라가 항구 #말라게타 해변 #엘 발네아리오
#엘 메렌데로

말라가는 유럽 사람들이 휴가를 보내고 싶은 곳 1위로 꼽히는 휴양지이다. 말라가 항구와 말라게타 해변에서 푸른 하늘이 펼쳐진 지중해를 만끽하자. 지중해의 멋진 뷰를 보여주는 말라게타 해변의 레스토랑 엘 메렌데로와 엘 발네아리오에서의 근사한 식사도 잊지 말자.

작가가 추천하는 일정별 최적 코스

	09:30	피카소 생가 및 메르세드 광장
	11:00	피카소 미술관
	13:00	말라가 해변 및 항구
	13:30	해변에서 점심 식사
1일	15:00	말라가 대성당
	16:00	알카사바
	17:00	히브랄파로 성
	19:30	저녁 식사
	21:00	시내 구경

	09:00	네르하 및 프리힐리아나 당일치기
2일	20:00	말라가로 복귀
	20:30	저녁 식사

말라가 대성당 Catedral de Málaga 카테드랄 데 말라가

🚶 피카소 미술관에서 산 아구스틴 거리Calle San Agustín 경유하여 도보 4분290m
🏠 Calle Molina Lario, 9, 29015 Málaga 📞 +34 952 22 03 45
🕐 성당 월~금 10:00~19:00 토·공휴일 전날 10:00~18:00 일·공휴일 14:00~18:00
지붕 월~토 11:00 12:00 13:00 14:00 16:00 17:00 18:00 일 16:00 17:00 18:00
€ 일반 성당 8유로 지붕 8유로 성당+지붕 12유로 학생(18~25세) 성당 6유로 지붕 6유로 성당+지붕 9유로
무료입장 월~토 08:30~09:00 일 08:30~09:30
≡ malagacatedral.com

아름다운 르네상스 건축

말라가 중심부에 있는 웅장한 성당으로, 안달루시아 지역에서 가장 훌륭한 르
네상스 양식 건축물로 평가 받고 있다. 노란 오렌지가 달린 앙증맞은 오렌지 나
무가 성당 입구를 장식하고 있어 눈길을 끈다. 모스크이슬람 사원가 있던 자리
에 1528년부터 성당을 짓기 시작하여 여러 건축가의 손을 거쳐 1782년에 완공
되었다. 처음엔 남쪽과 북쪽에 두 개의 종탑을 만드는 것으로 설계하였으나, 공
사에 너무 많은 시간을 들인데다 자금마저 부족해져, 결국 북쪽에 높이 84m의
종탑만 세우게 되었다. 그래서 하나의 팔을 가진 여인이라는 뜻의 '라 만키타'La
Manquita라는 별칭이 붙었다. 성당 내부는 르네상스 양식과 바로크 양식이 조화
를 이루고 있으며, 많은 예술 작품으로 꾸며져 있다. 돔에 올라가면 말라가 시
내 전경과 히브랄파로 성, 말라가 항구와 지중해까지 한눈에 감상할 수 있다.

피카소 미술관 Museo Picasso Málaga 무세오 피카소 말라가

🏃 ❶ 알카사바에서 알카사비야 거리Calle Alcazabilla 경유하여 도보 3분200m
❷ 피카소 생가에서 그라나다 거리Calle Granada 경유하여 도보 4분350m
🏠 Palacio de Buenavista, Calle San Agustín, 8, 29015 Málaga 📞 +34 952 12 76 00
🕐 11~2월 10:00~18:00 3~6월· 9~10월 10:00~19:00 7·8월 10:00~20:00 12월 24일·12월 31일·1월 5일 10:00~15:00
휴무 12월 25일, 1월 1일, 1월 6일 € 일반 9.5유로, 25세 이하 학생 7.5유로(오디오 가이드 포함) 무료입장 2월 28일, 5월 18일,
9월 27일, 매주 일요일 폐관 2시간 전 🌐 www.museopicassomalaga.org

말라가의 상징

화가가 자신의 이름이 담긴 미술관을 갖는다는 것은 굉장히 영광스러운 일일 것이다. 그런 면에서 피카소1881~1973
는 참으로 부러운 예술가이다. 피카소의 이름을 사용하는 미술관이 프랑스, 스페인 등 전 세계에 여덟 군데나 있으
니 말이다. 그중 말라가의 피카소 미술관은 작품의 수가 많거나 규모가 크지는 않지만, 피카소의 고향에 있는 미술
관이라 더욱 의미가 깊다. 피카소는 말라가에서 태어나 10대 중반까지 고향에서 살았다. 미술관은 피카소의 며느
리와 손자가 기증한, 1901년부터 1972년 사이의 피카소 작품 155점을 소장하고 있다.

말라가에 피카소 미술관을 세우자는 제안은 피카소 생전부터 있었다. 그러나 스페인 내전 당시 나치가 게르니카를
폭격한 사건을 담은 <게르니카>마드리드의 국립 소피아 왕비 예술센터 소장 때문에 우파인 프랑코파에게 정적政敵으로 취
급을 받아 이루어지지 않았다. 피카소 사망 후인 1992년 피카소의 며느리 크리스티네 루이스 피카소에 의해 다시
미술관 건립이 추진되었고, 2003년 마침내 피카소 미술관이 문을 열었다. 유화, 드로잉, 도자기, 판화, 조각 등 다
양한 피카소의 작품을 감상할 수 있다.

미술관은 16세기에 지어진 아름다운 대저택 부에나비스타 궁전Buenavista Palacio을 리모델링하여 사용하고 있다.
중앙에 작은 중정이 있는 2층짜리 건물이다. 자연 채광이 가능하도록 대대적인 내부 공사를 통해 개조되었다. 미
술관은 이제 지중해와 더불어 말라가의 상징이 되었다. 일요일엔 폐관 2시간 전부터 무료입장이다. 전시실 사진
촬영은 불가하다.

피카소 생가 & 메르세드 광장
Museo Casa Natal de Picasso & Plaza de la Merced

🚶 피카소 미술관에서 그라나다 거리Calle Granada 경유하여 도보 4분350m 🏠 Plaza de la Merced, 15, 29012 Málaga 📞 +34 951 92 60 60 🕐 매일 09:30~20:00(12월 24·31일 09:30~15:00) 휴무 1월 1일, 12월 25일 € 일반 생가박물관 3유로 임시전시회 3유로 생가박물관+임시전시회 통합권 4유로 26세 이하 학생 생가박물관 2유로 임시전시회 2유로 생가박물관+임시전시회 통합권 2.5유로 무료입장 일요일 오후 4시 이후 🌐 fundacionpicasso.malaga.eu

유년기의 피카소를 만나다

천재 화가의 고향이지만, 피카소가 파리에서 예술의 꽃을 피운 까닭에 이 도시가 피카소의 고향이라는 사실을 아는 이는 많지 않다. 피카소는 1881년 10월 말라가에서 태어났다. 바르셀로나로 유학을 떠나기 전인 10대 중반까지 화가이자 미술 교사였던 아버지의 예술적 영향을 받으며 이곳에서 살았다. 피카소가 태어난 집은 현재 박물관으로 운영되고 있다. 두 층의 전시관으로 이루어져 있는데, 피카소의 작품을 비롯해 피카소 가족에 관한 기록, 실제 가족이 사용했던 물건, 피카소의 미술 교육, 피카소 그림 속의 비둘기·지중해·황소 등을 주제로 한 그의 작품 세계를 보여준다. 메르세드는 피카소 생가 바로 남쪽에 있는 광장이다. 중앙에 오벨리스크가 세워져 있고, 광장 한쪽에는 벤치에 앉아 있는 피카소 동상도 있다. 5월엔 광장의 자카란다 나무에서 보랏빛 꽃이 흐드러지게 핀다. 그 모습이 황홀하다. 광장 주변은 식당과 카페가 많아 광장을 바라보며 여유롭게 식사하기 좋다.

아타라사나스 시장
Mercado Central de Atarazanas 메르카도 센트랄 데 아타라사나스

🚶 피카소 미술관에서 몰리나 라리오 거리Calle Molina Lario 경유하여 도보 10분800m
🏠 Calle Atarazanas, 10, 29005 Málaga 📞 +34 951 92 60 10 🕐 월~토 08:00~15:00

말라가의 부엌

시내 서남쪽에 있는 아타라사나스 시장은 과일·채소·육류·해산물 등 다양한 식재료를 판매한다. 하몽, 초리조스페인식 소시지, 올리브, 향신료 등도 찾아볼 수 있다. 시내 중심에 자리하고 있지만 가격이 합리적인 편이며, 시식을 해볼 수도 있다. 해산물 타파스와 파에야를 맛볼 수 있는 타파스 바 '바르 메르카도 아타라사나스'Bar Mercado Atarazanas도 있어 여행하다 출출함을 달래기도 좋다. 말라가의 일상으로 더 들어간 곳에서 즐기는 식사는 여행의 즐거움을 더해준다. 이 타파스 바는 아침 8시부터 오후 4시까지 운영한다.

시장 건물은 14세기 나스르 왕조이베리아 반도 최후의 이슬람 왕조 당시 선박 공장이었던 곳이다. 이후 창고, 무기 저장고, 군병원, 막사 등으로 사용되다가 19세기 중반 이후 시장으로 바뀌었다. 2008년부터 2년간 대규모 공사를 통해 예전의 모습을 많이 되찾았다. 어느 시장 못지 않게 단정하고 깔끔해 더 좋다.

📷 알카사바 Alcazaba

🚶 피카소 미술관에서 라 후데리아 광장Plaza de la Juderia 경유하여 도보 3분200m 🏠 Calle Alcazabilla, 2, 29012 Málaga
📞 +34 630 93 29 87 🕐 4월~10월 09:00~20:00 11월~3월 09:00~18:00 € 알카사바 일반 3.5유로 학생1.5유로 알카사바
+히브랄파로 성 통합권 일반 5.5유로 학생 2.5유로 무료입장 일요일 오후 2시 이후 🖥 https://www.alcazabamalaga.com

말라가를 한눈에

알카사바는 아랍어로 성채 혹은 요새라는 뜻이다. 한때 이슬람이 지배했던 스페인 남부 안달루시아 지역에는 도시
마다 요새가 있다. 말라가의 알카사바는 이슬람 군사 건축물의 전형으로 스페인에서 가장 잘 보존된 요새로 꼽힌
다. 11세기 중반1057~1063 그라나다 왕국8세기 초부터 이슬람의 통치를 받으며 전성기를 누린 왕국의 술탄 바이스의 명으로 지
어졌다. 미로와 같은 성 안으로 들어가면 연못, 분수 등이 있는 전형적인 이슬람 정원과 궁전의 일부를 감상할 수
있다. 규모는 작지만 알람브라 궁전처럼 아름답다. 언덕 위에 자리하고 있어 말라가 항구와 시내가 한눈에 들어온
다. 요새로서의 기능을 갖고 있었기에 현재는 말라가를 한 눈에 조망할 수 있는 전망대 역할을 톡톡히 하고 있다.
바로 앞에는 2천여 년의 역사를 가진 로마 원형 극장이 잘 보존돼 있다. 로마 원형 극장과 알카사바의 입구는 다르
다. 로마 원형 극장은 상시 무료로 입장할 수 있다. 알카사바 위쪽에 자리하고 있는 히브랄파로 성 입장권과 통합
권을 사면 좀 더 저렴하게 알카사바를 관람할 수 있다. 히브랄파로 성은 알카사바에서 도보 20분 정도 소요된다.

히브랄파로 성 Castillo de Gibralfaro 카스티요 데 히브랄파로

🚶 ❶ 알카사바에서 도보 20분1.2km ❷ 파르케 거리의 파세오 델 파르케 정류장Paseo del Parque – Ayuntamiento(알카사바에서 도보 5분, 400m)에서 35번 버스 승차하여 히브랄파로 성 입구Camino de Gibralfaro 하차 🏠 Camino Gibralfaro, 11, 29016 Málaga
📞 +34 952 22 72 30 🕐 4월~10월 09:00~20:00 11월~3월 09:00~18:00 € 히브랄파로 성 일반 3.5유로 학생 1.5유로 알카사바+히브랄파로 성 통합권 일반 5.5유로 학생 2.5유로 무료입장 일요일 오후 2시 이후 🚌 alcazabaygibralfaro.malaga.eu

말라가에서 가장 멋진 뷰

히브랄파로 성은 131m 높이 산 정상에 있다. 알카사바 뒤편에 14세기에 지어진 요새로, 이슬람의 왕 유스프 1세에 의해 지어졌다. 성 이름은 이 산 위에 있던 등대에서 유래했다. 등대 덕에 산은 '빛의 산'이라는 이름을 얻었는데, 페니키아어로 빛의 산이 'Jbel-Faro'이다.

성은 1487년 카스티야Castilla, 스페인 중부 지역에 있던 왕국의 여왕 이사벨 1세가 국토 회복 운동을 통해 이 요새를 점령하면서 가톨릭 세력에게 넘어갔다. 이사벨 1세의 남편인 아라곤의 왕 페르난도 2세는 한 때 이곳을 임시 거처로 삼기도 했다. 현재는 말라가에서 가장 멋진 뷰를 보여주는 전망대 역할을 하고 있다. 항구와 지중해, 말라가 시내를 한 눈에 담을 수 있어 많은 여행객이 찾는다. 알카사바와 통합 티켓을 구매하면 더 저렴하게 방문할 수 있으며, 일요일 오후 2시부터는 알카사바, 히브랄파로 성 모두 입장료가 무료이다. 알카사바에서 히브랄파로 성까지는 도보로 약 20분 정도 걸린다. 도보가 어려운 경우 파르케 거리의 버스 정류장에서 35번 버스를 타면 성 입구까지 갈 수 있다.

말라가 항구와 말라게타 해변 Puerto de Malaga & Playa de la Malagueta

지중해와 태양을 품다

말라가는 지중해 따라 펼쳐진 30km에 이르는 아름다운 해안선 코스타 델 솔Costa del Sol의 관문이다. 언제나 유럽인들이 가고 싶어하는 최고의 휴양지 1순위로 꼽힌다. 그 중에서도 지중해와 푸른 하늘, 따뜻한 태양을 품은 말라게타 해변이 최고로 꼽힌다. 해변은 도보로 이동할 수 있을 만큼 도심에서도 가깝다.

해변에 이르기 전 야자수가 길게 늘어서 있고, 요트가 정박해 있는 풍경을 만나게 되는데, 이곳이 말라가 항구이다. 야자수 옆으로는 상점과 레스토랑, 카페가 줄지어 들어서 있어 벌써 마음이 들뜨며 휴양지에 들어선 기분이 든다. 이곳에서 지중해를 바라보며 커피 한잔의 여유를 즐기고 있노라면 세상 부러울 것이 없다. 해질녘 노을이라도 지면, 뭔가를 할 필요도 없이 그저 여유롭게 그 풍경을 즐겨주기만 하면 된다. 항구 바로 옆이 폭 45m에 길이 120m에 이르는 아름다운 해변 말라게타이다. 평일에는 한적한 지중해 분위기를 즐길 수 있고, 주말에는 활기가 넘쳐 말라가의 대표적인 명소로 꼽힌다. 모래 사장에 'Malagueta'라고 새겨진 커다란 조형물이 있는데, 이곳은 여행자들이 사랑하는 포토 스폿이다.

🚶 말라가 항구 말라가 대성당에서 N-340 거리 경유하여 도보 15분
말라게타 해변 알카사바에서 N-340 거리 경유하여 도보 15분

말라가 퐁피두 센터 Centre Pompidou Málaga 센트레 퐁피두 말라가

파리 퐁피두 센터 분관

말라가 항구 옆에 있는 미술관으로, 알록달록한 큐브 모양 건물이 눈길을 끈다. 파리의 대표적인 현대 미술관 퐁피두 센터 때문에 익숙한 느낌을 주는 데, 퐁피두의 말라가 분관이다. 퐁피두 센터는 세계 곳곳에 분관을 운영한다는 계획을 밝혔다. 그 후 첫 분관인 말라가 퐁피두 센터가 2015년 3월 문을 열었다. 2019년엔 중국에 퐁피두 상하이가 개관하였으며, 2025년 서울의 63빌딩에도 분관을 오픈할 예정이다. 그밖에 멕시코와 브라질에도 분관을 낼 계획을 가지고 있다. 말라가 퐁피두 센터에서는 주로 20~21세기의 회화, 조각, 설치, 영상 등 다양한 분야의 작품을 만날 수 있다. 프리다칼로, 피카소, 샤갈, 호안 미로 등 거장의 작품도 소장하고 있으며, 정기적으로 기획전을 열기도 한다. 말라게타 해변과 가까워 지중해를 만끽하다가 들러 특별한 추억을 만들기 좋다.

🚶 말라게타 해변에서 도보 5분 🏠 Pasaje del Doctor Carrillo Casaux, s/n, 29016 Málaga
🕐 수~월 09:30~20:00 휴관 매주 화요일, 1월 1일, 12월 25일 € 상설전 **일반** 7유로 **26세 이하 학생** 4유로
기획전 **일반** 4유로 **26세 이하 학생** 2.5유로 상설+기획 **일반** 9유로 **26세 이하 학생** 5.5유로(매주 일요일 오후 4시 이후 무료
입장, 18세 미만 무료) ≡ centrepompidou-malaga.eu

🍴 엘 가스트로나우타 El Gastronauta

음식, 가격, 서비스 모두 만족

피카소 미술관에서 멀지 않은 조용한 골목에 있는 매력
적인 식당이다. 말라가의 중심지에 있지만 조용해서 여
유롭게 식사하기 좋다. 파란색과 하얀색으로 꾸며진 가
게는 지중해를 연상케 한다. 자유로운 분위기가 느껴지
는 내부로 들어서면 밝고 친절한 직원들이 반가이 맞아
준다. 영어 메뉴판이 있어 메뉴 고르기도 수월하다. 메
뉴는 타파스부터 샐러드, 파에야, 스테이크, 해산물 요
리까지 아주 다양하다. 어떤 메뉴를 선택하더라도 가격
대비 훌륭한 음식을 맛볼 수 있다. 음식, 가격, 서비스 어
느 것 하나 부족한 것 없는 숨은 보석 같은 음식점이다.

🚶 피카소 미술관에서 도보 2분140m
🏠 C. Echegaray, 3, local 2, 29015 Málaga
📞 +34 951 77 80 69
🕐 목~월 12:30~16:30, 19:30~24:00 휴무 화·수요일
€ **타파스** 3~4유로 **파에야** 13유로 **샐러드** 9.5유로부터

🍴 카사 롤라 Casa Lola

다양한 맛의 핀초 즐기기

식당과 상점으로 늘 붐비는 그라나다 거리Calle Granada에 있는 훌륭한 타파스 식당이다. 피카소 미술관에서 멀지
않으며, 낮 12시 반부터 자정까지 논스톱으로 운영된다. 작은 바게트 위에 각종 재료와 소스를 얹어 작은 꼬챙이로
고정시킨 핀초Pincho가 유명하다. 빵 위에 올라가는 재료가 다양하므로 영어 메뉴판을 보고 입맛에 맞는 것을 고
르면 된다. 블랙 푸딩Black pudding이 올라간 핀초도 인기 메뉴 중 하나인데, 블랙 푸딩은 우리나라의 순대와 비슷
한 것으로 먹을 만하다. 이베리코 돼지고기 패티가 들어간 작은 햄버거도 이 집의 인기 메뉴다. 그밖에 다양한 메
뉴가 있어 취향에 맞게 고를 수 있다.

🚶 피카소 미술관에서 도보 1~2분97m 🏠 Calle Granada, 46, 29015 Málaga 📞 +34 952 22 38 14 🕐 매일 12:30~24:00

🍽 카사 아란다 Casa Aranda

인생 추로스를 추천하고 싶은

스페인에는 도시마다 유명한 추로스 집 하나씩은 꼭 있다. 카사 아란다는 말라가에서 가장 유명한 추로스 집이다. 말라가 시내 중심의 작은 골목에 있으며, 이 골목을 다 차지할 정도로 규모가 크다. 그래도 언제나 사람들로 북적인다. 금방 튀긴 따끈한 추로스에 핫초콜릿을 찍어 먹으면 짭조름한 추로스와 핫초콜릿의 단맛이 단짠의 조화를 환상적으로 보여준다. 이 집은 다른 추로스 가게들과 다르게 핫초콜릿이 밀크 초콜릿이라는 게 특징이다. 인생 추로스로 꼽는 사람들도 많은 곳이니, 말라가에 간다면 꼭 경험해 보시길.

🚶 피카소 미술관에서 세테야 마리아 거리Calle Sta. Maria 경유하여 도보 9분750m 🏠 Herrería del Rey, 3, 29005 Málaga
🕐 08:00~13:00, 17:00~20:30
€ 추로스 개당 0.6유로 초콜릿 1.95유로
≡ www.casa-aranda.net

🍽 엘 발네아리오 El Balneario-Baños del Carmen

지중해의 멋진 뷰를 가진

그리스의 어느 조용한 바닷가에 있을 법한, 하얀 집에 들어선 멋진 식당이다. 지중해에 대한 환상을 그대로 실현시켜 준다. 말라게타 해변에서 조금 떨어져 있지만, 조용하고 한적한 곳에서 바다를 바라보며 여유롭게 식사할 수 있다. 교통도 편리한 편이다. 시내에서 버스를 타면 10분이면 도착하고, 택시를 타더라도 5유로 안팎으로 갈 수 있다. 낮에도 멋진 뷰를 선사하지만, 해 질 녘 분위기도 끝내준다. 음식도 만족스럽다. 특히 생선구이와 해산물이 유명하다. 음료만 마시며 경치를 감상해도 좋다. 로맨틱한 분위기에서 지중해를 바라보고 있으면 세상 시름은 모두 잊게 된다. 조용히 낭만을 즐기고 싶다면 이곳을 놓치지 마시길.

🚶 ❶ 알카사바 부근의 파세오 델 파르케 정류장Paseo del Parque에서 33번 버스 승차하여 아베니다 후안 세바스티안 엘카노 정류장Av. Juan Sebastian Elcano (Cerrado Calderón) 하차, 도보 1분100m ❷ 말라게타 해변에서 N-340 거리 경유하여 동쪽으로 도보 26분2.1km 🏠 Calle Bolivia, 26, 29018 Málaga 📞 +34 951 90 55 78 🕐 일~목 12:00~24:00 금・토 12:00~02:30 € 와인 1잔 3유로부터 문어 튀김 15유로 홍합찜 10유로 이베리코 하몽 14유로부터 ≡ elbalneariomalaga.com

🍴 라 바라 데 사파타 La Barra de Zapata

깔끔하고 맛있는 타파스

작은 골목에 있지만 훌륭한 타파스 레스토랑이다. 와인
이나 맥주와 즐길 수 있는 다양한 종류의 타파스와 치
즈 요리 등을 판매한다. 워낙 인기 좋은 데다 테이블 수
가 많지 않아 예약하지 않으면 자리를 잡기 힘들다. 깔
끔하고 맛있는 음식과 친절한 서비스가 이 집의 인기
비결이다. 주인장의 영어 실력이 유창하여 모든 메뉴를
영어로 자세히 설명해 준다. 물론 메뉴 선택을 고민하고
있으면, 추천해 주기도 한다. 맛있는 음식과 서비스, 멋

진 분위기까지 갖췄으니 인기가 많을 수밖에 없다. 소시
지의 종류인 치스토라Chistorra와 문어 세비체해산물 샐러
드가 인기 메뉴이다.

🚶 알카사바에서 크리스터 거리Calle Cister 경유하여 도보 6분500m
🏠 Calle Salinas, 10, 29015 Málaga
📞 +34 673 42 67 90
🕐 월 19:00~23:00 화~토 13:00~16:00, 19:00~23:00
휴무 일요일

🍴 라 레코바 La Recova

저렴하고 맛있는 아침식사 전문 식당

오후 4시까지만 운영하고 아침 식사를 전문으로 판매한다. 평범한 듯하지만 다른 곳에서는 경험할 수 없는 독특한
식사를 제공한다. 안달루시아 지역의 수공예 도자기도 판매하여 분위기가 이색적이다. 벽면에 진열된 도자기와 상
품들이 신비롭고 특별한 분위기를 연출해 준다. 직접 만든 그릇과 종지에 다섯 가지 스프레드와 잼을 담아 내온다.
빵과 음료에 과일까지 곁들인 메뉴가 2.5유로이다. 정말 착한 가격이다. 이색적인 분위기에서 특별한 아침을 맞이
하고 싶다면 라 레코바를 추천한다.

🚶 알카사바에서 세테야 마리아 거리Calle Sta. María 경유하여 도보 10분850m 🏠 Pje Ntra. Sra. de los Dolores de San Juan, 3,
29005 Málaga 📞 +34 744 61 76 58 🕐 월~금 08:30~16:00 토 08:30~12:30 휴무 일요일 € 2.5유로(아침 식사)

🍴 엘 메렌데로 El Merendero de Antonio Martin

해변의 멋진 레스토랑

말라게타 해변의 분위기 좋은 레스토랑이다. 하얀 외관
이 지중해의 주택을 연상시킨다. 인테리어가 편안하면
서도 로맨틱해 한층 설레게 한다. 말라게타 해변의 글
자 조형물 바로 앞에 있으며, 해변이 시원하게 보이는
멋진 뷰를 자랑한다. 음식, 분위기, 서비스까지 훌륭한
레스토랑이다. 현지인들이 주말에 옷을 차려 입고 가족,
친구들과 식사를 하기 위해 즐겨 찾는다. 영어 메뉴판
도 있어 주문은 어렵지 않다. 메인 메뉴는 해산물 요리

이고, 소꼬리, 이베리코 돼지고기 등으로 만든 육류 요리도 있다. 타파스 메뉴도 있어 다
양한 스페인 음식을 맛보기 좋다. 지중해 바닷가에서 즐기는 만족스러운 식사를 원
한다면 이곳을 추천한다. 🚶 말라게타 해변에서 도보 1분 🏠 Plaza de la Malagueta, 4,
29016 Málaga 📞 +34 951 77 65 02 🕐 월~토 13:00~16:15, 20:00~23:45 일 13:00~16:30
€ 와인 1잔 3.2유로부터 소 등심 스테이크 27유로 이베리코 하몽 25유로 타파스 2.5유로부터
≡ www.grupogorki.es

🍸 안티구아 카사 데 구아르디아 Antigua Casa de Guardia

피카소가 사랑한 와인 바

말라가는 디저트 와인 세리Sherry를 생산하는 곳이다. 안티구아 카사 데 구아르디아는 1840년에 문을 연 말라가의
와인 바이다. 무려 180년의 역사를 자랑한다. 가게를 들어서면 수많은 와인 통과 바 외에는 아무것도 보이지 않아
당황스러울 수 있지만, 그냥 와인을 주문하면 된다. 바에서 간단하게 말라가 와인을 맛볼 수 있다. 피카소도 즐겨
찾은 와인 바로 유명하며, 실내에 피카소의 사진도 걸려 있다. 와인 종류는 수십 가지다. 직원에게 취향을 얘기하면
추천해 준다. 홍합, 조개, 올리브, 새우 등이 들어간 해산물 타파스도 즐길 수 있다. 독특한 풍미의 말라가 와인을 즐
길 수 있는 곳으로, 와인을 사랑하는 여행자에게 추천한다.

🚶 ❶ 피카소 미술관에서 아라메다 프린시팔 거리Alameda Principal 경유하여 남서쪽으로 도보 10분800m ❷ 알카사바에서 아라
메다 프린시팔 거리Alameda Principal 경유하여 남서쪽으로 도보 10분800m 🏠 Alameda Principal, 18, 29005 Málaga
📞 +34 952 21 46 80 🕐 월~목 10:00~22:00 금~토 10:00~22:45 일 11:00~15:00 ≡ www.antiguacasadeguardia.com

PART 10

세비야

Sevilla

포르투갈 마드리드 •바르셀로나
스페인
세비야

스페인의 정열을 품다

세비야는 플라멩코와 투우의 고향이다. 안달루시아 지방의 중심
도시이자 세비야 주의 주도이다. 인구는 약 68만 명이고, 마드리
드, 바르셀로나, 발렌시아에 이어 스페인에서 네 번째로 큰 도시
이다. 로마 시대부터 번창하기 시작하여 8세기 이후엔 이슬람의
지배를 받았다. 대항해 시대15~18세기 중반까지에는 신대륙에서 실
어온 보물이 스페인으로 유입되는 통로 역할을 하였다. 내륙에
있는 도시인데도 보물이 들어온 것은 세비야를 가로지르는 과달
키비르 강이 바다와 연결되어 있기 때문이었다. 그 덕에 세비야
는 부를 축적할 수 있었다.

풍요는 문화와 예술을 발전시켰다. 정열의 춤 플라멩코와 피카소
가 흠모한 화가 벨라스케스는 이런 배경 덕에 탄생할 수 있었다.
세비야 대성당은 세계에서 가장 큰 고딕 성당이자 세계 3대 성당
중 하나이다. 그뿐이 아니다. 세비야는 <피가로의 결혼>, <카르
멘>, <세비야의 이발사>, <돈 조반니> 등 25개 유명 오페라의
배경 무대이다. 세비야는 유네스코가 선정한 '음악의 도시'이다

세비야 여행 지도

Calle San Laureano

플라사 데 아르마스
버스 터미널

Puente del Cachorro

C. Arjona

Calle Marqués de Paradas

C. San Pablo

조코 세비야

라 브루닐다

Calle Reyes Católicos

메첼라 아레

C. Castilla

세라미카 루이스

이사벨 2세 다리
Puente de Isabel II

Paseo

과달키비르 강
(알폰소 13세 운하)

C. Betis

크루

C. Sam Jacinto

Av. de la Republica Argenti

세비야 하루 여행 추천코스 지도의 빨간 실선 참고
스페인 광장 → 도보 14분 → 황금의 탑 → 도보 6분 → 알카사르 → 도보 1분 →
세비야 대성당 → 도보 5분 → 플라멩코 무도 박물관 → 도보 7분 → 메트로폴 파라솔

리카르도스
500m

카오티카

엘 린콘시요

세비야 공항 15km

산후스타 기차역
900m

메트로폴 파라솔
Metropol Parasol

Calle Imagen

도착

카사 데 라 메모리아
Centro Cultural Flamenco
"Casa de la Memoria"

C. Alhondiga

파고

살바도르 성당
El Divino Salvador

볼라스

파르마시아
델 라 알팔파

C. Sierpes

세비야 시청

플라멩코 무도 박물관
Museo del Baile Flamenco

광장
Nueva

C. Coral del Rey

C. San José

Av. de Menéndez Pelayo

Calle Alemanes

보데가 산타
크루스

카사 데 라 기타라
Casa de la Guitarra

엘 모나스테리오

우 엘 아레날
Flamenco
nal

세비야 대성당
Catedral de Sevilla

관광
안내소

타베르나 라 살

타블라우 로스 가요스
Tablao Flamenco Los Gallos

Av. de la Constitución

알카사르
Patronato Del Real Alcázar
De Sevilla

금의 탑
rre del Oro

Puerta Jerez

C. San Fernando

Av. de Menéndez Pelayo

프라도 산 세바스티안
버스 터미널
Estación Prado San
Sebastián

치 커피 로스터스

세비야 대학교
(왕립담배공장)

Prado de
san Sebastián

Av. Carlos V

다리
del San
mo

Paseo de las Delicias

de María Luisa

Av. Portugal

스페인 광장
Plaza de España

출발

세비야 일반 정보

인구 약 68만 명

기온 봄 10~26℃ 여름 19~35℃ 가을 10~30℃ 겨울 7~18℃

℃/월	1월	2월	3월	4월	5월	6월	7월	8월	9월	10월	11월	12월
최고	16	18	21	23	27	32	35	35	31	26	20	17
최저	6	7	9	11	14	18	20	20	18	15	10	7

대표 축제 페리아 더 아브릴 축제(4월 말), 세나마 산타 축제(부활절 주간), 플라멩코 축제(9월, 짝수 해)

여행 정보 홈페이지 스페인 관광청 https://www.spain.info/en 세비야 관광청 http://www.visitasevilla.es/en

관광안내소

세비야 대성당 관광안내소

세비야 대성당과 알카사르 사이에 자리하고 있다. 여행지와 플라멩코 공연 정보, 숙박, 교통 등에 대해 도움을 받을 수 있다.

⌂ Pl. del Triunfo, 1, 41004 Sevilla ☎ +34 951 92 60 20

🕘 매일 09:00~18:00 ≡ www.malagaturismo.com/

세비야 가는 방법

1 비행기로 가기

인천공항에서 세비야로 가는 직항 노선은 없다. 스페인이나 유럽의 다른 도시를 경유해서 가게 된다. 마드리드에서 1시간 5분, 바르셀로나에서 1시간 50분, 파리에서 2시간 15분, 런던과 로마에서는 2시간 50분이 소요된다. 특히 바르셀로나에서 가는 항공편이 많다. 유럽의 다른 도시에서 세비야를 갈 경우 저가 항공을 이용하는 것이 편리하다. 저비용 항공사는 이지젯Easyjet www.easyjet.com 부엘링vueling www.vueling.com 트란사비아

Transavia www.transavia.com 등이 있다. 스카이스캐너 www.skyscanner.co.kr를 이용하면 항공권 가격을 비교하여 구매할 수 있다. 세비야 공항Aeropuerto de Sevilla은 시내에서 약 10km 떨어져 있다.

(Travel Tip)

공항에서 시내 들어가기

세비야 공항에서 시내로 들어가는 방법은 공항버스 EA를 이용하는 것과 택시를 이용하는 방법이 있다. 공항버스는 35분 정도 소요되며, 요금은 편도 4유로왕복 6유로이다. 승차권은 버스 기사나 공항의 자동판매기에서 구매할 수 있다. 공항 출발 버스는 05:20~01:15까지, 시내 출발 버스는 04:30~00:30까지 운영된다. 공항을 출발한 버스는 산타 후스타 기차역Estacion de Santa Justa, 루이스 데 모랄레스 정류장Luis de Morales, 산 베르나르도역San Bernardo, 카를로스 5세 거리Av. Carlos V, 황금의 탑 앞의 파세오 콜론Paseo Colon을 지나 아르마스 광장 버스터미널Estacion Plaza de Armas까지 운행된다.

택시를 이용하면 편리하지만 비용이 많이 든다. 시내까지 15~20분 소요되며, 시내까지 요금은 정액제이다. 월~금 07:00~21:00 사이는 26유로, 평일 심야 시간대인 21:00~07:00 사이는 28유로이다. 토·일·공휴일도 28유로이다. 4월에 열리는 페리아 더 아브릴 축제나 부활절 주간인 세마나 산타 축제 기간에는 35유로이다.

2 기차로 가기

세비야 중앙역은 산타 후스타 기차역Estación Santa Justa으로 도심에서 북동쪽으로 1.5km 떨어져 있다. 고속열차인 AVE와 일반 열차를 운행한다. 마드리드, 말라가, 그라나다에서 이동할 때 많이 이용한다. 기차 승차 요금이 버스 요금보다 비싼 편이다. 고속열차인 AVE는 마드리드 아토차역에서 세비야 산타 후스타역까지 2시간 30분, 일반 열차로는 그라나다에서 3시간, 말라가에서 2시간 소요된다. 론다에서 세비야까지 기차로 이동할 경우

©wikimedia, CARLOS TEIXIDOR CADENAS

코르도바Córdoba에서 환승해야 하므로 3시간 이상 걸린다. 기차역에서 시내까지 나가려면 도보로 30분 이상 걸린다. 기차역 부근의 호세 라구이요 정류장José Laguillo(Estación Santa Justa)에서 21번 버스를 탑승하여 메넨데스 펠라요 정류장Menéndez Pelayo (Juzgados)에 하차하면 알카사르이다. 호세 라이구요 정류장에서 32번 버스를 탑승하면 메트로폴파라솔과 연결된다.

기차역 주소 41007, C. Joaquin Morales y Torres, 41003 Sevilla
스페인 철도 홈페이지 http://www.renfe.com
인터넷 예매 ❶ http://www.raileurope.co.kr ❷ https://renfe.spainrail.com

3 버스로 가기

그라나다, 론다 등 안달루시아 지방의 도시와 버스 연결이 구석구석까지 잘 되어 있어 기차보다 버스를 많이 이용하는 편이다. 세비야에는 플라사 데 아르마스 버스터미널과 프라도 산 세바스티안 버스터미널이 있다. 스페인 전역을 오가는 알사 버스와 로컬 버스가 운영된다.

❶ 플라사 데 아르마스 버스 터미널Estación de Autobuses
Plaza de Armas

세비야 시내 서쪽에 있다. 주로 장거리 노선을 운영한다. 알사 버스를 비롯하여 론다와 말라가에서 세비야를 오가는 다마스 Damas 회사의 버스도 운행한다. 프랑스, 벨기에, 포르투갈 등과 연결되는 국제노선도 있다. 론다에서 직행버스는 1시간 45분 완행버스는 2시간 45분 소요되며, 그라나다에서 3시간, 말라가에서 2시간, 마드리드에서 6시간 15분이 소요된다. 포르투갈 리스본에서는 6시간 반이 소요된다. 리스본을 오가는 버스는 야간 버스를 많이 이용한다. 터미널에서 대성당으로 나가려면, 터미널에서 도보 2분 거리의 토르네오 정류장 Torneo (Estacion Plza de Armas)에서 C4 버스에 탑승하여 파세오 크리스토발 콜론 정류장Paseo Cristóbal Colón(Dos de Mayo)에서 하차, 동쪽으로 도보 7분 이동하면 된다.

©Alejandro CT

터미널 주소 Puente del Cristo de la Expiración, 2, 41001 Sevilla 인터넷 예매 https://www.alsa.com

❷ **프라도 산 세바스티안 버스터미널** Estación Prado San Sebastián

세비야 시내 남동쪽에 있다. 안달루시아의 소도시들과 연결되
는 다양한 회사의 버스가 운행된다. 터미널에서 대성당까지 도
보로 15분 정도면 이동할 수 있고, 프라도 데 산 세바스티안역
Prado de San Sebastián에서 트램 T1 노선에 탑승하여 대성당으로
이동할 수도 있다. 두 개의 역 지나 아치보 데 인디아스역Archivo
de Indias에 하차하여 도보 1분이면 대성당이다. 메트로 센트로
트램의 프라도 데 산 세바스티안역은 터미널과 바로 연결된다.

터미널 주소 Plaza San Sebastián, 41004 Sevilla
다마스 버스 인터넷 예매 https://www.damas-sa.es

세비야 시내 교통 정보

주요 명소는 모두 도보로 이동할 수 있다. 하지만 숙소 위치에 따라, 혹은 2일 이상 여행할 경우, 버스나 트램을 이
용할 수도 있다. 시내 구석구석을 연결해주는 버스가 가장 편리하다. 1개의 노선뿐인 지하철은 탈 일이 거의 없다.
메트로 센트로트램는 T1선을 많이 이용한다. 프라도 데 산 세바스티안 버스터미널, 세비야 대성당아치보 데 인디아스
역Archivo de Indias 등을 갈 때 편리하다. 버스 티켓은 1회권과 충전식 교통카드인 투쌈TUSSAM이 있다. 1회권은 1.4
유로로 버스 기사에게 직접 구매하면 된다. 충전식 카드는 환승이 가능한 콘 트란스보르도Con transbordo와 환승이
불가능한 신 트란스보르도Sin transbordo가 있다. 개찰 뒤 1시간 이내에 다른 노선으로 환승이 가능한 카드는 버스 1
회 승차 시 0.76유로로 차감되고, 환승이 불가능한 카드는 0.69유로가 차감된다. 카드 보증금은 1.5유로이며, 카드를
다 사용한 뒤에는 환불받을 수 있다. 충전은 7유로부터 50유로까지 할 수 있다. 하루 혹은 3일 동안 무제한으로 사
용할 수 있는, 1일 여행자 패스Turistica 1 dia, 5유로와 3일 여행자 패스Turistica 3 dias, 10유로도 있다. 버스 카드는 가판
대 키오스크나 담배를 판매하는 간이 편의점 타바코스Tabacos에서 판매한다. 버스 카드로 트램도 이용할 수 있다.
교통센터 홈페이지 https://www.tussam.es

세비야는 어떻게 유명 오페라의 무대가 되었을까?

세비야는 오페라의 도시이다. <카르멘>, <세비야의 이발사>, <피가
로의 결혼>, <돈 조반니>, <휘델리오> 등 무려 25개 유명 오페라의
배경이 세비야이다. 오페라는 17~19세기 이탈리아, 독일, 프랑스에서
귀족과 왕족의 예술로 인기를 끌었다. 그런데 왜, 이 나라들과 한참 떨
어진 스페인의 남부 도시 세비야가 유명 오페라의 배경 도시가 되었을
까? 이유는 이렇다. 세비야를 배경으로 하는 오페라는 하나같이 당시

©Frankie Fouganthin-Wikimedia Commons

로서는 파격적인 내용을 담고 있었다. 팜므파탈과 바람둥이가 주인공으로 등장하는가 하면, 사회 현실과 지배 계급
의 부조리를 비판하는 내용도 많았다. 자유, 저항, 평등, 혁명 등 사회적인 메시지를 담은 내용이 많았기에 자기 나
라가 아닌 제3의 나라, 제3의 도시를 배경으로 삼아, 왕실과 귀족의 검열과 탄압을 피해 갔던 것이다.

또 다른 이유는 세비야의 정체성과도 깊이 연결되어 있다. 세비야는 유네스코가 음악의 도시로 선정할 만큼 음악
의 뿌리가 깊다. 또 투우와 플라멩코가 상징하듯 자유와 정열이 넘치는 도시이다. 이슬람과 기독교 문화가 공존하
는 독특하고 차별적인 도시이기도 하다. 이렇듯 세비야가 품은 매력과 독특한 스토리가 자유와 파격을 지향하는 오
페라의 배경지로 안성맞춤이었던 셈이다.

세비야엔 지금도 오페라의 배경이 되었던 곳이 남아 있다. <카르멘>의 무대였던 왕립담배공장인데, 지금은 세비
야 대학교 안에 있다. 주인공 카르멘은 담배 공장의 여직원이었다.

작가가 추천하는 일정별 최적 코스

1일	09:30	알카사르
	12:30	황금의 탑 및 강변 산책
	13:30	점심 식사
	15:00	세비야 대성당 및 히랄다 탑
	17:00	살바도르 성당
	18:00	메트로폴 파라솔
	19:00	플라멩코 관람
	20:30	저녁 식사

2일	09:00	스페인 광장
	10:00	론다 당일 치기
	20:00	세비야로 복귀
	20:30	저녁 식사

세비야 현지 투어 안내 대성당과 알카사르, 스페인 광장 등 주요 명소를 둘러보는 시내 투어가 있다. 세비야
대성당 내부 해설 투어도 인기가 좋다. 또 론다까지 함께 둘러보는 현지 투어 프로그램도 있다. 현지 투어는
클룩 www.klook.com 마이리얼트립 www.myrealtrip.com 줌줌투어 www.zoomzoomtour.com 스투비플래너
www.stubbyplanner.com 등에서 예약할 수 있다.

세비야 여행 버킷 리스트

1 세계 최대 고딕 성당, 세비야 대성당 관람

#세비야 대성당 #콜럼버스 무덤

세비야 대성당은 세비야 여행의 필수 코스이다. 고딕 성당으로는 세계에서 가장 크며, 모든 건축양식을 통틀어서는 3번째로 크다. 신대륙을 발견한 콜럼버스1451~ 1506의 묘가 있으며, 성당 곳곳에 고야를 비롯한 유명 화가들의 명작이 걸려 있어 미술관 분위기도 난다. 실내는 성스러움과 아름다움의 극치를 보여준다.

2 아름다운 세비야 전경 감상하기

#히랄다 탑 #황금의 탑, 메트로폴 파라솔

세비야는 예쁜 풍경을 가진 도시로 유명하다. 히랄다 탑과 황금의 탑, 메트로폴 파라솔에서 아름다운 모습을 마음껏 감상할 수 있다. 히랄다 탑은 세비야 대성당의 종탑으로, 계단이 아닌 오르막길로 만들어진 통로를 따라 104m 높이의 탑 꼭대기에 오르면 아기자기한 세비야 시내 모습이 한눈에 들어온다. 강변에 있는 황금의 탑 꼭대기에도 전망대가 있다. 산책로와 과달키비르 강이 어우러진 아름다운 모습을 감상하기 좋다. 버섯 모양의 건축물 메트로폴 파라솔 전망대는 세비야 최고의 뷰 포인트로 꼽힌다. 특히 해질녘 풍경이 아름답다.

3 정열의 춤, 플라멩코 즐기기

#플라멩코 무도 박물관 #카사 데 라 메모리아

세비야는 플라멩코의 본고장이다. 공연장도 여러 군데이다. 플라멩코의 역사와 소품을 관람할 수 있는 플라멩코 무도 박물관에 가면 혼을 빼앗는 멋진 공연도 관람할 수 있다. 카사 데 라 메모리아는 플라멩코 문화센터이다. 저렴한 비용으로 멋진 공연을 볼 수 있다. 타블라우 엘 아레날은 식사를 하면서 공연을 볼 수 있는 곳이다. 가격은 다소 비싼 편이다. '꽃보다 할배' 출연진이 플라멩코를 관람한 곳이다.

4 인생 타파스 맛보기

#라 브루닐다 #메첼라 아레날 #엘 린콘시요 #타베르나 라 살

세비야에도 맛있는 타파스 집이 많다. 라 브루닐다는 세비야에서 가장 유명한 타파스 레스토랑이다. 푸짐한 타파스를 원한다면 메첼라 아레날을 추천한다. 인기가 많고 규모가 크지 않은 레스토랑이므로 예약하는 게 좋다. 엘 린콘시요는 세비야에서 가장 오래된 타파스 바이다. 대구 튀김, 크로켓, 토르티야, 생선 튀김, 오징어 튀김, 스테이크 등으로 만든 다양한 타파스가 있다. 타베르나 라 살은 싱싱한 참치로 특급 타파스를 제공하는 곳이다. 세비야 타파스 대회에서 우승한 적이 있는 실력파 맛집이다.

📷 세비야 대성당 Catedral de Sevilla 카테드랄 데 세비야

🚶 ❶ 알카사르에서 트리운포 광장Pl. del Triunfo 경유하여 북쪽으로 도보 2분180m
❷ 살바도르 성당El Divino Salvador에서 프랑코스 거리Calle Francos 경유하여 남쪽으로 도보 6분550m
❸ 메트로 센트로트램 T1선 승차하여 아치보 데 인디아스역Archivo de Indias 하차, 도보 2분
🏠 Av. de la Constitución, s/n, 41004 Sevilla 📞 +34 902 09 96 92 🕐 월~토 11:00~18:00 일 14:30~19:00
€ 대성당+히랄다 **일반** 12유로(온라인 11유로) **25세 이하 학생** 7유로(온라인 6유로)
가이드 투어 21유로(온라인 20유로, 90분 소요) 기타 **오디오 가이드** 5유로 **오디오 가이드 앱** 4유로
휴관 1월 1일·6일, 12월 25일 ☰ www.catedraldesevilla.es

©Diego Delso

©Pedro Szekely-flickr

세계 3대 성당, 콜럼버스 이곳에 잠들다

바티칸의 산 피에트로 대성당, 런던의 세인트 폴 대성당에 이어 유럽에서 세 번째로 큰 성당이자 세계에서 가장 큰
고딕 성당이다. 1987년 유네스코 세계문화유산에 등재되었다. 안달루시아 지방의 대성당들이 대부분 그렇듯 세비
야 대성당 자리도 원래는 이슬람 사원이 있던 곳이었다. 세비야는 12세기까지 무어인이 다스렸는데, 가톨릭 교도
들이 이 지역을 탈환하였다. 대성당 자리에 있던 이슬람 사원이 1401년까지 성당으로 사용되기도 했다. 이후 가톨
릭 교도들은 모스크를 허물고 약 100여 년에 걸쳐 세비야 성당을 건축하였다. 그러나 이슬람의 흔적을 완전히 없
애지는 않았다. 오렌지 나무가 늘어서 있는 오렌지 안뜰성당 북쪽과 모스크의 첨탑이었던 히랄다 탑은 지금도 찾아
볼 수 있는 이슬람의 흔적이다.

오랜 시간에 걸쳐 건축되어 고딕, 신고딕, 르네상스 양식이 혼재되어 있다. 외관은 고딕 양식이지만 내부로 들어가
면 르네상스 양식이다. 성당 남쪽에 있는 정문 산 크리스토발 문Puerta de San Cristóbal을 통해 성당 안으로 들어선
다. 정문 가까운 곳에 신대륙을 발견한 콜럼버스의 묘가 있다. 대성당의 실내 분위기는 성스러움과 아름다움의 극
치를 보여준다. 곳곳에 고야를 비롯한 유명 화가들의 명화가 걸려 있어 미술관 같은 느낌도 든다. 특히 중앙 제단은
1480년부터 1560년까지 80년에 걸쳐 만든 세계 최대 규모의 제단이다. 폭 18m, 높이 27m에 이르며 황금으로 디
테일하게 빚어 놓았다. 제단은 더없이 고혹적인 자태를 보여준다.

ONE MORE 1

콜럼버스 무덤은 왜 공중에 떠 있을까?

세비야 대성당에는 신대륙을 발견한 탐험가 콜럼버스의 묘
가 있다. 무덤이 땅 속에 묻혀 있지 않아 독특하다. 스페인
네 왕국카스티야, 레온, 나바라, 아라곤의 왕들 조각상이 콜럼버
스의 묘를 짊어지고 있는데, '죽어서도 스페인 땅을 밟고 싶
지 않다.'는 콜럼버스의 유언을 지켜주기 위해 이렇게 만든
것이다. 스페인의 후원을 받으며 승승장구했던 콜럼버스는
왜 그런 유언을 남겼을까? 그는 이사벨 여왕의 후원으로 항
해를 시작하게 됐지만, 신대륙을 발견하고 무역으로 부를
축적하면서 인디언들을 살해하고 노예로 삼는 등 많은 악행을 저질렀다. 그의 탐욕과 잔인함은 스페인 사람들의 미
움을 샀다. 좌절에 빠진 콜럼버스는 관절염에 시달리다 사망했고 죽으면서 이 같은 유언을 남겼다. 그의 장례식에
는 스페인 왕실에서 아무도 참석하지 않았다.

ONE MORE 2

모스크 첨탑이 대성당 종탑 되다, 히랄다 탑

성당 북동쪽 모퉁이에 있는 탑으로, 대성당의 상징이다.
벽돌로 만들어진 104m 높이의 대성당 종탑은 원래는 이
슬람 지배 당시인 1184~1198년 사이에 만들어진 이슬람
사원의 첨탑이었다. 가톨릭 교도들이 대성당을 지으며 첨
탑에 종루를 만들어 올리면서 지금의 모습이 되었다. 탑
꼭대기에 있는 풍향계에는 청동으로 만든 여신상으로 장
식되어 있다. 꼭대기 전망대에 이르는 길은 계단이 아니라
오르막 길이다. 이슬람 시대에는 당나귀를 타고 첨탑에 올
라 이 같은 오르막길을 만들었다고 전해진다. 전망대에 오
르면 세비야 시내가 한 눈에 들어온다.

(Travel Tip)

대성당 관람 팁 3가지

❶ 대성당 입장 티켓으로 살바도르 성당El Divino Salvador, 🏛 Pl. del
Salvador, 41004 Sevilla을 무료로 관람할 수 있다. 대성당의 티켓 구
매 줄이 길 경우 살바도르 성당에서 구매하기를 추천한다. 살바도
르 성당에서 대성당과의 통합 티켓을 구매하면, 줄을 설 필요 없이
대성당 입장이 가능하다. 세비야 성당은 살바도르 성당에서 프랑
코스 거리Calle Francos 경유하여 남쪽으로 도보 6분 거리에 있다.

❷ 성당 내부-히랄다 탑-오렌지 안뜰 순서로 돌아보면 편리하다.
❸ 성당 입장 시 노출이 심한 옷차림은 자제하자.

알카사르 Patronato Del Real Alcázar De Sevilla 파트로나토 델 레알 알카사르 데 세비야

🚶 세비야 대성당에서 트리운포 광장Pl. del Triunfo 경유하여 남쪽으로 도보 2분180m

🏠 Pl. del Patio de Banderas, 6, 41004 Sevilla

📞 +34 954 50 23 24 🕐 10~3월 09:30~17:00 4~9월 09:30~19:00

€ 일반 13.5유로 학생(14세~30세) 7.5유로 휴관 1월 1·6일, 성주간 금요일, 12월 25일

☰ www.alcazarsevilla.org

©pxfuel.com

미드 '왕좌의 게임'의 촬영지

알카사르는 712년 이슬람 통치자의 요새가 있던 자리이다. 이후 12세기 후반에 이슬람 성채가 다시 지어지기도 했
지만, 지금은 그 모습을 찾아볼 수 없다. 이슬람에서 가톨릭 세력으로 지배자가 바뀌면서도 천 년이 넘는 긴 시간
동안 여러 명의 왕들이 이곳에 왕궁과 성채를 지었다. 현재 알카사르의 중심 영역인 돈 페드로 궁전은 14세기에 그
라나다의 알람브라 나스르 궁전을 모티브로 하여 지은 것으로, 지금까지도 스페인 왕가의 거처
로 사용되고 있다. 유럽에서 실제 왕궁으로 사용되고 있는 가장 오래된 궁이며, 스페인 특유
의 이슬람 건축 양식인 무데하르 양식으로 지어진 세비야의 대표적인 건축물이다. 돈 페드
로 궁전의 중정인 '소녀의 안뜰'Patio De Doncellas은 알카사르의 하이라이트다. 정교한 회랑
으로 둘러싸인 직사각형의 연못에 돈 페드로 궁전 모습이 아름답게 비친다. 왕궁은 기하
학적 문양이 들어간 정교한 조각과 타일 등으로 장식되어 있는데, 관리가 잘 되어 여전히
화려하기 그지없다. 돈 페드로 궁전 뒤쪽의 연못과 분수가 있는 정원도 잊지 말고 둘러보
자. 알카사르는 미국 드라마 <왕좌의 게임> 시즌 5의 촬영지이기도 하여 드라마 팬들의 발
길이 이어지고 있다. 1987년 세비야 대성당과 함께 유네스코 세계문화유산으로 지정되었다.

황금의 탑 Torre del Oro 토레 델 오로

🚶 대성당에서 라 콘스티투시온 거리Av. de la Constitución 경유하여 남서쪽으로 도보 10분850m
🏠 Paseo de Cristóbal Colón, s/n, 41001 Sevilla 📞 +34 954 22 24 19
🕐 월~금 09:30~19:00 토·일 10:30~18:45 € 3유로

©pxfuel.com

시원한 강변 풍경을 한눈에
과달키비르 강의 산 텔모 다리Puente del San Telmo 주변에 있는 커다란 탑이다. 원래는 13세기에 이슬람 교도들이 강을 통과하는 배를 감시하고 통제하기 위해 세운 망루였다. 강 건너편에 똑같이 생긴 '은의 탑'이 있어 두 탑을 쇠사슬로 연결하여 세비야에 들어오는 배를 막았다고 하는데, 현재 은의 탑은 찾아볼 수 없다. 지붕이 황금 타일로 덮여 있어서, 또는 16~17세기에 신대륙에서 가져온 금을 보관했던 곳이라 황금의 탑이라 불렸다고 하지만, 확실한 이야기는 아니다. 황금이 아니더라도 아메리카 대륙에서 가져온 전리품들을 보관했던 곳으로 쓰였던 것은 확실하다. 한때 감옥·예배당·항구 관리 사무소 등 다양한 용도로 사용되기도 했다. 현재는 탑 안에 해양 박물관이 들어서 있으며, 옥상에 전망대가 있다. 전망대에서는 강과 다리, 산책로가 어우러진 멋진 강변 풍경을 감상할 수 있다.

메트로폴 파라솔 Metropol Parasol

🚶 세비야 대성당에서 프란코스 거리Calle Francos 경유하여 북쪽으로 도보 11분900m 🏠 Pl. de la Encarnación, s/n, 41003 Sevilla
📞 +34 606 63 52 14 🕐 4월~10월 **월~일** 09:30~00:00 11월~3월 **월~일** 09:30~24:00
€ 일반 15유로 15~25세 학생 12유로 🔗 setasdesevilla.com

©Rubendene-Wikimedia Commons

버섯 모양의 세계 최대 목조 건축

세비야의 버섯이라 불리는 독특한 건축물로, 박물관·상점·전망대 등이 들어서 있는 복합문화공간이다. 3,400여 개의 목재로 2004년부터 2011년까지 8년에 걸쳐 세워진 세계 최대의 목조 건축물이다. 건물부지만 가로 150m, 세로 70m에 달하며 높이는 26m나 된다. 19세기 이곳에는 시장 건물이 있었다. 건물이 거의 허물어지자 20세기에 들어서면서 지하 주차장을 만들기 위해 공사를 하다가, 로마 시대와 이슬람 시대의 유적들을 발견하였다. 사업은 잠시 중단되었지만, 2004년 시에서 다시 개발 프로젝트를 진행하여 4층짜리 메트로폴 파라솔을 건축했다. 지하에는 메트로폴 파라솔 부지에서 발견된 로마, 이슬람 시대의 유적들을 전시하고 있는 고고학 박물관이 들어서 있고, 1층은 상점가이다. 2층은 광장으로 이용되며, 3·4층에는 테라스와 세비야를 한눈에 내려다 볼 수 있는 전망대가 있다. 전망대는 세비야 최고의 뷰 포인트로 꼽히는 곳이다. 대성당과 히랄다 탑 등 세비야 시내의 아름다운 전경을 눈에 담을 수 있다. 해 질 녘에는 황홀한 석양을 감상할 수 있어 더욱 좋다.

플라멩코 무도 박물관 Museo del Baile Flamenco 무세오 델 바일레 플라멩코

🏃 메트로폴 파라솔에서 남쪽으로 도보 8분600m, 세비야 대성당에서 북동쪽으로 도보 5분400m
🏠 C. Manuel Rojas Marcos, 3, 41004 Sevilla
🕐 박물관 11:00~18:00 공연 17:00, 19:00, 20:45
€ 박물관 10유로 공연 일반 25유로, 학생 18유로 박물관+공연 일반 29유로, 학생 22유로
☰ museodelbaileflamenco.com

스페인 최고의 플라멩코

세비야에서 멋진 플라멩코 공연을 볼 수 있는 곳이다. 세비야 출신 플라멩코 댄서 크리스티나 호요스에 의해 탄생하였다. 18세기에 지어진 건물 안에 플라멩코의 역사를 비롯하여 플라멩코 거장의 그림과 사진, 다양한 드레스와 소품 등이 전시되어 있다. 이곳의 하이라이트는 플라멩코 공연이다. 매일 오후 5시, 7시, 8시 45분에 세 명의 댄서와 두 명의 가수, 한 명의 기타리스트가 혼을 빼앗는 멋진 플라멩코 공연을 선보인다. 좌석은 100석에 불과하므로 예약하기를 추천한다. 세비야의 많은 플라멩코 공연장 중에서 가장 인기 있는 곳이어서, 당일 예약할 경우 자리가 없을 가능성이 높다. 또 좌석이 정해져 있지 않고 선착순으로 입장하므로 좋은 자리를 잡고 싶다면 미리 가서 대기하는 것이 좋다. 공연 내내 댄서들의 땀과 열정이 고스란히 전해진다. 한 시간 남짓 이어지는 공연 시간이 짧게 느껴질 것이다.

ONE MORE 또 다른 플라멩코 공연장

카사 데 라 메모리아 Centro Cultural Flamenco "Casa de la Memoria"

플라멩코 문화센터이다. 남녀 무희 각 한 명, 가수, 기타리스트 이렇게 네 명이 멋진 무대를 선사한다. 공연료가 비교적 저렴하다는 장점이 있다. 공연장 규모는 작은 편이며, 좌석은 가로로 길게 배치되어 있다. 지정 좌석제가 아니므로 중앙 자리를 선점하는 것이 좋다. 🚶 ❶ 메트로폴 파라솔에서 라라냐 거리Calle Laraña 경유하여 도보 3분290m ❷ 세비야 대성당에서 쿠나 거리 Calle Cuna 경유하여 북쪽으로 도보 10분800m 🏠 Calle Cuna, 6, 41004 Sevilla ⏰ 18:00~19:00, 19:30~20:30 € 일반 22유로 학생 18유로 ☰ www.casadelamemoria.es

카사 데 라 기타라 Casa de la Guitarra

스페인어로 '기타의 집'이라는 뜻이다. 유명한 플라멩코 기타리스트가 기타 박물관처럼 꾸며 놓았다. 옛 유대인 구역인 산타 크루즈 지역의 18세기 건물 안에 들어가 있으며, 전시된 기타들은 19세기에 만들어진 것들이다. 매일 밤 멋진 기타 연주와 함께 열정적인 플라멩코 공연이 펼쳐진다. 🚶 ❶ 알카사르에서 북동쪽으로 도보 4분350m ❷ 대성당에서 마테오스 가고 거리Calle Mateos Gago 경유하여 동쪽으로 도보 3분230m 🏠 Calle Mesón del Moro, 12, 41004 📞 +34 954 22 40 93 ⏰ 19:30~20:30, 21:00~22:00 € 일반 20유로 26세 이하 학생 15유로 ☰ casadelaguitarra.es

타블라우 엘 아레날 Tablao Flamenco El Arenal

'타블라우'는 플라멩코 무대라는 뜻으로, 이곳은 쇼를 보며 식사할 수 있는 곳이다. 가격은 다소 비싼 편이다. 음료가 무료로 제공되고, 테이블에 앉아 편하게 관람할 수 있다는 장점이 있다. 무희와 가수들이 여러 명이며, 공연 시간은 1시간 반 가량 소요된다. 다채로운 플라멩코 공연을 보고 싶은 이에게 추천한다. TV 프로그램 '꽃보다 할배' 출연진이 플라멩코를 관람했던 곳이다. 🚶 ❶ 대성당에서 알미란타즈고 거리Calle Almirantazgo 경유하여 서쪽으로 도보 5분400m ❷ 황금의 탑에서 크리스토발 콜론 거리Paseo de Cristóbal Colón 경유하여 도보 9분700m 🏠 Calle Rodo, 7, 41001 Sevilla 📞 +34 954 21 64 92 ⏰ 1차 18:00~19:00(디너 혹은 음료 제공), 19:00~20:00(공연) 2차 20:30~21:30(디너 혹은 음료 제공), 21:30~22:30(공연) € 공연+음료 44유로 공연+타파스 68.2유로 공연+디너 82.5유로 ☰ www.centralreservas.tablaoelarenal.com

타블라우 로스 가요스 Tablao Flamenco Los Gallos

세비야의 대표적인 타블라우 중 한 곳이다. 음료 한 잔이 무료로 제공된다. 모두 10명의 무희, 가수, 기타리스트가 나와 1시간 반 동안 멋진 공연을 펼친다. 오랜 경력을 가진 공연자로만 구성되었다는 자부심이 있는 곳이다. 🚶 대성당에서 마테오스 가고 거리Calle Mateos Gago 경유하여 도보 5분400m 🏠 Pl. de Sta Cruz, 11, 41004 Sevilla 📞 +34 954 21 69 81 ⏰ 19:00~20:15, 20:45~22:00 € 35유로 ☰ www.tablaolosgallos.com

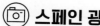 **스페인 광장** Plaza de España 프라사 데 에스파냐

🏃 ❶ 프라도 산 세바스티안 버스 터미널Estación Prado San Sebastián에서 그랄 프리모 데 리베라 거리Calle Gral. Primo de Rivera 경유하여 도보 10분850m ❷ 세비야 대성당에서 팔로스 데 라 프론테라 거리Calle Palos de la Frontera 경유하여 도보 17분1.4km
❸알카사르에서 도보 8분650m ⌂ Av de Isabel la Católica, 41004 Sevilla
€ 보트 대여 35분 6유로, 70분 10유로 마차 투어 45유로(1시간 소요)

©pxfuel.com

김태희와 한가인이 CF를 찍은 그곳

스페인에는 도시마다 스페인 광장이라 불리는 곳이 있다. 세비야의 스페인 광장은 그 많은 스페인 광장은 물론, 스페인의 모든 광장 가운데 가장 아름다운 광장으로 꼽힌다. 세비야를 대표하는 랜드마크이기도 하다. 1929년에 만들어졌다. 중남미 제국 박람회를 위해 마리아 루이사 공원을 조성하면서 공원 안에 스페인 광장도 만들었다. 광장을 안고 있는 반원형 건축물은 아르데코 양식과 신 무데하르 양식이슬람 양식이 혼합되어 있다. 웅장하고 아름다운 스페인의 대표적인 건축물이다. 광장 중앙의 커다란 분수대가 웅장함을 더해준다. 이 건물을 배경으로 김태희와 한가인이 휴대폰과 카드사 CF를 촬영하기도 했다. 건물에는 스페인 남부 특유의 화려한 타일로 장식된 58개의 벤치가 있는데, 이 벤치는 스페인의 주요 도시 58개를 상징하는 것이다. 벤치마다 도시 이름과 휘장, 역사, 지도 등을 그림으로 새겨 놓았다. 그중 바르셀로나 벤치가 가장 인기가 좋다. 건물 앞에 작은 수로가 지나고 있으며 그 위로 아치형 다리 네 개가 놓여 있다. 보트를 대여해 수로에서 분위기를 낼 수도 있다. 마차 투어도 가능하다. 마차는 스페인 광장 정문에서 대기하고 있다.

🍽 보데가 산타 크루스 Bodega Santa Cruz

🚶 세비야 대성당에서 도보 2분150m 🏠 Calle Rodrigo Caro, 1A, 41004 Sevilla
📞 +34 954 21 16 94 🕐 08:00~24:00 € 타파스 2유로대

저렴한 가격에 맛있는 타파스를

대성당 부근에 있는 유명한 타파스 바이다. 빠른 서비
스, 저렴한 가격, 괜찮은 음식, 활기찬 분위기를 고루 갖
추고 있다. 바 스타일이라 의자가 많지 않으며, 빨리 서
서 먹고 떠나는 분위기다. 많은 한국 여행객이 찾기 때
문에 직원들은 간단한 한국어를 할 줄 안다. 영어 메뉴
판은 없지만 친절한 직원의 도움을 받아 어렵지 않게 주
문할 수 있다. 가지 튀김, 돼지고기 안심 구이, 오징어 튀
김 등 메뉴는 다양하다. 오전 8시부터 문을 열며, 아침
에는 스페인식 전통 아침 식사를 제공한다. 정오부터는
타파스를 맛볼 수 있다.

🍽 타베르나 라 살 Taberna La Sal

🚶 세비야 대성당에서 마테오스 가고 거리Calle Mateos Gago 경유하여 도보 6분450m
🏠 Calle Doncellas, 8, 41004 Sevilla 📞 +34 954 53 58 46 🕐 매일 13:15~16:00, 20:00~23:30

세비야의 특급 타파스 맛집

세비야에서 남쪽으로 120km 떨어진 항구 도시 카디스 Cádiz에서 잡아 올린 싱싱한 참치를 공수해와 특별한 타파스를 만들어내는 곳이다. 매년 열리는 세비야 타파스 대회에서의 우승한 적도 있고, 매년 최소 3위 안에 드는 실력파 맛집이다. 우승한 타파스를 맛볼 수도 있다. 한국 여행객이 많이 찾지만, 참치 타파스보다는 오늘의 메뉴를 뜻하는 '메뉴 델 디아'Menu del Dia를 주로 선호하여 주인장을 안타깝게 만든다고 한다. 일본의 TV에서 소개되기도 했던 맛있는 참치 타파스 레스토랑이니 꼭 주문해보시길. 그밖에 다양한 고기 요리와 쌀 요리, 생선 요리도 맛볼 수 있다.

엘 린콘시요 El Rinconcillo

350년 된 타파스 바

1670년에 문을 연, 세비야에서 가장 오래된 타파스 바이다. 다양한 타파스와 스페인 전통 요리를 선보인다. 실내에는 돼지 뒷다리가 매달려 있고 술병 진열장이 빼곡하고, 늘 사람들이 가득하다. 식사 시간에는 워낙 사람이 많아 자리 잡기가 쉽지 않다. 일단 맥주 한잔을 주문한 후, 수십 가지 타파스 중에 입맛에 맞을 만한 것으로 골라 보자. 영어 메뉴판도 존재한다. 대구 튀김, 크로켓, 토르티야, 생선튀김, 오징어 튀김, 스테이크 등 다양한 타파스가 있다. 이베리코 돼지 안심Iberian tenderloin과 소고기 등심Beef top sirloin이 특히 맛있다.

🚶 메트로폴 파라솔Metropol parasol에서 도보 5분400m ⌂ Calle Gerona, 40, 41003 Sevilla 📞 +34 628 15 09 95 🕐 매일 13:00~17:30, 20:00~00:30 € 타파스 2~3유로대 ☰ www.elrinconcillo.es

 라 브루닐다 La brunilda

세비야에서 만난 인생 타파스

세비야에서 가장 유명한 타파스 레스토랑이다. 문어 요리, 스테이크, 버섯 리조토, 참치 타타키 등 인기 메뉴가 다양하다. 하나 딱 고를 수 없을 정도로 모두 맛있다. 덕분에 세비야 여행자들은 남녀노소 국적 불문하고 모두 이곳으로 모여든다. 오픈 30분 전부터 줄을 서는 것은 기본이다. 세비야에서 인생 타파스를 만나고 싶다면 브루닐다를 놓치지 말자.

🚶 세비야 대성당에서 갈레라 거리Calle Galera 경유하여 도보 10분800m ⌂ Calle Galera, 5, 41002 Sevilla 📞 +34 954 22 04 81 🕐 월~일 13:30~16:30, 20:30~23:30 € 3~20유로 ☰ www.labrunildatapas.com

메첼라 아레날 Mechela Arenal

푸짐한 타파스

세비야 최고 타파스 식당 중 한 곳이다. 세계 최대 여행 사이트 트립어드바이저에서 선정한 세비야 맛집 중 늘 상위권을 유지해왔다. 현대적이면서 아늑한 분위기에서 보기만 해도 군침이 도는 요리를 즐길 수 있다. 맛은 두말할 것 없으며, 타파스를 주문해도 푸짐한 한끼 요리가 나온다. 샐러드, 해산물, 고기, 리소토 등 다양한 메뉴가 있다. 일부 메뉴는 적은 양으로 주문할 수 있어 혼자서 방문해도 부담이 없다. 인기가 많고 규모가 크지 않은 레스토랑이므로 예약을 추천한다.

🏃 대성당에서 아르페 거리Calle Arfe 경유하여 도보 7분600m 🏠 Calle Pastor y Landero, 20, 41001 Sevilla
📞 +34 955 28 25 66 🕐 월 20:30~23:45 화~목 14:00~16:00, 20:30~23:45 금·토 14:00~16:00, 20:30~24:00 일 14:00~16:00 € 10~20유로 ☰ mechelarestaurante.es

리카르도스 Ricardo's

세비야에서 가장 맛있는 하몽

세비야에서 가장 맛있는 하몽을 맛볼 수 있는 곳이다. 관광지에서 조금 벗어난 세비야 도심 북쪽 외진 골목에 있어, 현지인들만 아는 숨은 보석 같은 맛집이다. 가격은 관광지에 비해 저렴하고 음식 맛은 훨씬 좋다. 하몽에도 등급이 있는데, 5스타에 해당하는 5J신코 호따 Cinco Jota 등급 하몽을 꼭 맛보기를 추천한다. 리가르도스는 1985년 문을 연 뒤 가족이 경영해오고 있으며 최고의 전통 타파스도 맛볼 수 있다. 타파스 메뉴는 따로 없다. 고기, 생선 등 선호하는 재료를 얘기하면 적당한 요리를 추천해 준다. 생선 꼬치와 크로켓, 안심 스테이크솔로미요 Solomillo 등이 맛이 좋다.

🏃 메트로폴 파라솔Metropol parasol에서 도보 10분800m
🏠 Calle Hernán Cortés, 2, 41002 Sevilla
📞 +34 954 38 97 51
🕐 화~토 13:00~16:00, 20:00~24:00 일 13:00~16:00
€ 타파스 2~3유로 ☰ www.casaricardosevilla.com

엘 모나스 테리오
El Monasterio Heladeria Artesana

세비야 최고 아이스크림

세비야는 4월부터 날이 더워지기 시작한다. 엘 모나스
테리오는 세비야의 더위를 날려주는 아이스크림 전문
점이다. 다양한 종류의 맛있는 아이스크림을 맛볼 수 있
으며, 세비야 최고의 아이스크림으로 칭송을 받고 있다.
친절한 주인 아저씨가 무엇을 먹을까 고민하는 손님에
게 다양한 아이스크림을 맛볼 수 있도록 도와준다. 주
문한 아이스크림 위에 다른 맛의 아이스크림을 한 스
푼 올려주는 센스도 잊지 않는다. 더운 날씨에 지쳤을
땐 세비야 최고의 아이스크림 가게 엘 모나스테리오를
떠올리자.

🚶 세비야 대성당에서 도보 7분600m
🏠 Calle Puerta de la Carne, 3, 41004 Sevilla
📞 +34 697 41 09 57 € 빅콘 1스쿱 2.5유로 미니 컵 3유로

 카오티카 Caótica

책도 보고 커피도 마시고

메트로폴 파라솔 부근의 작은 골목 안에 있는 북카페이다. 얼핏 보기엔 독특한 인테리어의 서점처럼 보이지만 카페
이기도 하다. 개인이 운영하는 작은 서점으로, 다양한 문화 행사도 개최한다. 지역 주민이나 학생, 전 세계의 디지털
노마드들이 모여 있는 문화 교류의 장이라 분위기가 흥미롭다. 1층과 2층은 서점이고 3층에 커피 향이 향기로운 작
은 카페가 있다. 베스트셀러를 비롯하여 고전과 동화, 소설, 여행·건축·예술 서적 등 스페인어로 된 다양한 책이 준
비되어 있다. 책을 좋아하는 이라면 차를 마시며 현지 분위기를 만끽할 수 있어 좋다.
🚶 메트로폴 파라솔에서 엔카르나시온 광장Pl. de la Encarnación 경유하여 도보 3분220m 🏠 Calle José Gestoso, 8, 41003
Sevilla 📞 +34 955 54 19 66 🕐 월 17:00~20:30 화~토 10:30~14:00, 17:00~20:30(일요일 휴무)

세라미카 루이스 Ceramica RUIZ

알록달록 예쁜 타일, 접시, 그릇, 컵

스페인의 안달루시아 지역을 여행하면서 기념품으로 빼놓을 수 없는 것이 알록달록한 세라믹 제품이다. 대개 기념품 가게에서는 대량으로 만들어진 제품을 많이 파는데, 이곳에서는 다른 곳에서 흔히 볼 수 없는 타일, 접시, 그릇, 컵, 장식품, 마그넷 등 다양한 종류의 세라믹 제품을 만나볼 수 있다. 고를 때 친절한 주인장이 성심 성의껏 도와주고 설명해준다. 뽁뽁이 포장지로 꼼꼼하게 포장까지 해주니 깨질까 염려하지 않아도 된다.

🚶 타파스 집 브루닐다La brunilda에서 과달키비르 강 위의 이사벨 2세 다리Puente de Isabel II 건너 도보 8분650m
🏠 Calle San Jorge, 27, 41010 Sevilla
📞 +34 673 90 29 93
🕐 10:00~21:00

파르마시아 델 라 알팔파 Farmacia del la Alfalfa

마티덤 앰플을 저렴한 가격에

세비야 쇼핑 리스트에서 빼놓을 수 없는 것이 마티덤Marti Derm의 앰플 화장품이다. 이곳은 마티덤의 화장품을 가장 저렴하게 판매하는 약국으로 알려져 한국인들에게 유명하다. 한국어로 된 안내문도 있어 쇼핑하기 편리하다. 피부 타입과 기능에 따라서 다양한 앰플을 구입할 수 있다. 비타민과 수분 공급 등으로 피부 개선에 도움이 된다고 알려져 있어 인기가 많은 제품들이다. 스페인 다른 도시는 물론 세비야에서도 저렴하게 판매하는 약국으로 꼽히는 곳이니, 세비야를 여행할 계획이라면 들러 보자.

🚶 ❶ 플라멩코 무도 박물관에서 루차나 거리Calle Luchana 경유하여 북쪽으로 도보 3분220m ❷ 메트로폴 파라솔에서 남쪽으로 도보 5분400m 🏠 Pl. de la Alfalfa, 11, 41004 Sevilla 📞 +34 954 22 64 47 🕐 화~금 09:00~22:00 토·일·월 09:30~22:00

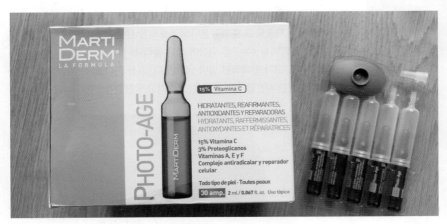

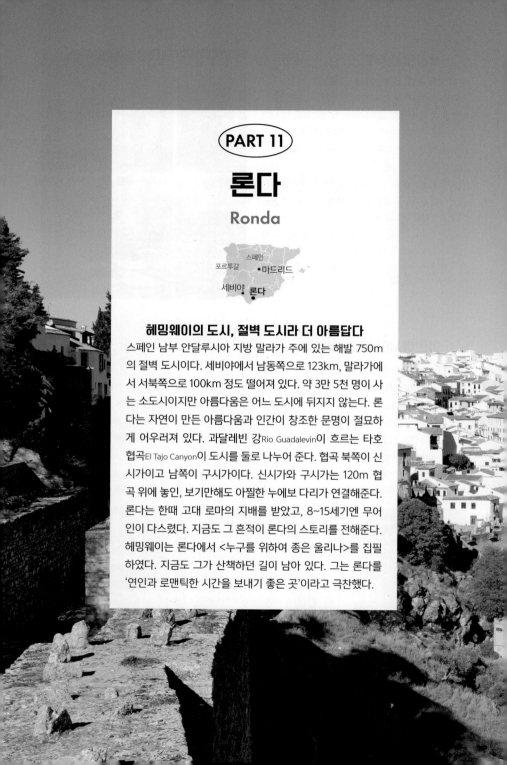

PART 11

론다

Ronda

스페인
포르투갈   ·마드리드
세비야
론다

헤밍웨이의 도시, 절벽 도시라 더 아름답다

스페인 남부 안달루시아 지방 말라가 주에 있는 해발 750m의 절벽 도시이다. 세비야에서 남동쪽으로 123km, 말라가에서 서북쪽으로 100km 정도 떨어져 있다. 약 3만 5천 명이 사는 소도시이지만 아름다움은 어느 도시에 뒤지지 않는다. 론다는 자연이 만든 아름다움과 인간이 창조한 문명이 절묘하게 어우러져 있다. 과달레빈 강Río Guadalevín이 흐르는 타호 협곡El Tajo Canyon이 도시를 둘로 나누어 준다. 협곡 북쪽이 신시가이고 남쪽이 구시가이다. 신시가와 구시가는 120m 협곡 위에 놓인, 보기만해도 아찔한 누에보 다리가 연결해준다. 론다는 한때 고대 로마의 지배를 받았고, 8~15세기엔 무어인이 다스렸다. 지금도 그 흔적이 론다의 스토리를 전해준다. 헤밍웨이는 론다에서 <누구를 위하여 종은 울리나>를 집필하였다. 지금도 그가 산책하던 길이 남아 있다. 그는 론다를 '연인과 로맨틱한 시간을 보내기 좋은 곳'이라고 극찬했다.

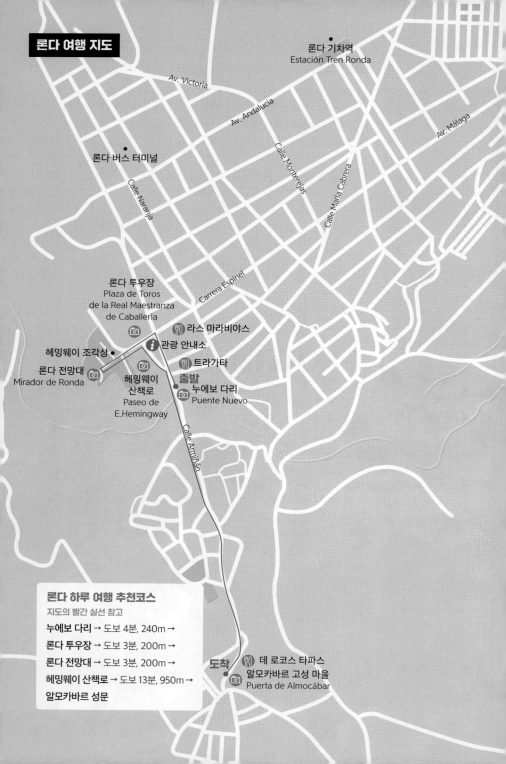

론다 여행 지도

론다 기차역
Estación Tren Ronda

Av. Victoria

Av. Andalucía

Av. Málaga

Calle Montejaus

Calle María Cabrera

론다 버스 터미널

Calle Naranja

Carrera Espinel

론다 투우장
Plaza de Toros
de la Real Maestranza
de Caballería

라스 마라비야스

헤밍웨이 조각상

관광 안내소

론다 전망대
Mirador de Ronda

헤밍웨이
산책로
Paseo de
E.Hemingway

트라가타

출발
누에보 다리
Puente Nuevo

Calle Armiñán

론다 하루 여행 추천코스
지도의 빨간 실선 참고

누에보 다리 → 도보 4분, 240m →

론다 투우장 → 도보 3분, 200m →

론다 전망대 → 도보 3분, 200m →

헤밍웨이 산책로 → 도보 13분, 950m →

알모카바르 성문

도착   데 로코스 타파스
알모카바르 고성 마을
Puerta de Almocábar

론다 일반 정보

인구 약 3만 5천 명

기온 봄 5~21℃ 여름 13~28℃ 가을 6~25℃ 겨울 3~12℃

℃/월	1월	2월	3월	4월	5월	6월	7월	8월	9월	10월	11월	12월
최고	12	13	15	17	21	25	28	28	25	20	15	12
최저	3	3	5	7	19	13	15	16	14	10	6	4

대표 축제 투우 축제(9월 초)

여행 정보 홈페이지 www.turismoderonda.es

관광안내소

론다 관광안내소

론다 투우장 앞에 있다. 무료 지도를 구할 수 있고, 그밖에 관광지나 교통 관련 정보를 얻을 수 있다.

🏠 Paseo Blas Infante, s/n, 29400 Ronda 📞 +34 952 18 71 19

🕐 월~수 09:30~19:00 목·금 09:30~18:00 토 09:30~14:00, 15:00~18:00
일 09:30~15:00 ☰ www.turismoderonda.es

론다 가는 방법

❶ 기차

마드리드에서 론다에 갈 때 많이 이용한다. 아토차 역에서 초고속열차AVE로 4시간 걸린다. 론다 기차역에서 시내 중심의 누에보 다리까지는 카레라 에스피넬 거리Carrera Espinel 경유하여 남동쪽으로 도보 16분1.2km 걸린다. 인터넷 예매
❶ www.raileurope.co.kr ❷ renfe.spainrail.com ❸ www.renfe.com

©wikimedia Zarateman

❷ 버스

세비야, 말라가 등지에서 론다에 갈 때 많이 이용한다. 세비야의 플라사 데 아르마스 버스 터미널Estación de Autobuses Plaza de Armas이나 말라가 버스 터미널에서 다마스Damas 회사의 버스를 타면 된다. 말라가에서는 2시간, 세비야에서는 직행 1시간 45분, 완행 2시간 45분 소요된다. 티켓을 구매하지 못했다면 버스에 타서 기사에게 구매하면 된다. 론다 버스터미널Estación de Autobuses de Ronda에서 누에보 다리까지는 남쪽으로 도보 13분900m이 소요된다. 티켓 예매 www.autobusing.com

> **Travel Tip**
>
> ### 론다 시내 교통
>
> 도시가 작고 명소가 서로 가까운 거리에 있어 걷는 게 더 편하다. 가까운 곳은 5분, 아무리 멀어도 걸어서 20분 안팎이면 명소, 맛집, 기차역, 버스터미널, 숙소 등 어디든 갈 수 있다.

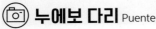

누에보 다리 Puente Nuevo 푸엔테 누에보

- ❶ 론다 기차역Estación Tren Ronda에서 도보 16분1.2km
- ❷ 론다 버스터미널Estación de Autobuses에서 도보 13분900m
- ❸ 헤밍웨이 산책로에서 도보 4분 🏠 Puente Nuevo, 9-3, 29400 Ronda

©Remy Frank-flickr

'꽃할배'에서 본 바로 그 절경

론다는 절벽 위의 도시다. 해발 750m에 위치해 있으며, 온통 협곡과 험준한 산으로 이루어져 있다. 누에보는 120m 깊이의 타호 협곡 위에 놓인 아름다운 다리다. 이 다리가 론다의 구시가와 신시가를 이어준다. 아래로는 과달레빈 강Rio Guadalevín이 그림처럼 흐른다. 1751년 짓기 시작하여 약 40년 만에 완공하였는데, 당시 지어진 다리 중 가장 늦게 만들어져 '새로운 다리'라는 뜻을 담아 '누에보 다리'라 불리고 있다. 다리 위나 아래에서 보는 뷰 뿐 아니라 멀리서 바라볼 때도 입이 떡 벌어지는 장관이 펼쳐진다. 스페인 남부 안달루시아 지방에서 가장 장엄한 경관이다. TV 프로그램 〈꽃보다 할배〉에 소개된 후 더욱 유명해졌다. 다리 앞 스페인 광장Plaza España 주변에 카페나 레스토랑이 올망졸망 들어서 있어 여유로운 시간을 보내며 누에보의 멋진 절경을 즐길 수 있다. 이 절경을 제대로 즐기고 싶다면 협곡 아래로의 트래킹을 추천한다. 다리 건너 오른쪽 길로 접어들면 나오는 마리아 아욱실리아도라 광장Plaza de María Auxiliadora에서 시작해 협곡 아래로 내려가다 보면 다리 위에서 본 풍경과 또 다른 멋지고 웅장한 절경을 감상할 수 있다.

론다 투우장 Plaza de Toros de la Real Maestranza de Caballería de Ronda

🚶 ❶ 누에보 다리Puente Nuevo에서 아르미냔 거리Calle Armiñán 경유하여 도보 4분240m ❷ 론다 전망대에서 블라스 인판테 거리
Paseo Blas Infante 경유하여 도보 3분200m 🏛 Calle Virgen de la Paz, 15, 29400 Ronda 📞 +34 952 87 41 32
🕐 11~2월 10:00~18:00 3월·10월 10:00~19:00 4~9월 10:00~20:00 € 9유로(오디오 가이드 포함 10.5유로) ≡ www.rmcr.org

세상에서 가장 아름다운 투우장

"전통이다." "아니다. 동물 학대다." 투우는 논란이 많은 스포츠이지만, 스페인에서 만큼은 국가의 기예로 지정된 대
표적인 전통 오락이다. 안달루시아 지방은 스페인을 투우의 나라로 만든 곳인데, 그 중 론다는 투우의 발상지로 꼽
히는 도시다. 론다 투우장은 1785년에 건립된 스페인에서 가장 오래된 투우장 중 하나이다.
1993년 국가문화기념물로 지정되었다. 투우 경기가 열리는 날은 드물지만, 여행객들
은 입장료만 내면 바로크 양식으로 지어진 아름다운 투우장을 둘러볼 수 있다. 투우
장은 지름 66m의 원형으로, 최대 6천 명을 수용할 수 있다. 어마어마한 크기는 보는
이를 압도한다. 투우장 안에 박물관도 있다. 투우사들의 사진과 의상, 투우 관련 그림
이나 포스터 등을 통해 투우의 역사를 한눈에 볼 수 있다. 론다에서는 9월 초에 투우
축제가 열린다. 길거리에서 전통 복장을 입은 사람들의 다양한 퍼레이드가 이어지고,
투우장에선 투우 경기도 열린다.

헤밍웨이 산책로와 론다 전망대
Paseo de E.Hemingway & Mirador de Ronda

🚶 누에보 다리에서 도보 5분300m 🏠 헤밍웨이 산책로 Pl. España, 5, 29400 Ronda 파라도르호텔 Pl. España, s/n, 29400 Ronda 알라메다 델 타호 공원(론다 전망대) Paseo Blas Infante, 1, 29400 Ronda

협곡 앞에서 만난 헤밍웨이

스페인 광장은 신시가지에서 누에보 다리로 가기 전에 있다. 진행 방향에서 광장 오른쪽으로 가면 절벽의 멋진 모습을 한눈에 담을 수 있는 스페인 국영 호텔 파라도르Parador de Ronda가 있다. 누에보 다리에서 이 호텔에 이르는 길은 헤밍웨이가 협곡의 절경을 바라보며 산책하던 길로 유명하다. 헤밍웨이는 유럽 곳곳에 흔적을 남겨 여행의 즐거움을 더해준다. 론다도 그 중 하나로, 헤밍웨이는 이곳을 '연인과 로맨틱한 시간을 보내기에 가장 좋은 곳'이라고 극찬했다. 그는 론다에서 스페인 내전을 배경으로 한 소설 『누구를 위하여 종은 울리나』를 집필했다. 이 작품에는 파시스트가 병사들을 절벽 아래로 내던지는 장면이 나오는데, 이는 론다에서 실제로 일어난 사건을 소설화한 것이다. 또한 소설이 잉글리드 버그만 주연의 영화로 제작되면서 일부는 론다에서 직접 촬영되기도 했다. 헤밍웨이 산책로를 지나 이어지는 길을 따라 걷다 보면 알라메다 델 타호 공원Alameda del tajo이 나온다. 론다 전망대가 있는 곳으로, 공원 입구에는 헤밍웨이의 동상이 세워져 있다. 공원의 푸른 녹음을 만끽하며 절벽 끝에 다다르면 론다 협곡의 멋진 절경을 품에 안을 수 있다. 많은 여행객들은 멋진 풍경을 눈에 담기 위해 론다 전망대를 찾는다. 독일의 시인 릴케도 론다의 절경을 노래했다.

> ### Travel Tip
>
> 파라도르 호텔 테라스도 론다의 절경을 감상하기 좋은 곳이다. 호텔 테라스에서 커피 한잔 하며 당신의 여행에 쉼표를 찍어도 좋겠다.
> 🚶 누에보 다리에서 도보 5분300m 🏠 Paseo Blas Infante, 1, 29400 Ronda, Málaga

알모카바르 고성 마을 Puerta de Almocábar 푸에르타 데 알모카바르

🏃 누에보 다리 건너 남쪽 구시가지로 도보 10분
📞 +34 952 18 71 19

성벽 마을로 떠나는 특별한 여행

누에보 다리 남쪽, 론다 구시가지 중심부엔 13세기에 지어진 이슬람 성문과 성벽이 있다. 이곳의 알모카바르 성벽은 13~15세기 이슬람 건축 양식이 고스란히 남아있는 유적이다. 구시가지 일부를 감싸고 있는 이 성벽에는 알모카바르 성문과 16세기 건축한 카를로스 5세의 성문을 포함해 모두 세 개의 성문이 있다. 성벽 안에는 작은 집과 식당이 옹기종기 들어서 있으며, 르네상스 스타일의 건축도 찾아볼 수 있다. 식당과 카페에선 성으로 둘러싸인 성벽 마을의 이국적인 풍경을 즐기며 간단한 식사나 맥주, 커피를 즐길 수 있다. 잊지 말고 성벽 마을 음식점을 찾아보시라. 여행이 더욱 특별해지는 느낌이 들어 당신의 마음이 충만해질 것이다.

🍽 론다의 맛집

🍽 라스 마라비야스 Restaurante Las Maravillas

언제나 문을 여는 현지인 맛집

론다 중심부, 투우장 동쪽 카레라 에스피넬 거리Carrera Espinel에 있는 제법 큰 레스토랑이다. 많은 식당이 문을 열기 전인 오전 11시 반쯤 문을 연다. 다른 식당이 문을 닫는 월요일, 시에스타 시간, 연휴 시즌까지 언제든 영업을 하여 이용하기 편리하다. 메뉴가 너무 다양해 음식이 별로일 수도 있다는 편견은 이곳에선 통하지 않는다. 오히려 언제나 만족스러운 식사를 할 수 있어 고맙기까지 하다. 현지인들도 즐겨 찾는 맛집으로, 타파스부터 해산물과 육류 요리, 파스타까지 다양하게 즐길 수 있다. 양도 푸짐하며 가격 또한 합리적이다.

🚶 누에보 다리에서 도보 4분230m, 론다 투우장에서 도보 1분96m
🏠 Carrera Espinel, 12, 29400 Ronda 📞 +34 666 21 94 62 🕐 11:30~23:30 € 8~15유로

🍽 트라가타 Tragatá

아시안 스타일 요리

누에보 다리 인근, 스페인 광장 옆 누에바 거리Calle Nueva에 있는 작지만 멋진 레스토랑이다. 스페인 남부 느낌이 물씬 풍기는 조명과 밝은 분위기가 인상적이며, 다른 곳에서는 맛보기 어려운 독특하고 창의적인 타파스를 맛볼 수 있어 좋다. 셰프인 베니토 고메즈는 10년 넘게 이 식당을 이끌어오면서 차별화를 위해 늘 노력했다. 아시안 스타일이 가미된 요리가 많아 우리 입맛에도 아주 잘 맞는다. 오징어 튀김과 매콤한 마요네즈 소스가 들어간 샌드위치는 이 집의 인기 메뉴다. 특히 식당 직원들이 추천하는 매콤한 소스로 요리된 돼지고기를 상추에 싸먹는 타파스는 독특하고 맛도 훌륭하다.

🚶 누에보 다리에서 도보 2분
🏠 Calle Nueva, 4, 29400 Ronda, Málaga
📞 +34 952 87 72 09 🕐 수~일 13:15~15:45,
20:00~23:00 휴무 월, 화 € 오징어 샌드위치 5
유로 메인 요리 19~30유로 🌐 tragata.com

🍴 트로피카나 TROPICANA

🚶 론다 버스터미널에서 도보 6분, 누에보 다리에서 도보 5분
🏠 C. Virgen de los Dolores, 11, 29400 Ronda
📞 +34 952 87 89 85 🕐 수~일 12:30~16:00, 19:30~22:00 휴무 월·화

론다 최고 맛집, 한국인 환영!

세계 최대 여행 사이트 트립어드바이저에서 론다의 식당 1위에 오르기도 했던 맛집이다. 3대를 이어 운영해오고 있으며, 분위기는 깔끔하고 아늑하다. 론다 버스터미널에서 남쪽으로 도보 6분 거리에 있다. 시내 중심부에서도 도보 5분 이내 거리라 찾아가기 편하다. 론다는 한국인이 워낙 많이 찾는 도시로 유명한데, 트로피카나는 한국인 여행객들의 성지와도 같은 맛집이다. 주인장은 한국인이 주로 주문하는 메뉴를 훤히 꿰고 있으며, 간단한 한국어까지 동원하여 친절한 서비스를 제공한다. 인기 메뉴는 이베리코 돼지고기 요리, 소꼬리 페스츄리, 문어 요리 등이다.

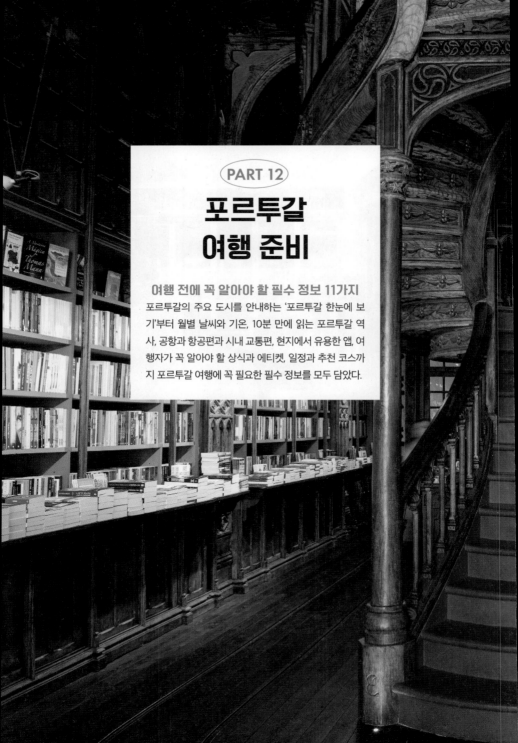

PART 12

포르투갈
여행 준비

여행 전에 꼭 알아야 할 필수 정보 11가지

포르투갈의 주요 도시를 안내하는 '포르투갈 한눈에 보기'부터 월별 날씨와 기온, 10분 만에 읽는 포르투갈 역사, 공항과 항공편과 시내 교통편, 현지에서 유용한 앱, 여행자가 꼭 알아야 할 상식과 에티켓, 일정과 추천 코스까지 포르투갈 여행에 꼭 필요한 필수 정보를 모두 담았다.

포르투갈 한눈에 보기

1 리스본 Lisboa

포르투갈의 수도이자 가장 큰 도시이다. 테주 강 하구
에 있는 항구 도시로 언덕이 많아 풍경이 아름답다. 붉
은 지붕과 테주 강이 펼쳐진 풍경은 그림처럼 아름답다.

2 신트라 Sintra

리스본에서 북서쪽으로 28km 거리에 있는 아름다운 전
원 도시이다. 리스본의 당일치기 근교 여행지로 꼽힌다. 도
시 자체가 세계문화유산이다. 신트라 궁, 페나 국립 왕궁,
무어인의 성 등이 아름답다.

3 호카 곶 Cabe de Roca

유럽, 더 나아가 유라시아 대륙의 서쪽 끝이다. 신트라
에서 17km 거리에 있으며, 땅끝 마을의 낭만을 느낄 수
있다. 해 질 녘 바다로 떨어지는 석양을 보고 있으면 울
컥, 감정 덩어리가 올라온다.

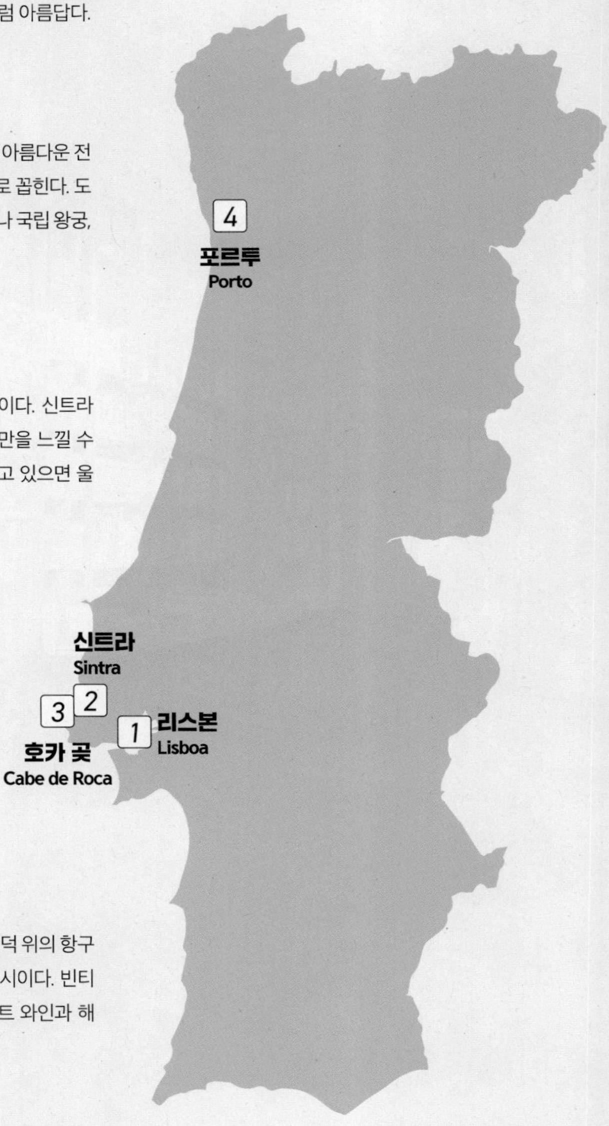

4
포르투
Porto

신트라
Sintra

3 **2** **1** **리스본**
Lisboa

호카 곶
Cabe de Roca

4 포르투 Porto

포르투갈 북부 도루 강 하구에 자리잡은 언덕 위의 항구
도시다. 리스본에 이어 포르투갈 제2의 도시이다. 빈티
지 도시답게 곳곳에 낭만이 배어 있다. 포트 와인과 해
리포터의 도시로도 유명하다.

포르투갈 기본정보

여행 전에 알아두면 좋을 포르투갈의 기본정보를 소개한다.
화폐, 시차, 음식, 물가 등 포르투갈의 일반 정보와 주요 축제, 날씨와 기온을 안내한다.
꼼꼼하게 챙기면 포르투갈 여행이 더 즐거울 것이다.

공식 국가명 포르투갈 공화국República Portuguesa

수도 리스보아Lisboa

국기 녹색은 성실과 희망을, 빨간색은 신대륙 발견에 쏟은 포르투갈인의 피를 상
징한다. 가운데에는 항해 도구인 천구의가 있고, 방패에 그려진 것은 무어인에게
서 되찾은 7개의 노란색 성과 무어인들을 무찌른 5인의 왕을 의미한다. 청색 방패
안에 5개 점은 예수가 십자가에 못 박힐 때 입는 상처, 즉 예수의 고난을 상징한다.

정치체제 공화제

면적 92,090㎢(한국의 약 0.9배)

인구 약 10,295,909명

종교 로마가톨릭교(84.5%), 기타 기독교(2.2%)

언어 포르투갈어

1인당 GDP 26,012$(2023년 기준)

공휴일 1월 1일 새해New Year's Day

　　　　4월 7일(2023년 기준) 성 금요일Good Friday(2024년 3월 29일)

　　　　4월 9일(2023년 기준) 부활절Easter Sunday(2024년 3월 31일)

　　　　5월 1일 노동절Labor Day / May Day

　　　　6월 10일 포르투갈의 날Portugal Day

　　　　8월 15일 성모 승천일Assumption of Mary

　　　　10월 5일 공화국 선포일Republic Day

　　　　11월 1일 모든 성인의 날All Saints' Day

　　　　12월 1일 독립 기념일Restoration of Independence

　　　　12월 8일 성령 수태일Feast of the Immaculate Conception

　　　　12월 25일 성탄절Christmas Day

비자 무비자(최대 90일까지 체류 가능)

화폐 유로화(€, EUR) 지폐 5·10·20·50·100·200유로 동전 1·2·5·10·20·50센트, 1·2유로

환율 1유로는 약 1,400원, 100유로는 약 140,000원

주요 축제 카니발(2월 말~4월 초, 포르투갈 전역),

　　　　　세마나 산타(4월 부활절 기간, 포르투갈 전역)

　　　　　성 안토니오 축제(6월 13일, 리스본)

　　　　　상 주앙 축제(6월 23일, 포르투

©wallpaperflare.com

포르투갈의 날씨와 기온

포르투갈은 사계절 모두 여행하기에 적합하다. 일 년 내내 기온은 온화하며, 5~9월은 건조하고 10~3월은 비가 많이 온다. 최근에는 이상 기후로 7~8월 기온이 40℃에 이르기 때문에, 여름에 여행한다면 선크림과 모자, 선글라스는 필수다.

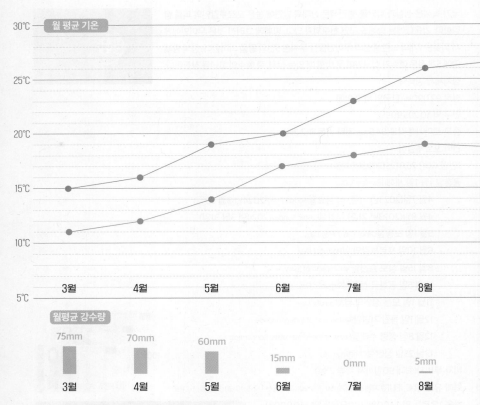

월 평균 기온

월평균 강수량

봄 3~5월 · 3월 75mm · 4월 70mm · 5월 60mm · 6월 15mm · 7월 0mm · 8월 5mm

포르투갈의 계절별 날씨의 특징

봄 3~5월

3~4월은 여전히 쌀쌀하다. 일교차가 커서 해가 진 후엔 더욱 추워지니 따뜻한 옷을 챙겨가는 것이 좋다. 5월부터 본격적으로 여행하기 좋은 날씨가 시작된다.

여름 6~8월

여름에는 기온이 높고 햇빛이 강하지만, 습도가 높지 않아 불쾌지수가 높지 않다. 원래는 여름이 온화한 날씨라 여행하기에 가장 좋은 계절이었지만, 최근 이상 기후로 여름에 기온이 40℃까지 육박하는 일도 있었으니 참고하자. 여름에는 선글라스와 선크림, 모자 등을 꼭 챙기자.

포르투갈의 월별 기온과 강수량

	최저기온(℃)	최고기온(℃)	평균강수량(㎜)		최저기온(℃)	최고기온(℃)	평균강수량(㎜)
1월	9℃	15℃	110mm	7월	18℃	28℃	0mm
2월	9℃	16℃	80mm	8월	19℃	228C	5mm
3월	11℃	19℃	75mm	9월	18℃	26℃	40mm
4월	12℃	20℃	70mm	10월	15℃	23℃	115mm
5월	14℃	23℃	60mm	11월	12℃	18℃	135mm
6월	17℃	26℃	15mm	12월	10℃	15℃	105mm

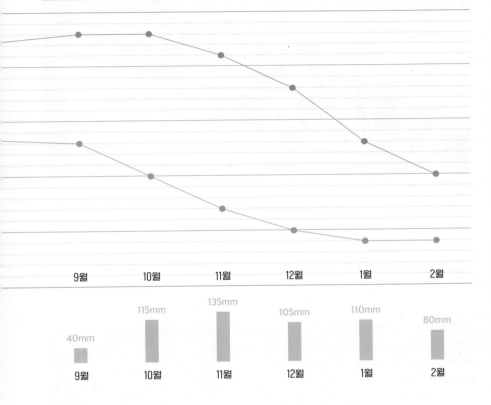

가을 9~11월

9월은 늦여름, 초가을 날씨이므로 여행하기 딱 좋다. 10월부터 서서히 비가 많이 내리기 시작한다. 10월, 11월에 비가 내리면 기온보다 춥게 느껴질 수 있으니 따뜻한 옷을 준비하자.

겨울 12월~2월

겨울은 비가 자주 내리고 바람이 많이 불어 춥다. 절대적인 기온은 한국보다 높고 영하로 떨어지진 않지만, 실내 난방시설이 되어 있지 않은 곳이 많다. 우비, 우산, 모자를 챙기고 두꺼운 옷보다는 얇은 옷 여러 벌을 겹쳐 입게 준비하는 것이 좋다.

10분 만에 읽는 포르투갈 역사

아는 만큼 볼 수 있고, 보이는 만큼 즐길 수 있다고 했다.
포르투갈의 역사를 알면 명소와 거리, 건축물에 담긴 의미와 스토리를 더 깊이 즐길 수 있다.
특별한 포르투갈 여행을 위해 포르투갈 속으로 한 걸음 더 들어가 보자.

포르투갈의 시작

약 2백만 년 전에 인류가 이베리아반도에 살기 시작했지만, 이 땅이 역사에 처음 등장한 것은 제2차 포에니 전쟁
B.C.218~202 이후 로마 제국이 지중해를 따라 영토를 넓혀갈 무렵이다. 포르투갈 민족은 기원전 7세기경 켈트족이
이베리아반도로 이주해 이베리아 원주민과 만나 혼혈족으로 형성된 것이다. 기원전 2세기부터 500여 년간 로마
의 지배를 받으며 많은 영향을 받았고, 로마가 쇠퇴한 후 서고트족이 포르투갈에 자리 잡으면서 라틴 문화의 근간
을 형성하였다.

이슬람의 지배

711년 북아프리카에서 7천여 명의 아랍 군사들이 지브롤터에 상
륙했다. 이슬람의 침입이었다. 이후 불과 몇 년 뒤에 일부 지역을
제외한 이베리아반도 대부분을 이슬람 세력이 지배하게 된다.
이에 대항하여 이베리아반도의 가톨릭 왕국들은 이슬람으로부
터 영토를 되찾기 위해 레콩키스타 운동을 벌여나갔다. 1093년
이 과정에서 포르투스 칼레 백작령이 만들어졌다. 포르투스 칼
레 백작령이란 알폰소 6세카스티야와 레온 연합 왕국의 왕가 지목한
백작 앙리 드 부르고뉴에게 현재의 브라가와 포르투 등 포르투

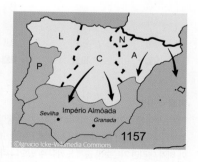

갈의 북부에 해당하는 지역을 지배하도록 하는 것으로, 이 백작
령을 통해 포르투갈이 시작되었다. 1139년 부르고뉴의 아들인 엔히크가 포르투갈 왕국을 선포하였다. 당시의 거점
도시 포르투의 라틴어 이름 포르투스 칼레에서 따다 나라 이름을 포르투갈이라 지은 것이다. 1249년 이슬람 세력
을 완전히 축출하고 레콩키스타가 완료되면서 남쪽으로 영토를 확장하여 오늘날의 포르투갈 국경이 형성되었다.

콜럼버스와 대항해 시대

포르투갈은 15세기 대항해 시대의 문을 연 주역이었다. 포르투갈의 항해가 바스쿠 다 가마Vasco da Gama가 항해왕 엔히크의 명령으로 탐험대를 이끌고 리스본의 벨렘에서 출발해 인도 항로를 개척했다. 인도 항로와 브라질을 발견해 식민지로 삼으면서 포르투갈은 막대한 자원을 축적했다. 16세기에는 세계 최대의 부를 누리며 경제, 정치, 군사 강국으로 우뚝 서게 되었다.

대지진의 비극

1755년 11월 1일, 고요한 아침, 리스본을 폐허로 만든 대지진과 쓰나미가 발생했다. 당시 약 27만 5천여 명이 거주하던 리스본에서 수만 명이 목숨을 잃었다. 건물은 물에 잠기거나 무너졌고, 화재까지 일어 도시를 재로 만들었다. 리스본은 85%가 파괴되었다. 지구상에서 일어난 가장 강력한 지진 중 다섯 손가락 안에 드는 지진이었다.

1974년, 민주화를 꽃피우다

리스본 서쪽 테주강 위에 지어진 다리는 '4월 25일 다리'라 불린다. 이 다리 이름은 1974년 4월 25일에 있었던 포르투갈 혁명을 기념하여 붙여졌다. 그날, 수많은 시민이 광장으로 쏟아져 나왔다. 당시는 안토니우 드 올리베이라 살라자르의 독재가 수십 년간 이어져 오고 있었다. 이에 저항하기 위해 오랜 시간 자유와 민주주의, 식민지 종전을 염원한 젊은 좌파 장교들로 구성된 혁명군이 쿠데타를 일으킨 것이다. 사상자는 정부 측의 발포에 의한 네 명이 전부였다. 시민들은 환호하며 혁명군의 총에 카네이션을 달아 주었다. 포르투갈은 세계 역사에서 전례 없는 무혈 쿠데타로 스스로 자유를 되찾고 민주주의를 일구어냈다. 1994년에는 EU에 가입하였다.

오늘날의 포르투갈

포르투갈은 유럽 최서단에 있어 우리와는 지리적으로도 멀고 문화적으로도 친숙하지 않은 나라이다. 그래서 지금까지 한국인의 여행지 리스트 상위권에 오르지 않았다. 여행지로서 충분히 매력적인 곳임에도 불구하고 스페인의 그림자에 가려져 빛을 보지 못한 셈이다. 하지만 포르투갈은 물가가 저렴하고, 볼거리도 다양하고, 독특한 문화 예술적 자원을 가진 나라이다. 덕분에 2018년 론리플래닛에서 선정한 꼭 방문해야 할 국가로 꼽혔고, 최근 들어 새로운 여행지로 유럽 여행을 꿈꾸는 이들에게 주목받고 있다.

포르투갈을 이해하는 핵심 키워드 4가지

언덕의 나라, 대항해 시대, 아줄레주, 파두. 포르투갈를 조금 더 알고 싶다면 이 네 가지를 기억하자.
네 가지 키워드가 품은 스토리를 이해하면 포르투갈을 좀 더 깊이 알게 될 것이다.
포르투갈 속으로 한 걸음 더 들어가 보자.

언덕의 나라

포르투갈은 언덕이 참 많다. 리스본만 해도 10개가 넘는 언덕으로 이루어져 있으며, 큰 언덕만 7개나 된다. 언덕을 오를 땐 힘들기도 하지만, 위에 올라 바라보는 풍경은 그림처럼 아름답다. 언덕 덕분에 트램이 발달한 리스본은 노란 트램이 도시의 상징이 되었다. 또 포르투는 언덕 지형으로 인해 동 루이스 1세 다리와 어우러진 아름다운 풍경이 만들어지기도 했다. 오르락내리락을 반복하다 보면 도보 여행이 쉽지 않을 수도 있지만, 반면 언덕의 높낮이가 만들어낸 이색적인 도시의 풍경은 단조롭지 않고 여행 내내 흥미를 더해준다.

대항해 시대

포르투갈은 대항해 시대의 문을 연 주역이다. 15세기 초중반 포르투갈의 엔히크 왕자의 주도로 항해가 바스쿠 다 가마Vasco da Gama가 탐험대를 이끌고 떠났다. 신항로 개척을 목적으로 하고 인도로 향했지만, 그들이 도착한 곳은 남아메리카였다. 브라질을 발견해 식민지로 삼으면서 포르투갈은 어마어마한 부를 축적해 전성기를 누렸다. 바스쿠 다 가마가 탐험대를 이끌고 출발한 곳은  바로 리스본의 벨렘이다. 현재 벨렘 지구 테주 강 연안에 대항해 시대를 기념하는 발견기념비가 세워져 있다. 배 모양을 형상화한 거대한 기념비에 대항해 시대를 이끌었던 주요 인물들의 조각이 새겨져 있다.

아줄레주

아줄레주는 '작고 윤기 나는 돌'이라는 아랍어에서 유래한 말로, 포르투갈 특유의 푸른색 도자기 타일 장식을 말한다. 마누엘 1세 때15세기에 이슬람 문화를 받아들여 유행하기 시작했다. 아줄레주는 포르투갈 건물 내외부를 장식하는 데 많이 쓰여, 포르투갈을 여행하며 곳곳에서 만날 수 있다. 아줄레주로 가장 유명한 곳은 포르투의 상벤투 기차역이다. 19세기에 지어진 이 기차역은 내부가 아줄레주로 장식되어 있어 '세계에서 가장 아름다운 기차역'이라는 칭호를 얻었다. 그 외에 포르투의 카르무 성당, 신트라 궁전, 리스본의 아줄레주 국립 박물관 등에서 아줄레주를 감상할 수 있다.

포르투갈의 소울, 파두

파두Fado는 포르투갈을 대표하는 서정적인 민속 음악이다. 포르투갈 기타와 어쿠스틱 기타의 반주에 가수가 노래를 부르는 형식으로, 애절한 멜로디에 고된 삶, 그리움, 갈망 등의 가사가 담겨 있다. 포르투갈의 소울을 담고 있어 그 정서가 우리나라의 판소리와 종종 비교된다. 리스본과 포르투에는 파두 공연과 함께 식사나 음료를 즐길 만한 곳이 많다. 보통은 공연료를 따로 받는데, 공연료가 없으면 음식값이 조금 비싼 편이다. 식사하며 파두 공연을 즐기는 경험을 한번은 해보길 권한다.

7문 7답, 여행 전에 꼭 알아야 할 포르투갈 Q&A

포르투갈 여행의 최적 시기, 포르투갈에서 꼭 해야 할 것들, 포르투갈의 치안과 화장실 이용법 등 여행 전에 꼭 알아두어야 할 정보를 7문 7답으로 풀었다. 필자가 들려주는 '이것만은 꼭 해라' 항목도 주목하자.

1. 최적 여행 시기는?

포르투갈의 여름과 가을에 해당하는 6~9월까지 여행하기 좋다. 기온은 높지만, 습도가 낮고 맑은 날이 가장 많다. 겨울에는 비가 많이 오고 바람이 불어 여행하기 좋지 않다. 7~8월에는 선글라스와 모자, 선크림 등은 필수다.

2. 며칠 일정이 좋을까?

리스본은 꽤 도시가 커서 여유롭게 돌아보려면 3~4일 정도를 추천한다. 포르투는 리스본보다 도시가 작아서 이틀이면 웬만한 곳은 다 둘러볼 수 있다. 리스본과 근교 신트라, 호카곶, 포르투까지 일주일이면 충분하다.

3. 이것만은 꼭 해라, 세 가지만 꼽는다면?

❶ 트램 타기

리스본에서는 트램을 빼놓을 수 없다. 6개의 트램 노선이 이 언덕의 도시를 낭만의 도시로 만들어 준다. 인기가 많은 노선은 28번이다. 트램을 타고 골목 곳곳을 누벼보자. 트램이 지나갈 때 인생샷을 찍는 것도 잊지 말자.

❷ 1일 1나타

포르투갈에서 에그타르트를 먹지 않는다면 포르투갈 여행을 하지 않은 것과 마찬가지다. 포르투갈에서는 에

그타르트를 '나타'라고 부른다. 에그타르트의 매력에 빠진다면 1일 1나타를 넘어서 1일 3나타도 가능할 수 있다.

❸ 포트 와인 즐기기

포트 와인은 포르투의 도루강 상류에서 재배한 포도로 만들어진다. 와인 셀러들이 도루 강변 빌라 노바 드 가이아 지역에 모여 있다. 와인 투어에 참여하면 시음도 하고 와인을 구매할 수도 있다. 포트 와인은 포르투 여행 기념품으로도 최고다.

4. 포르투갈 치안은?

유럽 국가 치고 치안이 나쁜 편은 아니다. 스페인이나 프랑스처럼 악명 높은 소매치기도 많지 않다. 하지만 관광객이 많은 곳에서는 늘 주의하고 밤늦게 골목길을 다니지 않는 것이 좋다. 특히 트램을 탈 때 주의하자.

5. 포르투갈 물가는?

포르투갈의 물가는 서유럽에서는 저렴한 편이고, 외식
물가를 제외하면 우리나라보다 저렴하다. 관광지 식당
은 우리나라와 비슷하거나 더 비싼 편이다. 반면 관광
지에서 조금 벗어난 현지인들이 애용하는 식당은 5유
로 안팎으로 굉장히 저렴하다. 마트에서 파는 식재료도
저렴한 편이다. 맥도날드나 버거킹 버거가 2.1유로 정
도, 스타벅스 커피 3.3유로 정도이다.

6. 급하게 화장실을 이용하고 싶으면?

가장 좋은 방법은 숙소나 식당 혹은 카페를 나서기 전에
화장실을 미리 이용하는 것이다. 도시 곳곳에 공중 화장
실이 있으나 돈을 내야 하는 경우가 많다. 0.5유로 정도 화
장실 시설은 매우 열악할 가능성이 크다.

7. 포르투갈에도 무료 와이파이가 있나?

숙소와 카페, 식당 등에서 무료 와이파이를 사용할 수
있다.

One More
포르투갈에서 꼭 지켜야 할 기본 에티켓

로마에 가면 로마의 법을 따라야 하듯 포르투갈에 가
면 포르투갈의 상식과 예의범절을 지켜야 한다. 포르
투갈에서 지켜야 할 에티켓은 기본적으로 유럽 다른
국가들과 비슷하다.

❶ 말하기 전에 인사부터

사람과 얘기하기 전에는 반드시 인사를 한다. 안내데
스크에 질문하기 전, 카페에서 주문하기 전, 마트에
서 물건 계산하기 전에도 인사로 시작한다. 상점, 식
당 등에 들어갈 때, 나올 때도 인사하는 것이 예의다.

❷ 문 잡아주기

건물에서 문을 열고 나갈 때 뒷사람을 위해 반드시 문
을 잡아준다. 앞사람이 문을 잡아줬다고 몸만 빠져나
가지 말고 뒷사람을 배려해 꼭 문을 잡아주도록 하자.

❸ 식당에 입장할 때

식당에 들어가서 무턱대고 자리에 앉지 않는다. 인원
수를 얘기하고 종업원이 안내해주는 곳에 앉는 것이
일반적이다. 자리가 많은 식당에서는 원하는 곳에 앉
으라고 얘기해 준다.

❹ 식당에서 주문 & 계산할 때

절대 큰 소리로 종업원을 부르지 않는다. 눈을 마주
치거나 작게 손을 드는 것이 일반적이다. 계산은 앉
은 자리에서 계산서를 요구한 후, 계산서를 받고 그
자리에서 계산한다.

❺ 팁은 필수가 아니다

다른 서유럽 국가와 마찬가지로 포르투갈에서도 팁
은 필수가 아니다. 하지만 관광객들이 많이 찾는 곳
에서는 팁을 기대하는 곳도 있다. 아주 만족스러운 서
비스를 받았을 때 본인이 원하면 팁을 남겨도 된다.

위급 상황 시 대처법

여행지에서 위급한 상황이 일어나지 않는 게 최선이지만, 혹시 일어나더라도 당황하지 말자, 하늘이 무너져도 솟아날 구멍이 있다고 했다. 만약을 위해 소매치기, 신용카드와 휴대전화 분실, 여권 분실 등 위급 상황 시 대처법을 소개한다.

1 질병과 여행 사고 대처법

여행지에서 아프거나 다치는 상황이 벌어질 수도 있다. 응급실은 예약 없이 이용할 수 있고, 일반 진료의 경우 사전 예약이 필요하다. 국공립 병원의 경우, 의료진 기술은 뛰어나지만, 시설이 낙후된 경우가 많다.

대표적인 병원 연락처
Hospital Santa Maria **국립병원/리스본대학교 부속병원**
🏠 Avenida Professor Egas Moniz, 1649-035 Lisboa 📞 +351 217 805 000 ☰ www.chln.min-saude.pt
Hospital da Luz **사립병원**
🏠 Avenida Lusadas, 100, 1500-650 Lisboa(콜롬보 쇼핑센터, Benfica 구장 옆)
📞 +351 217 104 400 ☰ www.hospitaldaluz.pt]

2 소매치기 대처법

여행지에서는 소매치기를 당하고 나서 뒤늦게 알아차리는 경우가 대부분이다. 하지만, 이러한 사고를 방지하기 위한 최선책은 귀중품을 넣은 가방을 앞으로 메거나 바지 앞주머니에 소지하는 것이다. 옆 혹은 뒤로 맨 가방은 소매치기들의 표적이 되기 매우 쉽다. 대부분 소매치기를 당한 사실조차 알아차리기 힘들다. 포르투갈의 치안은 상대적으로 안전한 편이지만, 유동인구가 많은 관광 명소에서는 조심 또 조심해야 한다.

3 휴대전화·신용카드 분실 시 대처법

경찰서에 방문하여 도난신고서를 작성해야 한다. 신용카드는 카드사에 전화하여 사용 정지를 요청해놓아야 2차 피해를 방지할 수 있다. 스마트폰은 통신사에 연락하여 사용 정지를 요청하는 게 좋다. 귀국 후 보험사에 도난신고서 및 여행자 보험 가입 증빙서를 제출하면 보상금을 받을 수 있다. 가입한 여행자 보험의 옵션에 따라 보상액은 다를 수 있다.

경찰서 정보
리스본 관광경찰서Esquadra de Turismo
🏠 Praça dos Restauradores - Palácio Foz, 1250-187 Lisboa
📞 +351 21 342 1623 이메일 lsbtur@psp.pt
포르투 관광경찰서Esquadra de Turismo
🏠 Rua Clube dos Fenianos, 11, 4000-172 Porto
📞 +351 22 208 1833 이메일 prtetur@psp.pt

4 여권 분실 시 대처법

경찰서에 여권 분실 상황을 신고하기를 권장한다. 혹시 모를 상황을 대비해 여권의 사본을
따로 준비하거나 스마트폰에 사진을 찍어두자. 대사관에서 긴급 여권을 발급받을 수 있다.
리스본 외의 지역에서 분실 시 리스본의 한국대사관까지 가야 한다.

외교부 해외안전여행 홈페이지 www.0404.go.kr

TIP) 여권 재발급 시 필요서류

여권발급신청서 1매, 여권 분실 신고서, 귀국 항공권, 긴급 여권 신청 사유서, 여권용 사
진 1매(없으면 대사관에서 촬영 가능), 신분증

주포르투갈 대한민국 대사관
🏠 Av.Miguel Bombarda 36, 7˚, 1051-802 Lisboa
대표전화(근무시간 중) 351 21 793 7200
긴급 연락처(사건·사고 등 긴급상황 발생 시, 24시간) 351 91 079 5055
이메일 embpt@mofa.go.kr

5 전화 거는 방법

이 책의 전화번호에서 351은 포르투갈의 국가번호이다. 한국에서 포르투갈로 국제 전화 걸 때는 001 등 국제 전
화 접속 번호와 351을 누른 다음 책에 표기된 숫자를 누르면 된다. 유럽의 다른 국가에서 포르투갈로 전화 걸 때
는 00과 국가번호 351을 누른 다음 전화번호를 누르면 된다. 현지에서 맛집, 명소 등에 전화 걸 때는 국제 전화
접속 번호와 국가번호 없이 전화번호만 누르면 된다.

예) 전화번호가 21 887 5077일 경우
한국에서 001-351-21-887-5077
유럽 다른 국가에서 00351-21-887-5077
포르투갈 내에서 21-887-5077

6 긴급 연락처

경찰 112
병원 808 24 24 24 (www.saude24.pt)
구급차 112
화재 112
전화번호 안내 118

1 여권 만들기

여권은 해외에서 신분증 역할을 한다. 출국 시 유효기간이 6개월 이상 남아있으면 된다. 유효기간이 6개월 이내면
다시 발급받아야 한다. 6개월 이내 촬영한 여권용 사진 1매, 주민등록증이나 운전면허증을 소지하고 거주지의 구
청이나 시청, 도청에 신청하면 된다.

25세~37세 병역 대상자 남자는 병무청에서 국외여행허가서를 발급받아 여권 발급 서류와 함께 제출해야 한다. 지
방병무청에 직접 방문하여 발급받아도 되고, 병무청 홈페이지 전자민원창구에서 신청해도 된다. 전자민원은 2~3
일 뒤 허가서가 나온다. 출력해서 제출하면 된다. 병역을 마친 남자 여행자는 예전엔 주민등록초본이나 병적증명서
를 제출해야 했으나, 마이데이터 도입으로 2022년 3월 3일부터는 제출하지 않아도 된다.

외교부 여권 안내 www.passport.go.kr
여권 발급 시 필요 서류 여권발급신청서, 여권용 사진 1매(6개월 이내 촬영한 사진), 신분증(유효기간이 남아있는 여권은 반
드시 지참해야 한다)
병역 관련 서류(해당자) 병역 미필자(남 18~37세)는 출국 시에 국외여행허가서를 제출해야 한다. 전역 6개월 미만의 대체의
무 복무 중인 자는 전역예정증명서 및 복무확인서를 제출하면 10년 복수 여권을 발급해준다.

우리나라 여권 파워 세계 2위

국제 교류 전문 업체 헨리엔드 파트너스에 따르면 2022년 기준 우리나라 여권 파워는
일본, 싱가포르(공동 1위)에 이어 독일과 함께 공동 2위이다. 덕분에 대한민국 여권은
여행지 내에서 소매치기의 표적이 되기 쉽다. 신분증 역할을 하니 언제나 지니고 다니
되, 분실하지 않도록 잘 보관해야 한다. 분실 등 만약의 상황에 대비해 사진 포함 중요
사항이 기재된 페이지를 미리 복사하여 챙겨가면 도움이 될 수 있다.

2 항공권 구매

언제, 어디서 구매하는 게 유리한가?

포르투갈 여행의 극성수기는 7~8월로, 이때는 항공권이 비싼 편이다. 일정이 정해졌다면 최대한 일찍(적어도 3개
월 전에) 구매하는 것이 좋다. 하지만 할인된 항공권의 경우 출발일 변경이나 취소 시 수수료를 내야 하므로 신중하
게 결정해야 한다. 주요 항공권 구매 사이트를 활용하면 한 눈에 최저가 항공권을 찾아볼 수 있다.

주요 항공권 비교 사이트
스카이스캐너 https://www.skyscanner.co.kr 카약 https://www.kayak.co.kr
와이페이모어 www.whypaymore.com 인터파크 투어 tour.interpark.com

숙소 형태 정하기

동선과 예산에 맞는 숙소를 발견했다면 예약 사이트와 숙소 공식 홈페이지에서 가격을 비교해 보자. 특가 할인 혜택이 없는 한 요즘에는 예약 사이트와 공식 홈페이지의 가격 차가 크게 나지 않는 편이다. 하지만 같은 숙소라도 예약 사이트마다 가격이 조금씩 다를 수 있으니 꼼꼼하게 비교해 보고 선택하자.

어느 지역에서 머물까?

리스본은 크게 알파마, 바이샤, 바이후 알투, 벨렘 지구로 나뉜다. 큰 도시가 아니다 보니 숙소를 어디에 잡아도 동선에 불편함은 별로 없다. 취향에 맞는 동네로 숙소 위치를 잡으면 된다. 알파마 지구는 리스본에서 가장 오래된 구시가지로, 언덕 위의 동네다. 구불구불 이어지는 골목 풍경은 서울의 북촌을 연상시킨다. 전망대가 많아 테주강과 어우러진 고풍스러운 리스본 풍경을 감상하기 좋다. 리스본의 아름다운 풍경 속에 머물고 싶으면 숙소를 알파마 지구에 잡는 게 좋다. 바

이샤 지구는 시내 중심부의 구시가지로 리스본 여행의 출발점이다. 코메르시우 광장에서 아우구스타 개선문을 통과하여 상점과 식당이 밀집한 아우구스타 거리로 접어들면 본격적인 리스본 여행이 시작된다. 여행 동선 잡기 좋은 위치의 숙소를 원한다면 바이샤 지구가 좋다. 고지대인 바이후 알투 지구는 산타주스타 엘리베이터로 저지대인 바이샤 지구와 연결된다. 가헤트 거리나 카르무 거리에는 상점과 카페, 음식점이 많아 여행하기 편리하다. 여행을 편리하게 하고 싶으면 바이후 알투 지구가 적당하다. 벨렘 지구는 바이샤 지구 서쪽의 테주강 하류에 있다. 발견 기념비, 벨렘탑, 세계 문화유산인 제로니무스 수도원 등이 있으며, 대항해 시대의 꿈과 영광을 찾아볼 수 있는 곳이다. 리스본의 역사적 명소에 들르기 좋은 위치에 숙소를 잡고 싶으면 벨렘 지구가 적당하다.

숙소 예약하기

동선과 예산에 맞는 호텔을 발견했다면 예약 사이트와 호텔 공식 홈페이지에서 가격을 비교해 보자. 특가 할인 혜택이 없는 한 요즘에는 예약 사이트와 공식 홈페이지의 가격 차가 크게 나지 않는 편이다. 오히려 공식 홈페이지에서 회원가입을 한 후 직접 예약을 하면 기념일 케이크나 식음료 할인 쿠폰 등을 제공하는 등 혜택을 볼 수 있다.

호텔스닷컴 www.hotels.com 아고다 www.agoda.com 익스피디아 www.expidia.co.kr
호스텔 www.korean.hostelworld.com 에어비앤비 www.airbnb.co.kr

패키지 여행의 경우 상품 안에 여행자 보험이 가입되어 있지만, 자유 여행을 준비한다면 여행자 보험에 직접 가입해야 한다. 보험료는 보상 범위에 따라 크게 다르지만 통상 1~5만원 정도이다. 최근에는 일부 신용카드로 항공권 구매 시 무료 여행자 보험 혜택을 주는 경우도 많으니 확인해보는 것이 좋다. 여행 중 현지에서 문제 발생 시 병원에서는 진단서 및 영수증을, 도난 및 분실물은 관할 경찰서에서 증명서를 받아야야 보상받을 수 있다. 공항에서 가입하는 여행자 보험료는 상대적으로 비싼 편이니 미리 가입하는 것을 추천한다.

5 예산 짜기

여행의 주요 목적미식, 체험, 쇼핑, 명소 관람과 일정에 따라 예산은 다 다를 수 있다. 여기에서는 항공권, 숙소, 식비, 교통비 등 일반 예산의 최대, 최소 비용을 소개하기로 한다. 학생이 국제학생증을 미리 준비해 온다면 박물관, 명소 등에서 할인 혜택을 볼 수 있다.

항공권 비용 150만 원~250만 원(한국 출발 기준)
코로나 19로 급격하게 높아졌던 항공료는 이제 거의 안정세를 찾았지만, 코로나 전을 생각하면 여전히 비싸다. 일정이 정해졌다면 미리 예매하는 것이 그나마 저렴한 항공권을 구할 방법이다.

숙박비 1일 3만 원~50만 원(하루 기준)
포르투갈은 호스텔에서부터 호텔까지 숙박 형태에 따라 가격이 천차만별이다. 하루 2만 원 대의 도미토리부터 40~50만 원 대의 5성급 고급 호텔까지 다양하다. 3성급 호텔은 10만 원대로 구할 수 있다. 각자 예산에 맞게 선택하면 된다.

식비 3만 원~10만 원 이상(하루 1인 기준)
포르투갈은 다른 서유럽 국가보다 물가가 저렴한 편이다. 관광지 식당은 우리나라와 비슷하거나 조금 더 비싼 편이지만, 관광지에서 조금 떨어진 현지인 애용 식당은 5유로 안팎으로 저렴하게 식사할 수 있다. 하지만 괜찮은 레스토랑에서 맛있는 음식을 먹고 싶다면, 음료 포함 인당 40유로 이상 예상하는 것이 좋다. 마트에서 식재료는 저렴하게 구매할 수 있다.

교통비 2,400원~15,000원(하루 기준)
포르투갈의 도시는 크기가 크지 않으므로 웬만한 곳은 도보로 여행할 수 있다. 리스본에서는 주로 도심에서 조금 떨어져 있는 벨렝 지구에 갈 때 대중교통을 이용한다. 그밖에 특별한 체험을 위해 트램을 타기도 한다. 지하철, 트램, 버스 등 모든 교통수단을 하루 동안 이용할 수 있는 1일권이 10.7유로로 원화로 15,000원 정도이다.

입장료 및 체험비 1만 원~4만 원(하루 기준)
포르투갈은 박물관이나 미술관 등 입장료를 내고 방문할 곳이 많지는 않다. 입장료도 보통 10유로 이하이기 때문에 2곳 정도 방문한다고 해도 하루 2만 원 정도면 충분하다. 식사와 함께 파두 공연을 관람한다면 식사 외에 최소 5유로부터 15유로 정도 비용이 추가된다.

6 환전하기

국내 주거래 은행에서 환전하는 게 가장 유리하다. 최근에는 대부분 명소와 레스토랑에서 신용카드나 해외 결제 가능한 체크카드 등으로 결제할 수 있다. 소매치기 등의 사고를 방지하기 위해서라도 너무 많은 현금은 들고 다니지 않는 것이 좋다. 현금과 여행용 카드를 병행해서 사용하면 편리하다. 경비의 40~50%를 환전하고 나머지 금액은 현지에서 카드를 사용하거나 현금이 모자란 경우 ATM기로 인출하면 된다. 여행할 때 대부분 50유로 이하의 지폐를 사용하므로 환전할 때 10, 20, 50짜리 지폐로 잘 분배해서 받도록 하자.

7 짐 싸기

무게 줄이는 법

짐은 꼭 필요한 물건만 체크리스트를 만들어 하나하나 점검하면서 싸는 게 좋다. 특히 항공사 수하물 무게 규정을 초과하는 경우 추가 비용을 지급해야 하기에, 아래 소개하는 필수 준비물 중심으로 챙기고 더 필요한 건 현지에서 구매하는 것도 괜찮다. 또한, 기내에 반입 가능한 물품과 수하물로 부쳐야 하는 용품을 꼭 구분해야 한다.

짐 싸기 체크 리스트

품목	비고	품목	비고
여권	유효기간 6개월 이상	속옷, 양말	겨울철 방문 시 내복 및 레깅스 준비
여권 사본	여권 분실 시 필요	선글라스	여름 방문 시 필수
증명사진 2매	여권 분실 시 필요	슬리퍼	호스텔, 한인 민박 등에서 유용
국제운전면허증	렌터카 이용 시 필요	샤워용품, 세면도구, 드라이기, 화장품	100ml 초과 시 기내반입 불가, 수하물로 부칠 것
국제학생증	호스텔, 관광지, 교통비 할인		
신용, 체크카드	해외 결제 가능용		
현금	비상용으로 1일 20~30유로	자외선 차단제	여름에 필수
유레일패스	유럽 여러 나라 여행 시	휴대폰, 카메라, 보조배터리 등	-
지퍼백	기내에서 사용할 소량 액체류 물품 반입 시 필요	심카드(e심)	유심 혹은 e심으로 준비
겉옷	계절에 맞게 준비	우산, 우의	겨울에 강수량 많음
멀티탭	장기 여행자 필수품. 핸드폰과 카메라 동시 충전 시 유용	상비약	현지에서도 구매할 수 있으나, 평소 복용 약이 있다면 미리 챙겨두자.

* **제한적 기내반입 가능 품목** 소량의 액체류 개별 용기당 100ml 이하, 1개 이하의 라이타 및 성냥
* **기내반입 금지품목** 날카로운 물품(과도, 칼, 스포츠 용품(야구 배트, 골프채) 등은 기내에 가지고 탈 수 없으며, 수하물로 부쳐야 한다.
* **위탁 수하물 금지품목** 휴대용 보조배터리는 수하물로 부칠 수 없고 기내에 가지고 타야 한다.

도심공항터미널이용법

서울역 도심공항터미널에 가면 일부 항공사 탑승객으로 한정되지만, 탑승 수속절차·수하물 부치기·출국 심사까지 사전에 처리할 수 있어 편리하다. 공항터미널에서 인천공항으로 이동하는 버스도 있어 더 좋다. 붐빌 것을 대비해 비행기 탑승 최소 3시간 전에는 수속절차를 마치는 게 좋다.

*삼성동 코엑스 도심공항터미널은 폐쇄되었다. 광명역 도심공항터미널에서는 리무진 버스만 운행한다.

서울역 도심공항터미널에서 탑승 수속 가능한 항공사

대한항공, 아시아나항공, 제주에어, 진에어, 티웨이, 에어서울, 에어부산

이용 가능 시간 05:20~19:00 홈페이지 www.arex.or.kr

출발 2시간 전 도착

항공사 사정이 수시로 변할 수 있으므로 출발 최소 2시간, 성수기나 연휴 기간에는 최소 3시간 전에는 공항에 도착하는 편이 안전하다. 항공사마다 제1여객터미널, 또는 제2여객터미널로 탑승 장소가 다르다. 탑승 장소를 미리 확인하자. 설령 원하는 터미널에 도착하지 못했더라도 걱정하지 말자. 무료 공항 셔틀버스로 어렵지 않게 이동할 수 있다.

인천공항 안내 : 제1, 제2터미널

인천공항은 제1여객터미널, 제2여객터미널이 운영되고 있다. 대한항공, KLM, 에어프랑스, 델타, 가루다인도네시아, 중화항공 등 주로 스카이팀 소속 항공사는 제2여객터미널을, 그 외 항공사는 기존의 제1여객터미널을 사용한다. 혹시 실수로 다른 터미널에 내렸다고 걱정하지 말자. 무료 공항 셔틀버스로 어렵지 않게 제1, 또는 제2터미널로 이동할 수 있다. 이동 시간은 20분 이내이다.

인천공항 터미널 간 셔틀버스 운행 정보

제1여객터미널에서는 3층 중앙 8번 승차장에서, 제2여객터미널에서는 3층 중앙 4~5번 승차장 사이에서 탑승한다. 제1여객터미널의 셔틀버스 첫차는 오전 05시 54분, 막차는 20시 35분에 출발한다. 제2여객터미널의 첫 셔틀버스는 오전 04시 28분, 막차는 00시 08분에 출발한다. 터미널 간 이동 시간은 약 15~18분이다. 배차 간격은 10분이다.

셔틀버스 운영사무실 032-741-3217

탑승 수속과 짐 부치기

E-티켓에 적힌 항공사와 편명을 공항 안내 모니터에서 확인 후 해당 항공사 카운터로 간다. 비행기 출발시각 2~3시간 전부터 카운터를 연다. 카운터에 여권을 제시하고 수하물을 부치면 탑승권과 수하물 보관증을 준다. 항공사 및 좌석 등급에 따라 수하물을 개수와 무게가 다르므로 미리 해당 항공사 홈페이지를 통해 체크하자.

포르투갈 행 항공편 기내반입 및 위탁 수화물 규정

항공사	기내반입 수하물	위탁 수하물
대한항공	이코노미 클래스 : 1개 10kg 이하, 수하물 3면의 합 115cm 이내 프레스티지&일등석 : 총 2개 18kg 이하, 수화물 3면의 합 115cm 이내	일등석 : 3개, 각 32kg 이하 프레스티지석 : 2개, 각 32kg 이하 일반석 : 1개, 23kg 이하
아시아나항공	이코노미 클래스 : 1개 10kg 이하 비즈니스 클래스 : 총 2개(각 10kg 이하), 수화물 3면의 합 115cm 이내	이코노미 클래스 : 1개, 23kg 이하 비즈니스 클래스 : 2개, 각 32kg 이하
이지젯	가로*세로*높이가 45*36*20cm인 가방 1개	위탁 수하물 추가 6.99파운드부터 (무게에 따라 운송료 상이)
루프트한자	가로*세로*높이가 40*20*25cm인 가방 1개	위탁 수하물 추가 12.99파운드부터 (무게에 따라 운송료 상이)
에미레이트	가로*세로*높이가 40*20*30cm인 가방 1개	위탁 수하물 추가 11.48파운드부터 (무게에 따라 운송료 상이)

빠른 출국을 위한 유용한 팁 : 패스트트랙 이용법
자동 출입국 심사서비스
만 7세부터 대한민국 국민은 여권과 지문 인식만으로 출입국 수속을 마칠 수 있어 시간을 확실히 절약할 수 있다. 만 7세~만 18세 이하는 사전등록이 필요하다. 14세 미만까지는 법정 대리인을 확인할 수 있는 발급 3개월 이내의 신청인 상세 기본증명서 및 가족관계증명, 법정 대리인의 신분증을 가지고 등록한다.

사전등록 장소 인천공항(제1여객터미널, 제2여객터미널), 김포국제공항, 김해국제공항, 대구국제공항, 제주국제공항, 청주국제공항, 부산항 · 인천항(국제선), 서울역도심공항출장소

패스트트랙
노약자나 유아를 동반했다면 항공사 카운터에 패스트트랙 이용 여부를 확인하자. 긴 대기줄에 서지 않고 빠르게 입국 수속을 마칠 수 있어 편리하다. 만 7세 미만 유 · 소아, 70세 이상 고령자, 산모수첩을 지닌 임산부는 동반 3인까지 이용할 수 있다.

여행 실전 정보 | 현지 공항 도착부터 귀국할 때까지

1 공항에 도착해서 할 일

입국 심사받기
대한민국 국민은 포르투갈에서 무비자로 90일까지 머물 수 있다. 여권만 확실하면 별문제 없이 심사를 통과할 수 있다. 여행 등의 목적으로 무비자 단기 체류를 위한 입국이라면 만약을 대비해 입국 및 출국일을 분명히 보여줄 수 있는 왕복 항공권을 소지하도록 하자. 숙소의 주소를 명확히 알고 있는 것도 도움이 될 수 있다.

수하물 찾기
전광판에서 본인이 탑승한 항공편의 편명을 확인하면 수하물을 어디서 찾는지 금세 파악할 수 있다. 경유지가 아닌 최종 목적지에서 수하물을 찾으면 된다.

유심(이심) 구매하기
유심을 사용하면 심카드를 갈아 끼워 현지 번호를 사용해야 한다. 이심eSIM을 구매하면 심카드 없이 한국 번호로 유럽에서 데이터를 사용할 수 있다. 인터넷으로 손쉽게 구매할 수 있으므로 한국에서 출국 전 미리 구매해 놓으면 현지에 도착해 바로 사용할 수 있어 편리하다.

공항에서 환전하기
대부분 식당이나 명소에서 카드 결제가 가능하다. 그래도 현금 결제만 가능하거나 카드가 갑자기 안 되는 경우를 대비해 어느 정도의 현금은 가지고 있는 게 좋다. 공항에서 환전하면 별도의 환율 우대를 받을 수 없으니 한국에서의 환전을 추천하지만, 불가피한 경우 공항 내 환전소를 이용하거나, 현금카드를 이용해 ATM에서 현지 통화로 인출하면 된다.

1 철도

포르투갈 철도는 CPComboios de Portugal라고 하며, 국유
철도 회사다. 열차를 이용할 때 티켓은 CP 홈페이지 또는
역 매표소나 티켓 판매기에서 구매하면 된다. 열차는 크
게 5가지로 분류되는데, Alfa PendularAP, 고속 열차, Inter-
cidadesIC, 급행열차, InterregionalIR, 지역 간 노선, RegionalR,
지역 노선, UrbanU, 도시 인근이 있다. Alfa Pendular는 포르
투갈에서 가장 빠른 열차로, 우리나라의 KTX를 생각하면

©Art Prof Wikimedia Commons

된다. 가격은 가장 비싼 편이며 지정 좌석이 있고 무료 와
이파이가 제공된다. Intercidades는 포르투갈의 주요 도시를 잇는 열차로, 1·2등석이 있고 무료 와이파이가 제공된
다. AP보다는 약간 느리며 가격은 조금 싸지만 차이는 크지 않다. 리스본과 포르투 등 큰 도시를 오갈 때 AP 혹은
IC를 이용할 수 있다. Interregional은 주요 도시와 소도시를 연결해 주고, Regional은 다양한 지역을 연결해 주지
만 속도는 느린 편이다. Urban은 주요 도시리스본, 포르투, 코임브라에서 인근 지역으로 운행하는 열차이다. 리스본에
서 신트라를 갈 때 이용한다. AP, IC를 제외한 열차는 모두 자유석이며, 열차 종류에 큰 의미는 없다. 일찍 예매하면
특가 티켓Promo Ticket을 저렴한 가격에 구매할 수 있다.

티켓 구매 방법
온라인 구매
❶ 철도 홈페이지 https://www.cp.pt/passageiros/en에 접속한다. 영어, 포르투갈어 2개 언어를 지원한다. 회원 가
입을 해야 구매할 수 있다.
❷ 상단에 Buy Tickets을 클릭하고 출발지, 도착지, 날짜, 시간을 입력한다. 편도일 경우 가는 날짜를, 왕복일 경우
는 돌아오는 날짜까지 입력하고, 인원수를 선택한 후 Submit을 클릭한다.
❸ 열차 종류, 시간, 요금 등을 확인한 후 원하는 표를 선택한다. 열차 종류가 여러 개로 나오면 환승 해야 한다는
뜻이다.
❹ 이름, 여권 번호를 적어 넣고, 요금 할인 조건 등을 선택한 후 다음으로 넘어간다. 특가 티켓Promo Ticket이 있는
경우, Promo Ticket을 선택해야 할인된 티켓을 구매할 수 있다.
❺ AP, IC의 경우 좌석을 선택할 수 있다.
❻ 예약 확정 메일이나 문자를 받아보기 위해 이메일과 휴대폰 번호를 입력하고 결제 방법을 선택한 후 결제한다.
예매한 티켓은 PDF로 다운 받아서 휴대폰에 저장해두면 편리하다. 열차 탑승 시 티켓에 있는 QR 코드로 확인한다.

현장 구매
기차역 매표소 또는 비치된 발권기에서 구매할 수 있다. 목적지, 날짜, 시간, 편도 혹은 왕복인지 얘기하면 된다. 발
권기에도 종종 직원이 있어 티켓 구매를 도와준다.

포르투갈 철도 앱에서 구매
포르투갈 철도 앱인 CP로도 열차 티켓 구매가 가능하다. 간혹 앱으로는 구매가 안 되는 구간도 있지만, 열차 시간
표나 가격을 확인하기에 편리하다. 안드로이드, 애플iOS 모두 제공하며 영어로 지원된다. 이용 방법은 다음과 같다.

❶ 안드로이드 Google play에서 CP를 입력, 설치 후 출발과 목적지, 시간을 입력하면 이용 가능한 열차표를 검색, 구매할 수 있다.
❷ APP Store에서 CP를 입력. 설치 후 내용은 위와 동일

2 고속버스

포르투갈의 고속도로를 달리는 버스이다. 가격이 보통은 기차보다 저렴하며 고속버스 회사가 다양해 이용 폭도 넓은 편이다. 가까운 도시는 기차와 이용시간이 크게 차이 나지 않아 훨씬 득을 볼 때도 있다. 기차는 환승 해야 하는 경우가 많지만, 버스는 직행이 있어 노선에 따라 더 편리할 수도 있다. 포르투갈 고속도로에는 우리나라 같은 휴게소가 거의 없는 편이다. 간단한 음료나 간식이 필요하다면 미리 준비하자.

버스표는 이용할 버스 업체 홈페이지에서 미리 예매하거나 터미널의 매표소 혹은 키오스크에서 직접 구매할 수 있다. 미리 예매하는 편이 훨씬 저렴하므로 예매하기를 권장한다. 온라인으로 표를 예매할 경우 바코드가 있는 e티켓을 인쇄하거나 스마트폰에 저장한 뒤 기사에게 보여주면 된다. 상황에 따라 터미널의 키오스크에서 티켓을 인쇄해야 할 수도 있다. 좌석은 따로 지정된 경우가 거의 없기에 비어있는 자리에 앉으면 그만이다. 2층 버스의 경우 1, 2층 좌석이 구분되어 있을 수는 있다.

고속버스는 각 도시의 고속버스터미널에서 타면 된다. 버스 터미널이 우리나라처럼 잘 갖춰져 있지 않고 정류소만 덜렁 있거나 주차장인지 터미널인지 헷갈리는 수도 있으니 미리 터미널의 위치를 잘 확인하는 것이 좋다. 버스 출발 15분 전에는 미리 도착하자. 대표적인 버스 회사로는 플릭스버스flixbus, 레데 익스프레소스Rede Expressos, 집시 GIPSYY, 레넥스Renex 등이 있다. 고속버스 가격 비교 사이트 ①www.omio.com ②www.busbud.com

3 포르투갈 시내 교통

포르투갈의 대중교통은 도시마다 다르지만, 리스본과 포르투와 같은 주요 도시의 경우, 지하철, 버스, 트램, 택시가 있다. 택시를 제외한 모든 대중교통은 티켓을 구매하여 이용한다. 티켓은 역내 위치한 티켓 판매기 또는 기사에게 직접 구매할 수 있다. 교통수단을 여러 번 이용할 경우, 해당 도시의 교통 카드리스본은 비바 비아젬, 포르투는 안단테를 이용하는 것이 좋다. 탑승할 때 기계에 교통카드를 꼭 찍어야 한다. 카드를 찍지 않으면 무임승차로 간주되어 벌금을 물 수도 있다.

❶ 지하철Metro 리스본과 포르투에 지하철이 있지만, 공항 또는 기차역에서 시내로 진입하거나 나올 때를 제외하고 이용할 일이 거의 없다. 도시가 크지 않아 도보나 버스로 충분하게 이동할 수 있기 때문이다.

❷ 트램Tram 포르투갈에서 트램은 교통수단이라기보다는 상징과도 같다. 특히 리스본의 28번 트램은 도시의 상징이자 명물이다. 포르투의 트램 역시 이동을 위한 교통수단이라기보다 관광객들을 위해 운영되고 있다.

❸ 버스Bus 티켓은 정류장의 티켓 판매소나 버스 운전 기사에게 구매할 수 있다. 여행할 때 버스는 창밖으로 시내 풍경을 구경하며 둘러보기 좋은 교통수단이다.

❹ **택시**Taxi 택시는 이동수단 중 가장 편한 방법이자 가장 비싼 방법이다. 포르투갈에서는 택시를 탈 때 캐리어 1개 당 1.6유로가 추가된다. 공항에서 도시로 들어갈 때 바가지를 씌운다는 후기가 종종 들려오니, 우버나 볼트 앱을 이용해 택시를 이용하는 편이 낫다.

❺ **렌터카** 포르투갈에서 렌터카를 이용할 때는 먼저 국제운전면허증, 국내운전면허증, 신용카드, 여권이 있어야 한다. 렌터카 이용방법은 우리나라와 같다. 픽업 장소와 반환장소를 확인하고 사용이 종료되기 전에 연료를 채운 뒤 열쇠를 반납하면 된다. 유명 렌터카 업체로는 허츠Hertz, 아비스Avis, 유럽카Europcar 그리고 식스트Sixt가 대표적이며 온라인 또는 현지에서 직접 신청할 수 있다. 대부분 수동운전이며 자동운전은 선택의 폭도 좁고 가격도 비싸기 때문에 온라인으로 미리 신청 후 이용하도록 하자.

렌터카 홈페이지
허츠 www.hertz.com 식스트 www.sixt.co.kr 아비스 www.avis.de 유럽카 www.europcar.com

3 포르투갈에서 유용한 스마트폰 어플리케이션

구글맵 Google Maps
해외여행을 위한 최고의 어플리케이션이다. 지도를 따로 구매하지 않아도 스마트폰으로 편리하게 위치를 찾도록 도와준다. 미리 오프라인 지도를 다운 받아 놓으면 별도의 인터넷 접속 없이도 지도를 이용할 수 있다.

구글 번역기
현지 언어를 몰라도 의사소통할 수 있도록 도와주는 번역기다. 언어를 선택한 후 글자 혹은 말로 입력하면 번역해준다. 완벽하진 않지만, 의사소통되지 않는 경우 요긴하게 사용할 수 있다.

CP 포르투갈 철도
포르투갈 열차 시간 확인 및 티켓 예매할 때 사용할 수 있는 앱이다. 일부 앱으로 예약이 안 되는 구간이 있으면 웹사이트에서 예매할 수 있다.

시티맵퍼 Citymapper
길 찾기 지도 어플리케이션이다. 지하철 노선도를 이용하기 좋다. 빨리 나갈 수 있는 출구, 갈아타는 곳 등의 정보를 상세하게 제공한다.

우버 Uber
택시 이용자를 위한 어플리케이션이다. 한국에서 다운 받으려 하면 우티UT가 뜨는데, 우티는 택시 이용자를 위한 해외여행 필수 앱 우버가 한국 여행자에 맞춰 개발한 앱이다. 국내는 물론 유럽에서도 별다른 설정 없이 우버 시스템을 이용할 수 있다. 결제 카드를 등록해야 하며, 첫 이용 시 50% 할인 쿠폰을 제공한다.

볼트 Bolt
택시 이용자를 위한 어플리케이션이다. 사용법은 우리나라의 카카오 택시와 비슷하다. 결제를 위해 카드를 한국에서 미리 등록하고 가는 게 좋다.

마이리얼트립 Myrealtrip
현지에서 급하게 투어를 예약하고 싶을 때 이용하기 좋은 어플리케이션이다. 도심 투어, 명소 투어, 교외 투어 등도 있고 입장권이나 액티비티 예약에 유용하다.

더 포크 The Fork
트립어드바이저의 식당 예약 앱으로, 식당 예약을 할 수 있고, 할인도 받을 수 있다. 모든 식당이 다 가능한 건 아니지만 꽤 많은 식당이 등록되어 있고, 원하는 시간에 손쉽게 예약할 수 있어 편리하다. 사용할 때마다 포인트가 쌓이고, 포인트 실적에 따라 할인을 받을 수 있다.

4 포르투갈 떠나기

공항으로 가는 방법
기존 공항에서 시내로 왔던 방법을 역으로 활용하면 된다. 공항은 대부분 여행객으로 붐비므로, 탑승 3시간 전에는 공항에 도착해서 탑승 수속 및 짐 부치기를 진행하길 권한다.

탑승 수속과 짐 부치기
본인이 탑승할 항공사의 부스에서 탑승 수속 진행하면 된다. 다만 여행 후 짐이 많아 수하물 규정을 초과하면 추가 비용이 발생한다. 이럴 땐 사전에 무게를 측정한 후 본인이 부담해야 할 초과 비용을 예상해보고 미리 준비하자.

부가세 환급받기
❶ 모든 상품의 부가세를 환급해주는 건 아니다. 택스 리펀 제휴 가맹점 VAT REFUND, TAX FREE, TAX REFUND에서 쇼핑한 상품만 환급해준다. 백화점, 아웃렛, 브랜드 숍에 주로 택스 리펀 로고가 붙어 있다. 물건을 사기 전에 부가세 환급TAX FREE, VAT REFUND, TAX REFUND이 가능한지 확인하는 게 좋다. 표준부과 세율은 23%이고 와인과 악기는 13%, 약국 제품과 책은 6%이다. 단, 온라인 쇼핑은 부가세 환급 대상이 아니다. 동일 매장에서 50유로 이상 구매하면 직원이 택스 리펀 서류를 준다(주지 않으면 요청하면 된다). 서류에 이름과 여권 번호, 구매한 제품명, 제품 가격, 환급받을 금액 등을 적는다. 직원이 써주기도 하는데, 서류 내용을 반드시 확인한다.
❷ 택스 리펀 신청을 위해 탑승권이 필요하므로 먼저 비행기 체크인을 한다. 위탁 수하물에 택스 리펀 대상 물품을 넣어놓고 체크인 시 택스리펀을 받아야 한다고 말한다.
❸ Tax Free라고 적힌 세관alfandega customs으로 가서 환급 서류에 도장을 받은 후, 체크인 카운터에 가서 위탁 수하물을 보낸다. 이때 체크인하는 줄은 서지 않고 바로 직원에게 수하물을 전달하면 된다.
❹ 보안 검색대를 통과해 들어가면 보이는 택스 프리 카운터에 환급 서류를 제출한다. 환급 방법은 신용카드 또는 현금 중에 선택한다. 현금으로 받을 경우 건당 수수료 3유로가 부과된다.
❺ 카드로 환급받으면 별도 수수료가 없다. 단, 원화로만 받을 수 있고, 짧게는 4주 길게는 10주까지 기다려야 한다.

부가세 환급 신청 시 준비물 여권, 비행기 탑승권, 제품 구매 매장에서 증빙한 세금환급신청서 및 영수증, 구매 물품

One More

세금 환급 시 주의 사항

❶ 보안 검색 후에도 세관 환급 창구가 있으나, 구매한 물품을 보여달라고 하는 경우가 있어 불편하다. 되도록 보안 검색 전에 환급 신청을 끝내자.

❷ 공항에서 현금으로 환급받는 경우 줄을 길게 서서 기다려야 하거나, 환급 절차 진행이 더뎌 시간이 좀 걸릴 수 있다. 공항에서의 환급을 계획하고 있으면 만약을 대비해 비행기 탑승 최소 2시간 반 전에는 공항에 도착하기를 권한다.

❸ 텍스 리펀을 받은 후, 유럽연합국가에서 90일 이내에 귀국하여야 한다.

❹ 사용하거나 소비된 제품은 세금 환급에서 제외된다. 구매 당시의 상태를 유지하도록 하자.

❺ 세관의 도장을 받은 텍스 리펀 서류는 만약을 대비해 사진을 찍어두자. 문제가 생길 시 증거 자료가 될 수 있다.

보안 검색과 출국 심사

입국과는 달리 출국 시에는 심사 및 보안 검색이 까다롭지 않다. 기내에 들고 갈 수 없는 휴대용 배터리, 날카로운 물건, 액체류 등은 사전에 비우고 보안 검색에 임하는 게 좋으며 출국 심사는 별다른 문제가 없다면 곧 출국 도장을 찍어줄 것이기에 크게 걱정하지 않아도 된다.

일정별 베스트 추천 코스

1 리스본+포르투 5박 6일

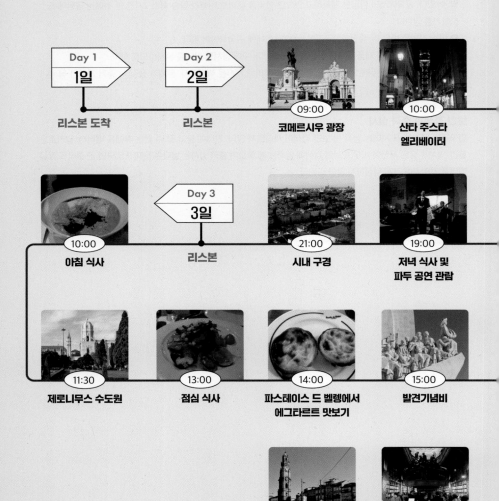

Day 1 / 1일 — 리스본 도착

Day 2 / 2일 — 리스본

09:00 코메르시우 광장

10:00 산타 주스타 엘리베이터

10:00 아침 식사

Day 3 / 3일 — 리스본

21:00 시내 구경

19:00 저녁 식사 및 파두 공연 관람

11:30 제로니무스 수도원

13:00 점심 식사

14:00 파스테이스 드 벨렝에서 에그타르트 맛보기

15:00 발견기념비

16:00 클레리구스 성당과 종탑

15:00 렐루 서점

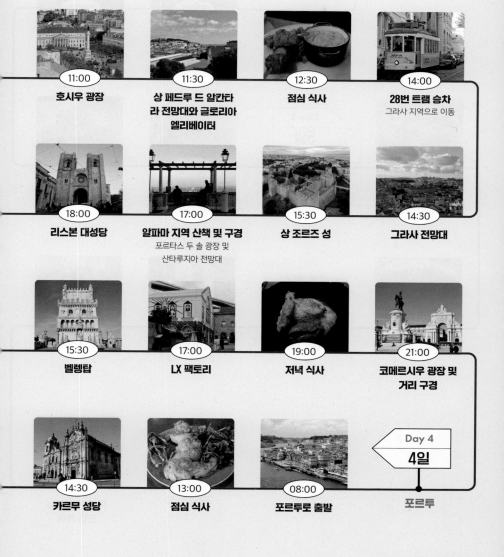

11:00 호시우 광장

11:30 상 페드루 드 알칸타라 전망대와 글로리아 엘리베이터

12:30 점심 식사

14:00 28번 트램 승차
그라사 지역으로 이동

18:00 리스본 대성당

17:00 알파마 지역 산책 및 구경
포르타스 두 솔 광장 및 산타루지아 전망대

15:30 상 조르즈 성

14:30 그라사 전망대

15:30 벨렝탑

17:00 LX 팩토리

19:00 저녁 식사

21:00 코메르시우 광장 및 거리 구경

14:30 카르무 성당

13:00 점심 식사

08:00 포르투로 출발

Day 4
4일

포르투

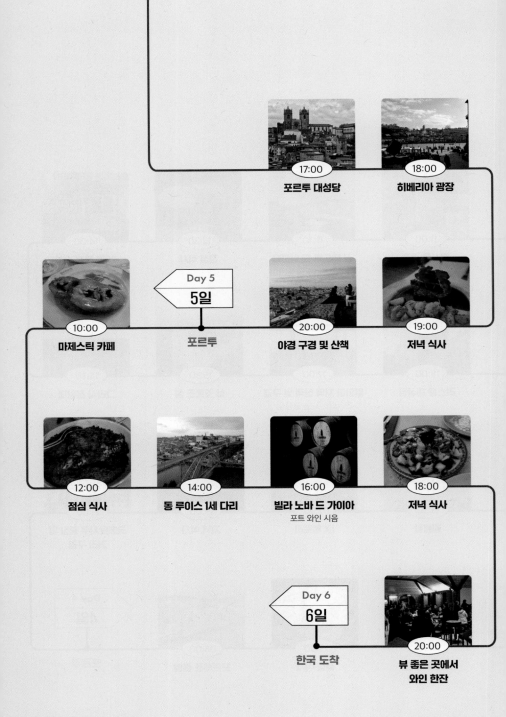

17:00
포르투 대성당

18:00
히베리아 광장

Day 5
5일
포르투

10:00
마제스틱 카페

20:00
야경 구경 및 산책

19:00
저녁 식사

12:00
점심 식사

14:00
동 루이스 1세 다리

16:00
빌라 노바 드 가이아
포트 와인 시음

18:00
저녁 식사

Day 6
6일
한국 도착

20:00
뷰 좋은 곳에서
와인 한잔

2 리스본+포르투 6박 7일

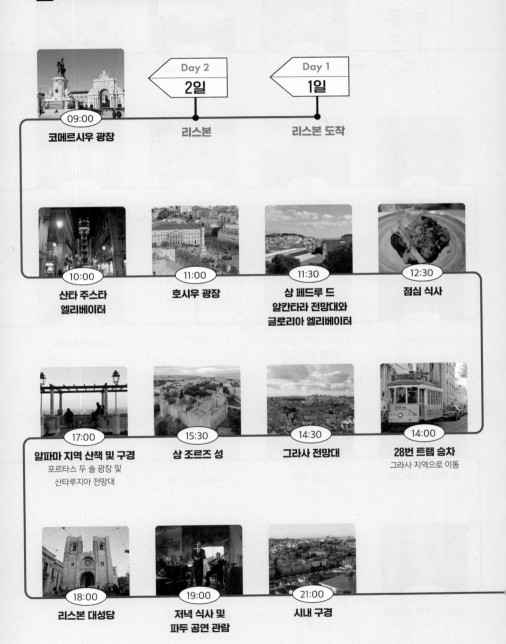

09:00
코메르시우 광장

Day 2
2일
리스본

Day 1
1일
리스본 도착

10:00
산타 주스타
엘리베이터

11:00
호시우 광장

11:30
상 페드루 드
알칸타라 전망대와
글로리아 엘리베이터

12:30
점심 식사

17:00
알파마 지역 산책 및 구경
포르타스 두 솔 광장 및
산타루지아 전망대

15:30
상 조르즈 성

14:30
그라사 전망대

14:00
28번 트램 승차
그라사 지역으로 이동

18:00
리스본 대성당

19:00
저녁 식사 및
파두 공연 관람

21:00
시내 구경

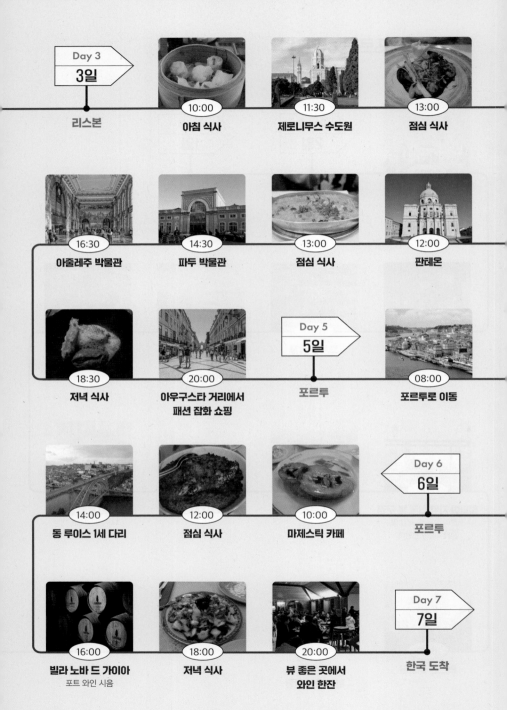

Day 3
3일

리스본

10:00 아침 식사

11:30 제로니무스 수도원

13:00 점심 식사

16:30 아줄레주 박물관

14:30 파두 박물관

13:00 점심 식사

12:00 판테온

18:30 저녁 식사

20:00 아우구스타 거리에서 패션 잡화 쇼핑

Day 5
5일

포르투

08:00 포르투로 이동

14:00 동 루이스 1세 다리

12:00 점심 식사

10:00 마제스틱 카페

Day 6
6일

포르투

16:00 빌라 노바 드 가이아
포트 와인 시음

18:00 저녁 식사

20:00 뷰 좋은 곳에서 와인 한잔

Day 7
7일

한국 도착

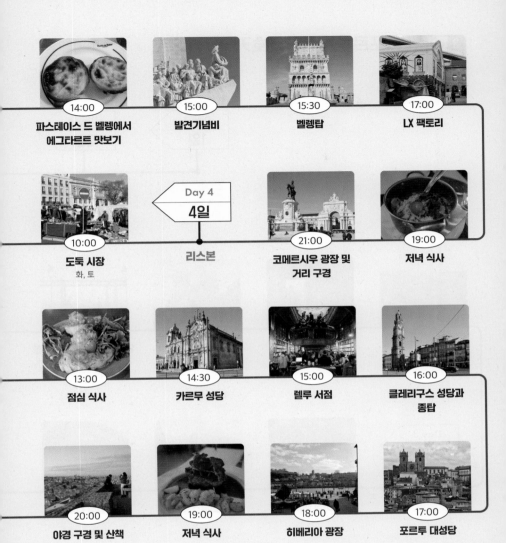

14:00 파스테이스 드 벨렝에서
에그타르트 맛보기

15:00 발견기념비

15:30 벨렝탑

17:00 LX 팩토리

10:00 도둑 시장
화, 토

Day 4
4일

리스본

21:00 코메르시우 광장 및
거리 구경

19:00 저녁 식사

13:00 점심 식사

14:30 카르무 성당

15:00 렐루 서점

16:00 클레리구스 성당과
종탑

20:00 야경 구경 및 산책

19:00 저녁 식사

18:00 히베리아 광장

17:00 포르투 대성당

③ 리스본+포르투+신트라+호카곶 7박 8일

Day 1
1일

리스본 도착

Day 2
2일

리스본

21:00
시내 구경

19:00
저녁 식사 및
파두 공연 관람

18:00
리스본 대성당

17:00
알파마 지역 산책 및 구경
포르타스 두 솔 광장 및
산타루지아 전망대

Day 3
3일

리스본

10:00
아침 식사

11:30
제로니무스 수도원

13:00
점심 식사

12:00
판테온

10:00
도둑 시장
화, 토

Day 5
5일

리스본

09:00 코메르시우 광장

10:00 산타 주스타 엘리베이터

11:00 호시우 광장

11:30 상 페드루 드 알칸타라 전망대와 글로리아 엘리베이터

15:30 상 조르즈 성

14:30 그라사 전망대

14:00 28번 트램 승차
그라사 지역으로 이동

12:30 점심 식사

14:00 파스테이스 드 벨렝에서 에그타르트 맛보기

15:00 발견기념비

15:30 벨렝탑

17:00 LX 팩토리

Day 4
4일

신트라 및 호카곶 당일치기

21:00 코메르시우 광장 및 거리 구경

19:00 저녁 식사

13:00	14:30	16:30
점심 식사	파두 박물관	아줄레주 박물관

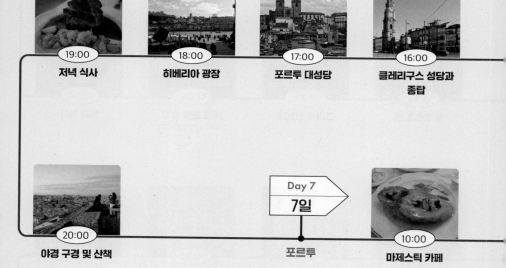

19:00	18:00	17:00	16:00
저녁 식사	히베리아 광장	포르투 대성당	클레리구스 성당과 종탑

20:00	Day 7 7일 포르투	10:00
야경 구경 및 산책		마제스틱 카페

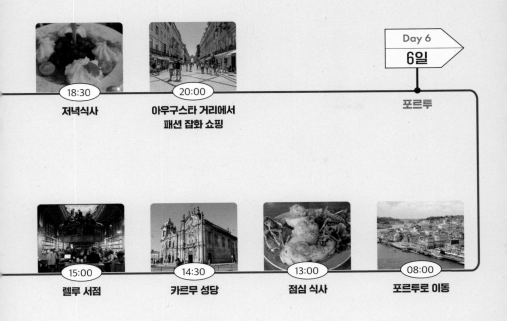

Day 6
6일

포르투

18:30
저녁식사

20:00
아우구스타 거리에서
패션 잡화 쇼핑

15:00
렐루 서점

14:30
카르무 성당

13:00
점심 식사

08:00
포르투로 이동

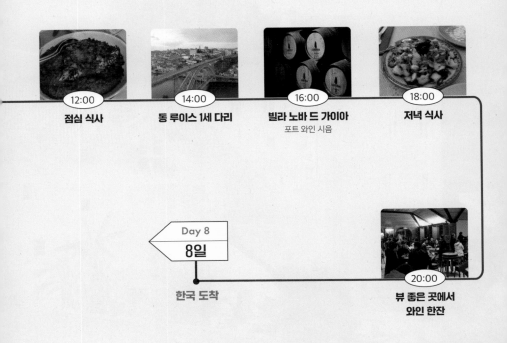

12:00
점심 식사

14:00
동 루이스 1세 다리

16:00
빌라 노바 드 가이아
포트 와인 시음

18:00
저녁 식사

Day 8
8일

한국 도착

20:00
뷰 좋은 곳에서
와인 한잔

PART 13

포르투갈
하이라이트
Highlight of Portugal

포르투갈을 특별하게 즐기는 방법 9가지
여행자의 취향과 일정에 따라 포르투갈을 즐기는 여러
가지 방법을 소개한다. 꼭 가야 할 전망명소, 아줄레주와
포르투갈의 소울 파두 감상하기, 포르투갈 여행을 더 특
별하게 해주는 트램과 와인 그리고 에그타르트 즐기기
등 맞춤 테마 여행 9가지를 제안한다.

포르투갈의 전망명소 베스트 4

포르투갈은 언덕의 도시가 많다. 리스본, 포르투 어디를 가도 지붕이 붉은 집들이 오밀조밀 모여 있다.
여기에 강변 풍경까지 눈에 담으면 이국적인 감성이 가슴을 친다.
여행에서 돌아와도 오래도록 당신의 가슴에 남을 것이다.

©Manuel Menal-flickr

©Marco Verch-CCNULL

① 리스본의 상 조르즈 성 p536

리스본에서 가장 멋진 풍경을 볼 수 있는 곳이다. 위에서 내려다보는 리스본의 시내와 테주 강 풍경이 감동적이다.
어둠이 내리기 시작하면 사람들이 상기된 표정으로 붉게 물드는 리스본의 로맨틱한 풍경을 눈과 카메라에 담는다.

② 리스본의 그라사 전망대 p535
리스본에서 가장 아름다운 전경을 볼 수 있는 전망대이다. 상 조르즈 성, 4월 25일 다리, 리스본 시내의 파스텔 색깔의 집들을 한눈에 조망할 수 있다. 노천카페도 있어 멋진 뷰를 바라보며 커피 한잔하기 더없이 좋다.

③ 리스본의 상 페드루 드 알칸타라 전망대 p517
포르투갈의 대표 시인 페르난두 페소아가 리스본의 가장 빼어난 풍경을 볼 수 있는 전망대라고 칭송했던 곳이다. 시내의 오밀조밀한 집들은 물론 저 멀리 테주강까지 한눈에 조망할 수 있으며, 특히 해 질 녘에는 아름다운 노을을 온전히 감상할 수 있다.

©pxfuel   ©Rititaneves-Wikimedia Commons

④ 포르투의 히베이라 광장 p584
알록달록한 집들, 동 루이스 1세 다리, 도루강을 한눈에 담을 수 있는 곳이다. 광장에서 이어지는 강변 거리에는 레스토랑, 노천 카페가 많다. 포트 와인을 즐기며 절경을 감상하면 당신의 여행은 금상첨화가 된다.

아줄레주 감상하기 좋은 곳 베스트 4

아줄레주는 '작고 윤기 나는 돌'이라는 아랍어에서 유래한 말로,
포르투갈 특유의 코발트 블루 도자기 타일 장식을 말한다.
마누엘 1세 때15세기에 이슬람 문화를 받아들여 유행하기 시작했다.
지금도 건물 내외부를 장식하는 데 많이 쓰인다.

©Otto Domes·Wikimedia Commons

① 리스본의 국립 타일 박물관 p538

아줄레주에 대해 더 알고 싶다면 가기 좋은 곳이다. 15세기부터 오늘에 이르기까지 아줄레주의 변천사는 물론 제작 과정까지 살펴볼 수 있다. 박물관 건물은 16세기에 수도원으로 지어진 건물이다. 아줄레주 7천여 점을 전시하고 있다. 2층에는 대지진 이전의 리스본을 담은 23m 아줄레주 벽화가 전시되어 있다.

② 포르투의 상벤투 기차역 p600

포르투 시내 중심부에 있는, 19세기에 지은 기차역이다. 내부가 아줄레주로 화려하게 꾸며져 있어, 기차역이기 이전에 건물 자체만으로도 많은 관심을 받고 있다. 덕분에 세계에서 가장 아름다운 기차역이라는 칭호까지 붙었다. 역사의 아줄레주 그림은 유명한 아줄레주 아티스트 조르즈 콜라수가 1905년부터 1916년까지 제작한 것이다.

③ 포르투의 카르무 성당 p606

18세기에 지은 성당으로 아름답고 화려한 아줄레주 벽화로 유명하다. 1912년 제작된 타일 벽화는 도루강 건너 빌라 노바 드 가이아에서 만들어진 것이다. 아줄레주 벽화 덕에 세상에서 외벽이 가장 아름다운 성당이되었다. 벽화에는 카르멜 수도회 설립 이야기가 새겨져 있다. 성당과 트램을 한 뷰에 넣으면 멋진 여행 사진을 얻을 수 있다.

④ 신트라 궁전 p562

15세기부터 20세기 초까지 포르투갈 왕실에서 여름 별장으로 사용하던 궁궐이다. 시내를 돌아 다니다 고개를 들면 쉽게 찾아볼 수 있다. 마누엘 1세 때 궁을 개보수하면서 아줄레주로 화려하게 장식하여, 지금까지도 잘 보존된 푸른 타일 장식을 볼 수 있는 곳으로 유명하다. 포르투갈에서 가장 오래된 아줄레주를 볼 수 있다.

파두 공연장 베스트 3

파두Fado는 포르투갈 특유의 소울을 품은 서정적인 민속 음악이다.
깊은 서정이 우리의 판소리와 비슷하다. 리스본에는 파두 공연을 보며 식사나 음료를 즐길 만한 곳이 많다.
포르투의 기타 상점 카자 다 기타라도 파두 공연을 즐길 수 있는 곳으로도 유명하다.

① 파레이리냐 알파마 Parreirinha de Alfama
리스본의 알파마 지구 p542

리스본에서 가장 오래된 파두 식당 중 한 곳이다. 주인아저씨의 훌륭한 기타 연주와 함께 매일 밤 실력파 가수들의 공연을 볼 수 있다. 주인아저씨는 10년 전 정부 초청으로 한국을 방문해 파두 공연을 한 적이 있을 정도로 실력파이다. 파두 공연은 밤 9시경 시작되며, 기타 연주자와 가수들이 만드는 멋진 무대가 밤늦게까지 계속된다. 공연 요금은 따로 없고 55유로짜리 코스 메뉴를 주문하면 된다. 45분 동안 세 명의 댄서와 두 명의 가수, 한 명의 기타리스트가 혼을 빼앗는 멋진 플라멩코 공연을 선보인다.

② 카자 드 리냐리스 Casa de Linhares-FADO
리스본의 알파마 지구 p541

수준 높은 파두 공연을 관람할 수 있는 레스토랑이다. 파두 공연을 하는 레스토랑 가운데 가장 고급스러우며 가격은 조금 비싼 편이다. 그러나 음식과 파두 공연 둘 다 절대 실망시키지 않는다. 요리는 미슐랭 가이드에서 추천했다. 파두 공연을 하는 레스토랑은 대개 주문해야 하는 최저 가격을 설정해두고 있지만, 이 집은 식사비와는 별도로 공연비 15유로를 내야 한다.

③ 카자 다 기타라 Casa da Guitarra
포르투의 상 벤투 기차역 주변 p613

파두는 주로 레스토랑에서 공연하는데, 가격이 비싸거나 음식이 만족스럽지 못한 경우가 종종 있다. 카자 다 기타라는 기타를 파는 상점인데, 파두 공연을 볼 수 있는 곳으로도 유명하다. 특별한 일이 없으면 매일 저녁 6시, 7시 30분, 9시에 파두 공연이 열린다. 상점 옆에 작은 공연장이 마련되어 있다. 기타리스트 두 명과 여자 가수 한 명이 60분 동안 멋진 무대를 펼친다.

포르투갈 체험 여행 베스트 5

포르투갈은 거창하지 않지만, 당신의 마음을 터치해주는 아기자기한 체험 아이템이 많아서 좋다.
서정 깊은 트램과 아기자기한 골목길, 여기에 포트 와인과 유럽의 땅끝에서 즐기는 석양까지,
포르투갈의 매력은 끝이 없다.

① 트램 타고 리스본 낭만 여행

리스본은 언덕의 도시다. 트램 6개 노선이 이 언덕 도시를 낭만의 도시로 만들어준다. 인기가 많은 노선은 28번이다. 성수기엔 사람이 많아 출발지가 아니면 자리 잡기가 쉽지 않다. 28번 트램은 코메르시우 광장, 산타 주스타 엘리베이터, 포르타스 두 솔 광장, 리스본 대성당, 상 조르즈 성 등 리스본 명소와 낭만이 흐르는 골목으로 당신을 안내해준다.

② 리스본의 알파마 지구 골목길 산책

알파마는 리스본에서도 다른 지역과 차별화되는 특색 있는 지역이다. 서울의 서촌, 또는 북촌한옥마을 같은 곳이다. 리스본 대지진 때 피해를 많이 입지 않은 덕에 옛 모습이 비교적 잘 남아 있다. 구불구불한 좁은 골목길을 따라 알파마 지구를 걷다 보면 문득, 어떤 추억의 한 조각이 떠오를 것 같다. 설령 길을 잃더라도 행복해지는 곳이다.

③ 에그 타르트 즐기기

에그타르트. 포르투갈에서는 나타라고 부른다. 나타 즐기기는 리스본 여행의 필수 코스이다. 에그타르트의 본고장이 리스본인 까닭이다. 나타는 리스본 벨렝 지구의 제로니무스 수도원의 수도사들이 탄생시켰다. 벨렝 지구엔 수도승들에게 레시피를 전수 받은, 200년 가까이 된 원조 나타 맛집이 있다.

④ 포트 와인 즐기기

포트 와인은 포르투의 도루 강 상류에서 재배한 포도로 만든다. 이런 까닭에 와인 셀러들이 도루 강변 빌라 노바 드 가이아 지역에 모여 있다. 와인 셀러 투어에 참여하면 시음도 하고, 구매도 할 수 있다. 포트 와인은 포르투 여행의 기념품으로도 그만이다.

⑤ 호카곶, 유럽의 땅끝 대서양으로 해가 진다

광염 소나타 같은 석양을 볼 수 있는 호카곶은 포르투갈의 최서단이자 유럽의 땅끝마을이다. 태양이 대서양 수평선 아래로 사라지는 모습을 보고 있으면 이곳이 거대한 대륙의 끄트머리인 게 실감 난다. 포르투갈의 시인 루이스 바스 드 카몽이스는 이렇게 노래했다. 여기에서 땅이 끝나고 바다가 시작된다.

꼭 먹어야 할 포르투갈 미식 리스트 4

어느 도시나 그렇지만 포르투갈에도 이곳에서만 맛볼 수 있는 음식이 있다.
에그타르트인 파스텔 드 나타, 다양한 문어 요리, 포르투갈 샌드위치 프란세지냐 등
이국의 음식을 맛보며 여행의 즐거움을 만끽해보자.

① 파스텔 드 나타

파스 텔 드 나타는 제로니무스 수도원에서 시작되었다. 1820년 자유주의 입헌군주국을 주창하며 후앙 6세에 반대하여 혁명이 일어나자 모든 수도원이 문을 닫았고, 수도승들도 쫓겨났다. 이후 쫓겨난 한 수도승이 타르트를 만들어 팔기 시작했는데, 이것이 에그타르트이다. 포르투갈의 빵 하면 누가 뭐래도 나타가 진리다.

② 문어 샐러드

문어 샐러드는 맛이 상큼해 느끼함을 달랠 때 먹기 좋다. 문어 외에 올리브 오일, 양파, 라임이 들어간다. 간단하게 한 끼를 해결하기에 손색이 없다. 지중해의 풍미를 담은 부드럽고 촉촉한 문어를 맛보며 포르투갈 여행의 참맛을 느껴보자.

③ 문어밥

포르투갈의 명물 메뉴이다. 문어밥은 말 그대로 문어가 들어간 밥 요리이다. 식당마다 스타일 차이가 조금씩 있지만, 대부분 우리 입맛에 잘 맞는 편이다. 여행 중에 서양 음식에 지쳐 갈 무렵 한국 음식이 생각날 때 먹기 좋다. 소화도 잘 되고 속이 편안해진다.

④ 프란세지냐

고기와 치즈가 잔뜩 들어간 샌드위치로 일명 '내장 파괴 버거'라고 불린다. 스테이크, 소시지, 햄, 빵을 겹겹이 쌓고 치즈와 소스를 듬뿍 올려 내온다. 맥주 안주로 그만이다. 여행에 지친 몸과 마음에 휴식을 주고 싶을 때 맥주 한잔하며 프란세지냐를 곁들이면 피로가 싹 풀린다.

 Eat & Drink 02

포르투갈 레스토랑 베스트 5

포르투갈에도 다양한 종류의 맛집이 있다.
스테이크는 물론 바다를 옆에 끼고 있어서 갖가지 해산물 요리도 꽤 발달해 있다.
원하는 메뉴를 정해 포르투갈의 맛을 즐겨보자. 여행의 즐거움이 더해질 것이다.

©pxfuel

① 세르베자리아 라미루 Cervejaria Ramiro
리스본 알파마 지구 p543

리스본에서 가장 유명한 해산물 식당이다. 1956년에 맥줏집으로 문을 열었다가 합리적인 가격과 빠른 서비스, 맛있는 해산물 요리로 명성을 얻어 리스본 최고의 해산물 식당 중 하나로 자리매김했다. 명성 덕분에 줄을 서는 건 기본이다. 감바스 알 라 아기요Gamba á la aguillo를 비롯하여 조개, 게, 왕새우 등 해산물 요리가 다양하다.

② 비스트로 셍 마네이라스 Bistro 100 Maneiras
리스본의 바이후 알투 지구 p521

서비스, 음식, 분위기는 물론 위치까지 뭐 하나 나무랄 데 없는 리스본 최고 식당 중 하나이다. 리스본에서 가장 맛있는 음식을 모던한 분위기에서 친절한 서비스를 받으며 맛보기를 원한다면 이 집을 추천한다. 해산물 요리가 유명하다. 어떤 요리를 주문하더라도 기억에 남는 식사를 하게 될 것이다.

③ 무 스테이크하우스 Muu Steakhouse
포르투의 상 벤투 기차역 주변 p607

트립어드바이저에서 포르투 식당 1위를 차지한 스테이크 레스토랑이다. 부위에 따라 다양한 종류의 스테이크를 판매한다. 분위기는 물론 서비스와 음식, 가격까지 나무랄 데가 없다. 식당 주인이 한국 음식을 좋아해서 식전 빵에 함께 내어주는 버터 중에는 김치 맛 버터도 있다. 저녁에만 운영되며, 예약은 필수다.

④ 칸티뉴 두 아비에즈 Cantinho do Avillez
포르투의 상 벤투 기차역 주변 p612

포르투갈에서 유일한 미슐랭 투 스타 셰프이자, 최연소 미슐랭 스타 셰프인 호세 아비에즈José Avillez의 캐주얼 다이닝이다. 그는 2014년 2스타를 거머쥐었고, 2015년에는 세계 최고 레스토랑 50에 이름을 올리기까지 했다. 해산물과 고기 요리 등 여러 가지 메뉴가 있다. 식전 빵과 함께 나오는 트러플 버터가 훌륭하며, 디저트로는 헤이즐넛을 추천한다.

⑤ 타베르나 두스 메르카도레스 Taberna Dos Mercadores
포르투의 히베이라 광장 지구 p595

히베이라 광장에서 가까운 곳에 있는 식당으로, 포르투 최고의 레스토랑으로 꼽고 싶은 곳이다. 오픈 키친이며, 테이블은 8개 남짓으로 조그마한 식당이다. 추천 메뉴는 문어밥, 해물밥, 농어구이로 모두 맛있다. 메뉴 대부분이 짜지 않고 간이 적당하여 한국인의 입맛에 아주 잘 맞는다. 규모는 작지만, 인기가 많아 예약은 필수다.

안가면 후회하는 나타 맛집 베스트 3

'나타'라고도 부르는 에그타르트. 나타 맛보기는 포르투갈 여행에서 꼭 해봐야 할 필수 코스이다.
본고장에서 맛보는 에그타르트의 맛은 포르투갈 여행을 더욱 특별하게 만들어준다.
잊지 말고 1일 1나타를 실천해보자.

① 파스테이스 드 벨렘 Pastéis de Belém
리스본의 벨렝지구 p555

180년이 넘은 파스텔 드 나타의 원조 가게이다. 에그타르트로 알려진 파스텔 드 벨렘 혹은 파스텔 드 나타는 제로니무스 수도원에서 시작되었다. 1837년 파스테이스 드 벨렘이 수도승의 레시피로 만든 나타를 팔기 위해 가게 문을 열면서 오늘에 이르렀다. 세상에서 가장 유명한 나타를 맛보기 위해 여행객의 발길이 끊이지 않는다. 바삭한 페이스트리와 달콤한 커스터드는 이 집만의 특별한 레시피로 만들어진다.

② 만테이가리아 Manteigaria
리스본의 바이후 알투 지구 p519

리스본에서 가장 유명한 원조 에그타르트 집 파스테이스 드 벨렘Pasteis de Belém과 쌍두마차를 이룬다. 파스테이스 드 벨렘의 에그타르트보다 모양이 좀 더 단정하고, 듬뿍 들어 있는 커스터드 크림도 더 달콤하다. 방금 만든 따뜻한 에그타르트를 맛볼 수 있다는 것도 이 집의 장점이다. 따뜻한 파이 위에 시나몬 가루와 슈거 파우더를 뿌려 먹으면 1유로로 조금 넘는 돈으로 입안의 행복을 만끽할 수 있다.

③ 만테이가리아 Manteigaria
포르투의 상벤투 기차역 주변 p610

포르투에서는 맛있는 파스텔 드 나타 가게를 찾기가 생각보다 어렵다. 다행히 리스본에서 가장 맛있는 나타 가게 만테이가리아가 포르투에도 지점을 냈다. 나타는 리스본의 벨렝에서 탄생했다. 만테이가리아 포르투 지점에 가면 리스본에서 건너온 원조 파스텔 드 나타를 맛볼 수 있다. 볼량 시장 바로 옆에 있으니, 에그타르트 애호가라면 포르투에 머무는 동안 '1일 1나타'를 실천해보자.

여유와 낭만이 있는
포르투갈의 카페 베스트 3

포르투갈에는 특별한 스토리를 품은 카페가 있다.

브라질레이라와 마제스틱 카페는 여행자들 사이에서 카페를 넘어 인기 명소로 대접 받는다.

유명 카페에서 차 한잔하며 나만의 특별한 추억거리를 만들어보자.

파브리카 커피 로스터는 아늑하고 편안한 분위기에서 커피 한잔 즐기기 좋은 카페이다.

① 아 브라질레이라 Café A Brasileira
리스본의 바이샤 지구 p520

여행객에게 가장 유명한 카페 가운데 하나이다. 이 카페의 테라스는 각종 투어의 모임 장소로 이용된다. 바이샤-시아두역Metro Baixa-Chiado과 가까우며, 카페가 늘 활기가 넘친다. 1905년 문을 연 이 카페는 브라질에서 직접 수입한 원두로 커피를 만들어 판매했다. 헤밍웨이가 사랑한 파리의 카페 레 뒤 마고처럼, 20세기 초 많은 지식인과 예술가들이 모여 문화를 꽃피우며 유명해졌다. 카페 입구에는 포르투갈의 대표 시인 페르난두 페소아의 동상이 세워져 있다.

② 파브리카 커피 숍 FÁBRICA
리스본의 바이후 알투 지구 p526

리스본에서 가장 맛있는 커피를 마실 수 카페이다. 직접 로스팅하고, 커피 빈을 판매하기도 한다. 아늑하고 편안한 분위기로 현지인들의 쉼터 노릇을 하고 있다. 큼직한 테이블에서 편안하게 커피를 마시며 책을 읽거나 노트북으로 일하는 사람들을 종종 볼 수 있다. 간단한 아침 식사를 하기에도 안성맞춤이다. 토스트와 직접 짜낸 오렌지 주스가 아주 맛이 좋다. 토스트를 먹은 후 에스프레소를 한 잔 마시고 나면 몸도 마음도 더불어 상쾌해진다

③ 마제스틱 카페 Majestic Café
포르투의 상 벤투 기차역 주변 p611

해리포터가 이곳에서 탄생했다. 마제스틱 카페는 벨 에포크 시대를 연상시키는 아르누보 스타일 인테리어가 멋진 곳이다. 카페이기 이전에 '세상에서 가장 아름다운 카페 10위' 안에 이름을 올린 포르투의 대표적인 명소이다. 고풍스러운 인테리어 덕분에 오래된 카페 느낌이 난다. 1923년에 문을 열었다. 많은 예술가와 유명인이 찾았던 곳인데, 해리포터의 작가 조앤 롤링이 포르투에 머물던 시절 해리포터를 집필했던 곳으로 알려져 더욱 유명해졌다.

포르투갈의 베스트 기념품 5가지

포르투갈에서는 대단한 쇼핑을 하기보다 다른 나라에서는 구하기 힘든 독특한 기념품을 구매하는 게 좋다.
지인들에게 특색 있는 선물하기도 좋고, 집 안에 놓아두면 새록새록 여행의 추억이 떠올라 마음이 즐거워진다.

① 포트 와인 p590

기념품으로 구매하기 좋다. 빌라 노바 드 가이야 지역의 와인 셀러에서 테이스팅을 해보고 취향에 맞는 와인을 하나쯤 골라보자. 포트 와인은 도루강 상류에서 재배한 포도로 제조한 와인으로, 발효 과정에 브랜디를 첨가하여 알코올 도수를 높였다. 칼렘 그라함, 코프케, 타일러 등이 대표 브랜드이다.

② 아줄레주

아줄레주는 포르투갈 특유의 도자기 타일 장식이다. 아줄레주라는 말은 '작고 윤이 나는 돌'이라는 뜻을 가진 아랍어에서 유래했다. 푸른 빛 나는 도자기 타일 아줄레주는 포르투갈을 대표하는 기념품이다. 크기와 무늬가 다양한 아줄레주를 파는 상점이 많다. 포르투갈을 추억하는 장식품으로 그만이다.

③ 클라우스 포르투 비누 & 쿠토 치약 p595

클라우스 포르투Claus Porto는 포르투갈뿐만 아니라 유럽에서도 알아주는 명품 비누이다. 패키지가 예쁘고 향기가 은은해 여행자에게 인기가 많다. 포르투갈 국민 치약 쿠토Couto의 인기도 좋다. 불소와 파라벤을 첨가하지 않았으나 살균과 소독 작용이 탁월하다. 패키지도 예쁘다.

④ 마그네틱

마그네틱은 저렴하고 가벼워 언제나 여행자에게 인기가 많은 기념품이다. 포르투갈 마그네틱에는 이 나라를 상징하는 닭, 트램, 정어리 등이 많이 그려져 있다. 몇 가지 사와 냉장고에 붙여놓자. 냉장고 문을 열 때마다 포르투갈 여행을 추억할 수 있을 것이다. 가볍게 선물로 주기도 편하다.

⑤ 정어리 통조림 p526

포르투갈 바다에서는 정어리가 많이 잡힌다. 정어리는 대구, 문어와 더불어 포르투갈을 대표하는 수산물이다. 정어리로 만든 통조림은 포르투갈 여행 기념품으로 손꼽히는 아이템이다. 알록달록하고 레트로한 패키지 덕분에 더욱 가치가 있다. 올리브, 대구, 문어 통조림도 있다.

PART 14

리스본

Lisboa

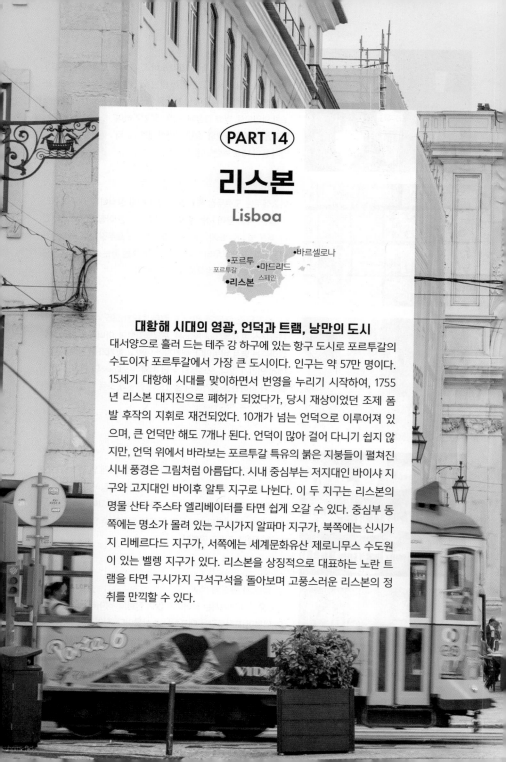

•바르셀로나
•포르투
•마드리드
포르투갈
•리스본 스페인

대항해 시대의 영광, 언덕과 트램, 낭만의 도시

대서양으로 흘러 드는 테주 강 하구에 있는 항구 도시로 포르투갈의
수도이자 포르투갈에서 가장 큰 도시이다. 인구는 약 57만 명이다.
15세기 대항해 시대를 맞이하면서 번영을 누리기 시작하여, 1755
년 리스본 대지진으로 폐허가 되었다가, 당시 재상이었던 조제 품
발 후작의 지휘로 재건되었다. 10개가 넘는 언덕으로 이루어져 있
으며, 큰 언덕만 해도 7개나 된다. 언덕이 많아 걸어 다니기 쉽지 않
지만, 언덕 위에서 바라보는 포르투갈 특유의 붉은 지붕들이 펼쳐진
시내 풍경은 그림처럼 아름답다. 시내 중심부는 저지대인 바이샤 지
구와 고지대인 바이후 알투 지구로 나뉜다. 이 두 지구는 리스본의
명물 산타 주스타 엘리베이터를 타면 쉽게 오갈 수 있다. 중심부 동
쪽에는 명소가 몰려 있는 구시가지 알파마 지구가, 북쪽에는 신시가
지 리베르다드 지구가, 서쪽에는 세계문화유산 제로니무스 수도원
이 있는 벨렝 지구가 있다. 리스본을 상징적으로 대표하는 노란 트
램을 타면 구시가지 구석구석을 돌아보며 고풍스러운 리스본의 정
취를 만끽할 수 있다.

리스본 한눈에 보기

1 바이샤 & 바이후 알투 지구 Baixa & Bairro Alto
#코메르시우 광장 #호시우 광장 #산타 주스타 엘리베이터

바이샤 지구는 시내 중심부의 구시가지로 리스본 여행의 출발점이다. 코메르시우 광장에서 아우구스타 개선문을 통과하여 상점과 식당이 밀집한 아우구스타 거리로 접어들면 본격적으로 리스본 여행이 시작된다. 고지대인 바이후 알투 지구는 산타주스타 엘리베이터로 저지대인 바이샤 지구와 연결된다. 바이후 알투의 가헤트 거리R. Garrett나 카르무 거리R. do Carmo에는 상점과 카페, 음식점이 많아 여행하기 편리하다.

2 알파마 지구 Alfama
#리스본 대성당 #포르타스 두 솔 전망대 #상 조르즈 성 #파두 박물관

리스본에서 가장 오래된 구시가지로, 언덕 위의 동네이다. 구불구불 이어지는 골목 풍경은 서울의 북촌을 연상시킨다. 전망대가 많아 테주강과 어우러진 고풍스러운 리스본 풍경을 감상하기 좋다.

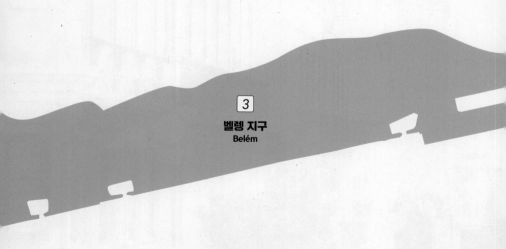

3 벨렝 지구
Belém

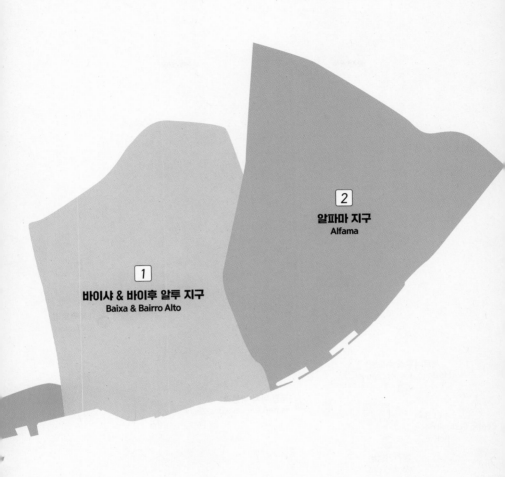

2

알파마 지구
Alfama

1

바이샤 & 바이후 알투 지구
Baixa & Bairro Alto

3 **벨렝 지구** Belém
#제로니무스 수도원 #발견기념비 #벨렝 탑
바이샤 지구 서쪽의 테주강 하류에 있다. 발견기념비, 벨렝 탑, 세계문화유산
인 제로니무스 수도원 등이 있으며, 대항해 시대의 꿈과 영광을 찾아볼 수 있
는 곳이다.

리스본 여행지도

LX 팩토리
LX factory

벨렝 지구

제로니무스 수도원
Mosteiro dos Jerónimos

국립 마차 박물관
Museu Nacional dos Coches

CCB •
Centro Cultural de
Belém

발견기념비
Padrão dos
Descobrimentos

벨렝 탑
Torre de Belém

리스본 공항
6km

에두아르두 7세 공원
Parque Eduardo VII

리스본 버스터미널
(세트히우스) 2km

국립 타일 박물관
Museu Nacional
do Azulejo

리베르다드 거리
Av. da Liberdade

헤스타우라도레스 광장(푸니쿨라 승차장)
Monumento dos Restauradores

바이후 알투 지구

호시우 기차역

상 페드루 드 알칸타라 전망대
Miradouro de São Pedro de Alcântara

피게이라 광장
Praça
Figueira

산타 아폴로니아
기차역

알파마 지구

판테온
Panteão Nacional

호시우 광장
Praça Rossio

상 조르즈 성
Castelo de S. Jorge

포르타스 두 솔 전망대
Miradouro das Portas do Sol

산타 주스타 엘리베이터
Elevador de Santa Justa

아우구스타 거리
R. Augusta

파두 박물관
Museu do Fado

바이샤 지구

리스본 대성당
Sé de Lisboa

코메르시우 광장
Praça do Comércio

국립 고대 미술관
Museu Nacional de Arte Antiga

테주강

리스본 메트로 노선도

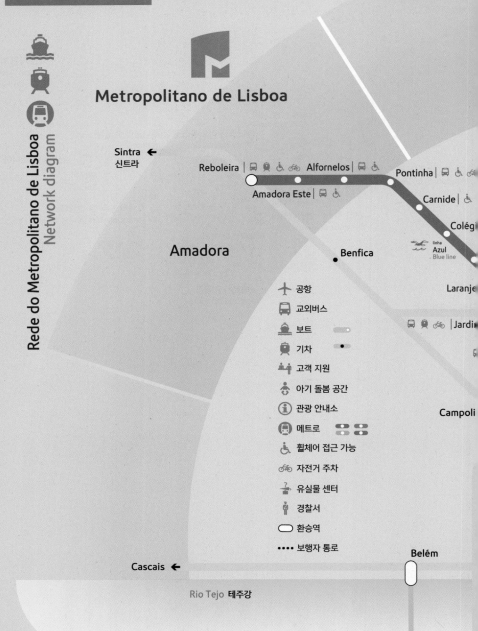

Metropolitano de Lisboa

Rede do Metropolitano de Lisboa
Network diagram

Sintra ← 신트라

Reboleira | Alfornelos | Pontinha |

Amadora Este |

Carnide |

Colégi

Amadora

Benfica

linha
Azul
Blue line

Laranje

Jardim

Campoli

✈ 공항
🚌 교외버스
🚢 보트
🚆 기차
🚶 고객 지원
🚼 아기 돌봄 공간
ⓘ 관광 안내소
🚇 메트로
♿ 휠체어 접근 가능
🚲 자전거 주차
🧳 유실물 센터
👮 경찰서
⬭ 환승역
•••• 보행자 통로

Belém

Cascais ←

Rio Tejo 테주강

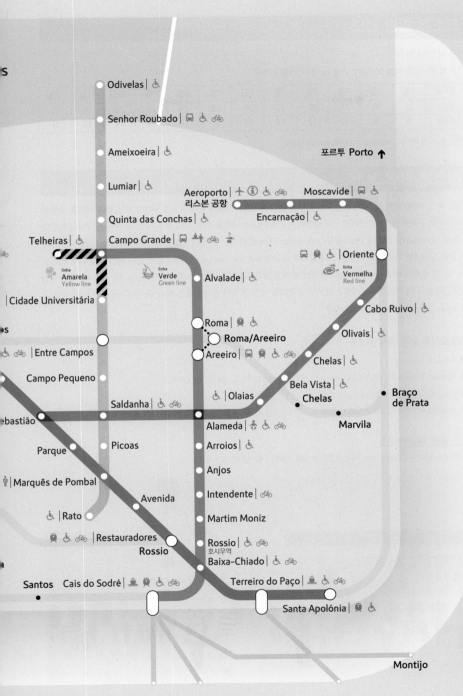

Odivelas | ♿

Senhor Roubado | 🚌 ♿ 🚲

Ameixoeira | ♿

Lumiar | ♿

Aeroporto | ✈ ⓘ ♿ 🚲
리스본 공항

Moscavide | 🚌 ♿

포르투 Porto ↑

Quinta das Conchas | ♿

Encarnação | ♿

Telheiras | ♿

Campo Grande | 🚌 🚶 🚲 ?

linha
Amarela
Yellow line

linha
Verde
Green line

Alvalade | ♿

linha
Vermelha
Red line

| Cidade Universitária

🚌 🚋 ♿ | Oriente

Cabo Ruivo | ♿

Roma | 🚋 ♿

Roma/Areeiro

Olivais | ♿

| Entre Campos

Areeiro | 🚌 🚋 ♿ 🚲

Chelas | ♿

♿ 🚲 |

Campo Pequeno

Bela Vista | ♿

Chelas

Braço
de Prata

Saldanha | ♿ 🚲

♿ | Olaias

Marvila

bastião

Alameda | 🚶 ♿ 🚲

Parque

Picoas

Arroios | ♿

🧍 | Marquês de Pombal

Anjos

♿ | Rato

Avenida

Intendente | 🚲

🚋 ♿ 🚲 | Restauradores

Martim Moniz

Rossio | ♿ 🚲
호시우역

Rossio

Baixa-Chiado | ♿ 🚲

Santos

Cais do Sodré | ⚓ 🚋 ♿ 🚲

Terreiro do Paço | ⚓ ♿ 🚲

Santa Apolónia | 🚋 ♿

Montijo

리스본 일반 정보

인구 약 57만 명

기온 봄 10~22℃ 여름 16~28℃ 가을 12~26℃ 겨울 8~16℃

℃/월	1월	2월	3월	4월	5월	6월	7월	8월	9월	10월	11월	12월
최고	15	16	18	20	22	26	28	28	26	22	18	15
최저	8	9	11	12	14	17	18	19	17	15	12	9

여행 정보 홈페이지 www.visitportugal.com/en

리스본 관광안내소

맛집, 숙소, 카페, 교통 등 여행에 필요한 정보를 얻을 수 있다. 그밖에 온라인으로 구매한 리스보아 카드를 수령하거나, 바로 구매할 수 있다. 코메르시우 광장에는 관광안내소 역할을 하는 곳이 두 군데 있다. 기념품 구매와 환전이 가능한 'Turismo de Lisboa Visitors & Convention Bureau'와 리스보아 카드를 살 수 있는 'Ask me Lisboa'가 있다. 두 곳은 도보 1분 거리이다. 하지만 코메르시우 광장의 Ask me Lisboa는 언제나 줄이 길고 복잡한 편이다. 리스보아 카드를 수령하거나 구매하고 싶다면 리스본 포르텔라 공항의 터미널 T1의 관광안내소07:00~22:00나 포스 궁전 관광안내소가 더 편리할 수도 있다. 호시우 광장에도 광장 한쪽에 관광안내소 부스Praça Dom Pedro IV 9, 1100-200 Lisboa가 있다. 홈페이지 www.visitlisboa.com

코메르시우 광장 관광안내소

❶ Ask me Lisboa

🏠 Rua do Arsenal 15, 1100-038 Lisboa 📞 +351 21 845 0660 🕐 월~일 10:00~18:00

❷ Turismo de Lisboa Visitors & Convention Bureau

🏠 Rua do Arsenal 21, 1100-038 Lisboa 📞 +351 21 031 2700 🕐 월~금 09:30~19:00 휴무 토·일

포스 궁전 관광안내소

🏠 Praça dos Restauradores 24 📞 +351 21 346 3314 🕐 월~일 09:00~18:00

리스본 가는 방법

① 비행기로 가기

리스본으로 가는 직항 노선은 없다. 마드리드나 바르셀로나, 파리, 런던, 로마 등을 경유해서 갈 수 있다. 마드리드에서 1시간 20분, 바르셀로나에서 1시간 55분이 소요된다. 포르투에서는 50분이 소요된다. 파리에서는 2시간 30분, 런던에서는 2시간 40분, 로마에서는 2시간 55분이 소요된다. 리스본 공항Aeroporto de Lisboa의 정식 명칭은 리스본 포르텔라 공항Lisbon Portela Airport으로, 리스본 시내 중심에서 북쪽으로 약 6km 떨어져 있다. 다른 유럽 도시들과 리스본을 오가는 저가 항공이 많이 운행되고 있다. 이지젯Easyjet www.easyjet.com 부엘링vueling www.vueling.com 트란사비아Transavia www.transavia.com를 많이 이용한다. 항공권 가격 비교 웹사이트 스카이스캐너 www.skyscanner.co.kr에서 비교하여 구매할 수 있다.

(Travel Tip1)

리스본 공항 이용 안내

터미널은 모두 두 개이다. 항공사들은 주로 터미널 T1을 이용한다. T2는 유로윙스Eurowings, 노르웨지안Norwegian, 라이언에어Ryanair, 트란사비아 Transavia, 부엘링Vueling e Wizz Air 등의 저가 항공사에서 주로 사용하는 터미널이다. 심카드를 구매하려면 터미널 T1 출국장 부근의 보다폰Vodafone에서 구매하면 된다. 터미널 T1의 관광안내소Tourism Information, 07:00~24:00에서는 리스보아 카드리스본의 모든 교통수단 무료 이용과 주요 명소 무료입장 및 입장료 할인까지 가능한 카드를 구매할 수 있다. 공항 내 환전소도 여러 군데 있다. 원화로는 환전이 안 되고 달러로만 가능하다는 것을 잊지 말자. 택스 리펀은 영수증 한 장당 50유로를 초과한 경우, 택스 프리 영수증을 받았을 때 가능하다. 출국할 때 보안 검색대를 통과한 후 나오는 부가세환급 창구나 키오스크를 통해 진행하면 된다. 공항 홈페이지 www.aeroportolisboa.pt

(Travel Tip2)

공항에서 시내로 들어가기

❶ **지하철** Metro 공항에서 메트로Metro 표시를 따라가면 지하철을 탈 수 있다. 레드 라인의 아에로포르투역 Aeroporto이 공항과 바로 연결된다. 목적지에 따라 환승해서 리스본 시내 중심까지 갈 수 있다. 호시우역Rossio에 가려면 알라메다역Alameda에서 그린 라인으로 환승하면 된다. 06:30~01:00까지 6~10분 간격으로 운행되며, 시내까지 약 20분 소요된다.

❷ **시내버스** 공항 앞 Av. Berlim (Aeroporto) 정류장에 가면 시내까지 가는 여러 노선의 버스를 탈 수 있다. 특히 744번을 승차하여 헤스타우라도레스Restauradores 정류장에 하차하면 도보 4분 뒤 호시우 광장에 도착한다. 공항에서 시내까지는 대부분 30분 정도 소요된다.

❸ **택시** 가장 편한 방법이자 가장 비싼 방법이다. 공항 시내까지 20~30분 정도 소요되며, 약 10~15유로 정도 나온다. 포르투갈에서 택시를 탈 때는 짐 1개당 1.5유로가 추가된다. 우버Uber나 마이 택시My Taxi 어플을 이용하면 편리하다. 첫 사용 시 할인 쿠폰을 적용받을 수 있다. 애플 스토어나 플레이 스토어에서 검색하여 다운을 받아 사용하면 된다.

2 기차로 가기

리스본에는 기차역이 네 군데인데, 시내 중심에 있는 호시우 기차역Lisboa – Rossio과 국제선이나 중·장거리 열차가 들어오는 산타 아폴로니아 기차역Lisboa Santa Apolónia, 시내 북동쪽에 있는 오리엔트 기차역Estação do Oriente, 테주 강변 페리 승선장이 있는 카이스 두 소드르Estação Cais do Sodré 기차역이다. 호시우 기차역은 신트라나 호카곶에서 올 때 많이 이용하며, 시내 중심지에 있어서 숙소를 찾아가기 편리하다. 호시우 기차역은 메트로 헤스타우라도레스역Restauradores과 연결된다. 산타 아폴로니아 기차역에서는 스페인, 프랑스 등 유럽에서 오가는 기차를 이용할 수 있다. 포르투를 오고 갈 때도 산타 아폴로니아 기차역을 이용한다. 마드리드에서는 8시간, 포르투에서는 3시간 정도 소요된다. 역은 리스본 시내 동남쪽 끝 알파마 지구의 국립 판테온 부근에 있다. 산타 아폴로니아 기차역에서 호시우 광장까지 가려면 기차역과 연결되는 메트로 블루 라인 산타 아폴로니아역이나 버스 759번을 이용하면 된다. 오리엔트 기차역은 현대적인 아름다운 건축이 돋보이는 기차역으로 신트라, 포르투에서 들어올 때 이용할 수 있다. 메트로 오리엔트 역과 연결된다. 카이스 두 소드르 기차역은 카스카이스 방면에서 들어오는 열차를 이용할 수 있으며, 시내 호시우 광장까지 도보 15분 정도 소요된다.

호시우 기차역 주소 R. 1º de Dezembro, 125, 1249–970 Lisboa
산타 아폴로니아 기차역 주소 Av. Infante Dom Henrique 1, 1100–105 Lisboa
인터넷 예매 rail.ninja

3 버스로 가기

버스 터미널 이름은 세트 히우스 버스 터미널Terminal Rodoviário de Sete Rios.로, 리스본 시내에서 북서쪽으로 약 5km 떨어져 있다. 마드리드, 세비야, 포르투 등을 잇는 버스가 들어온다. 리스본까지 포르투에서는 3시간 30분, 세비야에서는 6시간 30분, 마드리드에서는 8~10시간 정도 소요된다. 세비야에서 리스본으로 갈 때는 야간 버스를 많이 이용한다. 터미널에서 시내로 진입하려면 북서쪽으로 도보 5분 거리400m에 있는 지하철 블루 라인 자르딩 줄로지쿠역Jardim Zoológico을 이용하면 된다.

터미널 주소 R. Prof. Lima Basto 133, 1500–423 Lisboa
인터넷 예매 www.busbud.com/pt-pt/empresa-de-autocarros/rede-expressos

세비야에서 야간 버스를 이용할 경우, 리스본 도착 시각인 오전 6시쯤 숙소 체크인이 가능한지 미리 확인하는 것이 좋다. 만약 안 되면 아침 7시 무렵 문을 여는 카페를 찾아가서 기다리는 것도 방법이다. 호시우 기차역 1층에 있는 스타벅스는 오전 7시 30분에 문을 연다. 터미널 부근의 블루 라인 자르딩 줄로지쿠역Jardim Zoológico에서 지하철 탑승 후 헤스타우라도레스역Restauradores에서 하차하면 호시우 기차역까지 도보 2분130m 걸린다. 어차피 시내에 진입하려면 호시우 광장 쪽으로 나가야 하니 조금 일찍 도착하여 따뜻한 차 한 잔 마시며 쉬는 것이 나을 수도 있다. 파다리아 두 바이루Padaria do Bairro라는 카페 ☖ R. da Misericórdia 13, 1200-279 Lisboa는 오전 7시에 문을 연다. 지하철 블루 라인 바이샤 시아두역 Baixa-Chiado에서 도보 7분450m 거리에 있다.

리스본 시내 교통 정보

리스본은 대중교통을 많이 이용하게 되는 여행지이다. 시내 교통수단은 지하철, 버스, 트램, 언덕을 올라가는 푸니쿨라, 산타 주스타 엘리베이터 등이 있다. 지하철은 모두 4개의 노선레드 라인, 옐로 라인, 그린 라인, 블루 라인이 운행되고 있으며, 승차권은 지하철역 안 자동발매기에서 구매할 수 있다.

리스본의 버스, 트램, 푸니쿨라, 엘리베이터는 모두 카리스Carris라는 회사에서 운영한다. 버스는 리스본 시내 구석구석을 운행하고 있으며, 티켓은 정류장의 카리스 티켓 판매소1.65유로나 버스 운전 기사2유로에게 구매할 수 있다. 트램은 창 밖으로 리스본 시내 풍경을 구경하며 둘러보기 좋은 교통수단이다. 특히 바이후 알투와 바이샤, 알파마 지구의 명소를 도는 28번 트램은 리스본의 상징이자 명물이다. 티켓은 기사에게 직접 구매3유로할 수 있다.

카리스 홈페이지 http://www.carris.pt 메트로 홈페이지 http://www.metrolisboa.pt

대중교통 이용 요금

교통수단	요금	이용 횟수
지하철	1.65유로	1회
버스	1.65유로	1회
트램	3유로	1회
푸니쿨라	3.8유로	왕복
산타 주스타	5.3유로	왕복

알아두면 좋은 교통카드 정보

❶비바 비아젬 교통카드 Viva Viagem

리스본의 모든 교통수단을 이용할 수 있는 교통카드로 메트로 역의 자동발매기나 매표소에서 구매와 충전을 할 수 있다. 1회권, 1일24시간 이용권, 금액별 충전권Zapping 등이 있다. 카드 발급비 0.5유로가 추가된다. 1회 이용권은 카리스Carris 회사의 교통수단과 메트로를 모두 이용할 수 있으며 금액은 1.65유로다. 1시간 동안 교통수단 간에 환승할 수 있으며, 지하철 간의 환승도 가능하다.

1일24시간 이용권은 카리스 회사의 교통수단과 지하철을 하루 동안 이용할 수 있는 티켓으로, 여행객이 가장 많이 이용한다. 이 이용권으로 28번 트램, 푸니쿨라, 산타 주스타 엘리베이터까지 하루 동안 이용한다면 본전을 충분히 뽑을 수 있기 때문이다.

신트라 행 교외 기차까지 이용 가능한 1일 이용권도 있다. 하지만 신트라까지 이용할 계획이라면 교외 기차까지만 사용 가능한 비바 비아젬 1일 이용권보다 '신트라의 버스 & 기차 1일권'15.9유로을 충전해 사용하는 게 편리하다. 리스본에서 출발하는 국철왕복과 신트라 시내 버스는 물론 호카곶, 카스카이스 행 버스까지 이용할 수 있기 때문이다. 비바 비아젬 금액별 충전권zapping은 최소 충전 금액이 3유로이고 이후 5유로부터 최대 40유로까지 충전해 사용할 수 있다. 이 충전권을 사용할 경우 메트로와 카리스Carris 회사의 교통수단은 1.47유로씩 차감된다. 단, 비바 비아젬 카드에는 한꺼번에 두 개의 패스를 충전할 수 없다는 점을 기억해두자.
비바 비아젬 카드 홈페이지 www.metrolisboa.pt/en/buy/viva-viagem-card/

비바 비아젬 카드 종류

카드 종류	이용 가능 교통수단	금액
1회권Single ticket	Carris / 지하철	1.65유로
1일 이용권(24시간) 1 day ticket	Carris / 지하철	6.6유로
	Carris / 지하철 / 교외 기차 (신트라, 카스카이스 등)	10.7유로
	Carris / 지하철 / 페리(카시아스행)	9.7유로
충전권Zapping	모든 교통 수단	3유로, 5유로, 10유로, 15유로, 20유로, 25유로, 30유로, 35유로, 40유로

❷ 리스보아 카드Lisboa Card

리스본의 모든 교통수단 무료 이용과 주요 명소 무료입장 및 입장료 할인까지 가능한 카드다. 카드 종류에 따라 첫 개시 시간부터 24시간, 48시간, 72시간 이내에 사용할 수 있다. 24시간 카드는 22유로, 48시간 카드는 37유로, 72시간 카드 46유로다. 공항과 시내를 오가는 메트로 무료 이용권도 포함되어 있어 공항에서부터 사용할 계획이라면 공항 관광안내소에서 구매하여 바로 사용하는 것이 좋다. 공항에서부터 이용할 계획이 아니라면 시

간을 잘 계산해서 유리한 시간을 활용하는 게 좋다. 사용하기 전 카드 하단에 개시일을 적고 사용하면 된다. 카드 구매는 리스보아 카드 홈페이지에서 예매하여 포스 궁전 및 리스본 공항 등의 Lisboa Welcome Center에서 수령하거나, 직접 현장의 관광안내소에서 구매할 수 있다. 리스보아 카드가 있으면 버스, 지하철, 트램, 푸니쿨라를 무제한 무료 이용할 수 있고, 신트라나 카이카스까지의 열차도 무료로 이용할 수 있다. 게다가 산타 주스타 엘리베이터, 제로니무스 수도원, 마차 박물관, 아줄레주 박물관, 국립고대 미술관, 판테온, 벨렝 탑 등은 무료입장이 가능하고, 신트라의 페나 성과 무어 성은 입장료를 할인받을 수 있다.
리스보아 카드 홈페이지 www.lisboacard.org

리스본 버킷 리스트

1 그림 같은 리스본 전경 즐기기

#산타 주스타 엘리베이터 #상 페드루 드 알칸타라 전망대 #상 조르즈 성 #그라사 전망대

#포르타스 두 솔 전망대 #판테온 #벨렝 탑

리스본은 아름다운 뷰를 감상하기 좋은 곳이 많다. 아우구스타 거리의 산타 주스타 엘리베이터 꼭대기 전망대에 오르면 호시우 광장 주변의 시내 풍경이 훤히 눈에 들어온다. 리스본에서 가장 아름다운 일몰을 보려면 상 조르즈 성으로 가면 된다. 상 페드루 드 알칸타라 전망대는 리스본의 가장 멋진 모습을 보여주는 곳이다. 그라사 전망대는 상 조르즈 성, 테주 강, 4월 25일 다리, 리스본 시내의 파스텔톤 집들이 어우러진 멋진 모습을 보여준다. 포르타스 두 솔 전망대에서는 알파마 지구의 올망졸망 붉은 건물과 판테온, 테주 강까지 감상할 수 있다. 판테온 4층 테라스에서도 테주 강과 알파마 지구의 그림 같은 풍경을 감상할 수 있다. 강가에 있는 벨렝 탑의 3층 테라스에서는 테주 강과 어우러진 벨렝 지구의 멋진 풍광을 눈에 담을 수 있다.

2 리스본의 아이콘 28번 트램 타고 낭만 여행

리스본에는 6개의 트램 노선이 운행되고 있다. 그 중 가장 인기 많은 노선은 28번이다. 메트로 그린 라인 마르팅 모니즈역Martim Moniz 부근에서 출발한다. 타려는 사람이 많아 출발지에서 타지 않으면 자리 잡기가 쉽지 않다. 오후 늦게는 좀 덜 붐빈다. 28번 트램에 승차하면 코메르시우 광장, 예술가의 산실 카페 브라질레이라, 산타 주스타 엘리베이터, 포르타스 두 솔 광장, 리스본 대성당, 상 조르즈 성, 도둑 시장화·토요일에만 가능 등 바이후 알투, 바이샤, 알파마 지구의 명소 곳곳을 누빌 수 있다. 명소뿐 아니라 리스보아 카드와 비바 비아젬 카드가 있으면 승차할 수 있으며, 카드가 없는 경우 기사에게 직접 티켓3유로을 구매하면 된다. 호시우 광장 동쪽에 있는 피게이라 광장에서 출발하는 15번 트램도 타볼 만 하다. 구시가지에서 벨렝지구까지 운행한다.

3 파두 감상하기

#파두 박물관 #동 아폰수 오 고르두 #카자 드 리냐리스
#파레이리냐 알파마

파두는 포르투갈의 판소리이다. 서정적인 민속 음악으로 포르투갈 사람들의 소울이 담겨 있다. 알파마 지구는 파두의 본고장이다. 파두 박물관에 가면 CD로 아말리아 호드리게스 등 유명 파두 가수들의 노래를 실제로 감상할 수 있다. 알파마 지구의 많은 식당에서도 식사비에 5~10유로 정도를 추가하면 1시간 내외의 파두 공연을 볼 수 있다. 대표적인 파두 식당은 리스본 대성당 부근에 있는 동 아폰수 오 고르두와 카자 드 리냐리스, 리스본에서 가장 오래된 파두 식당 파레이리냐 알파마 등이다.

4 1유로의 행복, 나타 맛보기

#만테이가리아 #파스테이스 드 벨렝

나타는 에그타르트를 말한다. 나타 맛보기는 리스본 여행의 필수 코스이다. 제로니스 수도원에서 수도승들이 만들어 먹기 시작하면서 전해져 오늘에 이르렀다. 1837년 문을 연 나타 집 파스테이스 드 벨렝은 한국인들 사이에서 일명 '벨렝 빵집'으로 유명한 곳으로 나타 원조 맛집이다. 제로니무스 수도승들의 비결을 전수받아 아직도 그대로 만들고 있다. 세계에서 몰려온 여행객의 발길이 끊어지지 않는다. 만테이가리아는 파스테이스 드 벨렝과 쌍두마차를 이루고 있는 리스본의 나타 맛집이다. 벨렝 빵집보다 모양이 좀 더 단정하고, 듬뿍 들어 있는 커스터드 크림도 더 달콤하다.

작가가 추천하는 일정별 최적 코스

1일	09:00	코메르시우 광장
	10:00	산타 주스타 엘리베이터
	11:00	호시우 광장
	11:30	상 페드루 드 알칸타라 전망대와 글로리아 엘리베이터
	12:30	점심 식사
	14:00	28번 트램 타고 그라사Graça 지역으로 이동
	14:30	그라사 전망대
	15:30	상 조르즈 성
	17:00	알파마 지역 산책 및 구경 포르타스 두 솔 광장Largo Portas do Sol 및 산타 루지아 전망대 Miradouro de Santa Luzia
	18:00	리스본 대성당
	19:00	저녁 식사 및 파두 관람
	21:00	시내 구경

2일	10:00	아침 식사
	11:00	트램 혹은 버스 타고 벨렝 지구로 이동
	11:30	제로니무스 수도원
	13:00	점심 식사
	14:00	파스테이스 드 벨렝Pastéis de Belém에서 디저트로 에그타르트 맛보기
	15:00	발견기념비
	15:30	벨렝탑
	17:00	Lx 팩토리
	19:00	저녁 식사
	21:00	코메르시우 광장 및 거리 구경

3일	신트라 및 호카곶 당일치기

4일	10:00	도둑시장(화, 토)
	12:00	판테온
	13:30	점심 식사
	14:30	파두 박물관
	16:30	아줄레주 박물관
	18:30	저녁 식사
	20:00	아우구스타 거리R. Augusta에서 패션잡화 쇼핑

바이샤 &
바이후 알투 지구

Baixa & Bairro Alto

리스본 여행의 시작점

바이샤·바이후 알투 지구는 시내 중심부에 있는 구시가지로, 리스본 여행의 핵심 출발점이다. 동쪽엔 알파마 지구, 서쪽은 벨렝 지구가 자리하고 있다. 바이후 알투 지구는 고지대로 바이샤 지구 북쪽과 연결된다. 산타 주스타 엘리베이터가 두 지구를 연결해준다. 두 지구엔 리스본의 주요 광장과 전망대가 있으며, 카페와 식당, 상점이 즐비하여 여행하기가 편리하다. 바이후 알투 지구 북쪽으로는 신시가지 리베르다드 지구가 이어진다.

팡 아 메사 콩 세르테자

헤스타우라도레스 광장
(푸니쿨라 승차장)
Monumento dos Restauradores
관광 안내소

도착

상 페드루 드
알칸타라 전망대
Miradouro de
São Pedro de
Alcântara

Restauradores

바이후 알투 지구

호시우 기차역
Lisboa – Rossio

호시우 광장
Praça Rossio

M

Praça Dom Pedro IV

비스트로
셍 마네이라스

루바리아
울리시스

R. Trindade

보아-바우

사크라멘투
두 시아두

R. da Misericórdia

R. do Carmo

산타 주스타
Elevador d

만테이가리아

아 브라질레이라

젤라두스 산

Rua do Loreto

R. Garrett

베르트랑 서점

카자 다 인디아

R. Horta Seca

R. Serpa Pinto

알마

M
Baixa–Chiado

R. Ivens

Tv. Guilherme Cossoul

파브리카
커피 숍

R. do Alecrim

바이

로자 다스
콩세르바스

Rua do Arsenal

R. Ribeira Nova

타임 아웃 마켓

Av. 24 de Julho

Cais do Sodré M

Av. Ribeira das Naus

바이샤 & 바이후 알투 지구 하루 추천코스 지도의 빨간 실선 참고
코메르시우 광장 → 도보 3분 → 아우구스타 거리 → 도보 6분 → 산타 주
스타 엘리베이터 → 도보 2분 → 호시우 광장 → 도보 4분 → 헤스타우라
도레스 광장 → 푸니쿨라 3분+도보 2분 → 상 페드루 드 알칸타라 전망대

라 광장
-igueira

알파마 지구

R. dos Fanqueiros

R. da Madalena

🍨 젤라토 테라피

aceição

Augusta

📷 아우구스타 거리
R. Augusta

Rua da Alfândega

R. dos Araneiros

우구스타 개선문
o da Rua Augusta

🚩 출발

📷 코메르시우 광장
Praça do Comércio

Av. Infante Dom Henrique

Av. Infante Dom Henrique

Ⓜ Terreiro do Paço

테주강

📷 코메르시우 광장 Praça do Comércio 프라사 두 코메르시우

🚶 ❶ 리스본 대성당에서 세 줄리앙 거리Rua de S. Julião 경유하여 도보 6분400m
❷ 트램 15번 승차하여 프라사 코르메시우 정류장Pç. Comércio 하차
❸ 메트로 블루라인 Az선 승차하여 테헤이루 두 파수역Terreiro do Paço 하차, 도보 4분270m
🏠 Praça do Comércio, 1100-148 Lisboa

◖ Travel Tip ◗

리스본 최고의 번화가, 아우구스타 거리 R. Augusta

코메르시우 광장의 아우구스타 개선문을 통과하면 북쪽으로 리스본
최대 번화가인 아우구스타 거리가 펼쳐진다. 패션 숍, 카페, 레스토랑,
기념품 가게가 들어서 있는 보행자 전용 거리이다. 노천카페도 있어,
차 한잔 마시며 거리 풍경을 구경하기 좋다. 아우구스타 거리를 따라
북쪽으로 가면 리스본의 명물 산타 주스타 엘리베이터가 나오고, 이
어 호시우 광장과 피게이라 광장이 나온다.

<비긴 어게인>의 버스킹, 리스본 핵심 명소

리스본에서 가장 큰 광장으로, 앞으로 바다처럼 넓은 테주강이 펼쳐진다. TV 프로그램 <비긴 어게인2>에서 김윤
아, 윤건 등이 테주강을 배경으로 이곳에서 버스킹을 했다. 1755년 대지진 이전엔 왕궁이 있었다. 그래서 테헤이
루 두 파수Terreiro do Paço라고 불리기도 하는데, '왕궁 뜰'이란 의미다. 지진 이후 광장으로 만들었다. 리스본의 새
로운 경제 중심지가 되길 바라며 상업 혹은 무역이라는 뜻의 '코메르시우'라 이름 지었다. 광장은 ㄷ자 모양 건물
에 안겨 있다. 건물 안에는 법원, 관세청 같은 관공서와 카페, 레스토랑, 리스보아 스토리 센터Lisboa Story Centre, 관
광안내소Ask me Risboa 등이 있다. 건물 중앙에 우뚝 솟은 아치형 건축물은 아우구스타 개선문Arco da Rua Augusta
이다. 개선문을 통과하여 북쪽으로 가면 각종 숍이 즐비한 아우구스타 거리로 이어진다. 개선문 위로 올라가면 광
장과 테주강을 한눈에 담을 수 있다. 광장 중앙에는 개혁왕이라는 별명을 가진 주제 1세Jose I, 재위 1750~1777의 청
동 기마상이 세워져 있다.

📷 호시우 광장 Praça Rossio 프라사 호시우

🚶 ❶ 산타 주스타 엘리베이터에서 북쪽으로 도보 3~4분280m ❷ 메트로 그린 라인Vd 승차하여 호시우역Rossio 하차, 도보 1분38m
🏠 Praça Dom Pedro IV, 1100-200 Lisbon

©Eduardo Zarate

리스본의 중심지이자 교통의 요지

리스본에서 가장 유명한 광장 중 하나이다. 정식 이름은 페드로 4세 광장이지만, 보편적으로 호시우 광장으로 불린다. 광장 북쪽에는 국립극장이 있고, 동쪽으로 조금 가면 피게이라 광장이 나온다. 상점과 오래된 카페가 광장을 둘러싸고 있다. 광장 중앙에 동상이 하나가 우뚝 서 있다. 브라질 제국의 창설자이며 초대 황제를 지낸 페드로 1세 1798~1834 동상이다. 그는 나폴레옹의 포르투갈 침략을 피해 왕족과 함께 브라질로 피신 갔다가 귀국하지 않고 브라질을 통치했다. 그 후 브라질을 포르투갈에서 독립시켜 브라질 제국 초대 황제가 되었다. 아버지 주앙 6세가 사망하자 한때 페드로 4세라는 이름으로 브라질에 머물며 포르투갈 왕도 겸했으나 곧 딸에게 왕위를 물려주었다. 광장 바닥은 대항해 시대를 상징하는 포르투갈 특유의 물결 무늬로 포장돼 있다. 이 같은 바닥 문양은 포르투갈 전역에서 찾아볼 수 있으며, 과거에 포르투갈의 지배를 받았던 마카오와 브라질에서도 쉽게 찾아볼 수 있다. 호시우 광장에서는 수많은 공식 행사가 열린다. 겨울이 되면 크리스마스 마켓이 들어서기도 한다. 광장은 교통의 중심지이기도 하다. 하루 종일 다양한 버스와 트램이 지나다닌다. 호시우 기차역도 가까워 신트라Sintra 갈 때 편리하다.

Travel Tip

피게이라 광장 Praça Figueira

호시우 광장 동쪽에 있는 광장이다. 광장을 둘러 싸고 있는 멋
진 건물들은 1755년 대지진 이후 폼발 후작 때 새로 지어진 것
이다. 광장 주변에 기념품 상점, 카페, 레스토랑이 들어서 있
다. 광장 중앙에는 항해왕 엔히크 왕자의 아버지 동 주앙 1세
의 기마상이 있다.

신시가지의 메인 대로, 리베르다드 거리 Av. da Liberdade

호시우 광장에서 북쪽으로 4분쯤 가면 헤스타우라도레스 광장
이 나온다. 여기에서 북쪽으로 시원하게 뻗는 큰 길이 보이는
데, 신시가지의 메인 대로인 리베르다드 거리이다. 거리는 헤스
타우라도레스 광장에서 에두아르두 7세 공원 바로 앞에 있는
폼발 후작 광장까지 이어진다. 길이는 1.6km이다. 1755년 리스
본 대지진 이후 폼발 후작에 의해 조성되었으며, 리스본 시내에서 공항 등 외곽을 오갈 때 많이 사용한다. 명품
숍, 호텔, 은행 등이 들어서 있으며, 깔끔하게 정비되어 있어 산책하기도 좋다.

산타 주스타 엘리베이터 Elevador de Santa Justa 엘레바도르 드 산타 주스타

🚶 호시우 광장에서 도보 3분 🏠 R. do Ouro, 1150-060 Lisboa 📞 +351 21 413 8679
🕐 엘리베이터 **하절기(3월~10월)** 07:30~23:00 **동절기(11월~2월)** 07:30~21:00
전망대 **하절기(3월~10월)** 09:00~23:00 **동절기(11월~2월)** 09:00~21:00
€ 엘리베이터 5.3유로(리스보아 카드와 비바 바아젬 카드Viva Viagem cards 소지자 무료)
전망대 1.5유로(리스보아 카드와 비바 바아젬 카드로 결제 가능)

©wikimedia, Alves.Gaspar
©Susanne Nilsson
©Ingolf

리스본에서 가장 아름다운 엘리베이터

리스본은 커다란 언덕 일곱 개로 이루어져 있다. 경사가 많은 덕에 언덕을 쉽게 오르내릴 수 있는 트램이나 엘리베이터가 많이 발달했다. 그 가운데 아우구스타 거리의 산타 주스타 엘리베이터는 아름답기로 유명하다. 저지대인 바이샤 지구와 고지대인 바이후 알투 지구를 연결해준다. 프랑스계 포르투갈 건축가 하울 메스니에르 드 퐁사르Raul Mesnier de Ponsard가 설계하여 1902년에 완공되었다. 그는 파리의 에펠탑을 설계한 귀스타브 에펠의 제자이기도 하다. 높이 45m에 이르는 신고딕 양식의 철골 구조물이다. 꼭대기에는 전망대가 있어 리스본의 시가지 풍경을 전망하기 좋다. 구조물 자체도 우아하고 아름다워 리스본의 명물로 꼽힌다. 2002년에는 그 중요성을 인정받아 국가기념물National Monument로 지정되기도 했다. 엘리베이터 탑승하여 전망대 입구까지의 요금은 5.3유로이다. 전망대 입장료는 1.5유로이다. 전망대에서는 호시우 광장, 아우구스타 거리 등이 어우러진 근사한 리스본 시내 풍경을 감상할 수 있다. 특히 야경이 끝내준다.

📷 상 페드루 드 알칸타라 전망대

Miradouro de São Pedro de Alcântara 미라도루 드 상 페드루 드 알칸타라

🚶 메트로 블루 라인Az 헤스타우라도레스역Restauradores 하차하여 도보 2분110m-헤스타우라도레스 광장 도착-광장에서 글로리아 엘리베이터 승차-종점 도착-알칸타라 전망대 🏠 R. São Pedro de Alcântara, 1200-470 Lisboa

리스본 최고의 뷰를 원한다면

상 페드루 드 알칸타라 전망대는 바이후 알투 언덕 위에 있다. 포르투갈의 대표 시인인 페르난두 페소아Fernando António Nogueira Pessoa, 1888~1935는 이곳을 리스본에서 가장 빼어난 풍경을 볼 수 있는 전망대라고 칭송했다. 시내의 오밀조밀한 집들은 물론 저 멀리 타구스Tagus, 테주Tejo 강까지 한눈에 조망할 수 있으며, 특히 해 질 녘에는 아름다운 노을을 제대로 감상할 수 있다. 전망대 주변은 작은 공원으로 꾸며져 있

다. 종종 길거리 음악가들이 공연을 하기도 하고, 겨울에는 작은 마켓이 선다. 중앙의 커다란 분수대와 한쪽의 작은 야외 카페가 공원의 매력을 더해준다. 영화 <리스본행 야간 열차>의 포스터 배경지가 되기도 했으며, 영화에서 주인공 제레미 아이언스가 이곳 벤치에 앉아 하염없이 리스본 풍경을 바라본 곳으로 유명하다.

⬤ Travel Tip

푸니쿨라, 글로리아 엘리베이터라 불리는

상 페드루 드 알칸타라 전망대 옆은 글로리아 엘리베이터Elevador da Glória라고 불리는 유명한 푸니쿨라의 종점이다. 푸니쿨라지만 엄청난 경사를 오르내려 이름에 엘리베이터를 붙여 부른다. 리스본 중심부의 헤스타우라도레스 광장Praça dos Restauradores에서 승차하면 된다. 편도 요금은 3.8유로이다. 리스보아 카드, 비바 비아젬 카드1일권 소지 시 무료로 탑승할 수 있다. 푸니쿨라는 그래피티로 치장하고 있으며, 골목에도 그래피티가 가득해 야외 갤러리를 방불케 한다. 이 경사진 골목도 푸니쿨라 못지않은 포토 스폿으로 유명하다.

📷 에두아르두 7세 공원 VII Parque Eduardo VII 파르크 이두아르두

🏃 ❶ 메트로 옐로 라인Am·블루 라인Az 승차하여 마르케스 드 폼발역Marquês de Pombal 하차, 도보 2분 ❷ 호시우 광장에서 리베르다드 거리Av. da Liberdade 경유하여 도보 25분1.8km 🏠 Parque Eduardo VII, 1070-051 Lisboa] 🕒 24시간 € 무료

전망 좋은 리스본 최고의 공원

포르투갈의 대표적인 시인 페르난두 페소아가 리스본 최고의 공원이라고 극찬한 프랑스풍 공원이다. 리스본 시내 북쪽에 있으며, 넓이는 약 8만 평이다. 호시우 광장 지나 리베르다드 거리를 따라 북쪽으로 걷다가 폼발 후작 광장을 지나면 나온다. 원래 이름은 '자유의 공원'이었다. 1903년 영국의 왕 에드워드 7세가 리스본을 방문한 것을 기념해, 포르투갈식 발음으로 에두아르두 7세 공원이라 다시 이름 지었다. 공원 중앙부에 기하학적 문양의 잔디 정원이 있어 이색적이다. 공원 안에는 식물원 에스투파 프리아Estufa Fria와 행사장 건물로 사용되는 카를루스 로페스 파빌리온Pavilhão Carlos Lopes이 있다. 에두아르두 7세 공원은 언덕에 위치해 있어 공원 정상부에서 테주 강과 어우러진 리스본 시내 풍경을 조망하기 좋다.

Travel Tip

아말리아 호드리게스 공원

에두아르두 7세 공원 북쪽에 있다. 아말리아 호드리게스Amalia Rodrigues, 1920~1999는 포르투갈 파두 음악의 여왕으로 꼽히는 무척 유명한 가수이다. 공원 안에 전망 좋은 카페 리냐 다구아Linha d'Água가 있으니, 커피 한잔하며 여유를 즐겨보자.

🍴 만테이가리아 Manteigaria

🚶 ❶ 상 페드루 드 알칸타라 전망대에서 남쪽으로 도보 7분600m
❷ 산타 주스타 엘리베이터에서 가헤트 거리R.Garrett 경유하여 도보 8분550m
🏠 Rua do Loreto 2, 1200-108 Lisboa 📞 +351 21 347 1492 ⏰ 08:00~24:00
€ 타르트 1.2유로(1개) 카푸치노 2.5유로

달콤하고 따뜻한 에그타르트

새롭게 떠오르고 있는 파스텔 드 나타에그타르트 맛집이다. 리스본에서 가장 유명한 원조 에그타르트 집 파스테이스 드 벨렝Pasteis de Belém과 쌍두마차를 이룬다. 파스테이스 드 벨렝의 에그타르트보다 모양이 좀 더 단정하고, 듬뿍 들어있는 커스터드 크림도 더 달콤하다. 방금 만든 따뜻한 에그타르트를 맛볼 수 있다는 것도 이 집의 장점이다. 따뜻한 파이 위에 시나몬 가루와 슈거 파우더를 뿌려 먹으면 1유로 조금 넘는 돈으로 행복을 만끽할 수 있다. 리스본 시내 중심부, 버스킹이 곧잘 열리고 고풍스러워 만남의 장소로 유명한 카몽이스 광장Luís de Camões에서 아주 가깝다. 광장 북서쪽 길 건너편에 있어서 찾기 쉽다. 메트로를 이용할 때는 메트로 블루 라인AZ과 그린 라인VD 바이샤-시아두역Baixa-Chiado 하차하여 서쪽으로 가다가 카몽이스 광장을 가로질러 가면 된다. 바이샤-시아두역에서 200미터 거리로, 도보 2분이면 닿는다.

아 브라질레이라 Café A Brasileira

🚶 **①** 메트로 블루 라인AZ과 그린 라인VD 바이샤-시아두역Baixa-Chiado 하차 도보 1분
② 트램 28번 승차하여 시아두 정류장Chiado 하차, 도보 1~2분150m
③ 산타 주스타 엘리베이터에서 가헤트 거리R.Garrett 경유하여 도보 5분350m
🏠 R. Garrett 122, 1200-273 Lisboa 📞 +351 21 346 9541 🕐 08:00~24:00

예술가들이 사랑한 100년 카페

리스본 여행객에게 가장 유명한 카페 가운데 하나이다. 이 카페의 테라스는 각종 투어의 모임 장소로 이용된다. 버스커들의 공연이 끊이지 않는 바이샤-시아두역Metro Baixa-Chiado과 가까워 카페가 늘 활기가 넘친다. 1905년 문을 연 전통 깊은 카페이다. 상호에서 알 수 있듯이 처음부터 브라질 커피를 수입해 팔기 시작했다. 가게 이름 '아 브라질레이라'는 '브라질 여성'을 뜻하는 포르투갈어이다. 피카소와 헤밍웨이가 사랑한 파리의 카페 레 뒤 마고처럼, 20세기 초 많은 지식인과 예술가들이 이 카페에 모여 문화를 꽃피우며 유명해졌다. 카페 입구에는 포르투갈의 대표 시인 페르난두 페소아1888~1935의 동상이 있다. 그는 이 카페를 자주 이용한 대표적인 예술가였다. 페르난두 페소아 현대 모더니즘의 선구자로 20세기 세계문학사에서 가장 중요한 인물 가운데 한 사람이다. 입지가 좋은 데다가 워낙 유명한 카페라서 커피와 에그타르트, 음식값이 비싼 편이다. 바, 실내 테이블, 야외 테이블마다 가격이 다른 점도 참고하시길.

🍴 비스트로 셍 마네이라스 Bistro 100 Maneiras

🚶 ❶ 상 페드루 드 알칸타라 전망대에서 남쪽으로 도보 4분350m
❷ 산타 주스타 엘리베이터에서 가헤트 거리R. Garrett 경유하여 도보 7분400m
🏠 Largo da Trindade 9, 1200-466 Lisboa 📞 +351 910 307 575
🕐 월~금 18:30~02:00 토·일 12:00~15:00, 18:30~02:00 ▤ www.100maneiras.com

맛도 좋고 서비스도 훌륭하다

서비스, 음식, 분위기는 물론 위치까지 뭐 하나 나무랄 데 없다. 리스본에서 제법 이름난 레스토랑이다. 맛있는 음식을 모던한 분위기에서 친절한 서비스를 받으며 즐기길 원한다면 이 집을 추천한다. 필자가 두 번째로 방문했을 때, 직원이 이름과 앉았던 테이블까지 기억하고 있어 놀라웠다. 음식 중에는 해산물 요리가 유명하다. 특히 전식 중 세비체해산물 샐러드는 이곳에서 꼭 맛보아야 한다. 문어 요리도 맛있고, 다른 메뉴도 대체로 맛이 좋은 편이다. 어떤 요리를 주문하더라도 평균 이상의 맛을 경험할 수 있다. 인테리어도 독특하고 아름다운 와인 저장고도 갖추고 있다. 디저트도 맛이 좋아 기억에 남는 식사를 하기 괜찮은 곳이지만, 가격이 비싼 게 조금 아쉬울 따름이다.

🍴 보아-바우 Boa Bao

리스본에서 만난 쌀국수와 똠얌꿍

포르투갈에서는 생각보다 아시아 식당을 찾아보기가 어렵다. 긴 유럽 여행으로 서양 음식에 지쳐 갈 즈음 한국 음식이 생각난다면 보아-바우를 추천한다. 아시아 퓨전 요리를 선보이는 곳으로 중국, 한국, 동남아 음식 등을 두루 맛볼 수 있다. 국물 음식이 먹고 싶을 땐 이곳 쌀국수가 제격이다. 그밖에 완탕면, 똠얌꿍 등 구수한 국물이 일품인 요리를 맛볼 수 있다. 한식으로는 소고기 잡채가 있다. 친절한 직원과 동양적인 멋진 분위기 덕분에 기분 좋게 식사할 수 있다.

🚶 ❶ 상 페드루 드 알칸타라 전망대에서 남쪽으로 도보 6분550m ❷ 산타 주스타 엘리베이터에서 서쪽으로 도보 5분240m
🏠 Largo Rafael Bordalo Pinheiro 30, 1200-369 Lisboaa 📞 +351 919 023 030 🕐 월~목 12:00~15:30, 18:30~12:30
금 12:00~15:30, 18:30~23:00 토 12:00~23:00 일 12:00~22:00 € 쌀국수 14.5유로 딤섬 9.75유로 ☰ www.boabao.pt

🍴 사크라멘투 두 시아두 Sacramento do Chiado

맛있는 식전 빵과 해산물 요리

리스본 중심에 있는 맛집이다. 인기가 많아 식사 시간이 되면 금세 테이블이 찬다. 이 집은 식전 빵부터 남다르다. 포르투갈에서 최고로 꼽을 수 있는 빵이다. 직접 만든 빵에 고기로 만든 스프레드와 올리브유가 곁들여져 나온다. 이 집의 대표 메뉴는 해산물 요리다. 대구, 참치, 연어, 문어, 새우 등 다양한 해산물 요리가 있으므로 취향에 맞게 고르면 된다. 서비스가 친절하고 음식 맛이 좋을 뿐 아니라 분위기도 이국적이다. 가격까지 저렴하니 더욱 만족스럽다.

🚶 ❶ 메트로 블루 라인AZ과 그린 라인VD 바이샤-시아두역Baixa-Chiado에서 동북쪽으로 도보 4분 ❷ 산타 주스타 엘리베이터에서 카르무 거리R. do Carmo 경유하여 도보 4분230m 🏠 Calçada do Sacramento 40 a 46, 1200-394 Lisboa 📞 +351 21 342 0572 🕐 월~토 19:00~22:30 휴무 일요일 ☰ http://www.tablegroup.pt/sacramento.html

🍽 알마 Alma

미슐랭 원 스타 레스토랑

포르투갈어 '알마'는 '영혼'이라는 뜻이다. 알마는 리스본에서 가장 유명한 스타 셰프 중 한 명인 엔히크 사 페소아Henrique Sa Pessoa의 레스토랑으로, 2018년 미슐랭에서 원 스타를 받았다. 예약제로 운영되며, 식사 이상의 감정·정체성·지식을 전달하겠다는 신념을 가지고 훌륭한 요리를 선보인다. 이곳 셰프는 싱가포르에서 일한 경험이 있어 아시아 스타일이 가미되어 있다. 포르투갈의 물가를 생각하면 비싼 편이지만 고급스러운 분위기에서 멋진 식사를 하고 싶을 때 이용하기 좋다.

🏃 ❶ 메트로 블루 라인과 그린 라인 바이샤-시아두역 Baixa-Chiado에서 서쪽으로 도보 5분 ❷ 산타 주스타 엘리베이터에서 가헤트 거리R. Garrett 경유하여 도보 5분350m
🏠 R. Anchieta 15, 1200-224 Lisboa
📞 +351 21 347 0650 🕐 화~토 12:30~15:30, 19:00~24:00
휴무 일·월요일 € 코스 180유로 메인 요리 50유로부터
≡ www.almalisboa.pt

젤라두스 산티니 Gelados Santini

포르투갈 최고의 젤라토

1949년부터 포르투갈 최고의 아이스크림을 판매하고 있는 젤라토 전문점이다. 바이샤 시아두역 부근에 있어 더운 여름날 시내 구경하다 들르기 좋다. 리스본은 겨울에도 기온이 비교적 따뜻하다. 그래서 이 집은 일년 내내 아이스크림을 먹으려는 사람으로 붐빈다. 부드러운 밀크 아이스크림부터 상큼한 과일 아이스크림까지 종류만 20가지가 넘는다. 재료의 식감이 살아있어 더욱 좋다. 리스본에만 5개의 지점이 있다.

바이샤점
🏃 ❶ 메트로 블루 라인과 그린 라인 바이샤-시아두역Baixa-Chiado에서 북쪽으로 도보 4분 ❷ 산타 주스타 엘리베이터에서 남쪽으로 도보 1분45m 🏠 Rua do Carmo, n.88 1100-581 Lisboa 📞 +351 21 346 8431 🕐 매일 11:00~23:30 ≡ www.santini.pt

벨렝점
🏃 ❶ 제로니무스 수도원에서 벨렝 거리R. de Belém 경유하여 동쪽으로 도보 8분600m ❷ 에그타르트 집 파스테이스 드 벨렝 Pastéis de Belém에서 벨렝 거리R. de Belém 경유하여 동쪽으로 도보 4분350m 🏠 Museu dos Coches, Praça Afonso de Albuquerque, 1300-004 Lisboa 📞 +351 21 098 7208 🕐 일~목 11:00~20:00 금·토 11:00~22:30

젤라토 테라피 Gelato Therapy

달콤하고 시원한 아이스크림

현지인들이 추천하는 리스본의 젤라토 맛집이다. 맛 좋고 시원한 아이스크림이 여름날의 더위를 잠재워줄 것이다. 실내는 예쁜 콘 아이스크림 모형으로 장식되어 있어 귀엽고 밝은 분위기가 난다. 가게는 아담하지만 젤라토 뿐만 아니라 프라페, 크레페, 와플 등의 디저트와 커피도 판매한다. 젤라토 중에서 피스타치오가 가장 인기가 많다. 주인 아저씨가 추천하는 바질이 들어간 바닐라 맛 젤라토도 인기 메뉴 중 하나이다.

🚶 코메르시우 광장에서 알판데가 거리Rua da Alfândega와 마달레나 거리R. da Madalena 경유하여 도보 6분450m
🏠 1100 332, R. da Madalena 83, 1100-010 Lisboa ⏰ 14:00~19:30

🍴 카자 다 인디아 Casa da Índia Lda

저렴하고 푸짐한 포르투갈 요리 맛보기

이름은 인도 식당 같지만, 맛있는 포르투갈 음식점이다. 브레이크 타임 없이 논스톱으로 운영되어 언제든 방문할 수 있다. 가격도 저렴하여 더욱 좋다. 식사 시간에는 사람이 많다. 일부 메뉴는 1/2 분량을 주문할 수 있는데, 양이 제법 많은 편이라 절반이라 하더라도 배불리 먹을 수 있다. 해산물, 육류 등 메뉴가 다양하다. 그릴에 구운 요리가 인기가 좋다. 특히 그릴에 구운 닭고기와 이베리코 돼지 스테이크가 맛있다.

🚶 ❶ 상 페드루 드 알칸타라 전망대에서 다 아탈라이아 거리R. da Atalaia 경유하여 도보 7분600m ❷ 메트로 블루 라인AZ과 그린 라인VD 바이샤-시아두역Baixa-Chiado에서 서쪽으로 도보 4분250m 🏠 Rua do Loreto 49 51, 1200-471 Lisboa
📞 +351 21 342 3661 ⏰ 12:00~01:00 휴무 일요일 🌐 www.almalisboa.pt

타임 아웃 마켓 Time Out Market

🚶 코메르시우 광장에서 히베이라 다스 나우스 거리Av. Ribeira das Naus 또는 아세날 거리Rua do Arsenal 경유하여 서쪽으로 도보
11분850m 🏠 Av. 24 de Julho 49, 1200-479 Lisboa 📞 +351 21 060 7403 🕐 매일 10:00~24:00
☰ www.timeoutmarket.com/lisboa

푸드 코트, 스낵부터 미슐랭 스타의 요리까지

푸드 코트라는 말로는 이곳을 다 설명할 수 없다. 미식 평가단의 평가를 바탕으로 리스본 시내와 근교의 유명 음식
점을 엄선해서 모아놓은 곳이기 때문이다. 스낵과 디저트에서부터 미슐랭 스타 셰프 군단의 요리까지 한자리에 모
아 놓았다. 메뉴 선택의 폭이 넓다. 포르투갈 전통 대구 크로켓을 맛보고 싶다면 올류 바칼라우OLHÓ BACALHAU를
추천한다. 얼큰한 국물이나 따뜻한 수프를 원한다면 크렘 드 라 크렘CRÈME DE LA CRÈME을, 저렴한 가격에 품질 좋
은 스테이크를 먹고 싶다면 리스본 시내의 유명 식당을 그대로 옮겨 놓은 카페 드 상 벤토CAFÉ DE SÃO BENTO를 추
천한다. 엔히크 사 페소아HENRIQUE SÁ PESSOA는 미슐랭 스타 셰프의 요리를 저렴하게 맛볼 수 있는 곳이다. 미겔
카스트루 에 시우바MIGUEL CASTRO E SILVA에서는 포르투 출신의 베테랑 셰프의 맛깔스러운 포르투갈 전통 음식을
경험할 수 있다. 이외에도 정말 다양한 요리가 많다. 디저트로 유명한 에그타르트 집 만테이가리아Manteigaria 매장
도 있어 맛있는 에그타르트를 맛볼 수 있다. 넓은 공간이 깔끔하게 인테리어되어 있으므로, 한 자리에서 편안하게
다양한 메뉴를 즐기기 좋다. 미국 마이애미와 보스턴에도 지점을 운영 중이다.

☕ 파브리카 커피 숍 FÁBRICA COFFEE SHOP

리스본 최고의 커피

리스본에서 가장 맛있는 커피를 마실 수 카페이다. 직접 로스팅 하고, 커피 빈을 판매하기도 한다. 아늑하고 편안한 분위기로 현지인들의 쉼터 노릇을 하고 있다. 큼지막한 테이블에서 편안하게 커피를 마시며 책을 읽거나 노트북으로 일을 하는 사람들을 종종 볼 수 있다. 간단한 아침 식사를 하기에도 안성맞춤이다. 토스트와 직접 짜낸 오렌지 주스가 아주 맛이 좋다. 흔한 메뉴지만 다른 집보다 훨씬 만족스럽다. 토스트를 먹은 후 에스프레소를 한 잔 마시고 나면 몸도 마음도 더불어 상쾌해진다. 🚶 산타 주스타 엘리베이터에서 가헤트 거리R. Garrett 경유하여 도보 8분600m
🏠 Rua das Flores 63, 1200-193 Lisboa 📞 +351 21 139 2948 🕐 월~일 09:00~17:00

🛍 로자 다스 콩세르바스 Loja das Conservas

기념품으로 포르투갈 통조림 어때?

포르투갈은 정어리를 사르디냐Sardinha라고 부른다. 포르투갈에서는 예로부터 정어리를 많이 먹어, 정어리 통조림이 발달했다. 통조림은 포르투갈을 대표하는 상징 상품 중 하나로, 패키지 디자인이 다양해 여행객의 눈을 사로잡고 있다. 로자 다스 콩세르바스는 다양한 브랜드 통조림을 판매하는 곳이다. 복고 스타일의 레트로 느낌 패키지 디자인이 많으며, 브랜드도 수십 가지가 넘  는다. 알록달록한 색감의 예쁜 통조림들이 줄지어 나열

되어 있는 모습을 보면 기분이 좋아진다. 정어리 외에 올리브, 문어 통조림도 판매한다. 🚶 코메르시우 광장에서 아스날 거리Rua do Arsenal 경유하여 도보 5분400m 🏠 Rua do Arsenal 130, 1100-040 Lisboa 📞 +351 911 181 210 🕐 월~목 10:00~20:00 금·토 10:00~21:00 일 12:00~20:00

🛍️ 루바리아 울리시스 Luvaria Ulisses

내 손에 딱 맞는 장갑

기성 장갑은 사이즈가 한 가지인 경우가 많다. 루바리아 울리시스는 1925년부터 장갑을 만들어 온 가게로, 사이즈가 7종류나 있어 손에 꼭 맞는 장갑을 살 수 있다. 가죽 자체도 고급스럽고 부드럽다. 퀄리티를 유지하기 위해 100년 전 방식을 그대로 고수하고 있으며, 원하는 디자인을 고르면 주인이 맞는 사이즈를 찾아준다. 두세 명이 들어가면 꽉 차는 작은 가게지만, 입소문과 인기 덕분에 성수기에는 줄을 서서 기다리기도 한다. 꼭 맞는 핏감에 깜짝 놀라게 될 것이다.

🚶 ❶ 산타 주스타 엘리베이터에서 도보 1분39m ❷ 메트로 그린 라인과 블루 라인의 바이샤-시아두역Baixa-Chiado에서 아우리아 거리R. Àurea 경유하여 북쪽으로 도보 4분270m
🏠 R. do Carmo 87-A, 1200-093 Lisboa
📞 +351 21 342 0295 🕐 월~토 10:00~19:00 휴무 일요일
☰ www.luvariaulisses.com

🛍️ 베르트랑 서점 Bertrand Books And Music

세계에서 가장 오래된 서점

리스본은 15세기 대항해 시대와 식민지 개척으로 최고의 전성기를 누린 역사적인 도시이다. 세계에서 가장 오래된 서점이 리스본에 있는데, 바로 베르트랑 서점이다. 1732년 처음 문을 열었으며, 이제 300여 년이 다되어 간다. 1755년 리스본 도시 전체를 파괴한 대지진 이후 지금의 자리에 새롭게 단장해 문을 열었다. 첫 주인은 피터포르 Peter Faure였으나, 후에 베르트랑 형제에게 서점을 넘기면서 '베르트랑'이라는 이름을 갖게 됐다. 포르투갈어, 영어, 프랑스어, 스페인어로 된 책들을 취급하고 있다. 서점 안쪽에 카페도 운영하고 있는데, 개점 285년을 기념하여 만들었다. 서점 입구에는 세계에서 가장 오래된 서점으로 등재된 기네스북 인증서가 걸려 있다.

🚶 ❶ 메트로 그린 라인과 블루 라인 바이샤-시아두역 Baixa-Chiado에서 가헤트 거리R. Garrett 경유하여 도보 2분 ❷ 산타 주스타 엘리베이터에서 가헤트 거리R. Garrett 경유하여 도보 4분260m 🏠 R. Garrett 73 75, 1200-203 Lisboa 📞 +351 21 030 5590 🕐 월~일 09:00~22:00 ☰ www.bertrand.pt

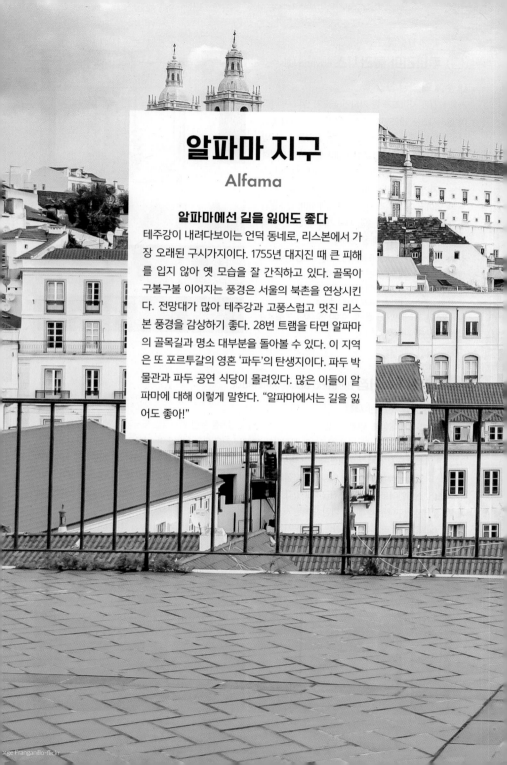

알파마 지구

Alfama

알파마에선 길을 잃어도 좋다

테주강이 내려다보이는 언덕 동네로, 리스본에서 가장 오래된 구시가지이다. 1755년 대지진 때 큰 피해를 입지 않아 옛 모습을 잘 간직하고 있다. 골목이 구불구불 이어지는 풍경은 서울의 북촌을 연상시킨다. 전망대가 많아 테주강과 고풍스럽고 멋진 리스본 풍경을 감상하기 좋다. 28번 트램을 타면 알파마의 골목길과 명소 대부분을 돌아볼 수 있다. 이 지역은 또 포르투갈의 영혼 '파두'의 탄생지이다. 파두 박물관과 파두 공연 식당이 몰려있다. 많은 이들이 알파마에 대해 이렇게 말한다. "알파마에서는 길을 잃어도 좋아!"

세르베자리아 라미루

세뇨라 두 몬트 전망대
Miradouro
da Senhora do Monte

그라사 전망대
Miradouro da Graça

R. dos Lagares

Costa do Castelo

산타 클

도착
상 조르즈 성
Castelo de S. Jorge

Costa do Castelo

R. Sao Tome

포르타스 두 솔 전망대
Miradouro das Portas do Sol

파브리카 두
파스텔 페이장

R. da Madalena

샤피토 아 메사

산타 루지아 전망대
Miradouro de Santa Luzia

파레이리냐
알파마

R. Jardim do T

파두 박물관
Museu do F

동 아폰수
오 고르두

리스본 대성당
Sé de Lisboa

Rua Limoeiro

아 바이우카
파두 바디우

만제리쿠
알레그르

포이스 카페

카자 드
리냐리스

Av. Infante Dom Henrique

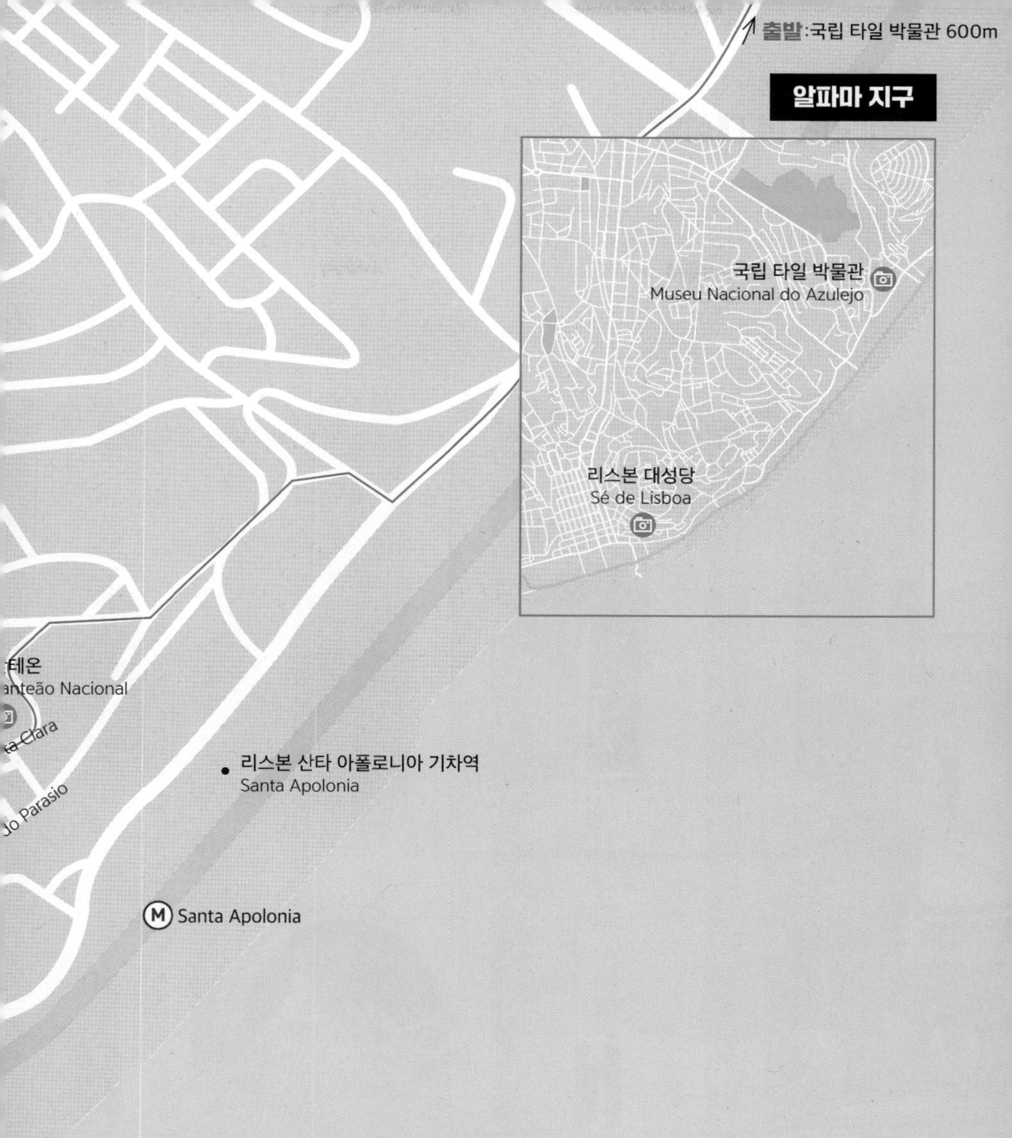

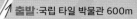

출발:국립 타일 박물관 600m

알파마 지구

국립 타일 박물관
Museu Nacional do Azulejo

리스본 대성당
Sé de Lisboa

테온
nteão Nacional

ta Clara

Jo Parasio

리스본 산타 아폴로니아 기차역
Santa Apolonia

Ⓜ Santa Apolonia

알파마 지구 하루 추천코스 지도의 빨간 실선 참고
아줄레주 국립박물관 → 도보 25분 → **판테온** → 도보 12분 → **포르타스 두 솔 전망대**
→ 도보 1분 → **산타루치아 전망대** → 도보 8분 → **파두 박물관** → 도보 10분 →
리스본 대성당 → 도보 10분 → **상 조르즈 성**

📷 리스본 대성당 Sé de Lisboa 세 드 리스보아

🚶 ❶ 트램 12번·28번,n 버스 737번 승차하여 세 정류장Sé 하차, 도보 1분
🏠 Largo da Sé, 1100-585 Lisboa 📞 +351 21 886 6752
🕐 11~4월 **월~토** 10:00~18:00 5~10월 **월·화·목·금** 09:30~17:00, **수·토** 10:00~18:00 휴무 일요일, 성일
€ 성인 5유로 **7~12세** 3유로 ☰ www.sedelisboa.pt

©Contadini-flickr

리스본에서 가장 오래된 성당

리스본에서 가장 오래된 성당이다. 1147년 아폰수 엔히크 1세1109~1185. 포르투갈 건국 왕. 1139년 레온 왕국으로부터 독립을 쟁취했다. 레온 왕국은 10세기~13세기까지 이베리아 반도 북서부, 지금의 포르투갈 북부와 스페인 북서부에 있었다. 카스티야 왕국에 병합되었다. 때 지었다. 1755년 대지진 때 리스본은 폐허가 되었지만, 대성당은 부분적인 손상만 입었다. 건축 당시엔 로마네스크 양식이었지만, 여러 차례 복원이 이루어지면서 지금은 고딕 양식이 섞여 있다. 종탑 두 개와 중앙 문 위의 장미창은 로마네스크 양식을 보여준다. 1910년에 국가 기념물로 지정되었다.

1383년, 대성당에서 중요하지만 비극적인 사건이 일어났다. 포르투갈 왕 페르난두 1세가 후계자 없이 사망했다. 왕비였던 레오노르는 고민 빠졌다. 유일한 혈육인 딸 베아트리스는 카스티야의 왕 후안 1세와 결혼하여 스페인에 살고 있었다. 그녀는 고민 끝에 사위이자 카스티야의 왕인 후안 1세를 포르투갈 왕으로 인정했다. 그러자 왕위를 놓고 갈등이 벌어졌다. 특히 민중들은 포르투갈 왕실에서 후계자가 나와야 한다고 생각했다. 그 즈음 마르티뉴 아네스 주교가 레오노르 왕비의 후계 결정 과정에 관여했다는 소식이 들렸다. 성난 민중들은 마르티뉴 아네스 주교를 붙잡아 대성당 탑 위에서 던져버렸다.

(Travel Tip)

트램+대성당, 아름다운 인생 샷 남기기

트램 28번은 리스본에서 가장 유명한 교통 수단이다. 이 트램이 대성당 앞을 지나간다. 타이밍을 잘 맞추면 성당과 트램이 어우러진 멋진 사진을 인생 샷으로 남길 수 있다.

📷 알파마 지구의 전망대

리스본을 한 눈에 담다

알파마 지구에는 리스본 전경을 위에서 감상할 수 있는 유명한 전망대가 많다. 포르타스 두 솔, 산타 루지아, 그라사, 세뇨라 두 몬트 등 리스본을 한눈에 담을 수 있는 전망대 네 곳을 모았다.

1 포르타스 두 솔 전망대 Miradouro das Portas do Sol

알파마 중심지에 있는 포르타스 두 솔 광장에 있는 멋진 전망대이다. TV 프로그램 <비긴 어게인2>에서 김윤아가 버스킹을 했던 곳이다. 광장에는 리스본의 수호 성인 빈센트의 동상이 우뚝 서 있다. 전망대에서는 오밀조밀 모여 있는 붉은 지붕의 집들이 한눈에 들어온다. 멀리 하얀 판테온과 상 비센트 드 포라 교회 꼭대기가 보이고, 정면에는 테주 강이 바다처럼 시원하게 펼쳐져 있다. 날씨 좋은 날 광장의 노천카페에서 커피 한잔하며 멋진 전망을 감상하기 좋다. 🚶 28번, 12번 트램 승차하여 라르구 포르타스 솔 정류장Lg. Portas Sol 하차, 도보 1분66m 🏠 Largo Portas do Sol, 1100-411 Lisboa 📞 +351 915 225 592

2 산타 루지아 전망대 Miradouro de Santa Luzia

포르타스 두 솔 광장 바로 아래에 있는 전망대로, 포르투갈 느낌 물씬 풍기는 아줄레주포르투갈의 도자기 타일로 장식되어 있어 로맨틱한 분위기를 더해준다. 규모는 작지만 예쁜 정원으로 꾸며져 있다. 아기자기한 알파마 지구와 테주 강 풍경을 즐기기 좋다. 언제나 인파로 북적이는 포르타스 두 솔 전망대에 비해 조용한 편이라 여유를 만끽할 수 있다. 타일로 장식된 전망대 자체도 멋진 볼거리다. 🚶 ❶ 포르타스 두 솔 전망대에서 도보 1분 ❷ 28번, 12번 트램 승차하여 Miradouro Sta. Luzia 정류장 하차, 도보 1분 🏠 Largo Santa Luzia, 1100-487 Lisboa 📞 +351 915 225 592

3 그라사 전망대 Miradouro da Graça

리스본의 많은 전망대 중 가장 인기가 좋은 전망대이다. 소피아 드 멜로 브레이네르 안드레 전망대View point Sophia de Mello Breyner Andresen라고도 불리며, 리스본의 오래된 성당 중 하나로 꼽히는 그라사 성당1271 앞에 있다. 상 조르즈 성, 4월 25일 다리, 리스본 시내의 파스텔 빛깔의 집들을 한눈에 조망할 수 있다. 전망대에 노천 카페가 있는데 멋진 뷰를 즐기려는 이들이 많이 찾는다. 🚶 찾아가기 28번, 12번 트램 승차하여 그라사 정류장Graça 하차, 도보 3분 240m 🏠 Calçada da Graça, 1100-265 Lisboa

4 세뇨라 두 몬트 전망대 Miradouro da Senhora do Monte

리스본에서 가장 높은 곳에 위치한 전망대다. 리스본 시내가 한눈에 들어온다. 급한 경사를 올라가야 하지만 막상 오르고 나면 이곳에서 내려다보는 전망이 너무 아름다워 그 노고를 깨끗하게 상쇄시킨다. 다 오르면 코끼리 발을 닮은 거대한 나무가 눈에 들어 온다. 전망대의 명물이다. 전망대 주변에서는 버스커들이 공연을 하고 있어, 음악을 배경 삼아 멋진 리스본 시내를 감상할 수 있다. 🚶 28번, 12번 트램 승차하여 R. Graça 정류장에서 하차. 길 건너편의 'Miradouro' 표지판 따라 도보 5분300m 🏠 Largo Monte, 1170-107 Lisboa

상 조르즈 성 Castelo de S. Jorge 카스텔로 드 상 조르즈

🚶 ❶ 리스본 대성당에서 북쪽으로 도보 6분500m ❷ 버스 737번 승차 카스텔로 정류장Castelo에서 하차, 북쪽으로 도보 2분 ❸ 트램 28번, 12번 승차하여 라르구 포르타스 솔 정류장Lg. Portas Sol 하차, 도보 5분 🏠 R. de Santa Cruz do Castelo, 1100–129 Lisboa 📞 +351 21 880 0620 🕐 3월~10월 매일 09:00~21:00 11월~2월 매일 09:00~19:00 휴무 1월 1일, 5월 1일, 12월 24·25·31일 € 성인 15유로 13~25세 7.5유로 65세 이상 12.5유로 ☰ www.castelodesaojorge.pt

©Marco Verch·CCNULL

리스본에서 가장 아름다운 일몰 감상하기

리스본에서 가장 멋진 풍경을 볼 수 있는 곳이다. 포르투갈의 대표적인 시인 페르난두 페소아1888~1935는 시간이 허락한다면 반드시 이 성에 올라가 보라고 권했다. 성에서 내려다 보는 리스본 시내와 테주 강 모습이 너무나 멋지다. 특히 리스본에서 가장 아름다운 일몰을 볼 수 있는 곳으로도 유명하여, 해가 지기 시작하면 많은 사람들이 석양이 지는 모습을 감상한다.

리스본에서 가장 오래된 이 성은 성 자체도 멋진 볼거리다. 상 조르즈 성은 11세기 중반에 무어인스페인계 이슬람교도들이 지은 요새로, 당시엔 지도층의 피신용 성채 역할을 하였다. 12세기 중반 아폰수 엔히크 1세가 이 성을 정복한 후 포르투갈의 첫 번째 왕이 되었고, 리스본은 포르투갈의 수도가 되었다. 이후 상 조르즈 성은 역대 왕들의 궁전 역할을 하였으며, 16세기부터는 군사적 요충지, 감옥 등으로 사용되었다. 하지만 1755년 리스본 대지진으로 많은 피해를 입었다. 1910년에 이르러 포르투갈의 역사적 가치를 담은 유적지로 인정받아 국가 기념물National Monument로 등재되었다. 1938년 대대적인 리노베이션을 통해 복구되었다.

파두 박물관 Museu do Fado 무세우 두 파두

🚶 리스본 대성당에서 상 주앙 다 프라사 거리R. de São João da Praça 경유하여 도보 10분700m 🏠 Largo Chafariz de Dentro 1, 1100-139 Lisboa 📞 +351 21 882 3470 🕐 화~일 10:00~18:00 휴관 1/1, 5/1, 12/25
€ 성인 5유로 13~25세 2.5유로 65세 이상 4.3유로 리스보아 카드 소지자 4유로 ☰ www.museudofado.pt

©Vitor Oliveira-Wikimedia Commons

©Antoine Joliz-Wikimedia Commons

포르투갈의 소울을 찾아서

파두는 포르투갈을 대표하는 서정적인 민속 음악이다. 한국의 영혼을 담고 있는 음악으로 판소리를 꼽을 수 있듯이, 파두는 포르투갈의 소울을 담고 있는 음악으로 꼽힌다. 파두는 '운명' 혹은 '숙명'이라는 뜻의 영어 'fate'와 라틴어 'Fatum'에 어원을 두고 있다. 브라질이나 아프리카에서 유래되었다고 전해지기도 하지만, 음악의 한 장르로 꽃피운 곳은 리스본이다. 리스본의 알파마 지구가 파두의 본고장이며, 파두 박물관도 알파마에 있다. 박물관 규모는 크지 않지만 파두의 역사를 그림과 영상, 음악을 통해 엿볼 수 있다. CD로 아말리아 호드리게스 등 유명 파두 가수들의 노래를 실제로 들을 수 있는 공간도 마련되어 있어, 여행자들이 생소한 파두를 처음 접하기에 좋다. 박물관에서만 파두를 만날 수 있는 것은 아니다. 알파마 지구의 많은 식당에서 식사비에 약간의 비용을 추가하면 저렴한 비용으로 1시간 내외의 파두 공연을 볼 수 있다. 공연을 보기 전 박물관에 들러 미리 파두에 대해 공부하고 간다면 더 흥미로운 경험이 될 것이다.

국립 타일 박물관
Museu Nacional do Azulejo 무세우 나시오날 두 아줄레주

🚶 ❶ 버스 210·718·742·759번 승차하여 이그레자 마드레 디오스 정류장Igreja Madre Deus 하차, 바로 앞 ❷ 메트로 블루 라인AZ 산타 아폴로니아역Santa Apolónia 하차, 산타 아폴로 니아 거리Rua de Santa Apolónia 경유하여 도보 20분1.6km

🏠 R. Me. Deus 4, 1900-312 Lisboa 📞 +351 21 810 0340

🕐 화~일 10:00~13:00, 14:00~18:00

휴관 월요일, 1월 1일, 5월 1일, 12월 25일, 부활절

€ 5유로 www.museudoazulejo.pt

©Vitor Oliveira-Wikimedia Commons

타일 장식이 더없이 매력적이다

아줄레주는 '작고 윤기 나는 돌'이라는 뜻의 아랍어에서 유래한 말로, 포르투갈 특유의 도자기 타일 장식을 의미한다. 마누엘 1세재위 1495~1521가 그라나다의 알람브라 궁전을 보고 돌아와 이슬람의 타일 양식을 도입하면서 유행하기 시작하였다. 지금도 포르투갈에서는 건물 외벽이나 내부를 장식하는 데 아줄레주가 많이 쓰인다. 아줄레주에 대해 좀 더 알고 싶다면 아줄레주 박물관을 찾으면 된다. 15세기부터 오늘에 이르는 포르투갈 아줄레주 변천사는 물론 제작 과정까지 살펴볼 수 있다.

박물관 건물은 16세기에 레오노르Leonor 여왕에 의해 지어진 수도원으로 19세기에 마지막 수녀가 사망하면서 수도원으로서의 기능은 끝나버렸다. 이후 1958년 레오노르 여왕의 탄생 5백주 년을 기념하기 위해 이 수도원 건물에서 아줄레주 특별전을 개최한 뒤, 아줄레주 박물관이 되었다. 현재는 아줄레주 7천여 점을 전시하고 있다.

박물관도 훌륭하지만, 예배당도 꼭 둘러볼 것을 추천한다. 도금 장식과 아줄레주 장식의 조화가 화려하여 아주 멋지며 색다른 느낌을 준다. 2층에는 23m 길이의 리스본 전경을 담은 아줄레주 작품이 전시돼 있다. 1층에 아줄레주로 멋지게 장식한 카페도 있으니 놓치지 말고 들러보자.

📷 판테온 Panteão Nacional 팡테앙 나시오날

🏃 메트로 블루 라인AZ 승차하여 산타 아폴로니아역Santa Apolónia에서 하차, 무세우 다 아칠라리아 거리R. Museu da Artilharia 경유하여 도보 7분450m 🏠 Campo de Santa Clara, 1100-471 Lisboa 📞 +351 21 885 4820 🕐 10~3월 화~일 10:00~17:00 4~9월 화~일 10:00~18:00 휴무 월요일, 1월 1일, 5월 1일, 6월 13일, 성탄절, 부활절 €5유로 🔗 www.patrimoniocultural.pt

포르투갈의 영웅들 이곳에 잠들다

포르투갈 영웅들을 기리는 신전이다. 16세기 중반, 포르투갈의 탐험가 바스코 다 가마를 기리기 위한 교회로 지어졌다. 산타 엥그라시아 교회Igreja de Santa Engrácia라고도 불린다. 1682년 재건을 위한 공사가 시작되었으나, 건축가가 사망하면서 공사는 100년이 지나도 끝나지 않게 되었다. 덕분에 포르투갈어로 '산타 엥그라시아의 공사'Obras de Santa Engrácia라는 말은 '끝나지 않는 일'이라는 뜻을 담은 은유적 표현으로 쓰인다. 공사는 284년 만에 끝나 1966년에 재개관할 수 있었다. 지금은 포르투갈을 대표하는 인물의 유해가 안치된 국립 판테온으로 운영되고 있다. 국민 파두 가수로 추앙 받는 아말리아 호드리게스Amália Rodrigues, 대항해 시대의 막을 연 엔히크Henrique 왕자, 대항해 시대의 탐험가로 인도까지 항로를 개척한 바스코 다 가마Vasco da Gama, 모잠비크 출신의 포르투갈 축구 영웅 에우제비오Eusébio 등이 잠들어 있다. 입장하면 4층으로 이루어진 건물을 모두 둘러볼 수 있다. 4층 테라스에서는 테주 강과 알파마 지구의 파스텔톤 집들이 옹기종기 어우러진 아름다운 전경을 감상할 수 있다.

Travel Tip

도둑 시장 Feira da ladra 페이라 다 라드라

판테온 부근 산타 클라라 광장Campo de Santa Clara에서 매주 화요일과 토요일에 열리는 벼룩시장이다. 도둑들이 훔친 물건을 내다 팔던 곳이라고 한 데서 시장 이름이 유래했다. 포르투갈에서 소매치기를 당했다면, 이곳에서 잃은 물건을 다시 살 수도 있다는 농담이 전해지기도 한다. 인기 품목은 작은 찻잔이다. 포르투갈의 시인 페르난두 페소아는 이곳에서 종종 예술적으로나 고고  학적으로 가치 있는 골동품을 발견했다고 했다. 🏃 판테온에서 산타 클라라 광장Campo de Santa Clara 경유하여 도보 2분 140m 🏠 Campo de Santa Clara, 1100-472 Lisboa 📞 +351 927 301 885 🕐 화·토 09:00~17:00

🍽 카자 드 리냐리스 Casa de Linhares-FADO

수준 높은 파두 공연과 미슐랭 추천 요리

수준 높은 파두 공연을 관람할 수 있는 레스토랑이다. 파두 공연을 하는 레스토랑 가운데 가장 고급스러우며 가격은 조금 비싼 편이다. 그러나 음식이나 파두 공연이나 절대 실망시키지 않는 다. 요리는 미슐랭 가이드에서 추천했다. 파두 공연을 하는 레스토랑은 대개 주문해야 하는 최저 가격을 설정해 두고 있지만, 이곳은 음식 값과 관계 없이 별도로 공연비 15유로를 내야 한다. 맛있는 식사를 하며 여유롭게 파두 공연을 즐기고 싶은 이에게 추천한다. 가족 여행 중이라면 부모님과 함

께 가기 좋다. 🚶 리스본 대성당에서 상 주앙 다 프라사 거리 R. de São João da Praça 경유하여 도보 3분270m 🏠 Beco dos Armazéns do Linho 2, 1100-037 Lisboa 3 📞 +351 910 188 118 ⏰ 20:00~02:00 € 전식 6.5~20유로 본식 29~63 유로 디저트 7.5~15유로 파두 공연 1인당 15유로
≡ casadelinhares.com

🍽 만제리쿠 알레그르 Mangerico Alegre

맛있는 정어리 타파스

포르투갈의 숨은 보석 같은 레스토랑이다. 타파스부터 메인 요리까지 다양한 음식을 판매한다. 특히 포르투갈의 상징인 정어리가 올라간 타파스 맛이 좋다. 제법 큰 정어리가 빵 위에 올라가 있는데, 전혀 비리지 않고 촉촉한 식감을 느낄 수 있다. 포르투갈의 상점에서 흔히 있는 정어리 통조림 가운데 좋은 품질의 것을 사용한다. 포르투갈의 와인에 전통 타파스를 곁들여 멋진 식사를 즐겨보자.

🚶 리스본 대성당에서 크루즈 다 세 거리Cruzes da Sé와 상 주앙 다 프라사 거리R. de São João da Praça 경유하여 도보 8분500m 🏠 Rua do Terreiro do Trigo 94, 1100-118 Lisboa 📞 +351 21 053 2846 ⏰ 09:00~23:00 € 20~25유로

🍴 아 바이우카 파두 바디우 A Baiuca - fado vadio

파두가 있는 흥겨운 음식점

로컬 문화를 경험하고 싶은 여행객에게 추천한다. '바이우카'는 '값싼 식당' 혹은 '선술집'을 뜻하는 포르투갈어이다. 잘 눈에 띄지 않는 알파마 골목에 있어 아는 사람들만 찾는 동네 식당 같지만, 예약해야 자리를 잡을 수 있는 알짜배기 식당이다. 이곳에서는 밤마다 파두 공연이 벌어진다. 정식 가수가 하는 공연은 아니다. 동네사람들은 물론 서빙하던 아주머니까지 한 명씩 돌아가며 세월이 녹아 있는 목소리로 파두를 열창한다. 실력파 가수들의 멋진 노래는 아니지만 정겨움이 담겨 있어 감동적이다. 집밥 같은 맛있는 음식도 빼놓을 수 없다. 대구로 만든 포르투갈 전통 요리 바칼라우 아 브라스Bacalhau a Bras를 추천한다.

🚶 리스본 대성당에서 상 주앙 다 프라사 거리R. de São João da Praça 경유하여 도보 6분450m 🏠 Rua de S. Miguel nr. 20, Alfama, 1100-544 Lisboa 📞 +351 93 945 7098 🕐 매일 20:00~24:00

🍴 파레이리냐 알파마 Parreirinha de Alfama

리스본에서 가장 오래된 파두 식당

리스본에서 가장 오래된 파두 식당 중 한 곳이다. 주인아저씨의 훌륭한 기타 연주와 함께 매일 밤 실력파 가수들의 공연을 볼 수 있다. 주인아저씨는 10년 전 정부 초청으로 한국을 방문해 파두 공연을 한 적이 있을 정도로 실력파이다. 파두 공연은 밤 9시경 시작되며, 기타 연주자와 가수들이 만드는 멋진 무대가 밤늦게까지 계속된다. 공연요금은 따로 없고 55유로짜리 코스 메뉴를 주문하면 된다. 현금 결제만 가능하며 ATM기는 없다. 아담한 규모, 친절한 직원, 맛있는 음식, 멋진 파두 공연이 어우러진 곳에서 즐거운 시간을 보낼 수 있다. 파두박물관에서 가깝다.

🚶 ❶ 파두박물관에서 도보 2분97m ❷ 리스본 대성당에서 상 주앙 다 프라사 거리R. de São João da Praça 경유하여 도보 8분600m 🏠 Beco do Espírito Santo 1, 1100-222 Lisboa 📞 +351 21 886 8209 🕐 화~일 17:30~01:00 휴무 월요일 € 55유로 ☰ www.parreirinhadealfama.com

🍴 샤피토 아 메사 Chapitô à Mesa

멋진 전망, 친근한 분위기, 합리적인 가격

알파마 지구에 있는 전망이 멋진 레스토랑이다. 샤피토는 리스본의 유명한 서커스 학교인데 그곳에서 운영한다. 분위기가 친근하고 가격도 합리적인데다 맛도 좋아 리스본에서 가장 인기 있는 식당으로 꼽힌다. 식당에 들어가려면 일단 상점을 통과해야 한다. 식당에서 운영하는 잡화점인데, 당황하지 말고 들어가면 된다. 식당은 테라스와 1·2층으로 이루어져 있는데, 테라스는 캐주얼한 분위기이며 2층은 멋진 전망을 선사한다. 창가 자리는 미리 예약하는 것이 좋다.

🚶 ❶리스본 대성당에서 북쪽으로 도보 6분350m
❷상 조르즈 성에서 산타 크루즈 두 카스텔로 거리R. de Santa Cruz do Castelo 경유하여 도보 7분550m
🏠 Costa do Castelo 7, 1149-079 Lisboa
📞 +351 21 887 5077 🕐 매일 12:00~18:00, 19:00~01:00
€ 30~40유로

🍴 세르베자리아 라미루 Cervejaria Ramiro

리스본 최고의 해산물 식당

리스본에서 가장 유명한 해산물 식당이다. '세르베자리아'는 '맥주집'이라는 뜻이다. 1956년에 맥주집으로 문을 열었다가 합리적인 가격과 빠른 서비스, 맛있는 해산물 요리로 명성을 얻어 리스본 최고의 해산물 식당 중 하나로 자리매김했다. 명성 덕분에 줄을 서는 건 기본이다. 번호표를 뽑아 기다려야 하지만, 회전율은 제법 빠른 편이다. 감바스 알 라 아기요Gamba á la aguillo, 마늘 소스에 끓인 새우 요리를 비롯하여 조개, 게, 왕새우 등 해산물 요리가 다양하다. 레몬 아이스크림 소르베를 디저트로 먹으면 푸짐하고 행복한 한끼 식사가 완성된다.

🚶 ❶ 메트로 그린 라인VD 인텐뎅트역Intendente에서 도보 3분250m ❷ 세뇨라 두 몬트 전망대에서 도보 11분750m
🏠 Av. Almirante Reis nº1 - H, 1150-007 Lisboa 📞 +351 21 885 1024 🕐 화~일 12:00~24:00 휴무 월요일
€ 감바스 14.45유로 랍스터 77.05유로(킬로그램 당) ☰ www.cervejariaramiro.com

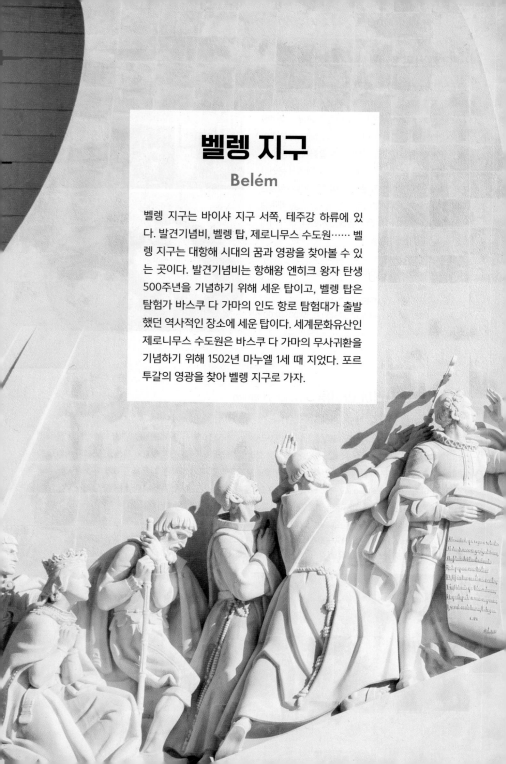

벨렝 지구

Belém

벨렝 지구는 바이샤 지구 서쪽, 테주강 하류에 있다. 발견기념비, 벨렝 탑, 제로니무스 수도원······ 벨렝 지구는 대항해 시대의 꿈과 영광을 찾아볼 수 있는 곳이다. 발견기념비는 항해왕 엔히크 왕자 탄생 500주년을 기념하기 위해 세운 탑이고, 벨렝 탑은 탐험가 바스쿠 다 가마의 인도 항로 탐험대가 출발했던 역사적인 장소에 세운 탑이다. 세계문화유산인 제로니무스 수도원은 바스쿠 다 가마의 무사귀환을 기념하기 위해 1502년 마누엘 1세 때 지었다. 포르투갈의 영광을 찾아 벨렝 지구로 가자.

벨렝 지구

Av. do Restelo

R. Dom Lourenço de Almeida

Av. Torre de Belém

열대 식물원
Jardim Botânico
Tropical

제로니무스 수도원
Mosteiro dos Jerónimos

Calçada Ajuda

파스테이스
드 벨렝

벨렝
궁전

국립 마차 박물관
Museu Nacional dos Coches

바스쿠 다
가마 정원

Av. Brasília

Lisboa – Rossio

CCB
Centro Cultural de Belém

Av. Brasília

도착

벨렝 탑
Torre de Belém

민속 예술
박물관

발견기념비
Padrão dos
Descobrimentos

벨렝 지구 하루 추천코스 지도의 빨간 실선 참고

국립 고대 미술관 → 도보 22분 → **LX 팩토리** → 도보 26분 → **국립마차박물관** →
도보 10분 → **제로니무스 수도원** → 도보 21분 → **발견기념비** → 도보 11분 → **벨렝탑**

국립 고대 미술관
Museu Nacional
de Arte Antiga
출발

Av. 24 de Julho

LX 팩토리
LX factory

A do Sol

Av. da India

리스본 항

테주강

국립 고대 미술관 Museu Nacional de Arte Antiga 무세우 나시오날 드 아르테 안티가

🚶 버스 713·714·727번 승차하여 저널러스 베르지스 거리 정류장R. Janelas Verdes (Museu Arte Antiga) 하차, 도보 2분130m
🏠 R. das Janelas Verdes, 1249-017 Lisboa 📞 351 21 391 2800 🕐 **화~일** 10:00~18:00 휴관 월요일, 1월 1일, 5월 1
일, 6월 13일, 12월 25일, 부활절 € **일반** 6유로 **학생카드 소지자** 3유로 **65세 이상** 3유로 🚌 www.museudearteantiga.pt

아름다운 풍경도 보고 예술품도 감상하고

테주 강이 바라보이는 언덕 위에 있는 미술관으로, 17세기의 저택 알보르-폼발 궁전에 들어서 있다. 페르난두 페소
아1888~1935, 포르투갈의 시인이자 작가가 리스본 최고의 미술관으로 꼽은 곳이다. 리스본 시내에서 벨렝으로 가는 길목
에 있다. 12세기부터 19세기까지의 회화, 조각, 장신구, 가구, 직물, 도자기 등 다양한 작품이 소장되어 있다. 포르투
갈의 대표적인 화가 누노 곤살레스Nuno Gonçalves의 <성 빈센트 패널화>를 비롯하여 독일 작센 선제후의 궁정 화
가였던 루카스 크라나흐1472~1553, Lucas Cranach의 <성 세례 요한의 머리를 들고 있는 살로메>, 독일 화가 알브레히
트 뒤러Albrecht Dürer의 <성 제롬>, 네덜란드 화가 히에로니무스 보스Hieronymus Bosch가 1500년경 그린 것으로 추
정되는 <성 안토니오의 유혹> 등을 찾아볼 수 있다. 아름다운 테주 강가에 있어 미술관 앞 경치도 볼거리다. 미술
관 앞 통 유리로 된 카페에서 차 한잔하며 주변 풍경을 보고 있으면 여행이 더욱 즐거워진다.

📷 LX 팩토리 LX factory 엘리시스 팍토리

🚶 ❶ 버스 720·732·738·760번 승차하여 칼바리오 정류장Calvário에서 하차, 도보 3분250m
❷ 트램 15·18번 승차하여 칼바리오 정류장Calvário에서 하차, 도보 3분250m 🏠 R. Rodrigues de Faria 103, 1300-501 Lisboa
🕐 06:00~02:00(상점마다 상이) ☰ www.lxfactory.com

서울의 성수동 같은

우리나라로 치면 성수동이나 문래동과 같은 곳으로 젊은이들을 위한 트렌디한 문화 공간이다. 섬유 공장과 인쇄소 등 공장 지대를 리모델링 하여 멋진 복합 공간으로 재탄생시켰다. 19세기 섬유 산업은 리스본 경제에서 중요한 역할을 했으나 20세기 이후 쇠퇴의 길을 걸었다. 현재는 23,000㎡ 크기의 부지에 서점, 옷 가게, 레스토랑, 카페, 콘셉트 스토어 등 다양한 상점이 입점해 있다. 북경의 예술 거리 '789' 같은 느낌이 들기도 한다. 가장 유명한 가게는 느리게 읽기라는 뜻의 레르 드바가르Ler Devagar라는 서점이다. 서점보다는 '책방'이라는 말이 더 잘 어울리는 이곳은 옛 것과 현대적 감각을 접목시킨 레트로 감성이 묻어 있어 좋다. 원래는 인쇄소가 운영되던 곳이어서, 책방으로 바뀌었지만 오래 전 인쇄 기계가 아직까지 남아 있다. 공중에 매달려 있는 자전거는 이 책방의 상징물이다. 카페와 함께 운영되고 있으며, 뉴욕 타임즈에서 뽑은 세계에서 가장 아름다운 서점 중 하나로 이름을 올리기도 했다. LX 팩토리는 리스본 중심가와 벨렝 지구 사이에 있다. 도심에서 서쪽에 있는 벨렝 지구를 오가는 중간에 들르기 좋다.

국립 마차 박물관 Museu Nacional dos Coches 무세우 나시오날 두스 코치스

🚶 ❶ 버스 201·714·727·751번 승차하여 벨렝 정류장Belém 하차, 알폰소 드 앨보커키 광장Praça Afonso de Abuquerque 경유하여
도보 4분260m ❷ 트램 15번 승차하여 벨렝 정류장Belém 하차, 알폰소 드 앨보커키 광장Praça Afonso de Albuquerque 경유하여 도
보 4분260m ❸ 기차 카스카이스 선Cascais line 승차하여 벨렝역Belém 하차, 도보 1분71m
🏠 Av. da Índia 136, 1300–300 Lisboa 📞 +351 21 049 2400 🕐 화~일 10:00~18:00 휴관 월요일, 1월 1일, 5월 1일, 부활
절, 6월 13일, 12월 24일, 12월 25일 € 8유로 ☰ museudoscoches.gov.pt/pt/

©Ricardo Túlio Gandelman

세계 최대의 마차 컬렉션

벨렝 지구의 테주 강변에 있는 이색적인 박물관이다. 포르투갈 왕가가 소유하고 있던 마차를 보관 전시하기 위해
1905년 설립되었다. 전시관은 구관과 신관으로 나뉘어져 있는데, 신관은 2015년 새로 지은 건물로 대부분의 마차
는 이곳에 전시되어 있다. 세계 최대의 훌륭한 마차 컬렉션을 소장하고 있는 곳이다. 전시된 마차는 16세기부터 19
세기까지 포르투갈, 이탈리아, 프랑스, 스페인, 영국 등지에서 쓰였던 것들이다. 왕실, 귀족, 일반인들이 이동용, 배
달용, 행사용 등 다양한 목적으로 사용하던 마차가 전시되어 있다. 전시장에 들어가면 줄지어 서 있는 아름다운 마
차들의 모습에 압도된다. 나라마다 용도마다 다른 마차의 디테일까지 감상할 수 있어 좋다. 아름답게 조각된 마차
들을 보고 있으면 전시용이 아닌가 의구심을 갖게 되지만, 모두 실제로 사용되었던 마차들이라 하니 더욱 놀랍다.
구경하다 보면 마차를 타보고 싶은 욕구가 샘솟는다. 이색 박물관을 관람하고 싶은 이에게 추천한다. 제로니무스
수도원에서 걸어서 10분이 채 안 걸린다.

제로니무스 수도원 Mosteiro dos Jerónimos 모스테이루 두스 제로니무스

🏃 ❶ 발견기념비에서 프라사 두 임페리우Praça do Império 경유하여 도보 8분600m ❷ 버스 201·714·727·728·729·751번과 트램 15번 승차하여 모스테이루 제로니무스 정류장Mosteiro Jerónimos 하차, 도보 1~2분 🏠 Praça do Império 1400-206 Lisboa 📞 +351 21 362 0034 🕐 **화~일** 09:30~18:00 휴관 월요일, 1월 1일, 5월 1일, 6월 13일, 12월 25일, 부활절 € 10유로 ☰ www.mosteirojeronimos.pt

회랑과 안뜰이 아름다운

1983년 벨렝 탑과 함께 세계문화유산으로 지정된 리스본의 대표 건축물이다. 인도 항로를 개척한 바스쿠 다 가마 Vasco da Gama, 1460~1524가 인도에서 돌아온 것을 기념하기 위해, 1502년 마누엘 1세재위 1495~1521의 명으로 짓기 시작해 1672년 완성되었다. 마누엘 1세는 무역으로 엄청난 돈을 번 이들에게 1년에 70kg의 금에 해당하는 세금을 부과하여 수도원 건축 자금을 댔다. 덕분에 규모가 더욱 커졌고, 완공하는데 170년이나 걸렸다. 제로니무스 수도회에서 사용하면서 제로니무스 수도원이라 불리게 되었으며, 19세기 중반부터 20세기 중반까지는 학교와 고아원으로 사용되었다. 마누엘 양식포르투갈의 왕 마누엘 1세 치세 때 행해진 건축 양식을 대표하는 이 건물은 교회와 회랑으로 나뉘어져 있다. 마누엘 양식은 입구나 창 주변에 항해 도구혼천의, 닻, 밧줄 등, 매듭 무늬, 식물을 모티브로 한 장식이 많이 나타난다는 것이 특징이다. 이 건물에는 마누엘 양식 외에 후기 고딕 양식과 무데하르 양식스페인 풍의 이슬람 건축 양식, 이탈리아, 플랑드르의 건축 양식도 혼합되어 있다. 당시 전문 인력이 부족해 스페인, 프랑스, 이탈리아, 독일 등에서 전문가를 불러 건축하여, 다양한 양식이 섞이게 되었다. 아름답게 조각된 2층 회랑과 회랑 안의 뜰이 하이라이트. 수도원 안에는 바스쿠 다 가마, 16세기의 유명 시인 루이스 드 카몽이스, 마누엘 1세, 포르투갈의 국민 시인 페르난두 페소아 등이 잠들어 있다.

ONE MORE

행운왕 '마누엘 1세'

마누엘 1세의 별칭은 '행운왕'이다. 그는 선왕인 주앙 2세의 사촌이었다. 주앙 2세가 후계자 없이 사망하였다. 그는 서열 상 왕위에 오를 만한 위치가 아니었으나, 다행히 왕에 오르는 행운을 얻었다. 왕 자리를 이어 받아야 할 첫째 형은 20대에 요절하였고, 둘째 형은 주앙 2세의 암살 음모에 연루되어 사형을 당했기 때문이다. 덕분에 마누엘 1세는 왕위를 계승하는 행운을 차지할 수 있었다.

발견기념비 Padrão dos Descobrimentos 파드랑 두스 디스코브리멘투스

🚶 ❶ 버스 714·727·728·751번 승차하여 모스테이루 제로니무스 정류장Mosteiro Jerónimos 하차, 남쪽으로 도보 5분
❷ 트램 15번 승차하여 모스테이루 제로니무스 정류장Mosteiro Jerónimos 하차, 남쪽으로 도보 5분
❸ 제로니무스 수도원에서 도보 5분 🏠 Av. Brasília, 1400-038 Lisboa 📞 +351 21 303 1950
🕐 3~9월 매일 10:00~19:00 10~2월 매일 10:00~18:00 휴관 1월 1일, 5월 1일, 12월 24·25·31일
€ 일반 10유로 13~25세 5유로 65세 이상 8.5유로 리스보아 카드 소지자 8.3유로
≡ www.padraodosdescobrimentos.pt

©Jean-Christophe BENOIST

대항해 시대를 기념하다

포르투갈은 15세기 대항해 시대의 문을 연 주역이다. 발견 기념비는 대항해 시대를 기념하기 위해 벨렝 지구 테주 강 연안에 세운 기념비이다. 원래 포르투갈 세계 박람회를 위해 1940년 임시로 지었다가, 1960년 엔히크 왕자1394~1460, 포르투갈 아비스 가의 왕자로 대항해 시대를 개척하여 해상 왕자라 불린다.의 서거 500주년을 기념하기 위해 재건축하였다. 배 모양 을 형상화한 높이 56m의 거대한 기념비에는 대항해 시대를 이끌었던 주요 인물들 조각이 새겨져 있다. 선미에 엔히 크 왕자를 필두로 아폰수 5세재위 1438~1481, 북아프리카를 정복하여 아프리카 왕이라고도 불린다., 바스쿠 다 가마, 콜럼버스, 마 젤란1480~1521, 동방 항로 개척에 최초로 성공한 포르투갈 탐험가 등을 비롯하여 천문학자, 선원, 선교사 등 대탐험에 나선 많은 인물들이 새겨져 있다. 기념비 내부에는 리스본 시내와 테주 강을 바라볼 수 있는 전망대와 전시실을 갖추어 놓았다.

ONE MORE

엔히크 왕자와 대항해 시대

엔히크 왕자1394~1460는 포르투갈의 대항해 시대를 이끈 중요한 인물이다. 그는 원정대를 꾸려 당시 공포의 곳 으로 알려진 아프리카 서해안의 보자도르 곶 접근에 성공하였고, 또 지중해 항로 개척에도 나섰다. 그의 노력 으로 포르투갈 항해술은 날로 발전하였다. 그가 서거한 후에도 포르투갈의 항로 개척은 멈추지 않고 계속되어, 바스쿠 다 가마는 인도 항로를 개척1497~1499에 성공하였다. 이후 포르투갈은 브라질, 인도의 고아, 마카오, 일 본까지 도달하는 성과를 거두었다.

벨렘 탑 Torre de Belém 토흐 드 벨렘

🚶 ❶ 발견기념비에서 브라질리아 거리Av. Brasília 경유하여 도보 12분950m ❷ 버스 729번과 트램 15번 승차하여 라르구 프린세
사 정류장Lg. Princesa 하차, 남쪽으로 도보 7분450m 🏠 Av. Brasília, 1400-038 Lisboa 📞 +351 21 362 0034
🕐 화~일 09:30~18:00 휴관 월요일, 1월 1일, 5월 1일, 6월 13일, 12월 25일, 부활절 € 6유로 ☰ www.torrebelem.pt

©wolfgangriebe-pixabay

벨렘 지구를 한눈에 담다

16세기 초 '행운왕'이라는 별명으로도 불리던 포르투갈의 왕 마누엘 1세재위 1495~1521가 테주 강 어귀에 항구 감시
용으로 지은 요새 탑이다. 이 탑은 원래 육지와 떨어진 강에 지었는데, 지금은 거의 육지와 붙어 있다. 1755년 대지
진 이후 강의 물줄기가 바뀌어 현재의 모습이 되었다고 전해지지만, 사실은 도시 개발 과정에서 강이 메워져 탑과
육지가 만나게 된 것이다. 바스쿠 다 가마Vasco da Gama, 1460~1524, 포르투갈의 탐험가의 인도 항로 개척 탐험대가 이곳
에서 대항해를 시작했다. 한때 이곳은 감옥으로 쓰이기도 했다.
벨렘 탑은 모두 4층으로 이루어져 있다. 좁고 가파른 계단을 타고 탑 위로 올라가면 3층 테라스에서 테주 강과 벨
렘 지구 전경을 감상할 수 있다. 마누엘 양식으로 지어진 탑은 우아하고 아름다우며, 곳곳에 그리스도 기사단의 십
자가 등 포르투갈을 상징하는 조각이 새겨져 있다. 대표적인 마누엘 양식으로 꼽히는 제로니무스 수도원과 함께
1983년 유네스코 세계문화유산에 등재되었다.

🍽️ 파스테이스 드 벨렝 Pastéis de Belém

🚶 제로니무스 수도원에서 임페리우 광장Praça do Império 경유하여 동쪽으로 도보 3분230m
🏠 R. Belém 84-92, 1300-085 Lisboa 📞 +351 21 363 7423 🕐 매일 08:00~21:00(12
월 24·25·31, 1월 1일 ~19:00) € 10유로(6개 1박스) ≡ pasteisdebelem.pt

원조 나타(에그타르트) 집

180년이 넘은 파스텔 드 나타의 원조 가게이다. 에그타르트로 알려진 파스텔 드 벨렝 혹은 파스텔 드 나타는 제로
니무스 수도원에서 역사가 시작되었다. 1820년 혁명자유주의 입헌군주국을 주창하며 후앙 6세에 반대하여 일어난 혁명 이후
모든 수도원이 문을 닫았고 수도승들은 쫓겨났다. 당시 쫓겨난 한 수도승이 벨렝 지구의 사탕 수수 정제 공장 옆에
서 타르트를 만들어 팔기 시작했고, 곧 인기를 얻어 유명해졌다. 이 이야기가 지금 우리가 알고 있는 포르투갈 에그
타르트의 기원이다. 1837년 파스테이스 드 벨렝이 수도승의 레시피 그대로 만든 나타를 가지고 문을 열면서 오늘
에 이르렀다. 세계에서 가장 유명한 에그타르트를 맛보기 위해 여행객의 발길이 끊이지 않는다. 모양은 투박한 편
이다. 하지만 바삭한 페이스트리와 달콤한 커스터드는 이 집만의 특별한 레시피로 만들어진다. 맛보길 추천한다.

PART 15

신트라와 호카곶

Sintra & Cabo da Roca

포르투갈
포르투
바르셀로나
마드리드
호카 곶 신트라
리스본 스페인

유럽의 땅끝 마을에 서다

신트라는 리스본에서 28km 거리에 있는 아름다운 전원 도시다. 리스본의 당일치기 근교 여행지로 꼽힌다. 세계문화유산으로 지정되어 있으며, 영국의 시인 바이런은 아름다운 신트라를 '에덴의 동산'이라 칭송했다. 멋진 신트라 궁, 동화 속 궁전 같은 페나 국립 왕궁, 무어인의 성 등이 신트라를 빛내준다. 무어인의 성에 오르면 아름다운 신트라 전경이 한눈에 들어온다.

호카 곶은 신트라에서 17km 거리에 있는 유럽의 땅끝 마을이다. 대서양이 시작되는 곳! 태양이 수평선 아래로 사라지는 모습을 보고 있으면, 콩닥콩닥 가슴이 뛰고 시라도 한 줄 읊고 싶어진다.

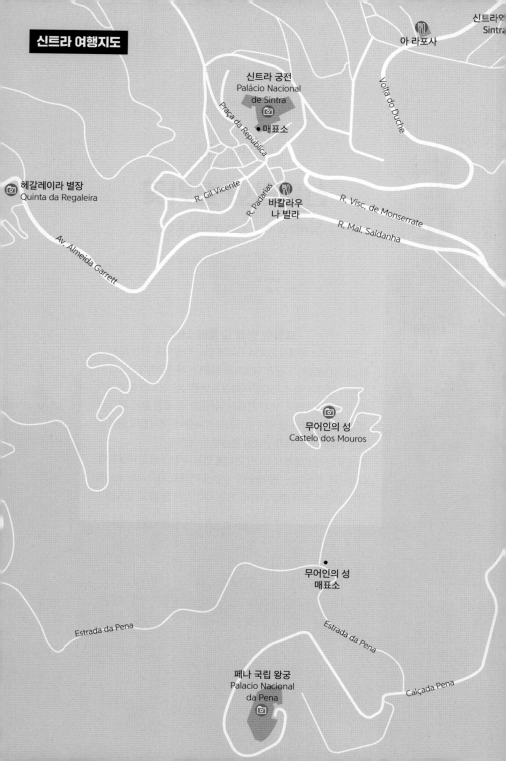

신트라와 호카곶 하루 여행 추천코스
신트라 궁 → 도보 13분 → 헤갈레이라 별장 → 도보 13분 →
신트라 궁 → 버스 434번 탑승하여 5~10분 → 무어인의 성 →
버스 434번 탑승하여 5분 → 페나 국립 왕궁

신트라 일반 정보

인구 약 38만 5천 명 기온 **봄** 10~20도 **여름** 15~27도 **가을** 13~25도 **겨울** 8~15도

℃/월	1월	2월	3월	4월	5월	6월	7월	8월	9월	10월	11월	12월
최고	13	15	15	17	20	25	26	27	25	22	18	15
최저	8	9	10	11	14	15	17	17	17	17	13	10

관광안내소

관광안내소 ❶ 신트라 기차역 중앙홀에 관광안내소가 있다. 신트라에 도착하여 관광안내소에서 지도와
434번과 403번 버스 시간표를 얻어 놓으면 여행하는 데 도움이 된다. 🕐 매일 09:00~01:00, 14:00~17:30
❷ 그밖에 신트라 궁전에서 남쪽으로 도보 3분 거리에 관광안내소Posto de turismo sintra ask me가 있다.
🏠 N375 2 20, 2710-557 Sintra 📞 +351 21 923 1157 🕐 매일 10:00~18:30
❸ 호카곶 관광안내소Posto de Turismo do Cabo da Roca에서는 대륙 최서단 방문 증명서를 유료11유로로 발급
받을 수 있다.
🏠 Cabo da Roca 2705-001 Colares 📞 +351 21 923 8543
🕐 10월 1일~4월 30일 매일 09:00~18:30분 5월 1일~9월 30일 09:00시~19:30분(크리스마스와 새해 첫날 휴무)

신트라 가는 방법

❶ 리스본 호시우역Rossio에서 신트라행 기차가 20~30분 간격으로 운행된다.

❷ 신트라역까지 약 45분 정도 소요된다.

❸ 신트라역 관광안내소에서 신트라 안내 지도와 버스 운행 시간표를 구할 수 있다.

❹ 비바 비아젬Viva Viagem 카드에 신트라 원데이 패스인 '신트라의 버스 & 기차 1일권'15.90유로를 충전하면 리스본에서 신트라로 출발하는 국철왕복은 물론 신트라 시내버스, 호카곶까지 가는 버스도 무제한 이용할 수 있어 편리하다. 단, 비바 비아젬 카드에는 한꺼번에 두 개의 패스를 충전할 수 없다는 점을 기억해두자. 또한 버스를 승차할 때 '신트라의 버스 & 기차 1일권'을 충전 구매한 영수증이 필요할 수도 있으므로 잘 보관해 두자.

❺ 신트라역 도착 후 역 앞에서 434번과 435번 버스를 이용하여 신트라 시내로 이동하면 된다. 434번은 신트라 왕궁과 페나 성에 가고, 435번은 신트라 왕궁, 헤갈레이라 별장에 간다. 리스본에서 신트라 원데이 패스인 '신트라의 버스 & 기차 1일권'을 구매하지 않았다면, 신트라에서 버스를 하루 동안 무제한 이용할 수 있는 티켓인 투어리스티코 디아리오Turístico Diário, 15.10유로를 구매하자. 버스 기사에게 직접 구매할 수 있다.

❻ 걸어서 20분 정도면 시내로 갈 수 있으므로, 굳이 버스를 타지 않고 천천히 신트라 곳곳을 구경하며 여행하는 것도 가능하다.

호카곶 가는 방법

신트라 기차역 앞에서 버스 403번 탑승하여 호카곶 관광안내센터에 하차약 30~40분 소요

신트라 & 호카 곶, 이렇게 둘러보자

신트라 궁 → 도보 13분(700m) → 헤갈레이라 별장 → 도보 13분(700m) → 신트라 궁 → 버스 434번 탑승하여 5~10분(3.2km) → 무어인의 성 → 버스 434번 탑승하여 5분(2km) → 페나 국립 왕궁 → 버스 434번 탑승하여 5~10분(3km) → 신트라 기차역 → 기차역 앞에서 버스 403번 탑승하여 30~40분(17km) → 호카 곶

신트라 명소 통합 티켓

신트라에서는 명소를 몇 군데 방문하느냐에 따라 5%에서 10%까지 입장료를 할인 받을 수 있다. 여러 군데 방문할수록 할인률은 높아진다. 세 곳을 방문할 경우 6%가 할인된다. 예를 들어 성수기에 신트라 궁과 페나 국립 왕궁, 무어인의 성 이렇게 세 곳을 방문할 경우 원래 입장료는 32유로인데 6%를 할인 받아 30.08유로로만 내면 된다. 온라인www.parquesdesintra.pt에서 예매할 경우 5% 추가 할인도 받을 수 있다.

명소 수	할인율
2곳	5%
3곳	6%
4곳	7%
5곳	8%
6곳	10%

신트라와 호카곶 버킷 리스트

영국의 낭만파 시인 바이런1788~1824은 1807년 대학 졸업 후 포르투갈을 여행했다. 위대한 에덴의 성! 그는 신트라의 고성에 반해 이렇게 말했다. 아줄레주가 유명한 신트라 궁전, 동화 속에 들어온 듯한 페나 국립 왕궁, 신트라 전경을 감상하기 좋은 무어인의 성, 유럽의 땅끝마을 호카곶. 신트라와 호카곶에서 꼭 가야 할 명소 네 곳을 소개한다.

1 신트라 궁전

#왕실 여름 별장 #이슬람 양식 #아줄레주

신트라 궁전은 1400년대부터 약 500년 동안 포르투갈 왕실의 여름 별장이었다. 흰색 외벽과 원뿔형 탑 덕에 멀리서도 시선을 끈다. 원래는 11세기 포르투갈을 지배하던 무어인들이 지은 요새였다. 훗날 요새를 개보수하여 왕궁으로 사용하였다. 궁 내부를 장식한 아줄레주가 유명하다. 포르투갈에서 가장 오래되고 아름답기로 손에 꼽힌다.

2 페나 국립 왕궁

#알록달록 #동화 속에 온 듯 #테라스 카페

놀이동산을 연상시키는 원색 왕궁이 매혹적이다. 16세기에 수도원으로 지었으나 19세기부터 왕실의 여름 별궁으로 사용했다. 이 왕궁의 주인은 마리아 2세 여왕과 그의 남편이자 공동 국왕인 페르난두 2세였다. 페르난두 2세는 독일 퓌센의 노이슈반스타인 성을 만든 루트비히 2세의 사촌이었다. 페르난두 2세가 노이슈반스타인 성에서 영감을 받아 성을 지었다는 일화가 있다.

3 무어인의 성

#이슬람 건축 #신트라를 한눈에 #세계문화유산

무어인이란 711년부터 15세기까지 이베리아반도, 곧 스페인과 포르투갈을 지배한 이슬람 세력을 일컫는다. 무어인은 포르투갈 곳곳에 아름다운 이슬람 건축을 남겼다. 무어인의 성도 그중 하나이다. 성벽을 따라 올라가다 보면 신트라 시내의 그림 같은 풍경이 한눈에 들어온다. 무어인의 성을 포함한 신트라 문화 경관은 유네스코 세계문화유산이다.

4 호카곶

#유럽의 끝 #대서양 #일몰명소

포르투갈의 최서단이자 유럽의 땅끝마을이다. 땅이 끝나고 눈앞은 망망대해, 대서양이 끝없이 펼쳐진다. 신트라에서 서쪽으로 17km, 리스본에서 서북쪽으로 42km 떨어져 있다. 호카는 바위, 절벽이라는 뜻이다. 실제로 높이 150m에 이르는 절벽이 아찔하다. 태양이 대서양 수평선 아래로 사라지는 모습을 보고 있으면 이곳이 유럽 대륙의 끝이라는 게 실감이 난다.

신트라 궁전 Palácio Nacional de Sintra 팔라시오 나시오날 드 신트라

🚶 ❶ 신트라역에서 길헤르미 고메스 페르난데스 거리R. Guilherme Gomes Fernandes 경유하여 도보 11분750m
❷ 신트라역에서 버스 434번·435번 탑승하여 신트라 궁 하차 🏛 Largo Rainha Dona Amélia, 2710-616 Sintra
📞 +351 21 923 7300 🕙 매일 09:30~18:30 € 10유로 ≡ www.parquesdesintra.pt

포르투갈에서 가장 오래된 아줄레주

15세기부터 20세기 초까지 포르투갈 왕실에서 여름 별장으로 사용하던 왕궁이다. 하얀 원뿔 형 탑 두 개가 나란히 서 있는 모습이 인상적이다. 시내를 돌아다니다 고개를 들면 쉽게 찾아볼 수 있다. 11세기 무어인들이 지은 요새인데, 1147년 이후 가톨릭 세력인 포르투갈 왕국이 지배하게 되면서 개보수하여 15세기부터 궁전으로 사용했다. 이슬람 건축 양식인 무데하르 양식과 마누엘 양식15세기 말부터 재위한 포르투갈의 왕 마누엘 1세 때의 건축 양식이 혼합되어 있다. 특히 마누엘 1세 때 궁 내부를 아줄레주로 화려하게 꾸몄는데, 지금까지도 잘 보존되어 있어 눈길을 끈다. 신트라 궁의 아줄레주는 포르투갈에서 가장 오래되고 아름다운 아줄레주로 꼽힌다. 눈 여겨 볼 곳은 백조의 방과 까치의 방이다. 백조의 방Sala dos Cines은 아멜리아 여왕이 27살에 시집간 딸을 그리워하며 천장에 27마리의 백조를 그리도록 명하여 만들었다. 까치의 방Sala das Pegas은 주앙 1세가 하녀와 키스하다 여왕에게 걸리자 결백을 주장하며 천장에 왕궁의 하녀 수만큼 까치 176마리를 그려 넣어 만들었다고 전해진다.

헤갈레이라 별장 Quinta da Regaleira

🚶 ❶ 신트라역에서 버스 435번 탑승 ❷ 신트라역에서 N375 거리 경유하여 도보 24분1.4km ❸ 신트라 궁에서 N375 거리 경유하여 도보 14분800m 🏠 R. Barbosa do Bocage 5, 2710-567 Sintra 📞 +351 21 910 6650 🕐 10~4월 10:00~18:30 5~9월 10:00~19:00 휴관 12월 24·25·31일, 1월 1일, 토, 일, 공휴일 € 일반 11유로 6~17세·65세 이상 6유로 ☰ www.regaleira.pt

화려한 별장과 지옥을 형상화한 27m 지하 타워

백만장자 몬테이루Monteiro의 저택으로 알려진 별장이다. 무척 화려하고 아름답다. 커피와 보석 무역으로 브라질에서 큰 돈을 벌어 포르투갈로 온 안토니우 몬테이루가 1892년 포르투 출신 재산가 헤갈레이라 자작 부인의 저택을 구매해 새롭게 꾸몄다. 몬테이루는 과학, 문화, 예술 등 다양한 분야에 조예가 깊었던 인물이다. 그는 최고의 이탈리아 건축가를 고용해 로마·고딕·르네상스·마누엘 양식을 총동원하여 짓기 시작하여 1910년 완공했다. 이후 저택은 주인이 몇 번 바뀌었으며, 1997년 신트라 시 소유가 되면서 대중에게 공개되기 시작했다. 별장 규모로는 꽤 큰 편이라 티켓을 구매할 때 지도를 받아두면 편리하다. 건축물도 훌륭하지만 아름답게 조성된 거대한 정원도 또 하나의 볼거리다. 구석구석 오솔길과 돌담길이 끝없이 이어지고 수없이 많은 나무가 푸른 녹음을 이룬다. 돌로 지어 올린 건축물과, 연못, 작은 폭포 등이 자연과 어우러져 있다.

헤갈레이라 별장의 또 다른 볼거리는 나선형 계단으로 연결된 9층 규모의 신비로운 지하 타워이다. 깊이 27m에 이르는 지하 타워는 지옥을 형상화했다. 누구나 이곳에 가면 삶과 죽음을 생각하게 된다. 잠시, 인생을 사유해보자.

페나 국립 왕궁 Palacio Nacional da Pena 팔라시오 나시오날 다 페나

🚶 버스 434번 승차하여 페나 국립 왕궁 정문 하차 🏠 Estrada da Pena, 2710-609 Sintra
📞 +351 21 923 7300 🕐 공원 09:00~19:00 성 09:30~18:30 € 성+공원 14유로 공원 7.5유로 ☰ www.parquesdesintra.pt

알록달록 놀이동산에 온 듯한

동화 속에 나올 법한 알록달록 원색 궁전이다. 16세기에 수도원 건물로 지어졌는데, 1839년 마리아 2세 여왕과 남편 페르난두 2세가 사들여 궁전으로 개조해 여름 별궁으로 사용했다. 페르난두 2세는 독일 퓌센의 노이슈반스타인 성을 만든 루트비히 2세의 사촌으로, 그는 노이슈반스타인 성을 의식하여 페나 국립 왕궁을 디자인했다고 전해진다. 페나 국립 왕궁은 19세기 포르투갈 낭만주의의 대표적인 건축물로 손꼽힌다. 궁전 내부는 엔티크 원목 식탁과 침대, 식기, 샹들리에 등 왕족의 생활상을 엿볼 수 있는 물건으로 당시 분위기를 재현해 놓았다. 궁전 건물 위에 있는 테라스 카페도 기억해두자. 무어인의 성은 물론 신트라 전경과 저 멀리 대서양까지 한눈에 담고 차 한 잔 마시며 여유를 즐기기 좋다. 궁전 정문에서 산책하듯 천천히 오르막길을 따라 올라가면 궁전까지 도보 15분 정도 소요된다. 걸어서 올라가기 힘든 사람들을 위해 셔틀버스도 운영한다. 궁전 주변은 아름다운 공원으로 조성되어 있어 가볍게 산책하기 좋다. 페나 궁전은 입장권을 구매할 때 입장 날짜와 시간을 선택해야 한다. 예약 시간 이후에는 입장할 수 없고, 환불도 안 된다.

무어인의 성 Castelo dos Mouros 카스텔루 두스 모루스

🚶 버스 434번 탑승하여 무어인의 성에서 하차 🏠 2710-405 Sintra
📞 +351 21 923 7300 🕐 09:30~18:30 € 8유로 ≡ www.parquesdesintra.pt

신트라의 절경을 가슴에 품자

무어인은 8세기부터 이베리아 반도를 점령하고 스페인과 포르투갈 곳곳에 아름다운 이슬람 건축과 스토리를 남겼다. 신트라에 있는 무어인의 성도 그 흔적들 가운데 하나이다. 10세기에 무어인들이 지은 성으로 해발 412m의 산 위에 있다. 가톨릭 교도들이 이베리아 반도에서 국토를 되찾기 위해 국토 회복 운동을 벌일 때 이 성은 무어인들에게 중요한 방어 거점이었다. 1147년 가톨릭 교도들이 리스본을 탈환하면서 이 성도 함께 그들에게 넘어갔다. 한때 방치되어 있다가 15세기 이후 복원되었으며, 현재는 국가 기념물로 지정되어 있다. 1995년에는 무어인의 성을 포함한 신트라 문화 경관이 유네스코 세계문화유산에 등재되었다. 지금은 산 능선을 따라 돌로 만들어진 성벽만 남아 있다. 성벽을 따라 올라가다 보면 신트라 시내의 그림 같은 풍경이 한눈에 들어온다. 페나 국립 왕궁만 보고 가는 여행객도 많은데, 무어인의 성도 꼭 들러보기를 추천한다.

호카 곶 Cabo da Roca 카부 다 호카

🚶 신트라 기차역 앞에서 버스 403번 탑승하여 호카 곶 관광안내센터에 하차 약 30~40분 소요
🏠 Estrada do Cabo da Roca s/n, 2705-001 Colares

©Petr Kaufmann, Wikimedia Commons
©Joy Zhang, Pixabay
©Jeremy Noble, Pixabay

유럽의 땅끝, 그리고 대서양!

포르투갈의 최서단이자 대서양과 마주하고 있는 유럽의 땅끝마을이다. 넓게 보면 유라시아 대륙의 최서단이다. 리스본에서 약 40km, 신트라에서 약 17km 거리에 있다. 신트라에서 403번 버스를 타면 30~40분 정도면 도착한다. 신트라를 돌아본 후 호카곶에서 해 질 녘 일몰을 감상하는 순서로 코스를 잡는 게 좋다. 단, 숙박시설이 없으므로 돌아갈 버스 시간을 미리 확인해 두자.

호카는 포르쿠갈어로 바위, 절벽이라는 뜻이다. 실제로 호카곶은 높이 150m에 이르는 해안 절벽이다. 절벽 아래는 망망대해, 대서양이다. 호카곶은 일몰이 아름답기로 손꼽히는 곳이다. 태양이 대서양 수평선 아래로 사라지는 모습을 보고 있으면 이곳이 유럽 대륙의 끄트머리인 게 실감 난다. 일몰 감상하는 곳에 커다란 십자가 탑이 서 있다. 탑에는 '여기에서 땅이 끝나고 바다가 시작된다'Onde a terra acaba e o mar comeca 라고 새겨져 있다. 포르투갈의 시인 루이스 바스 드 카몽이스Luis Vaz de Camoes, 1524~1580의 서사시 한 구절이다. 바로 옆 관광안내센터에 가면 여행객들에게 대륙 최서단을 방문했다는 증명서를 발급해준다. 발급 비용은 11유로이다. 계절을 막론하고 바람이 많이 부니 외투를 준비하는 게 좋다.

신트라 맛집

 아 라포사 A Raposa

갤러리 같은 분위기에서 맛있는 식사를

갤러리 느낌이 나는 아늑하면서도 고급스러운 레
스토랑이다. 2010년 가게 문을 연 이후 신트라를
대표하는 맛집 중 하나로 성장하였다. 지중해에 바
탕을 둔 퓨전 요리를 선보인다. 분위기, 음식, 서비
스 등 무엇 하나 빠지지 않는 신트라 최고의 맛집 중
한 곳이다. 관광지인 것을 감안하면 가격도 합리적
인 편이다. 미슐랭 스타를 받은 식당에 뒤지지 않는
수준이지만, 가격은 그 절반 정도이다. 가족이 운영
하는 식당이라 주인장은 책임감과 자부심을 갖고
항상 최고의 수준을 유지하기 위해 노력한다. 대구

요리, 먹물 리소토가 인기 메뉴이며, 그 밖의 메뉴도 실망시키지 않는다. 디저트도 놓치지 말자. 신트라 기차역에서
도보 4~5분, 신트라 시청에서 걸어서 1~2분 거리에 있다. 🚶 신트라 역에서 도토르 알프레드 다 코스타 거리R. Dr. Alfredo
da Costa 경유하여 도보 3분210m 🏠 R. Conde Ferreira 29, 2710-631 Sintra 📞 +351 21 924 3440 🕐 화~토 12:30~16:00,
18:30~22:00 휴무 월요일 € 스타터 3.8~17.5유로, 생선 요리 18.9~58유로, 고기요리 22.5~42.9유로, 디저트 5.5~7.8유로

🍽 바칼라우 나 빌라 Bacalhau na Vila

대구 요리에 포트 와인을 즐기자

바칼라우는 포르투갈어로 대구를 뜻한다. 상호에서 알 수 있듯이 바칼라우 나 빌라는 대구 요리를 전문으로 하는
레스토랑이다. 대구는 15~16세기부터 포르투갈을 대표하는 해산물이 되었다. 포르투갈엔 대구를 요리하는 방법이
1001가지가 된다는 말이 있을 만큼 다양한 방법으로 대구를 즐긴다. 바칼라우 나 빌라는 신트라 궁전에서 남쪽으
로 도보 3분 거리의 골목에 자리 잡고 있다. 지중해 느낌이 물씬 풍기는 레스토랑이다. 대구 요리 외에 포르투갈에
서 많이 먹는 문어, 새우 요리도 있다. 메뉴는 타파스가 주를 이루고 있다. 혼자 여행 중이라면 여러 가지 요리를 맛
볼 수 있어 좋고, 동행이 있다면 다양하게 나눠 먹을 수 있어 좋다. 전식부터 디저트까지 만족스러운 식사 한 끼 할
수 있다. 대구 요리에 포르투갈 와인을 곁들여 훌륭한 포르투갈 전통 음식을 경험해 보자.
🚶 신트라 궁전에서 헤푸블리카 광장Praça República 경유하여 도보 3분 🏠 Arco do Terreirinho 3, 2710-623 Sintra
📞 +351 21 924 3326 🕐 월·금·토 12:00~17:00, 19:00~22:00 수·일 12:00~17:00 휴무 화요일 € 타파스 6.2~14.9유로

PART 16

포르투

Porto

●포르투
●바르셀로나
포르투갈 ●마드리드
●리스본 스페인

포트 와인과 낭만, 해리포터의 도시

포르투갈 북부, 도루Douro강 하구 언덕 위의 항구 도시로, 리스본에
이어 포르투갈 제2의 도시이다. 인구는 약 24만 명이다. 리스본에서
북쪽으로 280km 떨어져 있다. 고대 로마 지배 당시 포르투를 '포르
투스 칼레'라 불렀는데, 이는 포르투갈이라는 나라 이름의 어원이 되
었다. 대항해 시대에 무역 거점으로 번영을 누리기도 하였지만, 지금
은 옛날의 꿈과 영광을 조용히 품고 있는 낭만적인 도시이다. 도루강
을 중심으로 세계문화유산으로 지정된 북쪽의 구시가지 역사 지구
와 빌라 노바 드 가이아로 나뉜다. 구시가지에서 동 루이스 1세 다리
를 건너면 빌라 노바 드 가이아 지구이다. 포트 와인 셀러가 즐비한
곳으로, 와인 투어에 참여하면 시음도 할 수 있다.

포르투는 조앤 롤링이 해리포터를 집필했던 곳이다. 렐루 서점의 굴
곡진 계단과 포르투 대학교의 망토 교복은 호그와트의 마법의 계단
과 망토 교복의 모티브가 되었다. 지금도 포르투 대학교 학생들은 신
입생 환영회 등 특별한 일이 있을 때 이 교복을 입는다. 여행객들은
망토 교복을 입은 그들을 호그와트 마법 학교의 학생들이라도 만난
듯 신기한 눈으로 바라본다.

포르투 한눈에 보기

1 히베이라 광장 & 빌라 노바 드 가이아
Praça da Ribeira & Vila Nova de Gaia
#히베이라 광장 #포르투 대성당 #와이너리

히베이라 광장은 포르투 역사 지구 남쪽 구역에 있다. 도루 강변
을 따라 1km 정도 펼쳐진 광장으로, 가까운 거리에 상 프란시스
쿠 교회, 볼사 궁전, 포르투 대성당 등이 있다. 광장에 서면 아름
다운 동 루이스 1세 다리가 한눈에 들어온다. 동 루이스 1세 다리
를 건너면 포트 와인 셀러가 모여 있는 빌라 노바 드 가이아 지구
이다. 히베이라 광장 노천카페에서 바라보는 빌라 노바 드 가이
아의 풍경도 아름답고 멋지다.

2 상 벤투 기차역 주변 Porto São Bento
#상 벤투 기차역 #렐루 서점

포르투 역사 지구 북쪽 구역이다. 푸른 타일 벽화로 장식된 상
벤투 기차역은 세계에서 가장 아름다운 기차역이다. 역 서쪽에
아줄레주가 아름다운 카르무 성당, 렐루 서점, 클레리구스 성당
이 있다. 렐루서점은 세계에서 가장 유명한 서점이다. 헤리포터
의 작가 조앤 롤링이 이 서점에서 영감을 받아 마법 학교 호그와
트를 탄생시켰다. 상 벤투역, 카르무 성당 주변에는 카페와 맛
집이 많다.

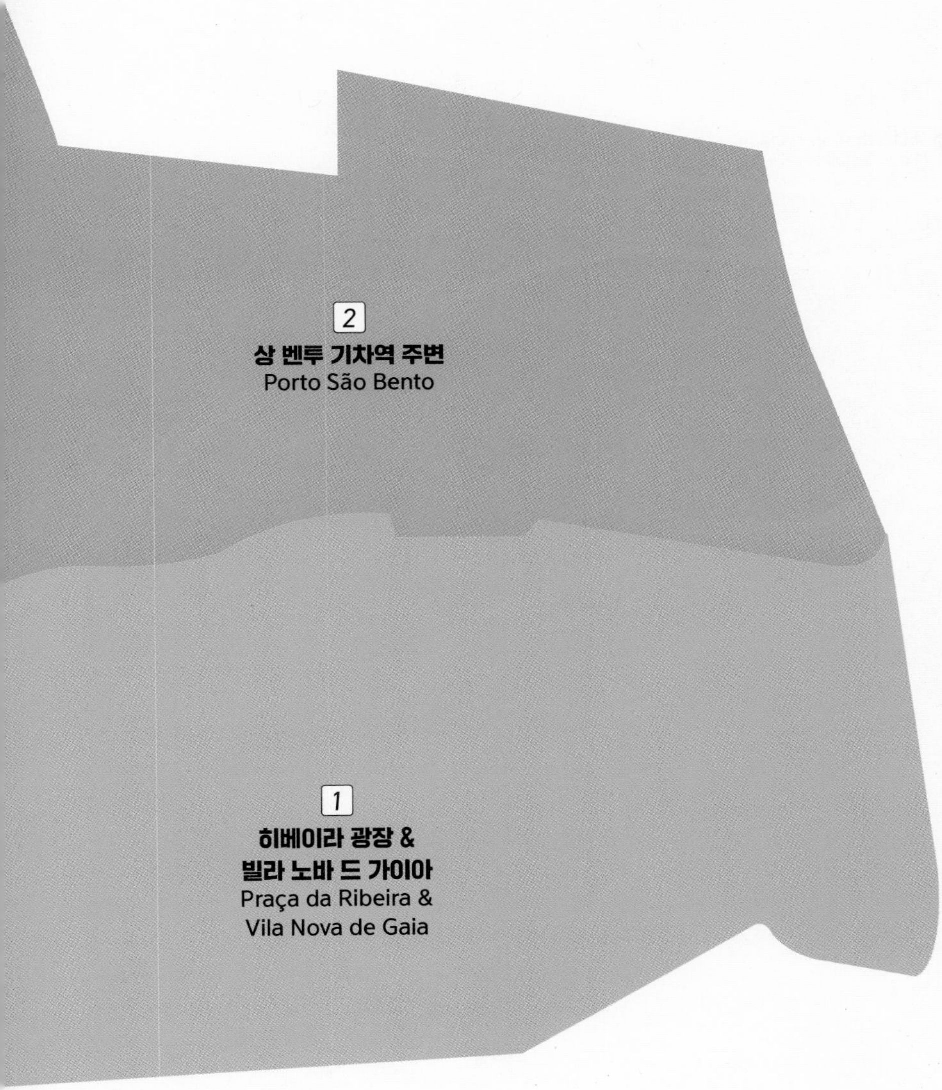

2

상 벤투 기차역 주변
Porto São Bento

1

**히베이라 광장 &
빌라 노바 드 가이아**
Praça da Ribeira &
Vila Nova de Gaia

포르투 여행지도

포르투 공항 11km

세할베스 미술관 3.8km
Museu Serralves

도루강

R. N...

R. Viterbo de Campos

Cais de Gaia

그라함
Graham's Port Lodge

Cais de Gaia

R. de Rei Ramiro

R. de Rei Ramiro

포르투 일반 정보

인구 약 23만 7천 명 기온 **봄** 11~19도 **여름** 14~27도 **가을** 13~25도 **겨울** 8~15도

℃/월	1월	2월	3월	4월	5월	6월	7월	8월	9월	10월	11월	12월
최고	13	15	15	17	20	25	26	27	25	22	18	15
최저	8	9	10	11	14	15	17	17	17	17	13	10

여행 정보 홈페이지 www.visitportugal.com/en
visitporto.travel

포르투 관광안내소

무료 지도와 시내 교통 등 다양한 여행 정보를 얻을 수 있다. 그밖에 안단테 투어 카드와 포르투 카드를 구매할 수 있다.
센트랄 관광안내소 🏠 R. Clube dos Fenianos 25, 4000-407 Porto 📞 +351 23 3393 472
포르투 대성당 관광안내소 Porto Tourism Office - Sé 🏠 Calçada Dom Pedro Pitões 15, 4050-467 Porto
📞 +351 93 555 7024 🕑 매일 09:00~18:00

포르투 가는 방법

비행기로 가기

우리나라에서 직항 노선은 없다. 마드리드, 바르셀로나, 파리, 런던 등을 경유해서 가면 된다. 리스본에서는 50분, 스페인의 마드리드에서는 1시간 15분, 바르셀로나에서는 1시간 50분이 소요된다. 파리에서는 2시간 10분, 런던에서는 2시간 30분, 로마에서는 3시간이 소요된다. 포르투 공항의 정식 명칭은 프란시스쿠 드 사 카르네이루Aeroporto Francisco de Sá Carneiro 공항으로, 시내 중심에서 북쪽으로 약 13km 거리에 있다. 포르투갈뿐 아니라 유럽 내 많은 도시를 잇는 저가 항공편이 운행되며, 포르투까지 주로 이지젯Easyjet, www.easyjet.com, 부엘링vueling, www.vueling.com, 트란사비아Transavia, www.transavia.com 같은 저비용 항공사를 많이 이용한다. 스카이스캐너www.skyscanner.co.kr를 이용하면 항공권 가격을 비교하여 구매할 수 있다.

기차로 가기

리스본산타 아폴로니아역에서 출발할 때 많이 이용하며, 포르투까지 약 3시간 정도 소요된다. 포르투의 기차역은 구시가지 시내 중심에 위치한 상 벤투역São Bento이다. 하지만 다른 도시에서 기차가 들어올 때 대부분 상 벤투역에서 동쪽으로 2.5km 거리에 있는 캄파냐역Campanhã에서 환승하여 상 벤투 역으로 들어온다. 캄파냐역은 현대적인 시설을 갖춘 기차역으로, 상 벤투역까지 기차로 4~5분 정도 걸린다.

©Wikimedia, KoS

인터넷 예매 ❶ https://www.cp.pt/passageiros/en/buy-tickets ❷ http://www.renfe.com/

버스로 가기

리스본에서 포르투에 갈 때 버스도 많이 이용한다. 리스본의 세트 히우스 버스 터미널Terminal Rodoviário Sete Rios에 가면 포르투에 가는 헤넥스Renex 사와 헤드 이스프레수스Rede Expressos, RE 사의 버스를 탈 수 있다. 여러 버스 회사들이 운영하는 고속버스가 운행되고 있어, 포르투의 터미널 위치는 버스 회사마다 제각각이다. 주로 헤넥스Renex 버스터미널과 헤드 이스프레수스Rede

©Wikimedia, Manuel de Sousa

Expressos 버스터미널을 많이 이용한다. 리스본과 포르투를 오가는 버스는 헤넥스 버스터미널을 이용하면 되고, 리스본을 비롯한 포르투갈 대부분의 지역과 포르투를 오가는 버스는 헤드 이스프레수스 버스터미널을 이용하면 된다. 헤넥스 버스터미널은 시내 중심에서 가깝다. 도보 12분 거리900m에 상벤투 기차역메트로 D 노선의 상벤투역이 있다. 헤드 이스프레수스 버스터미널은 구시가 동쪽에 있다. 시내로 진입하려면 터미널에서 남쪽으로 도보 2분 거리180m에 있는 지하철 A·B·C·E·F노선의 '24 드 아고스투 역'24 de Agosto을 이용하면 된다.

헤넥스 버스 터미널 주소 R. Prof. Vicente José de Carvalho 30, 4050-366 Porto
헤드 이스프레수스 버스터미널 주소 Campo 24 de Agosto 125, 4300-096 Porto
인터넷 예매 http://www.rede-expressos.pt

Travel Tip

공항에서 시내 들어가기

❶ 지하철 Metro

지하철 E 노선을 타면 포르투 시내 중심부의 트린다드역Trindade까지 갈 수 있다. 지하철을 타려면 안단테ANDANTE 카드가 필요하다.시내 교통 정보 참고 공항에서 시내까지는 존 4Zone 4에 해당한다. Zone 4의 1회 이용료는 2.15유로이며, 카드 보증금 0.6유로가 추가된다. 오전 6시부터 새벽 1시까지 20~30분 간격으로 운행되며, 시내까지 약 40분 소요된다. 티켓은 메트로 역 매표소 자동발매기에서 구매하면 된다. 10유로 지폐까지 사용 가능하니 잔돈을 미리 챙겨가자.

©Wikimedia, IngolfBLN

❷ 버스 601번, 602번, 604번, 3M번

공항에서 출발하는 601, 602번 버스를 시내 중심부의 클레리구스 탑Torre dos Clérigos 부근에 있는 코르도아리아 정류장Cordoaria까지 운행한다. 중간에 정류소가 많으므로 숙소와 가까운 지점을 확인한 후 해당 버스를 이용하면 된다. 05:30~00:30 사이에 약 25분 간격으로 운행한다. 604번 버스는 06:00~21:00 사이에 30분 간격으로 공항부터 성 요한 병원Hosp. S. João까지 운행한다. 자정이 넘은 12시 30분부터 새벽 5시 30분까지는 3M 버스를 이용해야 한다. 3M 버스를 이용하면 시청 앞 아베니다 알리아두스 정류장Av. Aliados이나 지하철 트린다드역Trindade 부근에 있는 트린다드 정류장에 갈 수 있다. 공항에서 시내까지는 Zone 4에 해당되며, 요금은 2.15유로이다. 아단테 카드를 구매하여시내 교통 정보 참고 사용하면 되며, 약 40분 소요된다.

❸ 택시

택시는 하루 24시간 도시 전역을 순환하며 택시 승강장에서 이용할 수 있다. 전화로 부를 수도 있다. 일반적으로 최대 4인까지 탑승할 수 있지만, 전화+351 22 535 3359로 더 큰 차량을 요청할 수 있다. 거리에 따른 금액 외에 통행료가 포함된 경우 이 금액은 승객이 지불해야 한다. 부피가 55x35x20cm를 초과하는 수하물은 추가 요금이 부과된다. 우버Uber나 마이택시My Taxi 어플을 다운 받아 사용하면 편리하다. 시내까지 20~25유로 정도 예상하면 된다.

포르투 시내 교통

포르투는 도시가 크지 않아 웬만한 여행지는 도보 이동이 가능하다. 교통수단으로는 지하철, 버스, 트램이 있다. 지하철은 모두 6개의 노선이 운영되고 있지만, 주요 여행지와는 연결되지 않아 여행객은 공항이나 버스터미널을 갈 때를 제외하고는 이용할 일이 없다. 트램은 3개의 노선이 운행되고 있으며, 시내 구경 삼아 타고 돌아보는 것도 권할 만하다. 도루강의 멋진 모습을 감상하며 이동할 수 있는 1번 트램을 추천한다. 지하철과 버스는 안단테 카드An-dante Card로 요금을 내고 승차할 수 있으며, 트램은 기사에게 5유로(어린이 3.5유로)를 내고 직접 티켓을 구매하면 된다. 그밖에 귄다이스 푸니쿨라Funicular Dos Guindais와 가이아 케이블카도 많이 이용한다. 동 루이스 1세 다리 부근Rua da Ribeira Negra 314에서 푸니쿨라를 탑승하면 포르투에서 가장 높은 언덕 위의 바탈랴Batalha, 포루투 대성당 뒤편 지역까지 2분 만에 갈 수 있다. 포르투와 도루강Douro 강둑의 탁 트인 전망을 즐기기 좋다. 가이아 케이블카는 동 루이스 1세 다리 2층에서 탑승하면 빌라 노바드 가이아까지 운행한다. 도루강과 어우러진 포르투 전경을 눈에 담기 좋다.
귄다이스 푸니쿨라 ⏱ 4~10월 일~목 08:00~22:00, 금·토 08:00~24:00 11~3월 일~목 08:00~20:00 금·토 08:00~22:00 € 편도 4유로(어린이 2유로) 왕복 6유로(어린이 3유로)
가이아 케이블 카 ⏱ 계절별 상이 홈페이지 확인 필수 € 편도 7유로(어린이 3.5유로) 왕복 10유로(어린이 5유로) ☰ gaiacablecar.com

ONE MORE

포르투의 교통카드

안단테 카드를 구매하면 버스와 지하철을 이용할 수 있다. 구역Zona에 따라 요금이 달라지는데, 시내만 이동할 계획이라면 Zona2 정도면 충분하지만, 공항을 이용할 경우 Zona4를 선택해야 한다. 카드는 1·2·5·10회로 충전해서 구매할 수 있으며, 10회 충전할 경우 대중교통을 11회 이용할 수 있다.

안단테 카드 요금(카드 구입비 0.6유로 별도)

Zona	1회 충전	Aadante 24	환승 가능 시간
Z2	1.3유로	4.7유로	1시간
Z3	1.7유로	6.05유로	1시간
Z4	2.15유로	7.55유로	1시간 15분

Zona2를 충전한 카드에 또다시 Zona2를 충전할 수 있지만, 구역이 바뀌는 경우엔, 다시 말해서 Zona4를 충전할 수는 없다. 카드를 다시 구매하거나, 기존의 충전금을 다 사용하고 Zona4를 충전해야 한다. 이용 시 구역에 따라 1시간~1시간 15분 동안 무제한 환승이 가능하다. 24시간 무제한 사용할 수 있는 카드 'Aadante 24'도 있다. 안단테 카드 구매 시 카드 구매비 0.6유로가 별도로 추가되며, 각 메트로 역 매표소에서 구매할 수 있다. 구역Zona에 상관없이 버스와 메트로를 무제한 사용할 수 있는 안단테 투어 카드도 있다. 카드 구매비는 없으며 24시간권 7유로, 72시간권 15유로이다. 공항이나 시내 관광안내소에서 구매할 수 있다.

Special Tip

포르투 카드 Porto Card

주요 명소 입장료를 할인받거나 무료로 입장할 수 있는 카드로 1~4일 동안 여행할 사람에게 추천한다. 종류는 두 가지로 명소할인만 되는 카드와 명소할인+교통패스가 되는 카드가 있다. 명소할인만 되는 카드는 1일권 6유로, 2일권 10유로, 3일권 13유로, 4일권 15유로이다. 명소할인+교통패스까지 되는 카드는 지하철, 시내버스, 일부 교외선 기차를 무제한 이용할 수 있으며, 1일권 13유로, 2일권 20유로, 3일권 25유로, 4일권 33유로이다. 카드를 구매하면 뒷면에 사용하기 시작하는 날짜와 시간을 적어 놓아야 한다. 공항이나 시내 관광안내소, 홈페이지https://visitporto.travel/pt-PT/porto-card-landing-page#에서 구매할 수 있다.

1일	09:00	카르무 성당
	10:00	렐루 서점
	11:30	클레리구스 타워
	12:30	점심 식사
	14:00	포르투 대성당
	15:00	동 루이스 1세 다리
	16:00	빌라 노바 드 가이아의 와인 셀러에서 포트 와인 시음
	18:00	히베리아 광장
	19:00	저녁 식사
	21:00	동 루이스 1세 다리 야경 감상 및 산책

2일	10:00	마제스틱 카페 해리포터 집필 카페
	12:00	점심식사
	13:00	상 벤투 역
	14:00	볼사 궁전
	16:00	상 프란시스쿠 교회
	17:00	세하 두 필라르 수도원Mosteiro da Serra do Pilar
	18:00	히베리아 광장 및 강변 산책
	19:00	저녁 식사
	21:00	시내 구경

포르투 버킷 리스트

포르투는 중소도시지만 보고 즐길 거리는 여느 대도시 못지않다. 에펠탑을 떠올리게 하는 동 루이스 1세 다리, 낭만이 흐르는 히베이라 광장, 포르투를 빛내주는 포트 와인, 조앤 롤링이 <헤리포터>의 영감을 얻는 렐루 서점까지, 포르투의 핫 스폿으로 여러분을 초대한다.

©Porto Convention Visitors Bureau-flickr

⬚1 포르투의 아기자기한 풍경 즐기기

#히베이라 광장 #포르투 대성당
#클레리쿠스 성당 종탑 #동 루이스 1세 다리
#세하 두 필라르 수도원

포르투는 아기자기한 풍경이 많다. 히베이라 광장에서는 동 루이스 1세 다리와 도루 강, 포트 와인 셀러가 모여 있는 빌라 노바 드 가이아의 아름다운 풍경을 한눈에 담을 수 있다. 포르투 대성당은 건축물보다 성당 앞 광장에서 바라보는 아름다운 풍경으로 더 유명하다. 세계문화유산인 포르투 역사 지구의 중세 건

축물, 아름다운 도루 강가의 풍경, 도루 강 건너 편의 빌라 노바 드 가이아까지 한눈에 들어온다. 해 질 녘 근사한 강변 풍경도 즐길 수 있다. 클레리쿠스의 종탑은 포르투의 낭만적인 모습을 파노라마로 즐기기 좋은 곳이다. 동 루이스 1세 다리 위에서도 포르투의 멋진 풍경을 감상하기 좋다. 세하 두 필라르 수도원은 빌라 노바 드 가이아의 언덕 위에 자리하고 있다. 포르투에서 가장 높은 성당 돔에 오르면 포르투의 멋진 풍경을 360도 파노라마로 즐길 수 있다.

2 포트 와인 즐기기

포트 와인Port Wine은 포르투갈의 도루 강Douro 상류에서 재배한 포도로 제조한 와인으로, 발효 과정에 브랜디를 첨가하여 만든 주정 강화 와인이다. 히베이라 광장에서 동 루이스 1세 다리를 건너면 유명한 포트 와인 와이너리와 와인 셀러가 즐비한 빌라 노바 드 가이아Vila Nova de Gaia가 나온다. 이곳의 와이너리 투어에 참여하면 시음도 할 수 있다. 대표적인 와인 셀러로는 파두 공연도 관람할 수 있는 칼렘Cálem, 와인 바와 레스토랑까지 갖추고 있는 그라함Graham's Port Lodge, 포르투갈에서 가장 오래된 와인 제조사 코프케Iopke, 300년 전통의 타일러Taylor's Port 등이 있다.

3 해리포터 만나기

#렐루 서점 #마제스틱 카페

포르투는 조앤 롤링이 해리포터를 집필한 도시다. 그녀는 포르투 대학교 학생들의 망토 교복을 모티브로 호그와트 마법학교의 망토 교복을 창조해내기도 했다. 렐루 서점은 세계에서 가장 아름다운 3대 서점 중 하나로, 포르투갈 특별 보호 건축물이다. 해리포터 집필에 영감을 준 세계에서 가장 유명한 서점이기도 하다. 화려한 스테인드 글라스와 천정과 벽면의 인테리어는 호그와트를 연상시키며 여행객의 마음을 사로잡는다. 2층으로 올라가는 구불구불한 멋진 계단은 움직이는 마법의 계단의 모티브가 되어준 곳으로, 여행객들의 포토 스폿이다. 마제스틱 카페는 벨에포크 시대를 연상시키는 아르누보 풍의 멋진 카페이다. 세상에서 가장 아름다운 카페 10위 안에 이름을 올린 포르투의 대표적인 명소이다. 조앤 롤링은 이 카페에서 해리포터를 집필하여 베스트셀러 작가가 되었다.

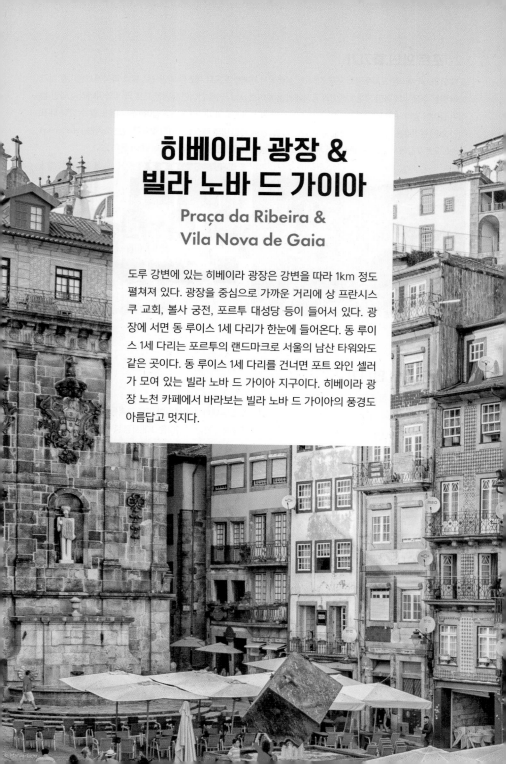

히베이라 광장 &
빌라 노바 드 가이아
Praça da Ribeira &
Vila Nova de Gaia

도루 강변에 있는 히베이라 광장은 강변을 따라 1km 정도 펼쳐져 있다. 광장을 중심으로 가까운 거리에 상 프란시스쿠 교회, 볼사 궁전, 포르투 대성당 등이 들어서 있다. 광장에 서면 동 루이스 1세 다리가 한눈에 들어온다. 동 루이스 1세 다리는 포르투의 랜드마크로 서울의 남산 타워와도 같은 곳이다. 동 루이스 1세 다리를 건너면 포트 와인 셀러가 모여 있는 빌라 노바 드 가이아 지구이다. 히베이라 광장 노천 카페에서 바라보는 빌라 노바 드 가이아의 풍경도 아름답고 멋지다.

히베이라 광장 & 빌라 노바 드 가이아

빅토리아 전망대 •

Largo São D

클라우스

세할베스 미술관 3.8km
Museu Serralves

R. Nova da Alfândega

R. do Comércio do Porto

R. da Bolsa

볼사 궁전
Palácio da Bolsa

상 프란시스쿠 성당
Igreja Monumento
de São Francisco

도루강

Cais de Gaia

R. Viterbo de Campos

Cais de Gaia

R. de Rei Ramiro

가이아
케이블카 •

그라함 와이너리
Graham's Port Lodge

R. de Rei Ramiro

Av. de Ramos Pinto

Rua da Bainharia

Av. Vimara Peres

📷 포르투 대성당
Sé do Porto

히베이라 광장 지구

R. dos Mercadores

R. de São João

rique

R. de Dom Hugo

🍴 타베르나
두스 메르카도레스

R. da Ribeira Negra

● 푸나쿨라
탑승하는 곳

Av. Gustavo Eiffel

● **출발**
📷 히베이라 광장
Praça da Ribeira

Cais da Ribeira

Estiva

도루강

📷 동 루이스 1세 다리
Ponte Luís I

● 세하 두 필라르 수도원

도착 Av. de Diogo Leite

📷 칼렘 와이너리
Cálem

go Leite

📷 코프케 와이너리
Kopke

R. Cândido dos Reis

빌라 노바 드 가이아
Vila Nova de Gaia

● 모루정원

ro

oledo

일러스 와이너리
ylor's Port

히베이라 광장 & 빌라 노바 드 가이아 하루 추천코스

히베이라 광장 → 도보 3분 → 상 프란시스쿠 성당 → 도보 1분 →
볼사 궁전 → 도보 10분 → 포르투 대성당 → 도보 8분 →
동 루이스 1세 다리 → 도보 20분 → 빌라 노바 드 가이아

히베이라 광장 Praça da Ribeira 프라사 다 히베이라

🚶 볼사 궁전과 상 프란시스쿠 교회에서 폰트 타우리나 거리R. da Fonte Taurina 경유하여 도보 4분
🏠 Praça Ribeira, 4050-044 Porto

포르투의 멋진 풍경과 랜드마크를 한눈에

포르투의 중심부 도루 강변에 있는 광장이다. 포르투에서
가장 유명하고 번화한 광장이다. 강변으로 펼쳐진 포르투
특유의 알록달록한 집들, 어딘지 에펠탑을 떠올리게 하는
동 루이스 1세 다리, 도루강과 어우러진 빌라 노바 드 가이
아의 아름다운 풍경을 한눈에 담을 수 있는 곳이다. 1996
년 유네스코 세계문화유산으로 지정된 포르투 역사 지구에
있다. 광장 주변에는 레스토랑, 노천카페들이 줄지어 들어
서 있으며, 노천카페에 앉아 차를 마시며 도루강 건너로 와
인 셀러들이 오밀조밀 모여 있는 빌라 노바 드 가이아의 멋

진 풍경을 감상할 수 있다. 포르투의 랜드마크 동 루이스 1세 다리를 건너서 빌라 노바 드 가이아로 산책가기도 좋다. 광장에서는 버스커들이 노래를 부르고, 햇살 좋은 날이면 사람들이 강변에 걸터앉아 은빛 햇살을 즐긴다. 포르투의 멋진 풍경과 랜드마크를 한눈에 볼 수 있는 명소라 언제나 여행객이 많이 모여든다. 몇 년 전 TV 프로그램 <비긴 어게인 2>에서 자우림이 도루강의 동 루이스 1세 다리를 배경으로 이 광장에 서서 버스킹을 하여 광장에 모인 관객들에게 갈채를 받기도 했다. 노천카페나 레스토랑에 앉아 멋진 포르투를 눈에 담으며 유럽 스타일로 여유를 즐겨보자.

상 프란시스쿠 성당 Igreja Monumento de São Francisco

🚶 볼사 궁전에서 도보 1분 🏠 Rua do Infante D. Henrique, 4050-297 Porto
📞 +351 22 206 2125 🕐 4~9월 09:00~20:00 10~3월 09:00~19:00
€ 일반 9유로 학생 6.5유로 🌐 ordemsaofrancisco.pt

고딕 성당 안에서 만난 바로크

14세기에 지은 포르투의 대표적인 고딕 성당으로, 볼사 궁전 옆에 있다. 고딕 양식 건물답게 골조가 도드라진 모습을 볼 수 있는데, 안으로 들어가면 분위기가 완전히 바뀐다. 성당 내부는 바로크 양식이기 때문이다. 17세기 중반 이후 성당 건물을 개축하면서 내부를 화려한 바로크 양식으로 바꾸었는데, 너무나 정교하고 생동감이 넘쳐 장식 하나하나에서 영혼이 느껴진다. 장식은 모두 나무로 조각하여 황금으로 도금한 '탈랴 도라다'Talha dourada 기법으로 만든 것들이다. 많은 인물 장식은 손을 내밀며 말을 걸어올 것 같고, 잎사귀 무성한 나무 장식은 피톤치드를 뿜어낼 듯 생생한 자태로 보는 이에게 감동을 선사한다. 그래서 성당 내부는 바로크로 꾸며진 거대한 황금 숲 같다. 바로크는 '닦지 않은 울퉁불퉁한 진주'라는 뜻의 포르투갈어 바호쿠Barroco에서 유래한 단어이다. 상 프란시스쿠 성당 안에서 만난 바로크 장식은 그야말로 진주처럼 생명력을 가지고 오랜 시간 자라온 것 같다. 그래서 아름답다. 내부 사진 촬영은 금지되어 있으며, 입장권은 성당 바로 옆에 있는 성 프란시스쿠 제3회 수도회 성당에서 구입할 수 있다.

볼사 궁전 Palácio da Bolsa 팔라시우 다 볼사

🚶 히베이라 광장에서 폰트 타우리나 거리R. da Fonte Taurina와 볼사 거리R. da Bolsa 경유하여 도보 4분350m
🏠 R. de Ferreira Borges, 4050-253 Porto 📞 +351 22 339 9000
🕐 4월~10월 매일 09:00~18:30 11월~3월 매일 09:00~12:30, 14:00~17:30(30분마다 입장)
€ 가이드 투어 일반 12유로, 학생 7.5유로, 12세 미만 부모 동반 시 무료 ═ palaciodabolsa.com

상업의 궁전

상 프란시스쿠 성당 바로 옆에 있다. 한때 이곳은 상 프란시스쿠 성당 수도원이 있던 곳이었으나, 1832년 페드루 4세브라질 황제 페드루 1세와 동생 미구엘의 왕권 싸움으로 전쟁이 나 불타버렸다. 브라질 황제로 있던 페드루 4세는 동생 미구엘의 섭정으로 딸의 왕권이 흔들리자 포르투갈로 돌아와 왕권 다툼을 하였다. 권력 싸움에서 승리한 그는 딸 마리아 2세재위 1826~1853에게 다시 왕위를 물려주었다. 마리아 2세가 1850년 볼사 궁전을 완공했으나 내부 장식까지 완전하게 끝난 때는 1910년이다. 19세기 중반 포르투의 상업이 활성화되기 시작하면서 볼사 궁전은 상업회의소에 넘겨졌으며, 지금도 상업회의소 본부가 이곳에 있다. 신고전주의 양식으로 지어진 포르투 최초의 철제 건물로 건축적으로도 의미가 크다.

볼사 궁전의 하이라이트는 스페인 알람브라 궁전에서 영감을 받아 만든 화려한 아랍의 방Salão Árabe과 건물 중앙의 안마당인 국가들의 안뜰Pátio das Nações이다. 아랍의 방은 행사, 파티, 방송, 사진 촬영 등 다양한 목적을 위해 대여되고 있다. 국가들의 안뜰은 팔각형의 돔으로 덮여 있으며, 돔 천정에는 19세기에 포르투갈과 무역을 하던 나라들의 상징 문양이 새겨져 있다. 볼사 궁전 내부 관람은 가이드 투어를 통해서만 가능하다. 가이드 투어는 영어, 포르투갈어, 스페인어, 불어로 진행된다.

포르투 대성당 Sé do Porto 세 두 포르투

🏃 ❶ 히베이라 광장에서 메르카도레스 거리R. dos Mercadores 경유하여 도보 8분550m ❷ 상 벤투 기차역Estação de São Bento(메트로 D라인 상 벤투역)에서 아폰수 엔히크 거리Av. Dom Afonso Henriques 경유하여 남쪽으로 도보 5분350m
🏠 Terreiro da Sé, 4050-573 Porto 📞 +351 22 205 9028 🕐 09:00~18:30
☰ www.diocese-porto.pt/pt/catedral-do-porto/

포르투의 아름다운 풍경을 품은

12세기에 로마네스크 양식과 고딕 양식으로 지어졌다가, 18세기에 리모델링 공사를 하면서 바로크 양식이 더해져 오늘의 모습에 이르렀다. 포르투에서 오래된 건축물로 꼽히며 정면에서 보이는 두 개의 탑은 초기에 지어진 것이다. 포르투갈의 10대 왕인 주앙 1세는 1387년 이곳에서 결혼식을 올렸고, 항해왕 엔히크 왕자는 1394년 이곳에서 세례를 받기도 했다. 성당의 푸른 빛 회랑은 아줄레주포르투갈 타일로 장식되어 있어 포르투 특유의 분위기를 느낄 수 있다. 하지만 포르투 대성당은 건축물 자체보다 성당 앞 광장에 서면 보이는 전경이 더 유명하다. 원래 성당이 들어선 자리는 요새가 있던 자리였다. 그래서 주변 풍경이 한눈에 들어온다. 세계문화유산인 포르투 히베이라 역사 지구를 보며 중세의 건축물을 감상할 수 있고, 아름다운 도루 강가의 풍경도 즐길 수 있다. 도루 강 건너 편으로는 포트 와인 셀러가 모여 있는 빌라 노바 드 가이아Vila Nova de Gaia가 펼쳐져 있어 아름답고 독특한 풍경을 선사한다. 해 질 녘 강변 풍경도 멋지다.

동 루이스 1세 다리 Ponte Luís I 폰트 루이스 I

🏃 ❶ 대성당에서 다리 2층까지 도보 9분
🚶 ❷ 히베이라 광장Praça da Ribeira에서 다리 1층까지 도보 3분250m
🏠 Pte. Luiz I, Porto

포르투의 멋진 풍경 감상하기

포르투 구시가지와 도루 강 건너의 빌라 노바 드 가이아Vila Nova de Gaia를 잇는 172m 길이의 다리로, 포르투의 상징적인 건축물이다. 파리 에펠탑을 설계한 귀스타브 에펠의 제자인 테오필 세리그Théophile Seyrig가 설계하였고, 1886년에 완공됐다. 다리는 2층 구조이다. 1층에는 자동차가 다니고, 2층은 열차가 지나다니며, 보행자는 1, 2층 모두 이용할 수 있다. 아름다운 이 철제 다리는 포르투를 대표하는 랜드마크로 보는 이의 감탄을 자아낸다. 도루 강과 어우러진 모습, 다리 위에서 바라보는 도루 강변 모습 모두 포르투의 가장 멋진 풍경으로 꼽힌다. 이 다리 옆에는 마리아 피아 다리Ponte Maria Pia가 있다. 다리 이름 마리아 피아는 루이스 1세의 왕비 마리아 피아 드 사보이아Maria Pia de Saboia의 이름에서 따온 것이다. 동 루이스 1세 다리보다 앞선 1877년에 만들어진 것으로 귀스타브 에펠이 설계했다. 현재는 쓰이지 않는다.

ONE MORE

동 루이스 1세는 누구?

동 루이스 1세는 페르난두 2세와 마리아 2세 사이에 태어난 둘째 아들이다. 왕위에 오른 형 페드루가 사망한 뒤 포르투갈의 왕이 되어 1861부터 1889년까지 재위했다. 이탈리아 비토리오 에마누엘레 2세의 딸인 마리아 피아 드 사보이아와 결혼해 아들 둘을 낳았다. 첫째 아들 카를루스는 루이스 1세 다음 왕으로 즉위했으나 공화주의자들에 의해 리스본의 코메르시우 광장에서 암살되었다.

©wallpaperflare.com

빌라 노바 드 가이아 Vila Nova de Gaia

포르투에서 포트 와인 즐기기

히베이라 광장에서 동 루이스 1세 다리를 건너면 와인 향 가득한 빌라 노바 드 가이아Vila Nova de Gaia 지역이다. 이곳은 와인 셀러저장고들이 옹기종기 모여 있는 곳으로, 투어에 참여하면 와인 시음도 할 수 있다. 칼렘, 그라함, 코프케, 타일러 등이 이곳의 대표적인 와인 셀러이다.

©Alex Ristea-flickr

[1] 케이브 칼렘 Caves Cálem

와인 시음도 하고 파두 공연도 보고

규모가 큰 와인 셀러 중 한 곳이다. 동 루이스 1세 다리에서 가까운 곳에 있어 접근성이 좋다. 투어는 시간이 정해져 있으며 영어, 포르투갈어, 스페인어, 프랑스어 중 선택하여 가이드를 따라 움직여야 한다. 화이트와 토니두 가지 와인을 시음할 수 있다. 파두 공연에 적합한 장소가 아니라 소리의 울림은 덜 하지만 와인 시음과 함께정통 파두 공연도 관람할 수 있다. 와인 가격은 다른 브랜드에 비해 저렴한 편이다.

🚶 동 루이스 1세 다리에서 도보 3분 🏠 Av. de Diogo Leite 344, 4400-111 Lagos 📞 +351 223 746 660
🕐 10:00~19:00 € 투어+와인 시음 7.5~40유로 투어+와인시음+파두공연 19.5~25유로 ☰ tour.calem.pt

[2] 그라함 Graham's Port Lodge

와인 바와 레스토랑도 갖춘

1820년에 문을 연 그라함은 영국 가족이 대를 이어 경영해 오고 있는 전통 있는 포트 와인 셀러다. 가이아의 높은 언덕 지대에 있어 접근성은 조금 떨어지지만 끝내주는 도루 강변 전경을 눈에 담을 수 있어 좋다. 와인 바뿐 아니라 레스토랑도 갖추고 있어 아름다운 풍경을 바라보며 식사도 할 수 있다. 23유로에 포르투 와인을 시음할 수 있으며 예약은 필수다. 투어 예약을못 했다면 시음만 할 수도 있다.

🚶 동 루이스 1세 다리에서 도보 25분, 버스 901·906번 🏠 Rua do Agro 141, 4400-003 Vila Nova de Gaia
📞 +351 223 776 490 🕐 4~10월 10:00~17:30(시음 10:00~18:00) 11~3월 10:00~17:00(시음 10:00~17:30)
€ 투어+와인 시음 23유로부터 ☰ grahams-port.com

ONE MORE 1
포트 와인이 뭘까?

포트 와인Port Wine은 포르투갈의 도루 강Douro 상류에서 재배한 포도로 제조한 와인으로, 발효 과정에서 브랜디를 첨가하여 만든 주정 강화 와인이다. 당시 포르투갈은 포르투 항을 통해 영국으로 와인을 수출했는데, 와인이 변질되는 경우가 있어 브랜디를 첨가해 알코올 도수를 높인 와인을 만들었다. 이것이 포트 와인이다. 알코올 도수 18~20도 정도로 단맛이 나는 게 특징이다. 발효 중에 브랜디를 첨가하면 발효가 중단되고, 발효가 끝나지 않은 포도의 당분이 그대로 남아 단맛을 낸다. 포트 와인은 주로 디저트와 함께 식후주로 마시며, 세리주 스페인의 백포도로 만든 주정 강화 와인와 함께 2대 주정 강화 와인으로 꼽힌다.

③ 코프케 Kopke
포르투갈에서 가장 오래된 양조장

1638년부터 전통을 이어오고 있는, 포르투갈에서 가장 오래된 와인 제조사다. 일반인의 투어는 불가능하다. 하지만 도루 강변에 시음하고 구매할 수 있는 상점Kopke Wine House이 있다. 와인의 종류마다 가격이 다르며, 전반적으로 빈티지와 콜레이타 가격이 조금 비싼 편이다. 10년산 토니가 가장 저렴하다. 정해진 와인을 시음하는 것이 아니라 원하는 와인을 골라 시음할 수 있어 좋다.

🚶 동 루이스 1세 다리에서 도보 3분 🏠 4430 999, Av. de Diogo Leite 312, Vila Nova de Gaia
📞 +351 91 584 8484 🕐 매일 10:00~19:00 ☰ www.kopke1638.com

4 타일러 Taylor's Port

드라이 포트 와인을 개발한

1692년부터 300년이 넘게 가족이 전통을 이어 운영해오고 있는 유서 깊은 포트 와인 제조사다. 최초의 드라이 포트 와인 '칩 드라이'Chip Dry와 빈티지 와인보다 조금 더 통에서 숙성되어 디캔터침전물 여과기 없이 바로 마실 수 있는 'LBV'Late Bottled Vintage를 개발한 곳이다. 와인 투어를 하면 이 두 가지 와인을 시음할 수 있다. 투어 시간은 정해져 있지 않고, 오디오 가이드13개 언어로 진행된다. 원하는 와인이 있는 경우 추가 요금만 내면 그 자리에서 시음할 수도 있다. 예약하면 프라이빗 투어도 가능하다.

🚶 동 루이스 1세 다리에서 도보 15분, 버스 901·906번
🏠 Rua do Choupelo 250, 4400-088 Vila Nova de Gaia
📞 +351 22 374 2800 🕐 셀러 11:00~18:00 시음 및 상점 11:00~19:00 € 투어+와인 시음 20유로
≡ www.taylor.pt

ONE MORE 2

알고 마시자! 포트 와인의 종류

포트 와인은 숙성 방법에 따라 크게 오크 통에서 숙성된 와인Wood aged port과 병에서 숙성된 와인Bottle aged port으로 나뉜다. 오크 통에서 숙성된 와인은 색깔에 따라 다시 적갈색의 루비 포트Ruby Port와 황갈색의 토니 포트Tawny Port로 나뉜다. 루비 포트는 여러 해에 걸쳐 생산된 어린 와인을 블랜딩하여 2~3년 숙성시켜 만든 와인으로, 색이 진하고 과일 풍미가 난다. 토니 포트는 최소 7년 숙성시켜 만든 와인으로 캐러멜 향이 나며 황갈색을 띤다.

토니는 여러 종류의 포도를 블랜딩해 오크 통 속에서 10~40년 숙성시킨 에이지드 토니Aged Tawny와 단일 해에 생산된 포도를 최소 7년 이상 오크 통에서 숙성시킨 콜레이타Colheita로 나뉜다. 통 속에서 숙성된 기간이 길어질수록 황갈색은 옅어지며, 캐러멜 향과 바닐라의 풍미가 짙어진다. 이렇게 숙성된 와인은 개봉 후 6개월 정도까지는 두고 마실 수 있다.

병에서 숙성된 와인으로는 오크 통 숙성 와인 루비 계열의 빈티지Vintage 와인이 있다. 단일 해에 생산된 좋은 와인으로만 만들어 매년 나오는 것은 아니다. 오크통에서 약 22개월 숙성시킨 후 병에 담는다. 병에서도 계속 숙성이 진행되므로 해가 갈수록 맛과 가격이 변한다는 특징이 있다. 개봉 후에는 변질되기 쉬우므로 최대 이틀 안에 마시는 게 좋다.

세할베스 미술관 Museu Serralves 무세우 세할베스

🚶 ❶ 버스 203번 승차하여 세할베스(미술관) 정류장Serralves(Museu) 하차, 도보 1분 ❷ 버스 207번 승차하여 세할베스(미술관) 정류장Serralves(Museu) 하차, 도보 1분 🏠 R. Dom João de Castro 210, 4150-417 Porto
📞 +351 22 615 6500 🕐 4~9월 월~금 10:00~19:00, 토·일 10:00~20:00 10~3월 월~금 10:00~18:00, 토·일 10:00~19:00
€ 일반 티켓 20유로(세랄베스 미술관+정원+세랄베스 하우스+시네마) 부분 티켓 세랄베스 미술관 13유로, 정원 13유로
≡ www.serralves.pt

정원이 아름다운 현대 미술관

포르투 중심에서 북서쪽으로 약 5km 거리에 있는 현대 미술관으로 아름다운 정원을 갖추고 있다. 포르투갈에서 건축의 시인이라 불리는 알바루 시자Álvaro Siza Vieira가 설계했다. 그는 자연과의 조화를 중시하는 건축가로 유명하며, 아름다운 정원의 품에 안겨 있는 모던하고 심플한 건물이라 더욱 주목 받고 있다. 알바루 시자는 1992년 프리츠커 상을 수상한 세계적인 건축가이다. 그는 우리나라에도 많은 건축물을 남겼는데, 아모레퍼시픽 기술연구동, 파주 출판 단지에 있는 출판사 열린책들의 미메시스 아트 뮤지엄, 안양 파빌리온 등이 그의 작품이다. 세할베스 미술관에는 주로 1960년대부터 현재까지의 작품 4300여 점이 전시되어 있으며, 백남준의 작품도 찾아볼 수 있다. 멋진 정원도 볼거리다. 농장과 과수원까지 갖춘 아름다운 정원 곳곳에도 다양한 예술 작품들이 설치되어 있는데, 스웨덴의 유명 작가 클래스 올렌버그Claes Oldenburg의 〈삽〉도 찾아볼 수 있다. 클래스 올렌버그는 서울 청계 광장의 소라 탑 〈스프링〉의 작가이기도 하다. 이 정원에서는 2016년 우리나라 양혜규 작가의 전시가 열리기도 했다.

타베르나 두스 메르카도레스
Taberna Dos Mercadores

포르투 최고 레스토랑

히베이라 광장에서 가까운 곳에 있는 식당으로, 개인적으로 포르투 최고의 레스토랑으로 꼽고 싶은 곳이다. 오픈 키친이며, 테이블은 8개 남짓으로 조그마한 식당이다. 추천 메뉴는 문어밥, 해물밥, 농어 구이로 모두 맛있다. 특히 문어밥은 부드러운 문어와 바삭바삭한 누룽지 같은 밥의 식감이 조화를 이루어 일품의 맛을 선사한다. 불쇼를 보여주는 농어 구이도 훌륭하다. 촉촉하고 부드러운 농어 살점이 입에서 녹는다. 메뉴 대부분이 짜지 않고 간이 적당하여 한국인의 입맛에 아주 잘 맞는다. 규모는 작지만 인기가 많아 예약은 필수다.

🚶 히베이라 광장Praça da Ribeira에서 메르카도레스 거리R. dos Mercadores 경유하여 도보 3분150m 🏠 R. dos Mercadores 36, Porto
📞 +351 22 201 0510
🕐 화~일 12:30~22:00 휴무 월요일

클라우스 포르투 Claus Porto

명품 비누를 기념품으로

130년 역사를 자랑하는 포르투갈 최초의 비누와 향수 브랜드이다. 포르투에서 시작해 여전히 포르투에 공장을 두고 옛날 방식으로 비누를 만들고 있다. 천연 재료로 만든 클라우스 비누는 클래식하고 예쁜 디자인 패키지로 고급스럽게 포장된 유명한 명품 비누이다. 전 세계 유명 백화점이나 편집 숍에서 판매되고 있으며, 현재 한국에도 매장이 들어와 있어 찾아볼 수 있다. 가격은 한국보다 조금 저렴하다. 비누뿐만 아니라 핸드크림, 바디 용품, 향초, 디퓨저 등도 판매한다. 상점 2층은 비누 만드는 기계와 브랜드의 역사를 알려주는 전시장으로 꾸며놓았다.

🚶 볼사 궁전에서 페헤이라 보르지스 거리R. de Ferreira Borges 경유하여 도보 5분300m
🏠 R. das Flores 22, 4050-262 Porto
📞 +351 914 290 359 🕐 매일 10:00~19:00
€ 비누 14유로부터 ☰ www.clausporto.com

상 벤투 기차역 주변

Porto São Bento

상 벤투 기차역은 포르투 중심부에 있다. 역 서쪽에 카르무 성당, 렐루 서점, 클레리구스 성당이 있다. 푸른 아줄레주로 장식된 상벤투 기차역은 세계에서 가장 아름다운 기차역으로 꼽힌다. 렐루 서점은 세계에서 가장 유명한 서점이다. 입장료를 내야 하는 관광 명소로, 헤리포터의 작가 조앤 롤링이 이 서점에서 영감을 받아 마법 학교 호그와트를 탄생시켰다. 책을 사기보다 서점을 구경하려고 많은 이들이 찾는다. 상 벤투역, 카르무 성당 주변에는 카페와 맛집이 많다.

알마다 카페 R do Dr. Ricardo Jorge

Rua da Conceição

Rua do Almada

포르투 시청 •

브라상
알리아두스

R. Form

R. de Ramalho Ortigão

R. das Oliveiras

M Aliados

피콜로 카마페우

제니스

R. de Ceuta

카자 다 기타라

R.des Santa Teresa

Rua do Almada

Av. dos Aliados

Av. dos Aliados

R.do Dr. Maga

카사 게지스 프로그레수

무 스테이크
하우스

카르무 성당 Igreja do Carmo

카르멜리타스 성당
Igreja dos Carmelitas

R. da Galeria de Paris

도착

렐루 서점
Livraria Lello

Rua do Almada

아 비다 포르투게사

R. das Carmelitas

R. de Sá da Bandeira

Rua do Dr. Ferreira Silva

Liberdade Square

타파벤투

출발

Campo dos Mártires da Pátria

클레리구스 성당
Igreja dos Clérigos

상 벤투 기차역
Porto São Bento

M São Bento

Av. Dom Afonso Henriques

R. de Mouzinho da Silveira

칸티뇨 두 아비에즈

포르투 대성당

도루강
히베이라 광장

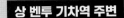

• 볼량 시장

R. de Sá da Bandeira

R. de Alexandre Braga

🍽 만테이가리아

R. Formosa

Rua da Alegria

R. de Santa Catarina

☕ 마제스틱 카페

R. de Passos Manuel

☕ 카페 산티아고

R. de Santo Ildefonso

상 벤투 기차역 주변 하루 추천코스
상 벤투 기차역 → 도보 5분 → 클레리구스 성당과 종탑 → 도보 2분 →
렐루 서점 → 도보 2분 → 카르무 성당 & 카르멜리타스 성당

📷 상 벤투 기차역 Porto São Bento 포르투 상 벤투

🚶 ❶ 클레리구스 성당에서 클레리구스 거리Rua dos Clérigos 경유하여 도보 5분400m ❷ 대성당에서 아폰수 엔히크 거리Av. Dom Afonso Henriques 경유하여 북쪽으로 도보 5분350m ❸ 메트로 D라인 상 벤투역에서 바로
🏠 Praça de Almeida Garrett, 4000-069 Porto

세상에서 가장 아름다운 기차역

포르투갈 국가기념물로 지정된 가치가 높은 기차역이다. 포르투 시내 중심부, 세계문화유산 지구에 있다. 기차역이 지어진 건 1900년대 초이다. 기차역 내부를 2만여 개 타일로 화려하고 장식적으로 꾸몄다. 상 벤투는 아줄레주 장식 덕분에 세계에서 가장 아름다운 기차역이라는 칭호까지 얻었다. 내부가 아름다워 아름다운 타일 장식을 보러 많은 사람이 찾는다. 아줄레주는 상 벤투 기차역을 포르투에서 손꼽히는 관광 명소로 만들었다. 아줄레주 그림은 유명한 아줄레주 아티스트 조르즈 콜라수Jorge Colaço가 1905년부터 1916년까지 제작한 것이다. 그림에는 포르투갈 역사의 장면 장면이 담겨 있다. 12세기 아폰수 1세와 레온오늘날 스페인 북부의 왕 알폰소 7세 사이의 전쟁인 발데베즈 전투, 12세기 에가스 모니스포르투갈의 초대왕 아폰수 엔히크의 스승와 레온의 왕 알폰소 7세가 만나는 장면, 14세기 포르투갈의 왕 주앙 1세가 포르투에 도착한 부인 랭카스터 필리파와 만나는 장면, 1415년 포르투갈의 세우타 점령 장면, 그리고 당신의 농촌 풍경을 보여주는 그림 등이 그려져 있다. 상 벤투 역에서는 기마랑이스, 브라가 등 포르투 근교로 가는 기차를 탈 수 있다

📷 클레리구스 성당과 종탑 Igreja dos Clérigos & Torre dos Clérigos

🚶 ❶ 렐루 서점에서 카멜리타스 거리R. das Carmelitas 경유하여 도보 2분140m ❷ 상 벤투 기차역에서 리베르라데 거리Praça da Liberdade와 클레리구스 거리Rua dos Clérigos 경유하여 도보 5분290m

🏠 R. de São Filipe de Nery, 4050-546 Porto 📞 +351 22 014 5489 🕐 09:00~19:00 € 1일권(탑+클레리구스 박물관, 09:00~19:00) 8유로 나이트 티켓(탑, 19:00~23:00) 5유로 ☰ www.torredosclerigos.pt

©Vítor Oliveira_Flickr

종탑에 올라 포르투를 한눈에

클레리구스 성당은 렐루서점에서 남쪽으로 걸어서 2분, 상 벤투 기차역에서 서쪽으로 5분 거리에 있다. 이탈리아 출신 건축가이자 화가 니콜로 나소니Niccoló Nasoni, 1691~1773가 바로크 양식으로 설계한 성당이다. 바로크란 17세기 초부터 18세기까지 유럽 여러 나라에서 유행한 미술과 건축 양식이다. 클레리구스 성당의 건축 시기는 바로크 양식이 유행하던 시기와 정확히 겹친다. 바로크는 포르투갈어로 '일그러진 진주'라는 뜻으로, 원래는 르네상스 양식과 비교해 기이하고 그로테스크해서 이런 이름을 얻었다. 하지만 시간이 지나면서 하나의 예술 양식으로 인정받기 시작했다. 클레리구스 성당은 포르투갈의 바로크 양식을 대표하는 건축물로 1910년 국가기념물로 지정되었다. 또 1996년에는 성당이 포함된 포르투 역사 지구가 유네스코 세계문화유산에 등재되었다. 이 성당의 상징 건축물은 종탑이다. 1753년 75.6m의 높이로 지은 종탑은 포르투에서 가장 높은 탑이다. 나선형 계단 225개를 오르면 포르투의 전경을 파노라마로 감상할 수 있다. 오전 9시부터 밤 11시까지 관람할 수 있다. 낮에 올라가 햇빛이 비추는 도시 전경 감상하기도 좋고, 해 질 녘의 아름다운 풍경을 즐기기도 좋다. 포르투에서 가장 멋진 전망을 감상할 수 있는 명소로 꼽힌다. 이 성당을 지은 건축가 니콜로 나소니의 유해가 그의 유언에 따라 성당에 안치되어 있다.

📷 렐루 서점 Livraria Lello 리브라리아 렐루

🚶 카르무 성당Igreja do Carmo에서 2분150m, 클레리구스 성당Igreja dos Clérigos에서 도보 2분140m

🏠 R. das Carmelitas 144, 4050-161 Porto 📞 +351 22 200 2037

🕐 월~일 09:30~19:00 € 5유로 ≡ www.livrarialello.pt

해리 포터의 작가 조앤 롤링에게 영감을 주다

세계에서 가장 아름다운 서점이자 가장 유명한 서점이다. 해리포터의 작가 조앤 롤링Joan K. Rowling은 1991년부터 약 2년간 포르투에서 영어 교사로 일했다. 그 시절 그녀가 자주 들렀던 서점으로, 해리포터 소설의 영감을 준 곳이라 더욱 유명해졌다. 지금은 여행자들이 꼭 들르는 최고 명소 중 한 곳이다. 수많은 여행객이 몰려들어 몇 해 전부터 입장료 5유로를 받고 있다. 책을 구매할 경우 책값은 입장료만큼 할인된다. 유명세에 걸맞게 서점은 멋진 외관과 실내 인테리어를 갖추고 있다. 조앤 롤링에게 충분히 영감을 줬을 만하다고 수긍이 간다. 1906년에 지어진 서점 건물 자체도 특별하다. 신고딕 양식에 아르누보 양식이 혼합된 건물이라 주변 건물과 차별화되는 아름다움을 자아낸다. 포르투갈 특별 보호 건축물로도 지정되었다. 화려한 스테인드 글라스와 천정과 벽면의 인테리어는 호그와트를 연상시킨다. 2층으로 올라가는 구불구불한 멋진 계단은 호그와트에 있던 움직이는 마법의 계단의 모티브가 되어준 곳이다. 여행객들의 포토 스폿이다. 입장권은 서점 입구 오른쪽 끝에 있는 상점에서 구매해야 한다. 큰 짐은 갖고 들어갈 수 없으며, 무료 짐 보관은 가능하다. 클레리구스 성당에서 북서쪽으로 도보 2분, 카르무 성당에서 동남쪽으로 도보 2분 거리에 있다.

카르무 성당 & 카르멜리타스 성당
Igreja do Carmo & Igreja dos Carmelitas

🏃 렐루 서점에서 도보 2분150m, 클레리구스 성당에서 도보 5분350m
🏠 Praça de Gomes Teixeira 10, 4050-011 Porto 📞 +351 22 332 2928 🕐 매일 09:30~18:00 € 무료

하나인 듯 둘인 듯

렐루 서점에서 서쪽으로 불과 2분 거리에 있는 성당이다. 언뜻 보면 성당이 하나인데, 건물에 성당 두 개가 함께 들어 있다. 자세히 보면 양식이 다른 성당 두 개가 나란히 서 있는 모습을 발견할 수 있다. 정면에서 봤을 때 오른쪽이 화려한 로코코 양식의 카르무 성당이고, 왼쪽이 바로크 양식의 카르멜리타스 성당이다. 붙어 있는 것 같은 이 두 성당 사이에는 창문이 달린 세계에서 가장 좁은 건물이 끼어 있다. 당시 교회법 때문에 수녀가 머물던 카르멜리타스 성당과 수도승들이 머물던 카르무 성당을 붙여 지을 수 없었다고 전해진다. 카르멜리타스 성당은 17세기에 지어졌고, 카르무 성당은 18세기에 지어졌다. 카르무 성당은 아름답고 화려한 아줄레주 벽화로도 유명하다. 1912년에 제작된 벽화의 타일은 도루 강 건너 빌라 노바 드 가이아에서 만들어진 것이다. 벽화에는 카르멜 수도회 설립 이야기가 새겨져 있다. 두 성당은 유네스코 세계문화유산으로 지정된 포르투 역사 지구에 포함되며, 2013년에는 포르투갈 국가 기념물로 지정되었다.

🍴 타파벤투 Tapabento

타파스에서 해산물 커리까지

상 벤투 기차역에서 아주 가깝다. 포르투에서 인기 있
는 레스토랑 가운데 한 곳으로 해산물 커리, 리조토, 오
리 고기 요리 등을 맛볼 수 있다. 메인 요리 가격이 조
금 비싼 편이지만 그만한 가치를 한다. 재료를 아끼지
않고 듬뿍 넣어 양이 많은 편이라 여러 명이 나눠 먹기
좋다. 해산물, 고기, 치즈 등 다양한 타파스도 맛볼 수
있다. 혼자 여행 중이라면 맛있는 타파스로 간단히 식
사할 수 있어 더 좋다. 포르투 시내 북쪽에 지점이 하
나 더 있다.

🚶 상 벤투 기차역에서 도보 1분98m
🏠 R. da Madeira 222, 4000-069 Porto
📞 +351 912 881 272
🕐 수~일 12:00~15:00, 19:00~22:30 휴무 월·화요일
€ 타파스 3~20유로 요리 15~33유로
≡ www.tapabento.com

🍴 무 스테이크하우스 Muu Steakhouse

포르투 최고의 레스토랑

여행 사이트 트립어드바이저에서 포르투 식당 1위를 차지한 스테이크 레스토랑이다. 부위에 따라 다양한 종류의
스테이크를 판매하는데, 특히 드라이 에이지드건식 숙성 립 아이 스테이크가 훌륭하다. 분위기는 물론 서비스와 음
식, 가격까지 나무랄 데가 없다. 식당 주인은 2002년 월드컵 때 한국을 방문한 적이 있는 축구 마니아이며 한국
음식을 좋아한다. 그래서 식전 빵에 함께 내어주는 버터 중에는 김치 맛 버터도 있다. 저녁에만 운영되며, 예약은
필수다. 바로 옆 타스코Tascö도 인기 있는 식당이다. 같은 주인이 운영하는데 다양한 포르투갈 음식을 판매한다.

🚶 상 벤투 기차역에서 도보 4분350m, 렐루 서점Livraria Lello에서 도보 4분300m
🏠 Rua do Almada 149A, 4050-037 Porto 📞 +351 914 784 032
🕐 매일 18:00~24:00 € 티본 스테이크 64유로(2인분) ≡ www.muusteakhouse.com

카사 게지스 프로그레수
Casa Guedes Progresso

분위기 좋은 100년 카페

1899년 문을 연, 포르투에서 가장 오래된 카페다. 내부
는 100년이 넘었다는 것이 믿기지 않을 정도로 깔끔하
고 현대적이다. 하지만 곳곳에 오래된 가구들이 남아 있
으며, 1층은 카페, 2층은 식당으로 운영된다. 빵, 토스트,
오믈렛, 팬케이크 등 다양한 메뉴가 있다. 아침부터 밤 늦
게까지 논스톱으로 운영되어, 언제든 간단히 식사를 할
수 있어 좋다. 가장 오래되었다는 명성 덕분에 관광객이
가득할 것 같지만, 현지인이 많은 편이다. 편하고 분위기
좋은 카페를 찾는다면 이곳을 추천한다.

🚶 카르무 성당에서 카를로스 알베르토 광장Praça de Carlos
Alberto 경유하여 도보 2분150m
🏠 R. Actor João Guedes 5, 4050-159 Porto
📞 22 332 2647
🕐 일~목 09:00~19:00 금·토 09:00~23:00
☰ www.casaguedes.pt

 제니스 Zenith - Brunch & Cocktails Bar

알록달록 보기에도 예쁜 브런치

포르투의 핫한 브런치 카페이다. 주말 점심 무렵엔 길게 줄을 설 정도로 인기가 많다. 늘 북적대는 이곳의 주 고객
은 젊은 층이다. 플레이팅에 신경을 많이 써 알록달록하고 예쁜 음식이 나온다. 팬케이크, 에그 베네딕트, 스무디
볼, 샐러드, 토스트 등 다양한 브런치 메뉴를 만날 수 있으며, 칵테일과 함께 즐길 수도 있다. '칵테일이 빠진 브런
치는 보통 아침과 다름없다'는 슬로건을 내걸고 브런치와 칵테일의 조합을 추천하고 있다. 간단하게 디저트와 커
피만 주문할 수도 있다.

🚶 카르무 성당에서 북쪽으로 도보 2분170m 🏠 Praça de Carlos Alberto 86, 4050-158 Porto
📞 +351 22 017 1557 🕐 월~일 09:00~19:00 € 브런치 4.5유로부터 칵테일 5.5유로부터 ☰ www.zenithcaffe.pt

🍽 피콜로 카마페우 Piccolo Camafeu/Cameo

로맨틱한 분위기가 가득

아파트를 개조해 만든 레스토랑으로 로맨틱하고 독특
한 분위기가 난다. 인테리어가 클래식하여 영화에 나오
는 특별한 공간에 와 있는 느낌이 든다. 음식도 맛있다.
포르투에서 먹은 음식 가운데 다섯 손가락 안에 들 정
도다. 해산물에서부터 스테이크까지 메뉴가 다양하다.
간이 강하지 않아 어떤 요리든 무난하게 먹을 수 있다.
이 식당의 하이라이트는 뭐니뭐니해도 로맨틱한 분위
기다. 특별한 날, 특별한 분위기를 내고 싶다면 이 레스
토랑을 추천한다. 예약은 필수다. 예약은 전화나 페이
스북 메시지를 통해서 할 수 있다.

🚶 카르무 성당에서 북쪽으로 도보 2분170m
🏠 Praça de Carlos Alberto 85, 4050-185 Porto
📞 +351 91 366 9925
🕐 화~일 19:00~23:00 휴무 월
€ 코스 40유로
☰ camafeu-restaurant.negocio.site

🍽 브라상 알리아두스 Brasão Aliados

합리적인 가격에 꽤 괜찮은 스테이크

합리적인 가격에 맛있는 음식을 제공하는 인기 식당이다. 특히 포르투 전통 샌드위치인 프란세지냐Francesinha의 맛
이 좋다. 스테이크 역시 너무 비싸지도 않고 맛도 괜찮다. 서비스도 빠른 편이며 게다가 친절하다. 점심 저녁 할 것 없
이 현지인과 여행객들로 북적이며, 금요일이나 주말 저녁에는 예약하는 게 좋다. 도보 10분 거리에 브라상 콜리세우
Brasão Coliseu 지점이 있고, 빌라 노바 드 가이아에는 브라상 살게이로스Brasão Salgueiros 지점이 있는 등 포르투에 모
두 5개의 브라상 매장이 있다.

🚶 렐루 서점에서 도보 6분500m 🏠 R. de Ramalho Ortigão 28, 4000-407 Porto
📞 +351 934 158 672 🕐 월~목 12:00~15:00, 19:00~24:00 금 12:00~16:00, 19:00~01:00 토 12:00~16:30, 19:00~01:00
일 12:00~16:30, 19:00~24:00 € 스테이크 19.4유로부터, 맥주 2.2유로부터 ☰ brasao.pt

🍽 알마다 카페 Almada Cafe

저렴하고 맛있는

포르투갈이 물가가 저렴하다고들 하지만 사실 관광지 물가는 그리 저렴하지 않다. 하지만 알마다 카페의 메뉴판을 보면 깜짝 놀랄지도 모른다. 포르투는 물론 유럽에서도 꽤 저렴한 식당이기 때문이다. 고급 식당 정도는 아니지만 음식의 질도 웬만한 수준 이상의 맛을 유지하고 있다. 메뉴는 대부분 밥과 고기, 감자튀김 등으로 이루어져 있으며, 포르투의 대표적인 음식 프란세지냐도 맛볼 수 있다. 주머니가 가벼우나 고기를 좋아하는 여행자에게 폭찹Pork chop과 그릴드 립스Grilled Ribs를 추천한다.

🚶 ❶ 카르무 성당에서 올리베이라스 거리Rua das Oliveiras 경유하여 도보 8분600m ❷ 렐루 서점에서 피카리아 거리Rua da Picaria 경유하여 도보 8분550m
🏠 R. do Dr. Ricardo Jorge 74, 4000-407 Porto
📞 +351 22 205 2586
🕐 월~금 08:00~22:00 토 08:00~16:00 휴무 일요일

🍽 만테이가리아 Manteigaria

리스본 에그타르트의 맛을 그대로

리스본에서 가장 맛있는 파스텔 드 나타 가게인데, 포르투에도 있다. 우리가 흔히 '에그타르트'라 알고 있는 파스텔 드 나타는 리스본의 벨렝에서 탄생했다. 포르투에서는 맛있는 파스텔 드 나타 가게를 찾기가 생각보다 어렵다. 하지만 만테이가리아에 가면 리스본에서 건너온 원조 파스텔 드 나타를 맛볼 수 있다. 혹시 리스본에서 기회를 놓쳤다면 잊지 말고 맛보자. 볼량 시장 바로 옆에 있으니, 에그타르트 애호가라면 포르투에 머무는 동안 '1일 1파스텔 드 나타'를 실천해 보자.

🚶 상 벤투 기차역에서 사 다 반데이라 거리R. de Sá da Bandeira 경유하여 도보 7분550m
🏠 R. de Alexandre Braga 24, 4000-049 Porto 📞 +351 22 202 2169
🕐 월~토 08:00~21:00 일 08:00~20:00 € 6개 7.2유로

🍽 마제스틱 카페 Majestic Café

세계에서 가장 아름다운 카페

현대적인 상점이 즐비한 산타 카타리나 거리Rua Santa Catarina
에 가면 벨에포크 시대를 연상시키는 아르누보 풍의 멋진 카
페, 마제스틱이 있다. 카페이기 이전에 세상에서 가장 아름다
운 카페 10위 안에 이름을 올린 포르투의 대표적인 명소로,
고풍스러운 인테리어 덕분에 오래된 카페 느낌이 난다. 1923
년에 문을 열었다. 많은 예술가와 유명인이 찾았던 곳인데, 해
리포터의 작가 조앤 롤링이 포르투에 머물던 시절 해리포터
를 집필했던 곳으로 알려져 더욱 유명해졌다. 포르투에서 렐
루 서점과 더불어 방문객이 많이 찾는 곳으로도 꼽힌다. 가격
은 일반 카페의 약 3배 정도이다. 여행 성수기, 주말이나 식사
시간에는 줄을 설 마음의 준비를 해두는 게 좋다.

🚶 상 벤투 기차역에서 사 다 반데이라 거리R. de Sá da Bandeira
경유하여 도보 7분500m
🏠 Rua Santa Catarina 112, 4000-442 Porto
📞 +351 22 200 3887
🕐 월~토 09:00~23:30 휴무 일요일
€ 에스프레소 5유로 ☰ www.cafemajestic.com

🍽 카페 산티아고 Café Santiago

포르투 전통 샌드위치, 프란세지냐

포르투 전통 샌드위치 프란세지냐로 유명한 맛집이다. 프란세지냐는 칼로리가 엄청나 소위 '내장 파괴 버거'라고
불리는 요리로, 고기와 치즈가 잔뜩 들어간 샌드위치다. 스테이크, 소시지, 햄 등 다양한 고기와 빵을 겹겹이 쌓고
치즈를 올린 후 짭조름한 소스를 잔뜩 얹어 내온다. 프란세지냐를 먹다 보면 어느새 맥주가 당긴다. 식사 시간에는
늘 긴 줄을 서야 하고, 가격도 다른 식당에 비해 조금 비싼 편이다. 포르투에서 제대로 된 전통 음식을 한번 맛보고
싶다면 카페 산티아고로 가자.

🚶 마제스틱 카페에서 파소스 마누엘 거리R. de Passos Manuel 경유하여 도보 3분 🏠 R. de Passos Manuel 226, 4000-382
Porto 📞 +351 22 205 5797 🕐 월~토 12:00~22:45 휴무 일요일 ☰ cafesantiago.pt

🍴 칸티뇨 두 아비에즈 Cantinho do Avillez

미슐랭 스타 셰프의 레스토랑

포르투갈에서 유일한 미슐랭 투 스타 셰프이자, 최연소 미슐
랭 스타 셰프인 호세 아비에즈José Avillez의 캐주얼 다이닝이
다. 그는 리스본에서 벨칸투Belcanto라는 레스토랑을 2012년
오픈한 후 같은 해 미슐랭 1스타, 2년 후 2스타를 거머쥐었다.
파죽지세로 2015년에는 세계 최고 레스토랑 50에 이름을 올
리기까지 했다. 현재 그는 포르투갈 전역에 여러 개의 레스토
랑을 운영하고 있으며, 칸티뇨 두 아비에즈는 포르투에 있는
그의 유일한 레스토랑이다. 해산물과 고기 요리 등 여러 가지
메뉴가 있다. 식전 빵과 함께 나오는 트러플 버터가 훌륭하며,
디저트로는 헤이즐넛을 추천한다.

🚶 상 벤투 기차역에서 모우지뉴 다 실베이라 거리R. de Mouzinho da
Silveira 경유하여 도보 4분350m
🏠 Rua Mouzinho da Silveira, 166 R/C, 4050-416 Porto
📞 +351 22 322 7879
🕐 월~일 12:30~23:00
€ 런치 메뉴 18.5유로로, 메인 메뉴 20~30유로대
≡ cantinhodoavillez.pt

☕ 네그라 카페 Negra Café

조용히 쉬고 싶을 때 가기 좋은

긴 여행을 하다 보면 가끔 조용한 카페에서 종일 쉬고 싶을 때가 있다. 네그라 카페는 편안하게 소파에 앉아 독서를
하거나 여행 계획을 짜기 좋은 곳이다. 볼량 시장에서 도보로 7분 정도 거리에 있으며, 주요 여행지에서 조금 벗어
나 있는 곳이라 현지인들이 즐겨 찾는다. 노트북으로 리포트 쓰는 대학생들, 조용히 이야기 나누는 연인이나 친구,
혼자 신문이나 잡지를 읽는 중년의 현지인을 만날 수 있다. 커피, 차, 맥주, 주스 등 다양한 음료를 판매하며, 케이크
나 토스트, 샐러드 같은 간단한 요기 거리도 있다.

🚶 마제스틱 카페에서 산타 카타리나 거리Rua de Santa Catarina 경유하여 도보 9분650m
🏠 R. Guedes de Azevedo 117, 4000-272 Porto 📞 +351 91 395 1570 🕐 매일 09:00~19:30
€ 아메리카노 2.5유로로, 카푸치노 2.8유로로

카자 다 기타라 Casa da Guitarra

🚶 포르투 대성당에서 동쪽으로 도보 2분150m
🏠 Av. Vimara Peres 49, 4000-545 Porto 📞 +351 22 201 0033
🕐 상점 **월~토** 10:00~13:00, 14:30~19:00 **일** 16:00~19:00 **파두 공연 월~일** 18:00, 19:30, 21:00
€ 성인 18유로 **13~18세** 15유로 ☰ www.casadaguitarra.pt

멋진 파두 공연 감상하기

파두는 대부분 레스토랑에서 공연한다. 하지만 간혹 가격이 비싸거나 음식이 만족스럽지 못할 경우가 종종 있다. 이런 점이 걱정이라면 카자 다 기타라를 추천한다. 카자 다 기타라는 기타를 파는 이름난 상점이다. 그런데 파두 공연을 볼 수 있는 곳으로도 유명하다. 이곳에선 특별한 일이 없으면 매일 저녁 6시, 7시 30분, 9시에 파두 공연이 열린다. 상점 옆에 작은 공연장이 마련되어 있으며, 기타리스트 두 명과 여자 가수 한 명이 60분 동안 멋진 무대를 펼친다. 공연은 1, 2부로 이루어져 있으며, 중간에 쉬는 시간이 있어 포트 와인을 시음할 수 있다. 6시 공연 추천! 7시쯤 공연이 끝나면 저녁 식사 시간이어서 스케줄 잡기 편리하다. 저녁 식사를 마치고 9시 공연을 보는 것도 좋다.

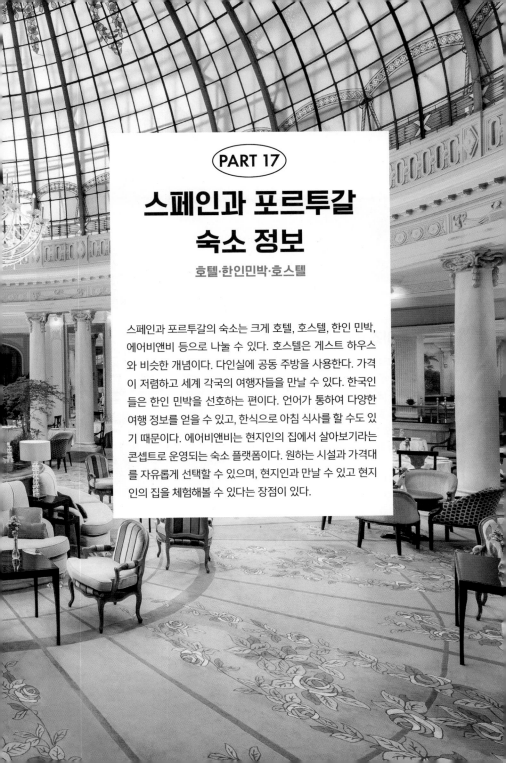

PART 17

스페인과 포르투갈
숙소 정보

호텔·한인민박·호스텔

스페인과 포르투갈의 숙소는 크게 호텔, 호스텔, 한인 민박, 에어비앤비 등으로 나눌 수 있다. 호스텔은 게스트 하우스와 비슷한 개념이다. 다인실에 공동 주방을 사용한다. 가격이 저렴하고 세계 각국의 여행자들을 만날 수 있다. 한국인들은 한인 민박을 선호하는 편이다. 언어가 통하여 다양한 여행 정보를 얻을 수 있고, 한식으로 아침 식사를 할 수도 있기 때문이다. 에어비앤비는 현지인의 집에서 살아보기라는 콘셉트로 운영되는 숙소 플랫폼이다. 원하는 시설과 가격대를 자유롭게 선택할 수 있으며, 현지인과 만날 수 있고 현지인의 집을 체험해볼 수 있다는 장점이 있다.

©adriana serra-flickr

🏠 호텔 수이죠 Hotel Suizo

고딕 지구에 있다. 고딕, 라발, 보른 등을 도보로 둘러보기에
최적의 장소다. 호텔에서 200m 거리에 바르셀로나 대성당
이 있다. 바르셀로나 대성당 주변은 오래된 미로 같은 골목
이 많기로 유명하다. 람블라스는 물론 벨 항구와 바르셀로
나타 해변까지 도보로 15~20분이면 갈 수 있다. 창문을 열
면 고풍스러운 고딕 지구가 보여 유럽을 여행하는 기분을
물씬 느낄 수 있다.

🚶 메트로 3호선 하우메 I 역Jaume I 도보 3분 🏠 Carrer l'Àngel, 12
📞 +34 933 10 61 08 ☰ www.hotelsuizo.com

🏠 호텔 카탈로니아 바르셀로나 플라자 Hotel Catalonia Barcelona Plaza

에스파냐 광장에 있다. 공항, 시내, 유명 관광지와 접근성이
좋다. 이 호텔의 가장 큰 장점이라면 옥상 수영장이다. 옥상
수영장에서 내려다보는 에스파냐 광장과 바르셀로나 시내
풍경이 아름답다. 에어컨, 위성 TV, 금고를 갖추고 있다. 헤
어드라이어가 딸린 전용 대리석 욕실을 갖추고 있고 전 구
역 무료 Wi-Fi가 제공된다. 조식이 맛있기로도 유명한데 카
탈루냐 요리도 맛볼 수 있다.

🚶 메트로 1·3·8호선 에스파냐 광장Pl. Espanya에서 도보 3분
🏠 Plaça Espanya, 6-8 📞 +34 934 26 26 00
☰ www.cataloniahotels.com

🏠 호텔 마제스틱 Majestic Hotel

쇼핑과 가우디 건축으로 유명한 그라시아 거리에 있다. 신고
전주의풍으로 건축된 호텔로 바르셀로나에서도 고급 호텔
로 인정받고 있다. 호텔 주변에 가우디의 카사 바트요, 카사
밀라라 있다. 스파도 즐기기 좋다. 1층의 레스토랑 솔크Solc
에서는 맛있는 조식을 즐길 수 있다. 호텔 옥상에 있는 테라
스 레스토랑 & 바 라 돌체 비태La Dolce Vitae에서는 상주하
는 DJ가 틀어주는 음악과 라이브 공연을 들으며 칵테일 한
잔 즐기기 좋다. 물론 사그라다 파밀리아와 카사바트요의 멋
진 풍경도 한눈에 담을 수 있다.

🚶 메트로 2·3·4호선 파세이그 데 그라시아역Passeig de Gràcia에
서 도보 5분 🏠 Passeig de Gràcia, 68 📞 +34 934 88 17 17
≡ majestichotelgroup.com

🏠 만다린 오리엔탈 바르셀로나 Mandarin oriental barcelona

에이샴플레 중심부의 그라시아 거리에 있는 고급 호텔이다. 호텔 마제스틱과 이웃해 있다. 마제스틱이 고풍스러운
분위기라면 만다린 오리엔탈은 모던하고 세련된 고급 호텔이다. 스파, 옥상 수영장, 실내 수영장, 피트니스 센터 등
을 갖추고 있다. 호텔에서 가장 유명한 것은 레스토랑이다. 세계에서 유일하게 미슐랭 스타 7개를 보유하고 있는 셰
프 루스카예다가 운영하는 모멘트 레스토랑Moments restaurant으로, 혁신적인 카탈루냐 요리를 맛볼 수 있다. 야외
식사가 가능하며, 옥상 테라스인 테라뜨Terrat에서 칵테일을 맛볼 수 있다.

🚶 메트로 2·3·4호선 파세이그 데 그라시아역Passeig de Gràcia에서 도보 2분
🏠 Passeig de Gràcia, 38-40 📞 +34 931 51 88 88 ≡ www.mandarinoriental.com

🏠 호텔 더블유 w hotel barcelona

바르셀로네타 옆에 있다. 해변에서 도보로 1분 거리이다. 호텔 이름보다 건축물로 더욱 유명하며, 돛단배 모양의 건축물로 바르셀로나의 새로운 랜드마크다. 바다와 이웃해 있어 지중해의 환상적인 전망을 자랑한다. 호텔은 스파, 인피니티 풀, 옥상바, 고급스러운 객실을 보유하고 있다. 비치를 끼고 솔트Salt 레스토랑 & 비치 클럽이 들어서 있어 타파스와 칵테일을 즐기기 좋다. 26층에 위치한 옥상 바 에클리프세ECLIPSE에서 지중해를 바라보며 마시는 칵테일 맛도 압권이다.

🚶 메트로 4호선 바르셀로네타Barceloneta역에서 도보로 20분
🏠 Plaça De La Rosa Dels Vents, 1 Final, Passeig de Joan de Borbó
📞 +34 32 95 28 00 € 370유로부터 ☰ www.marriott.com

🏠 이비스 바르셀로나 메리디아나
ibis Barcelona Meridiana

가성비가 좋기로 유명한 비즈니스 호텔 체인이다. 카탈루냐 광장에서 지하철로 10분 거리에 있는 파브라 이 푸이그역Fabra i Puig 근처에 있다. 호텔 부근에 레스토랑, 영화관, 피트니스 시설을 갖춘 복합문화센터 솜 멀티에스파이Som Multiespai와 공원 파크 드 칸 드라고Parc de Can Dragó가 있어 바르셀로나 시민의 일상생활을 느낄 수 있다. 룸마다 평면 위성 TV와 에어컨이 있고, 바도 있다. 맛있기로 유명한 조식이 월~금 06:30~10:30, 토·일 06:30~12:00 사이에 제공된다.

🚶 메트로 1호선 파브라 이 푸이그역Fabra i Puig에서 도보 8분
🏠 Heron City, Passeig d'Andreu Nin, 9 📞 +34 932 76 83 10

🏠 바르셀로나 옐로우 네스트 호스텔
Yellow Nest Hostel Barcelona

FC 바르셀로나 팬에게 유명한 호스텔이다. 캄프 누 경기장Camp Nou Stadium에서 도보로 불과 3분 거리에 있는 호스텔로 축구팬들에게 가장 인기가 좋다. 축구 경기가 열리는 날은 예약이 힘들 정도다. 로비에는 당구, 다트와 탁구를 즐길 수있는 대형 TV룸이 마련되어 있다. 트윈 룸부터 4, 8, 10인 도미토리룸까지 다양하다. 모든 객실에는 개인 로커와 에어컨이 마련되어 있고 조식이 제공된다. 24시간 리셉션에 직원이 상주하는 것도 장점.

🚶 메트로 5호선 바달역Badal에서 도보 5분
🏠 Passatge del Regent Mendieta, 5 📞 +34 934 49 05 96

🏠 더 웨스틴 팰리스 The Westin Palace

티센 보르네미사 미술관과 프라도 미술관에서 가까운 곳에 있는 5성급 호텔이다. 고풍스러운 분위기이며, 조식당이 멋지고 음식이 맛있기로 유명하다.

🚶 ❶ 티센 보르네미사 미술관에서 마르케스 데 쿠바스 거리Calle del Marqués de Cubas 경유하여 도보 4분300m ❷ 프라도 미술관에서 세르반테스 거리Calle de Cervantes 경유하여 도보 6분450m

🏠 Plaza de las Cortes, 7, 28014 Madrid 📞 +34 913 60 80 00 ☰ www.marriott.com

🏠 더블 트리 바이 힐튼 Double Tree by Hilton

4성급 호텔로 프라도 미술관에서 도보 7분 정도 걸린다. 위치가 좋고, 깔끔한 인테리어에 훌륭한 조식이 제공되어 인기가 좋다.

🚶 프라도 미술관에서 세르반테스 거리Calle de Cervantes 경유하여 도보 7분550m

🏠 Calle San Agustín, 3, 28014 Madrid

📞 +34 913 60 08 20 ☰ www.hilton.com/en/hotels/madprdi-doubletree-madrid-prado

🏠 솔민박

위치가 좋은 편이며, 아침 식사는 뷔페식으로 점심 식사는 김밥이 제공된다. 마드리드 한인 민박 중 인기가 좋은 편이며, 수건과 무료 와이파이가 제공된다.

🚶 프라도 미술관에서 루이즈 데 아라르콘 거리Calle Ruiz de Alarcón 경유하여 북동쪽으로 도보 9분

🏠 Calle de Montalbán, 13

🏠 기타와 민박

위치가 좋은 편으로 마드리드 왕궁과 솔 광장의 중간 지점에 있다. 산 미구엘 시장, 마요르 광장과도 가깝다. 아침밥과 점심으로 김밥이 나오고, 수건과 무료 와이파이가 제공된다.

🚶 메트로 2·5호선 오페라역Opera에서 도보 1분88m 🏠 Costanilla de los Ángeles, 2, 28013 Madrid
📞 +34 660 10 36 28 ☰ SNS www.facebook.com/guitarminbak

🏠 세이프스테이 마드리드 센트럴 Safestay Madrid Central

'우 호스텔'로 잘 알려진 제법 규모가 큰 호스텔이다. 유럽 내에 많은 지점이 있으며, 마드리드에는 시내 북쪽에 있다. 솔 광장까지 도보로 20분 거리라 걸어 다니긴 좀 부담스럽지만, 알론소 마르티네스역Alonso Martínez이 도보 3분 거리에 있다. 무료 와이파이가 제공되며, 조식을 이용할 경우 12유로로 추가된다.

🚶 메트로 4·5·10호선 알론소 마르티네스역Alonso Martínez에서 서쪽으로 도보 3분240m
🏠 Calle de Sagasta, 22, 28004 Madrid 📞 +34 914 45 03 00 ☰ www.safestay.com/madrid

🏠 티오씨 TOC

바르셀로나, 세비야, 마드리드에 있는 호스텔로, 깨끗하고 시설이 편리한 것으로 유명하다. 솔 광장 근처에 있어 이용하기가 편리하며, 무료 와이파이가 제공된다. 조식은 8유로로 추가된다.

🚶 솔 광장에서 북서쪽으로 도보 2분190m
🏠 Plaza Celenque, 3, 28013 Madrid 📞 +34 915 32 13 04
☰ tochostels.com/madrid

🏠 OK Hostel

라스트로 벼룩시장이 열리는 곳에서 가깝다. 훌륭한 시설과 서비스로 인기가 좋으며, 무료 와이파이가 제공된다.

🚶 메트로 5호선 라 라티나역La Latina에서 도보 3분200m
🏠 Calle Juanelo, 24, 28012 Madrid 📞 +34 914 29 37 44
☰ www.okhostels.com

그라나다의 호텔·호스텔

🏠 파라도르 데 그라나다 Parador de Granada

스페인의 도시 마다 있는 성이나 요새, 수도원 등을 개조해 만들어 운영하고 있는 국영 호텔이다. 대개 전망이 훌륭하고 서비스가 우수하여 최고의 호텔로 꼽힌다. 특히 그라나다의 파라도르는 알람브라 궁전 안에 자리하고 있어, 알람브라의 멋진 정원을 조망하며 머물 수 있어 인기가 좋다.

🚶 알람브라 매표소에서 도보 6분
🏠 Calle Real de la Alhambra, s/n, 18009 Granada
📞 +34 958 22 14 40 ☰ www.parador.es

🏠 카사 보니타 Casa Bonita

깔끔하고 위치가 좋아 여행객들에게 가장 인기 있는 한인 민박 중 한 곳이다. 무료 와이파이와 아침 식사가 제공되며, 취사는 불가하다.

🚶 그라나다 대성당에서 레예스 카톨리코스 거리Calle Reyes Católicos 경유하여 도보 7분600m
🏠 Calle Párraga, 3. Granada
📞 +34 625 16 90 80 ☰ 메일 bookman4@naver.com

🏠 엘그라나도 El Granado

저렴한 가격에 깔끔하고 아기자기한 분위기, 친절한 서비스로 만족도가 높은 호스텔이다. 옥상 테라스도 멋지다. 수건, 무료 와이파이가 제공된다. 알람브라, 플라멩코 쇼 등의 가이드 투어도 진행한다.

🚶 그라나다 대성당에서 두케사 거리Calle Duquesa 경유하여 도보 6분500m
🏠 Calle Conde de Tendillas, 7, 18002 Granada
📞 +34 958 96 02 59
☰ www.elgranado.com

🏠 AC 호텔 바이 메리어트 말라가 팔라시오 AC Hotel by Marriott Malaga Palacio

해변과 도심 사이에 있어 시티뷰와 오션뷰를 모두 갖춘 깔끔한 고급 호텔이다. 루프탑 바에 올라가면 말라가 시내를 한눈에 볼 수 있어, 최고의 야경 명소로도 유명하다.

🚶 말라가 대성당에서 도보 2분
🏠 Calle Cortina del Muelle, 1, 29015 Málaga
📞 +34 952 21 51 85 ≡ www.marriott.com/en-us/hotels/agpmg-ac-hotel-malaga-palacio

🏠 바르셀로 말라가 Barcelo Málaga

말라가의 마리아 삼브라노 기차역에 있는 깔끔하고 현대적인 호텔이다. 말라가는 기차역과 버스터미널이 시내와 도보 25분 정도 거리에 있어 짐을 들고 이동할 때 좀 불편할 수도 있다. 하루나 이틀 정도 말라가를 여행한 후 기차나 버스를 이용해 이동할 계획이라면 추천한다.

🚶 마리아 삼브라노 기차역에서 도보 2분 🏠 Calle Héroe de Sostoa, 2, 29002 Málaga
📞 +34 952 04 74 94 ≡ www.barcelo.com

🏠 더 라이츠 호스텔 The Lights Hostel

말라가 시내 중심부에 있다. 아기자기한 인테리어와 친절한 서비스로 여행객들의 사랑을 받는 곳이다. 침대마다 프라이빗 커튼이 달려있다.

🚶 아타라사나스 시장에서 도보 1분
🏠 Calle Torregorda, 3, 29005 Málaga
📞 +34 951 25 35 25
≡ www.thelights.es

🏠 알카사바 프리미엄 호스텔 Alcazaba Premium Hostel

알카사바, 피카소 미술관, 대성당 등 여행지와 인접해 있으며, 시설이 깔끔하고 직원들이 친절하다. 알카사바가 바로 보이는 전망 좋은 루프탑 바도 있어 더욱 좋다.
🚶 알카사바에서 도보 1분 🏠 Calle Alcazabilla, 12, 29015 Málaga
📞 +34 952 22 98 78 ≡ www.hotelalcazabapremium.com

세비야의 호텔·한인 민박·호스텔

🏠 호텔 카사 1800 세비야 Hotel Casa 1800 Sevilla

클래식한 느낌의 부티크 호텔이다. 대성당과 알카사르에 인접해 있어 위치가 좋으며, 깔끔하고 고급스러운 분위기라 많은 이들이 찾는다. 🚶 세비야 대성당에서 도보 2분 🏠 Calle Rodrigo Caro, 6, 41004 Sevilla
📞 +34 954 56 18 00 ≡ www.hotelcasa1800sevilla.com

🏠 책읽는 침대

살바도르 성당 근처 골목에 있는 한인민박이다. 겨울에는 전기 담요를 제공하며, 아침 식사와 무료 와이파이가 제공된다.
🚶 플라멩코 무도 박물관에서 로사리오 언덕길Cuesta del Rosario 경유하여 도보 5분400m
🏠 Calle Lagar, 7, Seville, 41004 📞 +34 637 58 08 18
≡ 카페 주소 https://cafe.naver.com/colchon

🏠 안녕, 세비야

대성당과 과달키비르 강변 사이에 있는 민박이다. 세비야 한인 민박 중 선호도가 높은 편이며, 아침 식사와 무료 와이파이가 제공된다.

🚶 세비야 대성당에서 알미란타츠고 거리Calle Almirantazgo 경유하여 서쪽으로 도보 5분400m 🏠 Calle Gral. Castaños, 27, 41001 Sevilla 📞 +34 652 580 263
€ 도미토리 1박 35유로로, 2박 이상일 경우 1박에 33유로

🏠 TOC 호스텔 세비야 TOC Hostel Sevilla

스페인의 마드리드, 바르셀로나, 그라나다, 말라가, 세비야에 각각 하나씩 있는 호스텔로, 깨끗하고 시설이 편리한 것으로 유명하다. 열쇠 없이 지문을 등록하는 방식이라 안전하고 편리하다. 무료 와이파이가 제공되며, 호스텔 안의 레스토랑Restaurante Toc Toc에서 조식을 6유로로 제공한다.

🚶 알카사르에서 미구엘 마냐라 거리Calle Miguel Mañara 경유하여 도보 4분300m 🏠 Calle Miguel Mañara, 18-22, 41004 Sevilla 📞 +34 954 50 12 44 ≡ tochostels.com

🏠 원 카테드랄 Hostel One Catedral

대성당과 알카사르 사이에 있어 위치가 좋으며, 깔끔하고 친절한 서비스로 인기가 많은 곳이다. 가격이 저렴한데 간단한 조식도 제공한다.

🚶 대성당에서 마테오스 가고 거리Calle Mateos Gago 경유하여 도보 3분270m 🏠 Calle Jamerdana, 4, 41004 Sevilla
📞 +34 954 22 60 36
≡ www.hostelone.com

리스본의 호텔·한인 민박·호스텔

🏠 호텔 다 바이샤 Hotel da Baixa

리스본 시내 중심에 있는 4성급 호텔이다. 위치 면에서 여행하기에 최적의 위치라 할 수 있어 전 세계 여행객들이 선호한다. 오래된 건물 외관과는 다르게 내부는 현대적이고 깔끔하게 꾸며져 있다.

🚶 산타 주스타 엘리베이터에서 도보 2분
🏠 Rua da Prata 231, 1100-417 Lisboa
📞 +351 21 012 7450 ≡ www.hoteldabaixa.com

🏠 코르푸 산투 리스본 히스토리컬 호텔 Corpo Santo Lisbon Historical Hotel

코메르시우 광장에서 도보 5분 거리에 있는 5성급 호텔이다. 어느 여행지든 이동하기 편리한 위치라 좋다. 테주 강과 가까워 리버뷰를 갖추고 있으며, 훌륭한 식당과 친절한 서비스로도 유명하다.

🏃 코메르시우 광장에서 아스날 거리Rua do Arsenal 경유하여 서쪽으로 도보 5분
🏠 Largo do Corpo Santo 25, 1200-129 Lisboa
📞 +351 21 828 8000 홈페이지 corposantohotel.com

🏠 벨라 리스보아 Bela Lisboa

포르투갈의 유일한 한인 민박이다. 조식을 제공하며, 아침 일찍 체크아웃 하는 여행객들에게는 컵라면을 제공한다. 겨울에는 전기장판이 비치되어 있으며, 포르투갈에 대한 많은 정보를 얻을 수 있어 좋다.

🏃 호시우 광장에서 리베르다드 거리Av. da Liberdade 경유하여 도보 11분 🏠 R. da Conceição da Glória 73, 1250-080 Lisboa
📞 +351 927 469 098
카페 주소 https://cafe.naver.com/belalisboa/

🏠 데스티네이션 호스텔
Lisbon Destination Hostel

호시우 기차역에 있는 리스본에서 가장 인기 있는 호스텔이다. 카페 분위기의 인테리어, 친절한 서비스, 위치, 저렴한 가격 무엇 하나 빠지는 것이 없어 전 세계 여행자들의 사랑을 받고 있다.

🏃 호시우 광장에서 서쪽으로 도보 3분
🏠 Estação do Rossio, Largo do Duque de Cadaval 2º andar, 1200-160 Lisboa 📞 +351 21 346 6457
≡ www.destinationhostels.com/lisbon-destination-hostel/

🏠 인디펜던트 프린시페 레알 Independente Principe Real

우아하고 멋진 인테리어의 2성급 호텔로 상 페드루 드 알칸타라 전망대 바로 앞에 있다. 퀄리티 높은 조식이 제공된다는 게 이곳의 장점이다.

🏃 호시우 광장에서 두키 거리Calçada do Duque 경유하여 도보 11분700m
🏠 R. de São Pedro de Alcântara 83, 1250-238 Lisboa 📞 +351 21 346 1381

포르투의 호텔과 호스텔

🏠 인터콘티넨탈 포르투 InterContinental Porto – Palácio das Cardosas

고풍스러운 분위기에 훌륭한 위치를 갖춘 포르투 최고의 5성급 호텔이다. 상 벤투 기차역 앞에 자리잡고 있다.
🚶 상 벤투 기차역에서 도보 2분120m 주소 Praça da Liberdade 25, 4000-322 Porto 📞 +351 22 003 5600

🏠 유로스타즈 포르투 도루 Eurostars Porto Douro

도루 강변에 있어 최고의 리버뷰를 갖춘 4성급 호텔이
다. 관광 명소가 모여 있는 중심가와는 다소 떨어져 있
지만, 리버뷰를 선호한다면 추천한다. 가격 대비 룸 컨
디션이나 서비스가 좋은 편이다.
🚶 동 루이스 1세 다리에서 구스타프 에펠 거리Av. Gustavo Eif-
fel 경유하여 동쪽으로 도보 5분400m
🏠 Av. Gustavo Eiffel 20, 4000-279 Porto
📞 +351 22 340 2750
≡ www.eurostarshotels.com.pt

🏠 더 패신저 호스텔 The Passenger Hostel

상 벤투 기차역 안에 있는 호스텔로, 짐이 많을 경우 이
동할 때 편리하다. 서비스나 청결도도 만족스러운 수
준이라 포르투 최고의 호스텔 중 하나로 손꼽힌다. 조
식이 제공된다.
🚶 상벤투 기차역 역사 안
🏠 Estação São Bento, Praça Almeida Garrett, 4000-
069 Porto 📞 +351 963 802 000
≡ www.thepassengerhostel.com

권말부록 1

실전에 꼭 필요한 여행 스페인어

이것만은 꼭! 스페인어 패턴

인사말

숫자

요일

기본 단어

음식 관련 단어

간단한 대화

공항과 기내에서

교통수단 이용할 때

숙소에서

식당에서

관광할 때

쇼핑할 때

위급한 상황일 때

Combien ça coûte le supplément?
Je n'ai rien dans ma poche.

1 **~주세요. Por favor** 뽀르 파보르

영수증 부탁드립니다. Recibo por favor. 레씨보 뽀르 파보르

치킨 부탁드립니다. Pollo por favor. 뽀요 뽀르 파보르

2 **어디인가요? Donde** 돈데

화장실이 어디인가요? Dónde esta el inodoro. 돈데스타 엘 인노도로?

버스 정류장이 어디인가요? Dónde esta la parada de autobús? 돈데스타 라 파라다 데 아우또부스?

3 **얼마인가요? Cuánto** 꽌또

얼마에요? ¿ Cuánto cuesta? 꽌또 꾸에스타?

전부 얼마인가요? ¿ Cuánto es todo? 꽌또 에스 또도?

4 **~하고 싶어요. Yo quiero** 요끼에로

룸서비스를 원해요. Quiero pedir servicio a la habitación. 끼에로 뻬디 쎄르비씨오 아 라삐따씨온.

택시를 원해요. Quiero tomar un taxi. 끼에로 토마르 운 탁시.

5 **할 수 있나요? Puedo/puede** 프에도/프에데

펜을 빌릴 수 있을까요? ¿ Puedo tomar prestado un bolígrafo? 포에도 또마르 프레타도 운 볼리그라뽀?

영어 할 수 있으세요? ¿ Puede hablar Inglés? 포에데 아블라 인글레스?

6 **할게요. lo haré** 로 아레

카드로 지급할게요. Voy a pagar con tarjeta. 보야 파그라 콘 타르헤따.

2박을 더 머물게요. Me quedaré por dos noches. 매 께다레 포르 도 노체스.

7 **~무엇인가요? Qué es** 께에스

이것은 무엇인가요? ¿ Qué es? 께에스?

다음 역 이름은 무엇인가요? ¿ Cual es la proxima estacion? 쿠알 에라 프로시마 에스타씨온?

8 **있어요? Tiene** 티엔

다른 거 있어요? ¿ Tienes otro? 티에네세 오트로?

자리 있어요? ¿ Tienes una mesa? 티에네 수나 메사?

9 **이건 ~인가요? Lo es** 로에

이 길이 맞나요? ¿ Es este el camino correcto? 에스 에스떼엘 카미노 꼬레또?

이것은 여성용/남성용인가요? ¿ Esto es para mujer/hombre? 에스또 에스 파라 무헤/옴브레?

10 **이건 ~예요. ES** 에스

이건 너무 비싸요. Es muy caro. 에쓰 무이 카로.

이건 짜요. Es salado. 에 쌀라도.

02 인사말

네. Si 씨

아니요. No 노

안녕. Hola 올라

안녕하세요. (아침) Buenos días 부에노스 디아스

안녕하세요. (저녁) Buenas noches 부에나스 노체스

안녕히 계세요. Adiós/Chao 아디오스/차오

만나서 반가워요. Encantado 엔깐따도(남성)

Encantada 엔깐따다(여성)

감사합니다. Gracias 그라시아스

03 숫자

1 uno 우노

2 dos 도스

3 tres 뜨레스

4 cuatro 꾸아뜨로

5 cinco 씽코

6 seis 세이스

7 siete 시에떼

8 ocho 오초

9 nueve 누에베

10 diez 디에스

11 once 온쎄

12 doce 도쎄

13 trece 뜨레쎄

14 catorce 까또르쎄

15 quince 낀세

16 dieciséis 디에씨세이스

17 diecisiete 디에씨시에떼

18 dieciocho 디에씨오초

19 diecinueve 디에씨누에베

20 veinte 베인테

30 treinta 뜨레인따

40 cuarenta 꾸아렌따

50 cincuenta 씬꾸엔따

60 sensenta 세쎈따

70 setenta 세뗀따

80 ochenta 오첸따

90 noventa 노벤따

100 cien 씨엔

04 요일

일요일 domingo 도밍고

월요일 lunes 루네스

화요일 martes 마르떼스

수요일 miércoles 미에르꼴레스

목요일 jueves 후에베스

금요일 viernes 비에르네스

토요일 sábado 사바도

05 기본 단어

거리 calle 까예

거스름돈 cambio 깜비오

계산서 cuenta 꾸엔따

공원 parc 파르크

공항 aeropuerto 아에로푸에르또

광장 plaza 쁠라사

궁전 palacio 쁠라씨오

기차 tren 뜨렌

남자 hombre 옴브레

내일 mañana 마냐나

도착 llegadas 예가다스

닫힘 cerrado(a) 세라도(다)

박물관 museo 무세오
버스 autobus 아우또부스
비행기 avión 아비온
세일 saldos 살도스
시간표 horario 오라리오
시장 mercado 메르까도
아침 mañana 마냐나
어제 ayer 아예르
언제 cuando 꽌도
여권 pasaporte 빠사뽀르떼
여기 aquí 아끼
여자 mujer 무헤르
역 estacion 에스따씨온

열림 abierto 아비에르또
예약됨 reservado 레세르바도
오늘 hoy 오이
요금 tarifa 따리파
은행 banco 방꼬
이것 esto 에스또
입구 entrada 엔뜨라다
지하철 metro 메트로
집 casa 까사
출구 salida 살리다
출발 salidas 살리다스
화장실 servicio 세르비씨오
환전소 casa de cambio 까사 데 깜비오

06 음식 관련 단어

달걀 huevo 우에보
닭고기 pollo 뽀요
대구(생선) bacalao 바깔라오
돼지고기 carne de cerdo 까르네 데 세르도
레드 와인 vino tinto 비노 띤또
로제 와인 vino rosado 비노 로사도
맥주 cervesa 세르베사
메뉴판 menú 메누
문어 pulpo 뿔뽀
물 agua 아구아
생선 pescado 뻬스까도
샴페인 cava 까바
소고기 carne de vaca 까르네 데 바까

송아지고기 ternera 떼르네라
수프 sopa 소빠
아침밥 desayuno 데사유노
양고기 carnero 까르네로
오리고기 pato 빠또
와인 vino 비노
저녁밥 cena 쎄나
점심밥 almuerzo 알무에르소
정어리 sardina 사르디나
채소 verdura 베르두라
커피 café 카페
화이트 와인 vino blanco 비노 블랑코
후식 postre 뽀스트레

07 간단한 대화

별말씀을요. De nada. 데 나다.
부탁합니다. Por favor. 뽀르 파보르.
미안합니다. Perdón. 뻬르돈.
실례합니다. Disculpe. 디스꿀뻬.
어디서 오셨나요? ¿ De dónde eres? 데 돈데 에레스?
한국에서 왔습니다. Soy de Corea. 쏘이 데 꼬레아.

한국인입니다. Soy Coreano(a) 쏘이 꼬레아노(나).

성함이 어떻게 되나요? ¿ Cómo te llamas? 꼬모 세 야마스?

제 이름은…입니다. Me llamo…. 메 야모….

스페인어 못합니다. No hablo español. 노 아블로 에스파뇰.

영어 할 줄 아세요? ¿ Hablas inglés? 아블라스 잉글레스?

무슨 말인지 모르겠어요. No entiendo. 노 엔띠엔도.

화장실은 어디인가요? ¿ Dónde está el baño? 돈데 에스따 엘 반요?

00가 어디인가요? Donde esta…. 돈데 에스따.

얼마인가요? ¿ Cuanto vale? 꾸안또 발레?/ ¿ Cuánto cuesta? 꾸안또 꾸에스따?

예약 부탁합니다. Reserva, por favor. 레세르바, 뽀르 파보르.

영수증 부탁합니다. La cuenta, por favor. 라 꾸엔따 뽀르 파보르.

생수 주세요. Agua mineral, por favor. 아구아 미네랄, 뽀르 파보르.

메뉴판 좀 주세요. El menú, por favor. 엘 메누, 뽀르 파보르.

08 공항 기내에서

① 탑승 수속할 때

자주 쓰는 단어

여권 pasaporte 빠싸뽀르떼

비행기 티켓 tarjeta de embarque 타르헤따 데 엠바르께

창가 자리 asiento de ventana 아시엔토 데 벤타나

복도 자리 asiento de pasillo 아시엔토 데 파씨오

앞자리 asiento de primera fila 아시엔토 데 프리메라 필라

무게 peso 페소

추가 비용 carga extra 카르게 엑스트라

짐 equipaje 에퀴파

여행 회화

여기 여권이요. Aquí esta mi pasaporte. 아뀌 에스타 미 파싸보르떼.

창가 자리 앉을 수 있나요? ¿ Puedo tener un asiento junto a la ventana? 푸에도 테네르 운 아시엔또 훈또 아 라 벤따나?

앞쪽 자리를 받을 수 있나요? ¿ Puedo tener un asiento en la primera fila? 푸에도 테네 우 나씨엔토 엔 라 프 리미라 필라?

무게 제한이 얼마인가요? Cuál es el límite de peso 쿠알 레 쎌 리미떼 페소?

추가 비용은 얼마인가요? ¿ Cuánto es el cargo extra? 꾸안토 에 셀 엘카르고 엑스트라?

13번 게이트가 어디인가요? ¿ Dónde está la puerta trece? 돈데 에스타 라 푸에타 트레세?

❷ 보안 검색 받을 때

자주 쓰는 단어

액체 líquidos 리퀴도스
주머니 bolsillo 보씨요
노트북 computadora portátil 콤푸타도라 포르타티
모자 sombrero 쏨브레로

벗다 despegar 데스페가르
임신 embarazada 엠바라자가
가다 ir 이흐

여행 회화

나는 액체류 없어요. No tengo liquidos. 노 뗑고 뤼뀌도.
주머니에 아무것도 없어요. No tengo nada en mi bolsillo. 노 뗑고 나다 엔 미 볼씨요.
제 가방에 노트북이 있어요. Tengo una laptop en mi mochila. 텐고 우나 라톱 엔 미 모치라.
모자를 벗어야 하나요? ¿ Debería quitarme el sombrero? 데브리아 퀴타르메 엘 쏨브레로?
저는 임신을 했습니다. Estoy embarazada. 에스토이 엠브라사다.
이제 가도 되나요? Puedo ir ahora? 푸에도 이라오라?

❸ 면세점 이용할때

자주 쓰는 단어

면세점 tienda libre de impuestos
  티엔다 리브레 데 임푸에스토스
화장품 cosméticos 코스메티코스
향수 perfume 페르퓨메
가방 bolsa 볼사

선글라스 Gafas de sol 가파 데 솔
담배 tabaco 타바코
주류 alcohol 알코홀
계산하다 pagar 파가

여행 회화

얼마에요? ¿ Cuánto cuesta este? 꾼또 꾸에스타 에스테?
가방 있나요? ¿ Tienes bolsa? 티에네스 볼사?
이걸로 할게요. Tomaré esta. 토마레스타.
이 쿠폰을 사용할 수 있나요? ¿ Puedo usar este cupón? 푸에도우사르 에스테 쿠폰?
여기 있어요. Aquí estás. 아끼에스타스.

❹ 비행기 탑승할 때

자주 쓰는 단어

탑승권 tarjeta de embarque 타르헤타 데 엠바르케
좌석 asiento 아씨엔토
좌석 번호 número de asiento 뉴메로 데 아씨엔토
일등석 primera clase 프리메라 클라세

이코노미석 clase de economia 클사세 데 에코노미아
안전띠 cinturón de seguridad 씨투론 데 세구리다
바꾸다 cambiar 깜비아
마지막 탑승 안내 última llamada 울티마 야마다

여행 회화

제 자리는 어디인가요? ¿ Dónde está mi asiento? 돈데 에스타 미 아씨엔또?

여긴 제 자리입니다. Este es mi asiento. 에스테 미 아씨엔또.

좌석 번호가 몇 번이세요? ¿ Cuál es su número de asiento? 꾸알레 수 뉴메호 데 아씨엔또?

자리를 바꿀 수 있나요? ¿ Puedo cambiar mi asiento? 푸에도 깜비아아르 미 아씨엔또?

가방을 어디에 두어야 하나요? ¿ Dónde debo dejar mi equipaje? 돈데 데보 데하 미 에퀴파헤?

제 좌석을 젖혀도 될까요? ¿ Te importa si reclino mi asiento? 떼 임포르타씨 레클리노 미 아씨엔또?

5 기내 서비스

자주 쓰는 단어

간식 aperitivos 아페리티보스

맥주 cerveza 쎄르베짜

물 agua 아구아

담요 frazada 플라싸다

식사 comida 꼬미다

닭고기 pollo 뽀요

생선 pez 페스

비행기 멀미 mareado 마레아도

여행 회화

간식 좀 먹을 수 있나요? ¿ Puedo tomar algunos bocadillos? 푸에도 또마랄구노스 바카디요스?

물 좀 마실 수 있나요? ¿ Puedo tomar un poco de agua? 푸에도 또마룬 포꼬 데 아구아?

담요 좀 받을 수 있나요? ¿ Puedo conseguir una manta? 푸에도 콘세귀 우나 만타.

식사는 언제 하나요? ¿ Cuándo comemos? 꾸안도 꼬메모스?

닭고기로 할게요. Pollo, por favor. 뽀요 뽀르 파보르.

비행기 멀미가 나요. Me siento mareado. 미 씨엔토 마레아도.

6 기내기기와 시설문의

자주 쓰는 단어

전등 ligero 리헤로

작동하지 않다 no trabajo 노 또라바호

화면 pantalla 판타야

음량 volumen 볼류멘

영화 películas 펠리꿀라스

좌석 asiento 아씨엔토

눕히다 reclinar 레클리나르

화장실 baño 바뇨

여행 회화

전등을 어떻게 켜요? ¿ Cómo enciendo la luz? 코모 에씨엔도 라 루즈?

화면이 안 나와요. Mi pantalla no funciona. 미 판타야 노 푼시오나.

음량을 어떻게 높이나요. ¿ Cómo aumento el volumen? 코모 오우멘또 엘 볼루멘?

영화 보고 싶어요. Quiero ver películas. 쿠에로 베르 페리쿨라스.

제 좌석을 어떻게 눕히나요? ¿ Cómo reclino mi asiento? 코모 레클리노 미 아시엔또?

화장실이 어디인가요? ¿ Dónde está el baño? 돈데 에스타 엘 바뇨?

❼ 환승할 때

자주 쓰는 단어

환승 transferir 트랜스페리

탑승구 puerta 푸에르타

탑승 embarque 엠바르께

연착 delay 딜레이

편명 número de vuelo 뉘메로 데 부엘로

갈아탈 비행기 vuelo de conexión 부엘로 데 코넥시온

쉬다 descansar 데스깐사르

기다리다 esperar 에스페라

여행 회화

어디서 환승 할 수 있나요? ¿ Dónde puedo transferir? 돈데 푸에도 트랜스페리?

몇 번 탑승구로 가야 하나요? ¿ A qué puerta debo ir? 아 꿰 푸에르타 데보 이르?

탑승은 몇 시에 시작하나요? ¿ A que hora empieza el embarque? 아 꿰에오라 엠피에짜 엘 엠바르께?

화장실이 어디인가요? ¿ Dónde está el baño? 돈데 에스타 엘 바뇨?

제 비행편명은 000입니다. Mi número de vuelo es. 미 뉘메로 데 부엘로 에스 000.

어디서 쉴 수 있나요? ¿ Donde puedo descansar? 돈데 푸에도 데스칸사르.

❽ 입국 심사받을 때

자주 쓰는 단어

방문하다 visita 비지따

여행 de viaje 데 비아해

관광 turismo 뚜리스모

출장 viaje de negocios 비아헤 데 네고씨오스

왕복 티켓 boleto de regreso 볼레또 데 레그레소

머물다 permanecer 페르마네쎄

일주일 una semana 우나 쎄마나

입국 심사 inmigración 인미그라씨온

여행 회화

방문 목적이 무엇인가요? ¿ Cuál es el propósito de su visita? 꾸알 에스 엘 프로포지또 데 수 비지따?

여행하러 왔어요. Estoy aquí para viajar. 에스또이 아끼 파라 비아하~.

출장왔어요. Estoy aquí por un viaje de negocios. 에스토이 아끼 포르 운 비아헤 데 네고씨오스.

왕복티켓이 있나요? ¿ Tienes tu billete de vuelta? 티에네스 투 비에떼 데 부엘따?

호텔에서 지낼 거에요. Me voy a quedar en un hotel. 미 보야 쿠에다르 눈 호텔.

일주일 동안 머무를 거에요. Me quedo una semana. 미 꾸에도 우나 쎄마나.

09 교통수단 이용할 때

❶ 승차권 구매할 때

자주 쓰는 단어

표 boleto 볼레또

매표소 taquilla de entradas 타뀌야 데 엔트라다스

발권기 maquina de boletos 마뀌아 데 볼레또

시간표 calendario 칼린다리오

왕복 ida y vuelta 이다야 이 부에따

편도 viaje sencillo 비아헤 쎈씨오

어른 adulto 아돌또

어린이 niño 니뇨

여행 회화

표 어디서 살 수 있나요? ¿ Dónde puedo comprar un billete? 돈데 푸에도 콤라푸르 운 비에떼?
발권기는 어떻게 사용하나요? ¿ Cómo uso la máquina de boletos? 코모 우소 라 마뀌나 데 볼레토스?
왕복표 두 장이요. Dos boletos de ida y vuelta, por favor. 도스 볼레토 데 이다 이 부에타 뽀르 파보르.
어른 세 장이요. Tres adultos, por favor. 트레 아둘토스 뽀르 파보르.
어린이는 얼마에요 ¿ Cuánto cuesta para un niño? 꾸엔토 쿠에스타 파라 운 니뇨?
마지막 버스는 몇 시예요. ¿ A qué hora es el último autobús? 아 쿠에 오라 에 엘 울티모 아우또부스?

❷ 버스를 이용할 때

자주 쓰는 단어

버스 autobús 아우또부스
버스를 타다 tomar el autobús 토마르 엘 아우또부스
내리다 bajar 바하르
버스 티켓 boleto de autobús 볼에토 데 아우또부스
버스 정류장 parada de autobús 빠라다 데 아우또부스

버스 요금 billete de autobús 비에떼 데 아우또부스
이번 정류장 parada 빠라다
다음 정류장 siguiente parada 씨이엔테 빠라다
셔틀버스 lanzadera 란싸데라

여행 회화

버스 어디서 탈 수 있나요? ¿ Dónde puedo tomar el autobús? 돈데 푸에도 토마르 엘 아우또부스?
버스 정류장이 어디에 있나요? ¿ Dónde esta la parada de autobus? 돈데 에스타 라 파라다 데 아우또부스?
이 버스 ooo로 가나요 ¿ Es este un autobús a ooo? 에스 에스테 운 아우또부스 아 ooo?
버스 요금이 얼마 인가요 ¿ Cuánto es la tarifa del autobús? 꾸안또 에 라 트리파 델 아우또부스?
다음 정류장 이름이 뭐예요? ¿ Cuál es la próxima parada? 꾸알 에 라 프록시마 파라다?
어디에서 내려야 하나요? ¿ Dónde debo bajar? 돈데 데보 바하?

❸ 지하철·기차 이용할 때

자주 쓰는 단어

지하철 metro 메뜨로
기차 tren 뜨렌
타다 tomar 토마르
내리다 bajar 바하르

노선도 mapa de líneas 마파 데 리네아스
승강장 plataforma 플라타포르마
역 estación 에스타씨온
환승 transferir 트렌스페리

여행 회화

어디서 지하철을 탈 수 있나요? ¿ Dónde puedo tomar el metro? 돈데 푸에도 또마르 엘 메뜨로?
이 지하철 ooo로 가나요? ¿ Es este el tren a ooo? 에스 에스떼 엘 트렌 아 ooo?
노선도를 받을 수 있나요? ¿ Puedo obtener el mapa de líneas? 푸에도 오브테네르 엘 매파 데 리네아스?
승강장을 찾을 수가 없어요. No encuentro la plataforma. 노 엔쿠엔트로 라 플라타포마.
다음 역 이름이 뭐죠? ¿ Cómo se llama la siguiente estación? 꼬모 쎄 야마 씨기엔떼 에스타씨온?
어디서 환승하나요? ¿ Dónde transfiero? 돈데 트랜스피에로?

④ 택시 이용할 때

자주 쓰는 단어

택시 taxi 탁시
트렁크 trompa 트롬파
더 빠르게 Mas rapido 마스 하피도

스톱 detener 데테네
잔돈 cambio 깜비오

여행 회화

어디서 택시를 탈 수 있나요? ¿ Dónde puedo tomar un taxi? 돈데 푸에도 토마르 운 탁시?
기본요금이 얼마인가요? ¿ Cuál es la tarifa inicial? 쿠알 에 라 타리파 이니씨알?
공항으로 가주세요. El aeropuerto, por favor. 엘 아에로푸에르토 포르 빠보르.
트렁크 열어줄 수 있나요? ¿ Puedes abrir el maletero, por favor? 포에데 아브리 엘 말레테로 뽀르 파보르?
저기서 세워줄 수 있나요? ¿ Puedes parar allí? 푸에데 파라 라 이?
잔돈은 가지세요. Quédese con el cambio. 쿠엔데세 콘 엘 캄비오.

⑤ 거리에서 길 찾을 때

자주 쓰는 단어

주소 dirección 디렉시온
거리 calle 까예
코너 esquina 에스퀴나
골목 callejón 까예혼

지도 mapa 마파
먼 lejos 레호스
가까운 cerca 쎄르까
길을 잃은 Piérdase 피에르다쎄

여행 회화

이 주소로 어떻게 가나요? ¿ Cómo llego a la dirección? 고모 이에고 아라 디렉숀?
모퉁이에서 오른쪽으로 도세요. Gira a la derecha en la esquina. 히라 아 라 데레차 엔 라 에스퀴나.
여기서 머나요? ¿ Estás lejos de aquí? 에스타 레호스 데 아뀌?
길을 잃었어요. Estoy perdido. 에스토이 페르디도.
이 빌딩을 찾고 있어요. Busco edificio. 부스코 에디피씨오.
이 길이 맞나요? ¿ Es este el camino correcto? 에스 에스떼 엘 카미노 코렉토?

⑥ 교통편 놓쳤을 때

자주 쓰는 단어

비행기 vuelo 부엘로
놓치다 extrañar 엑스트라냐
연착되다 demora 데모라
다음 próximo 프렉시모

기차 tren 트렌
변경하다 cambiar 깜비아
환불 reembolso 렘볼소
기다리다 esperar 에스페라

여행 회화

비행기를 놓쳤어요. He perdido el vuelo. 헤 페르디도 엘 부엘로.

제 비행기가 연착됐어요. Mi vuelo está retrasado. 미 부엘로 에스 타레트라싸도.

다음 비행기/기차는 언제에요? ¿Cuándo es el próximo vuelo/tren? 쿠안도 에스 엘 프록시모 벨로/트렌?

어떻게 해야 하나요? ¿Qué tengo que hacer? 쿠에 텐고 쿠에 아세?

변경할 수 있나요? ¿Puedo cambiarlo? 푸에도 깜비알로?

환불받을 수 있나요? ¿Puedo obtener un reembolso? 푸에도 옵테네르 운 렘볼소?

10 숙소에서

① 체크인할 때

자주 쓰는 단어

체크인 registrarse 헤지스트라르쎄

예약 reserva 레세르바

여권 pasaporte 빠사포르떼

바우처 vale 발레

더블 트윈 베드 cama doble 카마 도블레

추가 침대 cama extra 카마 엑스트라

보증금 depósito 데포지또

와이파이 비밀번호 Contraseña de wifi 콘트라쎄냐 데 와이파이

여행 회화

체크인할게요. Regístrese, por favor. 헤지스트레쎄 뽀르 파보르.

일찍 체크인할 수 있어요? ¿Puedo registrarme temprano? 푸에도 헤지스트레쎄 템프라?

예약했어요. Tengo una reservación. 텐고 우나 헤쎄르바씨온.

여기 제 여권이요. Aquí esta mi pasaporte. 아뀌 에스타 미 파싸보르떼.

더블 침대를 원해요. Quiero una cama doble. 뀌에로 우나 카마 도블.

와이파이 비밀번호가 무엇인가요? ¿Cual es la contraseña wifi? 쿠알 에스 라 콘트라세냐 와이파이?

② 체크아웃할 때

자주 쓰는 단어

체크아웃 salida 살리다

늦은 tarde 따르데

보관하다 mantener 만테네

짐 equipaje 에뀌바헤

영수증 factura 박투라

요금 tarifa 타리파

추가 요금 tarifa extra 타리파 엑스트라

택시 taxi 탁시

여행 회화

체크 아웃 할게요. Salida, por favor. 살리다 뽀르 파보르.

체크아웃이 몇 시예요? ¿A que hora es la salida? 아 뀌 오라 에 라 살리다?

늦은 체크아웃은 얼마인가요? ¿Cuánto cuesta el salida tardío? 쿠안토 쿠에스타 엘 살리다 타르디오?

짐 맡길 수 있나요? ¿Puedes quedarte con mi equipaje? 푸에데 뀌에다르떼 콘 미 에뀌파헤?

영수증 받을 수 있나요? ¿Puedo tener una factura? 푸에도 테네 우나 팍투라?

❸ 부대시설 이용할 때

자주 쓰는 단어

레스토랑 restaurante 레스토란테

조식 desayuno 데쎄요노

수영장 piscina 피시나

헬스장 gimnasia 히미나시아

스파 spa 스파

세탁실 cuarto de lavado 쿠아르토 데 라바도

자판기 máquina expendedora 마퀴나 엑스펜데도라

24시간 veinticuatro horas 비엔티쿠아트로 오라스

여행 회화

언제 여나요? ¿ Cuándo abre el restaurante? 쿠안도 아브레 엘 레스토란떼?

조식 어디서 먹나요? ¿ Donde Puedo Desayunar? 돈데 푸에도 데사유나?

조식 언제 끝나요? ¿ Cuándo termina eldesayuno? 쿠안도데르미나 엘 데사유노?

수영장은 언제 닫나요? ¿ Cuándo cierra la piscina? 쿠안도 씨에라 라피스씨나?

헬스장은 몇 층에 있나요? ¿ En qué pisoestá el gimnasio? 엔 퀴 피소에스타 엘 힘나씨오?

자판기는 어디 있나요? ¿ Dónde está la máquina expendedora? 돈데 에스타 라 마퀴나엑스펜도라?

❹ 객실 용품 요청할 때

자주 쓰는 단어

타올 toalla 토아야

비누 jabón 하본

칫솔 cepillo de dientes 쎄피요 데 디엔테스

티슈 tejido 테히도

베게 almohada 알모하다

드라이기 secador de pelo 세카도 데 페로

바꾸다 cambiar 캄비아

여행 회화

타올 받을 수 있나요? ¿ Puedo Conseguir una toalla? 푸에도 콘세귀르 우나 토아야?

비누 받을 수 있나요? ¿ Puedo conseguir un jabón? 푸에도콘세귀루 운 하본?

칫솔 하나 더 주세요. Un cepillo de dientesmás, por favor. 운 세피요데 디엔테스 마 뽀르 파보르.

베개 하나 더 주세요. Una almohada más, por favor. 우나 알모하다 마스, 포르 파보르.

드라이기 어디 있나요? ¿ Dónde está el secador de pelo? 돈데 에스타 엘 세카도르 데 페로?

침대 시트 바꿔 줄 수 있나요? ¿ Puedes cambiar la sábana de la cama? 푸에데스 캄비아 라 사바나 데 라 카마?

❺ 기타 서비스 요청할 때

자주 쓰는 단어

룸서비스 servicio de habitaciones
세르비시오 데 하비따씨오네

주문하다 orden 오르덴

청소 limpieza 림피에짜

모닝콜 llamada de atención 얄마다 데 아뗀씨온

세탁서비스 servicio de lavandería
세르비씨오 데 라반데리아

에어콘 aireacondicionado 아이레아콘디시오나도

히터 calentador 까렌따도르

냉장고 refrigerador 레프리제라도르

여행 회화

룸서비스 되나요? ¿ Tiene servicio a la habitación? 디엔세리비씨오 아 라 하비타씨온?
샌드위치를 주문하고 싶어요. Quiero pedir unos sándwiches. 귀에로 페디르 우노스 산드위체스.
방 청소를 해줄 수 있나요? ¿ Puedeslimpiar mi habitación, por favor? 푸에데스림피아 미 아비따씨온 뽀르 파보르?
7시에 모닝콜 해줄 수 있나요? ¿ Puedo recibir una llamada de atención a las 7? 푸에도 레씨비루나 랴마다 데 아뗀씨온 아 라 7:00?
세탁서비스 되나요? ¿ Tienesservicio de lavandería? 티에네스쎄르비씨오 데 라반데리에?

⑥ 불편사항 말할 때

자주 쓰는 단어

고장나다 no trabajo 노 트라바호
뜨거운 물 agua caliente 아구아 까리엔떼
수압 presión del agua 프레씨온 델 아구아
화장실 baño 바뇨

귀중품 valores 발로레스
뜨거운 caliente 카리엔떼
차가운 frío 프리오
시끄러운 Ruidoso 루이도쏘

여행 회화

에어콘이 고장 났어요. El aireacondicionado no funciona. 엘 아이레아콘디씨오나도 노 푼씨오나.
온수가 안 나와요. No hay agua caliente. 노 하이 아구아 까리엔떼.
수압이 낮아요. La presión del agua es baja. 라 프레씨온 델 아구아 에스 바하.
변기 물이 안 내려가요. El inodoro no funciona. 엘 이노도로 노 푼씨오나.
귀중품을 잃어버렸어요. Perdí mis objetos de valor. 페르디 미스 오브헤뚜스 데 발로.
너무 시끄러워요. Es muy ruidoso. 에 무이 루이도소.

11 음식점에서

① 예약할 때

자주 쓰는 단어

예약 reserve 헤쎄르바
테이블 mesa 메싸
아침 식사 desayuno 데싸유노
점심 almuerzo 알무에르조

저녁 cena 세나
예약을 취소하다 cancelar mi reserve 칸쎌라르 미 레쎄르바
예약을 변경하다 cambiar mi reserva 캄비아르 미 레쎄르바
주차장 estacionamiento 에스타씨오나미엔토

여행 회화

자리 예약하고 싶어요. Quiero reservar una mesa. 퀴에로 레쎄르바 우나 메사.
저녁 식사 예약하고 싶어요. Quiero reservar mesa para cenar. 퀴에로 레쎄바르메사 파라 씨나르.
3명 예약하고 싶어요. Quiero reservar una mesa para tres. 퀴에로 레쎄르바르 우나 메사 파라 트레.
예약 취소하고 싶어요. Quiero cancelar mi reserva. 퀴에로 칸케라르 미 레쎄르바.
제 이름은 케이트 리예요 Mi nombre es kate lee. 미 놈브레 에 케이트 리.
주차장이 있나요? ¿ Tienes un estacionamiento? 티에네 운 에스타씨오나미엔토?

② 주문할 때

자주 쓰는 단어

메뉴 menu 메누
주문하다 orden 오르덴
추천 recomendación 레꼬멘다씨온
이것 Éste 에스타

스테이크 bife 비페
해산물 mariscos 마리스코
짠 salado 쌀라도
매운 picante 피칸테

여행 회화

메뉴판 볼 수 있나요? ¿ Puedover el menú? 푸에도베르 엘 메누?
지금 주문할게요. Quiero ordenar ahora. 퀴에로 오르데나라 오라.
추천해줄 게 있나요? ?Tiene alguna recomendación? 티에네 알구나 레코멘다씨온?
이걸로 주세요. Este por favor. 에스타 뽀르 파보르.
스테이크 하나 주세요? ¿ Puedotener un bistec? 푸에도테네 운 비스테크.
너무 짜지 않게 해주세요. No demasiadosalado, por favor. 노 데마씨아도 살라도 포르 파보르.

③ 식당 서비스 요청할 때

자주 쓰는 단어

닦다 limpiar 림피아르
접시 plato 플라토
떨어뜨리다 gota 고타
칼 cuchillo 쿠치요

젓가락 palillos 팔리요스
컵 vaso 바쏘
냅킨 servilleta 세르비에따
아기 의자 silla para bebé 실라 파라 베베

여행 회화

테이블 좀 닦아 주시겠어요?. ¿ Puedeslimpiaresta mesa? 푸에데슬림피에레스타 메싸?
접시 하나 더 주시겠어요? ¿ Puedo pedir un platomás? 푸에도 페디리룬 플라또 마스?
나이프를 떨어뜨렸어요. Se me cayó el cuchillo. 쎄메 카요 엘 쿠치요.
냅킨이 없어요. No hay servilleta. 노 아이 세르비에따.
아기 의자 있나요? ¿ Tienes una sillaalta? 티에네수나 시알타?
이것 좀 데워 줄 수 있나요? ¿ Puedes calentar esto? 푸에데스 칼렌타레스토?

④ 불만 사항 말할 때

자주 쓰는 단어

너무 익은 sobrecocido 소브레코키도
덜 익은 medio crudo 메디오 크루도
잘못된 equivocado 에퀴보카도
음식 alimento 알리멘토

음료 beber 베베르
짠 salado 쌀라도
싱거운 soso 소소
새것 uno nuevo 우노 누에보

여행 회화

실례합니다. Disculpe. 디스쿨페.

덜 익었어요. Esta poco cocido. 에스타 포코 코씨도.

메뉴가 잘 못 나왔어요. Se equivocó de menu. 쎄 에퀴보코 데 메누.

제 음료를 못받았어요. No conseguí mi bebida. 노 콘세귀 미 베비다.

너무 짜요. Está demasiado salado. 에스타 데마씨아도 쌀라도.

새것 하나 더 주시겠어요. ¿ Puedo tener uno nuevo? 푸에도 테네루노 누에보?

⑤ 식사를 마쳤을 때

자주 쓰는 단어

계산서 facture 팍투라

지급 pagar 파가르

현금 dinero 디네로

신용카드 tarjeta de crédito 타르헤타 데크레디또

영수증 recibo 레씨보

팁 consejo 콘쎄호

포함하다 incluir 인클루이

여행 회화

계산서 주세요. La cuenta, por favor. 라 쿠엔타 뽀르 파보르.

따로 계산해 주세요. Facturas separadas por favor. 팍투라스 세파라다스 뽀르 파보르.

계산서가 잘못됐어요. Algo anda mal con la cuenta. 알고 안다 말 콘 라 쿠엔타.

영수증 주세요. Recibo por favor. 레씨보 뽀르 파보르.

⑥ 패스트푸드 주문할 때

자주 쓰는 단어

세트 combo·comida 콤보 코미다

버거 hamburguesa 함부구에사

감자튀김 papas fritas 파파스프리타스

케첩 salsa de tomate 쎌사 데 토마테

추가의 extra 엑스트라

여기 aquí 아퀴

테이크아웃 sacar 사까르

리필 rellenar 레레나르

여행 회화

2번 세트 주세요. Tomaré la comida (combo) número dos. 토마레 라 코미나누메로 도스.

햄버거 하나 주세요. Sólounahamburguesa, por favor. 솔로 우나 함부구에사 뽀르 파보르.

치즈 추가해 주세요. ¿ Puedotener queso extra enél? 푸에도테네퀴에쏘 엑스트라 엔 엘.

리필 되나요? ¿ Puedo obtener unarecarga? 푸에도 옵테네르 우나레카르가?

포장해 주세요. Para ir, por favor. 파라 이르 뽀르 파보르.

⑦ 커피 주문할 때

자주 쓰는 단어

아메리카노 americano 아메리카노

라테 latté 라떼

차가운 Helado 엘라도

작은 Pequeño 페쿠에노

중간의 regular·media 레굴라르 메디아

큰 grande 그란데

샷 추가 tiro extra 트리오 엑스트라

두유 leche de soja 레체 데 소하

여행 회화

아메리카노 하나 주세요. Un americano helado, por favor. 운 아메리카노 에라도 뽀르 파보르.

작은 라테 하나 주세요. Un café con leche pequeño, por favor. 운 카페 콘 레체 페퀘뇨 뽀르 파보르.

샷 추가해주세요. Con un tiro extra, por favor. 콘 운 티르오 엑스트라 뽀르 파보르.

두유 라테 주세요. Café con leche de soya, por favor. 카페 콘 라체 데 소야 뽀르 파보르.

휘핑크림 추가해 주세요. Tomaré crema batida extra. 토마레 크레마 바띠다 엑스트라.

12 관광할 때

① 관람권 구매할 때

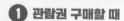

자주 쓰는 단어

티켓 boleto 보에또

입장료 cuota de admission 쿠오타 데아드미씨온

유명한 Famoso 파모쏘

공연 espectáculo, (show) 에스펙타쿨로

뮤지컬 musical 무지칼

다음 공연 proximo show 프릭미씨모쇼우

좌석 asiento 아씨엔토

매진 agotado 아고타도

여행 회화

티켓 얼마에요? ¿ Cuánto es la multa? 쿠엔토 에 라 물타?

표 두장 주세요. Dos boletospor favor. 도스 보에토스 뽀르 파보르.

어른 세장 주세요. Tres adultos y un niño, por favor. 트레아돌토스 운 니뇨 뽀르 파보르.

가장 유명한 공연이 무엇인가요? ¿ Cuál es elprogramamás popular? 쿠알 에 쎌프로그라마 마스 포풀라르?

공연이 언제 시작하나요? ¿ Cuándo comienza el espectáculo? 코안도 코미엔파 엘 에스펙타쿨로?

매진인가요? ¿ Está agotado? 에스타 아고타도?

② 투어 예약 및 취소할 때

자주 쓰는 단어

투어 예약 Reservar una excursion 레쎄르바 우나 엑스쿠씨온

씨티 투어 Excursión de la Ciudad 엑스꾸르시온 데 라 씨우다드

박물관 투어 Excursión de la museo 엑스꾸르시온 데 라 뮤제오

버스 투어 bus de turismo 부스 데 투리스모

취소 Cancelar 칸쎌라르

변경하다 cambiar 캄비아르
환불 reembolso 렘볼쏘
취소수수료 tarifa de cancelación 타리파 데 칸쎌라씨온

여행 회화

시티 투어 예약하고 싶어요. Quieroreservar un tour por la ciudad. 뀌에로레쎄르바르 운 투어뽀르 라 씨우다드.
투어요금이 얼마인가요? ¿ Cuánto cuesta esterecorrido? 쿠엔토쿠에스타에스타레코리도?
투어 몇 시에 시작하나요? ¿ A qué hora comienzaelrecorrido? 아 쿠에 오라 코미엔자 엘 레코리도?
투어 몇 시에 끝나요? ¿ A qué hora termina elrecorrido? 아 쿠에 오라 테르미나 엘 레코리도?
투어 취소할 수 있나요? ¿ Puedocancelar la gira? 푸에도칸쎌라르 라 기라?
환불받을 수 있나요? ¿ Puedoobtener un reembolso? 푸에도오브텐네 운 렘볼소?

③ 관광 안내소에서

자주 쓰는 단어

추천 recomendar 헤코멘다르
관광 pasear 파쎄아르
관광 정보 información turística 인포매씨온 투리스티카
도시 지도 mapa de la ciudad 마파 데라 씨우다드
관광 안내 책자 folletoturístico 포요에또투리스티코

시간표 calendario 카렌다리오
가까운 역 la estación más cercana
　　라 에스타씨온 마스 쎄르카나
예약 hacerunareserve 아세르 우나 레쎄르베

여행 회화

관광으로 무엇을 추천하시나요? ¿ Qué recomiendas para hacer turismo? 퀴에 레코미네다스 파라 에쎄르 투리스모?
시내 지도를 받을 수 있나요? ¿ Puedo obtener un mapa de la ciudad? 푸에도 옵테너르 운 마파 라 씨우다드?
관광 안내 책자를 받을 수 있나요? ¿ Puedo obtener un folletoturístico? 푸에도 옵테너르 운 포요에토투리스티코?
버스시간표를 받을 수 있나요? ¿ Puedoo btener un horario de autobús? 푸에도 옵테너르 운 오라리오 데 아우또부스?
가까운 역이 어디인가요? ¿ Dónde está la estación más cercana? 돈데 에스타 라 에스타씨온 마스 쎄르카나?
예약할 수 있나요? ¿ Puedo hacer una reservaaquí? 푸에도 에쎄르 우나 레쎄르바아뀌?

④ 관광 명소 관람할 때

자주 쓰는 단어

렌트 Alquilar 알퀼라르
오디오 가이드 Guia de audio 귀아 데 오디오
가이드 투어 visitaguiada 비스타 귀아다
안내 책자 folleto 포예또

입구 출구 entrada salida 엔트라다 살리다
화장실 baño 바뇨
기념품 가게 tienda de regalos 티엔다 데 레가로스

여행 회화

오디오 가이드 빌릴 수 있나요? ¿ Puedo alquilar una audioguía? 푸에도 알퀼라르 우나 오디오귀아?
오늘 가이드 투어 있나요? ¿ Hay visitas guiadas hoy? 아이 비스타뜨귀아다스쏘이?

안내 책자 받을 수 있나요? ¿ Puedo obtener un folleto? 푸에도 옵테네 운 포예또?

출구가 어디인가요? ¿ Dónde está la salida? 돈데 에스타 라 살리다?

기념품 가게가 어디인가요? ¿ Dónde está la tienda de regalos? 돈데 에스타 라 티엔다 데 레갈로스?

사진 찍어도 되나요? ¿ Puedo tomar fotos aquí? 푸에도 토마르 포토 아뀌?

사진 촬영 부탁할 때

자주 쓰는 단어

사진을 찍다 Tomando fotos 토만도 포토스

누르다 prensa 프렌싸

버튼 botón 보톤

하나 더 Uno mas 우노마쓰

배경 fondo 폰도

플래시 destello 데스테요

셀카 autofoto 아우토포토

촬영 금지 No fotos 노 포토스

여행 회화

사진 찍어 줄 수 있나요? ¿ Puedes tomar una foto? 푸에데스 토마르 우나 포토?

이 버튼만 눌러주세요. Simplemente presione este botón, por favor. 심플레멘테 프레씨오네 에스떼 보톤 뽀르 파보르.

한 장 더 부탁해요. Uno más, por favor. 우노 마스 뽀르 파보르.

배경이 나오게 찍어주세요. ¿ Puedes tomar una foto con elfondo? 푸에데스 토마르 우나 포토 콘 엘 폰도?

사진 찍어 드릴까요? ¿ Quieres que te tome unafoto? 퀴에레스퀴 테 토메 우나 포토?

플래쉬 사용해도 되나요? ¿ Puedo usar el flash? 푸에도우싸르 엘 플라쉬?

13 쇼핑할 때

❶ 상품 문의할 때

자주 쓰는 단어

상품 artículo 아르티쿨로

인기 있는 popular 포풀라르

얼마 Cuanto 쿠안토

세일 venta 벤타

이것 저것 esto que 에스토꾸에

선물 regalo 레갈로

지역 특산물 producto local 프로둑또로칼

추천 recommendation 레코멘다씨온

여행 회화

가장 인기 있는 게 뭐에요? ¿ Cuál es el más popular? 꾸알 에쎌 마스 포풀라?

이 제품 있나요? ¿ Tienes este artículo? 티에네 쎄스떼 아르띠쿨로?

얼마예요? ¿ Cuánto cuesta este? 쿠안또 퀘스타 에스떼?

이거 세일하나요? ¿ Está esto a la venta? 에스타 에스토 아 라 벤타?

스몰 사이즈 있나요? Tienes talla chica? 티에네 타야 치카?

선물로 뭐가 좋아요? ¿ Qué es bueno como regalo? 쿠에 에쓰 부에노 코모 레갈로?

❷ 착용할 때

자주 쓰는 단어

사용하다 intentar 인텐타르
탈의실 probador 프로바도르
다른 것 otro 오트로
다른 색 otro color 오트로 콜로

더 큰 것 uno más grande 우노 마스 그란데
작은 것 más pequeño 마스 페쿠에뇨
사이즈 tamaño 타마뇨
좋아하다 como 코모

여행 회화

이거 입어 볼 수 있나요? ¿ Puedo probar este? 푸에도 프로바르 에스또?
이거 사용해 볼 수 있나요? ¿ Puedo probar este? 푸에도 프로바르 에스또?
탈의실은 어디인가요? ¿ Dónde está el probador? 돈데 에스따 엘 프로바도르?
다른 색상 입어볼 수 있나요? ¿ Puedo probar con otro color? 푸에도 프로바르 코 노트로 콜로?
더 큰 거 있나요? ¿ Usted tiene una más grande? 우스테 티에네 우나 마스 그란데?
마음에 들어요. Me gusta este. 미 구스타 에스테?

❸ 가격 문의 및 흥정할 때

자주 쓰는 단어

얼마 cuanto 꾸안토
가방 bolsa 볼사
세금환급 devolución de impuestos
　　　　데보루시온 데 임푸에스토스
비싼 caro 카로

할인 descuento 데스쿠덴토
쿠폰 cupón 쿠폰
더 저렴한 것 el más barato 엘 마스 바라또
더 저렴한 가격 precios má bajo 프레시오 마 바호

여행 회화

이 가방 얼마인가요? ¿ Cuánto cuesta esta bolsa? 쿠아노 쿠에스타 에스타 볼사?
나중에 환급받을 수 있나요? ¿ Puedo obtener un reembolso de impuestos más tarde? 푸에도 오브텐네르
운 렘볼소 데 임푸에스토스 마스 타르데?
너무 비싸요. Es muy caro. 에스 무이 카로.
할인받을 수 있나요? ¿ Puedo obtener un descuento? 푸에도 오브테네르 운 데스쿠엔또?
이 쿠폰 사용 할 수 있나요? ¿ Puedo usar este cupón? 푸에도 우사르 에스떼 쿠폰?
더 저렴한 거 있나요? ¿ Tiene uno más barato? 티에네 우노 마스 바라또?

❹ 계산할 때

자주 쓰는 단어

총 total 토탈
지불하다 pagar 파가르
신용카드 tarjeta de crédito 타르헤따 데 크레디토
체크카드 tarjeta de débito 타르헤따 데 데비또

현금 dinero 띠네로
할부로 결제하다 pagar en cuotas 파가르 엔 쿠에따
일시불로 결제하다 pagar en completo 파가르 엔 콤
플레또

여행 회화

총액은 얼마에요? ¿ Cuánto es el total? 코안테 에쎌 토탈?

신용카드로 결제할 수 있나요? ¿ Puedo pagar con tarjeta de crédito? 푸에도 파가르 콘 타르헤따 데 크레디또?

현금으로 지불 할 수 있나요? ¿ Puedo pagar en efectivo? 푸에도 파가르 엔 에펙티보?

영수증 주세요. Recibo por favor. 페씨보 뽀르 파보르.

할부로 결제할 수 있나요? ¿ Puedo pagar en cuotas? 푸에도파가르 엔 쿠오타스?

일시불로 결제할 수 있나요? ¿ Puedo pagar en su totalidad? 푸에도 파가르 엔 수 톨탈리다드?

❺ 포장 요청할 때

자주 쓰는 단어

포장하다 envoltura 엔볼뚜라

뽁뽁이로 포장하다 plástico de burbujas 플라스티꼬
데 부르부하스

따로 por separado 포르 세파라도

선물 포장하다 papel de regalo 파펠 데 레갈로

상자 caja 카하

쇼핑백 bolsa de la compra 발사 데 라 콤프라

비닐봉지 bolsa de plastico 볼사 데 플라스티코

깨지기 쉬운 frágil 프라힐

여행 회화

포장은 얼마에요 ¿ Cuánto es para envolver? 쿠엔토 에 파라 엔볼베?

이거 포장해줄 수 있나요? ¿ Puedes envolver esto? 푸에데스 엔볼베르 에스또?

이거 뽁뽁이로 포장해 줄 수 있나요? ¿ Puedes envolverlo con burbujas? 푸에도스 엔볼베로 콘 부르부하스?

따로 포장해 줄 수 있나요? ¿ Puedes envolverlos por separado? 푸에데스 엔볼베로스 포르 세파라도스?

선물 포장해 줄 수 있나요? ¿ Puedes envolverlo para regalo? 푸에데스 엔볼베로스 파라 레골로?

쇼핑백에 담아주세요. Por favor, póngalo en una bolsa de compras. 뽀르 파보르 폰갈로 엔 우나 볼사 데 콤프라스.

❻ 교환·환불할 때

자주 쓰는 단어

교환하다 intercambio 인트레캄비오

반품하다 devolver 데볼베르

환불 reembolso 렘볼소

다른 것 otro 오트로

영수증 recibo 레시보

지불하다 Pagar 파가르

사용하다 usar 우사르

작동하지 않는 no funciona 노 폰시오나

여행 회화

교환할 수 있나요 ¿ Puedo cambiarlo? 푸에도 캄비아로?

환불받을 수 있나요? ¿ Puedo obtener un reembolso? 포에도 오브테네 운 렘볼소?

영수증을 잃어버렸어요. Perdí mi recibo. 베르디 미 레시보.

현금으로 계산했어요. Pagué en efectivo. 파귀 엔 에페씨티보.

사용하지 않았어요. No lo usé. 노 로 유쎄.

작동하지 않아요. No funciona. 노 폰시오나.

14 위급한 상황일 때

① 아프거나 다쳤을 때

자주 쓰는 단어

약국 farmacia 파르마시아	복통 dolor de estómago 돌로 데 에스토마고
병원 hospital 호스피탈	인후염 dolor de garganta 돌로 데 가르간타
아프다 Enfermos 엔페르모스	열 fiebre 피에브레
다치다 Herido 에리도	어지러운 mareado 마레아도
두통 dolor de cabeza 돌로 데 카베자	토하다 vomitar 보미타르

여행 회화

병원이 어디에요? ¿ Dónde está el hospital más cercano? 돈데 에스타 엘 호스피탈 마스 케르카노?

무릎을 다쳤어요. Me lastimé la rodilla. 미 라스티메 라 로디야.

배가 아파요. Tengo dolor de estómago. 덴코 돌로 데 에스토마고.

어지러워요. Me siento mareado. 미 씨엔토 마레아도.

토할 거 같아요. Quiero vomitar. 퀴에로 보미타.

② 분실·도난 신고할 때

자주 쓰는 단어

경찰서 estación de policía 에스타씨온 데 폴리시아	여권 pasaporte 파사포르떼
분실하다 perdido 페르디도	신고하다 informe 인포르메
전화기 teléfono 텔레포노	도난 robo 로보
지갑 billetera 비에테라	훔친 robado 로바도
귀중품 valores 발로레스	
한국 대사관 embajada coreana 엠바하다 코레아나	

여행 회화

가까운 경찰서가 어디인가요? ¿ Dónde está la estación de policía más cercana? 도네 에스타 라 에스타씨온 데 폴리샤 마스 케르카나?

여권을 분실 했어요. Perdí mi pasaporte. 페르디 미 파사쁘르떼.

어디에 신고해야 하나요? ¿ Dónde debo reportar esto? 도네 데보 레포르따르 에스또?

제 가방을 도난당했어요. Mi bolso fue robado. 미 볼소 푸 로바도.

분실물 보관소는 어디인가요? ¿ Dónde está el perdido y encontrado? 돈데 에스타 엘 페르디도 이 엔콘트라도?

한국 대사관에 연락해 주세요. llame a la embajada de Corea. 이아메 아 라 엠바하다 데 코레아.

권말부록 2

실전에 꼭 필요한 여행 포르투갈어

이것만은 꼭! 포르투갈어 패턴

인사말

숫자

요일

기본 단어

음식 관련 단어

간단한 대화

공항과 기내에서

교통수단 이용할 때

숙소에서

식당에서

관광할 때

쇼핑할 때

위급한 상황일 때

Where can I
transfer?

1 ~주세요. **~ por favor.** 뽀르 빠보르

계산서 주세요 A conta, por favor. 아 꼰따 뽀르 빠보르

메뉴판 주세요 Traga o cardápio, por favor 뜨라가 우 까르다삐우 뽀르 빠보르

2 어디인가요? **Onde~** 웅지~

화장실이 어디인가요? Onde é o banheiro ? 웅지 에 우 바녜이루

버스 정류장은 어디 있나요? Onde é o parada de ônibus? 웅지 에 우 빠라다 지 오니부스

3 얼마예요? **Quanto~** 꽌뚜

얼마인가요? Quanto custa? 꽌뚜 꾸스따

입장료가 얼마인가요? Quanto é a entrada? 꽌뚜 에 아 엔뜨라다

4 ~를 원해요 **Quero~** 께로

더블룸을 원합니다 Quero um apartamento duplo. 께로 웅 아빠르타멘뚜 두쁠로

5 ~할 수 있나요? **Posso~?** 뽀수

택시를 탈 수 있나요? Posso pegar um táxi? 뽀수 뻬가르 웅 딱시

화장실을 사용해도 될까요? Posso usar o banhero, por favor? 뽀수 우자르 우 바녜이루, 뽀르 빠보르

6 ~은 무엇인가요? **O que é~** 우 끼 에

이것은 무엇인가요? O que é isso? 우 끼 에 이쑤

7 ~를 해주실 수 있나요? **Pode~?** 뽀지

도와주실 수 있나요? Pode me ajudar? 뽀지 미 아주다르

8 ~ 있나요? **Tem~** 뗌

영어 메뉴가 있나요? Tem o menu em inglês? 뗌 우 메뉴 엥 잉글레스

다른 색 있나요? Tem outra cor? 뗌 오우뜨라 꼬르

9 어떻게~? **Como~?** 꼬무

시내까지 어떻게 가죠? Como posso chegar ao centro? 꼬무 뽀수 셰가르 아우 센트로

어떻게요? Como? 꼬무

10 몇 시에~? **Que horas~** 끼 오라스

몇 시에 닫나요? A que horas fecha aqui? 아 끼 오라스 페샤 아끼

체크아웃은 몇 시인가요? Que horas é o check-out? 끼 오라스 에 우 체크아웃

02 인사말

네. Sim 싱
아니요. Não 나웅
안녕하세요. Olá 올라 / Oi 오이
안녕하세요. (아침 인사) Bom dia 봉 지아
안녕하세요. (점심 인사) Boa tarde 보아 따르디
안녕하세요. (저녁 인사) Boa noite 보아 노이찌
안녕히 계세요. Tchau 차우
미안합니다. Desculpa 지스꾸우빠
감사합니다. Obrigado 오브리가두(화자가 남자) / Obrigada 오브리가다(화자가 여자)
정말 감사합니다. Muito obrigado 무이뚜 오브리가두
괜찮습니다. De nada! 지 나다

03 숫자

1 Um 웅
2 Dois 도이스
3 Três 뜨레스
4 Quatro 꽈뜨로
5 Cinco 씽꾸
6 Seis 쎄이쓰
7 Sete 쎄치
8 Oito 오이뚜
9 Nove 노비
10 Dez 데즈
11 onze 옹지
12 doze 도지
13 treze 뜨레지
14 quatorze 까또르지

15 quinze 낀지
16 dezesseis 데제세이스
17 dezessete 데제세치
18 dezoito 데죠이뚜
19 dezenove 데제노비
20 vinte 방찌
30 trinta 뜨린따
40 quarenta 꽈렌타
50 cinquenta 씽껜따
60 sessenta 세쎈따
70 setenta 세뗀따
80 oitenta 오이뗀따
90 noventa 노벤따
100 cem 셍

04 요일

월요일 segunda-feira 쎄궁다 페이라
화요일 terça-feira 뗄싸 페이라
수요일 quarta-feira 꽐따 페이라
목요일 quinta-feira 낑따 페이라

금요일 sexta-feira 쎄스따 페이라
토요일 sábado 싸바두
일요일 domingo 도밍구

05 기본 단어

거리 rua 후아
거스름돈·잔돈 moeda 모에다
계산서 conta 꼰따
공원 parque 빠르끼
공항 aeroporto 아에로뽀르뚜
광장 praça 쁘라싸
궁전 palácio 빨라시우
기차 trem 뜨렝
남자 homem 오멩
내일 amanhã 아마냥
닫힘 encerrado 인세하두
도착 chegada 셰가다
박물관 museu 무제우
버스 ônibus 오니부스
비행기 avião 아비앙
시간표 horário 오라리우
시장 mercado 메르까두
아침 manhã 마냥
어제 ontem 온텡

언제 quando 꽌두
여권 passaporte 빠싸뽀르띠
여기 aqui 아끼
여자 senhora 세뇨라
역 estação 이스따싸웅
열림 aberto 아베르뚜
예약됨 reservado 헤제르바두
오늘 hoje 오지
요금 preço 쁘레쑤
은행 banco 방쿠
이것 isto 이스뚜
입구 entrada 인뜨라다
지하철 metro 메뜨로
집 casa 까자
출구 saída 사이다
출발 partida 빠르띠다
화장실 banheiro 바녜이루
환전소 casa de câmbio 까사 디 깜비우

06 음식 관련 단어

달걀 ovo 오부
닭고기 frango 프랑구
대구(생선) bacalhau 바깔라우
돼지고기 carne de porco 까르니 디 포르쿠
레드 와인 vinho tinto 비뉴 친투
로제 와인 vinho rosé 비뉴 로제
맥주 cerveja 세르베쟈
문어 polvo 뽈부
물 água 아구아
메뉴판 cardápio 까르다피우
생선 pescado 페스카두
샴페인 espumante 이스뿌만띠
소고기 carne de vaca 까르니 디 바까

송아지고기 vitela 비뗄라
수프 sopa 소빠
아침밥 desjejum 데즈제중
양고기 carneiro 까르네이루
오리고기 pato 빠뚜
와인 vihno 비뉴
저녁밥 jantar 쟌타르
점심밥 almoço 이포우쑤
정어리 sardinha 사르지냐
채소 verdura 베르두라
커피 café 카페
화이트 와인 vinho branco 비뉴 브랑쿠
후식 sobremesa 소브리메자

07 간단한 대화

별말씀을요. De nada 디 나다

부탁합니다. Por favor 뽀르 파보르

미안합니다. Desculpa 지스꾸우빠

실례합니다. Com licença 꽁 리센싸

어디서 오셨나요? De onde você é? 지 웅지 보쎄 에?

한국에서 왔습니다. Eu sou da Coréia 에우 쏘우 다 꼬레이아

한국인입니다. Eu sou coreano(a) 에우 쏘우 꼬레아누(나)

제 이름은…입니다. Meu nomé é… 메우 노메 에…

포르투갈어 못합니다 Eu não falo português 에우 나웅 팔로 포르뚜게스

영어 할 줄 아세요? Fala inglês? 팔라 잉글레스

무슨 말인지 모르겠어요. Nao entendo 나웅 인뗀두

화장실은 어디인가요? Onde é o banherio? 온디 에 우 바녜이루?

00가 어디인가요? Onde é o(a) …. 온디 에 우(아)…

얼마인가요? Quanto custa? 꽌뚜 꾸스따?

예약 부탁합니다. Reserva, por favor 레세르바, 뽀르 파보르

영수증 부탁합니다. Conta, por favor 꼰따, 뽀르 파보르

생수 주세요. Agua mineral, por favor 아구아 미네랄, 뽀르 파보르

메뉴판 좀 주세요. Traga o Cardápio, por favor? 또라가 우 까르다 삐우 뽀르 파보르?

08 공항과 기내에서

자주 쓰는 단어

여권 passaporte 빠사뽀르찌

탑승권 passagem 빠사젱

공항 aeroporto 아에로뽀르뚜

복도 corredor 코헤도르

창 janela 자넬라

짐 bagagem 바가젱

여행 회화

창가 자리로 주세요. Na janela, por favor. 나 자넬라, 뽀르 빠보르

물 좀 주세요. Água, por favor. 아구아, 뽀르 빠보르

여권을 보여주세요. Seu passaporte, por favor 쎄우 빠사뽀르찌 뽀르 빠보르

여기 있습니다. Aqui está 아끼 에스따

제 짐이 없어졌어요. Minha bagagem está perdida. 미냐 바가젱 데스따 뻬르지다

방문 목적이 무엇입니까? Qual é o objetivo da sua visita? 꽈우 에 우 오브제찌부 다 수아 비지따

관광입니다. Turismo 뚜리즈무

09 교통수단 이용할 때

자주 쓰는 단어

시내 centro 센트로
~(어디)로 para 빠라
택시 taxi 딱시

버스 ônibus 오니부스
지하철 metrô 메뜨로
티켓 bilhete 빌례찌

여행 회화

시내까지 어떻게 가죠? Como posso chegar ao centro? 꼬무 뽀수 셰가르 아우 센트로
00 호텔로 갑니다. Para o Hotel 00. 빠라 우 오떼우 00.
택시를 탈 수 있나요? Posso pegar um táxi? 뽀수 뻬가르 웅 딱시
버스 정류장은 어디 있나요? Onde é o parada de ônibus? 웅지 에 우 빠라다 지 오니부스
거기까지 얼마나 걸리죠? Quanto tempo se leva até lá? 꽌뚜 뗌뿌 씨 레바 아떼 라
길을 잃었어요. Estou perdido. 에스또우 뻬르지두
공항으로 가주세요. Leve-me ao aeroporto. 레비 미 아우 아에로뽀르뚜

10 숙소에서

자주 쓰는 단어

호텔 hotel 오떼우
방 apartmento 아빠르따멘뚜
아침 식사 café da manhã 까페 다 마냐
포함된 incluindo 잉끌루인두

더블룸 apartmento duplo 아빠르따멘뚜 두쁠로
예약 reservar 헤제르바
짐 bagaagem 바가젱

여행 회화

호텔을 예약하고 싶습니다 Queria fazer uma reserva no hotel. 께리아 파제르 우마 헤제르바 노 오떼우
더블룸을 원합니다 Quero um apartamento duplo. 께로 웅 아빠르타멘뚜 두쁠로
아침식사 포함인가요? Incluindo o café da manhã? 잉끌루인두 우 까페 다 마냐
000 이름으로 예약했습니다 Fiz uma reserve em nome de 000. 피스 우마 헤제르바 엥 노미 지 000
체크아웃은 몇 시인가요? Que horas é o check-out? 끼 오라스 에 우 체크아웃
더 깨끗한 방으로 옮기고 싶어요 Gostaria de mudra para um quarto mais limpo. 고스따리아 지 무다르 빠라 웅 꽈르뚜 마이스 림뿌
짐을 보관해 주실 수 있나요? Pode guarder a minga bagagem? 포지 과르다르 아 미냐 바가젱
공항으로 가주세요. Leve-me ao aeroporto. 레비 미 아우 아에로뽀르뚜

11 식당에서

자주 쓰는 단어

식탁 mesa 메자
빈 자리 mesa livre 메자 리브리

몇 명 quantas pessoas 꽌따스 뻬소아스
메뉴판 cardápio 까르다피우

주문 pedido 뻬지두   계산서 conta 꼰따
음식 comida 꼬미다

여행 회화

빈자리가 있나요? Tem uma mesa livre? 뗑 우마 메자 리브리
네 명 자리 있나요? Tem lugar para quarto pessoas? 뗑 루가르 빠라 꽈뜨로 뻬소아스
몇 명인가요? Para quantas pessoas? 빠라 꽌따스 뻬소아스
메뉴판 주세요. Traga o cardápio, por favor. 뜨라가 우 까르다삐우 뽀르 빠보르
여기 앉아도 되나요? Posso sentar aqui? 뽀수 쎈따르 아끼
영어 메뉴가 있나요? Tem o menu em inglês? 뗑 우 메뉴 엥 잉글레스
계산서 주세요. A conta, por favor. 아 꼰따 뽀르 빠보르

12 관광할 때

자주 쓰는 단어

화장실 banhero 바녜이루   할인 desconto 지스꽁뚜
입장 entrada 엔뜨라다   학생 estudante 에스뚜당찌
사진 foto 포토   닫다 fechar 페샤르

여행 회화

화장실을 사용해도 될까요? Posso usar o banhero, por favor? 뽀수 우자르 우 바녜이루, 뽀르 빠보르
입장료가 얼마인가요? Quanto é a entrada? 꽌뚜 에 아 엔뜨라다
사진을 찍어도 되나요? Posso tirar uma foto aqui? 뽀수 치라르 우마 포토 아끼
몇 시에 닫나요? A que horas fecha aqui? 아 끼 오라스 페샤 아끼
학생 할인 있나요? Tem desconto para estudante? 뗑 지스꽁뚜 빠라 에스뚜당찌

13 쇼핑할 때

자주 쓰는 단어

입다 provar 쁘로바르   선물 가게 loja de presentes 로자 지 쁘레젠찌스
다른 색 outra cor 오우뜨라 꼬르   신용카드 cartão de crédito 까르떠웅 지 끄레지뚜
티셔츠 camiseta 까미제따

여행 회화

입어볼 수 있나요? Posso provar? 뽀소 쁘로바르
다른 색 있나요? Tem outra cor? 뗑 오우뜨라 꼬르
이 티셔츠는 얼마인가요? Quanto custa esta camiseta? 꽌뚜 꾸스따 에스따 까미제따
이거로 주세요. Vou comparer isso. 보우 꽁쁘라르 이쑤
선물 가게는 어디에 있나요? Onde tem uma loja de presentes? 웅지 뗑 우마 로자 지 쁘레젠찌스
신용카드로 계산할게요. Vou pagar com cartão de crédito. 보우 빠가르 꽁 까르떠웅 지 끄레지뚜

14 위급한 상황일 때

자주 쓰는 단어

아픈 doente 도엔찌

통증 dor 도르

배 barriga 바히가

병원 hospital 오스삐따우

화장실 banheiro 바녜이루

여행 회화

여기가 너무 아파요. Sinto muita dor aqui. 씬뚜 무이따 도르 아끼

배가 아파요. Estou com dor de barriga. 에스또우 꽁 도르 지 바하가

병원으로 데려다 주세요. Leve-me ao hospital, por favor. 레비 미 아우 오스삐따우, 뽀르 빠보르

도와주세요. Socorro! 소꼬후!

여권을 잃어버렸어요. Perdi meu passaporte. 뻬르지 메우 빠사뽀르찌

도와주실 수 있나요? Pode me ajudar? 뽀지 미 아주다르

화장실이 어디인가요? Onde é o banheiro? 웅지 에 우 바녜이루

실전에 꼭 필요한 여행 영어

이것만은 꼭! 여행 영어 패턴 10

공항과 기내에서

교통수단

숙소에서

식당에서

관광할 때

쇼핑할 때

위급 상황

Where can I
transfer?